BERLINER GEOGRAPHISCHE STUDIEN

Herausgegeben von Burkhard Hofmeister
Schriftleitung: Albrecht Steinecke

Band 7

Burkhard Hofmeister / Albrecht Steinecke (Hrsg.)
Beiträge zur Geomorphologie und Länderkunde
Prof. Dr. Hartmut Valentin zum Gedächtnis

Berlin 1980

Institut für Geographie der Technischen Universität Berlin

Professor Dr. Burkhard Hofmeister

Dr. Albrecht Steinecke

im Institut für Geographie
der Technischen Universität Berlin
Straße des 17. Juni 135
1000 Berlin 12

ISSN   0341–8537
ISBN   3 7983 0632 X

Vertrieb: Universitätsbibliothek
der Technischen Universität Berlin
Abt. Publikationen
Straße des 17. Juni 135
1000 Berlin 12
Telefon: (030) 314 2976

Vorwort

Der Mitbegründer und Mitherausgeber dieser Schriftenreihe, Hartmut Valentin, verstarb nach mehrmonatiger schwerer Krankheit am 2. November 1977 im 55. Lebensjahr. Seinem Andenken widmet das Institut für Geographie der Technischen Universität Berlin diesen Band, der Beiträge von ihm in Freundschaft verbundenen Kollegen und von einigen seiner früheren Mitarbeiter im Institut vereinigt.

Die Herausgeber möchten allen Autoren, die sich an dieser Gedenkschrift beteiligt haben, herzlich für ihre Aufsätze danken, die größtenteils aus den thematischen und regionalen Arbeitsgebieten Hartmut Valentins stammen und somit in engem Bezug zu seinen Forschungsaktivitäten stehen, in einzelnen Fällen direkt an diese anknüpfen und sie im Sinne des Verstorbenen fortführen. Die Herausgeber bedauern, daß in diesem Bande die Namen einiger Kollegen fehlen, die sich mit Hartmut Valentin besonders herzlich verbunden fühlten, aber ihrer vielfältigen Verpflichtungen wegen einen Beitrag termingerecht beizusteuern nicht in der Lage waren.

Wir übergeben diesen Band der Öffentlichkeit

in memoriam Hartmut Valentin

B. Hofmeister   A. Steinecke

Inhaltsverzeichnis

		Seite
Vorwort		III
J. HÖVERMANN:	Hartmut Valentin †	1
	Wissenschaftliche Veröffentlichungen von Hartmut Valentin	5

Beiträge zur Morphologie der Küsten und des Meeresbodens

J. ULRICH:	Der deutsche Beitrag zur morphologischen Erforschung des Meeresbodens	9
H. KLUG:	Art und Ursachen des Meeresanstiegs im Küstenraum der südwestlichen Ostsee während des jüngeren Holozäns	27
P. MROCZEK:	Zu einer Karte der Veränderungen der Uferlinie der deutschen Nordseeküste in den letzten 100 Jahren im Maßstab 1 : 200 000	39
K. KAISER:	Quartäre Meeresstrände und "Head"-Kliffs britischer Küsten. Fortschritte und Probleme der Küstenmorphologie	59
D. KELLETAT:	Formenschatz und Prozeßgefüge des "Biokarstes" an der Küste von Nordost-Mallorca (Cala Guya). Beiträge zur regionalen Küstenmorphologie des Mittelmeerraumes VII	99
U. RUST / S.N. LEONTARIS:	Beach rock — Litorale Morphodynamik und Meeresspiegeländerungen nach Befunden auf Euböa (Griechenland)	115
L. ZIMMERMANN:	Ein neues Formenelement im litoralen Benthos des Mittelmeerraumes: Die Klein-Atolle ("Boiler"-Riffe) bei Phalasarna/Westkreta	135
U. CIMIOTTI:	On the geomorphology of the Gulf of Elat-Aqaba and its borderlands	155
L. ELLENBERG:	Zur Klimamorphologie tropischer Küsten	177
H. HAGEDORN:	Geomorphologische Betrachtungen in der Küstenzone von West-Pasaman (Zentral-Sumatra)	193
E. REINER:	Zur Küstenmorphologie Australiens	201
G. STÄBLEIN:	Geomorphodynamik und Geomorphogenese an arktischen Küsten	217

Beiträge zu anderen geographischen Problemen

A. KOLB:	Gegenwartsprobleme der Menschheit	231
I. LEISTER:	Mobilität im frühneuzeitlichen England und die sogenannte Industrielle Revolution	239

		Seite
A. STEINECKE:	Tourismus und Binnenwanderung. Erscheinungsformen und Ursachen interregionaler Migration von Hotelbesitzern und Hotelbeschäftigten in der Republik Irland	263
D. SCHREIBER:	Klimatische Zonierung der Winterhärte für die Anbauplanung von Forst- und Parkgehölzen in Europa	277
K.-U. BROSCHE:	Zum Problem echter und unechter Periglazialerscheinungen im Ebrobecken und im Gebiet südlich von Madrid	289
W. HABERLAND/ H.-J. PACHUR:	Über Deflationsformen in der Zentralen Sahara	309
H. LIEDTKE:	Die pleistozänen Vergletscherungen am Lake Tekapo im Mackenzie-Becken (Canterbury, Neuseeland)	323
Summaries		339
Anschriften der Verfasser		348

Contents

Contributions to Coastal Morphology and Regional Geography.
In memoriam Hartmut Valentin

		page
Preface		III
J. HÖVERMANN:	Hartmut Valentin†	1
Scientific publications by Hartmut Valentin		5

Coastal morphology and the morphology of the sea floor

J. ULRICH:	The German contribution to the morphological exploration of the sea floor	9
H. KLUG:	Explanations of the sea level rise in the Southwestern Baltic Sea region during the late Holocene Era	27
P. MROCZEK:	Remarks on a new map 1 : 200 000 showing sea level fluctuations along the German North Sea coast	39
K. KAISER:	Head-cliffs and shoreline development in the British Isles during the Quaternary Era	59
D. KELLETAT:	Forms and processes of "bio-karst" along the coast of Northeastern Mallorca (Cala Guya)	99
U. RUST / S.N. LEONTARIS:	Beach rock. Littoral morphodynamics and sea level fluctuations as observed at Euboea Island, Greece.	115
L. ZIMMERMANN:	A new form element in the littoral benthos of the Mediterranean Sea: Microatolls (boiler-reefs) at Phalasarana/Western Crete, Greece	135
U. CIMIOTTI:	On the geomorphology of the Gulf of Elat-Aqaba and its borderlands	155
L. ELLENBERG:	On the climatic geomorphology of tropical coasts	177
H. HAGEDORN:	Geomorphological observations in the coastal region of West-Pasaman, Sumatra	193
E. REINER:	On the coastal morphology of Australia	201
G. STÄBLEIN:	Geomorphodynamics and geomorphogenesis of arctic coasts	217

Various geographical problems

A. KOLB:	Actual problems of mankind	231
I. LEISTER:	Regional mobility in England at the dawn of the Modern Era and the so-called Industrial Revolution	239

		page
A. STEINECKE:	Tourism and interregional migration. Social and regional mobility of hotel entrepreneurs and hotel employees in the Republic of Ireland	263
D. SCHREIBER:	Climatic zonation of winterhardiness with regard to the growing of trees in Europe	277
K.-U. BROSCHE:	On the problem of periglacial and periglacial-like features in the Ebro Basin and the region south of Madrid	289
W. HABERLAND / H.-J. PACHUR:	On deflation features in the central Sahara region	309
H. LIEDTKE:	Pleistocene glaciations at Lake Tekapo in the Mackenzie Basin, Canterbury, New Zealand	323

Summaries 339
Addresses of authours 348

HARTMUT VALENTIN †

von
Jürgen Hövermann, Göttingen

Am 2. November 1977 starb im Alter von nur 54 Jahren der ordentliche Professor der Geographie an der Technischen Hochschule Berlin und Honorarprofessor der Freien Universität Berlin HARTMUT VALENTIN, ein Gelehrter von internationalem Rang und Namen, dessen Lebenswerk insbesondere den Küsten der Erde gewidmet war. Seinen Ruf begründete er bereits durch seine Dissertation "Die Küsten der Erde" im Jahr 1952, die, für eine Dissertation ein extremer Ausnahmefall, bereits 1954 in 2. Auflage erschien. Das besondere Echo, das diese Arbeit erfuhr, beruht auf der präzisen Durcharbeitung des vorliegenden Materials und seiner Verarbeitung in systematischer Hinsicht zu einer praktikablen, allgemein verwendbaren Klassifikation der Küsten, die eine Beschreibung dieses komplexen Bereiches sowohl nach dynamischen als auch nach formenkundlichen Gesichtspunkten enthält. Logisch münden diese Arbeiten nach umfangreicher weiterer Materialsammlung und Materialdurcharbeitung aus in die 20 Jahre später in deutscher und englischer Sprache vorgelegte "Klassifikation der Küstenklassifikationen", die die unterschiedlichen Ansätze und Prinzipien, die bei der Klassifikation von Küsten angewandt wurden, vergleichend betrachtet. Zwischen dem frühen Entwurf eines eigenen Systems und der vergleichenden Beurteilung aller vorliegenden Systeme liegen zwei Jahrzehnte intensiver Forschung, die neben der Literatur- und Kartenauswertung in zunehmendem Maße eigene Feldarbeiten in die Analyse des Gesamtkomplexes einbrachten. Auch dort, wo die Zielsetzung der Arbeiten im Felde nicht in erster Linie den Küsten gewidmet war, wie etwa bei den Arbeiten in England oder Australien, haben die Küsten stets eine besondere Rolle gespielt, so daß Valentin auch als Experte für solche Küstengebiete gelten konnte, die er mit eigenen Augen nicht gesehen hat.

Bei einem Forscher, der aus der Mitte seines Schaffens abberufen wurde, ziemt es sich, nicht nur darzustellen, was er getan hat, sondern mehr noch zu berücksichtigen, welche Pläne und Vorhaben mit welcher Zielsetzung begonnen worden sind. Das scheint um so mehr notwendig, als H. VALENTIN selbst sein großes Konzept einer klimatischen Morphologie der Küsten der Erde nur einmal in verkürzter Form hat vortragen und in etwas erweiterter Form zum Druck geben können.

Daß die Küsten der Erde mehr noch als durch die tektonisch-strukturellen Vorbedingungen durch die terrestrischen Abtragungsprozesse der Vorzeit bestimmt sind, ist am Beispiel der Fjordgebiete bereits durch O. PESCHEL dargelegt worden. In der Folgezeit hatte sich das Interesse im Bereich der Küstenforschung aber mehr den marinen Formen und Prozessen zugewandt; das blieb so, auch nachdem die besonders von F.v. RICHTHOFEN nachdrücklich vertretene Auffassung, länderweite Einebnungen könnten nur der abradierenden Tätigkeit der Brandungswelle zugeschrieben werden, revidiert und durch die Vorstellung ausgedehnter, untergetauchter terrestrischer Einebnungen ersetzt worden war. Dem in der Geomorphologie zur Vorherrschaft gelangten genetischen Denken entsprach es, das Augenmerk mehr auf die Entwicklung der Formen und Vorgänge unter den gegebenen Bedingungen zu richten, als auf das durch Klimaänderungen und Meeresspiegelschwankungen vorgegebene Relief. Im übrigen trug auch die DAVIS'sche Lehre vom geographischen Zyklus dazu bei, Ursachen für die unterschiedlichen Ausgangsformen der aktuellen Küstenentwicklung eher im tektonisch-strukturellen als im klimatischen Bereich zu suchen. Und schließlich war auch das System der Klassifikation der Oberflächenformen nach klimatisch gesteuerten Abtragungsbedingungen in der Unterscheidung des glazialen, äolischen und fluviatilen Formenkreises, dieser letztere eventuell unterteilt nach "normaler" und arider Morphodynamik, stehengeblieben.

Erst mit der Entwicklung der Morphologie der Klimazonen zur Morphologie der Klimazonen und Vorzeitklimate und von da weiter zur eigentlichen klimatischen Morphologie mit der Herausarbeitung von unterschiedlichen klimagebundenen Typen von Oberflächenformen festigte sich die Grundlage für eine darauf aufbauende klimatisch-morphologische Analyse der Küsten, indem einerseits die bisher schon nach örtlichen Erscheinungsbildern klassifizierten Küstentypen solcher Art in ein umfassendes System einordbar wurden, andererseits bisher nicht klassifizierte Küstentypen durch den Zusatz "teilweise untergetauchte".........-Landschaften beschreibbar wurden. In der Großgliederung nach den heute zu Gebote stehenden Systemen der klimatischen Morphologie stehen dafür Begriffe wie Formen der Gletscher-Region, der exzessiven Talbildungsregion, der periglazialen Region, der außertropischen Talbildungsregion, der Pediment-Region, der Wüstenschluchten-Region, der Region der Sandschwemmebenen, der Region aerodynamischen Reliefs, der Inselberglandschaften mit Spülmuldenfluren oder Flachmuldentälern und der innertropischen Talbildungsregion zur Verfügung.

Die in langsamer Vervollkommnung begriffene klimagenetische Geomorphologie, d.h. die feinere Gliederung des Formenschatzes eines Gebietes nach der Beschaffenheit und dem Anteil von Vorzeit- und Gegenwartsformen am vorliegenden Gesamtrelief, eröffnet darüber hinaus eine Fülle weiterer Unterscheidungsmerkmale und die Möglichkeit der Typisierung von Mischformen, wie sie wohl in fast allen Teilen der Erde vorliegen, wenn auch häufig mit Prädominanz eines bestimmten Charakterzuges. Für den paläoklimatischen Aspekt dieser Untersuchungen, der auf Grund von morphologischen und anderen Indizien die Klimazonen der Vorzeit zu rekonstruieren trachtet, gewinnen die Küsten insofern besondere Bedeutung, als sie wegen der pleistozänen Schwankungen des Meeresspiegels eine zuverlässige zeitliche Einordnung von Vorzeitformen gestatten. Bezieht man in die Küstenforschung auch jene Bereiche ein, in denen während der Eiszeiten der Schelf trocken lag, so läßt sich darüber hinaus erwarten, daß auch der hocheiszeitliche Formenschaft sich präziser, d.h. weniger verändert als unter den Bedingungen terrestrischer Überformung, erfassen läßt; mit Sicherheit sollte man erwarten, daß sich im Vergleich untergetauchter, marin überformter, und nicht untergetauchter, terrestrisch überformter Teile des gleichen Ausgangsformenschatzes dieser besonders gut rekonstruieren und diagnostizieren läßt.

Da aber auch das Maß der marinen Überformung und Umformung des Ausgangsreliefs unterschiedlich ist, läßt sich u.U. die Anfälligkeit bestimmter Relieftypen für die Umformung durch die marinen Prozesse abschätzen, auch über die triviale Erkenntnis hinaus, daß in Lockermaterialien, d.h. im Sedimentationsbereich eines Formenkreises, die Umformung schneller und nachhaltiger ist, als im Erosionsbereich, und daß ein ausgeprägtes Relief der Umformung mehr Widerstand entgegensetzt, als ein Flachrelief — von den petrographischen und strukturellen Unterschieden zunächst einmal abgesehen.

H. VALENTIN hatte erkannt, daß die Küstengliederung, d.h. das Maß der Abweichung der Küstenlinie von der generalisierenden Umschreibung des Landes, ein brauchbarer Indikator für die terrestrische Formung der Vorzeit ist, besonders in denjenigen Gebieten, in denen nicht ein allzu flaches bzw. ein allzu prononciertes Relief vorgegeben ist. Denkt man sich den Meeresspiegel abgesenkt, gewinnte jede Isobathe einen ähnlichen Aussagewert; stellt man sich einen weiteren Meeresspiegelanstieg vor, so lassen sich auch Isohypsen in ähnlicher Weise in Wert setzen.

Auf Grund solcher Überlegungen lassen sich sogar Atlaskarten und Übersichtskarten relativ kleiner Maßstäbe bereits zur Gewinnung einer Übersichts-Hypothese verwenden, wenigstens, was die Grundgliederung der Küsten der Erde unter dem Aspekt der klimagebundenen Vorzeitformen betrifft. Noch ergiebiger sind in vielen Fällen Satellitenbilder.

Setzte H. VALENTIN die Arbeiten seiner Schüler und Mitarbeiter stark unter solchen Aspekten an, ohne sie allerdings vollständig mit seinen Gedankengängen vertraut zu machen — dies letztere in der Sorge, u.U. die Unvoreingenommenheit der Bestandsaufnahme durch eine mit der Information unvermeindlich einhergehende, zu weitgehende Beeinflussung zu beeinträchtigen —, so widmete er selbst sich in besonders starkem Maße der Auswertung der bereits vorliegenden Literatur, einmal in der grundsätzlichen Überprüfung der Verwendbarkeit allgemein gegebener Reliefklassifikationen klimatischen Aspekts, zu anderen in der Erfassung bereits vorliegender Anwendungen solcher Gesichtspunkte auf die Morphologie der Küsten. Sein letzter posthumer Beitrag beruht im wesentlichen auf dieser Bestandsaufnahme. Die bereits begonnenen Detailarbeiten sollten, gemeinsam mit dieser, das Handbuch der regionalen Küstenmorphologie ergeben.

Die Persönlichkeit des Forschers H. VALENTIN kommt in seinem modus procedendi insofern zum Ausdruck, als er sich scheute, seine geniale Konzeption im lückenhaften Gewande des bisherigen Forschungsstandes vorzutragen. So wie er in seiner Dissertation und in seinen folgenden Arbeiten Vollständigkeit in der Erfassung und Durcharbeitung und Abrundung in der Darstellung erstrebte, wollte er auch hier das Gedankengebäude durch eine umfassende Materialsammlung untermauern, bevor er es der Öffentlichkeit vorstellte. Daß es unter diesen Umständen für seine Schüler und Mitarbeiter nicht leicht sein konnte, mit der notwendigen Energie und Zielstrebigkeit an dem großen Werk mitzuarbeiten, liegt auf der Hand, umso mehr, als team-work im Deutschen häufig nicht, wie im ursprünglichen Wortsinne, als Zusammenarbeit aller Beteiligten unter der strengen Ordnung des erstrebten Gesamtzieles verstanden wird, sondern als lockere Koordination divergierender und nur gelegentlich anastomosierender Richtungen. So hat H. VALENTIN mancherlei Enttäuschungen hinnehmen müssen, verursacht dadurch, daß der strenge Zügel, den er im Interesse des Gesamtwerkes anlegen mußte, gelegentlich als Reglementierung und Einschränkung der individuellen Entfaltungsmöglichkeiten aufgefaßt wurde und kein hinreichendes Verständnis dafür vorhanden war, daß die ihm auf seine Anträge hin für Mitarbeiter bewilligten Stellen und Mittel nicht frei verwendet werden konnten, sondern streng zweckgebunden verwendet werden mußten. Die Energie und das Geschick, mit dem er sein großes Vorhaben an diesen Klippen menschlicher Unzulänglichkeit vorüberzusteuern verstand, die Art, in der er das drohende Scheitern am Zeitgeist verhinderte, nötigen ihm gegenüber nicht nur wissenschaftlichen, sondern auch menschlichen Respekt ab.

Als akademischer Lehrer hat H. VALENTIN, abgesehen von der Anleitung und Betreuung seiner Mitarbeiter, Examenskandidaten und Doktoranden, besonders durch seine streng systematisch aufgebauten Vorlesungen und Seminare gewirkt. Indem er sich selbst der Zucht und Ordnung des Gedankenganges unterwarf, verzichtete er auf rhetorische Glanzlichter und die Forcierung eigener Meinungen und setzte mit Sorgfalt Stein auf Stein seines Lehrgebäudes. Klarheit und Solidität waren die Kennzeichen seines Lebensweges wie seines Lebenswerkes. Erst im persönlichen Gespräch und in vertrauter Umgebung entfaltete er darüber hinaus Wesenszüge, die dem Fernerstehenden eher verborgen blieben: Humor und einen überaus schlagfertigen, treffenden Witz, der zugleich niemals verletzend war. Sein hohes internationales Ansehen beruht selbstverständlich in erster Linie auf der Breite und Tiefe seiner Kenntnisse und seiner Leistung als akademischer Forscher. Aber ohne seine menschlichen Qualitäten wäre ihm dieses Maß an Anerkennung wohl kaum zuteil geworden. Es bleibt zu hoffen, daß H. VALENTINs Gedanken und Vorhaben von der internationalen Forschergemeinde auf den Grundlagen, die er errichtet hat, weitergeführt und vollendet werden.

Verzeichnis der wissenschaftlichen Veröffentlichungen
von Hartmut Valentin

1) Der Küstenzustand der Erde. Inaug.-Diss. Phil. Fak. Freie Universität Berlin 1949. IV + 131 S. Maschinenschrift, 2 Tab., 7 Abb., 2 Karten.

2) Künstlicher Regen? In: Die Erde, 1949/50, S. 351 - 352.

3) Das gegenwärtige Steigen des Meeresspiegels. In: Die Erde, 1950/51, S. 348 - 349.

4) Geography. In: The natural sciences in Western Germany: a symposium on current research under the direction of Kurt Ueberreiter. Library of Congress, Reference Department, European Affairs Division, Washington, D.C., 1951. S. 103 - 127.

5) Der Nordseeraum an der Wende Tertiär/Quartär. In: Die Erde, 1951/52 (Walter-Behrmann-Festschrift), S. 285 - 303, 5 Abb., 1 Tab.

6) Die Küsten der Erde. Beiträge zur Allgemeinen und Regionalen Küstenmorphologie. Ergänzungsheft 246 zu Petermanns Geographischen Mitteilungen; Justus Perthes, Gotha 1952. VIII + 118 S., 4 Tab., 9 Abb., 2 Kartentafeln.

7) Present vertical movements of the British Isles. In: Geographical Journal, 1953. S. 299 - 305, 1 Tab., 2 Abb.

8) Die Jahreskonferenz des Institute of British Geographers in London 1953. Die Erde, 1953, S. 71 - 72

9) Young morainic topography in Holderness. In: Nature, 1953, No. 4385, S. 919 - 920.

10) Die Küsten der Erde. Beiträge zur Allgemeinen und Regionalen Küstenmorphologie. 2. Auflage. VEB Geographisch-Kartographische Anstalt, Gotha 1954. VIII + 118 S., 4 Tab., 9 Abb., 2 Kartentafeln.

11) Gegenwärtige Niveauveränderungen im Nordseeraum. In: Petermanns Geographische Mitteilungen, 1954, S. 103 - 108, 1 Tab., 2 Abb., 1 Kartentafel.

12) Der Landverlust in Holderness, Ostengland, von 1852 bis 1952. In: Die Erde, 1954 (Otto-Quelle-Festschrift), S. 296 - 315, 3 Tab., 3 Fig., 8 Bilder.

13) Eine neue britische geographische Zeitschrift. In: Die Erde, 1954, S. 200 - 201.

14) Gegenwärtige Vertikalbewegungen der Britischen Inseln und des Meeresspiegels. In: Deutscher Geographentag Essen 1953, Tagungsber. u. wiss. Abh. (Verh. d. Deutschen Geographentages.) Franz Steiner, Wiesbaden 1955, S. 148 - 153, 6 Abb.

15) Landeskunde der Britischen Inseln. In: Englandkunde, hrsg. v. Paul Hartig. Moritz Diesterweg, Frankfurt a. M., 3. Aufl. 1955. S. 1 - 40, 6 Fig., 12 Bilder.

16) Das Geographische Institut der Universität Cambridge, England. In: Die Erde, 1955, S. 168 - 170, 1 Bild.

17) Glazialmorphologische Untersuchungen in Ostengland. Ein Beitrag zum Problem der letzten Vereisung im Nordseeraum. Habilitationsschrift Math.-Nat. Fak. Freie Univ. Berlin 1955. — Abh. d. Geographischen Instituts d. Freien Univ. Berlin, Bd. 4, Dietrich Reimer, Berlin 1957 86 S., 28 Bilder, 2 Diagr., 10 Karten.

18) Die Grenze der letzten Vereisung im Nordseeraum. In: Deutscher Geographentag Hamburg 1955, Tagungsber. u. wiss. Abh. (Verh. d. Deutschen Geographentages). Franz Steiner, Wiesbaden 1957, S. 359 - 366, 4 Karten.

19) Geomorphological reconnaissance of the north-west coast of Cape York Peninsula (Northern Australia). In: Second Coastal Geography Conference, Louisiana 1959, ed. by Richard J. Russel; Washington, D.C., 1959, S. 213-231, 1 Tab.

20) Länderkundliche Forschungen auf der Kap-York-Halbinsel, Nordaustralien, 1958/59. Vorläufiger Bericht. In: Deutscher Geographentag Berlin 1959, Tagungsber. u. wiss. Abh. (Verh. d. deutschen Geographentages). Franz Steiner, Wiesbaden 1960, S. 255-269, 4 Bilder.

21) Germany-West. In: Internat. Geogr. Union, Comm. on Coastal Sedimentation, Bibliography 1955-58. Issued by Coastal Studies Inst., Louisiana State University, Baton Rouge, La., 1960, S. 36-57.

22) Landeskunde der Britischen Inseln. In: Englandkunde, hrsg. v. Paul Hartig. Moritz Diesterweg, Frankfurt a.M., 4. Aufl. 1960. S. 3-42, 6 Fig., 12 Bilder.

23) Die Zweite Küstengeographie-Konferenz in Louisiana 1959. Vorgeschichte, Verlauf und verbleibende Probleme. In: Zeitschr. f. Geomorphologie, N.F., Bd. 4, 1960, S. 275-281.

24) Die Jahrestagung der Association of American Geographers 1959. In: Die Erde, 1960, S. 59-61, 2 Tab.

25) Vorschau auf den 19. Internationalen Geographenkongreß. In: Die Erde, 1960, S. 63-64.

26) The central west coast of Cape York Peninsula. Vortrag auf 19. Internat. Geographenkongreß in Stockholm 1960. In: The Australian Geographer, Sydney, 1961, No. 2, S. 65-72, 1 Karte, 2 Bilder.

27) Germany-West (unter Mitarbeit von D. Gassert). In: Internat. Geogr. Union, Comm. on Coastal Geomorphology, Bibliography 1959-1963. Folia Geographica Danica, København, T. 10, No. 1, 1964, S. 24-29.

28) Landeskunde der Britischen Inseln. In: Englandkunde, hrsg. v. Paul Hartig. Moritz Diesterweg, Frankfurt a.M., 5. Aufl. 1965. S. 1-40, 6 Fig. 12 Bilder.

29) Handbook on regional coastal geomorphology of the world in preparation. In: Coastal Research Notes, Tallahassee, Florida, 1967, S. 1-2.

30) Germany-West (unter Mitarbeit von K. Kulinat). In: Union Géographique Internationale, Comm. de Géomorphologie Côtière, Bibliography 1963-1966. Centre National de la Recherche Scientifique, Paris 1968. S. 31-40.

31) Principles of a handbook on regional coastal geomorphology of the world. Vortrag auf 21. Internat. Geographenkongreß in New Delhi 1968. In: Zeitschr. f. Geomorphologie, N.F., Bd. 13, 1969, S. 124-129, 1 Tab.

32) Küste. In: Westermann Lexikon der Geographie. Georg Westermann, Braunschweig 1969, S. 918-921, 2 Abb.

33) Principles and problems of a handbook on regional coastal geomorphology of the world. Vortrag auf Symposium der IGU Commission on Coastal Geomorphology in Moskau, 5. Okt. 1970. Mskr. von 10 S., 2 Fig. 1 Tab., in Englisch vervielfältigt.

34) Küste. In: Brockhaus Enzyklopädie, 17. Aufl., Bd. 10. F.A. Brockhaus, Wiesbaden 1970. S. 825-826 sowie 8 Bilder bei S. 688/689.

35) Land loss at Holderness. In: Applied coastal geomorphology, ed. by J.A. Steers, Macmillan, London 1971, S. 116-137, 3 Fig., 3 Tab., 2 Bilder.

36) The symposium of the IGU Commission on Coastal Geomorphology in the Soviet Union, October 1970. In: Geoforum 8, 1971, S. 53-54, 1 Karte.

37) Ein Lexikon der Geomorphologie. In: Zeitschr. f. Geomorphologie, N.F., Bd. 15, 1971, S. 497-499.

38) Eine Klassifikation der Küstenklassifikationen. In: Hans-Poser-Festschrift, Göttinger Geogr. Abh. H. 60, 1972, S. 355-374.

39) Germany-West (unter Mitarbeit von D. Kelletat). In: Internat. Geogr. Union, Comm. on Coastal Geomorphology, Bibliography 1967-1970. Moskau 1972.

40) A classification of coastal classifications. Vortrag auf 22. Internat. Geographenkongreß in Kanada 1972. In: International Geography 1972, Univ. of Toronto Press, Toronto 1972, Bd. 2, S. 1021-1023.

41) The status of coastal research in Western Germany. Sammelwerk über Küstenforschung in allen Ländern der Erde, hrsg. v. H.J. Walker, Louisiana State University Press, Baton Rouge, Manuskript 1973. In Vorbereitung.

42) Untersuchungen zur Morphodynamik tropisch subtropischer Küsten I. Klimabedingte Typen tropischer Watten, insbesondere in Nordaustralien. In: Büdel, J. u. Hagedorn, H. (Hrsg.): Dynamische Geomorphologie. 1. Symposion des Deutschen Arbeitskreises für Geomorphology, 1.-6. April 1974. Würzburger Geographische Arbeiten H. 43, Würzburg 1975, S. 9-24.

43) Ein System der zonalen Küstenmorphologie. Erweiterte Fassung eines Vortrags auf dem 2. Symposion des Deutschen Arbeitskreises für Geomorphologie in Tübingen am 8. Oktober 1975. In: Zeitschr. f. Geomorphologie 1979, 1 Tab., 2 Fig.

Der deutsche Beitrag zur morphologischen Erforschung des Meeresbodens

von

Johannes Ulrich, Kiel

1 EINLEITUNG

Vor wenigen Jahrzehnten noch waren die Tiefenverhältnisse und die Bodengestalt des Weltmeeres nur für einen relativ kleinen Personenkreis von Interesse und auch dann zumeist nur im küstennahen Bereich.

Dies hat sich inzwischen grundlegend geändert, da das Meer als Wirtschafts- und Verkehrsraum eine immer größere Rolle spielt und infolge der Verknappung festländischer Rohstoffe auch die Nutzung des Meeres b o d e n s als Rohstoffquelle immer mehr in den Vordergrund rückt. Daher befassen sich heute nicht mehr — wie vor etwa zehn Jahren noch — nur Ozeanographen, Geologen, Geophysiker und Küstenbauexperten mit dem Meeresboden, sondern auch Techniker, Politiker und sogar Völkerrechtler vieler Staaten, darunter auch der Bundesrepublik Deutschland.

Galten früher fast ausschließlich die küstennahen Schelfbereiche als wirtschafts- und verkehrsgeographisch interessant, so ist heute bei vielen Ländern ein Interesse am Relief und an der Bodenbedeckung auch der Tiefsee festzustellen. Bei den Beratungen im Rahmen der internationalen Seerechtskonferenzen geht es nicht nur um die Verteilung der lebenden Ressourcen im Meer und um Probleme der Wasserverunreinigung, sondern zunehmend auch um die Anteile der einzelnen Staaten am Meeresboden und seinen Rohstoffen.

Die hierfür zuständigen Politiker und Völkerrechtler sind bei ihren schwerwiegenden Entscheidungen jedoch nicht nur auf geologische und geophysikalische Forschungsergebnisse aus dem ozeanischen Bereich angewiesen, sondern zunächst auch auf bathymetrische, zum Teil auch auf topographisch-morphologische Resultate. Die marine Geomorphologie ist also auch für die Beantwortung angewandter Fragen immer wichtiger geworden. Es geht nicht mehr nur um die Darstellung der Tiefen und der Gestalt des Meeresbodens, es geht heute immer stärker auch um die Deutung der Formen und um die Erklärung dynamischer Vorgänge, die sich an der Bodenoberfläche abspielen oder die sich auf die Bodengestalt auswirken.

Bezogen auf die Gesamtfläche des Meeresbodens sind diese Forschungsergebnisse jedoch noch immer sehr spärlich. Nur wenige Regionen sind ausreichend gut untersucht, um sie in Maßstäben < 1 : 100.000 detailliert morphologisch darstellen zu können. Die küstennahen Schelfbereiche sind zwar bis auf die eisbedeckten Zonen im allgemeinen bathymetrisch zufriedenstellend vermessen, z. T. auch geologisch und geophysikalisch gut erforscht, doch die Kenntnis der Bodengestalt der Tiefsee beschränkt sich weitgehend auf die Erfassung der Topographie von Großformen in Karten relativ kleinen Maßstabs, der zumeist unter 1 : 1 Mio. liegt. Nur Einzelregionen sind gut vermessen und in bathymetrischen oder topographischen Karten größeren Maßstabes erfaßt. Für eine vergleichende geomorphologische Darstellung größerer Gebiete in Kartenmaßstäben > 1 : 1 Mio. fehlen zumeist die notwendigen Grundlagen, d. h. vor allem geeignete Tiefenkarten. Generell läßt sich sagen, daß die kartographische Erfassung der Meerestiefen in größeren Maßstäben als 1 : 10 Mio. heute noch erhebliche Lücken aufweist, die jedoch in derartigen globalen Kartenwerken häufig verschwiegen werden, besonders wenn es sich um Reliefdarstellungen des Meeresbodens handelt, die detaillierte Kenntnisse der Topographie auch in unzureichend vermessenen Gebieten vortäuschen.

Es ist eine bekannte Tatsache, daß es die Topographie und Kartographie des Meeresbodens wesentlich schwerer hat, zu brauchbaren Ergebnissen zu gelangen als ihre festländische Schwesterdisziplin. Mit Ausnahme küstennaher Flachwasserbereiche sind ja die Tiefen des Meeres der direkten Beobachtung entzogen und nur auf indirektem Wege zu messen, d. h. mit erheblich größerem Aufwand und geringerem Genauigkeitsgrad als dies an Land der Fall ist. Das bathymetrische Vermessungsnetz ist im Vergleich zur festländischen Geodäsie trotz der Anwendung moderner elektronischer Navigations- und Lotungsverfahren immer noch sehr weitmaschig, wenn es auch in den letzten Jahrzehnten erheblich verdichtet werden konnte.

Der Stand unserer bathymetrischen und topographischen Kenntnisse über den Meeresboden ist — global gesehen — aus den jeweils neuesten Tiefenkarten der Ozeane abzulesen, insbesondere wenn diese — was leider nur selten der Fall ist — Angaben über die Lotungsdichte (Schiffskurse) enthalten. In diesem Sinne gibt es leider nur wenige Kartenwerke, denen man eine allgemeine Verbindlichkeit zusprechen kann.

Vor mehr als 75 Jahren wurde auf Anregung des Fürsten Albert I. von Monaco ein offizielles internationales Tiefenkartenwerk im Maßstab 1 : 10. Mio. geschaffen, in das die vorhandenen ozeanischen Lotungen, die in den Seekarten nur unvollständig berücksichtigt werden können, eingehen. Für dieses Standardwerk, die sogenannte "General Bathymetric Chart of the Oceans (GEBCO)" werden noch heute die brauchbaren Lotungstiefen durch die Organisation des "International Hydrographic Bureau" in Monaco gesammelt und von jeweils zuständigen Experten verarbeitet. Seit 1975 wird als 5. Auflage eine völlige Neubearbeitung dieses Kartenwerkes unter der Aufsicht eines aus Mitgliedern der Intergovernmental Oceanographic Commission (IOC) der UNESCO und des International Hydrographic Bureau (IHB) bestehenden sogenannten "Joint IOC/IHB GEBCO Committee" betrieben. An dieser Neubearbeitung sind auch Wissenschaftler der Bundesrepublik beteiligt, d. h. vor allem an der Bearbeitung des Blattes 5.01 "Norwegian Sea". Die Herausgabe der neuen Kartenserie erfolgt durch den "Canadian Hydrographic Service" in Ottawa/Kanada. Als Grundlage für die Bearbeitung der insgesamt 18 Blätter dienen die in Arbeitskarten im Maßstab 1 : 1 Mio. (den sog. "Plotting Sheets") gesammelten korrigierten Lotungstiefen aus allen Teilen des Weltmeeres. Über die Herkunft der Daten informiert jeweils eine ausführliche Legende. Die bisher erschienenen Blätter lassen große Fortschritte gegenüber früheren Auflagen des Kartenwerkes erkennen, was nicht zuletzt auch ein Erfolg der hierbei verwendeten elektronischen Datenverarbeitung ist. Bis Mai 1982 sollen sämtliche Blätter der GEBCO veröffentlicht sein. Damit werden dann die marinen Geowissenschaftler, Ozeanographen und auch Meeresbiologen endlich ihre bathymetrischen Informationen einem verbindlichen, nach wissenschaftlichen Prinzipien erarbeiteten Tiefenkartenwerk entnehmen können, wenn auch dessen Maßstab — verglichen mit Festlandsverhältnissen — noch erschreckend klein ist. Aus diesem Grunde sind auch geomorphologische Kartenanalysen mit Hilfe elektronischer Rechenanlagen, wie sie z. B. K. HORMANN (1969) beschrieben hat, bisher im ozeanischen Bereich nur für sehr wenige, regional engbegrenzte Gebiete voll anwendbar.

2 HISTORISCHER ÜBERBLICK

Die Entwicklung der marin-geomorphologischen Forschung ist eng verbunden mit der Erforschung des Meeresbodens im allgemeinen. An ihr haben deutsche Wissenschaftler seit Beginn dieses Jahrhunderts einen nicht unerheblichen Anteil, der sowohl die Bathymetrie und Topographie als auch die Geomorphologie, Geologie und Geophysik betrifft. Im Rahmen dieses Beitrages ist es jedoch nur möglich, den deutschen Anteil an der bathymetrischen, topographischen und geomorphologischen Erforschung des Meeresbodens im Überblick darzustellen. Eine Einbeziehung auch der meeresgeologischen und -geophysikalischen Aktivitäten ist nur bei der Behandlung einzelner übergreifender Fragestellungen möglich.

Die Bearbeitung der ersten für die wissenschaftliche Forschung brauchbaren Tiefenkarten der Ozeane erfolgte im ehemaligen Berliner Institut für Meereskunde durch M. GROLL (1912). Diese Karten zeigten zwar — dem damaligen Stand der Kenntnisse entsprechend — noch viele Unzulänglichkeiten, aber sie dienten immerhin statistischen Übersichten und Diagrammen, die weltweit verwendet wurden, als Grundlage. So wurden vor allem erstmals die Flächenanteile der Tiefenstufen des Weltmeeres durch E. KOSSINNA (1921) auf der Grundlage dieser Tiefenkarten ermittelt und in der bekannten hypsographischen Kurve der Erdrinde dargestellt, die später mehrere Ergänzungen und Abwandlungen erfahren hat, und zwar in Deutschland vor allem durch W. MEINARDUS (1942) und H. LOUIS (1975), in den USA durch H. W. MENARD und S. M. SMITH (1966).

Handelte es sich bei diesen frühen bathymetrischen und statistischen Darstellungen noch um rein beschreibende Beiträge über die Tiefen des Meeresbodens und seine Gestalt (was auch für die Beiträge von A. SUPAN (1899 und 1903) sowie von H. MAURER (1928 und 1937) zutrifft), so kam vor allem durch die zahlreichen Arbeiten von TH. STOCKS das die Formen deutende und ihre Entstehung erklärende Element der marinen Geomorphologie hinzu. Waren die ersten Arbeiten von H. MAURER und TH. STOCKS (1933) sowie von TH. STOCKS (1935, 1937, 1938, 1939, 1941, 1944, 1949) noch gerätetechnischen, kartographischen oder rein bathymetrischen Fragestellungen (z. B. der Erstellung einer Grundkarte der ozeanischen Lotungen) gewidmet, so behandelten TH. STOCKS und G. WÜST (1935) bereits vor dem Zweiten Weltkrieg die Bodengestalt eines Ozeans, und zwar auf der Grundlage der Ergebnisse der Deutschen Atlantischen Expedition von "Meteor" (1925-1927), also der ersten Echolotvermessung eines Ozeans, die ein Forschungsschiff überhaupt durchführte. Diese grundlegende Arbeit über den atlantischen Meeresboden bedeutete zu jener Zeit einen Vorsprung der deutschen marin-geomorphologischen Forschung, der durch den Zweiten Weltkrieg und seine Folgen verlorenging.

Auch für den Bereich des nordwestlichen Indischen Ozeans wurde damals von deutscher Seite ein wesentlicher Beitrag zur Erforschung der Topographie und Morphologie des Tiefseebodens geliefert (TH. STOCKS, 1944). Doch die dreißiger und vierziger Jahre unseres Jahrhunderts waren noch durch Aktivitäten anderer deutscher Geographen und Ozeanographen geprägt, die sich zeitweise mit der Gestalt des Meeresbodens befaßten, wie z. B. A. DEFANT (1939), G. DIETRICH (1939), L. MECKING (1940) und im Rahmen seiner universalen Ozean-Monographie insbesondere G. SCHOTT (1935, 1942). In dieser Zeit wandte sich bereits G. WÜST einem wichtigen Forschungsthema der marinen Geomorphologie zu, nämlich den Beziehungen zwischen Bodenwasser und Bodenrelief in der Tiefsee des Atlantischen und Indischen Ozeans (1933, 1934, 1942). Er schuf ferner eine umfassende Großgliederung des atlantischen Tiefseebodens (1939) und schrieb topographische Arbeiten über den Meeresboden des Azorensockels (1940) und des Nordpolarbeckens (1941, 1942). Mit morphologischen Fragestellungen im Bereich der Deutschen Bucht befaßten sich in dieser Zeit vor allem J. F. GELLERT (1937), W. KRÜGER (1937) sowie F. ZAUSIG (1939) und K. GRIPP (1944).

Seit dem Ende des Zweiten Weltkrieges ist die deutsche maringeomorphologische Forschung gegenüber den sehr starken Impulsen, die vor allem aus den USA, aber auch aus der Sowjetunion, England, Kanada, Frankreich, Dänemark, Norwegen, Schweden und auch Japan kommen, stark ins Hintertreffen geraten. Während z. B. durch Wissenschaftler der USA sehr bald nach Kriegsende zahlreiche Expeditionen unternommen werden konnten, die u. a. wichtige maringeomorphologische Erkenntnisse vor allem im atlantischen und pazifischen Bereich des Meeresbodens erbrachten (z. B. die Expeditionen von "Atlantis" und "Vema"), mußten sich die wenigen deutschen Ozeanographen in der damaligen Zeit notgedrungen mit der Aufarbeitung älterer Forschungsergebnisse und mit allgemeineren Themen befassen, da erst gegen Ende der fünfziger Jahre eigene Forschungsschiffe (zunächst Fischerei-Forschungsschiffe) wieder den Eintritt in die aktive geomorphologische Erforschung auch des Tiefseebodens ermöglichten. Immerhin erschien in dieser Zeit eine wichtige küstenmorphologische Arbeit, die auch für die marine Geomorphologie zumindest der küstennahen Schelfbereiche von Bedeutung war und im In- und Ausland große Beachtung fand, nämlich das Werk "Die Küsten der Erde" von H. VALENTIN (1952). Die rein marin-geomorphologische Forschungstätigkeit wurde inzwischen von TH. STOCKS in Hamburg wieder aktiviert. Er befaßte sich mit den größten Tiefen des Weltmeeres (1949, 1951), mit der Topographie des Europäischen Nordmeeres (1950) und des Hawaii-Sockels (1950) sowie mit der Gestalt des Nord- und Ostseebodens (1955, 1956), einem Thema, dem sich auch die Hamburger Geologen O. PRATJE (1951) und J. JARKE (1956) zuwandten. Die Morphologie der Neufundlandbänke beschrieb und deutete damals als erster F. W. MARIENFELD (1952).

Ein weiteres Thema der deutschen maritimen Geographie war seit A. SUPAN (1903) die Nomenklatur der untermeerischen Bodenformen. Auch G. WÜST (1940) und TH. STOCKS (1958) haben sich ihm zeitweise gewidmet. Von rein geographischer Seite befaßte sich besonders mit der Schelfmorphologie H. G. GIERLOFF-EMDEN (1958), der den Küstenschelf von El Salvador zur Morphologie des benachbarten Festlandes in Beziehungen setzte; diesem vergleichenden Themenkreis hat sich späterhin die Münchener Geographie gewidmet (G. SOMMERHOFF, 1973, 1975, U. RUST und F. WIENECKE, 1973).

In der Zeit nach 1956 brachte die Teilnahme deutscher Forschungsschiffe an großen internationalen Expeditionen auch der marin-geomorphologischen Forschung der Bundesrepublik Deutschland neue Impulse. Denn die vorwiegend ozeanographisch, meteorologisch oder meeresbiologisch ausgerichteten Forschungsfahrten hatten einen starken "Output" an Echolotungen, die einer möglichst exakten und vollständigen morphologischen Auswertung zugeführt werden sollten. Die vielfach gleichzeitig gewonnenen geologischen und geophysikalischen Resultate dienten hierbei als wichtige Argumente bei der Deutung der Formen. Die Auswertungsergebnisse des Polarfrontprogrammes des Internationalen Geophysikalischen Jahres 1957/58 (IGJ) ließen die deutsche marin-geomorphologische Forschung wenigstens zu einem kleinen Teil den Anschluß an das Ausland wiedergewinnen. Vor allem das folgende Jahrzehnt, von 1960 bis 1970, brachte global gesehen viele neue Höhepunkte in der Erforschung des Tiefseebodens, an denen deutsche Wissenschaftler einen besonderen Anteil hatten. Nachdem G. DIETRICH (1959) die morphologischen Ergebnisse der Polarfront-Expeditionen von "Gauß" und "Anton Dohrn" generell dargestellt hatte, befaßten sich mehrere Autoren, darunter auch M. PFANNENSTIEL (1961), mit der Darstellung und Erklärung der vermessenen Groß- und Einzelformen. E. H. ROGALLA (1960) sowie G. DIETRICH und J. ULRICH (1961) beschrieben die Topographie einer neu entdeckten Tiefseekuppe erstmals, nämlich der Anton-Dohrn-Kuppe, die zwischen Rockall und den Hebriden liegt und bei der erstmals eine umlaufende Randmulde erkannt wurde. Die Auswertung der Echolotprofile der IGJ-Reisen von VFS "Gauß" und FFS "Anton Dohrn" führte zur ersten detaillierteren Darstellung der Topographie des Reykjanes-Rückens (J. ULRICH, 1962). Weitere Beiträge behandelten die Gestalt des Meeresbodens im Nordatlantischen Ozean, die Tiefseekuppen in den Weltmeeren und die Mittelozeanischen Rücken (J. ULRICH, 1963, 1964, 1966). Nachdem die

Ergebnisse aus dem Nordatlantischen Ozean größtenteils ausgewertet waren, begannen sehr bald neue Aktivitäten im Rahmen eines internationalen Gemeinschaftsprogrammes, nämlich geomorphologische Untersuchungen während der Internationalen Indischen Ozean-Expedition, an der das neue deutsche Forschungsschiff "Meteor" 1964/65 beteiligt war. Dieses Schiff besitzt eine moderne Schelfrand-Echolotanlage, die besonders gute Voraussetzungen für eine exakte Erfassung des Meeresbodens bietet. Zwar hatte TH. STOCKS (1944 und 1960) die Bodengestalt des Indischen Ozeans bereits beschrieben, aber seine topographischen Karten enthielten noch zahlreiche bathymetrische Unsicherheiten. Viele dieser Lücken konnten durch die in internationaler Zusammenarbeit erzielten Ergebnisse gefüllt werden. An dem aus dieser großen Expedition resultierenden Gemeinschaftswerk des von G. UDINTSEV (1975) herausgegebenen Atlasses zur Geologie und Geophysik des Indischen Ozeans waren auch deutsche Wissenschaftler beteiligt.

Die Echolotungen von FS "Meteor" im Arabischen Meer erbrachten eine Reihe neuer Erkenntnisse, wie z. B. die Existenz tief eingeschnittener, schmaler Canyons am ostafrikanischen Kontinentalrand, einer extrem steilen Tiefseekuppe im Somalibecken, weiterer Einzelheiten des Alula-Fartak-Grabens im Golf von Aden (J. ULRICH, 1968). Seither dienen die resultierenden Lotprofile zahlreichen Ozeanographen und Geowissenschaftlern als Grundlage für weitere Arbeiten über diesen Raum. Eine Deutung der Bodengestalt des nordwestlichen Golfes von Oman wurde durch E. SEIBOLD und J. ULRICH (1970) gegeben; mit dem Meeresboden des Persichen Golfes befaßten sich E. SEIBOLD und K. VOLLBRECHT (1969).

Einen dritten Höhepunkt deutscher marin-geomorphologischer Forschung der Nachkriegszeit (nach IGJ und IIOE) brachten die Auswertungsergebnisse einer weiteren wichtigen "Meteor"-Expedition, der "Atlantischen Kuppenfahrten 1967", in deren Rahmen vor allem Untersuchungen über die Topographie und Morphologie der größten Tiefseekuppe des Atlantischen Ozeans, der Großen Metorbank, erfolgten (J. ULRICH, 1971; H. PASENAU, 1969, 1971) und die Josephinebank vermessen wurde.

Seither sind die Lotungsergebnisse weiterer "Meteor"-Reisen für morphologische Untersuchungen ausgewertet worden, und zwar durch H. PASENAU (1973) und vor allem G. SOMMERHOFF (1973, 1974, 1975), der sich mit dem Formenschatz und der morphologischen Gliederung des südostgrönländischen Schelfgebietes befaßt hat. Auf die Arbeit von U. RUST und F. WIENECKE (1973) wurde bereits hingewiesen. Weitere topographische Ergebnisse vom westafrikanischen Kontinentalrand wurden inzwischen von D. WEILAND (1977) und P. EDELMANN (1979) bearbeitet. Während der Expedition "Seifen I" mit FS "Valdivia" konnte 1971 eine geomorphologische Untersuchung des Schelfrandes vor Mozambique erfolgen (J. ULRICH und H. PASENAU, 1973).

Global gesehen waren bis zur Mitte der sechziger Jahre die Großformen des Meeresbodens kartographisch weitgehend erfaßt, so daß eine geschlossene Darstellung des Bodenreliefs der Ozeane im Maßstab 1 : 25 Mio. verantwortet werden konnte. Dies geschah von deutscher Seite im "Atlas zur Ozeanographie" (G. DIETRICH und J. ULRICH, 1968).

3   THEMATISCHER ÜBERBLICK

Die am Ende des Beitrages aufgeführten deutschen marin-geomorphologischen Veröffentlichungen lassen sich grob in folgende fünf Themengruppen eingliedern:

1. Bathymetrie und Statistik der Meerestiefen

2. Großgliederung des Meeresbodens

3. Geomorphologie ozeanischer Groß- und Einzelformen

4. Geomorphologie küstennaher Schelfregionen

5. Großformen und Bodenströmungen

3.1 BATHYMETRIE UND STATISTIK DER MEERESTIEFEN

Mit den Methoden der Tiefenmessung und der Erstellung der für alle marinen geowissenschaftlichen Disziplinen erforderlichen Tiefenkarten des Weltmeeres und seiner Teilbereiche haben sich seit M. GROLL (1912) immer wieder auch deutsche Autoren befaßt. In ihren Arbeiten der letzten fünf Jahrzehnte kommt die wesentliche Verbesserung der Lotungstechnik — vor allem durch die Einführung des Echolotes und seine ständige Weiterentwicklung bis zur dreidimensionalen Aufnahme des Meeresbodens — deutlich zum Ausdruck (vgl. hierzu die Darstellungen der Lotungstechnik und ihrer Anwendungsmöglichkeiten von TH. STOCKS (1935), A. DEFANT (1939), F. KÖGLER (1977) und J. ULRICH (1977). Hatten E. KOSSINNA (1921) und W. MEINARDUS (1942) bei der Errechnung der Tiefenstufenanteile und der Bearbeitung der hypsographischen Kurve noch mit den auf nur ca. 6000 Tiefsee-Drahtlotungen beruhenden GROLL'schen Tiefenkarten auskommen müssen, so standen H. LOUIS (1975) für sein neugefaßtes Höhendiagramm der Erde ungleich viel genauere Tiefenkarten zur Verfügung, insbesondere die im "Atlas zur Ozeanographie" verarbeiteten bathymetrischen Ergebnisse.

Zur Statistik der Meerestiefen gehören die Beiträge über neu entdeckte Rekordtiefen (H. MAURER, 1928 und 1937; TH. STOCKS, 1964; J. ULRICH, 1962 und 1966). Schließlich sind von zahlreichen deutschen Autoren bathymetrische Karten des Ozeanbodens aufgrund der Vermessungsergebnisse von Forschungsschiffen erstellt worden, von denen hier nur eine kleine Auswahl aufgeführt werden kann. Hierbei handelt es sich vor allem um Karten, die für die marin-geomorphologische Forschung von besonderer Bedeutung sind.

3.2 GROSSGLIEDERUNG DES MEERESBODENS

An der Schaffung einer verbindlichen Großgliederung des Ozeanbodens haben deutsche Geographen und Ozeanographen einen besonderen Anteil. Dies gilt insbesondere für den atlantischen Tiefseeboden (G. WÜST, 1939) und den Meeresboden des Indischen Ozeans (TH. STOCKS, 1960) sowie für die europäischen Schelfmeere (O. PRATJE, 1951; TH. STOCKS, 1956). Allerdings hat sich die von den Amerikanern B. C. HEEZEN, M. THARP und M. EWING (1959) ausgehende global anwendbare Großformengliederung international allgemein durchgesetzt, so daß für die Anwendung im deutschen Sprachgebrauch außer geringfügigen Ergänzungen lediglich eine Nomenklatur-Angleichung notwendig wurde, die im wesentlichen durch M. PFANNENSTIEL (1968), J. ULRICH (1963 und 1970) und E. SEIBOLD (1974) erfolgte. Die genaue regionale Abgrenzung der einzelnen Großformen gegeneinander bereitet stellenweise noch erhebliche Schwierigkeiten, da hierfür nicht bathymetrisch-topographische Gesichtspunkte allein maßgebend sind, sondern häufig geologisch-geophysikalische Charakteristika entscheiden. Daher sind auch Flächenberechnungen für einzelne Großformen und deren Eingabe in ein Höhendiagramm der Erde, wie von H. LOUIS (1975) vorgenommen, mit Skepsis zu betrachten. Relativ klare Grenzen finden wir zwischen Schelf und Kontinentalabhang, da der Schelfrand zumeist durch eine Gefällsänderung gekennzeichnet ist, sowie zwischen Tiefsee-Ebene und Tiefsee-Hügelzone. Bei den Grenzbereichen zwischen kontinentaler Fußzone und Tiefsee-Ebene sowie zwischen Tiefsee-Hügelzone und Mittelozeanischem Rücken handelt es sich zumeist um breite Übergangsräume, die — wenn man lediglich bathymetrisch-topographische Argumente gelten läßt — nur eine mehr oder wenger willkürliche Festlegung der Grenzlinie zulassen. Eine exakte Festlegung der Grenzen zwischen sämtlichen Großformen in Karten größerer Maßstäbe als 1 : 5 Mio. dürfte z. Z. in vielen Bereichen des Weltmeeres noch auf Schwierigkeiten stoßen.

3.3 MORPHOLOGIE OZEANISCHER GROSS- UND EINZELFORMEN

Bereits vor 80 Jahren befaßte sich der deutsche Geograph A. SUPAN (1899) mit der Morphologie der Bodenformen des Weltmeeres. Er gab seinem damals grundlegenden Aufsatz eine vielbeachtete farbige Tiefenkarte im Maßstab 1 : 80 Mio. bei. Die SUPAN'sche Vorschläge zur Terminologie der Bodenformen haben seinerzeit die Zustimmung der vom internationalen Geographenkongreß 1899 eingesetzten Kommission gefunden.

Mit den Großformen des Meeresbodens im Gesamtüberblick haben sich im Laufe der Jahrzehnte nur wenige deutsche Wissenschaftler befaßt. Dies geschah einmal in den Handbüchern von O. KRÜMMEL (1907), H. WAGNER (1921), G. DIETRICH (1957, 1975) und E. BRUNS (1958, 1962, 1968), zum anderen im Zusammenhang mit der Herausgabe von Tiefenkarten, wie bei M. GROLL (1912) oder von statistischen Berechnungen, wie bei E. KOSSINNA (1921), W. MEINARDUS (1942) und bei H. LOUIS (1975). L. MECKING (1940) setzte die ozeanischen Bodenformen mit dem Bau der Erde in Beziehung. E. SEIBOLD (1961, 1968), M. PFANNENSTIEL (1968) und J. ULRICH (1963, 1970) faßten die jeweils neuesten auf internationalen Expeditionen gewonnenen Forschungsergebnisse zusammen und umrissen den aktuellen Stand der morphologischen Entschleierung des Tiefseebodens.

Zahlreiche deutsche Autoren haben die Morphologie e i n z e l n e r Großformen und ihrer Teilbereiche untersucht. Dies gilt im Bereich des Kontinentalrandes vor allem für die großräumigen Bearbeitungen folgender Schelfregionen: Nord- und Ostsee (O. PRATJE, 1951; J. JARKE, 1956; TH. STOCKS, 1956), Neufundlandbank (F. W. MARIENFELD, 1952), Schelfe vor El Salvador und vor Portugal (H. G. GIERLOFF-EMDEN, 1958; H. G. GIERLOFF-EMDEN et al., 1970), Persicher Golf (E. SEIBOLD und K. VOLLBRECHT, 1969), südöstlicher Grönland-Schelf (G. SOMMERHOFF, 1973, 1975), Schelfgebiete des Arabischen Meeres (J. ULRICH, 1968) und Mozambique-Schelf (J. ULRICH und H. PASENAU, 1973). Die einzelnen Formen des Kontinentalabhanges, vor allem die Canyons, wurden im Bereich vor Westafrika (U. RUST und F. WIENECKE, 1973; D. WEILAND, 1977; P. EDELMANN, 1979), vor Südost-Grönland (G. SOMMERHOFF, 1973), im Golf von Oman (E. SEIBOLD und J. ULRICH, 1970) und vor Mozambique (J. ULRICH und H. PASENAU, 1973) eingehend beschrieben und gedeutet.

Die Behandlung von Großformen der T i e f s e e b e c k e n erfolgte zumeist im Zusammenhang mit der geomorphologischen Analyse ganzer ozeanischer Teilbereiche, so für den Nordatlantischen Ozean durch G. DIETRICH (1959) und J. ULRICH (1962), für das Nordpolarmeer durch G. WÜST (1942) und TH. STOCKS (1950) sowie für den nordwestlichen Indischen Ozean durch TH.

STOCKS (1944) und J. ULRICH (1968). Der Morphologie des Kanarischen Beckens widmete sich H. PASENAU (1973).

Auch zwei Tiefsee-Schwellenregionen wurden von deutscher Seite in den letzten Jahren morphologisch, geologisch und z. T. geophysikalisch untersucht, nämlich die für den "Owerflow" kalten arktischen Tiefenwassers wichtige Island-Färöer-Schwelle (U. FLEISCHER et al., 1974) und die Bab-el-Mandeb-Region, die für den Wasseraustausch zwischen Rotem Meer und Golf von Aden von großer Bedeutung ist (F. WERNER und K. LANGE, 1975).

Zusammenfassende morphologische Darstellungen über die Mittelozeanischen Rücken mit besonderer Berücksichtigung auch der deutschen Forschungsergebnisse haben M. PFANNENSTIEL (1961) und J. ULRICH (1966) gegeben. Der Reykjanes-Rücken wurde aufgrund der IGJ-Ergebnisse durch J. ULRICH (1960) morphologisch untersucht. Einzelregionen des Arabisch-Indischen Rückens sind durch TH. STOCKS (1944) und J. ULRICH (1968) beschrieben worden.

Ein besonderes Interessengebiet der deutschen Ozeanographen und Meeresgeologen ist seit langem die Morphologie und Geologie der Tiefseekuppen. Angeregt vor allem durch die Entdeckung der Großen Meteorbank im Jahr 1937 durch das ehemalige Vermessungs- und Forschungsschiff "Meteor" (G. DIETRICH, 1939) befaßten sich mehrere Autoren mit Tiefseekuppen und -bänken, und zwar G. Wüst (1940) mit dem Relief des Azorensockels, TH. STOCKS (1950) mit dem des Hawaii-Sockels, E. H. ROGALLA (1960) sowie G. DIETRICH und J. ULRICH (1961) mit der Topographie und Morphologie der Anton-Dohrn-Kuppe. Die Gestalt der Großen Meteorbank wurde aufgrund der Ergebnisse der Atlantischen Kuppenfahrten 1967 eingehend durch J. ULRICH (1971) und H. PASENAU (1969, 1971) untersucht. Zusammenfassende Darstellungen über Verbreitung und Morphologie der Tiefseekuppen haben J. ULRICH (1964 und 1970) und H. MENZEL (1971) gegeben.

3.4 MORPHOLOGIE KÜSTENNAHER SCHELFREGIONEN

Die Erforschung der Kontinentalschelfe ist in den letzten Jahrzehnten im wesentlichen von drei namhaften Geowissenschaftlern des Auslandes vorangetrieben worden, nämlich von K. O. EMERY (Woods Hole/USA), A. GUILCHER (Brest/Frankreich) und A. H. STRIDE (Wormley/England). Doch seit langem befassen sich auch deutsche Geographen und Geologen mit morphologischen Untersuchungen im Schelfbereich, und zwar verständlicherweise insbesondere mit den im deutschen Küstenvorfeld gelegenen Flachmeergebieten der Nord- und Ostsee. Da diese küstennahen Schelfregionen von unmittelbarer Bedeutung für den Seeverkehr, die Fischerei und nicht zuletzt auch für den Küstenschutz sind, dienten und dienen auch heute noch viele dieser geomorphologischen Untersuchungen zugleich angewandten Fragestellungen.

Auf die grundlegenden Arbeiten von J. JARKE (1956), O. PRATJE (1923, 1948, 1951) und TH. STOCKS (1956, 1959, 1961) wurde bereits an anderer Stelle dieses Beitrages eingegangen. Da es nicht möglich ist, im Rahmen dieses Beitrages einen vollständigen Überblick über alle im Nord- und Ostseebereich von deutscher Seite betriebenen Aktivitäten zu geben, soll hier — gewissermaßen stellvertretend für viele ähnliche Arbeiten — ein interdisziplinäres Programm angeführt werden, in dessen Rahmen küstennahe geomorphologische Forschungen stattfanden, die z. T. wegen ihrer überregionalen, grundsätzlichen Bedeutung auch im Ausland große Beachtung gefunden haben. Es handelt sich um das in den Jahren 1968 bis 1974 von der Deutschen Forschungsgemeinschaft geförderte Schwerpunktprogramm "Sandbewegung im Küstenraum" (DEUTSCHE FORSCHUNGSGEMEINSCHAFT, 1979).

Bekanntlich haben geomorphologische Untersuchungen im küstennahen Schelfbereich zugleich einen deutlich ausgeprägten dynamischen Aspekt, nämlich den der Beobachtung von Bewegungen ganz bestimmter Bodenformen, die aus leicht zu transportierenden Sedimenten gebildet sind. Diese — zumeist sandigen — Sedimente bewegen sich mit der jeweils vorherrschenden Strömung, und zwar an vielen Stellen in unmittelbarer Küstennähe (vor allem in Rinnen, Ästuaren und engen Buchten) auch im Rhythmus der Gezeitenströme, d. h. hin- und herpendelnd. Diese ständigen Sandtransporte sind von erheblicher Bedeutung für Hafeneinfahrten, Küstenbauten, Strandanlagen etc. Um die Bewegungsvorgänge möglichst genau erfassen zu können, war neben Strömungsmessungen vor allem eine Bestandsaufnahme der als Indikatoren für diese Dynamik dienenden Bodenformen erforderlich. Hierbei handelt es sich neben der geologischen Kartierung des Seegrundes vor allem um die Bestandsaufnahme von Sandtransportkörpern (insbesondere Rippeln), die sich bei bestimmten kritischen Strömungsgeschwindigkeiten ausbilden, zumeist einen asymmetrischen Querschnitt besitzen und in Richtung des steilen Leehanges wandern. Sie können als Kleinrippeln Höhen von einigen Dezimetern besitzen, als Großrippeln bis zu 2 m und als Riesenrippeln über 2 m Höhe erreichen (Maximalhöhen in der Deutschen Bucht ca. 14 m). Ihre Längen sind wesentlich größer als die dazugehörigen Wassertiefen. Da sie mit dem Echographen leicht erfaßbar sind, ist eine Bestandsaufnahme und Kartierung in relativ kurzer Zeit — heute auch mit dem Flächenechographen (Side Scan Sonar-Verfahren) — möglich. [1]

Nach der von H. E. REINECK et al. (1971) aufgestellten Klassifizierung von Rippeln wurde für die Deutsche Bucht eine detaillierte Darstellung nach einheitlichen Größenklassen gegeben (J. ULRICH, 1973). Es stellte sich heraus, daß auf großen Flächen Rippelfelder auftreten, daß jedoch Riesenrippeln fast ausschließlich in den Flußmündungen und größeren Wattrinnen (Prielen) vorkommen, wo erhebliche Mengen an Mittel- bis Grobsand bewegt werden. Eingehende Messungen der kurz- und langfristigen Bewegungsvorgänge ergänzten diese Bestandsaufnahme. Während im Heppenser Fahrwasser (Innenjade) kurzfristige Pendelbewegungen der Rippelkämme im Tideverlauf untersucht wurden (J. ULRICH, 1972), konnten in einem ausgewählten Testfeld im Lister Tief (nördlich Sylt) langfristige Transportvorgänge verfolgt werden (J. ULRICH und H. PASENAU, 1973). Diese Untersuchungen fanden im Rahmen einer sehr erfolgreichen Zusammenarbeit mit anderen deutschen und auch mit dänischen Fachkollegen statt. Vor allem wurden die Arbeiten durch den Einsatz eines Hydrophonschlittens ergänzt, der eine schnelle Feststellung der Art der Oberflächensedimente ermöglichte (H. LÜNEBURG, 1979). Außerdem befaßten sich im Rahmen des o. a. Schwerpunktprogrammes auch mehrere andere Forschungsprojekte mit vorwiegend marin-geomorpholigischen Fragestellungen, und zwar mit der Reliefentwicklung im Küstenvorfeld zwischen Hever und Elbe (H. KLUG und B. HIGELKE, 1979), mit der Kartierung des Seegrundes vor den nordfriesischen Inseln (R. KÖSTER, 1977), mit der Erfassung morphologischer Vorgänge der ostfriesischen Riffbögen in Luftbildern (G. LUCK und H. H. WITTE, 1979) sowie mit Riff- und Platenranduntersuchungen im Testfeld Sylt (F. WUNDERLICH, 1979).

Auch im Rahmen einiger Projekte des Sonderforschungsbereiches 95 Kiel der Deutschen Forschungsgemeinschaft wurden geomorphologische Arbeiten durchgeführt, und zwar vor allem durch F. WERNER, der sich mit Riesenrippeluntersuchungen in der westlichen Ostsee befaßte (F. WERNER und R. S. NEWTON, 1970), einzelne Rippelfelder im Fehmarnbelt, vor Langeland und an anderen Stellen wiederholt vermessen und dazugehörige morphologische Strukturen untersucht hat.

Mit der Geomorphologie des Meeresbodens der südlichen Nord- und Ostsee haben sich in jüngster Zeit auch namhafte Wissenschaftler der DDR befaßt, wie z. B. H. ERTEL (1971) mit den geomorphologischen Auswirkungen der Brandungswellen an Flachküsten und O. KOLP (1976) mit den submarinen Terrassen und ihren Beziehungen zum eustatischen Anstieg des Meeresspiegels.

---

[1] In jüngster Zeit werden hierfür auch sog. Fächerlote (Multi-Echographen) eingesetzt.

Über die gesamte geophysikalische Literatur des Nord- und Ostseeraumes bis zum Jahre 1961 gibt es eine Bibliographie von F. MODEL (1966), die auch alle bis dahin erschienen geomorphologischen Arbeiten umfaßt. Eine zusammenfassende Dokumentation aller Arbeiten zum Thema "Sandbewegung im deutschen Küstenraum" wurde von H. MÄDLER (1979) erarbeitet.

3.5 GROSSFORMEN UND BODENSTRÖMUNGEN

Von besonderer Bedeutung für die Beantwortung physikalisch-ozeanographischer und z. T. auch meeresbiologischer Fragen sind die Beziehungen des Bodenreliefs der Tiefsee zu den Bodenströmungen und zur Tiefenzirkulation des Weltmeeres. Von deutscher Seite wurden zu diesem Thema bereits in den dreißiger Jahren einige grundlegende Beiträge geliefert. Für den Atlantischen und Indischen Ozean hat G. WÜST (1933 und 1934) die Anzeichen von Beziehungen zwischen Bodenstrom und Relief untersucht. Wenn auch damals die Topographie der Tiefsee lediglich in groben Zügen — häufig nur auf der Grundlage von Drahtlotungen — bekannt war, so sind doch diese ersten Deutungsversuche der potentiellen Bodentemperatur mit Hilfe der Großformen des Meeresbodens bemerkenswert und haben seinerzeit große Beachtung gefunden. Dies gilt auch für die WÜSTschen Untersuchungen über die Bodengestalt und das Bodenwasser im Nordpolarmeer (G. WÜST, 1941). Später befaßte sich auch TH. STOCKS mehrfach, vor allem in seinen Arbeiten über den Indischen Ozean, mit dieser Fragestellung (TH. STOCKS, 1944, 1950 und 1960). Auch G. SOMMERHOFF widmete sich diesem Thema, indem er das Problem der Steuerung der ozeanischen Polarfront des Ostgrönlandstromes durch die submarine Topographie untersuchte (G. SOMMERHOFF, 1974). Weitere Arbeiten, die die Einwirkungen der Bodenformen auf das Schwingungssystem der Ostsee betreffen, werden z. Z. vor allem von Kieler Ozeanographen durchgeführt.

4. SCHLUSSBEMERKUNG

Mit diesem Überblick, der keinen Anspruch auf Vollständigkeit erheben kann, sollte versucht werden, den Anteil deutscher Ozeanographen, Geographen und Geologen an der Erforschung der Formen des Meeresbodens darzustellen. Wenn es auch in diesem Rahmen nicht möglich ist, einen eingehenden entwicklungsgeschichtlichen Abriß zu geben, so sollte doch nach Möglichkeit verdeutlicht werden, in welchen Zeiträumen und bei welchen Forschungsthemengruppen die Hauptaktivitäten der morphologischen Erforschung des Meeresbodens bisher in Deutschland gelegen haben.

Abschließend sei noch die Frage gestellt, welcher wissenschaftlichen Disziplin die marine Geomorphologie eigentlich zugeordnet werden kann. Im Bezug auf das geographische Lehrangebot an deutschen Hochschulen gilt für die deutsche marine Geomorphologie immer noch weitgehend, was K. H. PAFFEN (1964) in seinem kritischen Beitrag zur Situation der maritimen Geographie feststellte, nämlich daß "eine Durchsicht der Vorlesungsverzeichnisse deutscher Hochschulen eine einseitige Ausrichtung der geographischen Lehre auf den festländischen Raum der Erde" erkennen läßt. Noch immer wird die Behandlung marin-geomorphologischer Fragestellungen in der geographischen akademischen Lehre — von wenigen Ausnahmen abgesehen — stark vernachlässigt, während sich die Nachbardisziplinen Geologie und Geophysik auch auf den ozeanischen Raum im Lehrangebot weitgehend eingestellt haben. Nicht zuletzt aus diesem Grunde wird heute in Deutschland die marin-geomorphologische Forschung eher der Meeresgeologie als der maritimen Geographie zugerechnet und auch von marinen Geologen besonders aktiv betrieben. Doch diese Vernachlässigung des marinen Teils der geomorphologischen Forschung durch die heutigen deutschen Geographen dürfte sich zu einem Nachteil der auf Ganzheit der Erforschung des Erdraumes gerichteten Zielsetzung dieser Wissenschaft auswirken. Gerade die

Geographen sind in der Lage, die im Bereich der marinen Geomorphologie auftretenden, in besonderer Weise raumbezogenen, Fragen auf Grund ihrer mehr universellen und vergleichenden Betrachtungsweise zu beantworten. Dies zeigen die zahlreichen Beiträge ausländischer Geographen zur Morphologie des Meeresbodens ebenso wie die hier im Überblick zur Darstellung gebrachten Arbeiten ihrer deutschen Fachkollegen.

ZUSAMMENFASSUNG

Auf die einleitende Betrachtung über den gegenwärtigen Stand der Erforschung des Meeresbodenreliefs folgt die Darstellung deutscher Forschungsbeiträge zur marinen Geomorphologie im historischen Überblick. Anschließend wird eine sachliche Zuordnung der Beiträge zu folgenden Themengruppen gegeben: Bathymetrie und Statistik der Meerestiefen, Großgliederung des Meeresbodens, Morphologie ozeanischer Großformen, Morphologie küstennaher Schelfregionen sowie Großformen und Bodenströmungen.

LITERATURVERZEICHNIS

DEFANT, A.: Über die Aufnahme morphologischer Einzelheiten des Meeresbodens mittels des Echolots. Geol. Rdsch. 30, 1939.

DIETRICH, G.: Einige morphologische Ergebnisse der "Meteor"-Fahrt Januar bis Mai 1938. Januar-Beiheft 20 zu Ann. Hydrogr. u. Marit. Meteorol. 67, 1939.

DIETRICH, G.: Zur Topographie und Morphologie des Meeresbodens im nördlichen Nordatlantischen Ozean. Dtsch. Hydrogr. Z., Erg.-H. Reihe B, Nr. 3, 1959.

DIETRICH, G. und J. ULRICH: Zur Topographie der Anton-Dohrn-Kuppe. Kieler Meeresforsch. 17, H. 1, 1961.

DIETRICH, G. und J. ULRICH: Atlas zur Ozeanographie, Bibliogr. Inst. Mannheim, 1968.

EDELMANN, P.: Topographisch-morphologische Untersuchung am Kontinentalrand vor Senegal-Mauretanien nach bathymetrischen Unterlagen von F. S. "Meteor" (1971) und F. S. "Valdivia" (1975). Dipl.-Arb. Kiel, 1979.

ERTEL, H.: Eine Betrachtung zur geomorphologisch wirksamen Arbeit der Brandungswellen an Flachküsten. Acta Hydrographica 16, H. 1, 1971.

FLEISCHER, U., F. HOLZKAMM, K. VOLLBRECHT und D. VOPPEL: Die Struktur des Island-Färöer-Rückens aus geophysikalischen Messungen. Dt. Hydrogr. Z., 27, H. 3, 1974.

GELLERT, J. F.: Die Außenelbe. Ein morphologisches Problem der inneren Deutschen Bucht. Geogr. Z. 1937.

GIERLOFF-EMDEN, H.-G.: Der Küstenschelf von El Salvador im Zusammenhang mit der Morphologie und Geologie des Festlandes. Dtsch. Hydrogr. Z., 11, H. 6, 1958.

GIERLOFF-EMDEN, H.-G.: Luftbild und Küstengeographie am Beispiel der deutschen Nordseeküste. In: Landeskundl. Luftbildauswertung im mitteleurop. Raum, H. 4, Godesberg 1961.

GIERLOFF-EMDEN, H.-G., H. SCHROEDER-LANZ und F. WIENECKE: Beiträge zur Morphologie des Schelfes und der Küste bei Kap Sines (Portugal). "Meteor" Forsch.-Ergebn., Reihe C, H. 3, 1970.

GOEHREN, H.: Beitrag zur Morphologie der Jade- und Wesermündung. Die Küste 13, 1965.

GOEHREN, H.: Untersuchungen über die Sandbewegung im Elbmündungsgebiet. Hamburger Küstenforsch. 19, 1971.

GRIPP, K.: Entstehung und künftige Entwicklung der Deutschen Bucht. Aus d. Arch. Dt. Seewarte Mar.-Obs. 63, Nr. 2, 1944.

GROLL, M.: Tiefenkarten der Ozeane, Veröff. Inst. f. Meereskunde Berlin. N. F. Reihe A, H. 2, 1912.

HINZ, K., F. KÖGLER, I. RICHTER und E. SEIBOLD: Reflexionsseismische Untersuchungen mit einer pneumatischen Schallquelle und einem Sedimentecholot in der westlichen Ostsee. Meyniana 21, 1971.

HOMEIER, H.: Die morphologische Entwicklung im Bereich der Harle und ihre Auswirkungen auf das Westende von Wangerooge. Forsch.-Stelle Norderney, Jahresbericht 1972, Bd. 24, Norderney 1973.

HORMANN, K.: Geomorphologische Kartenanalyse mit Hilfe elektronischer Rechenanlagen. Z. F. Geomorphologie, N. F. Bd. 13, H. 1, 1969.

JARKE, J.: Der Boden der südlichen Nordsee. Dtsch. Hydrogr. Z. 9, 1, 1956.

KLUG, H. und B. HIGELKE: Ergebnisse geomorphologischer Seekartenanalysen zur Erfassung der Reliefentwicklung und des Materialumsatzes im Küstenvorfeld zwischen Hever und Elbe 1936-1969. DFG-Forschungsbericht "Sandbewegung im Küstenraum", Bonn 1979.

KÖGLER, F.: Die Anwendung elektroakustischer Verfahren bei geologischen Untersuchungen des oberflächennahen Untergrundes in Schelfgebieten. ELAC-Bericht Nr. 2, Kiel 1976.

KÖSTER, R.: Dreidimensionale Kartierung des Seegrundes vor den Nordfriesischen Inseln. DFG-Forschungsbericht "Sandbewegung im Küstenraum", Bonn 1979.

KOLP, O.: Die submarine Terrassen der südlichen Ost- und Nordsee und ihre Beziehungen zum eustatischen Meeresanstieg. Beiträge z. Meereskde. H. 35, Berlin 1976.

KOSSINNA, E.: Die Tiefen des Weltmeeres, Veröff. Inst. f. Meereskde, Neue Folge, Reihe A, H. 9, Berlin 1921.

KRÜGER, W.: Riffwanderung vor Wangerooge. Abh. Nat. Ver. Bd. 30, H. 1/2, Bremen 1937.

LOUIS, H.: Neugefaßtes Höhendiagramm der Erde. Bayerische Akad. d. Wiss. math.-nat. Klasse, 1975.

LUCK, G.: Zur morphologischen Gestaltung der Seegaten zwischen den Ostfriesischen Inseln. Neues Archiv für Niedersachsen, Bd. 15, H. 3, 1966.

LUCK, G. und H. H. WITTE: Erfassung morphologischer Vorgänge der ostfriesischen Riffbögen in Luftbildern. DFG-Forschungsbericht "Sandbewegung im Küstenraum", Bonn 1979.

LÜNEBURG, H.: Untersuchungen des oberflächennahen Sedimenthabitus und der daraus ersichtlichen Bodendynamik im Lister Tief und seinem Einzugsbereich (1970-1973). DFG-Forschungsbericht "Sandbewegung im Küstenraum", Bonn 1979.

MÄDLER, H.: Dokumentation "Sandbewegung im deutschen Küstenraum". DFG-Forschungsbericht "Sandbewegung im Küstenraum", Bonn 1979.

MARIENFELD, F. W.: Morphologie der Neufundland-Bänke. Mitt. d. Geogr. Ges. Hamburg, 50, 1952.

MAURER, H.: Die Emden-Tiefe. Z. Ges. f. Erdkde. Berlin 1928.

MAURER, H.: Eine Nachprüfung der Emden-Tiefe. Ann. d. Hydr. u. Marit. Met. Berlin 1937.

MAURER, H. und TH. STOCKS: Die Echolotungen. Wiss. Ergebn. Dt. Atlant. Exped. "Meteor", Bd. II. 1925-27, Berlin 1933.

MECKING, L.: Ozeanische Bodenformen und ihre Beziehungen zum Bau der Erde. Peterm. Mitt. 1940.

MEINARDUS, W.: Die bathygraphische Kurve des Tiefseebodens und die hypsographische Kurve der Erdkruste. Ann. d. Hydrogr. etc. 70, 1942.

MENZEL, H.: Tiefseekuppen. Z. f. Geophys., 37, 1971.

MODEL, F.: Geophysikalische Bibliographie von Nord- und Ostsee. Hamburg 1966.

PAFFEN, K. H.: Maritime Geographie. Die Stellung der Geographie des Meeres und ihre Aufgaben im Rahmen der Meeresforschung. Erdkunde, Bd. 18, Lfg. 1, 1964.

PASENAU, H.: Terrassengliederung der Großen Meteorbank. Methodisch-morphometrische Untersuchungen an einer ozeanischen Kuppe. Diss. Kiel 1969.

PASENAU, H.: Morphometrische Untersuchungen an Hangterrassen der Großen Meteorbank. "Meteor"-Forsch.-Ergebn. Reihe C, No. 6, 1971.

PASENAU, H.: Zur Morphologie des submarinen Reliefs im Raume der östlichen Kanarischen Inseln. Schr. Geogr. Inst. Univ. Kiel 39, 1973.

PASENAU, H. and J. ULRICH: Giant and Mega Ripples in the German Bight and Studies of their Migration in a Testing Area (Lister Tief). Proc. 14th Coastal Engineering Conf. 1974 Copenhagen, New York 1974.

PFANNENSTIEL, M.: Erläuterungen zu den bathymetrischen Karten des östlichen Mittelmeeres. Bull. Inst. Océanographique, Monaco, No. 1192, 1960.

PFANNENSTIEL, M.: Der nördliche Teil des Mittelatlantischen Rückens. Geogr. Rdsch. 13, 1961.

PFANNENSTIEL, M.: Das Relief der Ozeanböden. In: MURAWSKI, H. (Hrsg.): "Vom Erdkern bis zur Magnetosphäre", Umschau-Verl., Frankfurt/M. 1968.

PFANNENSTIEL, M. und G. GIERMANN: Bathymetrische Karte des östlichen Mittelmeeres in 5 Blättern. Monaco 1960.

PRATJE, O.: Die Deutung der Steingründe in der Nordsee als Endmoränen. Dtsch. Hydrogr. Z., 4, 1951.

PRATJE, O.: Die Erforschung des Meeresbodens. Geol. Rdsch. 39, 1951.

REINECK, H. E., I. B. SINGH und F. WUNDERLICH: Einteilung der Rippe und anderer mariner Sandkörper. Senckenberg Marit. 3, 1971.

RODLOFF, W.: Über die Morphologie einiger Wattgebiete der schleswig-holsteinischen Westküste. Die Küste, 20, 1970.

ROGALLA, E. H.: Über die Aufnahme einer untermeerischen Kuppe zwischen Rockall und St. Kilda. Dtsch. Hydrogr. Z. 13, 1960.

RUST, U. und F. WIENECKE: Bathymetrische und geomorphologische Bearbeitung von submarinen "Einschnitten" im Seegebiet vor Westafrika. Ein methodischer Versuch. Münchener Geogr. Abh. Bd. 9, 1973.

SCHOTT, G.: Geographie des Indischen und Stillen Ozeans. Hamburg 1935.

SCHOTT, G.: Geographie des Atlantischen Ozeans. 3. Aufl., Hamburg 1942.

SEIBOLD, E.: Der Meeresboden, Ergebnisse und Probleme der Meeresgeologie. Berlin. Heidelberg, New York 1974.

SEIBOLD, E. und J. ULRICH: Zur Bodengestalt des nordwestlichen Golfs von Oman. "Meteor"-Forsch.-Ergebn. Reihe C, H. 3, Berlin-Stuttgart 1970.

SEIBOLD, E. und K. VOLLBRECHT: Die Bodengestalt des Persischen Golfs. "Meteor"-Forsch.-Ergebn. (C), No. 2, Berlin-Stuttgart 1969.

SOMMERHOFF, G.: Formenschatz und morphologische Gliederung des südostgrönländischen Schelfgebietes und Kontinentalabhanges. "Meteor"-Forsch.-Ergebn. Reihe C, Nor. 15, Berlin-Stuttgart 1973.

SOMMERHOFF, G.: Die ozeanische Polarfront des Ostgrönlandstromes und die Frage ihrer Steuerung durch die submarine Topographie. Dt. hydrogr. Z. Bd. 27, H. 3, 1974.

SOMMERHOFF, G.: Glaziale Gestaltung und marine Überformung der Schelfbänke vor SW-Grönland. Z. d. Dtsch. Ges. f. Polarforsch. Münster, 45 Jg., Nr. 1, 1975.

STOCKS, TH.: Erkundungen über Art und Schichtung des Meeresbodens mit Hilfe von Hochfrequenz-Echoloten. Naturwiss. 23, 1935.

STOCKS, TH.: Grundkarte der ozeanischen Lotungen 1 : 5 Mill. Wiss. Ergebn. Dt. Atlant. Exped. "Meteor" 1925-27, 3, 4. Lfg. Berlin 1937, 1938, 1941, 1961.

STOCKS, TH.: Statistik der Tiefenstufen des Atlantischen Ozeans. Meteor-Werk III, 1; 2. Lfg. Berlin 1938.

STOCKS, TH.: Stand und Aufgabe einer Grundkarte der ozeanischen Lotungen im Maßstab 1 : 5 Mill. Geol. Rdsch. 30, 1939.

STOCKS, TH.: Die Tiefenverhältnisse des Golfes von Aden. Z. Ges. f. Erdk. Berlin 1941.

STOCKS, TH.: Zur Bodengestalt des nordwestlichen Indischen Ozeans. Z. Ges. f. Erdk. Berlin 1944.

STOCKS, TH.: Neue größte Tiefen im Atlantischen Ozean. Dt. Hydr. Z. Bd. 2, 1949.

STOCKS, TH.: Die Tiefenverhältnisse des Europäischen Nordmeeres. Dt. Hydrogr. Z. 3, 1950.

STOCKS, TH.: Tiefenkarte des Hawaii-Sockels. Mitt. d. Geogr. Ges. Hamburg, Bd. 49, 1950.

STOCKS, TH.: Die größte heute bekannte Tiefe des Weltmeeres. Dt. Hydrogr. Z., Bd. 4, 1951.

STOCKS, TH.: Der Steingrund bei Helgoland. Dt. Hydrogr. Z. 8, 1955.

STOCKS, TH.: Eine neue Tiefenkarte der südlichen Nordsee. Dt. Hydrogr. Z. 9, 1956.

STOCKS, TH.: Die Gestalt des Nord- und Ostseebodens. Verh. d. 30. Dt. Geogr.-T. Hamburg 1955. Wiesbaden, 1956.

STOCKS, TH.: Untermeerische Bodenformen. Geogr. Taschenb. 1958/59.

STOCKS, TH.: Zur Bodengestalt des Indischen Ozeans. Erdkunde, 14, 3, 1960.

STOCKS, TH.: Über den Aussagewert von ozeanischen Tiefenzahlen. Geogr. Rdsch., Jg. 16, H. 4, 1964.

STOCKS, TH. und G. WÜST: Die Tiefenverhältnisse des offenen Atlantischen Ozeans. Wiss. Ergebn. Dt. Atlant. Exped. "Meteor" 1925-27, 3, 1. Lfg. Berlin 1935.

SUPAN, A.: Die Bodenformen des Weltmeeres. Peterm. Geogr. Mitt. Gotha 1899.

SUPAN, A.: Terminologie der wichtigsten untermeerischen Bodenformen. Peterm. Geogr. Mitt. Gotha 1903.

ULRICH, J.: Zur Topographie des Reykjanes-Rückens. Kieler Meeresforsch. 16, H. 2, 1960.

ULRICH, J.: Echolotprofile der Forschungsfahrten von F. F. S. "Anton Dohrn" und V. F. S. "Gauss" im Internationalen Geophysikalischen Jahr 1957/58. Dtsch. Hydrogr. Z., Erg.-H. Reihe B, Nr. 6, 1962.

ULRICH, J.: Die Maximaltiefen der Ozeane und ihrer Nebenmeere. Geogr. Taschenb. 1962/1963. Wiesbaden 1962.

ULRICH, J.: Der Formenschatz des Meeresbodens. Geogr. Rdsch. Jg. 15, H. 4, 1963.

ULRICH, J.: Zur Gestalt des Meeresbodens im Nordatlantischen Ozean. Erdkunde, 17, Lfg. 3/4, 1963.

ULRICH, J.: Zur Topographie der Rosemary-Bank. Kieler Meeresforsch., 20, H. 2, 1964.

ULRICH, J.: Tiefseekuppen in den Weltmeeren. Umschau, H. 11, 1964.

ULRICH, J.: Die Mittelozeanischen Rücken. Geogr. Rdsch., Jg. 18, H. 11, 1966.

ULRICH, J.: Die größten Tiefen der Ozeane und ihrer Nebenmeere. Geogr. Taschenb. 1966/69. Wiesbaden 1966.

ULRICH, J.: Die Echolotungen des Forschungsschiffes "Meteor" im Arabischen Meer während der Internationalen Indischen Ozean-Expedition. — "Meteor"-Forsch.-Ergebn. Reihe C, No. 1, 1968.

ULRICH, J. : Topographie und Morphologie. In: H. CLOSS et al. (1969): "Atlantische Kuppenfahrten 1967" mit dem Forschungsschiff "Meteor". — Reisebericht. "Meteor"-Forsch.-Ergebn., Reihe A, No. 6, Berlin-Stuttgart 1969.

ULRICH, J.: Geomorphologische Untersuchungen an Tiefseekuppen im Nordatlantischen Ozean. Dtsch. Geographentag Kiel 1969. Wiesbaden, 1970.

ULRICH, J.: Großformen des Meeresbodens. In: DIETRICH, G. (Hrsg.): Erforschung des Meeres. Umschau-Verl., Frankf./M. 1970.

ULRICH, J.: Zur Topographie und Morphologie der Großen Meteorbank. "Meteor"-Forsch.-Ergebn. Reihe C, No. 6, Berlin-Stuttgart, 1971.

ULRICH, J.: Untersuchungen zur Pendelbewegung von Tiderippeln im Heppenser Fahrwasser (Innenjade). Die Küste, H. 23, 1972.

ULRICH, J.: Die Verbreitung submariner Riesen- und Großrippeln in der Deutschen Bucht. Dtsch. Hydrogr. Z., Reihe B, Nr. 14, Hamburg 1973.

ULRICH, J.: Anwendungsmöglichkeiten moderner Echolotsysteme in der ozeanographischen Forschung. ELAC-Bericht Nr. 3, Kiel 1976.

ULRICH, J.: Bodenrippeln als Indikatoren für Sandbewegung. DFG-Forschungsbericht "Sandbewegung im Küstenraum". Bonn 1979.

ULRICH, J. und H. PASENAU: Morphologische Untersuchungen zum Problem der tidebedingten Sandbewegung im Lister Tief. Die Küste, H. 24, 1973.

ULRICH, J. und H. PASENAU: Untersuchungen zur Morphologie des Schelfrandes vor Mozambique nordöstlich der Sambesi-Mündung. Dtsch. Hydrogr. Z., 26, H. 5, 1973.

VALENTIN, H.: Die Küsten der Erde. Peterm. geogr. Mitte., Erg.-H. 246, 1952.

WEILAND, D.: Erarbeitung und Diskussion einer topographisch-morphologischen Meeresbodenkarte im Seegebiet nördlich Dakar/Senegal. Staatsex. Arb. Kiel 1976.

WERNER, F. and K. LANGE: A bathymetric survey of the still area between the Red Sea and the Gulf of Aden. Geol. Jb., D 13, 1975.

WERNER, F. und R. S. NEWTON: Riesenrippeln im Fehmarnbelt (westliche Ostsee). Meyniana 20, 1970.

WÜST, G.: Bodenwasser und Bodenkonfiguration der atlantischen Tiefsee. Z. Ges. f. Erdk. Berlin 1933.

WÜST, G.: Anzeichen von Beziehungen zwischen Bodenstrom und Relief in der Tiefsee des Indischen Ozeans. Naturwissenschaften 22, 1934.

WÜST, G.: Die Großgliederung des Tiefseebodens, zugleich ein Versuch einer systematischen geographischen Namensgebung für die Tiefseebecken des Weltmeeres. Ass. Océanogr. Phys. Procès. Verb. Nr. 2, 1937.

WÜST, G.: Die Großgliederung des atlantischen Tiefseebodens. Geol. Rdsch. 30, 1939.

WÜST, G.: Das Relief des Azorensockels und des Meeresbodens nördlich und nordwestlich der Azoren. Wiss. Ergebn. Intern. Golfstromunters. 1938, Lfg. 2, August-Beih., Ann. Hydrogr. u. Marit. Meteorol. 68, 1940.

WÜST, G.: Zur Nomenklatur der Großformen des Ozeanbodens. Assoc. Oceanogr. Un. Geod. Geophys. Int. Publ. Sci. 8, 1940.

WÜST, G.: Relief und Bodenwasser im Nordpolarbecken. Z. Ges. f. Erdk. Berlin 1941.

WÜST, G.: Die morphologischen und ozeanographischen Verhältnisse des Nordpolarbeckens. Veröff. d. dt. Wiss. Inst. in Kopenhagen, Reihe I, Arktis Nr. 6, Berlin 1942.

WÜST, G.: Die größten Tiefen des Weltmeeres in kritischer Betrachtung. Die Erde 1950/51, 3/4, 1950.

WUNDERLICH, F.: Riff- und Platenranduntersuchungen Testfeld Sylt. DFG-Forschungsbericht "Sandbewegung im Küstenraum", Bonn 1979.

ZAUSIG, F.: Veränderungen der Küsten, Sände, Tiefs und Watten der Gewässer um Sylt (Nordsee) nach alten Seekarten, Seehandbüchern und Landkarten seit 1585. Geol. Meere Binnengew., 3, 1939.

ZUSÄTZLICH IM TEXT GENANNTE LITERATUR:

MENARD, H. W. and S. M. SMITH: Hypsometry of Ocean Basin Provinces. Journ. Geophys. Res., 71, Nr. 18, 1966.

HEEZEN, B. C., M. THARP and M. EWING: The floors of the Ocans. I, The North Atlantic. Geol. Soc. Amer. Spec. Paper 65, 1959.

VERZEICHNIS AUSGEWÄHLTER BATHYMETRISCHER UND TOPOGRAPHISCHER KARTEN DEUTSCHER AUTOREN

TH. STOCKS: Grundkarte der ozeanischen Lotungen 1 : 5 Mio. Wiss. Ergebn. Dt. Atlant. Exped. "Meteor" 1925-1927. Berlin 1937, 1938, 1941, 1961.

TH. STOCKS: Tiefenkarte des nordwestlichen Indischen Ozeans. M. 1 : 23 Mio. Z. Ges. f. Erdkde, H. 3/4 Berlin 1941, 1944.

B. SCHULZ: Tiefenkarte der Ostsee, M. 1 : 1 Mio. Archiv. Dt. Seewarte, Bd. 62, 1942.

TH. STOCKS: Tiefenkarte des Hawaii-Sockels, M. 1 : 5 Mio. Mitteil. Geogr. Ges. Hamburg 1948.

TH. STOCKS:	Tiefenkarte der südlichen Nordsee. Dt. Hydrogr. Z., 9, H. 6, 1956.
FORSCHUNGSSTELLE NORDERNEY:	Niedersächsische Küste. Topographische Wattkarte 1 : 25 000; 15 Blätter 1961, 1962.
G. DIETRICH:	Tiefenkarte der Norwegischen See. M. 1 : 200 000. "Meteor" Forsch.-Ergebn. Reihe A, No. 12, 1969.
J. ULRICH:	Tiefenkarte der Großen Meteorbank, M. 1 : 250 000. "Meteor" Forsch.-Ergebn. Reihe A, No. 6, 1969.
E. HOLLAN:	Tiefenkarte vom zentralen Teil des östlichen Gotlandbeckens, M. 1 : 200 000. Dt. Hydrogr. Z., Jg. 26, 1970.
R. NEWTON:	Tiefenkarte der Kieler Bucht. M. 1 : 200 000. Beilage zu K. HINZ et al., 1971.
J. ULRICH:	Blatt Nr. 5.01 der "General Bathymetric Chart of the Oceans" (GEBCO) M. 1 : 10 Mio. Canadian Hydrogr. Service, 1978.

Art und Ursachen des Meeresanstiegs im Küstenraum der südwestlichen Ostsee während des jüngeren Holozäns

von
Heinz Klug, Regensburg

In der geowissenschaftlichen Erforschung des Küstenraumes der südwestlichen Ostsee stehen für das jüngere Holozän zwei Problemkreise im Vordergrund: 1. Verlief der Meeresanstieg kontinuierlich oder erfolgte er oszillierend mit Trans- und Regressionsphasen? 2. In welcher Weise wurde dieser Vorgang durch eine glazial-isostatische Landsenkung überlagert? Die Beantwortung dieser Fragen ist nicht zuletzt für die Geomorphologie von besonderer Wichtigkeit, denn die relativen Verschiebungen zwischen Land und Meer steuerten auch entscheidend die Herausbildung der heutigen Reliefform des betroffenen Küstenraumes.

1. ZUM GEGENWÄRTIGEN FORSCHUNGSSTAND

Die über den zeitlichen und räumlichen Verlauf der jungholozänen Niveauveränderungen im Küstengebiet der südwestlichen Ostsee gewonnenen neueren Forschungsergebnisse stimmen in grundsätzlichen Aussagen nicht überein (zur Lage der Arbeitsgebiete siehe Abb. 5). Nach Untersuchungen an den Küsten Ostholsteins — bei Heiligenhafen, im Oldenburger Graben, in der inneren Lübecker Bucht und Alt-Lübeck — kam KÖSTER (1961, 1967, 1971) zu dem Ergebnis (vgl. Abb. 1), daß sich im Bereich der südwestlichen Ostseeküste nach einem relativ schnellen Wasseranstieg seit etwa 5500 v. Chr. der Transgressionsvorgang ab 2500 v. Chr. zwar verlangsamt, aber insgesamt kontinuierlich fortsetzte. Während diese Annahme sich zunächst (KÖSTER, 1960, 1961, 1967) auf den gesamten Zeitraum bis zur Gegenwart bezog, schränkte sie KÖSTER (1971) dann auf die Phase bis Christi Geburt ein und konstatierte, daß der Meeresspiegel von da an oszillierend sein heutiges Niveau erreichte. Ältere transgressive Phasen (älter als 2000 Jahre B. P.) sind unbekannt. Grundsätzlich aber wird stets die Auffassung vertreten, daß der Wasserstand bei Christi Geburt noch gut 2 m unter NN lag.

Entgegen dieser Annahme faßte VOSS (1972) seine an mehreren Küstenabschnitten zwischen der Flensburger Außenförde und der Eckernförder Bucht gewonnen Resultate (vgl. Abb. 2; ausgezogene Kurve. Die zwei davon abweichenden, gepunkteten Kurven werden in Abschnitt 2 erörtert.) dahingehend zusammen, daß der Meeresspiegel bereits um Christi Geburt ein nahezu ähnliches Niveau wie heute erreicht hatte, in der Folgezeit eine Regression einsetzte (Tiefstand etwa 1100 n. Ch. bei -88 cm NN) und erst der daran anschließende neuerliche Anstieg zur Erreichung des heutigen Wasserstandes führte.

Weitere Aufschlüsse zu diesem Problemkreis wurden von Ergebnissen küstenmorphologischer Untersuchungen im Bereich der östlichen Kieler Außenförde (KLUG, 1973; KLUG et al., 1974) und der Hohwachter Bucht (ERNST 1974) erwartet. Diese Räume boten sich zur Untersuchung vor allem aus zwei Gründen an: Einmal aufgrund ihrer Lage, weil hier in der Küstenforschung der südwestlichen Ostsee regional die weiteste Lücke klaffte, zum anderen deshalb, weil es sich um ausgedehnte Strandwallandschaften handelt, die in besonderer Weise auch den Einsatz geomorphologischer Forschungsmethoden ermöglichen.

Die Grundlage für die Erfassung der mit dem postglazialen Meeresanstieg erfolgenden Veränderungen der Küstenräume bildeten Aufnahmen der letztglazialen Reliefformen im terrestrischen und subaquatischen Untersuchungsbereich. Ausgehend von der heutigen Küstenlandschaft wurden dann — zeitlich zurückschreitend — zunächst unter Anwendung von vermessungstechnischen,

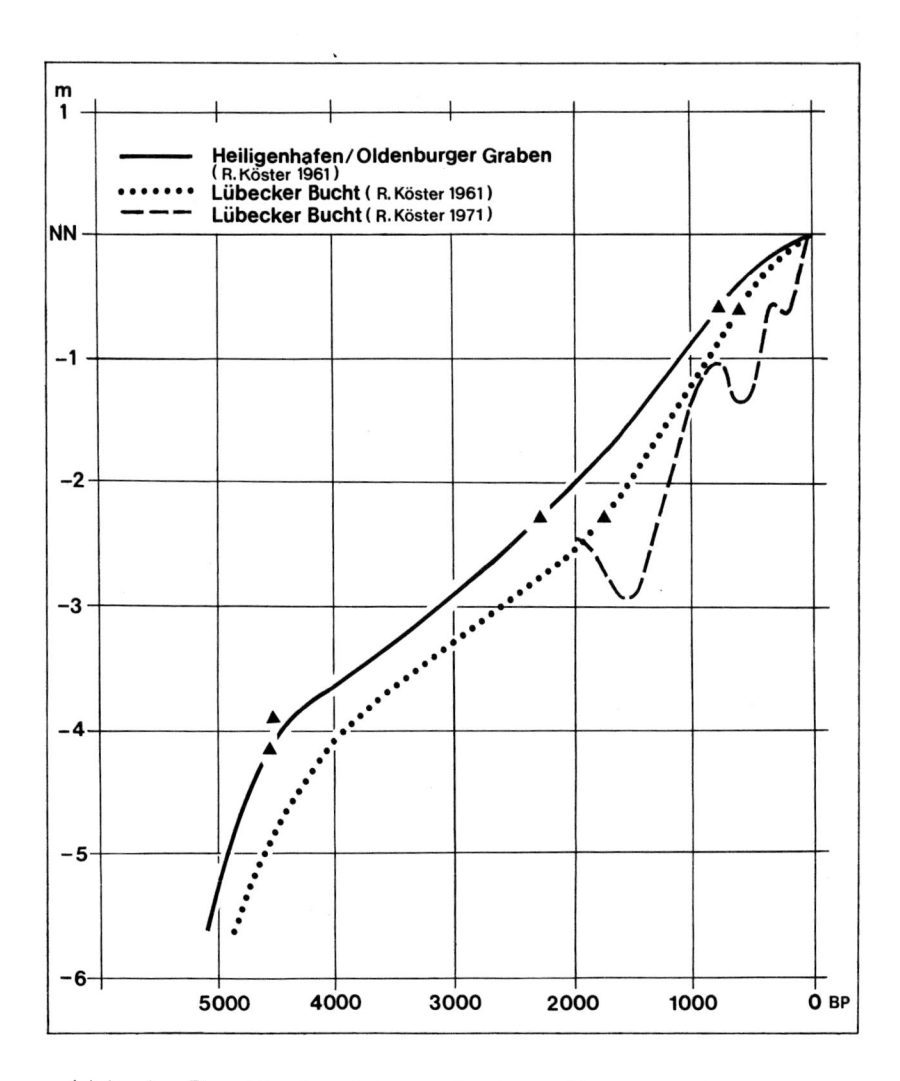

Abb. 1: Der Verlauf des relativen Meeresspiegelanstiegs an verschiedenen Küstenabschnitten Ostholsteins nach KÖSTER.

kartographischen und geomorphologischen Methoden die einzelnen Phasen der morphologischen Landschaftsgenese rekonstruiert. Die älteren Entwicklungsabschnitte wurden durch stratigraphische Analysen, dem daraus resultierenden Sedimentationsablauf sowie aus den Ergebnissen der Pollenanalysen und den ^{14}C-Datierungen in ihrem räumlich-zeitlichen Verlauf erfaßt.

Die gewonnen Ergebnisse sind in Abb. 3 in Form von Transgressionskurven dargestellt. Der Vergleich dieser Resultate mit denjenigen anderer Bearbeiter aus anderen Küstenabschnitten der südwestlichen Ostsee dient dem Ziel, sie auf ihre überregionale Aussagekraft hin zu überprüfen. Damit besteht die Möglichkeit, das zunächst nur mit Gültigkeit für einen eng begrenzten Raum gewonnene Bild des Transgressionsverlaufes auf ein größeres Gebiet mit weiterreichenden Konsequenzen anzuwenden.

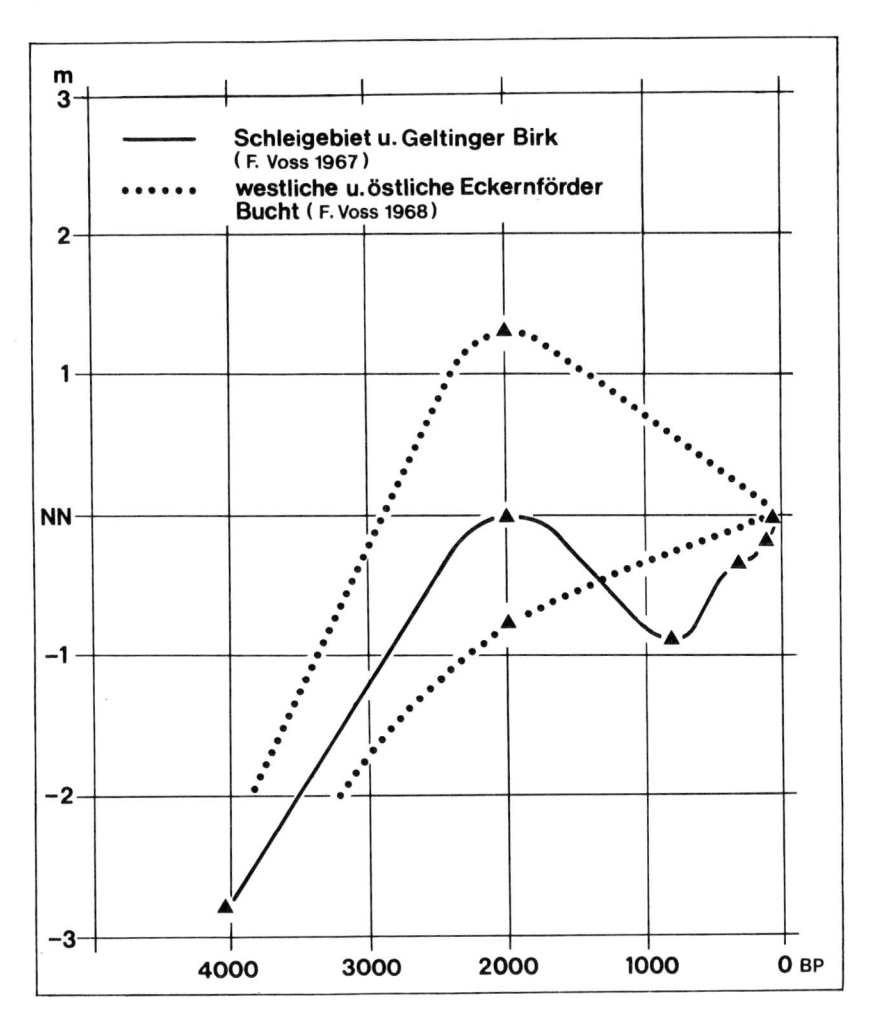

Abb. 2: Die relativen Ostseeschwankungen an verschiedenen Küstenabschnitten Ostschleswigs nach VOSS.

2. DAS NEUE BILD DES OSTSEEANSTIEGS

Der Anstieg des transgredierenden Litorina-Meeres vollzog sich im älteren Holozän zunächst — wie bei prinzipieller Übereinstimmung zwischen allen bisher vorliegenden Untersuchungsergebnissen festgestellt — verhältnismäßig schnell. Ganz im Gegenteil zur Annahme eines kontinuierlichen Wasseranstiegs zeigten die frühen Transgressionskontakte aus den Küstenräumen der östlichen Kieler Außenförde und der Hohwachter Bucht jedoch, daß der Meeresspiegel bereits vor etwa 5500 Jahren B. P. ein Niveau um -3 m NN erreicht hatte und der Transgressionsvorgang sich stark verlangsamte oder in eine relativ kurze Stagnationsphase überging. Danach folgte ab ca. 5000 B. P. ein neuerlicher Transgressionsschub. Diese Oszillation im frühen Meeresspiegelanstieg des jüngeren Holozäns wurde auch bei archäologischen Untersuchungen (HOIKA, SCHÜTRUMPF, SCHWABEDISSEN, 1972) im Ostseebereich des Oldenburger Grabens festgestellt. Es scheint sich also nicht nur um ein regionales Phänomen zu handeln.

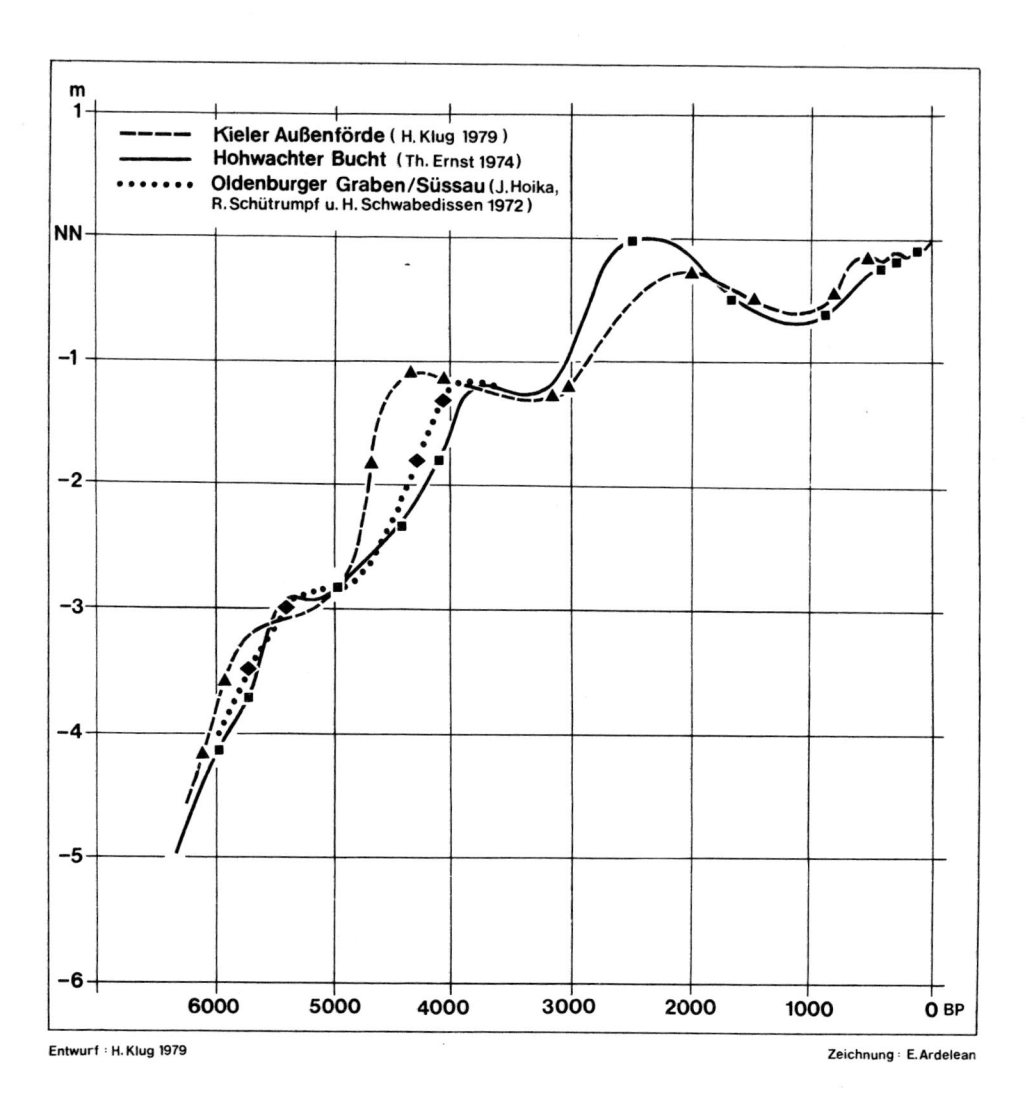

Abb. 3: Der Verlauf des relativen Meeresspiegelanstiegs an der östlichen Kieler Außenförde, in der Hohwachter Bucht und im Oldenburger Graben.

Vor etwa 4000 Jahren stand der Meeresspiegel schon in einer Höhenlage von wenigen Dezimetern unter -1 m NN und verharrte in diesem Niveau annähernd ein Jahrtausend. Ein schwaches Oszillieren bzw. eine leichte Regression können angenommen werden.

Bei diesem Ergebnis scheint es sich ebenfalls nicht — wie man zunächst erwarten konnte — um eine regional bedingte Erscheinung zu handeln, denn inzwischen abgeschlossene Forschungen aus anderen Küstengebieten der südwestlichen Ostsee zeitigten analoge Resultate. So kam auch BANTELMANN (freundliche mündliche Mitteilung) aufgrund siedlungshistorischer Arbeiten im Küstengebiet von Habernis zu der Feststellung, daß dort der Meeresspiegel schon etwa 1800 v. Chr. um mehrere Dezimeter über -1.7 m lag. Und VOSS (1973) schließt aus einer Analyse der Strandwallmorphologie im Höftland von Langballigau an der Flensburger Förde ebenfalls auf einen um diese Zeit einzuordnenden "Transgressionshochstand" gleicher Größenordnung. Neue archäologische Arbeitsresultate aus dem Oldenburger Graben und der Ostseeküste, die HOIKA, SCHÜTRUMPF und SCHWABEDISSEN (1972) vorlegten, zeigten, daß auch dort der Meeresspiegel schon wesentlich früher als seither angenommen wurde, bis wenig unter -1 m angestiegen war.

Unter Berücksichtigung der Tatsache, daß die Aussage über den hohen Meeresspiegelstand im zweiten Jahrtausend vor Christus sowohl durch ^{14}C-Messungen als auch archäologische Arbeitsergebnisse und außerdem durch geomorphologische Befunde, also in dreifacher Weise und zudem in drei räumlich auseinander liegenden Gebieten abgesichert ist, besitzt sie mit hoher Wahrscheinlichkeit überregionale Gültigkeit.

Etwa 1000 Jahre v. Chr. setzte eine neuerliche Transgressionsphase ein, in deren Verlauf der Meeresspiegel — etwa um die Zeitenwende, vermutlich sogar schon etwas früher — fast das heutige Ostseeniveau erreichte. In der Folgezeit kam es noch einmal zu einer leichten Regression. Diese nachchristliche Rückzugsphase ist durch einen Transgressionskontakt aus der Hohwachter Bucht bei -0,51 m NN für etwa 460 n. Chr. belegt. Im Verlauf des danach folgenden neuerlichen Anstiegs des Meeres erreicht der Wasserstand das heute eingenommene Niveau.

Für die Zeit nach 1000 v. Chr. stehen die an der östlichen Kieler Außenförde und in der Hohwachter Bucht erzielten Ergebnisse in guter Übereinstimmung mit den von VOSS (1967, 1970) an der Schleimündung und in der Geltinger Birk erarbeiteten Resultaten. Alle, durchweg interdisziplinär abgesicherten Datierungsmarken lassen sich zwanglos in die synchron verlaufenden Kurven der relativen Wasserstandsänderungen der letzten 3000 Jahre einfügen: Sie zeigen einen Meeresspiegelanstieg bis nahe an das heutige Ostseeniveau für die Zeit vor oder um Christi Geburt und eine anschließende frühmittelalterliche Regressionsphase, die etwa im 12. Jahrhundert n. Chr. von einer erneut einsetzenden Transgression abgelöst wird.

Auch dieser jüngste Anstieg erfolgte in kleinen Oszillationen, wie die genaue Analyse der Strandwallmorphologie und die Auswertung der Pegelmessungen ergab. Die Transgressionsphasen fallen jeweils in die Zeiten mit besonders starken Ostsee-Sturmfluten: Die erste nachchristliche Transgression beginnt um das Jahr 1000 und wird ab 1200 stärker. Eine Sturmflut zerstört um 1260 das frühere Dorf Wisch in der Probstei (Kieler Außenförde). Nach einer mittelalterlichen Stagnation bzw. Regression beginnt im 17. Jahrhundert ein neuerlicher Meeresanstieg. Schwere Sturmfluten sind aus den Jahren 1625 und 1694 bekannt. Im erstgenannten Jahr wurde die "Heide, die nördlich der Probstei lag, überschwemmt und zerstört" (JESSIEN, in CLASEN, 1898; DETLEFSEN, 1971). Das ehemals mehr als drei Hufen umfassende Dorf Lippe (Hohwachter Bucht) wurde zwischen 1511 und 1652 durch das vorrückende Meer zerstört und danach nicht mehr genannt (ERNST, 1974). Der jüngste Meeresanstieg erfolgt seit Mitte des 19. Jahrhunderts, wie Pegelmessungen und Kartenvergleiche klar zu erkennen geben. In diesen Zeitraum fällt die "Jahrhundert-Sturmflut" von 1872 (KIECKSEE, 1972). Zwischen 1902 und 1968 erfolgte nach den von TRUELSEN (1973) neu berechneten Pegelbeobachtungen folgender relativer Meeresspiegelanstieg:

Fehmarnsund	0.9 mm/J. in 33 Jahren,
Marienleuchte	1.0 mm/J. in 49 Jahren,
Kiel	1.2 mm/J. in 53 Jahren.

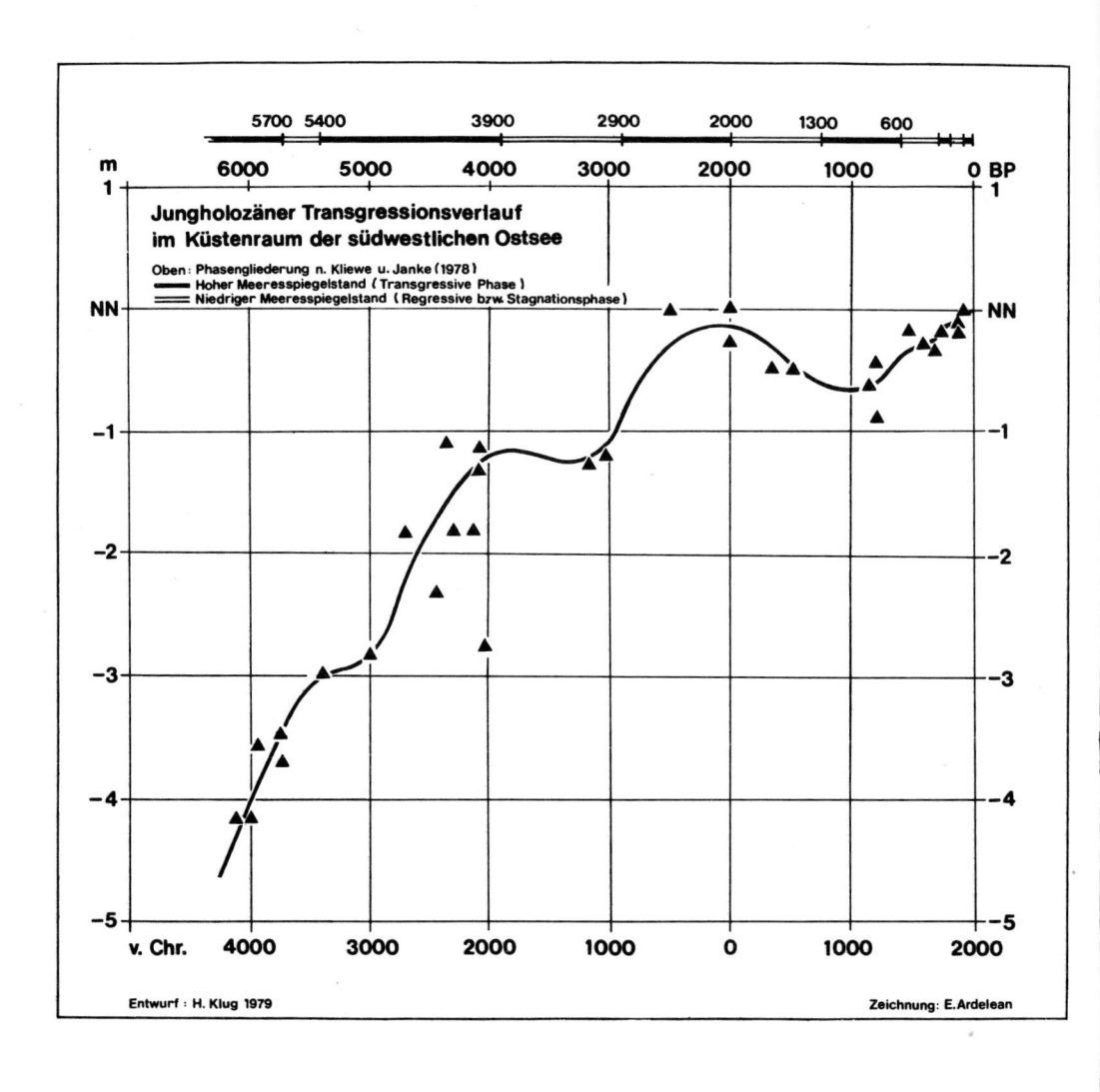

Abb. 4: Der Ablauf der jungholozänen Transgression im Küstenraum der südwestlichen Ostsee nach der gemittelten Linie eines Dichtestreifens, in dem sich die neuen Datierungsmarken anordnen.

Nach diesen Ergebnissen wurde die Transgressionskurve für den Küstenraum der südwestlichen Ostsee (Abb. 4) entworfen. Sie bildet die Mittellinie eines Dichtestreifens, in dem sich alle neuen, interdisziplinär abgesicherten Datierungsmarken anordnen. Darin liegen alle von den genannten Autoren entworfenen Kurven, die sowohl nach ihrer absoluten Lage im Koordinatensystem als auch in ihrem mehrmals gekrümmten Verlauf recht gut übereinstimmen.

Von besonderer Bedeutung ist die Feststellung, daß der im Zeit/Tiefen-Diagramm dargestellte Verlauf des Meeresspiegelanstiegs auch sehr gut mit neuen Forschungsergebnissen aus dem nordöstlichen Küstenraum der DDR (KLIEWE u. JANKE, 1978) in Einklang steht. Die dort ermittelten Trans- bzw. Regressionsphasen sind als Zeitabschnitte (schwarz ausgezogener bzw. offener Balken) in Abb. 4 aufgenommen.

Nach diesen Darlegungen kann der insgesamt diskontinuierliche, zeitweise sogar rückläufige Vorgang der Transgression schwerlich auf tektonische Verlagerungen zurückgeführt werden. Denn mit großer Wahrscheinlichkeit sind für den betrachteten, relativ kurzen Zeitraum gegenläufige Vertikalverschiebungen, wie sie in einem mehrmaligen Heben und Senken des Küstenraumes zum Ausdruck kämen, auszuschließen. Da andererseits aufgrund der Gleichförmigkeit des nachgewiesenen und in der Kurve dargestellten Transgressionsverlaufes im gesamten Gebiet der südwestlichen Ostsee nur ein überregionaler Faktor für das "Oszillieren" maßgebend gewesen sein kann, dürfte der phasenhafte Meeresspiegelanstieg, zumindest der letzten 5000 bis 6000 Jahre, in erster Linie eustatisch bedingt sein.

3. DAS PROBLEM DER LANDSENKUNG

Nicht in dieses neue Bild des Verlaufs des jungholozänen Meeresanstiegs im Küstenraum der südwestlichen Ostsee (Abb. 4) passen Ergebnisse aus der inneren Hälfte der Eckernförder Bucht und dem Stadtgebiet von Alt-Lübeck. Für beide Gebiete konnte von den Bearbeitern eine endogentektonische Beeinflussung der Wasserstandsänderungen nachgewiesen werden.

Während VOSS (1968) jedoch die im Bereich der Eckernförder Bucht festgestellten Abweichungen vom vorher beschriebenen Transgressionsverlauf (vgl. Abb. 2) als regionale, salztektonisch bedingte Sonderentwicklung des jüngsten Transgressionsverlauf erklärt, bringt KÖSTER (1967, 1971) den bei Alt-Lübeck ermittelten, auffallend hohen Betrag des relativen Wasseranstiegs — rund 8 m in den letzten 6000 Jahren — mit älteren, vorwiegend pollenanalytisch datierten Transgressionskontakten (TAPFER, 1940; SCHMITZ, 1952, 1953) im Küstenraum der südwestlichen Ostsee in Zusammenhang und deutet die daraus resultierenden Befunde als Folge einer Überlagerung des eustatischen Wasseranstiegs durch eine Landsenkung.

Sicher ist eine solche, glazialisostatisch bedingte Vertikalbewegung nicht auszuschließen, was sich allein schon aus der Tatsache ergibt, daß im südwestlichen Ostseegebiet die absolute Höhenlage des Meeresspiegels — trotz eines sehr starken relativen Anstiegs — stets unter den in "stabilen" Küstenregionen der Erde erreichten Niveaus bleibt (vgl. FAIRBRIDGE, 1971, 1976). Es erhebt sich allerdings die Frage, ob für diesen Küstenraum eine relativ einheitliche, zeitlich kontinuierliche Landsenkung anzunehmen ist. Nach KÖSTER (1967, 1971) nimmt deren Ausmaß mit der Entfernung vom isostatischen Hebungsgebiet Skandinaviens zu (Abb. 5). Seine "Linie gleicher Absenkung" (eustatische und tektonische Komponenten enthaltend) von 5 cm/Jh. in den letzten 2000 bis 3000 Jahren zieht durch den südlichen Teil des Kleinen Belts, den Fehmarn Belt und den Darß. Diejenige von 10 cm/Jh. geht durch die innere Flensburger Förde, die Eckernförder Bucht und den äußeren Teil der Lübecker Bucht. Die höchste Absenkung, 15 cm/Jh., tritt im Stadtgebiet von Alt-Lübeck auf.

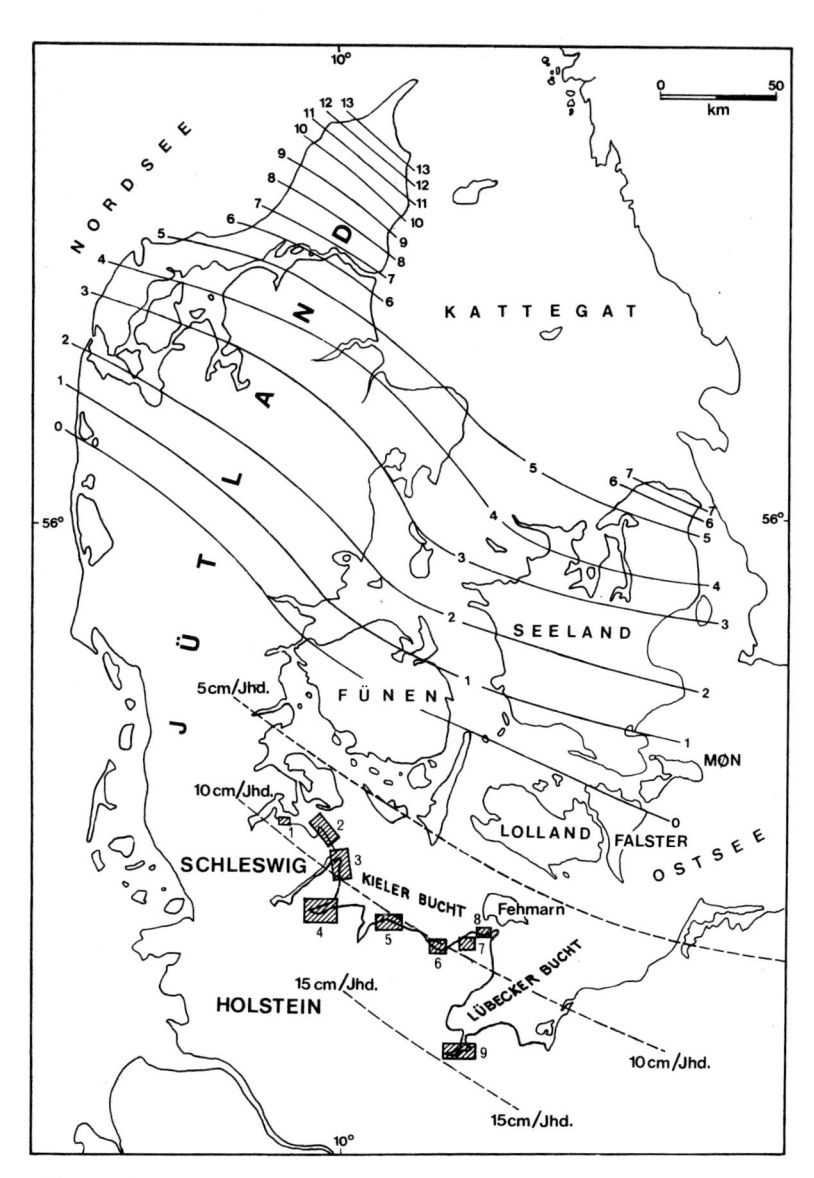

Abb. 5: Lage der seit 1960 neu bearbeiteten Untersuchungsgebiete im Küstenraum der südwestlichen Ostsee: 1 Langballigau, 2 Geltinger Birk, 3 Schleimündung, 4 Eckernförder Bucht (VOSS), 5 Östliche Kieler Außenförde (KLUG et al.), 6 Hohwachter Bucht (ERNST), 7 Oldenburger Graben (HOIKA, SCHÜTRUMPF, SCHWABEDISSEN), 8 Heiligenhafen, 9 Lübecker Bucht (KÖSTER). — Isobasen der höchsten litorina — bzw. nachlitorinazeitlichen Strandlinie (in m) in Dänemark und Linien gleicher relativer Küstensenkung (in cm/Jh.) im südwestlichen Ostseeraum nach E. MERTZ und R. Köster aus VOSS (1973).

LITERATURVERZEICHNIS

CLASEN, H. (1898): Die Probstei in Wort und Bild. Beitrag Jessien: 9-53, Schönberg i. Holst.

DETLEFSEN, N. (1971): Schönberg im Wandel der 3 Jahrhunderte von 1600-1900. — Schönberg i. Holst.

ERNST, Th. (1974): Die Hohwachter Bucht. Morphologische Entwicklung einer Küstenlandschaft Ostholsteins. — Schrift. d. Naturwiss. Ver. f. Schl.-Holst. 44:47-96, Kiel, Diss.

FAIRBRIDGE, Rhodes W. (1961): Eustatic changes in sea level. — Physics and Chemistry of the Earth, New York.

"   (1976): Shellfisch-Eating Preceramic Indians in Coastal Brazil. Radiocarbon dating of shell middens discloses a relationship with Holocene sea level oscillations. — Science 191:353 - 359, New York.

HOIKA, J. (1972): Süssau, ein neolithischer Wohnplatz an der Ostsee. — Archäologisches Korrespondenzblatt 2:17-19, Mainz.

KIECKSE, H. (1972): Die Ostsee-Sturmflut 1872. — Schriften des deutschen Schiffahrtsmuseums Bremerhaven, 2, Heide.

KLIEWE, H. u. JANKE, W. (1978): Stratigraphie und Entwicklung des nordöstlichen Küstenraums der DDR. — Peterm. Geogr. Mitt. 122, 2:81-91, Gotha/Leipzig.

KLUG, H., ERLENKEUSER, H., ERNST, Th. u. WILLKOMM, H. (1974): Sedimentationsabfolge und Transgressionsverlauf im Küstenraum der östlichen Kieler Außenförde während der letzten 5000 Jahre. — Offa 31:5-18, Neumünster.

KLUG, H. (1973): Die Landschaft als Geosystem. — Schrift. d. Naturw. Ver. f. Schl.-Holst. 43:29-43, Kiel.

KÖSTER, R. (1955): Die Morphologie der Strandwall-Landschaften und die erdgeschichtliche Entwicklung der Küsten Ostwagriens und Fehmarns. — Meyniana 4:52-65, Kiel.

"   (1960): Junge isostatische und eustatische Bewegungen im südlichen und westlichen Ostseeraum. — Neus Jb. Geol. Paläont. Mh., 70-95, Stuttgart.

"   (1961): Junge eustatische und tektonische Vorgänge im Küstenraum der südwestlichen Ostsee. — Meyniana 11:23-81, Kiel.

"   (1967): Der nacheiszeitliche Transgressionsverlauf an der schleswig-holsteinischen Ostseeküste im Vergleich mit den Kurven des weltweiten eustatischen Wasseranstiegs. — Baltica 3:23-41.

KÖSTER, R. (1971): Postglacial Sea-Level Changes on the German Northsea and Baltic Shorelines. — Quaternaria 14:97-100, Rom.

MÖRNER, N.-A. (1971): Eustatic Changes during the last 20.000 Years and a Method of sperating the isostatic and eustatic factors in an uplift area. —

Eine weiterführende Aussage zum Probelm der Landsenkung kann aus der neu erarbeiteten Kurve des Transgressionsverlaufs im Küstenraum der südwestlichen Ostsee während des jüngeren Holozäns abgeleitet werden. Von besonderer Wichtigkeit ist dabei die Feststellung, daß der Meeresspiegel nicht kontinuierlich, sondern ganz klar phasenhaft angestiegen ist.

In der Kurve (Abb. 4) prägen sich die Oszillationen immer deutlicher aus, je näher man der Gegenwart kommt. In der Zeit vor Christi Geburt ist der phasenhafte Ablauf zunächst — 5500 B. P. — in einer Verlangsamung des Transgressionsvorganges zu erkennen. Zwischen 4000 und 3000 B. P. tritt eine deutliche Stagnation, möglicherweise sogar schon eine leichte Regression ein. Nach der Zeitenwende kommt es dann tatsächlich zu einer relativen Meeresspiegelsenkung. Diese Feststellungen erscheinen von großer Bedeutung zu sein, vor allem, wenn man sie mit den von MÖRNER (1971) ermittelten Zeit-Gradient-Kurven für die isostatisch beeinflußten Küstenlinien im südlichen Skandinavien sieht. Danach wird seit 5000 v. Chr. die Intensität der isostatischen Bewegungen bis zur Gegenwart kontinuierlich immer schwächer.

Eine integrative Auswertung dieser Befunde für die Vertikalbewegungen im Küstenraum der südwestlichen Ostsee führt zu folgendem Ergebnis: In dem von einer Landsenkung überlagerten Meeresspiegelanstieg treten mit der zeitlichen Annäherung an die Gegenwart die rein eustatischen Bewegungen, wie sie auch aus anderen, "stabilen" Küstengebieten der Erde bekannt sind, immer deutlicher in Erscheinung. Zuletzt sind sie fast allein bestimmend. Die Intensität der isostatischen Landsenkung wird während dieses Zeitraumes analog immer schwächer.

Daraus kann gefolgert werden, daß der Küstenraum der südwestlichen Ostsee im jüngeren Holozän nicht von einer zeitlich kontinuierlichen Landsenkung betroffen wurde. Sie klingt vielmehr allmählich in dem Maß aus, wie die eustatische Komponente der Bewegungen immer deutlicher hervortritt.

ZUSAMMENFASSUNG

Neue Untersuchungen über den zeitlichen und räumlichen Verlauf der jungholozänen, relativen Lageveränderungen zwischen Land und Meer führten zu dem Ergebnis, daß der Ostseespiegel in diesem Zeitraum nicht kontinuierlich, sondern deutlich phasenhaft zu dem heute eingenommenen Niveau angestiegen ist. Die Oszillationen sind zunächst (5500 B. P.) durch Verlangsamung des Transgressionsablaufs, dann (4000 - 3000 B. P.) durch Stagnation und in der nachchristlichen Zeit durch Regression gekennzeichnet. Aus diesen Feststellungen wird unter Bezugnahme auf MÖRNERS (1971) Arbeitsergebnisse im skandinavischen Hebungsgebiet gefolgert, daß beim Anstieg der Ostsee mit der zeitlichen Annäherung an die Gegenwart die eustatische Komponente immer deutlicher hervortritt, während gleichzeitig die Intensität der isostatischen Landsenkung abklingt.

	Palaeogeography, Palaeoclimatol., Palaeoecol. 9:153-181, Amsterdam.
SCHMITZ, H. (1952):	Der pollenanalytische Nachweis der Besiedlung im Küstengebiet. — Abh. d. naturw. Ver. Bremen 33:57-66, Bremen.
" (1953):	Die Waldgeschichte Ostholsteins und der zeitliche Verlauf der postglazialen Transgression an der holsteinischen Ostseeküste. — Berichte der Deutschen Botanischen Gesellschaft, 66,3:151-166, Berlin.
SCHÜTRUMPF, R. (1972):	Die Stratigraphie und pollenanalytischen Ergebnisse der Ausgrabung des Ellerbekzeitlichen Wohnplatzes Rosenhof (Ostholstein). — Archäolog. Korrespondenzblatt 2:9-16, Mainz.
SCHWABEDISSEN, H. (1972):	Rosenhof (Ostholstein), ein Ellerbeck-Wohnplatz am einstigen Ostseeufer. — Archäolog. Korrespondenzblatt 2:1-8, Mainz.
TAPFER, E. (1940):	Meeresgeschichte der Kieler und Lübecker Bucht im Postglazial. — Geolog. d. Meere und Binnengewässer 4:113-244, Berlin.
TRUELSEN, G. (1973):	Die Wasserstandsänderungen in der südwestlichen Ostsee während der letzten 100 Jahre. — Unveröffentl. Realschullehrerexamensarbeit (angefertigt bei H. KLUG), Kiel.
VOSS, F. (1967):	Die morphologische Entwicklung der Schleimündung. — Hamburger Geogr. Studien 20 (Diss. Hamburg 1965), Hamburg.
" (1968):	Junge Erdkrustenbewegungen im Raume der Eckernförder Bucht. — Mitteilg. d. Geogr. Ges. Hamburg 57, Hamburg.
" (1970):	Der Einfluß des jüngsten Transgressionsablaufes auf die Küstenentwicklung der Geltinger Birk im Nordteil der westlichen Ostsee. — Die Küste 20:101-113, Heide.
" (1972):	Neue Ergebnisse zur relativen Verschiebung zwischen Land und Meer im Raum der westlichen Ostsee. — Z. Geomorph., NF, Suppl. Bd. 14:150-168, Berlin.
VOSS,F., MÜLLER-WILLE,M. u. E. W. RAABE (1973):	Das Höftland von Langballigau an der Flensburger Förde. — Offa 30:60-132, Neumünster.

Zu einer Karte der Veränderungen der Uferlinie der deutschen Nordseeküste in den letzten 100 Jahren im Maßstab 1 : 200 000
von
Peter Mroczek, Berlin

Ursprünglich entstand die Karte (im Anhang) aus einem direkten Vergleich der Meßtischaufnahmen der Königlich Preußischen Landesaufnahme (K.Pr.L.) aus den Jahren 1878/91 mit neuen TK 25 im Rahmen einer geographischen Diplomarbeit unter der Leitung von Prof. Dr. Hartmut VALENTIN im Jahre 1975 (MROCZEK, 1975).

Die hier vorgelegte Karte entspricht nicht mehr exakt diesem Kartenvergleich. Der direkte Vergleich Meßtischblatt mit TK 25 diente nur noch zur Kontrolle und zur Verfeinerung des sich faktisch ergebenden Vergleichs im Maßstab 1 : 200 000: Die mittels Pantograph vom Maßstab 1 : 25 000 der Meßtischblätter auf den Maßstab 1 : 200 000 verkleinerte Situation mit der Uferlinie von 1878/91 wurde auf einer Astralonfolie zusammengefaßt dargestellt. Durch die K.Pr.L. nicht erfaßte Gebiete, wie Mellum, Knechtsand, z.T. nordfriesische Sände, wurden mittels der Historischen Karte 1 : 50 000 der Niedersächsischen Küste und anhand von Seekarten in die Untersuchung mit einbezogen.

Als Vergleichs- und Druckgrundlage dienten Teile der Blätter CC 1510 Westerland, CC 1518 Flensburg, CC 2310 Helgoland, CC 2318 Neumünster, CC 3102 Emden, CC 3110 Bremerhaven und CC 3118 Hamburg-West der TÜK 200.

Problematisch war hier der alte Bearbeitungsstand des Blattes CC 3102 Emden mit alter Wattdarstellung sowie das Fehlen der Tiefenlinien nördlich dieses Blattes. Die Tiefenlinien wurden den Seekarten des DHI, Hamburg, entnommen und von MSpTnw auf mNN umgerechnet.

In die Montage der Teile der TÜK 200 mit deren Situation, Rand/Eisenbahn/Schrift, Höhenlinien und Gewässer wurde die thematische Situation, die Veränderung der Uferlinie der deutschen Nordseeküste in den letzten 100 Jahren, einkopiert, graviert und als thematische Karte in sechs Farben im Maßstab 1 : 200 000 vom IfAG, Berlin, gedruckt. Freundlicherweise stellte dafür das Institut für Angewandte Geodäsie die benötigten Druckplatten zur Verfügung und besorgte die Reproarbeiten.

UNTERSUCHUNGSGEBIET

Als Teil der Deutschen Bucht bildet die deutsche Nordseeküste in der Luftlinie einen Küstenabschnitt von ca. 275 km Länge: von der Insel Borkum im Westen bis Cuxhaven sind es ca. 140 km, vom Norden der Insel Sylt bis Cuxhaven sind es ca. 135 km. Dieser Nordseeküste sind ausgedehnte Wattflächen angelagert. GRIPP betrachtet die ostfriesische Küste als Nehrungsinselreihe mit reifem Watt dahinter. Zwischen den Inseln liegen die Seegats. Das Gebiet zwischen Jademündung und Amrum, bzw. Hörnum befinde sich in unvollständigem Zustand, im Aufbau zu einem Nehrungsinsel-Küstenbogen mit Watt dahinter; noch sei es unreifes Watt mit fehlender Inselreihe davor (GRIPP, 1944: 34;41).

Der Entwicklung zu einer Bogenküste, über ein völlig verlandendes Watt hinter einer geschlossenen Nehrung bei anhaltender Sandzufuhr (GRIPP, 1944: 42) widersprechen allerdings z.B. die Untersuchungen von LINKE aus dem Raum der Insel Scharhörn, die demnach eine ganz junge Bildung sein müßte, doch "das Relief der heutigen Scharhörn-Plate in 5 m Tiefe unter Gelände

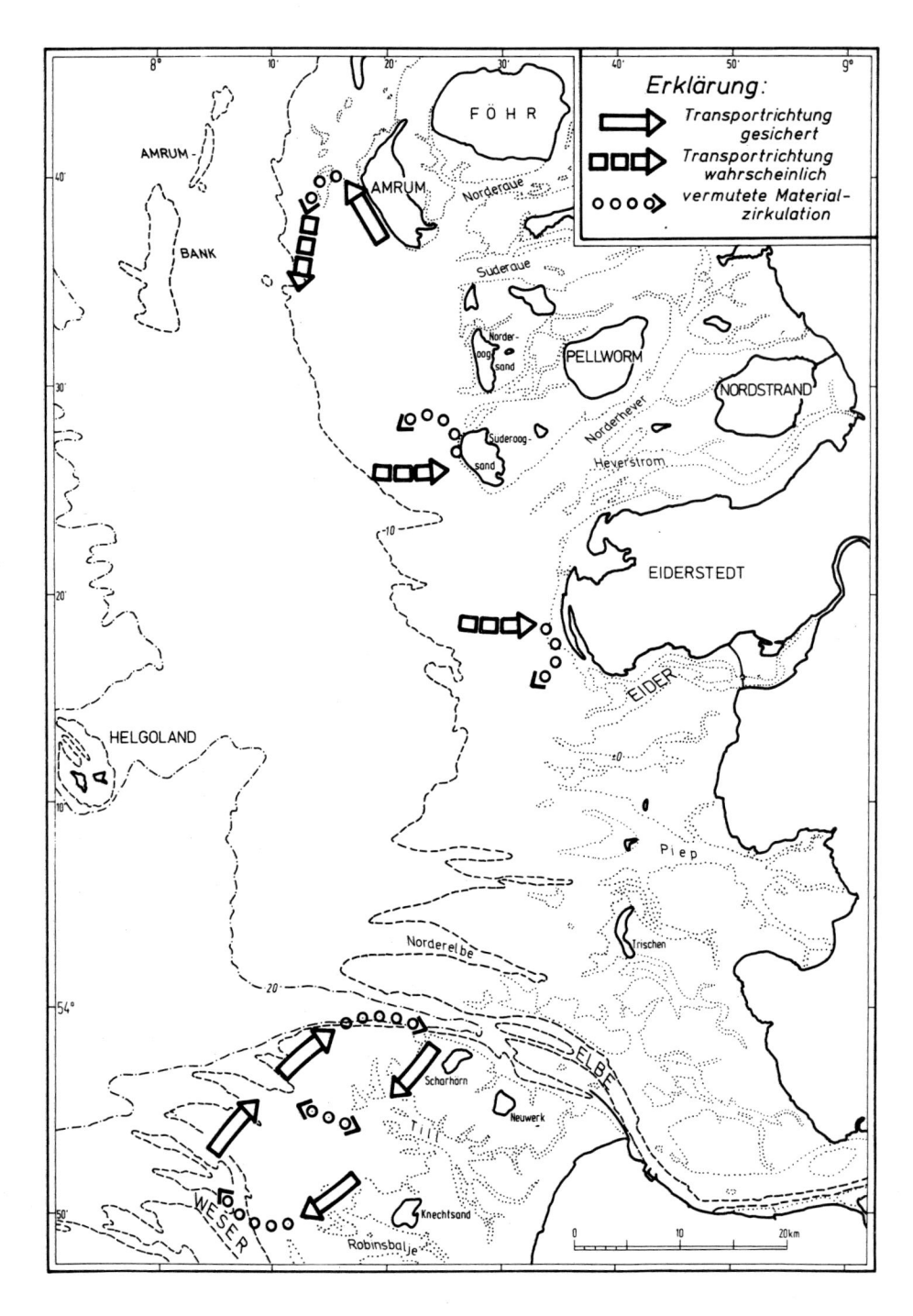

Abb. 1 Resultierende Sandbewegung unter Gezeiteneinfluß nach dem Ergebnis von Dauerstrommessungen
(GÖHREN 1974)

ist mit einer Niveaufläche vorgezeichnet" und "die Insel besteht als Flugsand-beeinflußte Plate an dieser Stelle wenigstens seit 3500 bis 4000 Jahren (LINKE, 1969:81).

Von Hörnum schließen sich nach N bis Listland überflutete Festlandsteile an. Noch weiter nach N folgt eine Nehrungsinsel-Bogen-Küste mit reifem Watt (GRIPP, 1944:34 f.).

Die Grenzen des Untersuchungsgebietes bildet die heutige deutsche Nordseeküste von 6°38'E bis 9°04'E und von 55°06'N bis 53°14'N. Erfaßt wurden die über MThw gelegenen Inseln, Platen, Sände und Halligen sowie die Vorlands- und Binnenlandteile von der Ems mit der Insel Borkum bis zur trichterförmigen Elbemündung und von der Insel Sylt bis zur Elbe.
Die politischen Grenzen sind die der Bundesrepublik Deutschland.

FRAGESTELLUNG

Die Untersuchung soll die Frage beantworten: wo und in welche Richtung hat sich die Uferlinie in den letzten 100 Jahren an der deutschen Nordseeküste verändert, wo trat Abbruch, wo Anwachs ein. Es wurde nicht unterschieden zwischen natürlichem und künstlichem Anwachs oder Abbruch.
Die Verlagerung der Uferlinie von 1878/91, das an dem jeweiligen Ort über oder unter MThw gelangte Material wird in der Karte grün als Anwachs und rot als Abbruch dargestellt.
Ist die Uferlinie dieselbe geblieben oder hat sie heute wieder die gleiche Lage wie 1878/91, so wird nur die Uferlinie bzw. nur die Deichlinie dargestellt.

BISHERIGE ARBEITEN ÜBER DAS UNTERSUCHUNGSGEBIET

Über das Untersuchungsgebiet gibt es eine Fülle von Arbeiten. Viele betreffen kleinere Küstenabschnitte.

Neben Einzelpersonen, meist aus Instituten der Universitäten, aus Heimatvereinen, Museen, Deichverbänden, liefern Institutionen regelmäßig Arbeiten:
Ämter für Land- und Wasserwirtschaft (Marschenbauämter), DHI, Forschungs- und Vorarbeitenstelle Neuwerk, Forschungsstelle Norderney, Senckenberg am Meer u.a.

Die eigene Untersuchung wurde veranlaßt von Professor Dr. H. Valentin und angeregt durch den Aufsatz von O. JESSEN 1921: "Die Verteilung von Anwachs und Abbruch an der schleswigholsteinischen Nordseeküste" (mit einer farbigen Karte 1 : 300 000 von 1918).
Weitere Anstöße gaben die Arbeiten von H. HOMEIER (1958 bis 1973), A.W. LANG (1970, 1975) und H. GÖHREN (1971, 1974).
Eine neuere quantitative Kartenanalyse für das Küstenvorfeld zwischen Hever und Elbe stellt die Dissertation von B. HIGELKE (1975) dar.

Bei der Durchsicht vieler der Arbeiten aus dem Nordseeraum fiel auf, daß eine relativ großmaßstäbige Übersichtskarte fehlte (vgl. z. B. die Karte der Nordseeküste in: Die Küste 1978, 32). Zumindest als Übersichtskarte für die deutsche Nordseeküste könnte die hier vorgelegte Karte im Maßstab 1 : 200 000 dienen. Nicht befriedigend beantworten kann die Karte quantitative, morphologisch-dynamische Fragen. Die letzteren schon wegen des dargestellten Standes der Uferlinien zu nur zwei Zeitpunkten nicht. Darauf wurde in der erwähnten Diplomarbeit näher eingegangen; ebenso auf eine quantitative Abschätzung des Landverlustes und der Landgewinnung (MROCZEK, 1975).

DIE UFERLINIE ALS TEIL DER KÜSTE

Für die Morphologie der Küste gilt allgemein, daß sich die Formen relativ schnell wandeln. Das gilt besonders für eine flache Gezeitenküste, wie die deutsche Nordseeküste.

Die Vorgänge der Sandbewegung sind dabei am wirkvollsten. Besonders in Küstennähe und örtlich ist der Transport kompliziert (vgl. Abb. 1 und 2).

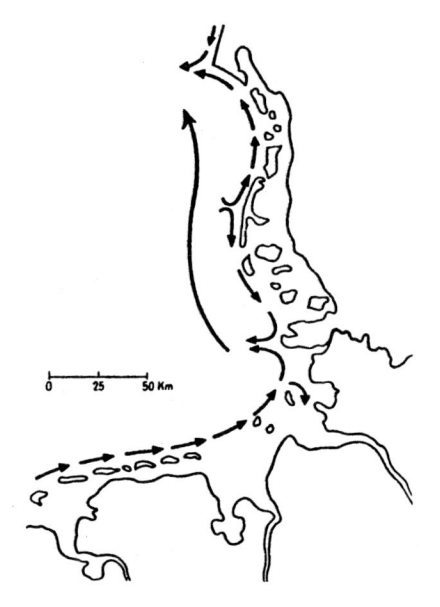

Abb. 2
Die überwiegend Sand verfrachtenden Strömungen in Küstennähe. Die Pfeile sind aus drucktechnischen Gründen zu weit von der Küste entfernt angegeben.
(GRIPP 1944)

Küsten sind Räume, in denen sich Lithosphäre, Hydrosphäre und Atmosphäre in einzigartiger Weise dreidimensional berühren und durchdringen (VALENTIN, 1952:1).
Die Uferlinie ist Teil der Küste und unterliegt der Formung der Küste. VALENTIN sieht die Uferlinie nicht als Grenze des Festlands zur Küste. Die Uferlinie liegt innerhalb der Küste, die zum Festland ein Ufer bildet. Die seewärtige Grenze des Ufers (M.(H.)W.-Linie) ist die Uferlinie. Dann beginnt die Schorre (vgl. Abb. 3). LÜDERS zieht die Uferlinie als Grenze zwischen nassem und trockenem Strand, zwischen Wattenmeer und Festland, zwischen Watt und Vorland. Nach VALENTINs Definition liegt das Vorland landwärts der obersten gegenwärtigen Meereswirkung (VALENTIN, 1952:3, Abb. 3). Der allgemein und auch von LÜDERS (1967: Tafel II) als Vorland bezeichnete Bereich wird jedoch bei höheren Fluten unter Wasser gesetzt, diese Fluten reißen das Vorland auf, brechen es ab — formen es also (vgl. Abb. 4, 5 und 6). Landwärts schließt sich das Binnenland an. Es ist meist, spätestens in Höhe der Küstenlinie, gesichert durch Deiche, Dämme, Deckwerk, Dünen, Sand-, Geest-, Felskliffs.
Von der Uferlinie seewärts liegt das Watt oder der nasse Strand bis zur Strand- oder Wattlinie bei -2mNN (ca. MSpTnw). Kommt eine Ansprache als Strand nicht in Frage, z. B. bei den kilometerbreiten Watten, so wird von Watt gesprochen.

Die Uferlinie wird wegen ihrer Bedeutung in allen kartographischen Erzeugnissen dargestellt. Dabei bildet die Uferlinie keine exakt festliegende Grenzlinie zwischen Wasser und Festland. Die Uferlinie entspricht einem Wasserstandsmittelwert, dem MThw, d.h., die Uferlinie bildet das arithmetische Mittel der Hochwasserstände im betrachteten Zeitraum im Tidegebiet.

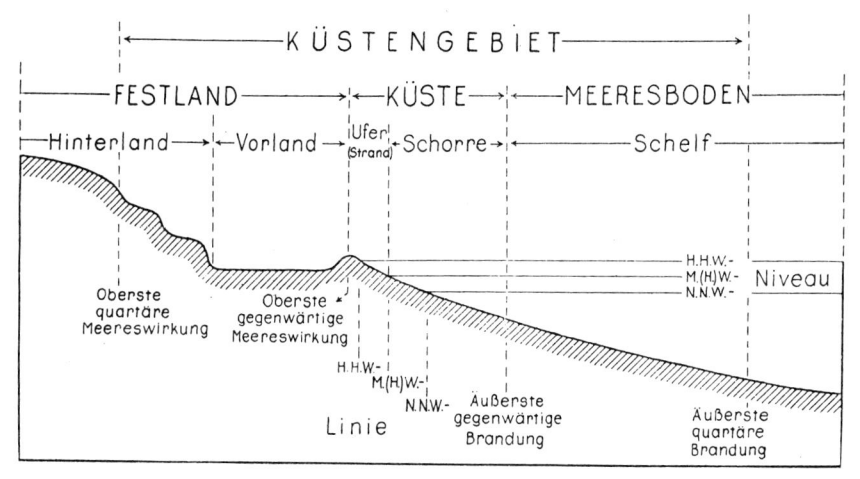

Abb. 3 Die vorgeschlagene Küstenterminologie (VALENTIN 1952)

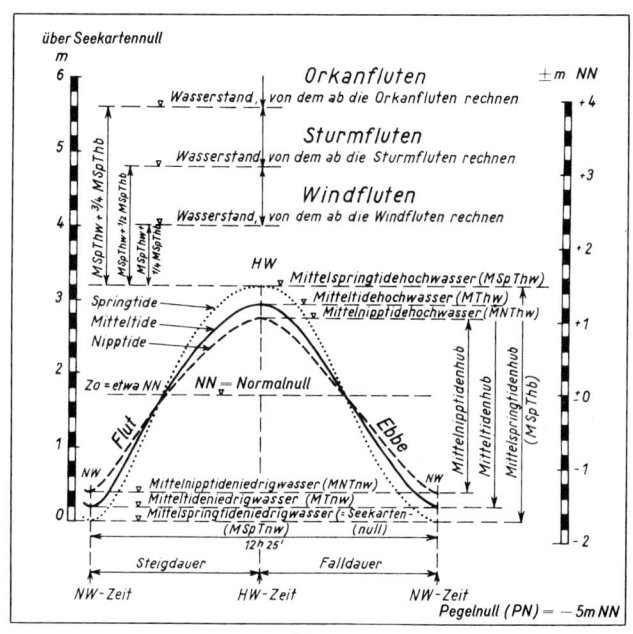

Abb. 4

Mittlere Tidekurven eines Schreibpegels

Darüberstehend sind die Wasserstandsbereiche der Wind-, Sturm- und Orkanfluten dargestellt. Bei der mittleren Tidekurve ist Tidestieg (vom NW bis HW) gleich dem Tidefall (vom HW bis NW), Zo = Höhe des mittleren Wasserstandes ist etwa gleich NN.   (Nach LÜDERS 1967 und GIERLOFF–EMDEN 1961, verändert)

Tidekurve: Die von einem Schreibpegel aufgezeichnete Ganglinie der Wasserstände eines Gezeitenmeeres an einem bestimmten Küstenort. An der deutschen Nordseeküste dauert eine Tide (vom Tnw über Thw bis zum folgenden Tnw) im Mittel 12 Stunden und 25 Minuten. Der mittlere Tidehub (←→) ist entlang der deutschen Nordseeküste unterschiedlich groß. Im Mittel beträgt er z. B. in der Ems bei Borkum rund 2,20 m, in der Weser beim Leuchtturm Roter Sand rund 2,70 m, in der Elbe bei Cuxhaven rund 2,85 m, an der Schleswig-Holsteinischen Westküste vor Sylt rund 1,70 m, bei Helgoland rund 2,25 m und im Jadebusen rund 3,60 m.

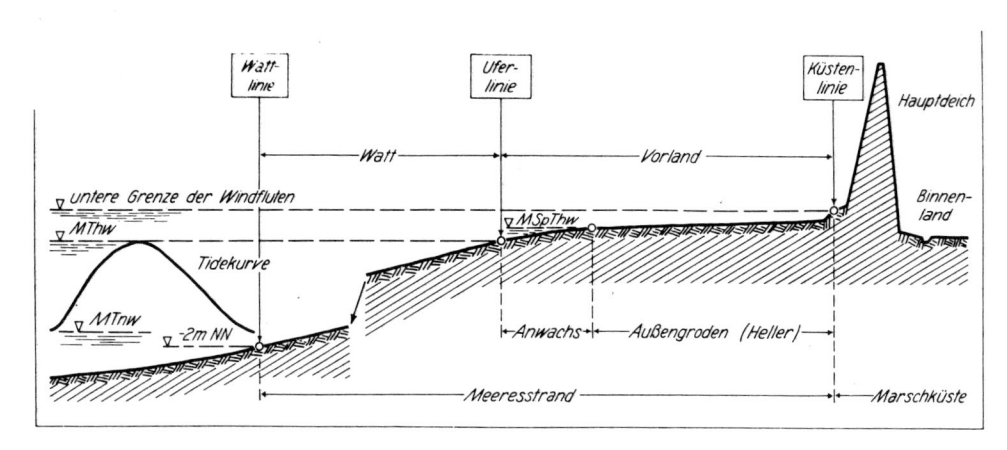

Abb. 5 Meeresufer an einer bedeichten Marschküste (schematisch). (LÜDERS 1967)

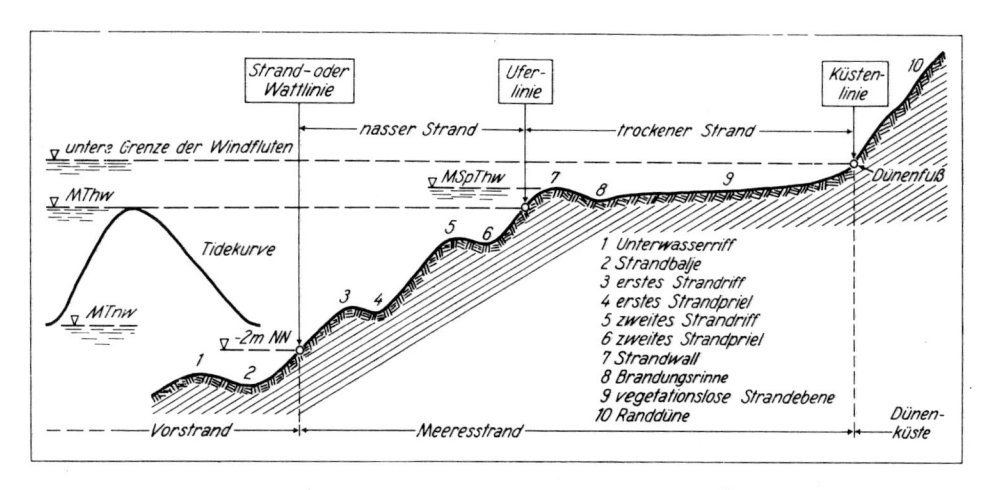

1 Unterwasserriff
2 Strandbalje
3 erstes Strandriff
4 erstes Strandpriel
5 zweites Strandriff
6 zweites Strandpriel
7 Strandwall
8 Brandungsrinne
9 vegetationslose Strandebene
10 Randdüne

Abb. 6 Meeresstrand an einer Dünenküste (schematisch). (LÜDERS 1967)

In der Natur ist die Uferlinie als Vegetationsgrenzsaum zu erkennen. Die Vegetationszonen sind an die Wassertiefe, die Strömung, die Wassertemperatur und an die Zusammensetzung des Untergrunds gebunden.

Weit draußen im Watt wächst das Zwerggras (Zostera nana). Das Schlickgras (Spartina townsendi) und der Queller (Salicornia herbacea), die beide eine regelmäßige, kurzdauernde Überflutung mit Salzwasser vertragen, wachsen auch unterhalb der Uferlinie. Der Queller beginnt ca. 0,2 m unter der MThw-Linie und ist landwärts noch einige Dezimeter darüber anzutreffen. In der Höhe der Uferlinie wächst als erste Graspflanze der Andel (Puccinellia maritima), der den Hauptteil der Salzwiesen ausmacht. Kurz darüber gedeihen die Strandaster (Aster tripolium), die Salzmelde (Suaeda maritima), die Keilmelde (Obione portulacoides) und der Meeresstrandwegerich (Plantago maritima). Etwa 10 cm höher kommen hinzu: der Meeresstranddreizack (Triglochin maritima), die Strand- oder Hallignelke (Statice limonium) und das Meeresstrand-Milchkraut (Glaux maritima). Die obere Wachstumsgrenze der Halophyten liegt etwa einen Meter über MThw. Eine dichte Andelwiese läßt mit Sicherheit erkennen, daß das Gelände bereits oberhalb des MThw liegt (vgl. Abb. 7).

VERÄNDERUNGEN DER UFERLINIE

Die Summe der Vertikal- und Horizontalbewegungen bildet die Küstenformung, die Summe der durch Vertikal- und Horizontalbewegungen geschaffenen Küstenformen die Küstengestalt. Der Küstenzustand ist die Summe von Küstenformung und Küstengestalt (VALENTIN, 1952).

Die Uferlinie ist also auch abhängig von Niveauveränderungen. Abhängig vom Transport und Umlagerung von Material, relativ kurzfristig und schnell veränderlich durch Luftdruck, Temperatur und Windstau. Den wirkungsvollsten Faktor zur Veränderung der Uferlinie bringt der Mensch in das Kräftespiel der Natur.

Die Entscheidung des Menschen über Deichbauten, Abdämmungen, Leitdämme, Deckwerke, Buhnen, Lahnungen, Grüppen, Mauern, Korrektionswerke, Aufspülungen von Sand, Flußbegradigungen und Hafenbauten, Verstärkung des Schiffsverkehrs, über Anpflanzung oder Zerstörung (Zertrampeln des Dünenbewuchses), Förderung von Sandanwachs durch Fangzäune oder Vernichtung von natürlichem Pflanzenwuchs und tätiger Wattorganismen (z.B. durch Industrieabwässer, Öl) — die Entscheidung des Menschen darüber hat Wirkungen und Folgen. Ob im Sinne von Abbruch oder Anwachs, das hängt von der Güte der wissenschaftlichen Vorarbeiten und dem Verantwortungsbewußtsein des Menschen ab. Trotzdem reichen die besten Voruntersuchungen oft nicht aus, das Kräftespiel der Natur und deren Veränderungen vorauszuberechnen. Unvernunft und Unverständnis des Menschen blockieren häufig notwendiges Verhalten.

Die Finanzierung führt zu Verzögerungen der notwendigen Maßnahmen; die Kosten der Durchführung von Küstenschutz- oder Landgewinnungsmaßnahmen werden dadurch fast immer höher. Im Untersuchungsgebiet besteht der Meeresboden überwiegend aus Sand; dieser Bereich dient als Liefergebiet. Das schon küstenbildende Material wird umgelagert. Es kommt zu einem Sandtransport in die innere Deutsche Bucht hinein. Brandungsvorgänge bereiten das Material auf. Die örtlichen Strömungs- und Transportvorgänge sind kompliziert und differenziert. Sturmfluten haben maßgeblichen Anteil an den Veränderungen der Uferlinie. Veränderte hydrodynamische Bedingungen wirken sich unerbittlich aus (Verlagerungen der Wattscheiden, Priele, Tiefs und Baljen, Seegats).
Die Verlagerungen im Gebiet der Ostfriesischen Inseln erfolgen hauptsächlich nach E, im Gebiet zwischen Jade und Eider nach E, SE und NE.

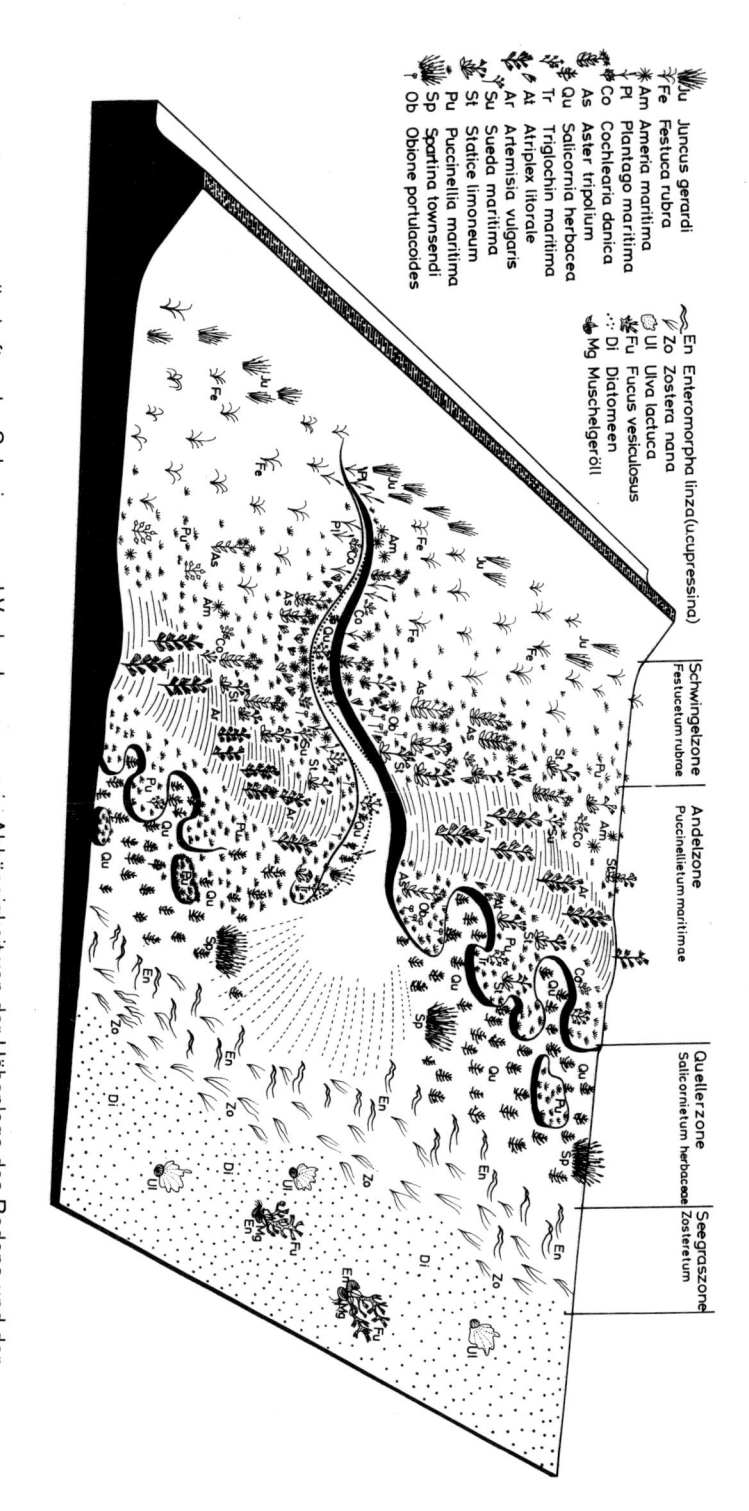

Ju Juncus gerardi
Fe Festuca rubra
Am Ameria maritima
Pl Plantago maritima
Co Cochlearia danica
As Aster tripolium
Qu Salicornia herbacea
Tr Triglochin maritima
At Atriplex litorale
Ar Artemisia vulgaris
Su Sueda maritima
St Statice limoneum
Pu Puccinellia maritima
Sp Spartina townsendi
Ob Obione portulacoides

En Enteromorpha linza (u.cupressina)
Zo Zostera nana
Ul Ulva lactuca
Fu Fucus vesiculosus
Di Diatomeen
Mg Muschelgeröll

Schwingelzone — Festucetum rubrae
Andelzone — Puccinellietum maritimae
Quellerzone — Salicornietum herbaceae
Seegraszone — Zostereum

Abb. 7 Pflanzengesellschaften der Salzwiesen und Verlandungszonen in Abhängigkeit von der Höhenlage des Bodens und der Hydrographie (DÖRJES, in REINECK 1970)

Im Gebiet der Nordfriesischen Inseln findet an der Westküste der Insel Sylt der Transport von Westerland nach N und S statt; vor der Westküste von Amrum nach E, NE und SE.
Memmert, Mellum und Großer Knechtsand sowie Japsand, Norderoogsand und Süderoogsand wachsen. Auch die Sände vor Eiderstedt haben sich vergrößert. Werden die kleinen der nordfriesischen Halligen nicht genügend gesichert, so werden sie untergehen — wie die einst bewohnte Insel Trischen.

Am Festland scheinen nur das dithmarsche Vorland in größerem Maße natürlich anzuwachsen und die Sände vor Eiderstedt. Transportiert werden große Massen, doch es zeigt sich nicht, wieviel Material neu hinzukommt. Langfristige Veränderungen scheinen zyklenhaft angelegt zu sein. Es ist sinnvoll, sich rechtzeitig auf die Entwicklungen einzustellen! Durch die Wahl der zu vergleichenden Kartenwerke wurde die Küste erst nach einem Zeitpunkt starker morphologischer Veränderungen erfaßt, und nachdem im vorigen Jahrhundert der Mensch schon erheblich in das Geschehen eingegriffen hatte. So tritt die Ostverlagerung von Material oberhalb der Uferlinie im Gebiet der Ostfriesischen Inseln weniger stark in Erscheinung als erwartet.

Ein Beispiel für neuere erfolgreiche Bemühungen des Menschen, Land zu gewinnen, ja, zurückzugewinnen, nachdem die See im 13. und 14. Jahrhundert mit verheerenden Fluten eingedrungen war, stellt die Ley-Bucht dar (vgl. Abb. 8 und 9). Die natürliche Versandung des Kniephafens an der Westküste der Insel Amrum zu dem z. T. hochwasserfreien Kniepsand zeigen die Abb. 10 und 11. Stadien der Entwicklung eines Sandes, des Buschsandes, zu einer bewohnten und bewirtschafteten Insel, aufgrund intensiver Maßnahmen des Menschen, so daß man vom Festland her schon begann, den Trischendamm zu bauen sowie den Untergang der Insel Trischen, zeigen die Abb. 12 und 13 und die Karte. Die Umlagerungen im Bereich des von Seeleuten gefürchteten Scharhörn-Riffs und Scharhörns, Verlagerungen der Priele und Tiefs, so z.B. der Hundebalje, die sich bedrohlich der Westküste Neuwerks näherte, veranschaulichen die Kartenausschnitte der Abb. 14 und 15. (Gleiche Uferlinie für Scharhörn nach TÜK 200, CC 2310 Helgoland, 1976 sowie nach Großblatt 1:100 000, Stand 1949!)

ZUR UNTERSUCHUNGSMETHODE

Als Untersuchungsmethode wurde der Kartenvergleich gewählt. Für die deutsche Nordseeküste lagen die Meßtischaufnahmen der K.Pr.L. ab 1878/91 vor.
Damit war die Küste mit einem einheitlichen Kartenwerk abgedeckt. Ein vergleichbares Kartenwerk stellt die neue TK 25 dar. Damit war auch ein einheitlicher Maßstab der Gradabteilungskarten gegeben. Der gleiche Kartenausschnitt konnte direkt verglichen werden (bis auf Buschsand/Trischen, Mellum, Knechtsand, Seesand). Bei einem Vergleich von Seekarten hätte kein einheitlicher Maßstab vorgelegen, durch die Gültigkeit des Maßstabs der Seekarte nur für eine bestimmte Bezugsbreite. Außerdem wäre es im untersuchten Gebiet wegen der unterschiedlichen Formate zu Überlappungen und Sprüngen gekommen.

Die Tiefenangaben der Seekarte beziehen sich auf das Niveau des gültigen Seekartennulls (SKN), nämlich auf die Höhe des örtlichen Mittelspringtideniedrigwassers. Das wechselt von Ort zu Ort. Deshalb wären die zur Zeit der Vermessung gegebenen Verhältnisse im Sinne von STOCKS (1961: 283) rechnerisch zu verbessern, um damit aus nautischen Warnlinien der Seekarte morphologische Tiefenlinien zu erlangen (vgl. auch SAGER, 1960:203).

Sinnvoll wäre es, das Watt in einen Vergleich mit einzubeziehen. POHLENS schlägt vor, "um den Landcharakter der Watten zu betonen und um eine einheitliche Niveaufläche zu erreichen", damit "die Formen der Watten eindeutig dargestellt und ihre Änderungen (Sandwanderungen usw.) wissenschaftlich untersucht werden können", die Höhenangaben in Watten auf

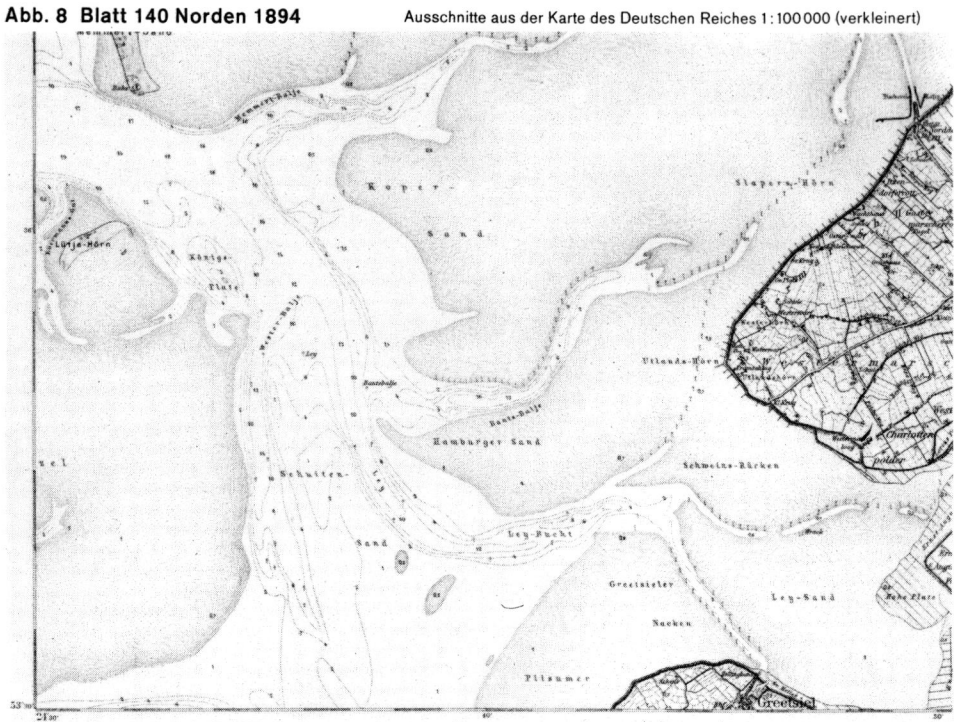

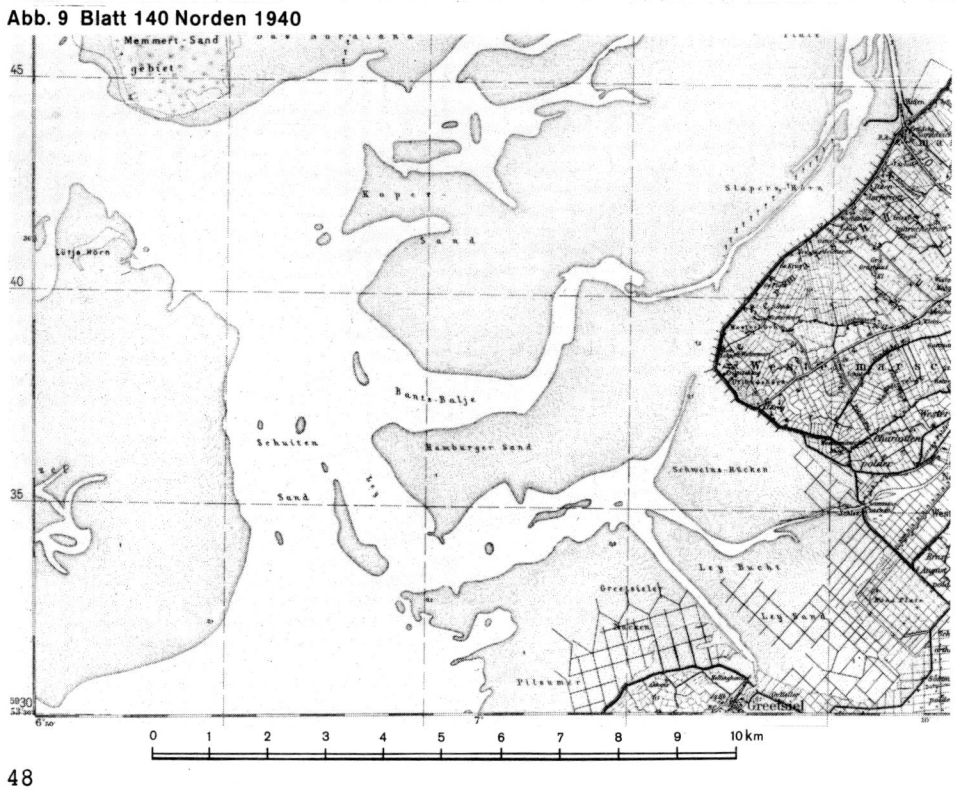

Abb. 8 Blatt 140 Norden 1894 Ausschnitte aus der Karte des Deutschen Reiches 1:100 000 (verkleinert)

Abb. 9 Blatt 140 Norden 1940

Ausschnitte aus der Karte des Deutschen Reiches 1:100 000 (verkleinert)

Abb. 10 Einheitsblatt 7 Amrum - Föhr - Bredstedt - Garding - Husum 1921

Abb. 11 Großblatt 7 Husum - Insel Amrum 1940

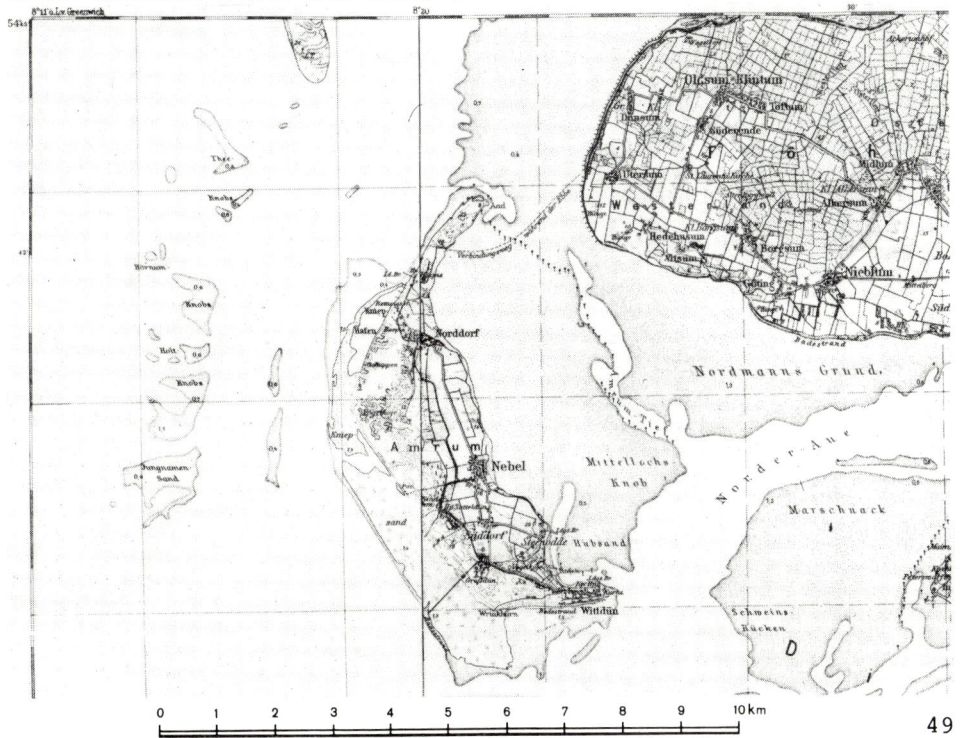

49

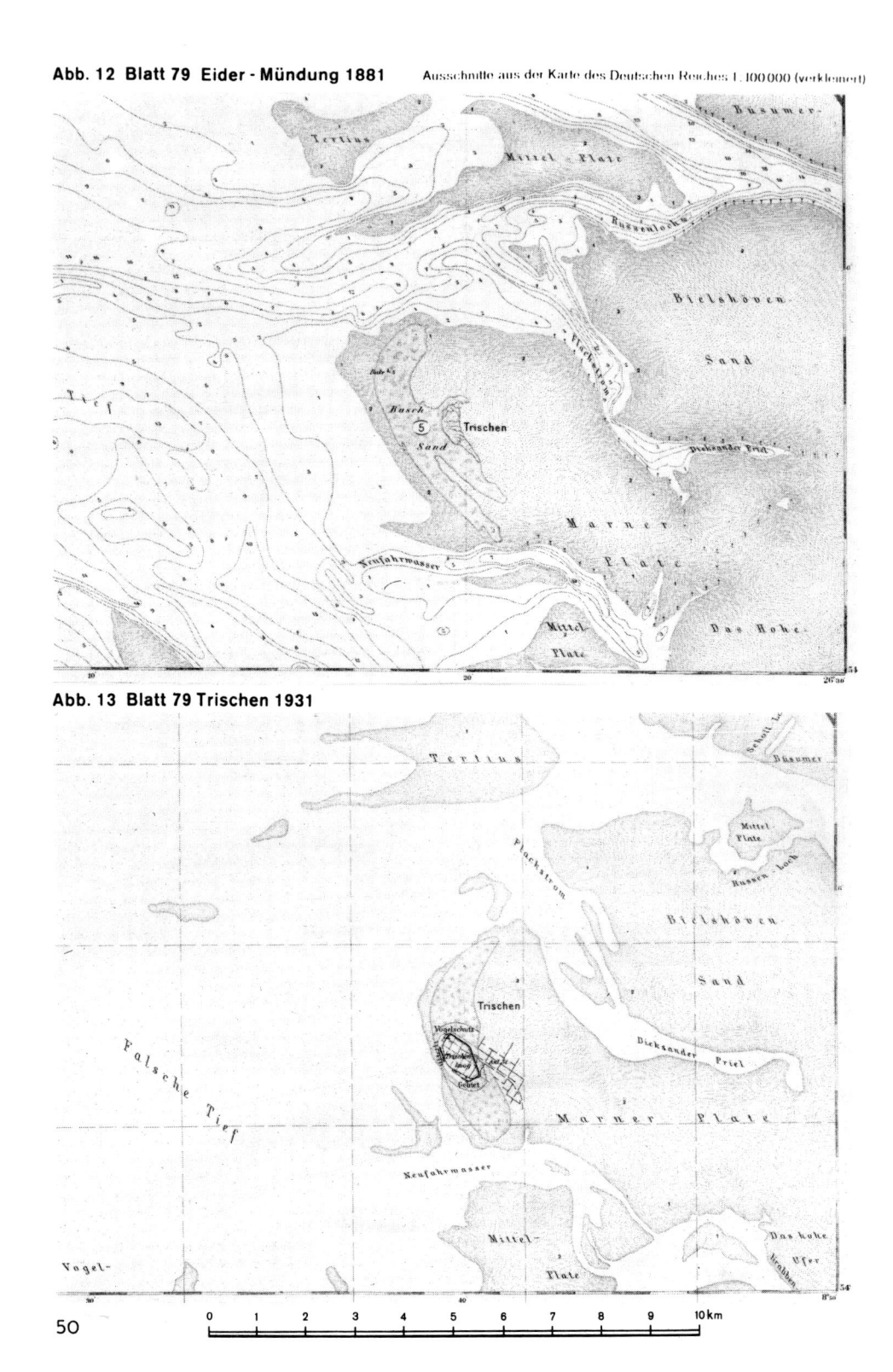

Abb. 12 Blatt 79 Eider - Mündung 1881 Ausschnitte aus der Karte des Deutschen Reiches 1:100 000 (verkleinert)

Abb. 13 Blatt 79 Trischen 1931

50

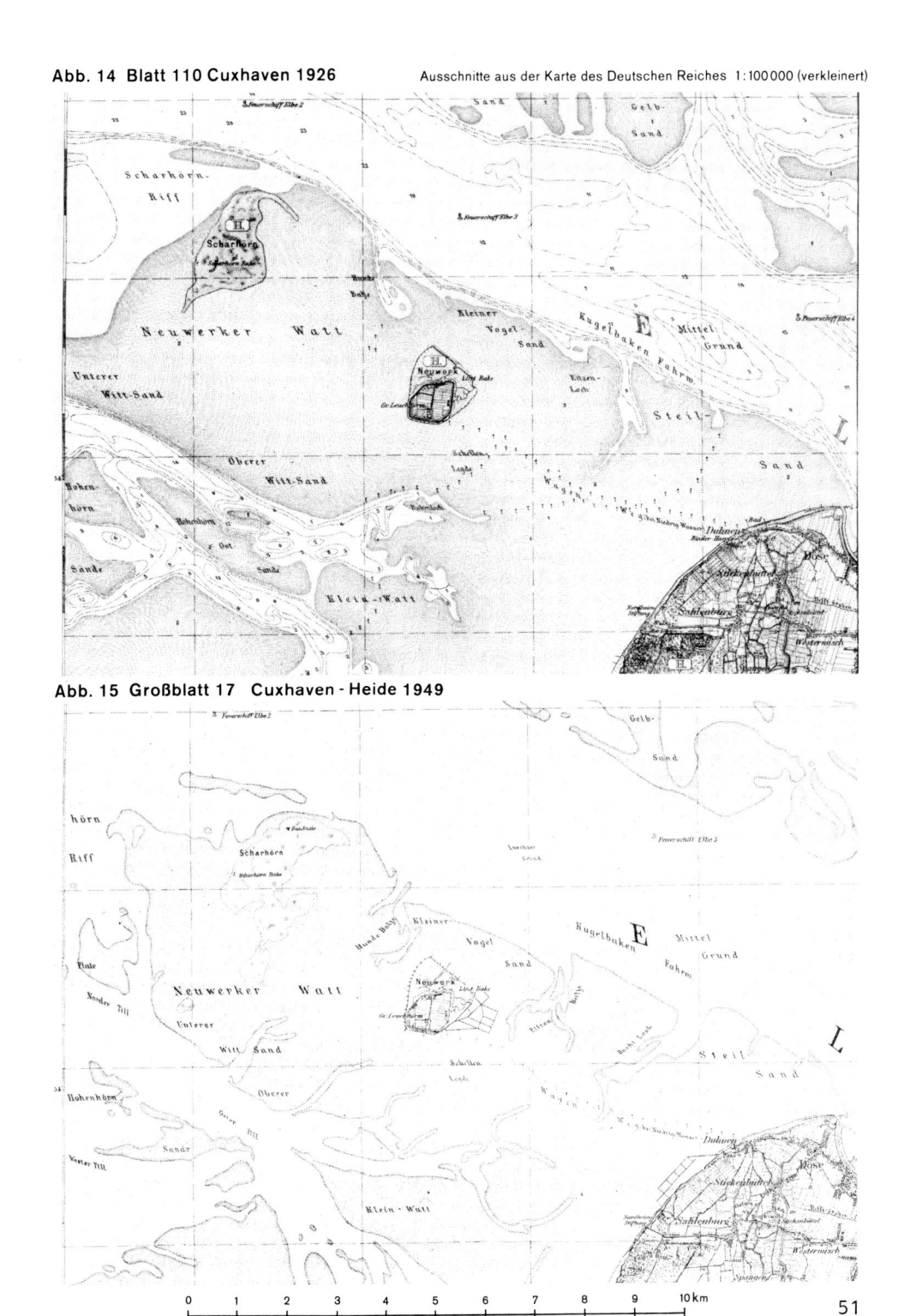

Abb. 14 Blatt 110 Cuxhaven 1926   Ausschnitte aus der Karte des Deutschen Reiches 1:100 000 (verkleinert)

Abb. 15 Großblatt 17   Cuxhaven - Heide 1949

51

NN zu beziehen; das sei auch notwendig für die Wasserwirtschaft bei Bauten in Wattgebieten (POHLENZ, 1960:31).

Die Topographische Wattkarte 1 : 25 000 und das neue Küstenkartenwerk der Deutschen Bucht 1 : 25 000 beziehen sich schon auf NN. Neuere Verfahren der Herstellung von Wattkarten sind gekennzeichnet durch moderne Methoden wie durch den Einsatz der automatischen Datenverarbeitung. Früher gab es Meßtisch und Kippregel, Nivellement und Tachymetrie in Verbindung mit "dem geschulten Auge" des Topographen. Neuere Verfahren sind die Registriertachymetrie und die Wasserlinienmethode. Bei der Registriertachymetrie bezieht sich die automatische Verarbeitung auf die Interpolation von Höhenlinien in einem automatisch gebildeten Dreiecksnetz. Über Luftbilder, die in regelmäßigen kurzen Intervallen genommen werden, umfaßt die Wasserlinienmethode die Digitalisierung der Wasserlinien und ihre Umformung in Höhenlinien (HAKE, 1976:37). Problematisch bleibt die Beschickung der Pegel, vor allem, wenn mehrere Institutionen an der Herstellung eines Kartenwerks arbeiten.

War auch mit dem einheitlichen Maßstab der Meßtischblätter und der neuen Topographischen Karten 1 : 25 000 (TK 25) das gleiche topographische Fassungsvermögen und das gleiche kartographische Ausdrucksvermögen gegeben?

Sicherlich nicht. Doch die daraus resultierenden Fehler für die Lage der Uferlinie sind zu vernachlässigen (bis auf den Vergleich bei der Insel Sylt — hier traten anscheinend Lagefehler aufgrund der Vermessung auf; freundlich mitgeteilte, ebenfalls festgestellte Beobachtung im Amt für Land- und Wasserwirtschaft, Husum). Selbst für den Maßstab 1 : 10 000 würden z.B. $\pm$ 2 m Einmessungsfehler noch innerhalb einer Zeichen- und Kartiergenauigkeit von $\pm$ 0,2 mm liegen. Bedeutender scheint die Frage nach den Wirkungen des Zusammenlegens vieler topographischer Karten in einer Ebene zu sein. Die alten Meßtischblätter der K.Pr.L. sind vom Bessel-Ellipsoid abgeleitete Gradabteilungskarten, die auf der "Preussischen Polyederprojektion" beruhen.
"Der Nachteil dieser Projektion liegt darin, daß Kartenblätter desselben Maßstabs theoretisch lückenlos nur entweder in der Nord-Süd- oder in der Ost-West-Richtung zusammengelegt werden können, nicht aber nach beiden Richtungen zugleich" (KLEFFNER, 1939:6). Die gleiche Ansicht vertreten auch ARNBERGER/KRETSCHMER (1975:163); ebenso HEISSLER (1968:115f). SIEWKE führt ein Rechenbeispiel (berechnet von SCHREIBER) für die Klaffungsbeträge im Winkelmaß und natürlichem Maß an zwei Beispielen der Karte 1 : 100 000 an:

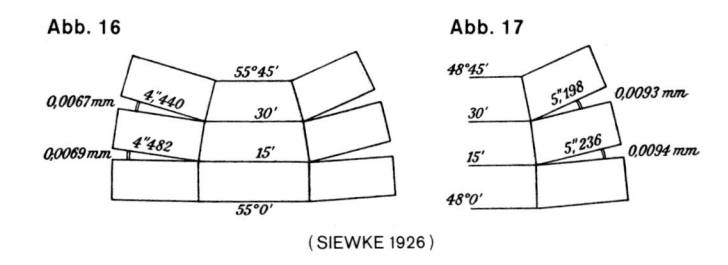

Abb. 16　　　　　　　　　　Abb. 17

(SIEWKE 1926)

Diese Werte beziehen sich auf ein Kartenbild von einer natürlichen Gesamtgröße von ca. 112 x 83 cm. Die Klaffungen sind also tatsächlich von untergeordneter Bedeutung. SIEWKEs eigene Berechnungen für die Reichskarte 1 : 100 000 ergaben, daß "die konstruktiv erfaßbaren Differenzen (Zeichengenauigkeit) im vorliegenden Beispiel 20 m, erst beim 7. bzw. 8. Blatt vom Mittelmeridian im x (x-Achse), beim y (y-Achse) aber gar nicht bemerkbar werden. Hiermit ließe sich ohne weiteres eine Karte zusammenstellen, die 2 x 7 Blatt breit und beliebig hoch wäre, oder in natürliches Maß umgesetzt eine Breite von rund 4,5 m umfaßte." "Aus diesen Ausführungen ergibt sich für die Praxis der nicht hoch genug zu veranschlagende Erfolg, daß topographische Karten, auf welcher Grundlage sie auch aufgebaut sein mögen, im Falle ihrer Begrenzung nach Gradabschnitten für das einzelne Blatt immer zusammensetzbar sein werden" (SIEWKE, 1926: 149). Für eine Mittelbreite von 50° errechnete SIEWKE die zulässige Höchstbegrenzung. Die Grenzen liegen:

Maßstab 1 : 100 000 für die Höhe bei 167 cm, 1 : 300 000 bei 102 cm, für die Breite, 1 : 100 000 bei 143 cm, 1 : 300 000 bei 90 cm. (SIEWKE 1926:150)

Mit dem Maßstab der hier vorgelegten Karten 1 : 200 000 und deren Format läge man also noch gut innerhalb der zulässigen Höchstbegrenzung. Im übrigen: "Der Nachteil, daß mehrere Blätter ohne Klaffung nicht vereinigt werden können, ist verschwindend gegenüber den Unterschieden der Kartenblätter infolge Eingehens selbst des besten Papiers beim Drucke!" (ECKERT, 1921:193)

ZUSAMMENFASSUNG

Aufbauend auf einem Kartenvergleich der Meßtischblätter der Königlich Preußischen Landesaufnahme aus den Jahren 1878 für Schleswig-Holstein und Neuwerk/Scharhörn bzw. 1891 für Niedersachsen mit neuen Topographischen Karten 1 : 25 000 (TK25), wurden die Veränderungen der Uferlinie der deutschen Nordseeküste als Vergleich des Standes vor etwa 100 Jahren mit dem heutigen Stand in einer farbigen thematischen Karte im Maßstab 1 : 200 000 dargestellt.
Vergleichs- und Druckgrundlage bildete zu der verkleinerten Montage der Meßtischblätter die Topographische Übersichtskarte 1 : 200 000 (TÜK200) des IfAG, Frankfurt am Main. Den Druck und die Reproarbeiten besorgte das IfAG, Berlin (West).

ZITIERTE LITERATUR:

ARNBERGER, E. und KRETSCHMER, I. 1975:	Wesen und Aufgaben der Kartographie. Topographische Karten, Teil I/ Textband; Wien.
ECKERT, M. 1921:	Die Kartenwissenschaft, 1. Band; Berlin und Leipzig.
GIEROFF-EMDEN 1961:	Luftbild und Küstengeographie am Beispiel der deutschen Nordseeküste; Bad Godesberg.
GÖHREN, H. 1971:	Untersuchungen über die Sandbewegung im Elbmündungsgebiet. Hamburger Küstenforschung, 19; Hamburg.
GÖHREN, H. 1974:	Über Strömungsverhältnisse und Sandtransport in den Flachwassergebieten vor der südöstlichen Nordseeküste. Hamburger Küstenforschung, 29; Hamburg.
GRIPP, K. 1944:	Entstehung und künftige Entwicklung der Deutschen Bucht. Aus dem Archiv der Deutschen Seewarte und des Marineobservatoriums, 63, 2; Hamburg.
HAKE, G. 1976:	Mapping of Tidal Flat Areas by New Methods. Nachrichten aus dem Karten- und Vermessungswesen, Reihe II: Übersetzungen, 33, 37;41; Frankfurt am Main.

HEISSLER, V. 1968: Kartographie. (Sammlung Göschen 30/30a); Berlin.

HIGELKE, B. 1975: Morphodynamik und Materialbilanz im Küstenvorfeld zwischen Hever und Elbe, Ergebnisse quantitativer Kartenanalysen für die Zeit von 1936 bis 1969. (Diss.) 167p; Kiel.

HOMEIER, H. 1958: Die morphologische Entwicklung der Cappeler Außendeichsgebiete. Jahresbericht Forschungsstelle Norderney 1957, 9, 112-116; Norderney.

HOMEIER, H. 1959a: Untersuchung der Veränderungen des Juister Wattes zur Frage eines Durchbruches der Memmert Balje zum Buse Tief. Jahresbericht Forschungsstelle Norderney 1958, 10, 13-26; Norderney.

HOMEIER, H. 1959b: Die morphologische Entwicklung der ostfriesischen Küste zwischen Bensersiel und Neuharlingersiel. Jahresbericht Forschungsstelle Norderney 1958, 10, 51-60; Norderney.

HOMEIER,H. 1962ff.: Historisches Kartenwerk 1 : 50 000 der Niedersächsischen Küste, mit Erläuterungen der Niedersächsischen Wasserwirtschaftsverwaltung. Jahresbericht Forschungsstelle Norderney 1961; Norderney.

HOMEIER, H. 1963: Die Strandinsel Lütje Hörn an der Osterems. Jahresbericht Forschungsstelle Norderney 1962, 14, 41-46; Norderney.

HOMEIER, H. 1965: Historisch-morphologische Untersuchung der Forschungsstelle Norderney über langfristige Gestaltungsvorgänge im Bereich der niedersächsischen Küste. Jahresbericht Forschungsstelle Norderney 1964, 16, 7-40; Norderney.

HOMEIER, H. 1966: Die morphologische Entwicklung im Raum Schilling und die vermuteten Wechselwirkungen zwischen den Korrektionswerken auf Minsener Oog und den Veränderungen auf dem Festlandswatt. Jahresbericht Forschungsstelle Norderney 1965, 17, 11-34; Norderney.

HOMEIER, H. 1968: Die Strandentwicklung der Insel Memmert. Jahresbericht Forschungsstelle Norderney 1966, 18, 9-36; Norderney.

HOMEIER, H. 1969: Der Gestaltungswandel der ostfriesischen Küste im Laufe der Jahrhunderte. In: OHLIG, H. 1969 (Hrsg.): Ostfriesland im Schutze des Deiches, 2, 1-75; Pewsum.

HOMEIER, H. 1971: Untersuchung der Strandentwicklung Borkums unter besonderer Berücksichtigung der jüngsten Strandabbrüche im Bereich der Süddünen. Jahresbericht Forschungsstelle Norderney 1969, 21, 7-22; Norderney.

HOMEIER, H. 1973: Die morphologische Entwicklung im Bereich der Harle und ihre Auswirkungen auf das Westende von Wangerooge. Jahresbericht Forschungsstelle Norderney 1972, 24, 15-44; Norderney.

HOMEIER, H. und LUCK, G. 1971: Untersuchung morphologischer Gestaltungsvorgänge im Bereich der Accumer Ee als Grundlage für die Beurteilung der Strand- und Dünenentwicklung im Westen und Nordwesten Langeoogs. Jahresbericht Forschungsstelle Norderney 1970, 22, 7-42; Norderney.

JESSEN, O. 1921: Die Verteilung von Anwachs und Abbruch an der schleswig-holsteinischen Nordseeküste. Petermanns Geographische Mitteilungen, 222-225, 254-257; Gotha/Leipzig.

KLEFFNER, W. 1939:	Die Reichskartenwerke; Berlin.
LANG, A.W. 1970:	Untersuchungen zur morphologischen Entwicklung des nördlichen Elbeästuars von 1560 bis 1960. Hamburger Küstenforschung, 12; Hamburg.
LANG, A.W. 1975:	Untersuchungen zur morphologichen Entwicklung des Dithmarscher Watts von der Mitte des 16. Jahrhunderts bis zur Gegenwart. Hamburger Küstenforschung, 31; Hamburg.
LINKE, G. 1969:	Bearbeitungsstand, Probleme sowie Arbeitsmöglichkeiten im Faziesbereiche des sandigen Küstenholozäns. Und: Die Entstehung der Insel Scharhörn und ihre Bedeutung für die Überlegungen zur Sandbewegung in der Deutschen Bucht. Hamburger Küstenforschung, 11; Hamburg.
LÜDERS, K. 1967:	Kleines Küstenlexikon. 2. Auflage; Hildesheim.
MROCZEK, P. 1975:	Veränderungen der Uferlinie der deutschen Nordseeküste in den letzten 100 Jahren (mit einer farbigen Karte 1 : 200 000) (unveröffentlichte Diplomarbeit FU Berlin) 190 p.
POHLENZ, E. 1960:	Die Uferlinie in Seekarten und topographischen Karten. Geodätische und kartographische Praxis, 5, 8, 30-31; Berlin.
REINECK, H.-E. 1970 (Hrsg.):	Das Watt. Ablagerungs- und Lebensraum; Frankfurt am Main.
SAGER, G. 1960:	Das Seekartennull der europäischen Küsten. Vermessungstechnik, 8, 7, 199-203 und 216; Berlin.
SIEWKE, Th. 1926:	Die Kartenwerke des Reichsamts für Landesaufnahme und ihre Entwicklung in den letzten Jahren. In: Geodätische Woche Köln 1925, herausgegeben vom Arbeitsausschuß der Geodätischen Woche, 133-165; Stuttgart.
STOCKS, Th. 1961:	Eine neue Tiefenkarte der Deutschen Bucht. Berichte zur Deutschen Landeskunde, 27, 280-286; Bad Godesberg.
VALENTIN, H. 1952:	Die Küsten der Erde; Gotha.

KARTENUNTERLAGEN

1. Meßtischblätter 1 : 25 000 der Königlich Preußischen Landesaufnahme 1878/91, herausgegeben ab 1880/1892.

2. Topographische Karten 1 : 25 000 des Niedersächsischen Landesverwaltungsamtes — Landesvermessung — und des Landesvermessungsamtes Schleswig-Holstein in Verbindung mit dem Militärgeographischen Amt.

3. Topographische Übersichtskarte 1 : 200 000: CC 1510 Westerland, 3. Ausgabe 1976, CC 1518 Flensburg, 2. Ausgabe 1976, CC 2310 Helgoland, 3. Ausgabe 1976, CC 2318 Neumünster, 2. Ausgabe 1976, CC 3102 Emden, 1. Ausgabe 1971, CC 3110 Bremerhaven, 2. Ausgabe 1977, CC 3118 Hamburg-West, 2. Ausgabe 1977.

4. Topographische Übersichtskarte 1 : 200.000, Orohydrographische Ausgabe: CC 1510 Westerland 1969, CC 1518 Flensburg 1966, CC 2310 Helgoland 1968, CC 2318 Neumünster 1970, CC 3102 Emden 1971, CC 3110 Bremerhaven 1971.

5. Topographische Wattkarten 1 : 25.000 der Niedersächsischen Küste: Nr. 5 Juist, Nr. 6 Baltrum, Ost-Norderney (1962), Nr. 7 Spiekeroog, Wangerooge (1964), Nr. 9 Mellum (1973), Nr. 11 Jadebusen (1971), Nr. 12 Bremerhaven (1969), Nr. 13 Nord-Jade, Land Wursten (1969), Nr. 14 Land Wursten (1967), Nr. 15 Neuwerk (1966).

6. Karte des Deutschen Reiches 1 : 100 000; besonders: 140. Norden, K.Pr.L. 1891, hrsg. 1894 und vom Reichsamt f. L., Ausgabe 1.6.1940, letzte N 1939 II. 79 Eidermündung, K.Pr.L. 1878, hrsg. 1881, einzelne N bis 1881. 79. Trischen, hrsg. Reichsamt f.L. 1931, B 1931. 110. Cuxhaven, K.Pr.L. 1878, hrsg. Reichsamt f. L. 10.2.1940, einzelne N 1926. Großblatt 17 Cuxhaven-Heide, Ausgabe 1953, letzte N 1949. Großblatt 7 Husum-Insel Amrum, hrsg. Reichsamt f.L. 14.5.1940, B 1935, N 1930/30. Einheitsblatt 7 Amrum-Föhr-Bredtstedt-Garding-Husum, hrsg. Pr.L. 1920, N 1921.

7. Topographische Übersichtskarte des Deutschen Reiches 1 : 200 000.

8. Historische Karten 1 : 50 000 der Niedersächsischen Küste mit Beiheften: Nr. 4 (1969), Nr. 5 (1963), Nr. 6 (1962), Nr. 7 (1961), Nr. 8/9 (1972), Nr. 11 (1968), Nr. 12 (1966), Nr. 13 (1964/65), Nr. 14 (1964/65), Nr. 15 (1967).

9. Geomorphologische Übersichtskarte des westlichen Mitteleuropa 1 : 1 000.000 mit Erläuterungen von Gustav Neugebauer, Westermann 1974.

10. Geologische Karte 1 : 25 000: 0916, 1015, 1016, 1115, 1116, 1215 Insel Sylt 1952; mit Erläuterungen: 1319 und 1318 Bredstedt und Ockholm 1953, 2117 Altenwalde 1969, 2118 Cuxhaven 1969, 2210/11 Baltrum und Ostende Langeoog 1970, 2212 Spiekeroog 1970, 2213 Wangerooge 1969.

11. Geologische Übersichtskarte 1 : 200 000: CC 2310 Helgoland 1973.

12. Ostfriesische Inseln Westlicher Theil mit der Emsmündung und dem Friesischen Seegat und Östlicher Theil mit Jade- und Wesermündung nach den im Jahre 1866 herausgegebenen Hannoverschen Seekarten und Aufnahmen des Corv.Capt.Grapow und L.z.S.Hoffmann in den Jahren 1867, 68 und 69, 1 : 100 000, 1870.

13. Übersichtskarte der Schleswig-Holsteinischen Westküste, aufgenommen und entworfen von Corv.Capt.Grapow 1868 und 1869, herausgegeben vom Marineministerium, Nördliches Blatt, II Südliches Blatt, 1 : 100 000, Berlin 1869.

14. Karte der Küste der Nordsee zwischen Ameland und der Elbe. Nach hannoverschen Original-Messungen 1859-1863 unter Benutzung der Holländischen Karte für die Ems und der Preußischen für die Jade-, Weser- und Elbmündungen, herausgegeben von der Königlichen General-Direction des Wasserbaues zu Hannover, 1 : 100 000, Hannover 1866.

15. Seekarten 1 : 50 000 des DHI: Nr. 90 Emsmündung 1973, Nr. 89 Juist bis Wangerooge 1974, Nr 2 Mündungen der Jade und Weser 1973, Nr. 105 Die Eider, Norder- und Süderpiep 1974, Nr. 106 Hever und Schmaltief 1974.

16. Seekarte 1 : 100.000 Nr. 87 Die Ostfriesischen Inseln mit Helgoland 1975, DHI.

17. Seekarte Nr. 50 Deutsche Bucht 1 : 300 000, 1975, DHI.

ATLANTEN

1. Die Halligen. MÜLLER, Friedrich: Das Wasserwesen an der Schleswig-Holsteinischen Nordseeküste, Erster Teil, Berlin 1917.
2. Die Landschaften Niedersachsens. Ein topographischer Atlas. SCHRADER, Erich. 3. Auflage, Hannover 1965.
3. Topographischer Atlas Schleswig-Holstein. DEGN, Christian und MUUSS, U., 3. Auflage, Neumünster 1966.
4. Luftbildatlas Niedersachsen. GROTELÜSCHEN, Wilhelm und MUUSS, Uwe (u.a.), Neumünster 1967.
5. Luftbildatlas Schleswig-Holstein. DEGN, Christian und MUUSS, Uwe, Neumünster 1965.

Quartäre Meeresstrände und "Head"-Kliffs britischer Küsten
Fortschritte und Probleme der Küstenmorphologie
von
Karlheinz Kaiser, Berlin

A. EINLEITUNG

In seinem "System der zonalen Küstenmorphologie" sieht H. VALENTIN (1979) in erster Linie "die nach heutigen Klimazonen geordnete Erfassung aller zonalen rezenten Küstenformen (unter Berücksichtigung ihrer Formungsprozesse) der ganzen Erde". Danach würden die britischen Küsten dem vollhumiden Bereich der "Temperierten Küstenzone" — "Mildtemperierte Küstenzone" nach H. LOUIS & K. FISCHER (1979) — zuzuweisen sein. Infolge der "maiximalen, weil häufigsten Sturmwellenbrandung" (H. VALENTIN, 1979) "stellen sich hier die Formenunterschiede zwischen Tiefwasserküsten — als Ergebnis optimaler mechanischer Brandungswirkungen mit am deutlichsten meerwärts geneigten Abrasionsplattformen und (vor allem bei Festgesteinen der altgefalteten Grundgebirgsbereiche) ansehnlichem Relief mit besonders hohen Kliffs — und Seichtwasserküsten sowie zwischen sturmgepeitschten, offenen und geschützt liegenden Küsten am eindrucksvollsten dar" (H. LOUIS & K. FISCHER, 1979).

Nahezu gleichrangig und für den Raum der Britischen Inseln vielleicht noch weit bedeutsamer ist nun aber auch nach H. VALENTIN (1979) "die nach würmeiszeitlichen Klimazonen geordnete Erfassung aller zonalen pleistozänen Landformen der Erde, die durch die holozänen Transgressionen zumindest partiell ertränkt wurden", aufgegeben. Danach würden nördliche bis mittlere Bereiche der Britischen Inseln bis zur letzteiszeitlichen Vereisungsgrenze — vgl. u.a. G. S. BOULTON, A. S. JONES, K. M. CLAYTON & M. J. KENNING (1977, Fig. 17.4) — der "Glazialen Zone" zuzuweisen sein. Dabei muß innerhalb dieser Zone in Anbetracht der räumlichen Ausdehnung und Differenziertheit von Verbreitungsmustern hinsichtlich dominanter Landformungsprozesse solchen der glazialen Erosion — wie Karbuchten, Fjorden und Semifjorden bzw. glazialen Trögen, Fjärden und Schären sowie auch glazialen Erosionshängen und Strandflaten — sicherlich jenen der glanzialen und glazifluvialen Akkumulation — wie Bodden und Förden — Vorrang eingeräumt werden. Die südlichen Teile von Irland, Wales und England außerhalb der letzteiszeitlichen Vereisungsgrenze wären hingegen insgesamt der "Periglazialen Zone" zuzuordnen. Dabei verdient die Südirland, die Umgebung des Bristol Kanal und Ostengland umfassende Unterzone vormals im "Wolstonian" und "Anglian" (incl. der "Cromer-Trill"-Zeiten) vergletscherter Gebiete zunächst durch glaziale, letzteiszeitlich hingegen durch solifluidal — (z. gr. T. im Sinne von gelifluidal) fluviale Formungsprozesse bestimmter Küstengestalten wie solche der Altmoränengebiete sowie die glazial beeinflußten Rias (incl. Urstrom-Rias) bzw. Calas oder Calancas und Hänge (incl. der durch glazial-periglaziale Formungsprozesse bestimmten "Head"-Kliffs) große Beachtung. Nur das südliche England (vor allem Cornwall und die gesamte Kanalküste) ist der nie vergletscherten Unterzone mit dominant solifluidal — (z. gr. T. im engeren Sinne von gelifluidal) fluvialen Formungsprozessen zuzurechnen. Dort sind periglaziale Rias bzw. Calas oder Calancas, Hänge und Felsbuckel hinsichtlich der Küstengestaltung bestimmend, darunter mannigfaltige Kliff-Formen wie periglaziale "Head"-, "Bevelled"-, "Slope-over-wall"-, "Hog's back"-, und "Flat-topped"-Kliffs sowie der "Chines" bzw. "Clefts".

Schließlich haben wir aber auch bei einer Erörterung der britischen Küstengestalten azonale Erscheinungen zu berücksichtigen. Sie werden 1. durch Unterschiedlichkeiten des Substrats bewirkt. So sind für weite Bereiche von Schottland, Irland, Wales, den Lake Distrikt und Südwestengland kristalline — sowohl magmatischer Herkunft wie Granite und Vulkanite als auch metamorpher Art wie Gneise und Glimmerschiefer — im Wechsel mit zumeist klastischen Massen wie Konglomeraten, Sandsteinen und Tonschiefern aber auch karbonatischen Sediment-Gesteinen wie mitteldevonischen Kalken (z.B. in Süd-Devon) oder den oberkarbonen Kohlenkalken (z.B. in Gower) für azonale Küstendifferenzierungen bestimmend. In den südostenglischen Schichttafel-, Schichtstufen- und Schichtkammlandschaften ist hingegen der Wechsel besonders von jurassischen Massenkalken und dem oberkretazischen "chalk", gelegentlich aber auch von harten Sandsteinbänken mit weicheren Gesteinsserien für solche feineren Küstengestaltungen bedeutsam.

2. spielen aber auch die durch endogene Vorgänge verursachten Küsten-Rohformen im Saum der Britischen Inseln eine große Rolle. Sie äußern sich zunächst sowohl in sehr unterschiedlichen Größenordnungen als auch in genereller Hinsicht vor allem in den strukturellen Verschiedenheiten zwischen den alpinotyp gestalteten Altfaltenländern präkambrisch-lewisischer, kaledonischer und variszisch-armorikanischer Zeitstellung besonders der alten Rumpfschollenlandschaften und den germonatyp gestalteten Bruchschollenländern kimmerisch-alpidischer Zeitstellung besonders in den jungen südost-englischen Schichttafel-, Schichtstufen- und Schichtkammlandschaften. Von nicht geringer Bedeutung waren und sind aber auch die rein taphrogenetischen Schollenverstellungen für die feineren Küstengestaltungen, insbesondere ihre Ausrichtungen zum Küstenverlauf (Längs-, Schräg- und Querküsten). Sie treten in Form einfacher oder gestaffelter Abschiebungen — wie in den Grabenbruch-Systemen des vom "Highland-Bundary-Fault" und "Southern Uplands-Fault" begrenzten schottischen "Midland Valley" — von Auf- und Überschiebungen — wie vor allem in Bereichen der nordschottischen "Moine Thrust Zone" — oder aber auch als Blatt- bzw. Horizontalverschiebungen — wie es in eindrucksvollen Ausprägungen im Nahtgebiet der "Great Glen Fault Zone" zwischen Firth of Lorne —Loch Linnhe und dem Moray Firth—Loch Ness in Erscheinung tritt — auf.

Als 3. Komponente azonaler Küstengestaltung sind gerade im Raum der Britischen Inseln mehr oder weniger junge, sowohl auf Bewegungen der Erdkruste tektonisch-epirogener und isostatischer (besonders glazialisostatischer) Art als auch auf eustatischen (besonders glazialeustatischen) Meeresspiegelschwankungen beruhende Niveauveränderungen von Bedeutung. So hat unlängst G. F. MITCHELL (1977, Fig. 13.1) in diesem Zusammenhang drei signifikante Gebiete für den Raum der Britischen Inseln herausgestellt:

1. einen besonders Ostengland umfassenden Raum mit fortgesetzter tektonisch-epirogener Absenkung,

2. eine besonders Südirland, Südwales und Südwestengland umfassende Region ("Stable Celtic Sea") mit weitestgehend tektonisch-epirogener und isostatischer Stabilität,

3. ein besonders den Nordteil der Britischen Inseln (ehemals vergletschertes) umfassendes Gebiet mit starker isostatischer (bzw. glazialisostatischer) Labilität und gegenwärtig sehr kräftiger Heraushebung.

Als 4. und letzte Ursache azonaler Küstenformungen fallen schließlich auch gerade im Umkreis der Britischen Inseln recht unterschiedliche Gezeitenwirkungen ins Gewicht, sowohl in bezug auf Gezeitenformen und Tidenhub als auch hinsichtlich der Ausrichtungen und Stärke von Gezeitenströmungen. Man bedenke, daß der Tidenhub in offenen, sich landeinwärts düsenartig verjüngenden Meeresbuchten — wie im Severn-Ästuar des Bristol Kanals — bis auf über 11 m ansteigen, in geschützten bzw. abgesperrten, flachen Schelfen — wie in zentralen Bereichen der englischen Kanalküste oder der irischen Ostküste — bis unter 2 m abfallen kann; daß die Gezeitenstromgeschwindigkeiten unter ähnlichen Gegebenheiten bis weit über 20 dm/sec. bzw. lokal bis unter 2 dm/sec. betragen können (vgl. u.a. G. DIETRICH & J. ULRICH, 1968).

Es kann nun keinesfalls Ziel dieser Ausarbeitung sein, im Sinne dieser modernen Klassifikation von H. VALENTIN (1979) die britischen Küstengestalten systematisch geordnet und umfassend vorzustellen. Auch sind vom Verfasser bisher keine eingehenderen Geländeuntersuchungen kombiniert mit Laborarbeiten durchgeführt worden. Vielmehr sollen hier weitestgehend referierend, teilweise aber auch sachkritisch-wertend an ausgewählten Beispielen von quartären Meeresstränden, "Head"-Kliffs und noch anderen Küstengestaltsformen fortschrittlich-moderne Befunde aufgezeigt und Probleme der britischen Küstenmorphologie erörtert werden.

B. QUARTÄRE MEERESSTRÄNDE

1. SPÄTPLIOZÄN, ALT- UND MITTELQUARTÄR ("PRE—HOXNIAN")

Wer einmal vom Townhill (176 m) bei Swansea in Richtung Swansea-Bay oder vom Cefn Bryn (186 m) im zentralen Gower/Südwales auf die Oxwich-Bay hingeschaut hat, der war beeindruckt von einer Folge seewärts leicht abfallender, terrassenartiger Verebnungen, welche landeinwärts durch zumeist kliffartige Hänge eingefaßt werden. In der Tat hat T.N. GEORGE (1932 1933, 1938) auf Gower/Südwales drei Kappungs-Plattformen ausgeschieden, die er der marinen Abrasion zuschrieb und als "The 600 ft. Surface", "The 400 ft. Surface" und "The 200 ft. Surface" bezeichnete (Fig. 1). Die älteste und höchste (ca. 180 m) wurde als übereinstimmend mit den höchsten Erhebungen auf Gower angenommen: Cefn Bryn (186 m), Rhossili Down (193 m) und Llanmadoc Hill (186 m) über devonischen "Old Red" — Sandsteinen sowie Townhill (176 m) und Kilvey Hill (193 m) über oberkarbonen "Lower Pennant Measures". Das mittlere Niveau sah man am besten repräsentiert im Nordteil von Clyne Common westlich der Swansea-Bay (132 m) an, desgleichen aber auch in kleineren oder größeren Resten südöstlich und östlich von Crofty im nördlichen Gower sowie in mehr oder weniger breiten und durchgehenden Hangverflachungen auf der Südflanke des Townhill und Kilvey Hill, sämtlich über oberkarbonen "Lower Coal Measures" und "Lower Pennant Measures" entwickelt. Die untere Plattform (ca. 60 m) schließlich soll mehr oder weniger zusammenhängend über zumeist unterkarbonen Kohlenkalken entlang der gesamten Südküste ausgebildet worden sein, besonders charakteristisch im Umkreis des Oxwich Point, desgleichen aber auch oberhalb der Flandrischen Kliffzone sowohl im nördlichen Gower (hier zumeist über unterkarbonen Kohlenkalken) als auch nördlich der Swansea-Bay (hier über oberkarbonen "Lower Pennant Measures"). All diese Abrasions-Flächen werden in wechselnder Mächtigkeit von glazialen (Moränen, glaziofluviale Sande und Kiese) und periglazialen Absätzen (Solifluktionsmassen) bedeckt bzw. mit verschiedenen Bodenmassen verklebt. Ihre Altersstellungen erweisen sich somit insgesamt als präglazial (älter als eiszeitliche Eisbedeckungen). Desgleichen müssen sie aber auch als erheblich älter wie die entlang der gesamten Südküste von Gower in meist nur geringer Meereshöhe ausgewiesenen Reste der "*Patella* Beach" angesehen werden. Das oberste Niveau wurde an das Ende des Pliozäns bis ins Ältestquartär eingestuft.

In Ostengland sind marine Flachwasserabsätze endpliozäner ("Coralline Crag") und ältestpleistozäner Zeitstellung ("Red Crag Series") in Höhenlagen zwischen + 200 m und − 50 m verbreitet (B.M. FUNNEL & R.G. WEST, 1977). Doch werden hier kräftige "Post-Red Crag"-Bewegungen für ihre großen und unterschiedlichen Höhenlagen verantwortlich gemacht. Für die nachfolgenden Abschnitte des Alt- (Ludhamian, Thurnian) und Mittelpleistozäns (Antonian, Baventian, Pastonian, Beestonian, Cromerian und Anglian), die in Ostengland durch teilweise recht mächtige Absätze mit wechselnd kalt- bis warmzeitlicher Stellung belegt sind, werden hingegen nur Spiegelstände bis höchstens 20 m über dem heutigen angenommen.

Fig. 1

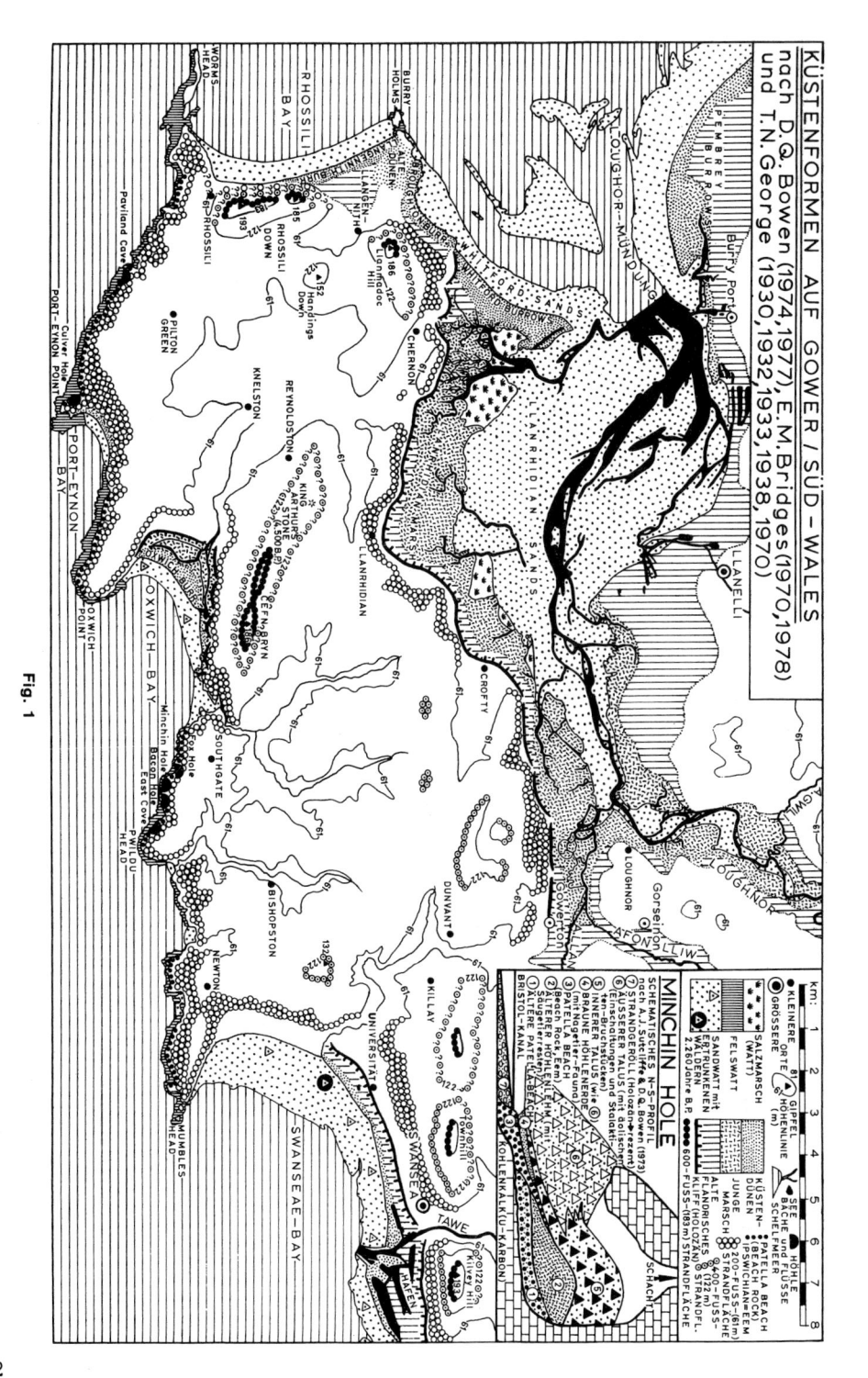

Ansonsten konnten bisher im Raum der Britischen Inseln nur in Cornwall bei St. Earth marine Tone spätpliozäner Zeitstellung bis in Höhenlagen von 35 m sicher ausgewiesen werden, die auf einen Wasserspiegel von höchstens 45 m über dem heutigen schließen lassen (C.F. MITCHELL, 1977). Aus den nachfolgenden "pre-Hoxnian"-Zeitabschnitten wurden von G.F. MITCHELL (1977) im gesamten Umkreis der "Celtic-Sea" — obzwar hier im Gegensatz zu Ostengland durchgehende oder aber auch nur sicher einzustufende Glieder von Abfolgen aus diesem langen Zeitraum nicht vorliegen — Spiegelstände bis höchstens 10 m über dem heutigen angenommen.

In Anbetracht solcher als weitestgehend gesichert zu betrachtenden Befunde sind die höheren marinen Kappungsflächen auf Gower sowohl in ihrer Deutung (mit Bezug auf ihre Höhenlagen) als auch in der ihnen zugemessenen Zeitstellung schwer verständlich zu machen, zumal dort im Zusammenhang damit eindeutige Reste mariner Abfolgen (Tone, Sande, Kiese etc.) mit entspr. Faunen offenbar bisher nicht ausgewiesen worden sind.

Überhaupt müssen nach heutiger Kenntnis viele "klassische" Befunde über "raised beaches" an den Britischen Küsten in Frage gestellt werden. Das sei nachfolgend an wenigen Beispielen erläutert.

Die "Rhossili bench", welche als bis 150 m breite Verebnung und auf ca. 2 km Länge die untere, steile Westflanke der aus "Old Red"-Sedimenten aufgebauten Rhossili Down im Westteil der Halbinsel Gower — vgl. Fig. 1 (wobei allerdings die "Rhossili bench" nicht verzeichnet wurde) — durchgehend säumt, um dann nordwärts unter den älteren Küstendünensanden der Hillend bzw. Llangennith Burrows zu verschwinden, wurde früher (T.N. GEORGE, 1932, 1933, 1938) als marine "100 ft.-terrace" ausgeschieden. Seewärts endet sie gegen den hier äußerst eindrucksvollen und breiten Sandstrand der Rhossili Bay mit einem aktuell stark brandungsbeanspruchten, 10 bis 15 m hohen Steilkliff. Da aber eine ausgeprägte Vorzeit-Kliffzone gegen die steilen Sandsteinhänge der Rhossili Down hin nicht vorliegt, und die "bench" offensichtlich durchgehend — wie an der aktuellen Kliffzone überall aufgeschlossen — von ausschließlich aus den Rhossili Down herstammenden Solifluktionsmassen aufgebaut wird, erscheint eine Deutung als durch Brandungswirkungen zunehmend zurückgeschnittene Solifluktions-Hangfußterrasse kaltzeitlicher Stellung zwingend (E.M. BRIDGES, 1978).

In Küstenabschnitten südlich Aberystwyth im zentralen Wales hat A. WOOD (1959) — vgl. auch J.A. STEERS (1964, 1971) — fossile Küstenplattformen mit mehr oder weniger ausgeprägten Kliffzonen — gelegentlich als "nackte" Felsplattformen, überwiegend aber als von Geschiebetonen oder Solifluktionsmassen begrabene Strandflächen — in folgenden Niveaus ausgeschieden: 315 ft. (ca. 96 m), 180 - 190 ft. (ca. 55-58 m), 88 - 95 ft. (ca. 27-29 m), 70 ft. (ca. 21 m), 45 - 48 ft. (ca. 14-15 m) und 20 ft. (ca. 6 m). Als besonders ansprechender Ausschnitt wurde das Gebiet um Morfa Bychan — vgl. Fig. 11 (incl. 11 A und 11 B) — angesehen. Dort sah man landeinwärts der aktuellen, lokal bis 40 m hohen und durchgehend steilen Kliffzone solche "beach platforms" in 45 - 48 ft. (ca. 14-15 m), 88 - 95 ft. (ca. 27-29 m, lokal aber landeinwärts bis auf ca. 40 m anschwellend) und 180 ft. (ca. 55 m) repräsentiert. E. & S. WATSON (1967) haben nun aber gerade hier — worüber später noch eingehendere Erörterungen folgen sollen — überzeugend durch detaillierte Profiluntersuchungen ausgewiesen, daß es sich insgesamt um eine von wechselnd mächtigen Solifluktionsmassen — lokal mit meist dünnen Lößdecken verhüllt (über dem "Brown Head"), gelegentlich aber auch mit fluvialen Einschwemmungen (im oberen Teil des "Blue Head"), jedoch ohne Geschiebetondecken — verkleidete, seewärtige und kräftig reliefierte (Felsflächen) Fußregion eines hier bis ca. 200 m aufragenden Küstenberglandes handelt.

Keineswegs soll nun der Eindruck zu erwecken versucht werden, daß alle solche "traditionell-klassischen" Befunde über "raised beaches" im Küstensaum der Britischen Inseln — wie sie vor

Sinne von T.N. GEORGE (1932, 1933) in wechselnden Niveaus unmittelbar über der heutigen Hochwassermarke bis in Höhen über 15 m repräsentieren. Ihre Fauneninhalte stimmen mit denen der "Älteren *Patella* Beach" überein (zusätzlich: *Littorina saxatilis*). Auflagerungen unverfestigter, rosafarbener Sande und Tone — auf Fig. 1 nicht gesondert ausgeschieden (basale Teile der "Braunen Höhlenerde") — enthalten einerseits die dem Litoral zuzuordnenden Schnecken *Littorina neritoides, L. saxatilis* und *L. littoralis*, daneben aber auch die Land-Mollusken *Clausilia bidentata, Cochlicopa* sp. und *Helicella* sp.; sie werden der "*Neritoides* beach", welche T.N. GEORGE (1932, 1933) auch an anderen Küstenstellen im südlichen Gower ausweisen konnte, zugewiesen. Ohne schärfere Grenze legt sich darauf die "Braune Höhlenerde" (Fig. 1). Im basalen, stärker erdigen Teil kommen neben den das Litoral repräsentierenden (*Littorina littoralis, L. saxatilis* und *L. neritoides*) auch Land-Schnecken (*Clausilia bidentata, Pyramidula rupestris, Helicella* sp., *Pupilla muscorum, Vallonia* sp. und *Vertigo pygmaea*) sowie Reste von Nagetieren vor, worunter der Nachweis der Schermaus (*Arvicola terrestris*) bemerkenswert erscheint. Die höheren Teile weisen sich durch das Ausklingen solcher Faunelemente und die Zunahme eckiger Kalkstein-Bruchstücke (Höhlen-Detritus) aus, was sicher auf kältere Klimabedingungen zurückgeführt werden kann.

Darüber legen sich schließlich in wechselseitiger Verzahnung mächtige Absätze von innerem und äußerem Höhlen-Detritus (teilweise zu Breccien verfestigt) mit Einschaltungen von äolischen Sanden (fast ausschließlich zu Äoliniten verfestigt) und Stalagtiten-Bruchstücken. Sie erklären sich durch kaltzeitliche Frostverwitterungs-Prozesse und repräsentieren wohl insgesamt die letzte Eiszeit (Devensian). Auf stratigraphische Details dieser Abfolgen — auch hinsichtlich ihrer genaueren Datierung — mag hier verzichtet werden. Bemerkt sei aber, daß außerhalb Minchin Hole und solcher Sedimentabfolgen in anderen Höhenausgängen (z.B. Bacon Hole und East Cove) die Erosionsreste der "*Patella* Beach" zumeist von mächtigen Solifluktionsmassen — gelegentlich mit Einschaltungen letzteiszeitlicher, glaziofluvialer Serien (darunter nicht selten auch Erratika) — übergriffen werden.

Während nun D.Q. BOWEN (1977) in Anlehnung an ältere Auffassungen die "Ältere *Patella* Beach", die "*Patella* Beach" und die "*Neritoides* Beach" (Spätphase) insgesamt dem letzten Interglazial (Ipswichian) zuweist, ist G.F. MITCHELL (1977) der Ansicht, daß die "Ältere *Patella* Beach" dem Hoxnian und beide jüngeren Einheiten dem Ipswichian zuzuordnen wären. Doch kann man sicherlich D.Q. BOWEN (1977) darin zustimmen, daß hinreichende Belege einer vollkaltzeitlichen Trennung (Wolstonian) im Bereich der "Älteren Höhlenlehme" bisher nicht erbracht werden konnten.

Die "Heatherslade Beach" endlich findet sich nahezu ausschließlich bei Niedrigwasser im Wattenbereich der Heatherslade Bay aufgeschlossen. Sie unterscheidet sich nach Abfolge und Habitus der Sedimente (incl. ihrer Fauneninhalte) kaum von den höher gelegenen Resten der "*Patella* Beach". Allerdings enthält sie eine weit größere Anzahl von erratischen Blöcken, die offenbar über solifluidale und glaziofluviale Prozesse zugeführt worden sind und somit auf eine letzteiszeitliche Zeitstellung hindeuten. Ihre Ausbildung erscheint allerdings nur bei dem heutigen Meeresspiegel angepaßten Gegebenheiten verständlich. Doch muß, um die Herauslösung zu Erosionsresten und die "beach rock"-Bildung erklären zu können, dieser im Nachhinein stärker abgesenkt gewesen sein, um dann im Rahmen der Flandrischen Transgression bis zur unmittelbaren Gegenwart hin wieder den vormaligen Stand zu erreichen (E.M. BRIDGES, 1978). Die Zeitstellung ist jedoch höchst ungewiß; zumindest läßt sich ihre Ausbildung zur Zeit der "Newer Drift" (Devensian, T.N. GEORGE, 1932, 1933), oder einer "late Devensian re-advance" (E.M. BRIDGES, 1978) mit unseren heutigen Kenntnissen über derzeitige Meeresspiegelstände kaum in Einklang bringen.

Im Umkreis der Barnstaple Bay (Devon/Südwest-England) finden sich "Head"-Kliff-Profile, wo unter jüngeren, zumeist von Solifluktionsmassen bestimmten Bedeckungen "raised beaches" mit ihren Felsplattformen aufgeschlossen sind (Fig. 2): in der Fremington Region (D.N. MOTTERSHEAD 1977, vgl. Fig. 2), bei Freshwater Gut und am Pencil Rock in der Croyde Bay (R.M. EVE 1970, N. STEPHENS 1974, D.N. MOTTERSHEAD 1977, vgl. Fig. 2 B), am Saunton Down End in der nördlichen Barnstaple Bay (N. STEPHENS 1974, C. KIDSON 1977, D.N. MOTTERSHEAD 1977, vgl. Fig. 2 C) und bei Westward Ho! in der südlichen Barnstaple Bay (N. STEPHENS 1974, D.N. MOTTERSHEAD 1977, vgl. Fig. 2 D).

Zum besseren Verständnis der nachfolgenden Ausführungen sei festgehalten, daß die maximale Vereisungsgrenze (Wolstonian bzw. Anglian) neben weiten Bereichen im Raum nordwestlich Bristol (vgl. D.N. MOTTERSHEAD 1977) auch im Innern der Barnstaple Bay ausgedehnte (heute) festländische Gebiete umfaßte (vgl. D.N. MOTTERSHEAD 1977, Fig. 2 und Fig. 2 A). Hier sind südlich der Linie Barnstaple-Fremington-Yelland (Fig. 2) durch Aufschlüsse – so im Brannam's Claypit bei Fremington (N. STEPHENS 1966, 1974, T.R. WOOD 1974, D.N. MOTTERSHEAD 1977, vgl. Fig. 2 A) – und zahlreiche Bohrungen (Fig. 2) Moränenfolgen und glaziofluviale Serien aufgeschlossen worden, die T.R. WOOD (1974) insgesamt dem Wolstonian zuordnen möchte. Demgegenüber vertritt N. STEPHENS (1966, 1974) die Ansicht, daß in den Abfolgen eine scharfe Erosionsdiskordanz zwischen dem hangenden "Red Till", den er dem Wolstonian zurechnet, und allen Liegendserien – dem "Fremington Clay" mit seinen liegenden Feinsanden über basaler Grundmoräne und basalen Schotterserien sowie der über dem "Fremington Clay" hangenden, rotbraunen Grundmoräne (vgl. Fig. 2 A) – gegeben sei, weshalb er die Liegendserien insgesamt dem Anglian zumaß. Trotz dieser litho- und zeitstratigraphischen Auffassung-Diskrepanzen verwundert es aber, daß noch G.S. BOULTON, A.S. JONES, K.M. CLAYTON & M.J. KENNING (1977, vgl. darin insbesondere Fig. 17.4) die maximale Vereisungsgrenze außerhalb der (heute) festländischen Bereiche Südwest-Englands in den Schelfgebieten des Bristol Kanals bzw. der Irischen See lediglich in heutiger Küstennähe verzeichneten.

Am Pencil Rock in der Croyde Bay (Fig. 2 B) erreicht die vorzeitliche Felsplattform eine Höhe von 13,7 m über N.N., darüber erheben sich "raised beaches" – verfestigte marine Sande und Strandgerölle mit Einschaltungen von mehr oder weniger großen Schiefer- und Sandsteinblöcken – bis 18,3 m und schließlich zu Äoliniten verfestigte Dünensande bis über 30 m. Während R.M. EVE (1970) und N. STEPHENS (1974) die gesamte Abfolge dem Hoxnian zurechnen, messen ihr C. KIDSON & T.R. WOOD (1974) und C. KIDSON (1977) ein Ipswichian-Alter zu.

Am Saunton Down End in der nördlichen Barstaple Bay (Fig. 2 C) ist die vorzeitliche Felsplattform in ca. 5 m über N.N. ausgewiesen. Darüber folgen "raisend beaches" bis ca. 7 m, die sich als Strandsande und Brandungsgerölle mit Einschaltungen von Riesen-Erratika – darunter Granitgneise und noch anderes Kristallin, die sich größtenteils aus dem nordwestlichen Schottland herleiten – kennzeichnen. Über hangenden, ca. 9 m mächtigen Flugsanden erhebt sich hier schließlich das eigentliche "Head" (Solifluktionsmassen) bis in Höhen um 37 m über N.N. C^{14}-Datierungen von *Balanus balanoides* über der Feldplattform (> 40.800 Jahre B.P.) und Mollusken aus den "raised beaches" (32.000 Jahre B.P.) waren unbefriedigend, da hier ein Ipswichian-Mindestalter zwingend erscheint. Während N. STEPHENS (1966, 1974) ein unteres "Main-Head" (Wolstonian) von einem oberen "cryoturbated Head" (Devensian) durch eine sandige Verwitterungslage (Ipswichian) trennt und somit den liegenden Strandfolgen (incl. der Felsplattform) Hoxnian-Alter zumißt, liegt hier nach C. KIDSON (1974) nur ein undifferenziertes "Head" (Devensian) vor, weshalb die unterlagernde "raised beach" dem Ipswichian zugewiesen werden müsse. Eine ähnliche Abfolge konnte T.N. MOTTERSHEAD (1977) auch bei Freshwater Gut in der Croyde Bay ausweisen. Dort findet sich die Felsplattform in einer Höhe von 7,5 m über N.N., und die Riesen-Erratika werden hier hauptsächlich von Doleriten, Arkosen und Sandsteinen bestimmt.

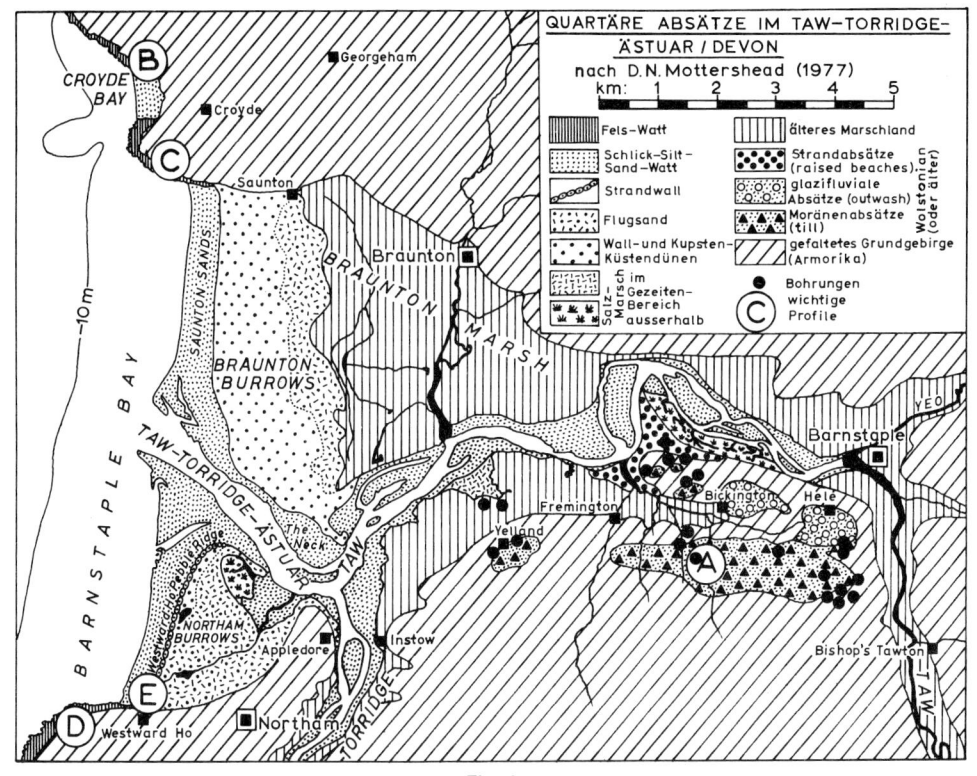

Fig. 2

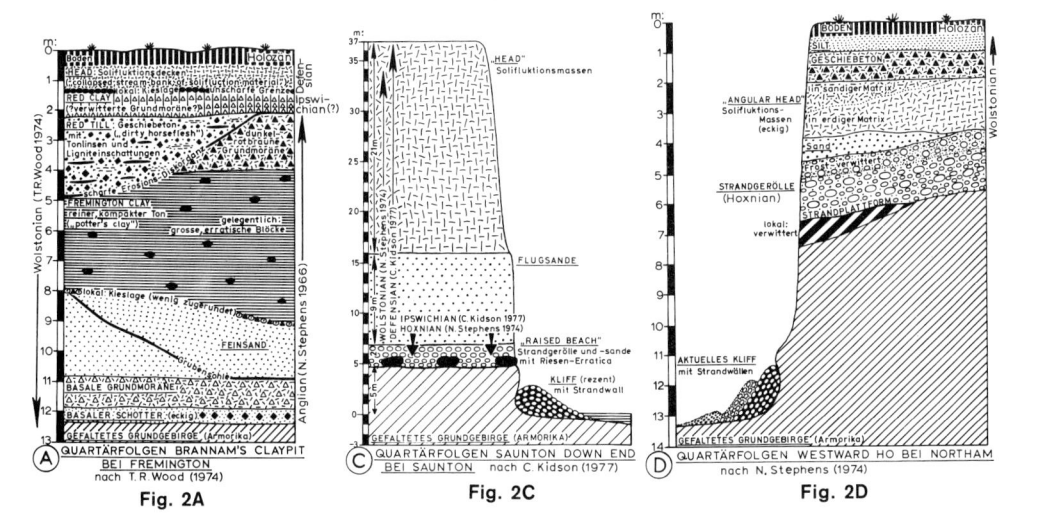

Fig. 2A

Fig. 2C

Fig. 2D

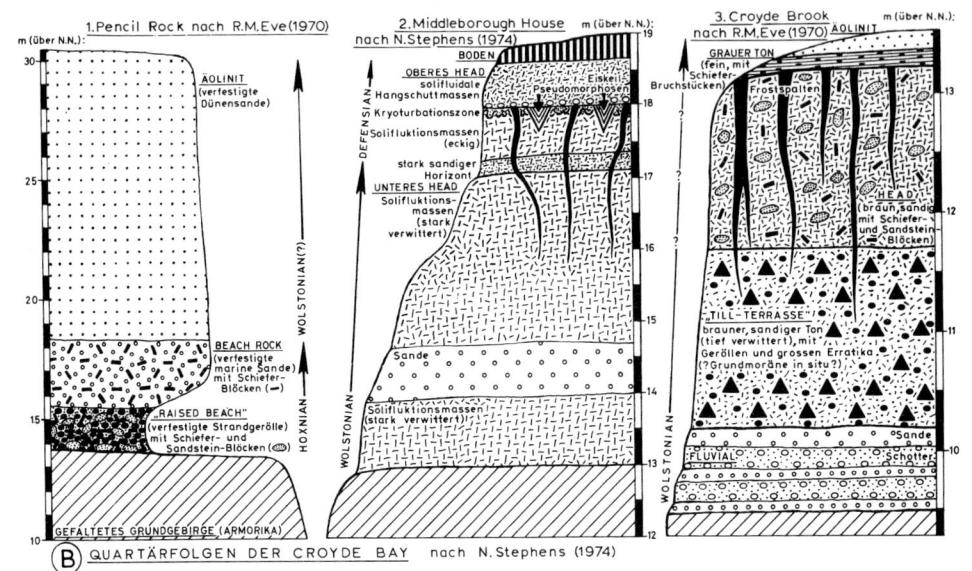

Fig. 2B

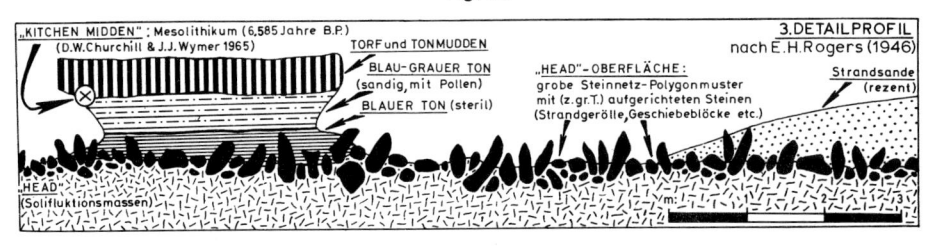

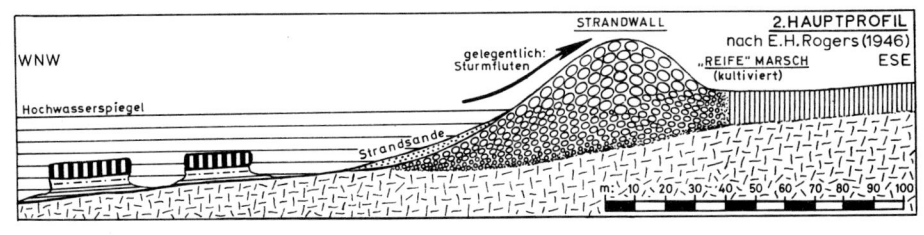

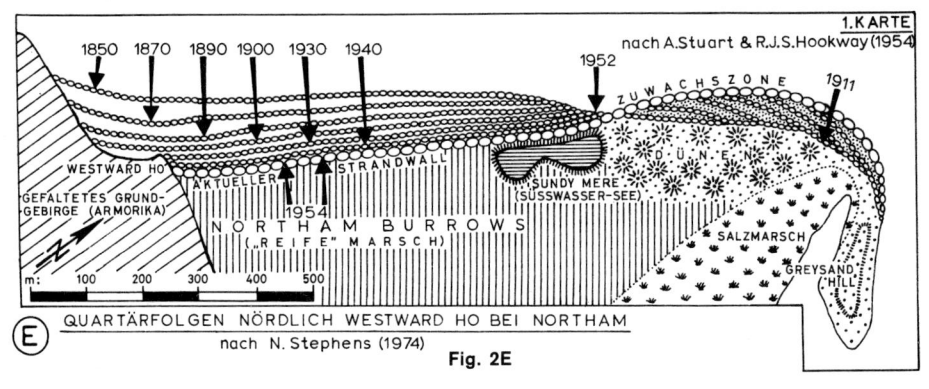

Fig. 2E

Bei Westward Ho! in der südlichen Barnstaple Bay ist in einer ca. 600 m langen Kliffzone eine Feldplattform in 8 bis 9 m (von Westen nach Osten sanft abfallend) über dem heutigen Meeresspiegel aufgeschlossen. Die "raised beach" darüber wird in wechselnden Mächtigkeiten zwischen 0,5 und 4,5 m angetroffen (Fig. 2 C) und nahezu ausschließlich von Strandgeröllen (ohne Erratika) vorgestellt. Über die Zuordnungen des "Head" herrschen hier ähnliche Auffassungs-Diskrepanzen wie hinsichtlich der "Head"—Abfolgen vom Saunton Down End und bei Freshwater Gut. Nach N. STEPHENS (1974) ist über dem "Angular Head" (ungegliederte Solifluktionsmassen) ein ca. 1 m mächtiger Geschiebeton (in situ) ausgebreitet worden, den er dem "Red Till" der Fremington-Region gleichsetzte, und wonach dem "Head" insgesamt ein Wolstonian-Alter, den liegenden Strandfolgen somit eine Hoxnian-Zeitstellung zuzumessen sei. C. KIDSON 1977) erklärte hingegen die "Geschiebetone" als durch Solifluktion im Devensian umgelagerte Grundmoräne, weshalb er auch hier die gesamten "Head"-Folgen dem Devensian und die liegende "raised beach" dem Ipswichian zuordnete.

Wenn man abschließend versucht, die Befunde über die fossilen Meeresstrände im Umkreis der Barnstaple Bay kritisch zu werten, so ist zunächst festzustellen, daß sie auf recht unterschiedliche Meeresspiegelstände zwischen ca. 7 m (Saunton Down End) und mehr als 18 m (Pencil Rock) über dem heutigen schließen lassen. Hinsichtlich der litho- und zeitstratigraphischen Befunde ist offensichtlich im Bezug auf Westward Ho! der Interpretation von N. STEPHENS (1974) — Grundmoräne in situ (Wolstonian) im oberen Teil des "Head" und somit Hoxnian-Alter des fossilen Meeresstrandes — Vorrang einzuräumen. Indessen vermögen die Argumente für ein "zweigeteiltes Head" von N. STEPHENS (1974) im Hinblick auf Freshwater Gut und Pencil Rock in der Croyde Bay sowie Saunton Down End in der nördlichen Barnstaple Bay — die sandige Verwitterung (Ipswichian) kann kaum zwingend als Verwitterung oder Bodenbildung von interglazialem Rang ausgewiesen werden — und die Zuweisung der dortigen fossilen Meeresstrände zum Hoxnian weit weniger zu überzeugen. Größere Schwierigkeiten bereitet aber auch die Deutung der Riesen-Erratika vorwiegend in den basalen Strandbildungen von Freshwater Gut und Saunton Down End. Ihre Erklärung durch Verdriftung und Strandung in Eisbergen auf einem Meere von Spät-Hoxnian-Alter (G.F. MITCHELL, 1972) wird insofern schwer verständlich, als man ihre Herleitung von Schelfeisen oder sogar kalbenden Landeismassen und auch die Wege solcher driftenden Eisberge im Umkreis der Britischen Inseln selbst in sehr strengen Wintern dieser Zeitstellung kaum glaubhaft machen kann. So erscheint ihre Interpretation als durch Brandungswirkungen aufbereitete Moränen-Absätze in unmittelbarer Nachbarschaft der hier angesprochenen Lokalitäten — möglicherweise aber auch (eisnaher) glaziofluvialer Ablagerungen oder durch Solifluktion (ursprungsnah) umgelagerte Glazialbildungen — weit zwingender.

Beachtung verdient auch die "raised beach" bei Culver Hill (vgl. Fig. 7) im Südteil von Portland (vgl. D.N. MOTTERSHEAD, 1977, referiert von A.P. CARR), nicht zuletzt deswegen, weil sie bereits 1850 vom Geological Survey kartenmäßig verzeichnet wurde. Die Strandfläche erhebt sich dort zumeist über den oberjurassischen Portland-Kalken und zunehmend im Außensaum auch über den endjurassischen Purbeck "Beds" in Höhen zwischen 7,6 und 18,3 m über dem heutigen Meeresspiegel. Sie wird lokal (bei Culver Hill) von einer steilen aber nur einige m hohen Kliffzone gesäumt und erscheint leicht gewellt, was jungen Vorgängen der Halokinese (Salzdiapire im Untergrund) zugeschrieben wird. Strandwallabsätze über der Felsplattform erreichen Mächtigkeiten bis 3,7 m und werden hauptsächlich (99 %) durch Feuerstein- und Kalksteingerölle mittlerer bis grober Kiesfraktion und guter Zugrundung vorgestellt. Sie beinhalten eine marine Molluskenfauna ("*Patella* beach"), die insgesamt auf etwas kühlere Klimabedingungen als gegenwärtig hinweist. Darüber folgen zunächst geschichtete Lehme mit einer nicht-marinen Molluskenfauna. Das eigentliche "Head" wird durch Solifluktionsmassen vorgestellt, die überwiegend dem Spätpleistozän zugeschrieben werden. Kryoturbate Schichtenstörungen greifen von oben her bis ca. 3 m Tiefe vor, wovon auch nicht selten die liegenden Lehme und Strandbildungen sowie selbst hangende Partien der Portland und Purbeck "Beds" erfaßt werden. Es bestehen kaum Zweifel, daß es sich bei der "Portland raised beach" um einen begrabenen Monastir-Strand (Ipswichian) handelt. Bemerkenswert erscheint, daß bei Culver Well in hangenden Solifluktions-Lehmen über der begrabenen Strandfläche und nur ca. 270 m vor der alten Kliffzone bei Culver Hill entfernt eine mesolithische Siedlung ausgewiesen werden konnte (S. PALMER, 1979). Dort sind neben reichen und lagig angeordneten Muschelabfällen (*Patella vulgata, Littorina littorea, L. littoralis*) zahlreiche mesolithische Artefakte (vielfach als Mikrolithe mit geometrischen Umrissen, darunter aber auch eine typische Axt dieser Zeitstellung), ferner aber auch Feuer-, Küchen- und Wohnplätze sowie Abfallgruben im Rahmen systematischer Ausgrabungen geborgen bzw. freigelegt worden. Sie weist große Übereinstimmungen zu den "Kjökkenmöddinger"-Siedlungen besonders entlang der jütischen Küsten auf. Zwei C^{14}-Datierungen (5.200 und 5.151 Jahre B.C.) und eine Thermoluminiszenz-Bestimmung (5.400 Jahre B.C.) bestätigen die mesolithische Zeitstellung.

Wenden wir uns zuletzt noch den begrabenen "raised beaches" im westlichen Sussex zwischen Havant-Chichester und Brighton zu (E.R. SHEPHARD-THORN & J.J. WYMER, 1977, vgl.Fig.3): der unteren oder "Brighton raised beach" als Monastir-Strand und der oberen "100 foot" oder "Goodwood raisend beach" (J.M. HODGSON, 1964) als Tyrrhen-Strand.

Der Monastir-Strand ist am besten bei Black Rock östlich Brighton aufgeschlossen (G.A. KELLAWAY & E.R. SHEPHARD-THORN, 1977, vgl. Fig. 3 A). Die Brandungsplattform in einer durchschnittlichen Höhenlage von 8,5 m über N.N. wurde mit der sie landeinwärts begrenzenden, steilen und bis über 20 m hohen Kliffzone (mit einer deutlich ausgearbeiteten Brandungshohlkehle) im oberkretazischen "chalk" angelegt. Ihr finden sich gestaffelt Strandwälle bis 3,5 m Höhe (ca. 12 m über N.N.) aufgesetzt, worin neben groben Sanden Brandungsgerölle aus Feuerstein und "chalk" bestimmend sind. Sie enthalten eine warmzeitliche Molluskenfauna, die für das Litoral und Supralitoral bezeichnend ist. Darüber folgen bis ca. 20 m mächtige "Coombe Rocks", überwiegend als leicht solifluidal hangabwärts bewegte "chalk talus"-Massen vorgestellt, die dem Devensian zugewiesen werden. Im seewärtigen Prifilabschnitt werden sie überlagert von gelblichen, unteren Gelifluktionsmassen, die reich an Kreidekalk-Bruchstücken sind, in ihrem Habitus den eigentlichen "Coombe Rocks" sehr nahe stehen und ebenfalls dem Devensian zuzuordnen sind. Den Abschluß bilden in diesem Profilteil obere Gelifluktionsmassen, die reicher an gröberen Komponenten sind (darunter Feuerstein und eisenschüssige Sandsteine) und als Besonderheit solifluidal bewegte Riesenblöcke ("sarsens") ausweisen; sie werden ebenfalls dem Devensian zugerechnet. In den landwärtigen Profilabschnitten werden die "Coombe Rocks" von bis in einige m Tiefe vorgreifenden kryotubaten Schichtenstörungen betroffenen Gelifluktionsmassen gekrönt. Solche "involutions" setzen sich auch außerhalb der begrabenen Klifflinie an der "chalk"-Oberfläche fort. Sie bestimmen das eigentliche "Head" und beinhalten eine reiche Säugetier-Fauna. Die Tatsache, daß hier neben kaltzeitlichen Steppentieren wie Mammut (*Mammonteus primigenius*), Steppen-Nashorn (*Coelodonta antiquitatis*) und Steppenpferd (*Equus caballus*) — daneben auch Riesenhirsch (*Cervus elaphus*) — auch warmzeitliche Tiere wie Flußpferd (*Hippopotamus amphibius*) und Wildschwein (*Sus scrofa*) vorgefunden wurden, weist wohl darauf hin, daß es sich zumindest teilweise um Umbettungen handelt. Es besteht Einhelligkeit darüber, daß hier ein begrabener Monastir-Strand (Ipswichian) vorliegt, wobei der Wasserspiegel zeitweilig zumindest wohl 9 m über dem heutigen gestanden haben muß.

Die "100 foot" oder "Goodwood raised beach" findet sich am besten im "Amey's Eartham Pit", Boxgrove Common nordöstlich Chishester, im Hinblick auf basale Teile der Deckschichten aber auch bei Slindon aufgeschlossen (E.R. SHEPHARD Thorn & G. A. KELLAWAY, 1977, Fig. 3 B).

Fig. 3

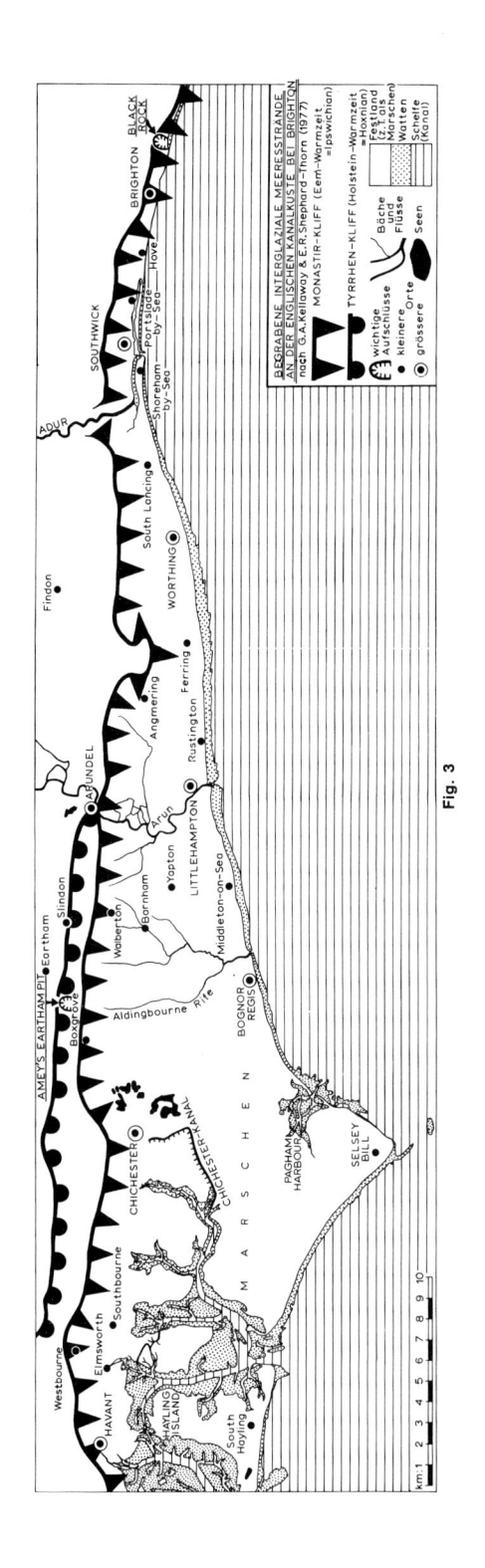

**BEGRABENER MONASTIR-STRAND
(EEM-WARMZEIT = IPSWICHIAN)
BLACK ROCK E BRIGHTON**
nach G.A.Kellaway & E.R.Shephard-Thorn (1977)

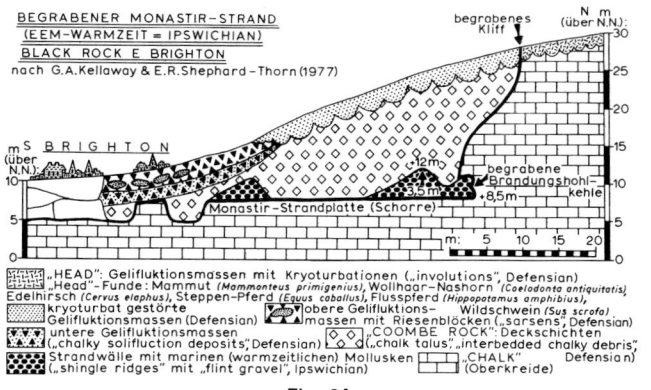

"HEAD": Gelifluktionsmassen mit Kryoturbationen ("involutions", Defensian)
"Head"-Funde: Mammut (*Mammonteus primigenius*), Wollhaar-Nashorn (*Coelodonta antiquitatis*), Edelhirsch (*Cervus elaphus*), Steppen-Pferd (*Equus caballus*), Flusspferd (*Hippopotamus amphibius*), kryoturbat gestörte Gelifluktionsmassen (Defensian) — obere Gelifluktions- Wildschwein (*Sus scrofa*) massen mit Riesenblöcken ("sarsens", Defensian)
untere Gelifluktionsmassen
"chalky solifluction deposits", Defensian — "COOMBE ROCK": Deckschichten ("chalk talus", "interbedded chalky debris", Defensian)
Strandwälle mit marinen (warmzeitlichen) Mollusken — "CHALK" (Oberkreide)
"shingle ridges" mit "flint gravel", Ipswichian

Fig. 3A

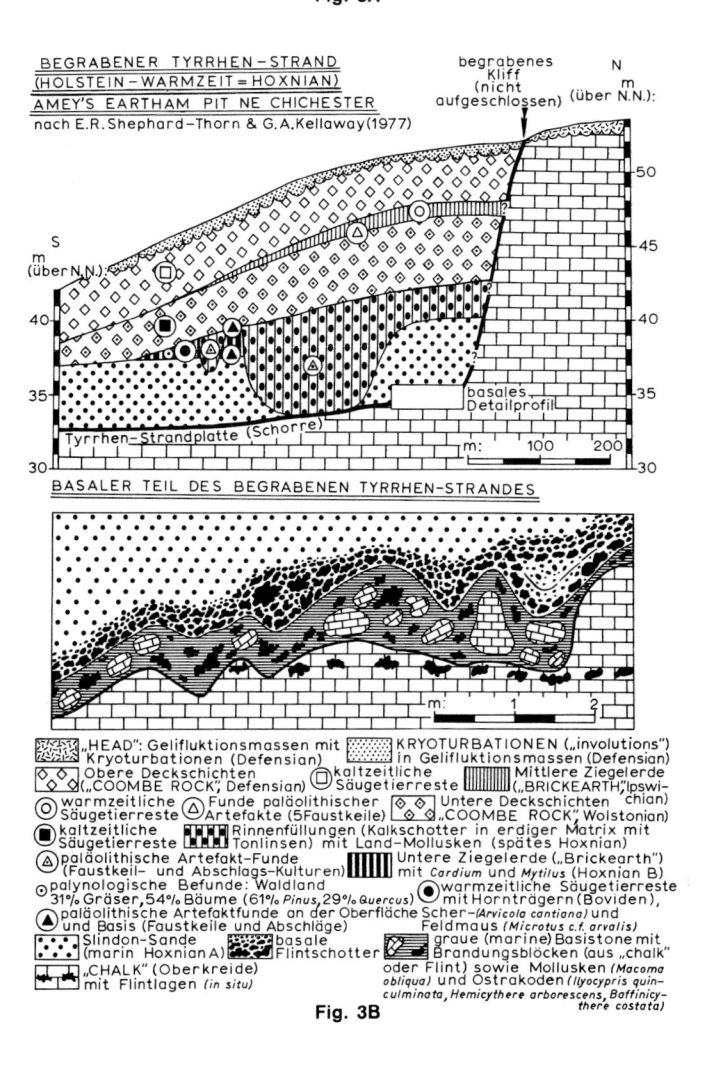

**BEGRABENER TYRRHEN-STRAND
(HOLSTEIN-WARMZEIT = HOXNIAN)
AMEY'S EARTHAM PIT NE CHICHESTER**
nach E.R.Shephard-Thorn & G.A.Kellaway (1977)

BASALER TEIL DES BEGRABENEN TYRRHEN-STRANDES

"HEAD": Gelifluktionsmassen mit Kryoturbationen (Defensian) — KRYOTURBATIONEN ("involutions") in Gelifluktionsmassen (Defensian)
Obere Deckschichten ("COOMBE ROCK", Defensian) — kaltzeitliche Säugetierreste — Mittlere Ziegelerde ("BRICKEARTH" Ipswichian)
warmzeitliche Säugetierreste — Funde paläolithischer Artefakte (5 Faustkeile) — Untere Deckschichten ("COOMBE ROCK", Wolstonian)
kaltzeitliche Säugetierreste — Rinnenfüllungen (Kalkschotter in erdiger Matrix mit Tonlinsen) mit Land-Mollusken (spätes Hoxnian)
paläolithische Artefakt-Funde (Faustkeil- und Abschlags-Kulturen) — Untere Ziegelerde ("Brickearth") mit *Cardium* und *Mytilus* (Hoxnian B)
palynologische Befunde: Waldland 31% Gräser, 54% Bäume (61% *Pinus*, 29% *Quercus*) — warmzeitliche Säugetierreste mit Hornträgern (Boviden), Scher- (*Arvicola cantiana*) und Feldmaus (*Microtus* c.f. *arvalis*)
paläolithische Artefaktfunde an der Oberfläche und Basis (Faustkeile und Abschläge)
Slindon-Sande (marin Hoxnian A) — basale Flintschotter — graue (marine) Basistone mit Brandungsblöcken (aus "chalk" oder Flint) sowie Mollusken (*Macoma obliqua*) und Ostrakoden (*Ilyocypris quinculminata, Hemicythere arborescens, Baffinicythere costata*)
"CHALK" (Oberkreide) mit Flintlagen (*in situ*)

Fig. 3B

Die Brandungsplattform in einer Höhenlage zwischen 23 (seewärts) und 38 m (am Kliff-Fuß) über dem heutigen Meeresspiegel wurde hier ebenfalls mit der sie landeinwärts begrenzenden, steilen und stellenweise bis ca. 20 m hohen Kliffzone im oberkretazischen "chalk" angelegt.

Besonders nahe der Kliffzone legen sich der Felsplattform graue (marine) Basistone mit Einschaltungen von mehr oder weniger großen Brandungsblöcken aus "chalk" oder Feuerstein sowie (hangend) eckige bis mäßig ecken- bis kantengerundete Flintschotter auf. Erstere beinhalten neben *Macoma obliqua* vor allem Ostrakoden wie *Ilyocypris quinculminata, Hemicythere arborescens* und *Baffinicythere costata.* Sie deuten insgesamt wohl auf warmzeitliche Hoxnian-Wasserverhältnisse hin, obzwar letztere Form heute überwiegend in kalten Gewässern östlich Labrador zu finden ist. Ansonsten werden aber die eigentlichen "raised beach"-Bildungen durch die bis 5 m mächtigen, gelbbraunen "Slindon Sands" vorgestellt, was auf einen zumindest zeitweiligen Meeresspiegelstand von über 40 m über dem heutigen schließen läßt. Sie beinhalten warmzeitlicher Molluskenfaunen, die für das Litoral, besonders aber das Sublitoral charakteristisch sind. Es besteht Einhelligkeit, die an Glimmer und Glaukonit reichen Sande in das Hoxnian einzustufen.

Darauf folgen die unteren, ca. 0,5 m mächtigen Ziegelerden ("brickearth"), Feinsande mit zwischengeschalteten, graugrünen Tonen, die durch die marinen Mollusken *Cardium* und *Mytilus* ausgewiesen werden. Palynologische Befunde wiesen hohe Anteile von Bäumen (54 %) — darunter die Kiefer (61 %) und Eiche (29 %) dominierend — und Gräsern (31 %) aus, was auf warmgemäßigte Waldklimate schließen läßt. Ebenfalls konnten Vertebratenfunde getätigt werden, worunter der Nachweis von Hornträgern (Boviden) bemerkenswert ist. Auch sind sowohl an der Basis als auch (zumeist) an der Oberfläche dieser unteren Ziegelerden Artefakte freigelegt worden, es handelt sich ausnahmslos um Faustkeil- und Abschlagskulturen. Die unteren Ziegelerden werden vor allem aufgrund ihrer biologischen Klimazeugnisse dem Hoxnian B zugerechnet.

In die Slindon Sande mit den auflagernden, unteren Ziegelerden sind nun von Bächen gelegentlich bis auf die alte Strandfläche hinab tiefe, enge und meist steilhangige Kerb- und Sohletäler eingeschnitten und nachträglich wieder aufgefüllt worden. Bei diesen Rinnenfüllungen handelt es sich um Kalkschotter in erdiger Matrix mit gelegentlichen Einschaltungen von Sand- und Tonlinsen, welche eine warm- bis kühlgemäßigte Landmolluskenfauna beinhalten. Auch wurden in diesen Rinnenfüllungen zahlreiche Artefaktfunde (Fautkeil- und Abschlagskulturen) getätigt, die denen der nur wenig älteren Ziegelerden typologisch nahe stehen. Es erscheint somit verständlich, wenn diese Rinnenfüllungen noch dem späten Hoxnian zugerechnet werden.

Die "Lower Coombe Rocks" darüber werden durch "chalk"- und Flintschutt in spärlicher, tonigerdiger Matrix vorgestellt und erreichen Mächtigkeiten bis ca. 5 m. An ihrer Oberfläche sind sie entkalkt, außerdem enthalten sie mehr oder weniger senkrechte Kanalsysteme, in denen offenbar gelöste Kalke nach unten abgeführt wurden und braunes, toniges Material ausgesetzt wurde. Funde von Resten kaltzeitlicher Säugetiere bestimmen ihre Zuordnung zum Wolstonian.

Seewärts ausdünnend lagern ihnen die mittleren Ziegelerden auf, nahe der Kliffzone Mächtigkeiten bis 0,5 m erreichend. In ihrem Habitus entsprechen sie der unteren "brickearth". Funde von Resten warmzeitlicher Säugetiere und Artefakten konnten getätigt werden, darunter sind 5 besonders gut gefertigte Faustkeile bemerkenswert. Die mittleren Ziegelerden repräsentieren das Ipswichian.

Den hangenden Profilabschluß bilden nun die oberen "Coombe Rocks", die in ihrer Mächtigkeit, in ihrem lithologischen Charakter und in ihren Fauneninhalten (Reste kaltzeitlicher Säugetiere) den unteren "Coombe Rocks" nahezu völlig gleichzusetzen sind. Sie werden von kryoturbaten Schichtenstörungen bis mehr als 1 m Tiefe unter der Landoberfläche gekrönt, die sich auch außerhalb der Kliffzone über dem oberkretazischen "chalk" fortsetzen. Die oberen "Coombe Rocks" mit ihren oberflächennahen "involutions" werden dem Devensian zugewiesen.

Wenn wir nun einmal versuchen, solche Befunde zusammenzufassen, so liegt ein mit Sicherheit ausgewiesener Tyrrhen-Strand (Hoxnian) bisher nur von der englischen Südküste nordöstlich Chichester vor. Er läßt auf einen Meeresspiegelstand von zeitweilig über 40 m gegenüber dem heutigen schließen. Möglicherweise müssen aber auch die "raised beaches" im Umkreis der Barnstaple Bay dem Hoxnian zugeordnet werden, wonach weit niedrigere Spiegelstände zwischen 7 und 18 m über dem heutigen angezeigt wären.

Für das nachfolgende Wolstonian war der Meeresspiegel offenbar um ca. 100 m tief gegenüber dem heutigen abgesenkt. Das bezeugen Absätze mit einer arktisch-marinen Fauna in einer fjordartigen Rinne in der Irischen See (G.F. MITCHELL, 1977). Das bedeutet aber, daß die Gesamtabsenkung des Meeresspiegels vom Klimaoptimum des Hoxnian bis zum Maximum der Eisausbreitung im Wolstonian ca. 140 m betragen hat.

Sicher ausgewiesene Monastir-Strände sind im Umkreis der Britischen Küsten von mehreren Stellen bekannt. Sie lassen in Süd-Gower (*Patella* beach") auf Meeresspiegelstände zwischen 0 und 15 m im südlichen Portland ("Portland raised beach") auf maximal ca. 22 m, am Black Rock bei Brighton ("Brighton raised beach") auf höchstens 12 m, an der Somerset-Küste ("Burtle Beds", C. KIDSON, 1977) auf ca. 12 m und an der englischen Ostküste im Durham County ("Easington beach gravel", G.F. MITCHELL, 1977) auf ca. 18 m über dem heutigen schließen.

Im Defensian war der Meeresspiegel offenbar vor 15.000 Jahren auf eine Tiefe von ca. 130 m unter dem heutigen abgesenkt. Das bedeutet aber, daß die Gesamtabsenkung des Meeresspiegels vom Klimaoptimum des letzten Interglazials (Ipswichian) bis kurz nach dem Maximum der Eisausbreitung in der letzten Eiszeit (Devensian) ca. 150 m betragen hat.

3. SPÄT- UND POSTGLAZIALE MEERESSTRÄNDE UND DER DAMIT EINHERGEHENDE MEERESSPIEGELANSTIEG

Zunächst seien einige stratigraphische Vorbemerkungen gemacht. Das Hochglazial der letzten Eiszeit (Devensian) umfaßte den Zeitraum von 26.000 bis 14.000 Jahren B.P., es wurde von G.F. MITCHELL, L.F. PENNY, F.W. SHOTTON & R.G. WEST (1973) als "Glastry Stadial" bezeichnet. Das Maximum der letzteiszeitlichen Eisausbreitung war vor ca. 18.000 Jahren, das der Meeresspiegelabsenkung (—130 m) vor ca. 15.000 Jahren (G.F. MITCHELL, 1977) gegeben. Darauf folgte das "Windermere Interstadial" (W. PENNINGTON, 1975, G.R. COOPE & W. PENNINGTON, 1977). Es umfaßt den Zeitraum von 14.000 bis 10.800 Jahren B.P. und die FIRBAS-Pollenzonen I b (Bölling-Interstadial), I c (Ältere Dryaszeit und II (Alleröd-Interstadial). An der Typuslokalität im Seendistrikt läßt man es schon um 14.500 B.P. beginnen (beginnende Eisfreiheit) und um 11.000 B.P. enden. Für Irland versuchte G.F. MITCHELL (1976, 1977) den Begriff "Woodgrange Interstadial" mit einer Dauer von 14.000 bis 10.600 Jahren B.P. einzuführen, für Schottland W.W. BISHOP & G.R. COOPE (1977) den Terminus "Clyde Interstadial". Dort wird das Loch Lomond-Gebiet offenbar erst vor 13.000 bis 13.500 Jahren eisfrei, totale Eisfreiheit wird für Schottland um 12.500 B.P. angenommen. Für den letzten Abschnitt der letzten Eiszeit hat sich der Begriff "Loch Lomond Readvance" (J.B. SISSONS, 1974) eingebürgert, den Zeitabschnitt von 10.800 bis 10.200 Jahren B.P. und damit die FIRBAS-Pollenzone III (Jüngere Dryaszeit) umfassend. Währenddessen war in zentralen bis westlichen Teile der Schottischen Hochlande eine Eisschild-Vergletscherung gegeben, die südwärts bis in das Loch Lomond-Gebiet reichte und ihr Maximum offenbar vor 10.300 Jahren erreichte. Für Irland versuchte G.F. MITCHELL (1976, 1977) den Terminus "Nahanagan Stadial" (mit einer Dauer von 10.500 bis 10.000 Jahren B.P.) einzuführen. Das Holozän wird im Raum der Britischen Inseln in bezug auf das Geschehen an den Küsten allgemein als "Flandrian" bezeichnet (vgl. u.a. G.F. MITCHELL, 1977).

Besonders in schottischen Küstengebieten wurden "raised beaches" von spätglazialer Zeitstellung festgestellt. Das ist einmal im Umkreis des Firth of Clyde der Fall, wo sich in der Paisley-Region auf ca. 13.000 C^{14}-Jahre datierte, marine Tone mit einer relativ warmen Mollusken-Fauna bis in Höhen um 25 bis 35 m über dem heutigen Meeresspiegel vorfinden (J.D. PEACOCK, 1975, W.W. BISHOP & G.R. COOPE, 1977). Bei Dumbarton westlich Glasgow wurden andererseits nur ca. 1000 Jahre jüngere, marine Abfolgen bis 30 m unter dem heutigen Meeresspiegel angetroffen (G.F. MITCHELL, 1977).

Im Umkreis des Moray und Cromarty Firth (Inverness Region) liegen "raised beaches" spätglazialer Zeitstellung in Höhen zwischen 18 und 40 m über dem heutigen Meeresspiegel vor (A. SMALL & J.S. SMITH, 1971). Sie sind vor allem im unmittelbaren Küstenhinterland zwischen Inverness und Nairn in ausgedehnten Resten in Höhen zwischen 30 und 33 m ("100 foot terrace") erhalten. Allgemein steigen sie hier von Osten landeinwärts nach Westen an (glazialisostatische Heraushebung). Während dieser Zeit lag offenbar der Spiegel von Loch Ness um ca. 27 m über dem heutigen, und der heutige Süßwassersee war als tiefer Fjord mit dem Moray Firth verbunden. Auch hier folgte darauf ein Zeitabschnitt — offenbar im ausgehenden Spätglazial — wo marine Sedimente im Innern des Cromarty Firth einen um ca. 50 m tieferen Meeresspiegelstand gegenüber dem heutigen ausweisen (J.D. PEACOCK, 1975, G.F. MITCHELL, 1977).

Für unsere Betrachtung der spätglazialen Meeresstrände wollen wir das Um- und Hinterland des Firth of Tay und Firth of Forth (mit den Earn-Tay-, Eden- und Forth-Talungen) im zentralen bis östlichen Teil des schottischen "Midland Valley" eingehender erörtern, zumal hier wohl die stratigraphischen Gegebenheiten des Spät- und Postglazials in den letzten Jahren genauer untersucht wurden (J.D. PEACOCK, 1975; M. ARMSTRONG, J.B. PATERSON & M.E.A. BROWNE, 1975; J.B. SISSONS, 1974, 1977; vgl. Fig. 4 und Fig. 4 A).

Für das Spätglazial hat hier J.D. PEACOCK (1975, vgl. dort Fig. 1) an marinen Abfolgen die älteren "Errol Beds" von den jüngeren "Clyde Beds" unterschieden. Erstere weisen sich durch Tone, Schluffe und Sande mit Einfingerungen von glazialen und fluvioglazialen Absätzen in eisnahen Bereichen (z.B. bei Crieff und Stirling) von zumeist weniger als 10 m Mächtigkeit aus und beinhalten arktische Faunen (darunter die Muscheln **Portlandia arctica** und **Palloillum groenlandicum**). Sie sind in den heutigen Schelfbereichen zwischen Aberdeen und der Lothian Region (Eyemouth) sowie im Hinterland des Firth of Tay (Bis in den Raum um Crieff) und des Firth of Forth (bis in den Raum um Stirling) mehr oder weniger durchgehend verbreitet, erreichen landeinwärts gelegentlich Höhen bis über 45 m über dem heutigen Meeresspiegel (46,5 m bei Strageath) und sind älter als 13.000 bis 13.500 Jahre B.P. zu datieren. Die "Clyde Beds" gleichen hinsichtlich der Sedimentfolgen denen der "Errol Beds", beinhalten aber eine etwas wärmere Faune (darunter die Muscheln **Arctica islandica** und **Chlamys islandica**). Sie legen sich im Raum um Perth und Stirling, wo sie dann auch ansehnliche Höhen (über 40 m) über dem heutigen Meeresspiegel erreichen, sowie in der Fife Region (zwischen Leven und Edinburgh) den "Errol Beds" auf, sie sind jünger als 13.000 Jahre B.P. und in den Zeitraum zwischen 12.700 und 11.000 Jahre B.P. einzustufen.

Auf Fig. 4 A werden in Anlehnung an M. ARMSTRONG, I.B. PATERSON & M.E. A. BROWNE (1975) die zuvor beschriebenen Gegebenheiten über der "Main Perth Shoreline" verzeichnet,

Fig. 4

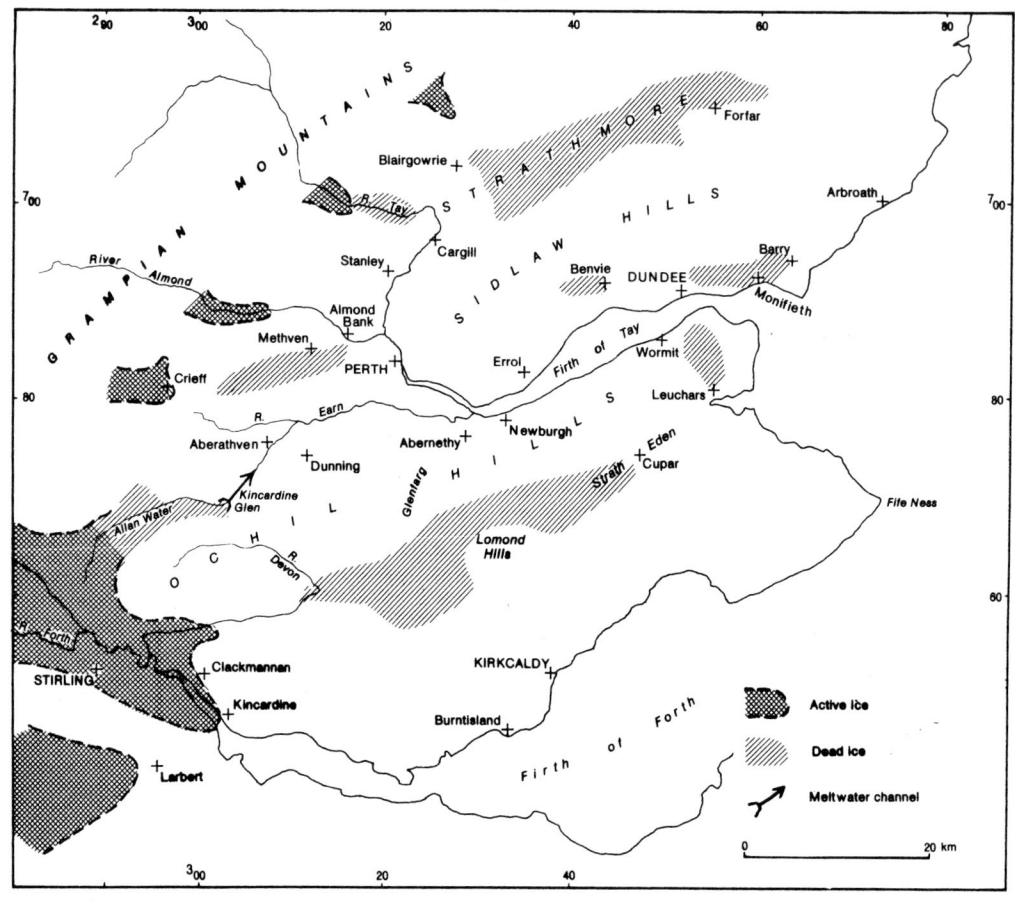

KARTE DER EISAUSBREITUNG IN DER ZEIT DER „MAIN PERTH SHORELINE"
nach M. Armstrong, I. B. Paterson & M. E. A. Browne (1975)

Fig. 4A

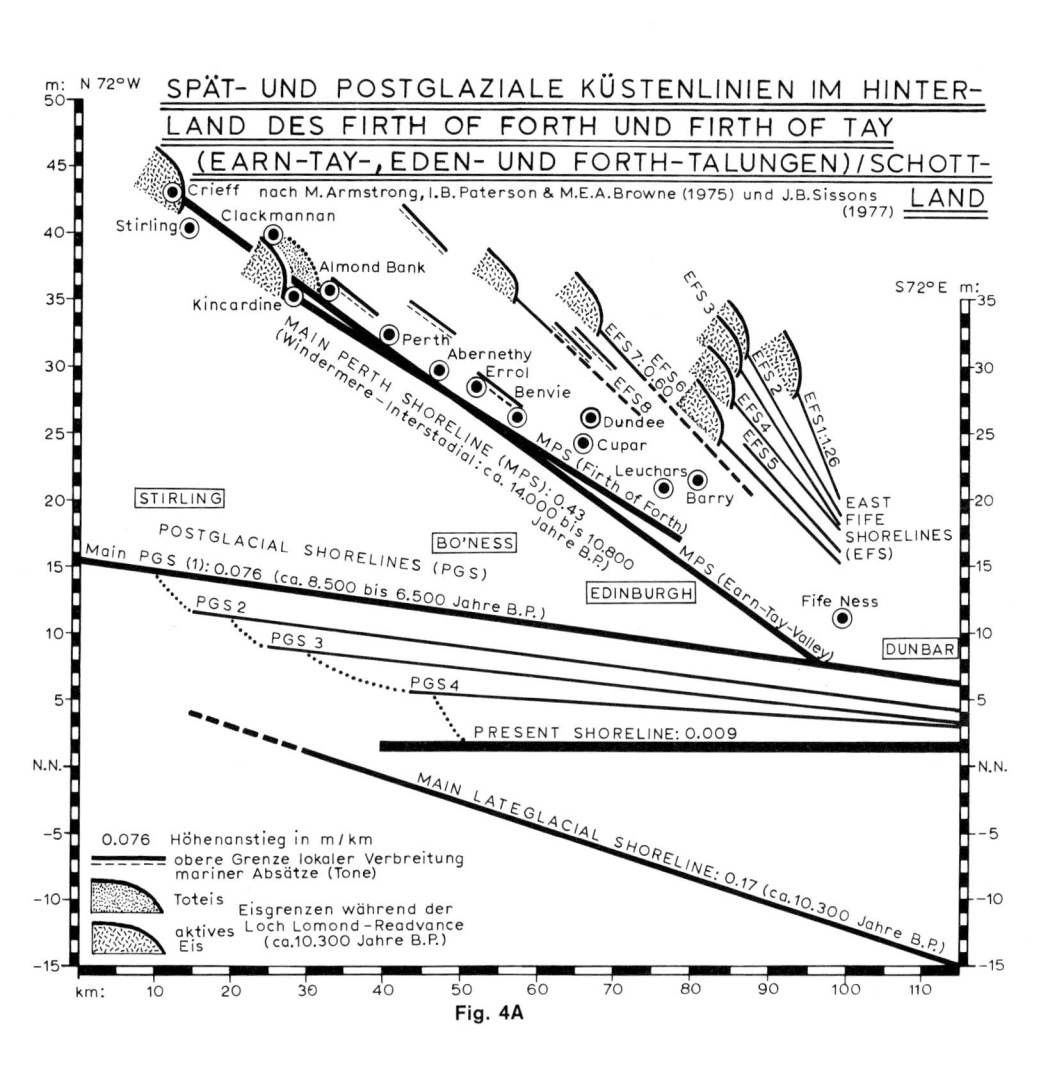

dabei handelt es sich wohl überwiegend um Vorkommen der "Errol Beds". Insbesondere werden die "East Fife Shorelines" auch darauf bezogen. Während der "Main Perth Shoreline" war offenbar eine Meeresspiegelabsenkung um einige m (maximal möglicherweise ca. 15 m) vorausgegangen. Die Ausbreitungsgrenzen aktiver und toter Eismassen zur Zeit der "Main Perth Shoreline" finden sich auf Fig. 4 verzeichnet (M. ARMSTRONG, I.B. PATERSON & M.E.A. BROWNE, 1975). Im "Forth-Ast" der "Main Perth Shoreline" werden im Raum Larbert-Kincardine-Clackmannan Höhen zwischen 35 und 37 m über dem heutigen Meeresspiegel erreicht, im "Earn-Tay-Ast" im Raum Crieff-Almond Bank-Perth sogar Höhen bis über 40 m.

Während der "Loch Lomond Readcance" (10.800 - 10.200 B.P.) wurden die zur "Main Perth Shoreline" zu rechnenden "raised beaches" durch Schmelzwasserflüsse zerschnitten, so daß sie heute die oberen Talflanken solcher zum Firth of Tay und Firth of Forth entwässernden Schmelzwassertalungen bilden. Damit ist die ansehnliche Tieferlegung des Meeresspiegels auf die "Main Lateglacial Shoreline" (ca. 10.300 B.P.) einhergegangen. Dieser wird über Bohrbefunde im Raum Stirling in 5-6 m unter dem heutigen Meeresspiegel ausgewiesen, nach Osten meerwärts bis auf 15 m unter N.N. absteigend.

Mit dem endgültigen Abschmelzen der Inlandeismassen und der allmählichen Klimabesserung nach der "Loch Lomond Readvance" erfolgte dann im "Flandrian" ein kräftiger Anstieg des Meeresspiegels zur "Main Postglacial Shoreline". Diese wird u.a. im Raum westlich und südöstlich Stirling durch "raised beaches" bis in Höhen um ca. 15 m über N.N. dokumentiert. Ihre unterlagernden Frischwasser-Torfe konnten auf 8.300 bis 8.700, ihre auflagernden Frischwasser-Torfe (Basis) auf ca. 6.500 Jahre B.P. datiert werden. Der höchste postglaziale Spiegelstand ("Main Postglacial Shoreline") dürfte hier somit um 6.500 bis 7.000 B.P. erreicht worden sein. In dieser Zeit existierte demnach weit landeinwärts bis über Stirling hinaus ein beachtlicher Meeresfjord. Danach erfolgte das sukzessive "Absinken" des Meeresspiegels zur "Present Shoreline", wobei 3 weitere "Postglacial Shorelines" ausgebildet wurden (J.B. SISSONS, 1977, vgl. Fig. 4 A).

Landeinwärts steigen durchschnittlich die "East Fife Shorelines" zwischen 0,60 und 1,26 m/km, die "Main Perth Shoreline" um 0,43 m/km, die "Main Lateglacial Shoreline" um 17 m/km, die "Main Postglacial Shoreline" um 0,076 m/km und die "Present Shoreline" um 9 mm/km an (J.B. SISSONS, 1977). Das vermittelt recht eindrucksvoll die nach Zeit und Raum sehr unterschiedlichen glazialisostatischen Heraushebungen im Spät- und Postglazial. Das bedeutet, daß die höchsten Vorkommen der "Errol Beds" (46,5 m) im Raum südwestlich Blairgowrie — bei einem derzeitigen Stand des Weltmeeresspiegels von höchstens 50 m unter N.N. — im Zeitraum der letzten 13.000 Jahre um mehr als 95 m, die der "Main Perth Shoreline" bei Kincardine (35 - 37 m) und östlich Crieff (über 40 m) — selbst wenn man dafür einen Alleröd-Stand von ca. 30 - 35 m unter N.N. zugrunde legt — im Zeitraum der letzten 11.000 Jahre um ca. 70 m, die der "Main Lateglacial Shoreline" bei Stirling (-5 bis -6 m) — bei einem derzeitigen Stand des Weltmeeresspiegels von 35 - 40 m unter N.N. — im Zeitraum der letzten 10.000 Jahre um mindestens 30 m und die der "Main Postglacial Shoreline" bei Stirling (15 m) — wenn man voraussetzt, daß derzeitig der heutige Meeresspiegelstand erreicht war — im Zeitraum der letzten 6.500 Jahre um ca. 15 m glazialisostatisch herausgehoben worden sind. Daraus läßt sich ferner für die hier angesprochenen Gebiete ableiten, daß für die letzten 6.500 Jahre ein durchschnittlicher Hebungsbetrag von 2,3 mm/Jahr, für die vorausgehenden 3.500 Jahre (Frühholozän) von 4,3 mm/Jahr, für den ca. 1000 Jahre umfassenden Endabschnitt des Spätglazials ein Maximum von ca. 40 mm/Jahr und für die vorausgehenden Abschnitte des Spätglazials ("Windermere Interstadial") von ca. 25 mm/Jahr gegeben war. Doch erscheinen die enormen Hebungsbeträge im gesamten Spätglazial wenig verständlich.

Im Rahmen einer Profildarstellung (Fig. 5) wurde in Anlehnung an H. VALENTIN (1954) versucht, die gegenwärtige Auf- und Untertauchung im Gesamtraum der Britischen Inseln festzuhal-

Fig. 5

(Diagramm: Die gegenwärtige Auf- und Untertauchung der Britischen Inseln, in Anlehnung an H. Valentin (1954). Werte: BEN NEVIS ca. 4 mm, GLASGOW >3 mm, INVERNESS <3 mm, DUNDEE 2,5 mm, DUMFRIES >1 mm, CARLISLE ca. 0,5 mm, PORTREE/SKYE ca. 0 mm, LEWIS/HEBRIDEN ca. -1 mm, LIVERPOOL -0,6 mm, CARDIFF ca. -1,5 mm, LAND'S END -2,3 mm, KANALKÜSTE <-2,5 mm)

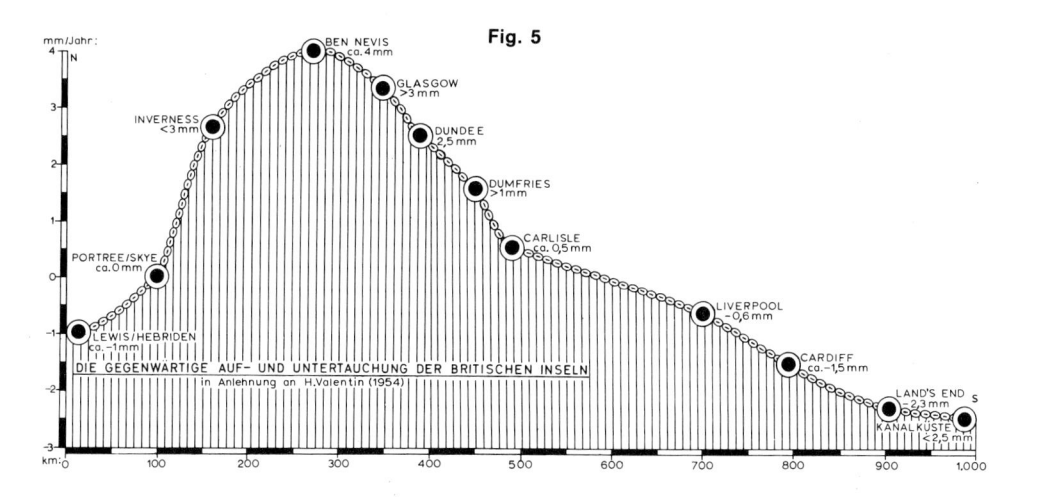

ten. Danach wurde der Raum um Stirling-Crieff gegenwärtig jährlich ca. 3,5 mm, um Kincardine-Perth ca. 3 mm, um Dundee ca. 2,5 mm, um Edinburgh ca. 2 mm, um Aberdeen aber nur noch ca. 0,5 mm angehoben, um Dunbar aber bereits ca. 0,5 mm abgesenkt.

Wenden wir uns nun noch einigen Gebieten im Umkreis der Britischen Inseln zu, wo die holozänen Entwicklungen ansprechend erfaßt werden konnten. Dabei beginnen wir mit den Dungeness-Marschen zwischen Hastings- und Folkestone im östlichen Teil der englischen Kanalküste (Fig. 6 und Fig. 6 A). Sie werden von einem Monastir-Kliff (Ipswichian) gesäumt, das jedoch im Rahmen der Flandrischen Transgression erreicht und zumindest in seinen basalen Teilen überarbeitet worden sein dürfte. Den schrittweisen Aufbau der keilförmigen Nehrung ("cuspate bars") hat bereits W.V. LEWIS (1932) mustergültig ausgewiesen (vgl. in Fig. 6 die Strandwallentwicklungen A bis F).

Neuere Untersuchungen (G.A. KELLAWAY, J.H. REDDING, E.R. SHEPHARD-THORN & J.P. DESTOMBES, 1975 und E.R. SHEPHARD-Thorn & J.P. WYMER, 1977) haben wichtige chronostratigraphische Befunde erbracht. Bohrbefunde ergaben, daß sich die Felsplattform unter den Dungeness-Marschen in einer durchschnittlichen Höhenlage von 35 - 40 m unter dem heutigen Meeresspiegel befindet. Darauf laufen am Rande der Kliffzone die Felssohlen von Talungen aus, z.B. der Tillingham bei Rye oder des Cvadlebridge Sewer westlich Appledore. Nahme dem (Wittersham Levels) oder im ästuarinen Bereich (westlich Rye) wurden solche Talfüllungen auf ihre Sedimentfüllungen und deren Zeitstellungen näher untersucht. So konnten im Tillingham-Ästuar westlich Rye (Fig. 6:2) folgende Befunde erbracht werden (Fig. 6 A): Über der Felsplattform (in einer Tiefe von 35 - 40 m unter dem heutigen Meeresspiegel) wurden in einer Mächtigkeit bis ca. 16 m marine Schotter und Sande mit Tonlagen ausgebreitet, deren Basis an den Beginn des Holozäns (ca. 10.000 B.P.) gestellt wird. Darüber folgt in einer Tiefe von 23,5 m unter N.N. ein Torfband, das auf 9.565 Jahre B.P. datiert werden konnte. Diesem legen sich dann bis ca. 6 m unter dem heutigen Meeresspiegel in einer Mächtigkeit von ca. 17 m marine Sande (mit Mollusken-Schillen) und (untergeordnet) Tone auf, denen dann Watten- und Marschenabsätze bis zum heutigen Meeresspiegel oder darüber hinaus auflagern. Sie enthalten lokal Torfeinschaltungen mit

Fig. 6

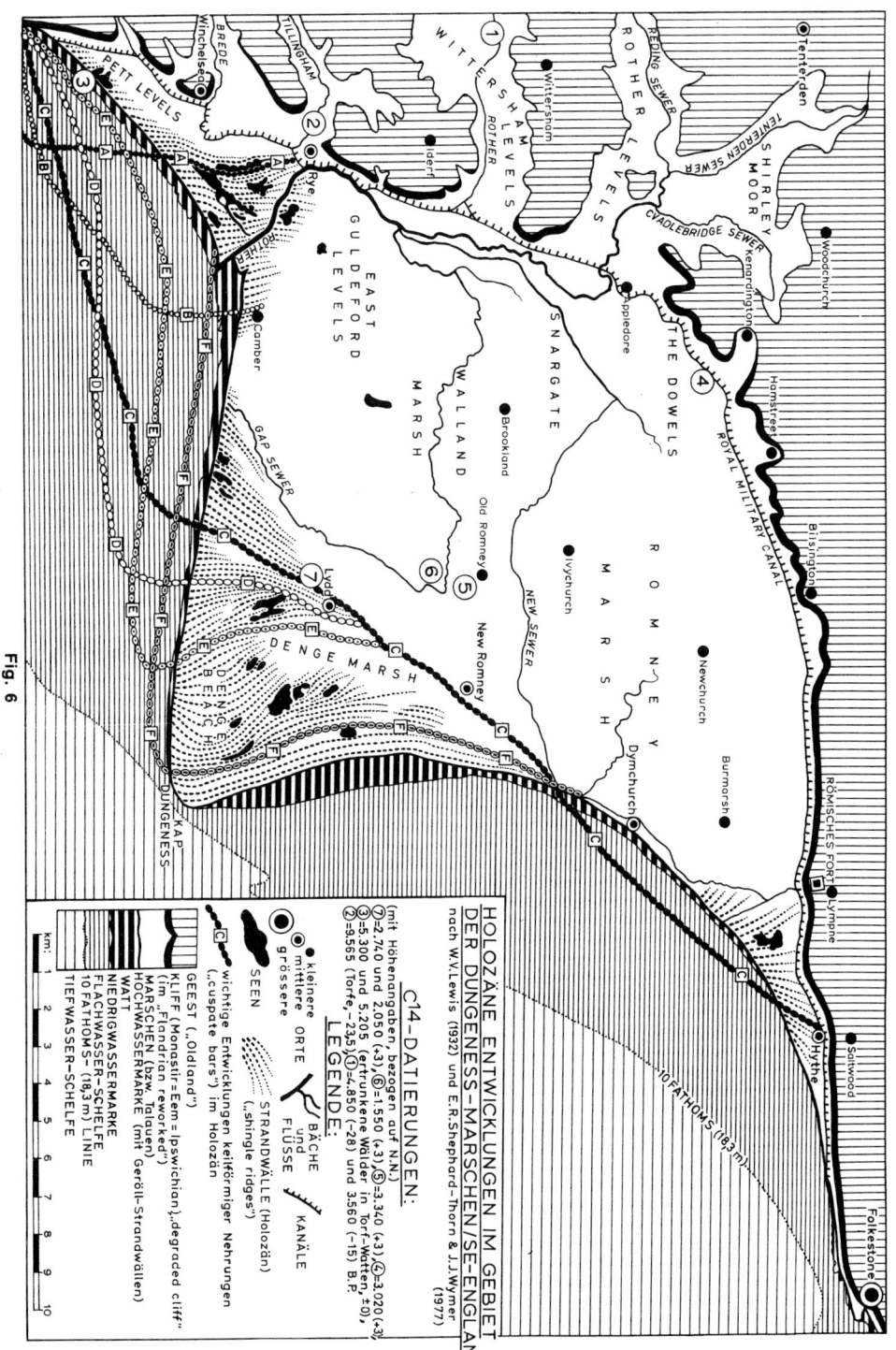

HOLOZÄNE ENTWICKLUNGEN IM GEBIET DER DUNGENESS-MARSCHEN/SE-ENGLAND
nach W.V.Lewis (1932) und E.R.Shephard-Thorn & J.J.Wymer (1977)

C14-DATIERUNGEN:

(mit Höhenangaben, bezogen auf N.N.)
⑦=2.740 und 2.050 (+3),⑥=1.550 (+3),⑤=3.340 (+3),④=3.020 (+3),
③=5.300 und 5.205 (ertrunkene Wälder in Torf-Watten, ±0),
②=9.565 (Torfe, -23,5),①=4.850 (-28) und 3.560 (-15) B.P.

LEGENDE:

- ● kleinere
- ● mittlere ORTE
- ⦿ grössere
- ⬬ SEEN
- ⎯ wichtige Entwicklungen keilförmiger Nehrungen ("cuspate bars") im Holozän
- ⋎ BÄCHE und FLÜSSE
- ⎯ KANÄLE
- ⌇ STRANDWÄLLE (Holozän) ("shingle ridges")
- GEEST ("Oldland")
- KLIFF (Monastir=Eem=Ipswichian)"degraded cliff" (im „Flandrian reworked")
- MARSCHEN (bzw. Tidalauen)
- HOCHWASSERMARKE
- WATT (mit Geröll-Strandwällen)
- NIEDRIGWASSERMARKE
- FLACHWASSER-SCHELFE
- 10 FATHOMS- (18,3 m) LINIE
- TIEFWASSER-SCHELFE

km: 1 2 3 4 5 6 7 8 9 10

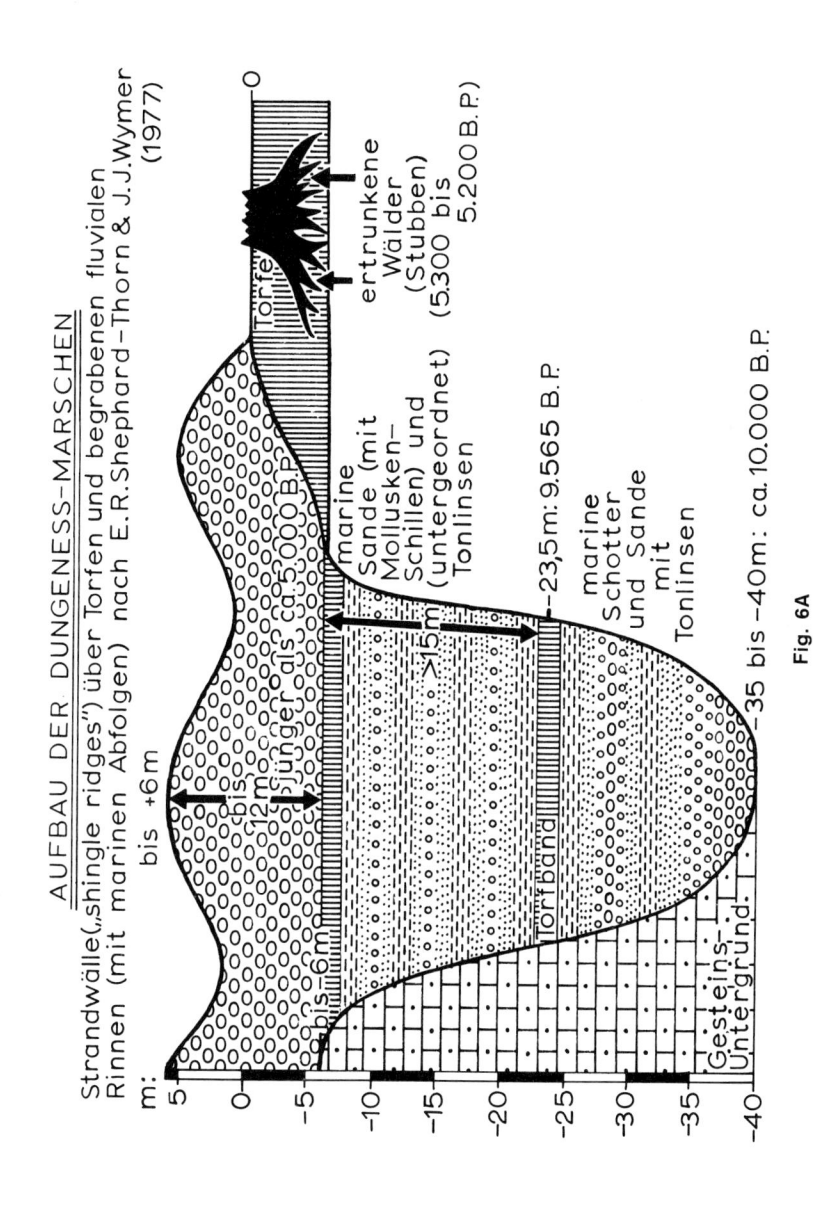

AUFBAU DER DUNGENESS-MARSCHEN

Strandwälle („shingle ridges") über Torfen und begrabenen fluvialen Rinnen (mit marinen Abfolgen) nach E.R.Shephard-Thorn & J.J.Wymer (1977)

- Torfe
- bis +6m
- entrunkene Wälder (Stubben) (5.300 bis 5.200 B.P.)
- bis 12m („jünger als" ca. 5.000 B.P.)
- bis -6m
- marine Sande (mit Mollusken-Schillen) und (untergeordnet) Tonlinsen
- >15m
- Torfband
- -23,5m: 9.565 B.P.
- marine Schotter und Sande mit Tonlinsen
- -35 bis -40m: ca. 10.000 B.P.
- Gesteins-Untergrund

Fig. 6A

Resten ertrunkener Wälder. Die Strandwälle der Dungeness-Marschen erstrecken sich von ihrer Basis in durchschnittlicher Tiefe von 6 m unter N.N. bis in Höhen um 6 m über N.N. und sind sicherlich überwiegend durch Sturmbrandung zu erklären. Ihre schrittweise Weiterbildung im horizontalräumlichen Sinne konnte durch eine Vielzahl von C^{14}- Datierungen fixiert werden.

Wenn man berücksichtigt, daß nach H. VALENTIN (1954) die Dungeness-Marschen in einen Bereich gehören, wo gegenwärtig die Abtauchung ca. 2,5 mm/Jahr beträgt, und man geneigt ist, diesen Betrag als konstant für das gesamte Holozän anzusehen, so wäre zu folgern, daß etwa vor 9.500 Jahren (Torfband in 23,5 Meerestiefe) bereits der heutige Meeresspiegelstand erreicht gewesen wäre. Das würde sich aber mit weltweiten Befunden kaum in Einklang bringen und die in einer Mächtigkeit von ca. 7 m auflagernden marinen Abfolgen schwer verständlich erscheinen lassen. In Anbetracht der Tatsache, daß die Reste ertrunkener Wälder (zumeist Stubben sowie Stamm- und Astholz) in den Torfen bzw. Marschen- und Watten-Bildungen der heutigen Watten (Fig. 6:3) auf 5.200 bzw. 5.300 Jahre B.P. datiert wurden, würde das bei gleicher Berechnungsgrundlage bedeuten, daß sich diese Wälder mit ihrem engeren Untergrund in einer Meereshöhe zwischen 10 und 13 m entwickelt hätten, was jedoch kaum angängig erscheint. Da sich die hier angesprochenen "submerged forests" im inneren bzw. ältesten Teil der Dungeness-Marschen befinden, kann man wohl weit zwingender folgern, daß hier erst vor ca. 5.500 Jahren der heutige Meeresspiegelstand erreicht war und seitdem die Dungeness-Marschen sukzessiv bis zum heutigen Erscheinungsbild hin entwickelt wurden. Das würde aber bedeuten, daß wir die Küste im Bereich der Dungeness-Marschen für den Gesamtzeitraum des Holozäns in etwa als stabil anzusehen hätten und Absenkungen bestenfalls in der Größenordnung von einigen m erfolgt wären.

Ein weiteres, für unsere Betrachtung wichtiges Gebiet ist dann auch die Dorset-Portlandküste im Bereich der Chesil Beach (A.P. CARR & M.W.L. BLACKLEY, 1974; D.N. MOTTERSHEAD, 1977: darin Chesil Beach durch A.P. CARR referiert, Fig. 7). Es handelt sich bekanntlich um eine Strandwall-Nehrung — man könnte sie auch als Tombolo bezeichnen, da sie Portland mit dem Festland verbindet — die sich von Chesilton bei Fortuneswell/Portland auf einer Länge von ca. 18 km bis südwestlich Abbotsbury/Dorset erstreckt, sich dort aber im Grunde in der Ogden Beach weiter fortsetzt. Über ihre vertikalen und horizontal-breitenmäßigen Ausmaße geben die beiden Profildarstellungen auf Fig. 7 Auskunft, wobei man die Größenunterschiede südöstlicher (nahe Chesilton) zu nordwestlichen Teilen (nahe Abbotsbury) beachten sollte. Seewärts wird sie durch terrassenartig angeordnete Sturmflutwälle gegliedert. Ihre Krone wird nur noch bei besonders starken Sturmfluten überflutet. Die Wege der auf die Chesil Beach auftreffenden Wellen finden sich auf einer besonderen Karte in Abb. 7 verzeichnet. Der Aufbau wird von Brandungsgeröllen bestimmt, die sich zu 98,5 % aus Feuersteinen und Quarz zusammensetzen. Den Rest bilden Kalksteine und Quarzite (35 km westlich anstehend). Nur 0,4 % machen magmatische und metamorphe Gesteinskomponenten aus, die sich aus Südost-Devon (bei Torquay) herleiten.

An der Dorsetküste werden auf eine Länge von 13 km bis 900 m breite und 3 m tiefe Haffseen ("The Fleet") abgeschnürt, an deren Boden Sedimente (Mudden mit Torfen) auf 5000 (Hangendbereiche) bis 7000 Jahre B.P. (Basis) bestimmt werden konnten. Obzwar der Aufbau der Chesil Beach sicherlich früher begann, möglicherweise mit Beginn des Holozäns, besagen diese Datierungen, daß wohl schon vor ca. 7.000 Jahren hier in etwa der heutige Meeresspiegelstand erreicht war, und sich die eigentliche Abschnürung der Haffseen seit dieser Zeit vollzog. Wenn auch H. VALENTIN (1954) für diesen Küstenabschnitt eine gegenwärtige Abtauchung von ca. 2,5 mm/Jahr als gegeben ansah, so kann man gemäß heutiger Befunde davon ausgehen, daß sich die Dorset-Küste im Verlauf des Holozäns relativ stabil erwies, daß für die letzten 7.000 Jahre höchstens eine ganz geringfügige Absenkung zu konstatieren ist.

Als nächste Lokalität seien die Northam Burrows in der Barstaple Bay erörtert. Fig. 2 verzeichnet ihre Lage im Rahmen des Taw-Torridge-Astuars, Barnstaple Bay. Die in Anlehnung an A. STUART

Fig. 7

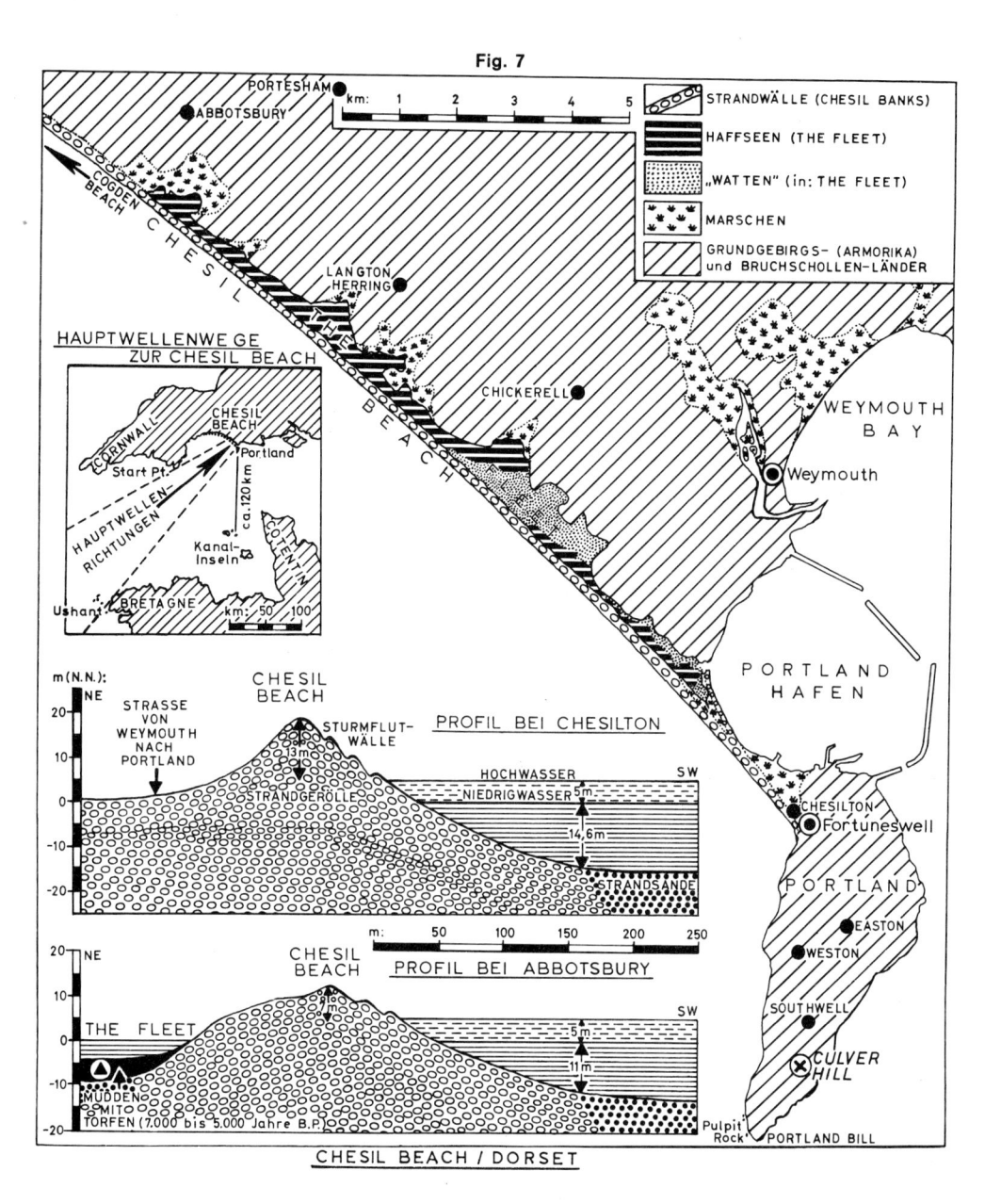

CHESIL BEACH / DORSET

& R.J.S. HOOKWAY (1954) gefertigte Kartendarstellung (Fig. 2 E, unten) vermittelt wie das nach E.H. RODGERS (1946) verzeichnete Hauptprofil (Fig. 2 E, mitte) einen Überblick über Gliederung und Aufbau der Northam Burrows (einschl. der Wattenbereiche). Näher eingehen wollen wir auf das nach E.H. RODGERS (1946) angelegte Detailprofil (Fig. 2 E, oben) über die der Strandwallküste der Northam Burrows vorgelagerten Watten. Der Untergrund wird hier duch Solifluktionsmassen ("Head") vorgestellt, welche oberflächlich von groben Steinnetz-Polygonmustern mit größtenteils in den Netzbereichen aufgerichteten Steinen (Strandgerölle, Sandsteinblöcke etc.) gekennzeichnet wird. Ihnen sitzen, pilz- bis tafelbergartig aufgelöst, jüngere Sedimente auf, zunächst marine Folgen in Form blauer, steriler (Basis) bis blaugrauer, pollenführender Tone, darüber Torfe und Mudden mit Resten ertrunkener Wälder (Stubben, Stamm- und Astholz). Die Folgen über den Solifluktionsmassen erreichen Mächtigkeiten von nur 1,5 m, die Torfoberfläche befindet sich nur 1 bis 2 m unter N.N.. An der Grenzfläche Torf/Ton findet sich eine mesolithische Station ("kitchen midden"), die von D.W. CHURCHILL & J.J. WYMER (1965) auf ihre Kulturhinterlassenschaften eingehender untersucht und — zugleich als Basisdatierung der Torfe — auf 6.585 Jahre B.P. datiert wurde. Sie besagt, daß der Meeresspiegel während dieser Zeit bestenfalls 3 - 4 m unter dem heutigen gelegen war, zumal man davon ausgehen kann, daß die Torfbasis in etwa dem damaligen Meeresspiegel entsprach.

Für die nicht allzu weit entfernten "Somerset Levels" auf der Südostseite des Bristol Kanals haben C. KIDSON & C. HEYWORTH (1973, vgl. auch C. KIDSON, 1977) ähnliche Befunde erbracht. Obzwar H. VALENTIN (1954) für den Raum der Barnstaple Bay und der Somerset-Marschen eine gegenwärtige Abtauchung von jährlich 2 mm als gegeben ansah, kann man gemäß solcher Befunde wohl davon ausgehen, daß sich diese Küstenabschnitte im Gesamt-Holozän stabil verhalten haben (vgl. auch G. F. MITCHELL, 1977), bestenfalls kann man hier Abtauchungen höchst geringer Ausmaße in Rechnung stellen.

Wenn wir abschließend versuchen, die zuvor erörterten und auf regionale Gegebenheiten bezogenen Befunde zusammenzufassen, so lassen sich folgende Feststellungen treffen:

1. Für das Spätglazial zeichnen sich für schottische Räume offensichtlich ähnliche Küstenentwicklungen ab wie sie seit längerer Zeit für den Ostseeraum — hier allerdings im Hinblick auf die Stadien der Baltischen Eisstauseen, des Gotiglazialmeeres und der Yoldia-Meere mit ihren klimazeitlichen Bezügen weit differenzierter ausgewiesen — bekannt sind: spätglaziale "raised beaches" finden sich zunehmend zu den Hauptvereisungszentren (westliche bis zentrale Grampian Mts.) hin glazialisostatisch herausgehoben.

2. Nach dem letzteiszeitlichen Meeresspiegel-Tiefstand — nach G.F. MITCHELL (1977) vor ca. 15.000 Jahren in ca. 130 m unter dem heutigen — war der Meeresspiegel bei Beginn des Holozäns (vor ca. 10.000 Jahren) bereits auf eine Spiegelhöhe von 35 - 40 m unter der heutigen angestiegen (Kanalküste im Raum der Dungeness-Marschen, E.R. SHEPHARD-THORN & J.J. WYMER, 1977), erreichte vor 9.000 bis 9.500 Jahren bereits einen Stand zwischen 20 und 25 m unter dem heutigen (Kanalküste im Bereich der Dungeness-Marschen, E. R. SHEPHARD-THORN & J.J. WYMER, 1977, "Somerset Levels"/Bristol Kanal, C. KIDSON & A. HEYWORTH, 1973), vor 8.000 bis 9.000 Jahren befand sich der Meeresspiegel offenbar nur noch 15 bis 20 m unter dem heutigen (Morcambe Bay/Irische See, M. J. TOOLEY, 1974, 1977) und im frühen Atlantikum vor 6.500 bis 7.000 Jahren hatte der Meeresspiegel offenbar in etwa seinen heutigen Stand erreicht, was durch folgende Befunde belegt wird:

   a) "Main Postglacial Shoreline" im Forth- "Fjord" des schottischen "Midland Valley" (J.B. SISSONS, 1977),

b) Basis von Torfen und Mudden mit ertrunkenen Wäldern ("Kitchen Midden") bei Westward Ho!/Barnstaple Bay (D.M. CHURCHILL & J.J. WYMER, 1965),

c) Basis niedriger Haffsee-Absätze ("The Fleet") an der Chesil Beach/Dorset-Küste (A.P. CARR & M.W.L. BLACKLEY, 1974),

d) ein auf 6.955 Jahre B.P. datierter Eichen-Stumpf in Lough Foyle, Donegal und auf 6.760 Jahre B.P. bestimmte Torfe bei Bray, Wicklow (G.F. MITCHELL, 1977).

3. Die Entwicklungen der letzten 6.500 Jahre im späteren Atlantikum, Subboreal und Subatlantikum lassen sich wie folgt umreißen:

a) Bei Sutton, Dublin Bay wurde ein Flandrischer Spiegelstand 4 m über dem heutigen auf 5.250 Jahre B.P. datiert, einem von Strangford Lough/Down 3,5 m über dem heutigen wird ein ähnliches Alter zugemessen (G.F. MITCHELL, 1977).

b) An nordwestenglischen Küsten hat M.J. TOOLEY (1974, 1977) für den Zeitraum zwischen 9.270 und 4.800 B.P. eine Reihe von Transagressionen ausgewiesen die er auf Oszillationen des Meeresspiegels zurückführt.

c) Möglicherweise müssen die "Postglacial Shorelines" im Firth of Forth des schottischen "Midland Valley" (Fig. 4 A, J.B. SISSONS, 1977) in ähnlicher Weise gedeutet werden.

d) Im Gesamtraum der Britischen Inseln wurden Flandrische Meeresstrände offenbar unterschiedlicher Zeitstellungen festgestellt. Sie kennzeichnen sich sowohl in den glazial-isostatischen Hebungsgebieten Schottlands — z.B. finden sich in weiten Küstenabschnitten östlich Iverness ausgedehnte Flandrische Strände mit sie säumenden, steilen und mehr oder weniger hohen Kliffzonen — als auch in den stabileren Küstengebieten bzw. Senkungsküsten Irlands, Wales und Englands einerseits als "raised beaches" mit einrahmenden Kliffzonen, andererseits dokumentieren sie sich aber auch ebenso eindrucksvoll in den heutigen Marschen- und Wattenbereichen, z.B. im "Fen-Distrikt" Ost-Englands. Eine eingehendere Übersicht und Erörterung solcher Gegebenheiten hat unlängst G.F. MITCHELL (1977) dargeboten, und es würde im Rahmen dieser Betrachtung zu weit führen, darauf näher einzugehen. Es sei aber in diesem Zusammenhang nochmals auf Fig. 1 hingewiesen, wo sich für weite Küstengebiete im nördlichen Gower und nördlich der Swansea Bay ausgedehnte Flandrische Meeresstrände mit den sie einrahmenden Kliffzonen verzeichnet finden. Erörtert wurde auch schon die letztinterglaziale und durch Flandrische Transgressionen überarbeitete Kliffzone, welche die Dungeness-Marschen säumt (Fig. 6). Bemerkt sei ferner, daß aus der Fülle der von britischen Wattenküsten bekannten "submerged forests" im Rahmen dieser Betrachtung nur eine enge Auswahl besonders ansprechender Beispiele getroffen worden ist: in der Swansea und Oxwich Bay/Südwales (Fig. 1), in den Wattenbereichen der Northam Burrows/Barnstaple Bay (Fig. 2 E) und in den Wattengebieten der "Pett Levels"/Dungeness-Marschen (Fig. 6).

In Fig. 8 wurde versucht, gesicherte Befunde über den früh-holozänen Meeresspiegelanstieg in bezug auf britische Küstengebiete kurvenmäßig auszuwerten und mit Kurvendarstellungen aus den benachbarten Niederlanden — nach der besonders an Untersuchungen von B.P. HAGEMANN (1960, 1962, 1969) im Niederländischen Deltagebiet orientierten Kurve des spät- und postglazialen Meeresspiegelanstiegs und der von S. JELGERSMA (1961) entworfenen, auf eingehenderen Untersuchungen mehr in den zentralen Teilen der Niederlande fußenden Kurve des holozänen Meeresspiegelanstiegs — sowie mit der an den Weltmeeresspiegelschwankungen orientierten "Standardkurve" von R.W. FAIRBRIDGE (1961) zu vergleichen. Es zeigt sich, daß für präboreale, boreale

Fig. 8

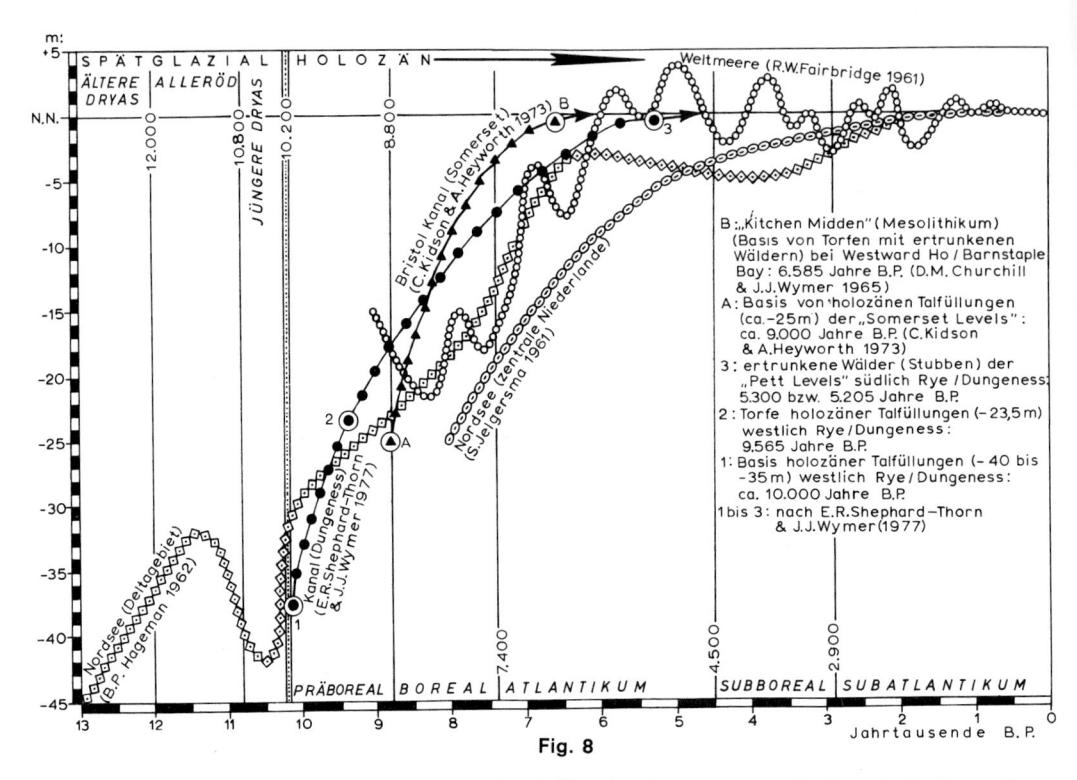

bis frühatlantische Zeitabschnitte weitestgehend Übereinstimmung angezeigt ist mit der Kurve für das niederländische Deltagebiet (B.P. HAGEMANN, 1962), kaum aber mit der von S. JELGERSMA (1961). Für die späteren atlantischen, subborealen und subatlantischen Entwicklungen in den britischen Küstengebieten ist man jedoch im Gegensatz zu G.F. MITCHELL (1977)— "I tend to follow the EMERY curve as modified by LABEYRIE, and to reject the oscillating curves of FAIRBRIDGE, MÖRNER, TOOLEY, and others" — geneigt, eine stärkere Anlehnung an "Oszillationskurven" (z.B. R.W. FAIRBRIDGE, 1961) zu konstatieren. Das würde auch weitestgehend übereinstimmen mit jüngeren Befunden über Flandrische Transgressionen — im Zeitraum der letzten 8.000 Jahre lassen sich für die Niederlande und Nordbelgien 4 Callais- und 5 Dünkirchen Transgressionen, jeweils getrennt durch Regressionen, feststellen (B.P. HAGEMANN, 1969) — an der französischen, belgischen, niederländischen und deutschen Kanal- bzw. Nordseeküste (vgl. u.a. P. WOLDSTEDT & K. DUPHORN, 1974).

C. "HEAD"-KLIFFS

Die im britischen Küstenschrifttum (vgl. u.a. J.A. STEERS, 1964) seit langem übliche Differenzierung von Klifftypen — wie "Head"-, "Bevelled"-, "Slope-over-wall"- "Hog's back"- und "Flat-topped-Kliffs sowie der "Chines" bzw. "Clefts" — hat im deutschen Küstenschrifttum bisher kaum Eingang gefunden. Bestenfalls sah man hier z.B. "Head"-Kliffs als von mehr oder weniger ungegliederten Solifluktionsmassen gekrönte Felsflächen im Bereich steiler und mehr oder weniger hoher Kliffküsten an. Gerade in den letzten Jahren sind jedoch an britischen "Head"-Kliff-Küsten derart eingehende und in stratigraphischer Hinsicht beeindruckende Befunde erbracht worden, so daß es angezeigt erscheint, anhand einiger besonders ansprechender Beispiele diese Befunde zu erörtern.

Einfach gebaute "Head"-Kliffs haben wir am Beispiel der begrabenen Monastir- und Tyrrhenstrände an der englischen Kanalküste bei Brighton und Chichester (Fig. 3 A und Fig. 3 B) bereits kennengelernt. Dort werden außerhalb der begrabenen Kliffzonen die "Heads" von mehr oder

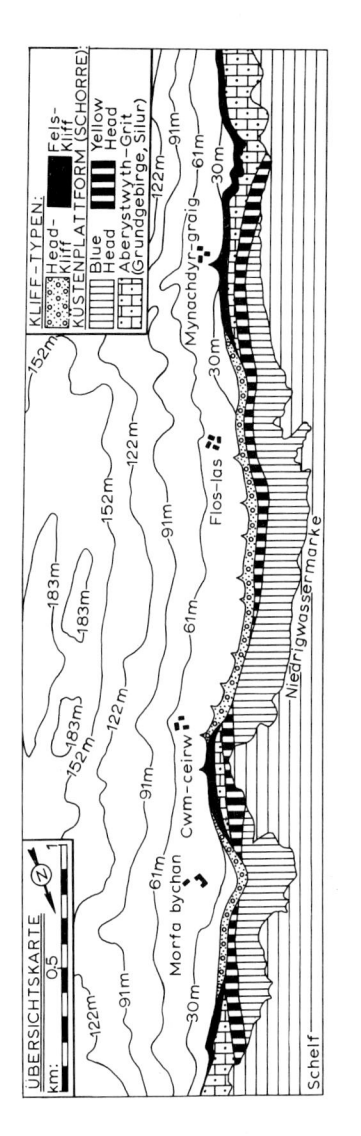

Fig. 9

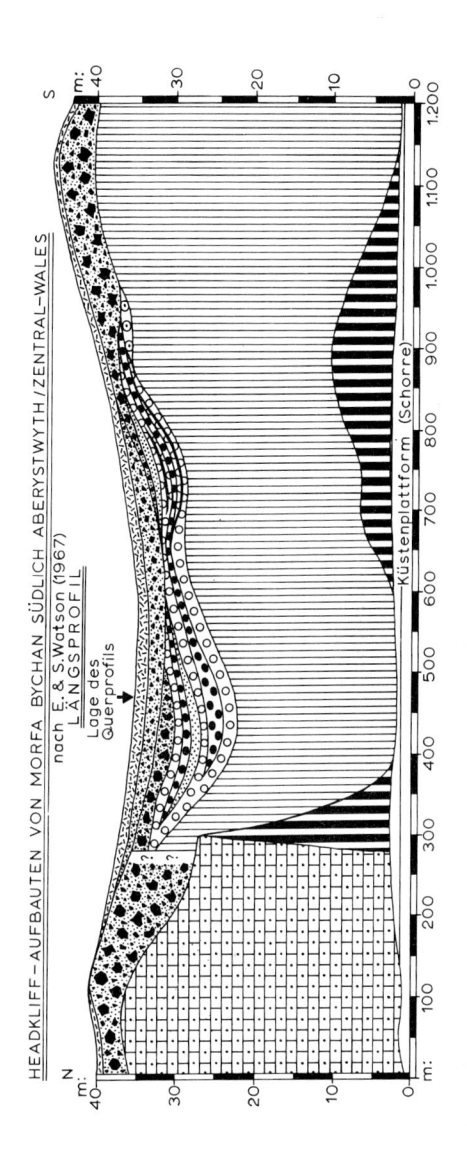

Fig. 9A

HEADKLIFF-AUFBAUTEN VON MORFA BYCHAN SÜDLICH ABERYSTWYTH/ZENTRAL-WALES
nach E. & S. Watson (1967)
LÄNGSPROFIL

Fig. 9B

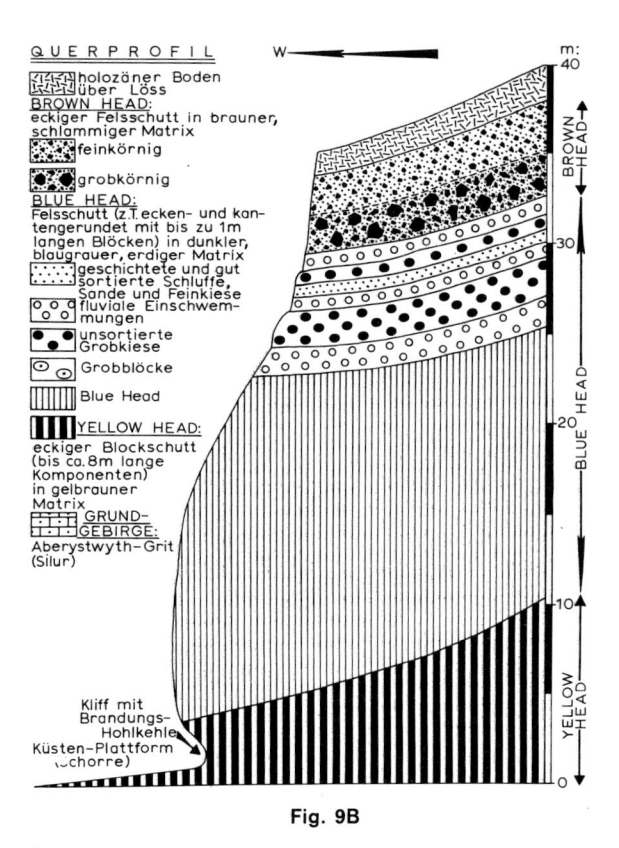

QUERPROFIL W ← m: 40

holozäner Boden über Löss
BROWN HEAD:
eckiger Felsschutt in brauner, schlammiger Matrix
feinkörnig

grobkörnig
BLUE HEAD:
Felsschutt (z.T. ecken- und kantengerundet mit bis zu 1m langen Blöcken) in dunkler, blaugrauer, erdiger Matrix
geschichtete und gut sortierte Schluffe, Sande und Feinkiese fluviale Einschwemmungen
unsortierte Grobkiese
Grobblöcke
Blue Head

YELLOW HEAD:
eckiger Blockschutt (bis ca. 8m lange Komponenten) in gelbbrauner Matrix
GRUNDGEBIRGE:
Aberystwyth-Grit (Silur)

Kliff mit Brandungs-Hohlkehle
Küsten-Plattform (chorre)

weniger ungegliederten Solifluktionsmassen bzw. Kryoturbationen bestimmt oder aber auch die Felsflächen ("chalk") lediglich von lokal oft mächtigen Bodenmassen holozäner Zeitstellung — nicht selten aber auch über tief in Schlotten an der Kalkoberfläche hineingreifenden, fossilen Bodenmassen — gekrönt.

Im Rahmen der Erörterung von Tyrrhen- und Monastir-Stränden haben wir aber auch bereits aus dem Umkreis der Barnstaple Bay (Fig. 2) polygene "Head"-Kliff-Aufbauten kennengelernt: Pencil Rock in der Croyde Bay (Fig. 2 B), Freshwater Gut in der Croyde Bay und Saunton Down End in der nördlichen Barnstaple Bay (Fig. 2 C) sowie Westward Ho! in der südlichen Barnstaple Bay (Fig. 2 D). Dabei wurden die stratigraphischen Auffassungs-Diskrepanzen über die "Head"-Aufbauten — nur Devensian (C. KIDSON, 1974, 1977), Devensian/Wolstonian (N. STEPHENS, 1974) schon eingehender herausgestellt. Eine entscheidende Rolle spielen dafür aber auch die noch nicht angesprochenen "Head"-Kliff-Profile von Middleborough House (N. STEPHENS, 1974) und Croyde Brook (R.M. EVE, 1970), vgl. dazu Fig. 2 B (2. und 3.).

Beim "Head"-Kliff von Middleborough House in der nördlichen Barnstaple Bay legen sich der Felsoberfläche in ca. 13 m über N.N. zunächst ca. 4 m mächtige Solifluktionsmassen auf, die nach N. STEPHENS (1974) durchgehend stark verwittert erscheinen, durch knapp 1 m mächtige Sande untergliedert werden und insgesamt als "Unteres Head" dem Wolstonian zugerechnet werden. Darauf folgt ein geringmächtiger, sandiger Verwitterungshorizont, den N. STEPHENS (1974) dem Ipswichian zuordnet. Das "Obere Head" wird hingegen in einer Mächtigkeit von ca. 2 m von "frisch" erscheinenden Solifluktionsmassen, die durch eine Kryoturbationszone mit Eiskeil-Pseudomorphosen und tiefen "Frostspalten" untergliedert werden. Dagegen greift von oben her eine holozäne Bodenbildung vor. Man muß jedoch u.a. C. KIDSON (1974, 1977) darin beipflichten, daß, solange keine Verwitterungs- bzw. Bodenbildung von eindeutig warmzeitlich-interglazialem Rang zwischen oberem und unterem "Head" ausgewiesen ist, kein zwingender Grund besteht, das "Untere Head" dem Wolstonian zuzuweisen.

Beim Profil von Croyde Brook in der Croyde Bay (R.M. EVE, 1970) findet sich die Felssohle in 9 m über N.N., worauf zunächst in Wechsellagerung mehr als 1 m mächtige, fluviale bzw. glaziofluviale Schotter und Sande folgen. Diesen legt sich eine ca. 3 m mächtige "Till-Terrace" auf, ein brauner, sandiger und tiefverwitterter Ton mit Geröllen und großen Erratika. N. STEPHENS (1974) ist geneigt, darin eine Grundmoräne in situ zu sehen. Das eigentliche "Head" darüber wird von braunen, sandigen und ca. 3 m mächtigen Solifluktionsmassen mit mehr oder weniger eckigen Schiefer- und Sandsteinblöcken bzw. -bruchstücken bestimmt, die von ihrer Oberfläche her durch tiefe "Frostspalten" durchsetzt sind. Ihnen legt sich geringmächtig ein feiner, grauer Ton mit Schieferbruchstücken auf, den N. STEPHENS (1974) geneigt ist, als Äquivalent des "Fremington Clay" (vgl. Fig. 2 B) anzusehen. Den Beschluß bilden zu Äoliniten verfestigte Dünensande. Während nun R.M. EVE (1970) und N. STEPHENS (1974) die Gesamtfolge dem Wolstonian zuordnen, ist u.a. C. KIDSON (1974, 1977) geneigt, zwischen den liegenden, fluvialen Serien und hangenden Äoliniten eine mehr oder weniger durchgängige Folge von Solifluktionsmassen zu konstatieren, die er insgesamt dem Devensian zuweisen möchte.

Das "Head" Kliff von Morfa Bychan südlich Aberystwyth im zentralen Wales kann nach den sehr eingehenden Untersuchungen von E. & S. WATSON (1967) als von dreigeteilten Solifluktionsmassen bestimmt, angesprochen werden (Fig. 9, 9 A, 9 B), die insgesamt wohl letzteiszeitlich anzusehen sind. Der gelegentlich unter die heutige Küstenplattform abtauchende Felssockel wird von kaledonisch gefaltetem Grundgebirge bestimmt (silurischer "Aberystwyth Grit", vgl. Fig. 9, 9 A). Der Felsoberfläche legt sich in Mächtigkeiten über 10 m zunächst das "Yellow Head" auf: eckiger Blockschutt in gelbgrauer, erdiger Matrix mit bis 8 m langen Sandsteinblöcken. Vielfach findet sich darüber die heutige Küstenplattform mit einer deutlichen Brandungskohlkehle in der Kliff-Fußzone (seltener auch kleine Brandungshöhlen bzw. -gassen) ausgebildet. Das stellenweise darüber bis 40 m Mächtigkeit entwickelte "Blue Head" bestimmt auf weite Strecken untere bis mittlere Kliffabschnitte (Fig. 3 A, 3 B): teilweise ecken- bis kantengerundeter Felsschutt in dunkel-blau-grauer, erdiger Matrix mit bis zu 1 m langen Gesteinsblöcken (überwiegend Sandsteine, seltener auch Erratika). Im oberen "Blue Head" finden sich lokal bis über 10 m mächtige, fluviale Einschaltungen, in Wechselfolgen mal mehr oder weniger unsortierte Grobkiese bzw. Grobblöcke, mal gut geschichtete Schluffe, Sande und Feinkiese. Das die oberen Kliffpartien bestimmende "Brown Head" setzt sich aus nach oben zunehmend feiner werdendem Felsschutt in brauner, erdig-schlammiger Matrix zusammen. Seine Mächtigkeit erreicht selten 10 m. Auflagernde, bis einige m mächtige Lösse (besser: lößartige Sedimente) werden dem Spätglazial zugerechnet und von einer holozänen Bodenbildung gekrönt.

Auch weiter südlich zwischen Peris und der Clydan-Ausmündung bei Llanon hat E. WATSON (1977) eine "Head"-Kliff-Abfolge auf einer Strecke von 725 m eingehender untersucht, wobei die Kliffhöhe allerdings nur selten 5 m erreicht. Hier wird das gesamte "Head" von großartigen, oft mehrfach übereinander geschachtelten Kryoturbationshorizonten in Schotterserien im Wechsel mit Lehm-, Schluff- und Sandfolgen (zum Hangenden zunehmend) bestimmt.

Eine stratigraphisch äußerst aufschlußreiche Head-Kliff-Abfolge hat G.S. BOULTON (1977) auf einer Erstreckung von ca. 800 m und unter Verwendung moderner Methoden-Kombinationen bei Glanllynnau in der nördlichen Cardigan Bay im nordwestlichen Wales eingehender untersucht (Fig. 10, 10 A). Die Brandungsplattform und untere Kliffzone (gelegentlich mit Brandungshohlkehlen) ist hier überwiegend in einer Grundmoräne mit grauer, mal schluffiger, hauptsächlich

Fig. 10

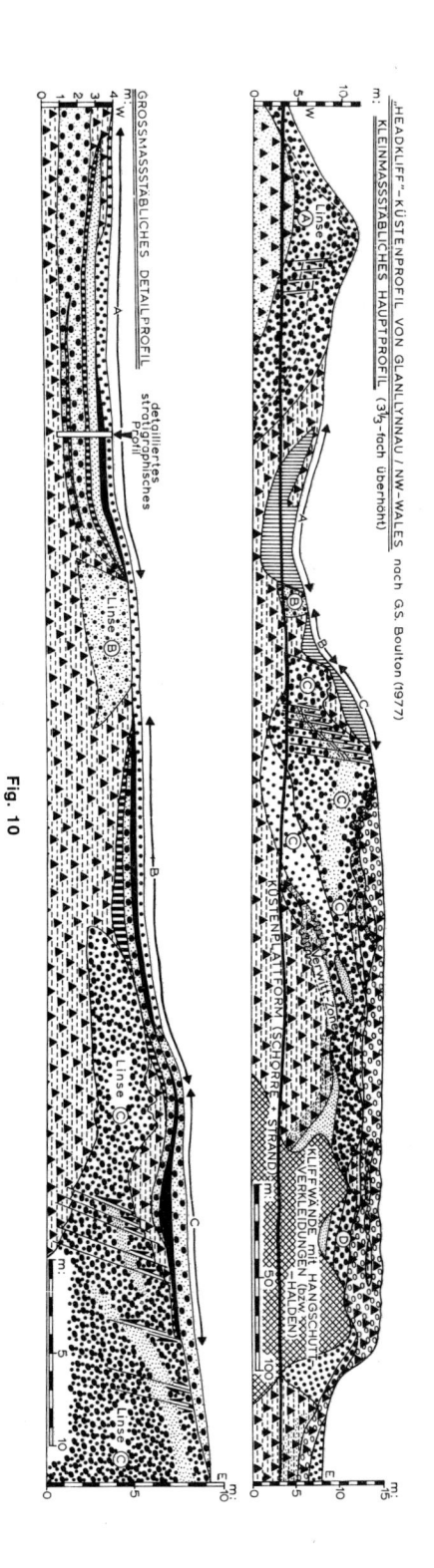

Fig. 10A

90

aber toniger Matrix, die als "Basal-Till" dem späten Devensian zugeordnet wird, ausgebildet worden. In ihren Hangenbereichen findet sich über einer Kryoturbationszone ein Verwitterungshorizont, der möglicherweise einem Interstadial im späten Devensian entspricht. Auch unmittelbar über diesem Verwitterungshorizont liegt eine Kryoturbationszone vor, gelegentlich aber auch tief das Liegende durchsetzende und zumeist lehmerfüllte Eiskeil-Pseudomorphosen. Die Oberfläche der basalen Grundmoräne ist sehr unregelmäßig gestaltet: kleinere, oft kesselartige bis zu großen, ausgeprägten Hohlformen hin sind hier bestimmend. Offenbar wurden sie durch mehr oder weniger große Toteismassen verursacht, die sich hier nach dem Eisrückzug bewahrten und dann zunehmend von glazifluvialen Serien (z.B. als Sander) begraben wurden. Andererseits deuten aber auch nach Art der Bändertone geschichtete Sedimente darauf hin, daß hier Eisstauseen existierten, in die randlich mal sandige, mal kiesige "Flow Tills" "eingeflossen" sind. Gerade solche Absätze deuten auf Eisnähe hin.

In solchen Hohlformen — seien sie nun primär als Eisstauseen oder aber mehr allmählich über abtauenden Toteismassen entwickelt worden — setzten sich limnisch-fluviale Sedimente mit organogenen Einschaltungen ab. Vielfach finden sich basale Detritus-Mudden, die auf 14.468 C^{14}-Jahre B.P. datiert werden konnten. Ansonsten werden jedoch die unteren Auffüllungen von über 1 m mächtigen Kiesen, zumeist aber feinkörnigeren Massen wie Sanden, Schluffen und Tonen bestimmt. Ihre hangenden Partien werden nicht selten von gelifluidalen Fließerden repräsentiert. Die oberen Auffüllungen solcher Hohlformen beginnen im Regelfalle mit bis ca. 20 cm mächtigen Detritus-Mudden: eine Basisdatierung ergab ein C^{14}-Alter von 12.556, eine Hangenddatierung von wenig mehr als 11.000 Jahren B.P.. Auch die palynologischen Befunde (FIRBAS-Pollenzonen Ic und II) bestätigen die Zuordnung in einen späten Abschnitt der "Windermere"-Zeit (Ältere Dryas und Alleröd). Darüber lagern bis über 20 cm mächtige, feinkörnige Massen (in Wechsellagerung Tone und Schluffe), die oft von gelifluidalen Fließerden gekrönt werden. Nach palynologischen Befunden (FIRBAS-Pollenzone III) müssen sie der "Loch Lomond"-Zeit (Jüngere Dryas) zugewiesen werden. Ihnen legen sich ca. 10 cm mächtige Verlandungstorfe auf, die sich nach pollenanalytischen Befunden (FIRBAS-Pollenzone IV) als dem Präboreal zugehörig erweisen. Den Abschluß bilden von Kiesen bestimme Fließerden (Solifluktion i.w.S.), die sich oft in mehreren "Paketen" übereinander schachteln und selbst dann von Dünensanden überlagert werden.

Die Lagerungsverhältnisse werden aber auch — abgesehen von den sich rasch ändernden paläogeographischen Gegebenheiten mit dem dadurch bestimmten, häufig Fazieswechsel — von Störungen anderer Art bestimmt: glazialtektonischer Schuppenbau (lokal) und (häufig) Abschiebungen zumeist im Sinne von Sackungsrissen.

Auf Fig. 11 findet sich in Anlehnung an C.A. LEWIS (1970) eine schematische Profilserie dargestellt, die Stadien polyzyklischer "Head"-Kliff-Entwicklungen festzuhalten bzw. einsichtig zu machen versucht. Solche können in Warmzeiten sowohl von festländischen — wie Bodenbildung, flächenhaftem und linerarem (fluvialem) Bodenabtrag, Massenverlagerungen an den Kliffwänden (Gehängeschutt, Wandschutthalden) — als auch litoral-marinen Prozessen (Strandwälle, Strandsande) bestimmt sein. In Eis- bzw. Kaltzeiten wechseln demgegenüber hauptsächlich vom Festland her ausgelöste Vorgänge glazialer (Moränenverkleidungen, glaziofluviale und glazilimnische Sedimentüberdeckungen) und periglazialer Art — wie solifluidale bzw. gelifluidale Massenauflagerungen, Auffüllungen linienhaft-fluvialer Art und durch Flächenspülung, Windakkumulationen (Dünen, Flugsande), Gehänge- und Wandschutthalden bestimmt — miteinander ab. Solche sich über mehrere Warm- und Eis- bzw. Kaltzeiten erstreckenden polyzyklischen Abfolgen bestimmen einen "Head"-Kliff-Typ wie er besonders an der englischen Ostküste (südwärts bis in nördliche Bereiche des äußeren Themse-Ästuars bei Ipswich) und hier besonders beeindruckend im Raume Cromer-Lowestoft-Southwold vorgestellt wird.

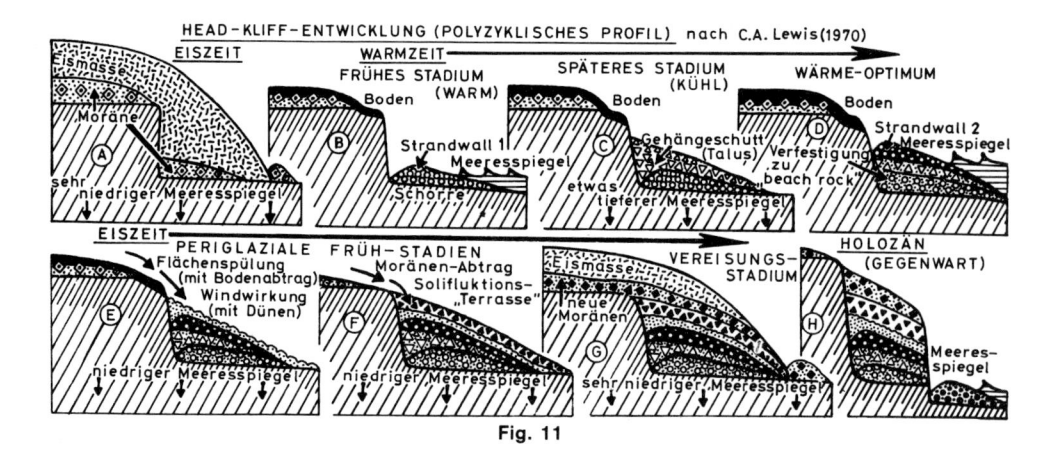

Fig. 11 HEAD-KLIFF-ENTWICKLUNG (POLYZYKLISCHES PROFIL) nach C.A. Lewis (1970)

Zusammenfassend läßt sich wohl feststellen, daß die Erforschung der "Head"-Kliffs britischer Küstengebiete in den letzten Jahren nicht nur in stratigraphischer Hinsicht äußerst detaillierte Befunde, sondern auch die Ausscheidung von vielen Subtypen in zweifacher Hinsicht erbracht hat:

1. Im Hinblick der sie gemäß dem "System der zonalen Küstenmorphologie" im Sinne von H. VALENTIN (1979) zuzuordnenden Zonen einerseits zur "Glazialen Zone", andererseits zur "Periglazialen Zone" (einschl. ihrer beiden Subzonen, vgl. die Ausführungen im 2. Abschnitt der Einleitung).

2. Vor allem aber in bezug auf sie bestimmende Prozeßabläufe von einfach-monogetischen zu vielgestaltig-polygenetischen sowie von möglicherweise nur vom Klimaablauf der letzten Eiszeit geregelten monozyklischen bis zu äußerst komplexen, polyzyklischen Aufbauten hin.

ZUSAMMENFASSUNG

An ausgewählten Beispielen quartärer Meeresstrände und "Head"-Kliff-Abfolgen sollen wegweisende Befunde zur quartären Küstenentwicklung im Raum der Britischen Inseln ausgewiesen werden. Meeresstrände bis in Höhen um 200 m endpliozäner bis mittelpleistozäner Zeitstellung sind im Küstenraum Großbritanniens seit langem bekannt. Doch bereitet die Interpretation ihrer Lagebedingtheiten, Deckschichtenfolgen und genaueren Zeitstellung große Schwierigkeiten. Ein mit Sicherheit ausgewiesener Tyrrhen-Strand (Hoxnian) ist bisher nur von der englischen Kanalküste bei Chichester bekannt. Er läßt auf einen Spiegelstand von zeitweilig über 40 m gegenüber dem heutigen schließen. Möglicherweise müssen aber auch fossile Strände im Umkreis der Barnstaple Bay/Cornwall dem Hoxnian zugeordnet werden, wonach weit niedrigere Spiegelstände zwischen 7 und 18 m über dem heutigen angezeigt wären. Die nachfolgende Spiegelabsenkung bis zum Maximum der Eisausbreitung im Wolstonian dürfte ca. 140 m betragen haben, da in einer fjordartigen Rinne in der Irischen See Absätze mit arktisch-marinen Faunen dieser Zeitstellung ausgewiesen wurden, die auf einen Spiegelstand von ca 100 m unter dem heutigen hinweisen. Sicher bestimmte Monastir-Strände (Ipswichian) deuten im südlichen Gower ("*Patella* beach") auf Spiegelstände zwischen 0 und 15 m, an der Somerset-Küste ("Burtle beds") auf ca. 12 m, an der Kanalküste im südlichen Portland ("Portland raised beach") auf maximal 22 m und bei Brighton ("Brighton raised beach") auf ca. 12 m sowie an der englischen Ostküste im Durham County ("Easington beach gravel") auf ca. 18 m hin. Vor allem Untersuchungen in tiefen Rinnen und Becken der Nordsee bezeugten einen Spiegelstand im Deyensian (ca. 15.000 Jahre B.P.) von ca. 130 m unter dem heutigen. Daraus muß abgeleitet werden, daß die Gesamtabsenkung des Meeresspiegels vom Klimaoptimum des letzten Interglazials bis kurz nach dem Maximum der Eisausbreitung in der letzten Eiszeit ca. 150 m betragen hat.

Im Umkreis der schottischen Hebungsgebiete wurden "raised beaches" von spätglazialer Zeitstellung ("Windermere Interstadial", ca. 14.000 bis 10.800 Jahre B.P.) festgestellt: im Gebiet des Firth of Clyde in Höhen bis 35 m, im Umkreis des Moray und Cromarty Firth ("100 foot terrace") in Höhen bis 40 m und im Hinterland des Firth of Tay und Firth of Forth ("Errol beds" und "Clyde beds") in Höhen bis über 45 m. Während der "Loch Lomond Readvance" im Schlußabschnitt der letzten Eiszeit (10.800 bis 10.200 Jahre B.P.) erfolgte eine ansehnliche Tieferlegung des Meeresspiegels auf die "Main Lateglacial Shoreline" (ca. 10.300 Jahre B.P.), die im Raum Stirling in 5 - 6 m unter dem heutigen Meeresspiegel angetroffen wird, nach Osten aber meerwärts bis auf 15 m unter N.N. abfallend. Den kräftigen Spiegelanstieg im Holozän ("Flandrian") dokumentiert die auf 7.000 bis 6.500 Jahr vor heute datierte "Main Postglacial Shoreline", die im Raum Stirling maximal um 15 m über N.N. erreicht. Ihr sind zur heutigen Küste hin 3 weitere "Postglacial shorelines" eingeschachtelt. Hier zeichnen sich also im Spät- und Postglazial ähnliche Küstenentwicklungen ab, wie sie seit längerer Zeit für den Ostseeraum bekannt sind: "raised beaches" solcher Zeitstellung finden sich zunehmend zu den Hauptvereisungszentren hin glazialisostatisch herausgehoben, wobei die Hebungsbeträge im Gesamtzeitablauf offensichtlich stark differieren. Vor allem für die stabileren Küsten der Britischen Inseln lassen sich folgende Entwicklungen im Holozän ausweisen:

1. Bei Beginn des Holozäns (vor ca. 10.000 Jahren) war der Meeresspiegel bereits auf eine Spiegelhöhe von 35 - 40 m unter der heutigen angestiegen (Kanalküste im Raum der Dungeness-Marschen).

2. Vor 9.000 bis 9.500 Jahren erreichte dieser einen Stand von 20-25 m unter dem heutigen (Kanalküste im Bereich der Dungeness-Marschen, Bristol Kanal im Gebiet der "Somerset Levels").

3. Vor 8.000 bis 9.000 Jahren befand sich dieser nur noch 15 - 20 m unter dem heutigen (Irische See im Raum der Morecambe Bay).

4. Vor 6.500 bis 7.000 Jahren hatte dieser offenbar seinen heutigen Stand erreicht ("Main Postglacial Shoreline" im Hinterland des Firth of Forth, Wattenbereiche der Northam Burrows in der Barnstaple Bay/Cornwall, Basis niedriger Haffsee-Absätze ("The Fleet") an der Chesil Beach/Dorset-Küste, Eichen-Stumpf von Lough Foyle/Donegal, Torfe bei Bray/Wicklow).

5. Ähnlich wie an der französischen, belgischen, niederländischen und deutschen Kanal- bzw. Nordseeküste (4 Calais- und 5 Dünkirchen-Transgressionen, jeweils getrennt durch Regressionen), so lassen sich auch im Umkreis der Britischen Inseln für die Zeitabschnitte des späteren Atlantikums (nach 7.000 B.P.), des Subboreals und Subatlantikums eine Reihe jeweils durch Regressionen abgelöster Meerestransgressionen nachweisen, die auf Oszillationen des Meeresspiegels in Beträgen bis zu einigen m hindeuten.

Die Erforschung der im deutschen Schrifttum kaum gewürdigten "Head"-Kliffs im britischen Küstensaum erbrachte vor allem im letzten Jahrzehnt in vielfältiger Hinsicht beachtliche Ergebnisse. Eingehender erörtert werden hier die vor allem mit modernen Methoden-Kombinationen ausgewiesenen "Head"-Entwicklungen von Glanllynnau in der nördlichen Cardigan Bay/Wales (G.S. BOULTON 1977), von Morfa Bychan in der östlichen Cardigan Bay/Wales (E. & S. WATSON 1967) und im Umkreis der Barnstaple Bay/Cornwall (N. STEPHENS 1974, C. KIDSON 1974, 1977). Dort trugen einerseits litho-, bio-, klima- und chronostratigraphische Befunde zur Bereicherung unserer Kenntnis über den Ablauf des quartären Eiszeitalters, insbesondere aber seiner jüngeren Zeitabschnitte maßgeblich bei. Andererseits erscheint danach aber auch die Ausscheidung vieler "Head"-Kliff-Subtypen vor allem im Hinblick der ihre Abfolgen bestimmenden Prozeßabläufe gerechtfertigt: von einfachen, monogenetischen (z.B. nur durch mehr oder weniger ungegliederte Solifluktionsmassen bestimmten) zu vielgestaltigen, polygenetischen sowie von nur vom Klimaablauf der letzten Eiszeit (und dem nachfolgenden Holozän) gesteuerten, monozyklischen bis zu äußerst komplexen, nahezu das gesamte Eiszeitalter mit seinen wechselnden Kalt- und Warmzeitenfolgen erfassenden, polyzyklischen Aufbauten hin.

LITERATURVERZEICHNIS

ARMSTRONG, M.,I.B. PATERSON & M.A.E. BROWNE (1975): Late-Glacial Ice limits and raised shorelines in East-Central Scotland. — Quaternary studies in North-East Scotland (ed. A.M.D. GEMMELL): 39 - 44.

BISHOP, W.W. &. G.R. COOPE (1977): Stratigraphical and faunal evidence for Late-Glacial and Early Post-Glacial environments in south-west Scotland. — Studies in the Scottish Late-Glacial Environment (eds. J. M. GRAY & J.E. LOWE).

BOULTON, G.S. (1977): A multiple till sequence formed by a late Devensian Welsh Ice-cap: Glanllynnau, Gwynedd. — Studies in the Welsh Quaternary (ed. D.Q. BOWEN), Cambria 4, 10 - 31.

BOULTON, G.S., A.S. JONES, K.M. CLAYTON & M.J. KENNING (1977): A Britisch ice-cheet model and patterns of glacial erosion and deposition in Britain. — British Quaternary Studies. Recent Advances (ed. F.W. SHOTTON): 231 - 246.

BOWEN, D.Q. (1977): Wales and the Cheshire-Shropshire Lowland. — INQUA-Guidebook for Excursions A 8 and C 8 (ed. D.Q. BOWEN).

BOWEN, D.Q. (1977): The Coast of Wales. — The Quaternary history of the Irish Sea (eds. C. KIDSON & M.J. TOOLEY), Geol. Journ., Spec. Issue 7: 223 - 256.

BRIDGES, E.M. (1970): The shape of Gower. — Gower Journ. 21: 65 - 70.

BRIDGES, E.M. (1978): The Physical Landscape of Gower. — Geographical Excursions from Swansea (ed. G. HUMPHRYS): 1 - 13.

CARR, A.P. & M.W.L. BLACKLEY (1974): Ideas on the origin and development of Chesil Beach, Dorset. — Proceed. Dorset Natur. Hist. and Archaeol. Soc. 95: 9 - 17.

CHURCHILL, D. M. & J.J. WYMER (1965): The kitchen midden site at Westward Ho!, Devon, England: ecology, age and relation to changes in land and sea-level. — Proceed. Prehist.Soc. 31: 74 - 84.

COOPE, G.R. & W. PENNINGTON (1977): The Windermere interstadial of the Late Devensian. — Philos. Transact. Royal Soc. London B 208.

DIETRICH, G & J. ULRICH (1968): Atlas zur Ozeanographie — Meyers Gr. Phys. Weltatlas 7, Bibliogr. Inst. Mannheim.

EMBLETON, C. & C.A.M. KING (1968): Glacial and Periglacial Geomorphology. — London.

FAIRBRIDGE, R.W. (1961):	Eustatic changes in sea-level. — Phys. Chem. Earth 99.
FUNNELL, B.M. & R.G. WEST (1977):	Preglacial Pleistocene deposits of East Anglia. — British Quaternary Studies. Recent Advances (ed. F.W. SHOTTON): 247-265.
GEORGE, T.N. (1930):	The submerged forest in Gower. — Proceed. Swansea Sci. & Field Nat. Soc. 1: 100 - 108.
GEORGE, T.N. (1932):	The Quaternary beaches of Gower. — Proceed. Geol. Assoc. London 43: 291 - 324.
GEORGE, T.N. (1933):	The Coast of Gower. — Proceed. Swansea Sci. & Field Nat.Soc. 1, 192 - 206.
GEORGE, T.N. (1938):	Shoreline evolution in the Swansea district. — Proceed. Swansea Sci. & Field Nat. Sci. 2: 23 - 58.
GEORGE, T.N. (1970):	South Wales. — Brit. Reg. Geol. (3.ed), Inst.Geol.Sci. London.
HAGEMANN, B.P. (1969):	Development of the western part of the Netherlands during the Holocene. — Geol. en Mijnb. 48, 2: 373 - 388.
HODGSON, J.M. (1967):	Soils of the West Sussex Coastal Plain. — Bull. Soil Surv. England and Wales 3.
JELGERSMA, S. (1961):	Holocene sea-level changes in the Netherlands. — Med. Geol. Sticht. C VI: 1 - 100.
KELLAWAY, G.A., J.H. REDDING, E.R. SHEPHARD-THORN & J.P. DESTOMBES (1975):	The Quaternary history of the English Channel. — Philos. Transact. Royal Soc. A 279: 189 - 218.
KIDSON, C. (1977):	The Coast of south-west England. — Quaternary History of Irish Sea (eds. C. KIDSON & M.J. TOOLEY), Geol. Journ., Spec. Issue 7.
KIDSON, C. & A. HEYWORTH (1973):	Flandrian Sea-level rise in the Bristol Channel. — Proceed. Ussher Soc. 2: 565 - 584.
KIDSON, C. & M.J. TOOLEY (eds., 1977):	The Quaternary History of the Irish Sea. — Geol. Journ., Spec. Issue 7.
KIDSON, C. & T.R. WOOD (1974):	The Pleistocene stratigraphy of Barnstaple Bay. — Proceed. Geol. Assoc. 85: 223 - 237.
LEWIS, C.A. (ed., 1970):	The Glaciations of Wales and adjoining regions. — London.
LEWIS, C.A. (1970):	The upper Wye and Usk regions. — The glaciations of Wales and adjoining regions (ed. C.A. LEWIS): 97 - 120.
LEWIS, W.V. (1932):	The formation of Dungeness Foreland. — Geogr. Journ. 80: 309 - 325.
LOUIS, H. & K. FISCHER (1979):	Allgemeine Geomorphologie (4. Aufl.) — Berlin — New York.

MITCHELL, G.F. (1972): The Pleistocene History of the Irish Sea. — Sci. Proceed. Royal Dublin Soc. 4: 181 - 199.

MITCHELL, G.F. (1977): Raised beaches and sea-levels. — British Quaternary Studies. Recent Advances (ed. F.W. SHOTTON): 169 - 186.

MITCHELL, G.F., L.F. PENNY, F.W. SHOTTON & R.G. WEST (1973): A correlation of Quaternary deposits in the British Isles. — Geol. Soc. London, Spec. Rep. 4.

MOTTERSHEAD, D.N. (1977): South-West England. — INQUA-Guidebook for Excursions A 6 und C 6 (ed. D.Q. BOWEN).

PALMER, S. (1979): The Mesolithic habitation site at Culver Well, Portland, Dorset. — Mskr.

PEACOCK, J.D. (1975): Scottish late and post-glacial marine deposits. — Quaternary Studies in North-East Scotland (ed. A.M.D. GEMMELL): 45-48.

PENNINGTON, W. (1975): A chronostratigraphic comparison of late-Weichselian and late-Devensian subdivisions, illustrated by two radiocarbon dated profiles from western Britain. — Boreas 4: 157 - 171.

ROGERS, E.H. (1946): The raised beach, submerged forest and kitchen midden of Westward Ho! and the submerged stone row of Yelland. — Proceed. Devon. Archaeol. Soc. 3: 109 - 135.

SHEPHARD-THORN, E.R. & J.J. WYMER (1977): South-East England and the Thames Valley. — INQUA-Guidebook for Excursion A 5 (ed. D.Q. BOWEN), darin die Ausführungen über Black Rock von G.A. KELLAWAY & E.R. SHEPHARD-THORN und über Amy's Eartham Pit von E.R. SHEPHARD-THORN & G.A. KELLAWAY.

SHOTTON, F.W. (ed., 1977): British Quaternary Studies. Recent Advances. — Oxford.

SISSONS, J.B. (1974): The Quaternary in Scotland: a review. — Scott. Journ. Geol. 10: 311 - 357.

SISSONS, J.B. (1977): The Scottish Highlands. — INQUA-Guidebook for Excursions A 11 und C 11 (ed. D.Q. BOWEN).

SMALL, A. & J.S. SMITH (1971): The Strathpeffer and Inverness area. British landscapes throuth maps. — Geogr. Assoc.

SPARKS, B.W. & R.G. WEST (1972): The Ice Age in Britain. — London.

STEERS, J.A. (1964): The coastline of England and Wales (2. ed.). — Cambridge.

STEERS, J.A. (ed., 1971): Applied Coastal Geomorphology. — Geographical Readings (darin u.a. auch die Arbeiten von W.V. LEWIS 1932 und A. WOOD 1959).

STEPHENS, N. (1966): Some Pleistocene deposits in north Devon. — Biul. Periglac. 15: 103 - 114.

STEPHENS, N. (1974):	Barnstaple Bay: rock platforms. — Quaternary Research Association. Field Handbook Easter Meeting Exeter 1974 (ed. A. STRAW): 35 - 42.
STEPHENS, N. (1974):	The Fremington Area. — Quaternary Research Association. Field Handbook Easter Meeting Exeter 1974 (ed. A. STRAW): 28 - 29.
STEPHENS, N. (1974):	Westward Ho! — Quaternary Research Association. Field Handbook Easter Meeting Exeter 1974 (ed. A. STRAW): 25 - 27.
STUART, A. & R.J.S. HOOKWAY (1954):	Report to the coast protection committee of the Devon County Council. — Spec. paper.
SUTCLIFFE, A.J. & D.Q. BOWEN (1973):	Preliminary report on excavations in Minchin Hole, April — May 1973. — Newsletter, WILLIAM PENGELLY Cave Stud. Trust 21: 12 - 25.
TOOLEY, M.J. (1974):	Sea-Level changes during the last 9.000 years in north-west England. — Geogr. Journ. 140: 18 - 42.
TOOLEY, M.J. (1977):	Sea-Level changes: nord-west England during the Flandrian stage. — Oxford.
VALENTIN, H. (1954):	Gegenwärtige Vertikalbewegungen der Britischen Inseln und des Meeresspiegels. — Verh. 29. Dtsch. Geographentags 1953 (Essen): 148 - 153.
VALENTIN, H. (1979):	Ein System der zonalen Küstenmorphologie. — Z.f.Geomorph. 23: 113 - 131.
WATSON, E. (1977):	Mid and North Wales. — INQUA-Guidebook for Excursions C 9 (ed. D.Q. BOWEN).
WATSON, E. & S. (1967):	The periglacial origin of the drifts at Morfabychan near Aberystwyth. — Geol. Journ. 5: 419 - 440.
WEST, R.G. & B.W. SPARKS (1960):	Coastal interglacial deposits of the English Channel. — Philos. Transact. Royal Soc. London B 243: 45 - 133.
WOLDSTEDT, P. & K. DUPHORN (1974):	Norddeutschland und angrenzende Gebiete im Eiszeitalter. — 3. Aufl.
WOOD, A. (1959):	The erosional history of the cliffs around Aberystwyth. — Geol. Journ. 2: 271 - 279.
WOOD, T.R. (1974):	Quaternary deposits around Fremington. — Quaternary Research Association. Field Handbook Easter Meeting Exeter 1974 (ed. A. STRAW): 30 - 34.

Formenschatz und Prozeßgefüge des "Biokarstes" an der
Küste von Nordost-Mallorca (Cala Guya)
(Beiträge zur regionalen Küstenmorphologie des Mittelmeerraumes VII)

Zusammengestellt

von

Dieter Kelletat, Hannover

1 EINLEITUNG

Obwohl in der Forschung ein leicht zunehmendes Interesse an der Küstenmorphologie — auch in erdweiter 'Sicht — festzustellen ist, bleibt die Beschäftigung damit doch noch sehr weit hinter Arbeiten zur Geomorphologie des Festlandes zurück. So ist es nicht verwunderlich, daß auf diesem Gebiete noch außerordentlich viel zu tun bleibt. Bei der Durchsicht der einschlägigen Literatur fällt außerdem auf, daß insbesondere sehr große regionale Lücken bestehen, während die Fragen der allgemeinen Küstenmorphologie i. w. als gelöst angesehen werden. Das führte u. a. dazu, daß schon relativ lange und intensiv über Fragen der Klassifikation küstenmorphologischer Erscheinungen diskutiert wurde (vgl. dazu insbesondere die zusammenfassende Darstellung von VALENTIN, 1972).

Entgegen dem Anschein ist aber auch der Kenntnisstand über allgemeine morphogenetische Probleme der Küsten teilweise noch recht lückenhaft. Wohl das auffälligste Beispiel bilden die Hohlkehlen und weiteren Kleinformen vornehmlich an Küsten aus Karbonatgesteinen, die als Salzwasser- oder Brandungskarst (n. MENSCHING, 1965, S. 29) bezeichnet und der lösenden Kraft des Meerwassers zugeschrieben werden (vgl. dazu u. a. GUILCHER, 1953). So oder ähnlich wird es auch in den neueren Lehrbüchern der Geomorphologie und Küstenmorphologie dargestellt (z. B. bei LOUIS, 1968, S. 320 oder KING, 1972, S. 451 und 457; bei WILHELMY, 1974 sind solche Erscheinungen nicht erwähnt).

Zwar gibt es — besonders von Biologen und Geologen — schon eine ganze Reihe von Hinweisen darauf, daß Organismen bei der Abtragung von Festgesteinsküsten (bes. Kalkküsten) großen Anteil haben können (vgl. die Gegenüberstellungen und Diskussionen bei SCHNEIDER, 1976), wegen der Widersprüchlichkeit von Beobachtungen und Interpretationen sind diese Erkenntnisse jedoch noch nicht Allgemeingut der Geomorphologen geworden.

Seit Jahren gesammeltes eigenes Material zu diesem Fragenkreis (z. B. KELLETAT, 1974, S. 25 ff.) ergab immer deutlicher die Notwendigkeit von intensiven Detailstudien, wobei die beteiligten Phänomene auch quantitativ erfaßt werden sollten. Inzwischen liegt auch von geologischer Seite (SCHNEIDER, 1976) eine sehr gründliche Studie von den Kalkküsten Istriens vor, deren Augenmerk besonders auf die biologischen und chemischen Prozesse gerichtet ist. SCHNEIDER hat u. a. bei seinen Untersuchungen ganz klar nachweisen können, daß anorganische Lösungsprozesse an Kalkküsten mit Salzwasser nicht ablaufen können, weil das Meerwasser gewöhnlich 5 bis 7-fach kalkübersättigt ist (s. 36), und daß der Kleinformenschatz besonders des Supralitorals auf "biologische Korrosion" und "biologische Abrasion" (S. 48) zurückzuführen ist.

Dieser Studie von SCHNEIDER soll nun eine solche mit etwas stärkerer morphologischer Blickrichtung aus dem Nordosten Mallorcas zur Seite gestellt werden. Dabei wird sich zeigen, daß prinzipiell eine gute Übereinstimmung der Ergebnisse erzielt werden konnte und fallweise Ergänzungen und weitergehende Schlüsse möglich sind.

Die hier vorgelegten Materialien wurden unter Anleitung des Verfassers im Oktober 1978 im wesentlichen von den Studenten B. und P.BLAUMANN, CH. BEHNEN, M. BUMBULLIS, M. HEGGEMANN, B. HÜBNER, P. NESTMANN, B. ROHDE, M. SÖHLKE und O. STAATS erarbeitet. Dabei wurde eine Gesamtaufnahme eines mehrere 100 m langen stark gegliederten Küstenabschnittes an der Südflanke der Cala Guya durchgeführt und dort auf vier ausgesuchten Profilen vom Unterwasserbereich bis zur festländischen, nicht mehr vom Salzwasser beeinflußten Vegetation Beobachtungen, Messungen, Kartierungen, Zählungen, Bestimmungen und Probenentnahmen vorgenommen. Zur besseren Übersichtlichkeit sind die Hauptergebnisse hier in ein zusammenfassendes Standardprofil übertragen worden. Auf die spezifischen Abweichungen und ihre Ursachen wird jeweils hingewiesen werden.

2 DAS UNTERSUCHUNGSGEBIET IM ÜBERBLICK

Die Küste von Nordost-Mallorca wird zwischen den weit geöffneten Buchten von Cala Ratjada und Cala Guya von jungmesozoischen Kalken unterschiedlicher Fazies aufgebaut. Massige Serien wechseln ab mit plattigen Kalken und solchen, die von zahlreichen Quarzadern durchsetzt sind. Faltungen und Verwerfungen im Zusammenhang mit allgemein starker Verkarstung haben zu einer Reliefgliederung im Dezimeter- und Meterbereich geführt. Die mittelsteilen Felsböschungen der Küste werden nur im zentralen Teil der Cala Guya von einem ausgedehnten Sandstrand mit Dünen abgelöst. Die in Fig. 1 erkennbare Gliederung der Küstenlinie in schmale parallele Einbuchtungen ist i. w. auf heute vollständig trockene und im Unterlauf ertrunkene Tälchen zurückzuführen.
An der Cala Guya sind in gut 10 m und um 15 m Höhe Spuren pleistozäner Meeresspiegelstände in Form von abrasiven Schnittflächen und Kliffresten zu finden. Korrelate Sedimente fehlen jedoch. Wahrscheinlich liegt in 4-6 m Wassertiefe eine weitere ältere Abrasionsplattform, denn bis zu diesem Niveau tauchen die Felshänge meist steil ab. Auf der jetzt überfluteten Plattform liegen heute größere Sandflächen und vom Kliff abgestürztes Blockwerk, welches mit Algen und Seegras bewachsen ist.

Von einem ehemals tieferen Meeresspiegelstand legen auch verfestigte alte Dünensedimente (Äolianit) Zeugnis ab, die nahezu regelhaft in Einbuchtungen der Felsküste auftreten. Sie dürften dem Tiefstand der letzten Regression des Hochwürm angehören, weil sie von keinem pleistozänen Niveau geschnitten werden und kaum verwittert bzw. oberflächlich verkarstet sind. Wo sich diese Äolianite an steile Kalkböschungen (alte Kliffe u. ä.) anlehnen, sind Breccien als altersgleiche Schuttbildungen einer mechanischen Verwitterung des Kalkes zwischengeschaltet. Alle vier detailliert untersuchten Profile (zur Lage vgl. Fig. 1) sind so ausgewählt worden, daß sie die drei anstehenden Gesteinsvarietäten (Kalk, Kalkbreccie und Kalksandstein/Äolianit) schneiden.

Die untersuchte Küstenstrecke ist zum nördlichen Sektor hin geöffnet und insgesamt ziemlich starker Brandung ausgesetzt. Zum Zeitpunkt der Untersuchungen, z. B. am 16.10.1978, entwickelte sich in weniger als 2 Stunden eine Brandung mit Wellenhöhen um 2 m vor der Küste, die am Kliff selbst zu kurzfristigen Wasserstandsänderungen von mehr als 4 m führten. Daß solche Vorgänge weder Extreme noch Einzelfälle sind, davon legt die große Ausdehnung der vegetationsfreien Zone oberhalb der Wasserlinie Zeugnis ab. Erst in über 10 m Höhe und gewöhnlich mehr als 50 m vom Wasser entfernt finden sich die typischen Vertreter der mediterranen Vegetation mit Pinus, Juniperus u. a., wegen der kräftigen Seewinde meist in deformiertem Strauchwuchs. Im einzelnen belegen auch die spezifischen Formen- und Lebensgemeinschaften des Supralitorals die Ausdehnung des Salzwassereinflusses.

Dagegen fallen gezeitenbedingte Wasserstandsschwankungen nicht ins Gewicht, weil der Springtidenhub kaum 20 cm beträgt. Trotz der Nähe der stark frequentierten Strände der Cala Guya sind im Felsküstenbereich kaum Beeinflussungen der natürlichen Gegebenheiten durch den Menschen festzustellen. Das liegt nicht zuletzt an der außerordentlichen Scharfkantigkeit der Oberflächen, die ein Betreten erschweren. Lediglich an einigen Stellen reichen junge Schuttschleppen vom Wegebau ein wenig ins oberste Supralitoral hinein.

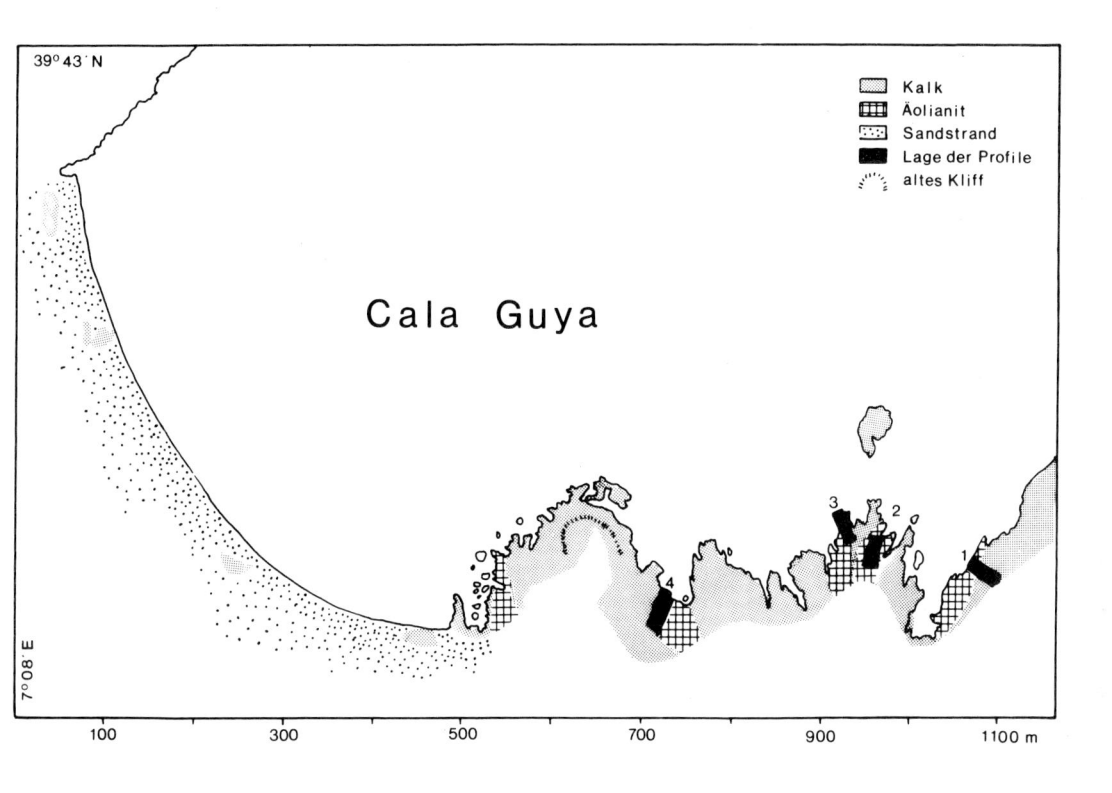

Fig. 1: Skizze des Untersuchungsgebietes an der Cala Guya, Nordost-Mallorca

3 DIE BEOBACHTUNGSBEFUNDE

3.1 FARBZONEN UND LEBENSGEMEINSCHAFTEN

Eine sehr auffällige Erscheinung an allen Felsküsten und insbesondere solchen aus Karbonatgesteinen ist die streifenförmige Anordnung verschiedener Farben vom Sublitoral (unterhalb der Niedrigwasserlinie) über das Eulitoral (zwischen Niedrigwasserlinie und Obergrenze häufiger Wellenbenetzung) und — noch ausgeprägter — im Supralitoral (bis zur Obergrenze des Salzwassersprays). Die Farbausprägung und dementsprechend ihre Benennung in der Literatur differieren stark, da die Eigenschaften des Gesteins, der Benetzungsgrad zum Zeitpunkt der Beobachtung und andere, auch subjektive Eindrücke hier eine Rolle spielen. Die Benennung dieser Streifen ist darüber hinaus auch terminologisch nicht befriedigend zu lösen, da sie sowohl gürtelartig nebeneinander als auch vertikal übereinander angeordnet sind. So bevorzugt die französische Literatur den Begriff "étage", die angelsächsische den der "zonation". Da die Bereiche jedoch breitenhaft gewöhnlich stärker entwickelt sind als ihr vertikaler Spielraum (außer an $\pm$ senkrechten Felsküsten) wird hier dem Terminus "Zone" der Vorzug gegeben.

Die je nach dem Grad der Exponiertheit unterschiedliche Breiten- und Höhenentwicklung der Farbstreifen zeigt ihre primäre Abhängigkeit von der Intensität und Häufigkeit der Benetzung durch Salzwasser (in Form von Wellen, Spritzwasser oder Spray) an. Die genaue Betrachtung lehrt darüber hinaus, daß den einzelnen Farbzonen ganz bestimmte Lebensgemeinschaften zugeordnet sind bzw. dieselben erst durch bestimmte Lebewesen ihre Farbgebung erhalten. Außerdem weisen sie in der Regel auch unterschiedliche Kleinformen des "Biokarstes" (Begriff nach SCHNEIDER 1976) auf.

Im Grenzbereich zur festländischen Vegetation dominiert noch die Eigenfarbe des Gesteins, an der Cala Guya meist weiß oder hellgrau des Kalkes. Geringe Spuren von Boden, Flechten und Halophyten (wie die Strandnelke Statice cancellata) zeigen an, daß bis hierher noch Salzwassereinfluß reichen kann. Die Grenze dieser Zone zur nächst tieferen liegt in den Testgebieten der Cala Guya etwa 4-5 m im ganz geschützten Bereich und über + 10 m an offenen Küstenpartien.

Daran schließt sich nach unten (meerwärts) an die immer sehr ausgedehnte und kräftig dunkelgrau bis fast schwarz gefärbte Zone. Sie ist Lebensbereich endolithischer Algen (Cyanophyceen), im obersten Bereich bei etwas hellerer Färbung kommen auch epilithisch lebende Algen vor. Die Untergrenze dieses gesamten Bereiches fällt gewöhnlich zusammen mit der mittleren Reichweite der Sturmwellen. Ständiger tierischer Bewohner dieser Zone ist ausschließlich die Gastropodenart Littorina neritoides, deren Nahrungsgrundlage die endolithischen Algen bilden.

In der nächst tieferen Zone, die bei geringem Wellengang Spritzer erhält und bei starken Wellen bespült wird und deshalb niemals völlig austrocknet, weisen die gesteinsbesiedelnden Algen eine grüne Farbe an besonders feuchten, eine eher braune an kleinen Erhebungen mit größerer Verdunstung auf, so daß sich meist die Farbmischung grau-braun ergibt. Hier ist die Lebensgemeinschaft bereits artenreicher, da zu den Algen und der Littorina nun auch Flohkrebse und gelegentlich Napfschnecken und andere Mollusken hinzukommen können. Außerdem liegen hier bereits die obersten Kolonien von Seepocken (an der Cala Guya die Art Chthamalus stellatus mit Populationen bis über $20.000/m^2$, vgl. Photo 1).

Mit relativ scharfer Grenze setzt nach unten hin die ständig benetzte hellgrüne bis gelbe Farbzone des Eulitorals ein. Sie umfaßt an der Cala Guya einen vertikalen Streifen von mindestens 20 cm Breite in ganz geschützter Lage (entspricht etwa dem Tidenhub) bis wenig über 1 m, an einer vorgelagerten Felsinsel auch fast 1,5 m. Um die Mittelwasserlinie kann sie durch einen schmalen schwarzen Streifen von wenigen cm Breite unterteilt sein, der auf eine Besiedlung mit der Blaualge Calothrix capilorum zurückgeht. Unterhalb der Mittelwasserlinie treten bereits die ersten Weichalgen wie Ulva latica und Halimeda tuna auf. Ebenfalls finden sich hier schon die ersten Vertreter der organischen Gesteinsbildner wie Vermetiden (Vermetus arenaria und V. triquiter) und Kalkalgen, unter denen Lithophyllum incrustans und L. tortuosum die häufigsten sind. Auffälligste Vertreter der Fauna sind dagegen die Napfschnecken (Patella lusitanica, P. safiana und P. coerulea) sowie Monodonta turbinata, seltener Gibbula varia und die Käferschnecke Middendorfia caprearum.

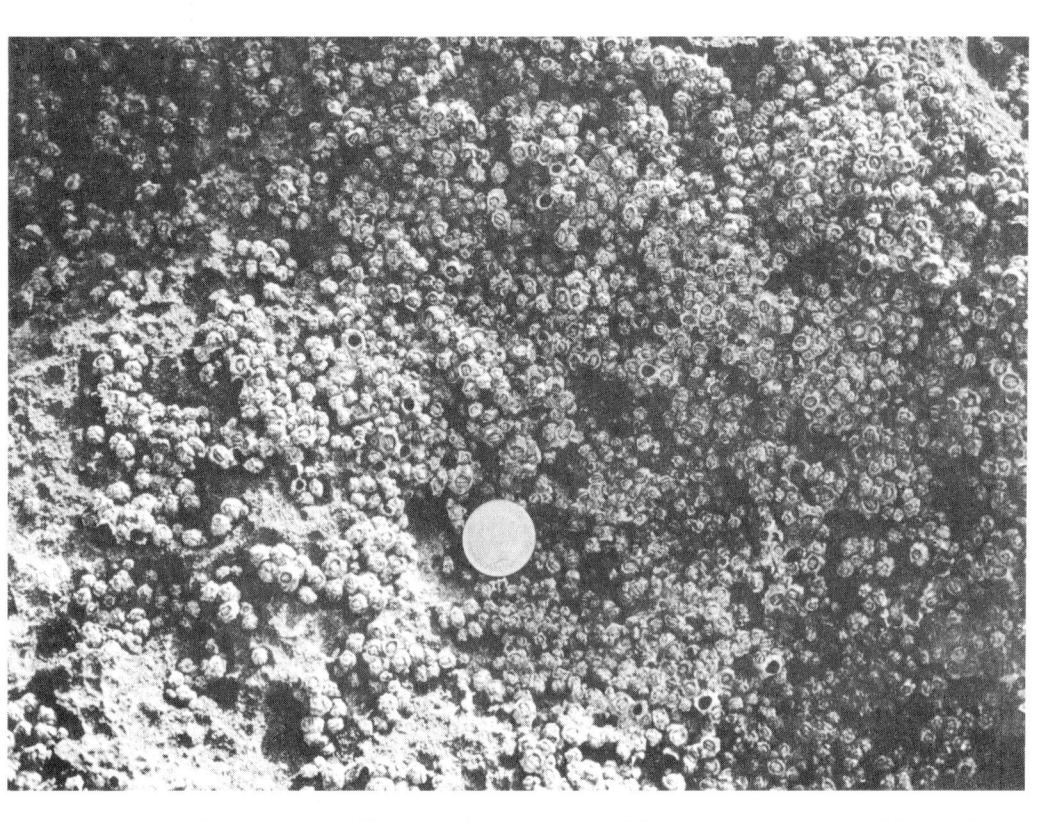

Photo 1: Dichter Seepockenbesatz (Chthamalus stellatus) im obersten Eulitoral der Cala Guya

Unterhalb der Niedrigwasserlinie, im Sublitoral, ist die Farbgebung oft nicht mehr eindeutig zu identifizieren. Einerseits schließen sich die Weichalgen wie Cystoseira und Corallina mediterranea zu rasenartigen Beständen zusammen und verdecken das Gestein, andererseits ist der Fels unter diesem grünbraunen Vegetationsteppich von weißlichen bis rosafarbenen Kalkalgenkrusten von wenigen Millimeter Dicke überzogen. Die Farbe dieser Kalkalgen sowie der weiteren Art Pseudolithophyllum expansum nimmt zu abgedunkelten Standorten eine immer intensivere violette bis rote Färbung an, besonders auffällig zu sehen unter Überhängen und in Küstenhöhlen. Weiterhin gehören verschiedene Seeigel (Arbacia lixula und Paracentrotus lividus) und bohrende Organismen wie der Schwamm Cliona und die Bohrmuschel Lithophaga lithophaga zu der hier besonders

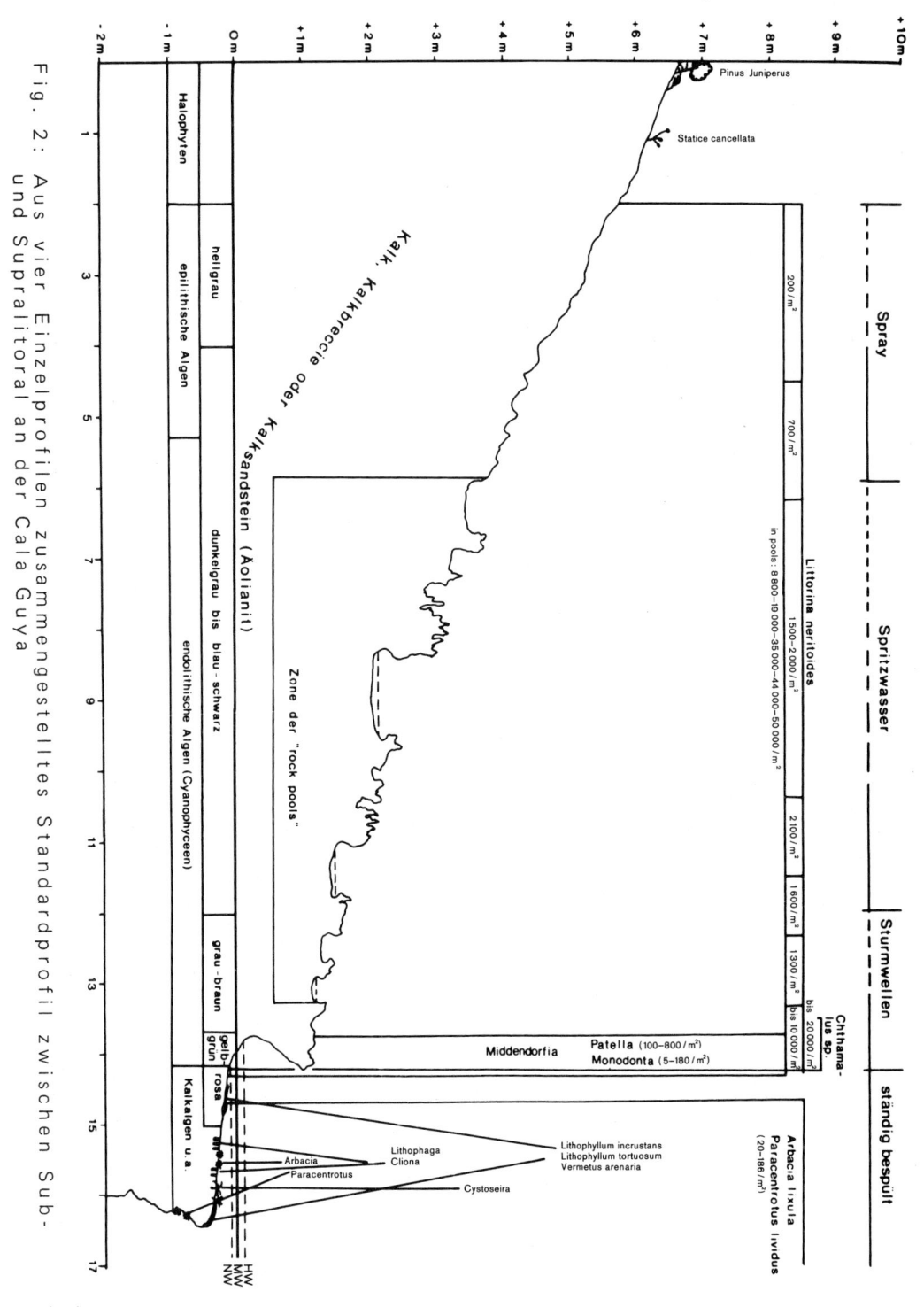

Fig. 2: Aus vier Einzelprofilen zusammengestelltes Standardprofil zwischen Sub- und Supralitoral an der Cala Guya

artenreichen Lebensgemeinschaft. Sie umfaßt einen vertikalen Gürtel von etwa 1-1,5 m, bei starker Brandungsexposition auch bis zu 2 m, ehe sie wieder mit recht scharfer Grenze nach unten hin verarmt. Die Kalkalgen setzen zuerst aus, und die um 4-6 m tiefen Meeresböden sind nur noch von Posidonia und einer versteckt im Sande lebenden Bodenfauna besiedelt.

3.2 DER KLEINFORMENSCHATZ UND SEINE URSACHEN

a. DAS OBERE SUBLITORAL

Auffälligstes Element dieser Stufe ist gewöhnlich eine flache, meerwärts abtauchende Plattform von einigen Dezimetern bis über 2 m Breite (vgl. Fig. 2), die vorn steil und oft überhängend zu den tieferen sandigen und blockreichen Unterwasserbereichen abfällt. In Mallorca (Menorca und anderswo) handelt es sich dabei nicht um die von französischer Seite mehrfach beschriebenen sog. "trottoirs" aus organischen Gesteinsbildungen der Kalkalgen Tenarea und Lithophyllum, sondern um im Anstehenden angelegte Formen. Die Plattform ist offenbar bei der Hohlkehlenbildung passiv zurückgeblieben. An ihrem weiteren Abtrag arbeiten besonders die Seeigelkolonien (bis zu 186/m^2), welche sich mechanisch Vertiefungen zum Schutz gegen Brandungswirkung in das Gestein einarbeiten und dabei in kurzer Zeit die Cystoseirabestände vollständig vernichten können. Im Gestein selbst sind es die korrosiv arbeitenden Bohrmuscheln und Bohrschwämme. Auf der Plattform, stellenweise auch an ihrem vorderen Rande, wo die Brandung heftig auftrifft und das Wasser daher sehr sauerstoffreich ist, sind in Form von Krusten und Wülsten bis über 10 cm Stärke jedoch auch organische Gesteinsbildungen durch Vermetiden und Kalkalgen zu beobachten. Aus einem Überzug mit solchen Substanzen ist m. E. zu oft geschlossen worden, daß die gesamten Plattformen Aufbauerscheinungen sind.

b. DAS EULITORAL

Der Bereich des Eulitorals wird an den Felsküsten der Cala Guya (und nahezu allen aus Karbonatgesteinen aufgebauten Küsten des Mittelmeerraumes) durch Hohlkehlen unterschiedlich deutlicher Ausprägung repräsentiert (vgl. Fig. 2). Das hat zu der falschen Vorstellung geführt, daß es sich hierbei um Lösungsformen des Salzwassers handele. Ihre lichte Weite erreicht stellenweise über 1,5 m, ihre Unterschneidungstiefe über 1 m. Im Gegensatz zu den von SCHNEIDER (1976) an der nördlichen Adria untersuchten Lokalitäten liegen die von uns beobachteten Hohlkehlen immer vollständig oberhalb der Niedrigwasserlinie, die Hochwasserlinie bleibt noch geringfügig unter dem Hohlkehlentiefsten zurück. Typisch für die Hohlkehlen ist ihre leichte Asymmetrie mit schräg nach oben führender Wandung, so daß das Tiefste nicht in halber Höhe, sondern deutlich darunter liegt. Eine feine Rauhigkeit im Millimeter-, seltener im Zentimeterbereich ist Kennzeichen der gesamten Oberfläche.

Die Hohlkehlen sind ausschließlich das Ergebnis der weidenden Tätigkeit von Organismen, vornehmlich von Patella, Monodonta und Middendorfia, welche mit einer sog. Radula mechanisch das Gestein auf der Suche nach endolithischen Algen abraspeln. Dabei entstehen typische kreisrunde (s. Photo 2) oder auch feinmäanderartige Vertiefungen, die sich wegen der Wanderbewegung der Tiere schließlich als Abtragung in deren ganzem Lebensbereich ausprägen. Beobachtungen über die dichtesten Populationen dieser Organismen decken sich mit den Gebieten stärkster Formausprägung, nämlich dem zentralen Bereich der Hohlkehlen. Wir zählten an der Cala Guya über 100 bis rund 800 Patellen pro m^2, Werte, die deutlich über den von SCHNEIDER (1976) ermittelten für Istrien liegen. Auch die Ausweitung der Hohlkehlen schräg nach oben ist mit dem Wanderungsverhalten vornehmlich der Patella zu erklären: bei starker Brandung wandert sie nämlich

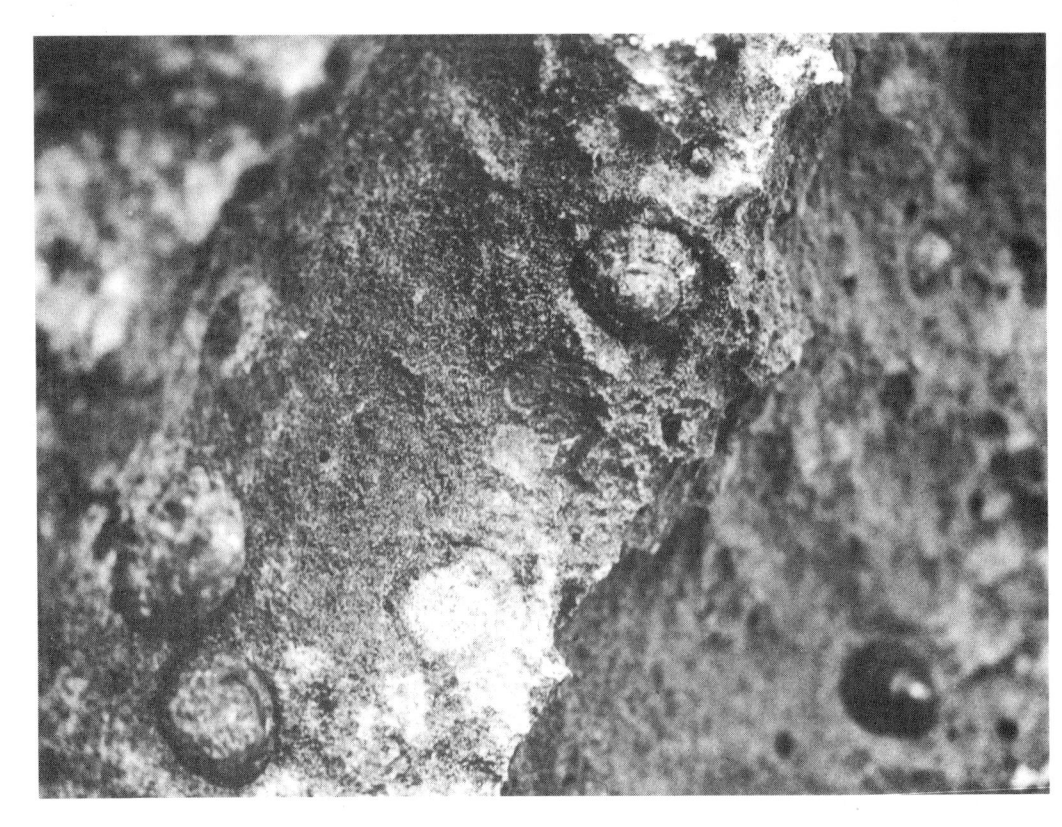

Photo 2: Patella und die von ihnen angelegten kreisförmigen Vertiefungen im Gestein des Eulitorals. Durchmesser der Schnecken ca. 2 cm

rasch in höhere Bereiche mit geringerer Wellenenergie, während die Untergrenze ihres Lebensbereiches ziemlich genau mit der Niedrigwasserlinie zusammenfällt und damit unverändert bleibt.

Nur bei sehr genauer Betrachtung lassen sich in den Hohlkehlen schon Littorina neritoides, die typischen Bewohner des Supralitorals feststellen. Diese Gastropodenart lebt zunächst als Larve im Wasser, während die kleinen Schnecken aufs Felsgestein wandern und im Laufe ihres Lebens immer höhere Standorte einnehmen. Dementsprechend ist auch ihre Größenverteilung von unten nach oben immer sehr ausgeprägt. An der Cala Guya wurden bis zu 10.000 Exemplare der Littorina pro m^2 in den Hohlkehlen gezählt. Ihre Größe blieb jedoch immer unter 1 mm, meist noch unter 0,5 mm zurück. Trotz der anzunehmenden größeren Freßgeschwindigkeit im Jugendstadium sind diese Schnecken damit offenbar nicht in der Lage, in diesem Bereich schon die für sie typischen Oberflächenformen, nämlich zahlreiche Vertiefungen anzulegen. Ihre Abtragungsleistung in diesem Milieu geht damit sicher nicht über die der Patella u. a. hinaus.

c. DAS SUPRALITORAL

Oberhalb der Hohlkehlen unterscheidet sich der Kleinformenschatz der Felsküsten immer ganz auffällig von den tieferliegenden Bereichen. Unzählige kleine und kleinste Näpfchen und Waben zwischen Spitzen und Graten überziehen nun lückenlos die Oberfläche. Ihr Ausprägungsgrad, d. h. die Differenziertheit dieser Formen und ihre Dimensionen sind im untersten und obersten

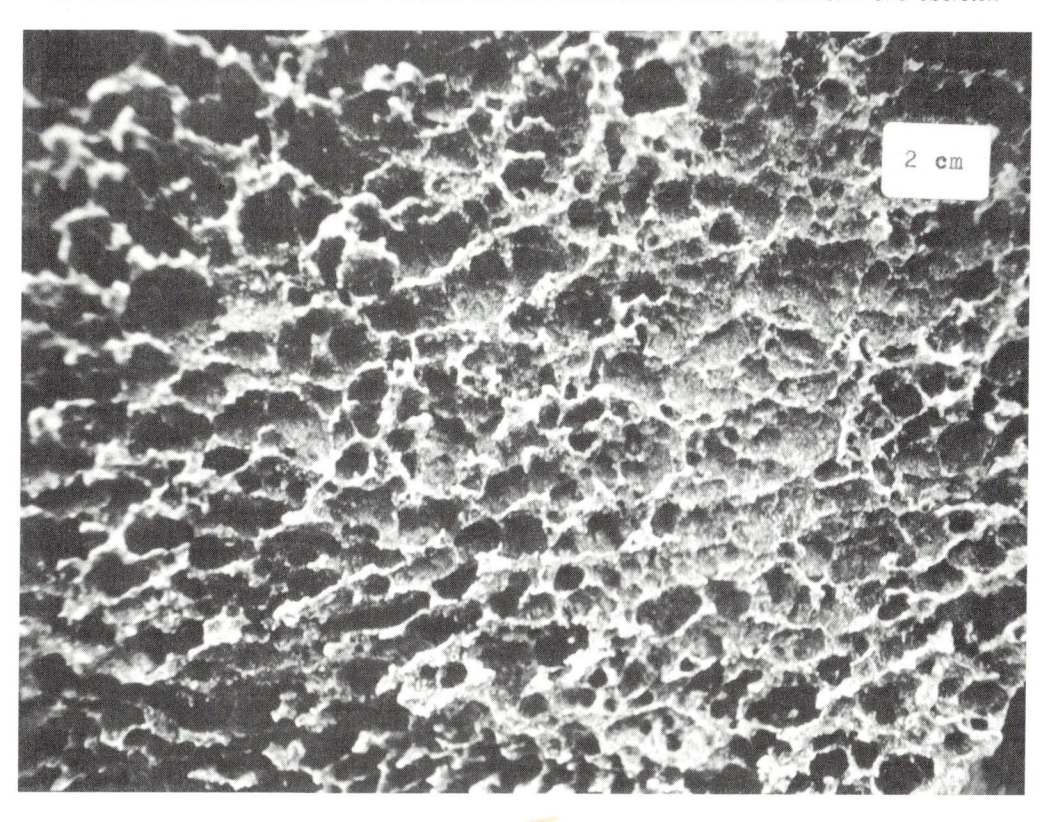

Photo 3: Scharfkantiges wabenartiges Mikrorelief im Äolianit des Supralitorals

Supralitoral nicht so stark entwickelt wie in dem breiten Streifen dazwischen. Die starke Differenzierung des Kleinformenschatzes, die im einzelnen auch vom Substrat, der Klüftung und Körnigkeit des Gesteins abhängt, entzieht sich wegen der Formenvielfalt einer Typisierung. Daher mögen hier die Abbildungen Photo 3 und 4 sowie Fig. 3 einen kleinen Einblick geben.

Auffälligste Formen des Supralitorals sind zweifellos die größeren runden bis ovalen Vertiefungen mit flachen Böden und umlaufenden Hohlkehlen, die hier unter dem Begriff der "rock pools" zusammengefaßt werden sollen (vgl. Photo 5 und Fig. 4). Durchmesser von über 1 m und Tiefen bis über 0,5 m kommen vor, ebenso wie ein seitliches Zusammenwachsen der Formen und damit insgesamt eine flächenhafte Tieferlegung des Geländes.

Wie bereits ausgeführt, ist das Supralitoral identisch mit dem Cyanophyceengürtel. Die Algen rufen in weitgehend getrocknetem Zustand auch die typische schwarzgraue Färbung der Oberflächen hervor. Diese Algen nun sind die Nahrungsgrundlage der Littorina neritoides als einzigem Vertreter der Fauna in diesem Milieu. Die Schnecken tragen das Gestein auf der Suche nach

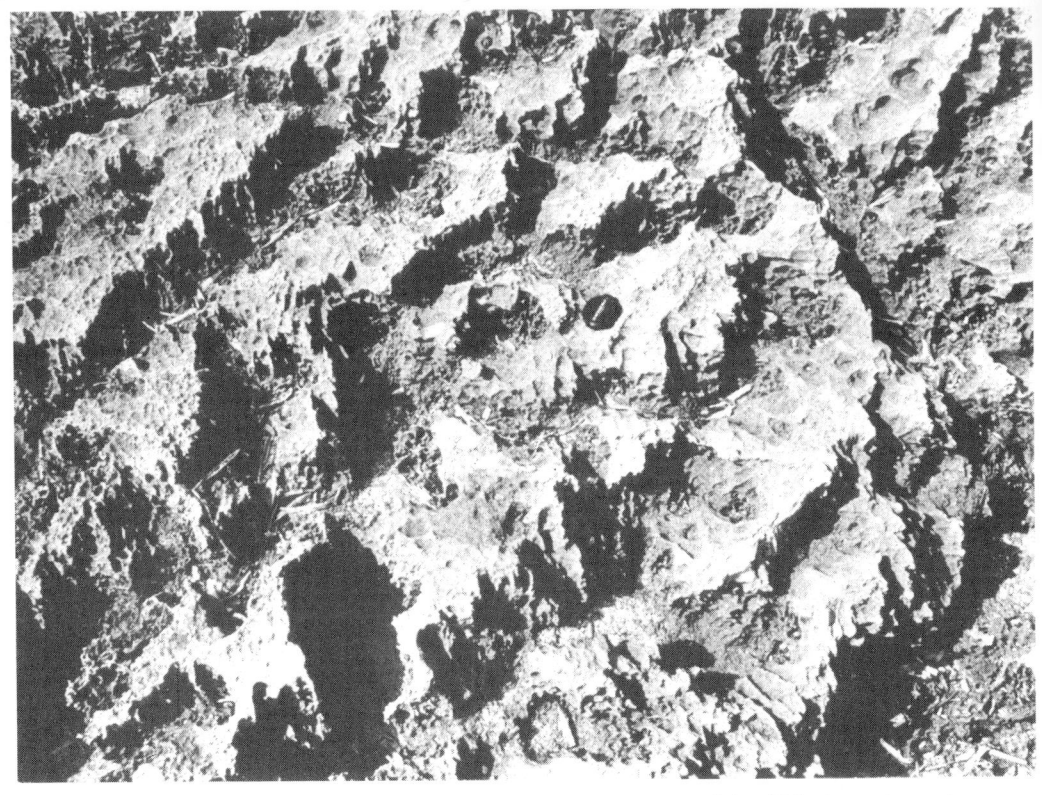

Photo 4: Gratartige Zuschärfung der Oberflächen im oberen Supralitoral auf Kalk. Durchmesser des Objektivdeckels 5,2 cm

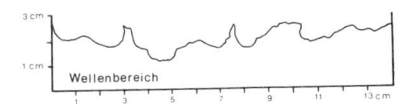

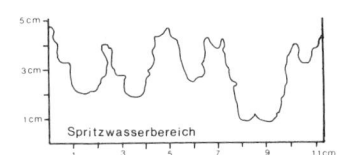

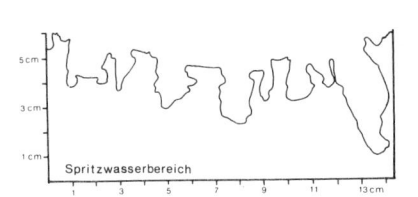

Nahrung mechanisch ab, und so ist der Kleinformenschatz des Supralitorals nichts anderes als ein von diesen Organismen angelegtes Relief. Selbst in den "pools" mit ihren unterschiedlichen Wassermischungen von hypersalinen Lösungen bei Eindampfung bis zu fast salzfreien Niederschlagswässern konnten keine anorganischen Lösungsprozess bei langen Untersuchungsreihen unter verschiedenen Bedingungen nachgewiesen werden (SCHNEIDER 1976).

Fig. 3: Kleinprofile der Oberflächengliederung im untersten und mittleren Supralitoral

Photo 5: Teilweise zusammengewachsene "rock pools" mit bis über 1 m Durchmesser im Supralitoral der Cala Guya

Im gesamten Supralitoral deckt sich der Grad der Formausprägung mit verschiedenen Populationsdichten der Littorina neritoides. Im untersten und obersten Streifen findet man bis zu einigen 100 pro m^2, im zentralen Streifen bis zu wenigen 1.000/m^2 im Zwischenbereich der "pools", während in den "pools" selbst, und zwar an den Stellen, die ihre ständige kräftige Vergröße-

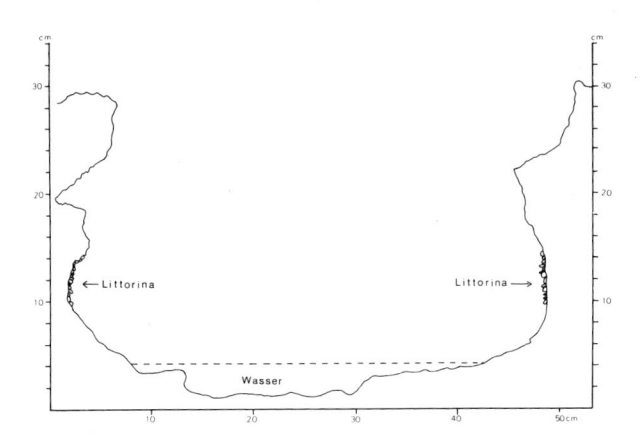

Fig. 4: Querschnitt durch einen "rock pool" mit Besiedlung der Hohlkehlen durch Littorina neritoides im Supralitoral der Cala Guya

rung anzeigen (den Hohlkehlen), die Gastropoden gewöhnlich in einem mehrere cm breiten Band völlig lückenlos sitzen. Das entspricht nach unseren Zählungen Populationsdichten zwischen knapp 10.000 und rund 50.000 /m^2, wiederum erheblich höhere Werte als von SCHNEIDER (1976) in Istrien ermittelt. Die Tiere erreichen hier durchschnittlich Größen von 3-4 mm, im obersten Bereich auch bis über 7 mm, und entsprechend groß ist die von ihnen abgeraspelte Gesteinsmenge (bis über 1 mm/Jahr flächenhaft n. Angaben bei SCHNEIDER (1976). Der nahezu allein durch den Fraß der Littorina angelegte Kleinformenschatz reicht je nach Exposition zu den Wellen und Spray unterschiedlich weit hinauf, an gering exponierten Stellen bis um + 3 m ü. M., an exponierten auch über + 8 m. Bis in diese Höhe finden sich dann auch die Schnecken. Besonders im erst kürzlich von ihnen besiedelten Gelände lassen sich die von den einzelnen Tieren angelegten ersten Vertiefungen im Gestein gut studieren (vgl. Photo 6). Sie dürften bei immer weiterer Eintiefung schließlich auch die Ansatzpunkte für die Poolbildung sein.

Die "Pools" stellen wegen ihrer geschlossenen Form, welche Salzwasser durch Spitzer und Spray erhalten kann, im kleinen ebenfalls ein Milieu vom nassen Sublitoral zum trockenen Supralitoral dar. Das zeigt sich auch an der Farbabfolge an ihren Rändern. Wie an der Küste im großen, so siedeln die Littorina an den Poolwandungen im kleinen immer in einem gelegentlich und für die Reproduktion der Algen noch hinreichend feuchten Milieu. Dieses liegt ein wenig über der mittleren Füllhöhe der Eintiefungen, eben dem Bereich der Hohlkehlen. Experimente (bei normalen Lichtverhältnissen und Abdunklungen sowie bei Tag und Nacht) mit 300 Littorina haben ergeben, daß sie auf die Schwankungen des Wasserspiegels rasch reagieren und den optimalen Standort mit einer mittleren Geschwindigkeit von 4.7 cm/h aufzusuchen in der Lage sind. Diese Versuche waren insofern signifikant, als 98-100 % der Tiere entsprechende Reaktionen zeigten. Die Gleichartigkeit des Verhaltens trägt natürlich zur starken und in sich sehr ähnlichen Formausprägung an den verschiedenen Standorten bei.

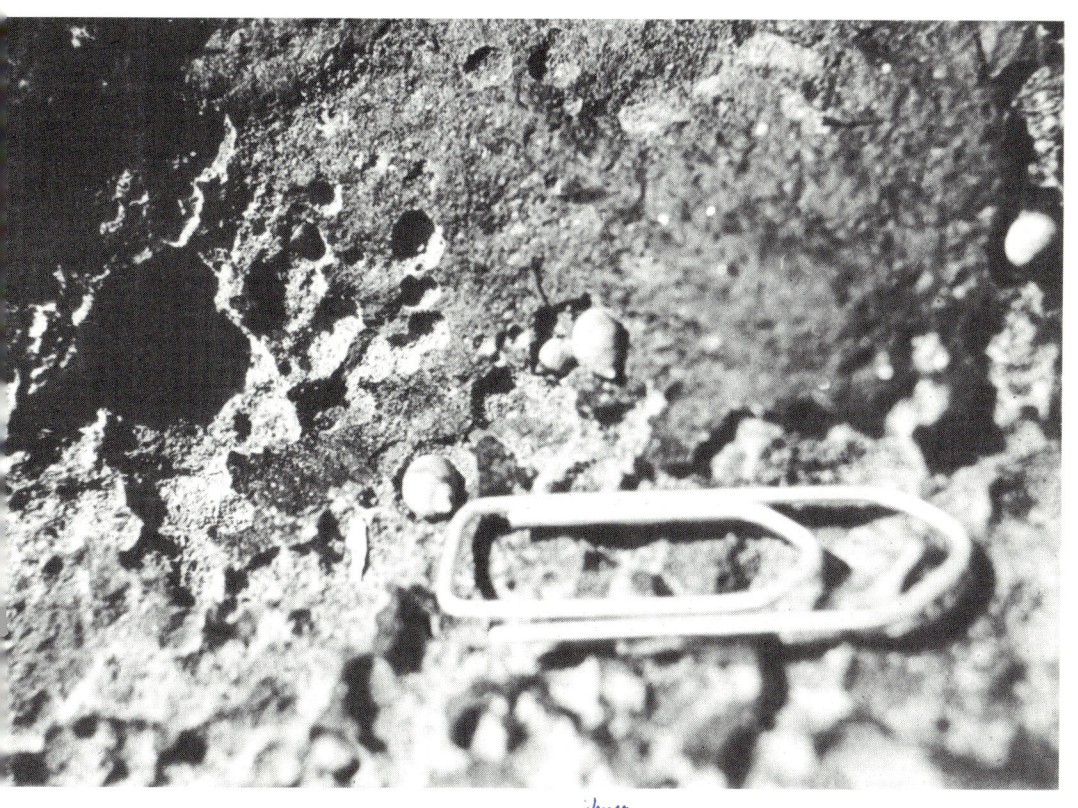

Photo 6: Littorina neritoides und von ihnen angelegte initiale Vertiefung im Kalkgestein. Oberes Supralitoral

Mit fortschreitender Ziselierung der Felsoberflächen des Supralitorals vergrößert sich dieselbe natürlich erheblich und bietet damit den Algen einen immer ausgedehnteren Lebensraum. Das läßt sich an nahezu allen Gesteinsproben in diesem Raum belegen, die eine sehr schmale grüne Außenzone aufweisen, hervorgerufen durch die assimilierende Tätigkeit der endolithisch und in feinsten Spalten lebenden Cyanophyceen. Je mehr Algen auf immer größerer Fläche vorhanden sind, umso mehr Littorina neritoides finden auch Nahrung, und so ist dieses System ein typisches Beispiel für den Prozess der Selbstverstärkung auch der Abtragungsformen.

Um Aufschlüsse über die wahren Oberflächenverhältnisse gegenüber projizierten Testflächen zu gewinnen, wurden mit Hilfe sehr dünner Fäden, Schublehren und Krümmungslehren etliche Messungen vorgenommen. Sie ergaben Oberflächenvergrößerungen vom 1.6 bis zum 2.7-fachen im untersten und noch nicht so stark aufgelösten Supralitoral, solche vom 2.5 bis 4.7-fachen im Zwischenbereich der "pools" und schließlich Werte vom 6.5 bis 11.2-fachen im extrem gegliederten Poolbereich. Dabei sind die Mikrorauhigkeiten von weniger als 1-2 mm noch nicht einmal miterfaßt worden, so daß die angegebenen Werte nur Mindestgrößen sind.

4 SCHLUSSFOLGERUNGEN UND WICHTIGSTE ERGEBNISSE

Wenn auch das quantitativ dichteste Belegmaterial inzwischen von Istrien (SCHNEIDER 1976) und von der Cala Guya Mallorcas stammt, so sind die Übereinstimmungen mit zahlreichen anderen Beobachtungspunkten am Mittelmeer und darüber hinaus so auffällig, daß ihre allgemeine Gültigkeit nicht in Zweifel gezogen werden kann. Danach lassen sich eine Reihe von Einzelergebnissen thesenartig zusammenstellen:

1. An Felsküsten aus Karbonatgesteinen, die sedimentfrei sind, wird die Formung nicht durch anorganische, sondern biologisch gesteuerte Prozesse bestimmt. Diese lassen sich gliedern in fallweise Neubildung organischer Gesteine im Sublitoral (durch Vermetiden und Kalkalgen) sowie in biologische Korrosion (durch Lithophaga, Cliona und Algen) und biologische Abrasion (durch Patella, Littorina, Monodonta, Middendorfia u. a.). Der letztgenannte Prozeß dominiert im Eu- und Supralitoral.

2. Die Intensität der Abtragung und Formbildung ist an möglichst optimale Lebensbedingungen weniger Organismen gebunden, deren Populationsdichte diese Lebensbedingungen und den Grad der Abtragung nach Qualität und Quantität direkt widerspiegeln.

3. Trotz der gewissen Überschneidung der Lebensbereiche von Littorina neritoides und Patella sp. im Eulitoral sind deutlich zwei Zonen unterschiedlicher Formungsaktivität zu trennen: die Dominanz des eher flächenhaften Abtrags durch Patella in den Hohlkehlen und die zunächst punktförmig ansetzende und zu einer immer stärkeren Differenzierung der Oberflächen führende Freßtätigkeit der Littorina im Supralitoral. Beide werden getrennt durch einen schmalen Bereich oberhalb der Hohlkehlen, wo Patella kaum noch und Littorina noch nicht intensiv tätig sind. Dort ist demnach die Abtragung nicht so stark. Das steht in gewissem Gegensatz zu den Schlußfolgerungen von SCHNEIDER (1976, S. 82 f.), der eine umso intensivere Abtragung konstatierte, je feuchter das Milieu ist.

4. Die Intensität der Formbildung wird nach dem Prinzip der Selbstverstärkung durch Oberflächenvergrößerung im Supralitoral offenbar über längere Zeit ständig gesteigert.

5. Trotz starker Exponiertheit sind Steilküsten in Karbonatgesteinen keine Abrasionsgebiete im ursprünglichen Sinne, sofern Lockermaterial als Abrasionswaffe fehlt. Selbst in den Hohlkehlen, die extremer Wellenwirkung ausgesetzt sind, gibt es keine Anzeichen mechanischer Wellenarbeit. Im oberen Sublitoral ist sogar ein Aufbau durch neue Gesteinsbildungen festzustellen.

6. Die ganz strenge Anlehnung von Bereichen unterschiedlicher Kleinformen an die Expositionsbedingungen und die Lage des aktuellen Meeresspiegels belegen, daß die Geschwindigkeit ihrer Ausbildung (auch die von größeren Formen wie Hohlkehlen und "pools") groß genug ist, um mit den endogen oder exogen gesteuerten Schwankungen des Meeresspiegels Schritt zu halten.

ZUSAMMENFASSUNG

In dieser Arbeit werden die Ergebnisse von Geländearbeiten an Felsküsten aus Karbonatgesteinen der Cala Guya im Nordosten Mallorcas vorgestellt (vgl. auch das Sammelprofil in Fig. 2).

Unterhalb der Zone der festländischen Vegetation schließen sich gürtelförmig die Halophytenzone, das Supralitoral mit dunkelgrauen Farben durch endolithische Algen, das Eulitoral mit gelbgrüner

Farbgebung sowie das Sublitoral an, welches i. w. durch Kalkalgen, Weichalgen und kalkbohrende und -lösende Organismen besiedelt wird. Den einzelnen Farbzonen entsprechen die Lebensbereiche verschiedener Organismen.

Detaillierte Aufnahmen auch quantitativer Art erlauben die Schlußfolgerung, daß der spezifische Formenschatz dieser Felsküsten nicht auf anorganische Abrasions- und Lösungsprozesse zurückgeht, sondern das Ergebnis der abtragenden Tätigkeit verschiedener Mollusken ist, die i.w. mechanisch vonstatten geht. Im Sublitoral treten hinzu organische Gesteinsbildungen durch Kalkalgen und Vermetiden. Zu den auffälligsten Formen gehören die Hohlkehlen, welche durch Patella eingefressen werden, sowie die Näpfchen, Grate und insbesondere "rock pools" des Supralitorals als Ergebnis der Freßtätigkeit von Littorina neritoides, welche in Populationen bis 50.000/m^2 angetroffen wurde.

Die Freßtätigkeit dieser Organismen, deren Ergebnis als Biokarst bezeichnet wird, führt darüber hinaus zu ständiger Oberflächenvergrößerung, die an der Cala Guya im Supralitoral das 1.6 bis 11.2-fache der ursprünglichen Oberflächen beträgt.

Die Beziehung der Formzonen zum Expositionsgrad und dem aktuellen Meeresspiegel belegt darüber hinaus die rasche Entstehung dieses typischen litoralen Mikroreliefs.

LITERATURVERZEICHNIS

Guilcher, A. (1953): Essai sur la zonation et distribution des formes littorales de dissolution de calcaire. — Ann. de Géographie, 62, S. 161-179

Kelletat, D. (1974): Beiträge zur regionalen Küstenmorphologie des Mittelmeerraumes. Gargano/Italien und Peloponnes/Griechenland. — Zeitschr. f. Geomorphologie, NF Suppl.-Bd. 19

King, C. A. M. (1972): Beaches and Coasts. — 3. Aufl., London

Louis, H. (1968): Allgemeine Geomorphologie. — Lehrbuch der allgemeinen Geographie, hrg. von E. Obst, Bd. I, 3. Auflage

Mensching, H. (1965): Beobachtungen zum Formenschatz des Küstenkarstes an der kantabrischen Küste bei Santander und Llanes (Nordspanien). — Erdkunde, Bd. 19, S. 24-31

Schneider, J. (1976): Biological and Inorganic Factors in the Destruction of Limestone Coasts. — Contributions to Sedimentology, Vol. 6, Stuttgart

Valentin, H. (1972): Eine Klassifikation der Küstenklassifikationen. — Gött. Geogr. Abh. H. 60 (Hans-Poser-Festschrift), hrg. von J. Hövermann und G. Oberbeck, S. 355-374

Wilhelmy, H. (1974): Geomorphologie in Stichworten. — 4 Bde., Verlag Hirt

BEACH ROCK – LITORALE MORPHODYNAMIK UND MEERESSPIEGEL-ÄNDERUNGEN NACH BEFUNDEN AUF EUBÖA (GRIECHENLAND)

von

Uwe Rust, München und

Sotirios N. Leontaris, Athen

1 EINFÜHRUNG

Ein Hauptanliegen der wissenschaftlichen Arbeit Hartmut Valentins ist die Küstenmorphologie gewesen. Auch seine Schüler hat er in dieser Forschungsrichtung angeregt. Es dürfte wohl im wissenschaftlichen Interesse von Hartmut Valentin gelegen haben, wenn wir nachfolgend die Thematik "Beach rock" aufgreifen und somit über ein küstenmorphologisches Problem referieren. Die den Ausführungen zugrunde liegenden Geländearbeiten wurden Frühjahr und Herbst 1976 auf der Insel Euböa durchgeführt.

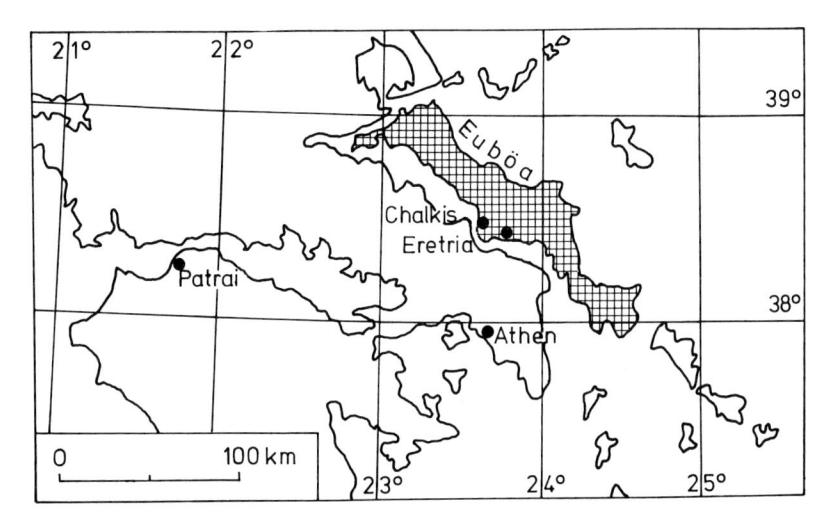

Fig. 1: Lage des Untersuchungsgebietes

> "Beach rocks are beach sands and pebbles cemented sometimes with calcite and sometimes with aragonite. They are exposed, normally by beach retreat, in the intertidal zone; usually projecting from the unconsolidated beach, sometimes forming reefs, and sometimes being refashioned by the sea into what may clearly be called shore platforms."
> (J. L. DAVIES, 1977, S. 116)

Die Literatur zum Beach rock-Problem ist mannigfaltig. Zusammenfassungen hierzu finden sich bei GUILCHER (1961) und SCHOLTEN (1972). DAVIES (1977, Fig. 82) gebührt das Verdienst, das globale Auftreten von Beach rock in einer Karte dargestellt zu haben, mit aller aus der Literaturlage gebotenen Vorsicht ("The map gives only a general impression because of variation in interpretation and identification by different authors"). In der Tat ergeben eigene Beobachtungen in Südwestafrika/Namibia, daß Beach rock weit jenseits der von DAVIES kartierten Verbreitungsgrenze existiert (WIENEKE/RUST, 1975).

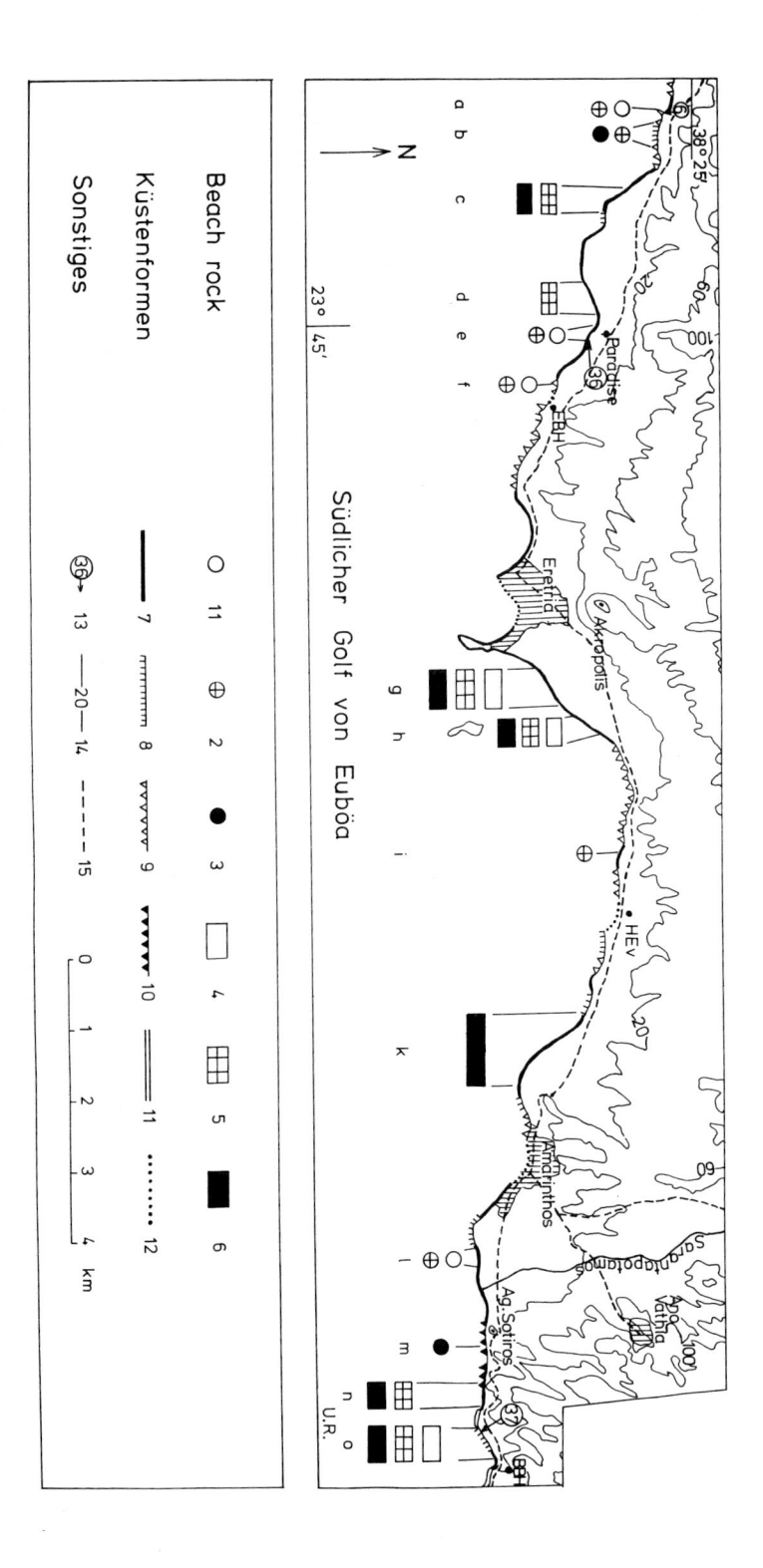

Fig. 2: Beach rock und Küstenformen an der Südküste Euböas. – a-o = Beach rock-Vorkommen; 1 - 3 = Beach rock, fleckenhaft, 1 = im aktuellen trockenen Strand, 2 = aktuell intertidal, 3 = im aktuellen Vorstrand; 4 - 6 = Beach rock als durchgehendes Band, 4 = im aktuellen trockenen Strand, 5 = aktuell intertidal, 6 = im aktuellen Vorstrand; 7 = Flachstrand, 8 = flaches Kliff (bis 2 m), 9 = Kliff bis 8 m (in 'Neogen'), 10 = Kliff über 8 m (in 'Neogen'), 11 = Felsküste abtauchend, 12 = anthropogen veränderte Küste, 13 = Sedimentprobe, 14 = Höhenlinie (m. ü. M.), 15 = Straße; EBH = Eretria Beach Hotel, HEv = Holidays in Evvia (Hotel), BBH = Blue Beach Hotel

Natürlich zielen die Autoren, die sich mit Beach rock beschäftigen, letztlich darauf ab, seine Bildungsbedingungen zu erklären. Die Betrachtungsebenen (Ansätze) sind freilich verschieden. Sie können z. B. geomorphologisch (KELLETAT, 1975) oder hydrologisch-stratigraphisch (RUSSELL,1962) oder biologisch (NESTEROFF, 1956) sein. Entsprechend wird bei den jeweiligen Interpretationen gewichtet. Die nachfolgenden eigenen Ausführungen betonen den küstengeomorphologischen Ansatz.

Aus Griechenland werden etliche Beach rock-Vorkommen mitgeteilt (z. B. BOEKSCHOTEN, 1962; RUSSELL 1962; MISTARDIS, 1956, 1963; KELLETAT/GASSERT, 1975; KELLETAT, 1975; DERMITZAKIS/THEODOROPOULOS, 1975). Die nachfolgend behandelten Beach rocks an der Südküste der Insel Euböa (Fig. 1) sind bislang noch nicht näher untersucht worden. Wir haben sie im Verlaufe von Geländearbeiten im Frühjahr und Herbst 1976 kartiert (Fig. 2), an einzelnen Standorten großmaßstäbiger aufgenommen und labormäßig untersucht.

Einmütigkeit besteht in der Literatur darüber, daß Beach rocks sehr sensible Zeiger für Meeresspiegelschwankungen darstellen (zusammenfassend z. B. SCHOLTEN, 1972, S. 661-662). Die zugrunde liegende Modellvorstellung ist einfach: Unter der Annahme, daß Beach rock eine Bildung im Strand ist, folgt, daß höher und landwärtig des aktuellen Strandes befindlicher Beach rock einen ehemals höheren Meeresspiegel anzeigt, andererseits daß tiefer und meerwärtig des aktuellen Strandes befindlicher Beach rock einen ehemals tieferen Meeresspiegel anzeigt. Will man nun den vertikalen B e t r a g der jeweiligen Strandverschiebung mit Hilfe des Indikators Beach rock ermitteln, ist es logischerweise notwendig zu wissen, in welcher geomorphologischen Position des Litorals Beach rock gebildet wird! Hierüber existieren voneinander fundamental abweichende Vorstellungen. Die nachfolgenden Ausführungen sollen auch unter diesem Aspekt Hinweise für die Verhältnisse auf Euböa geben.

Beach rocks, die höhenmäßig und in ihrer Konfiguration lagemäßig in etwa angepaßt an das aktuelle Litoral vorkommen (z.B. hier Photo 2), werden von allen Autoren als junge holozäne Bildungen verstanden. Für derartige Bildungen gilt eben der von SCHOLTEN (1972, S. 661) ausgesprochene Common sense, daß sie deshalb nicht sehr alt sein können, weil der Meeresspiegel (weltweit) in diesem Bereich erst ". . . the last thousand years or so . . ." existiert. Es zeigt sich unter diesem zeitlichen Aspekt ebenfalls, wie wichtig es ist, zu wissen, wo im Litoral Beach rock entsteht, um mit seiner Hilfe plausible Aussagen über etwaige Spiegelschwankungen der letzten paar Tausend Jahre zu geben.

Zum Untersuchungsgebiet sei schließlich noch vorausgeschickt, daß kalkhaltige Gesteine (karbone und mesozoische Kalke ganz im E, sonst neogene und quartäre Sedimente) entlang der gesamten Küste auftreten (CHEVENART/KATSIKATSOS, 1967).

Die Küstenformen sind in Fig. 2 im wesentlichen nach dem topographischen Vertikalsprung gegenüber dem Strand klassifiziert. Ein trockener Strand — je nach Rückland Stein-, Sand-, Kies- oder Mischstrand — ist durchgehend vorhanden. Da das küstennahe Rückland zu einem Riedelrelief (Photo 2) zertalt ist, sind in den an die Küste herantretenden Riedeln Kliffs unterschiedlicher Sprunghöhe abradiert, mit größten Sprunghöhen im E. Vor den Talausgängen sind die Kliffs nur einige Dezimeter hoch, teils ist der Strand direkt an holozäne Sedimente (RUST, 1978) angelagert (Flachstrand). Abschnittsweise ist die Küste durch Kunstbauten verändert.

Betrachtet man die Verbreitung des Beach rocks in Zuordnung zu den K ü s t e n f o r m e n, zeigt sich folgendes: Beach rock existiert vor Flachküstenformen (Flachstrand, Kliffs bis 2 m) und vor Steilküstenformen (Kliffs bis 8 m, Kliffs über 8 m). Die Vorkommen vor den Steilküstenformen sind allerdings nur vom Typ 'fleckenhaft' (a, f, m). Demgegenüber existieren zusammenhängende Bänder von Beach rock nur an Flachstränden (c, d, g, h, k, n), das Vorkommen in der Bucht beim Blue Beach Hotel (o) vor einem flachen Kliff (vgl. Fig. 3). Nur drei fleckenhafte Vorkommen (a, f, m) der insgesamt kartierten 14 Vorkommen existieren vor höheren Kliffs, die restlichen 11 vor Flachküstenformen.

Soviel zur in Fig. 2 zusammengestellten Verbreitung des Beach rock. Im übrigen entspricht der Küstenabschnitt dem Normalfall des Auftretens von Beach rock (GUILCHER, 1961, S. 114): er ist d i s k o n t i n u i e r l i c h verbreitet. Abschnitte mit Beach rock wechseln mit solchen ohne Beach rock. Die Geländebeobachtung zeigt, daß in einigen Fällen (z. B. bei b, l, o) die Verbreitungsgrenze einhergeht mit einer Änderung der Küstenformen, daß in anderen Fällen (z. B. d, g, k) Beach rock vor einheitlichen Küstenformen diskontinuierlich auftritt.

2.2 BEOBACHTUNGEN AN AUSGEWÄHLTEN EINZELNEN BEACH ROCKS

B e a c h r o c k "a"

Das Meer schließt einen Sedimentkörper auf (Photo 1), der aus Fanglomeraten aufgebaut ist und an der Aufschlußbasis rotbraune Bodensedimente enthält. Die Kliffhöhe beträgt ca. 6 m, die unteren 1,5 m sind ein aktives Kliff, darüber ist das Kliff denudativ abgeböscht und von lichter Phrygana bewachsen. Am Kliffuß existiert ein sandhaltiger Steinstrand, aufgebaut aus abradierten Fanglomeraten. Ebenfalls aus den Fanglomeraten hat sich Beach rock gebildet, der freiliegend in Rippen seewärts vorspringt und in Einzelplatten (um 25 cm dick) den lockeren Steinstrand unterlagert. Einzelne Beach rock-Blöcke sind aus dem Verband gelöst und etwas seewärts verfrachtet.

B e a c h r o c k "e" bei Paradise

Bei Paradise (Fig. 3) ist ein steinreicher Strand im alluvialen Rückland ausgebildet. Vereinzelte Beach rock-Fetzen existieren im nassen Strand und trockenen Strand (nach Geländebefund am 12.10.1976 bei ruhiger See), erreichen jedoch nicht die Höhe des durch Steinstreu markierten STL. Die isolierten Beach rock — Sedimente sind völlig in das aktuelle Strandgefüge integriert. In einem Beispiel wurden in den Beach rock eingebackene Ziegelscherben gefunden. Der Beach rock ist oben verfestigt, bisweilen nur einige Millimeter. Darunter ist das hier schillreiche sandige Strandsediment locker und feucht. Die Laboranalyse ergab für die Kruste 29.4 % $CaCO_3$, für das liegende Strandsediment 53.5 % $CaCO_3$. Die Körnung der Feinerde ist Fig. 5 zu entnehmen. Der Kurvenverlauf (36/1, 36/2) läßt kaum marin-litorale Veränderung des vom Rückland fluvial geschütteten Materials erkennen. Die Verlaufskurve beschreibt für Beach rock und Lockersedi-

Photo 1: Fleckenhaftes Beach rock-Vorkommen "a" (vgl. Fig. 2), in Zerstörung begriffen. Der Beach rock ist in abrasiv freigelegten Fanglomeraten vor einem Kliff ausgebildet (Aufn. U. Rust, 7.4.1976)

2 DIE BEACH ROCK-VORKOMMEN IM UNTERSUCHUNGSGEBIET

2.1 LAGEBEZIEHUNGEN DER BEACH ROCKS

Fig. 2 veranschaulicht die Verbreitung von Beach rock im Untersuchungsgebiet in Zuordnung zum aktuellen Litoral sowie den im terrestrischen Relief marin-litoral gebildeten Formen (Küstenformen).

Beach rock tritt fleckenhaft sowie in durchgehenden Bändern (Platten) auf. In bezug auf das gezeitenschwache Litoral (einige Dezimeter nach eigenen Beobachtungen Tidenhub) erkennt man, daß diese beiden Typen sowohl im trockenen Strand, als auch intertidal, als auch im Vorstrand auftreten. Beach rock nur im trockenen Sand existiert nicht. Die Vorkommen "d" und "i" sind rein intertidal. Die Vorkommen "k" und "m" auf den Vorstrand beschränkt. Die drei bandartigen Vorkommen "g", "h" und "o" erstrecken sich über das ganze Litoral. Die restlichen Vorkommen treten in jeweils zwei Zonen des Litorals auf.

Photo 2: Bandartiges Beach rock-Vorkommen "n" (vgl. Fig. 2). Litoralposition im Vorstrand und intertidal. Bajonettartig gestaffelt zum Strand. Die Küstenformen typisch für das östliche Untersuchungsgebiet mit hohen Kliffs in Riedeln und Flachstrand vor Talausgängen (Aufn. U. Rust, 23.9.1976)

ment fluvialen Transport (WIENEKE, 1976) eines grobsandreichen Sediments. Die geringe marinlitorale Überarbeitung ist auch in den fanglomeratischen Steinen im Strand zu erkennen.

Beach rock "g" östlich Eretria

Das Vorkommen "g" ist ein über 1 km langes, um 5 - 8 m breites Beach rock-Band. Der Strand ist ein Sandstrand mit beach cusps. Die Darstellung in Fig. 2 generalisiert insofern, als dieses Band nicht durchgehend im gesamten Litoral auftritt. Abschnittsweise existiert es nur im Vorstrand, dann wieder im nassen und trockenen Strand. Im Herbst 1976 verhüllte eine Lage abgestorbener Pflanzen den trockenen Strand weitgehend. Partien dieses Vorkommens, die bis über die Thw-Linie aufragen, sind schmieriges kalkhaltiges Sediment, die an "incipient beach rock", wie ihn RUSSELL (1962) in bezug auf die Konsistenz beschreibt, denken lassen. Andere Partien wiederum sind verkrustet.

Beach rock "n"

Das Vorkommen "n" (Photo 2) ist ein bandartiges, das die Krümmung des aktuellen Strandes, der in einer Bucht einer Talung vorgelagert ist, nachvollzieht. Die geschuppten Beach rock-Platten liegen etwas gestaffelt zum Strand, fallen meerwärts steiler ein als der Strand. Sie sind intertidal und im Vorstrand vorhanden.

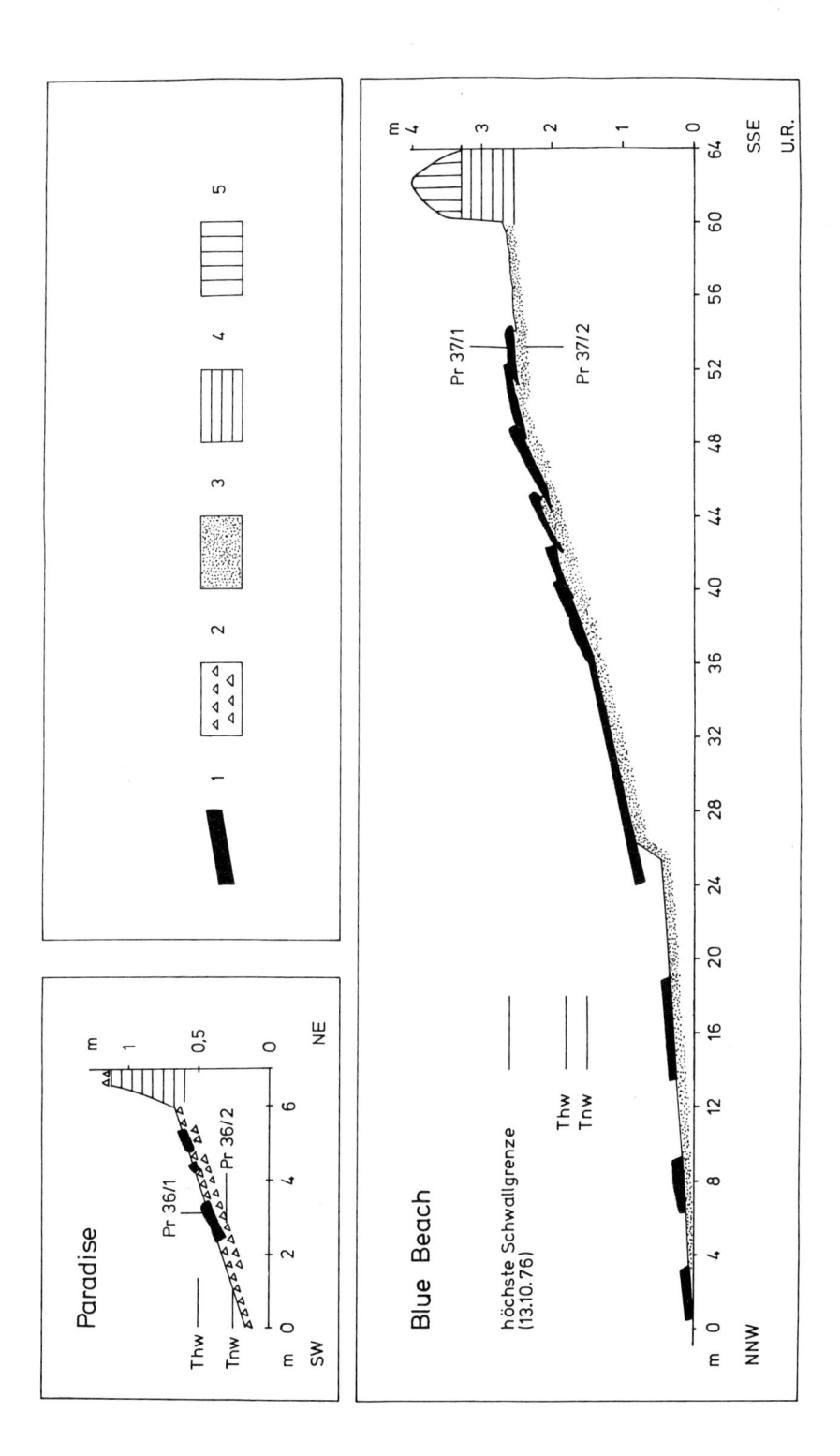

Fig. 3: Beach rock-Vorkommen "e" (Paradise) und "o" (Blue Beach) (Vgl.Fig.2). –
1 = Beach rock, 2 = sandiger Steinstrand, 3 = Sandstrand, 4 = holozänes Fluvial, 5 = Kupstendüne; Thw = Tidehochwasser, Tnw = Tideniedrigwasser, Pr = Sedimentprobe

Beach rock "o" in der Bucht beim Blue Beach Hotel

Das Vorkommen "o" ist das eindrucksvollste, liegt im E des untersuchten Küstenstreifens und soll ausführlicher geschildert werden.

Photo 3 zeigt den Beach rock am Südwestende der Bucht bei Niedrigwasser. Das Profil Fig. 3 (= Profil AA'in Fig. 4) verdeutlicht seine vertikale Lage zu den Wasserstandslinien bei normalen Gezeiten im Litoral. Der ständig subaquatische Abschnitt unterscheidet sich morphologisch vom Abschnitt über Tnw. Er ist glatt, aber von im Gefälle verlaufenden Korrosionsrillen in 20 - 30 cm Abstand überzogen. Außerdem ist er von Wasserpflanzen bewachsen. Sein unteres, um 15 cm mächtiges, verkrustetes Ende liegt hohl. [1]

Der über Tnw aufragende Teil zeigt hier den häufig beschriebenen treppenartigen Schuppenbau (SCHOLTEN, 1972) flach konvex gewölbter Platten, die – summiert – eine flach-konvexe Wallform erzeugen. Die Schuppen sind karbonatisch verfestigtes Sediment (30.0 % $CaCO_3$) über feuchtem lockeren. Die Körnungsanalyse der Feinerde (Pr 37/1 in Fig. 5) zeigt auch hier, daß das fluvial angelieferte Sediment marin-litoral kaum sortiert worden ist, ein Indiz für geringe marin-litorale Sedimentverfrachtungen im Litoral (Der Beach rock in unmittelbarer Nähe der Kalkrippe im W der Bucht (vgl. Fig. 4) ist in fluvial angelieferten, umgelagerten rotbraunen Bodensedimenten ausgebildet). Die landwärtige Grenze des Beach rock ist nicht identisch mit der Strandgrenze. Nach weiteren 8 m unverfestigten Sandes folgt ein niedriges, kupstendünenbewachsenes Kliff in holozänen Talfüllungen.

In strandparalleler Betrachtung in Richtung auf das Innere der Bucht (= nach NE) zeigt sich in bezug auf die Strandmorphologie folgende Sukzession: Die beschriebene (Photo 3) Beach rock-Platte verschmälert sich am Strand und löst sich in einzelne, durch Durchlässe getrennte Platten auf. In gleicher Richtung wird sie allmählich von Lockersediment verhüllt. Zunächst sind es nur Sedimentflecken, dann Sedimentanhäufungen, in denen selbst Strandformen (beach cusps, Strandkliff) ausgebildet sind. Unter dem Lockersediment findet man auch außerhalb des kartierten Abschnitts noch einzelne Beach rock-Platten. In bezug auf eine beliebige Wasserlinie taucht also der Beach rock einerseits lateral allmählich ab, andererseits rückt er in tiefere Litoralabschnitte und verliert gleichzeitig seinen Zusammenhang.

Die Aufmerksamkeit sei abschließend auf zwei Kleinstformenphänomene gelenkt: Im Grundriß zeigen die landwärtigen Stufen der Beach rock-Schuppen ein rhythmisches Muster aus vor- und zurückspringenden, aber in etwa strandparallelen Linien (Photo 3). In der großen Platte im SW existieren senkrecht zum Strand verlaufende Sprünge (Photo 4).

---

[1] Eine Bemerkung zur touristischen Nutzbarkeit von Stränden mit solchen Beach rock-Platten: Das Meer ist für Badende nicht direkt zugänglich, denn sie können sich auf der glatten subaquatischen Platte (mit üppigem Bewuchs) verletzen. Allenfalls Taucher könnten sich für die Platten interessieren, aber das Wasser ist zu flach. Unmittelbar vor dem Blue Beach Hotel wurde der Beach rock offensichtlich künstlich entfernt, denn dort ist ein Sandstrand aufgeschüttet. – Beach rock in einem Sandstrand ändert diesen also zu einem Felsstrand minderer Qualität, beeinträchtigt somit den Erholungsbetrieb erheblich.

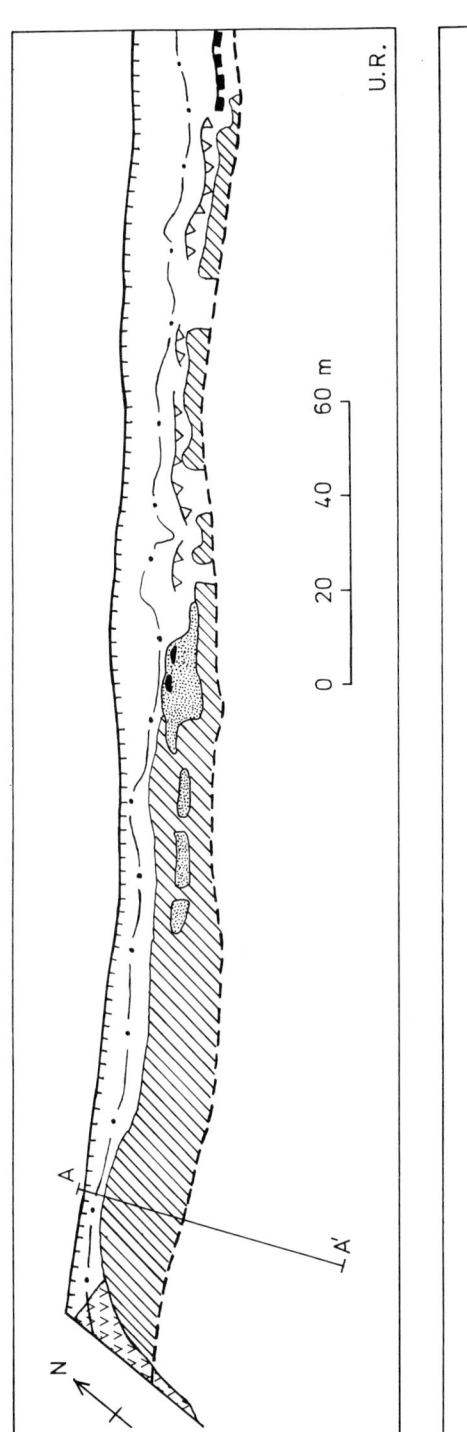

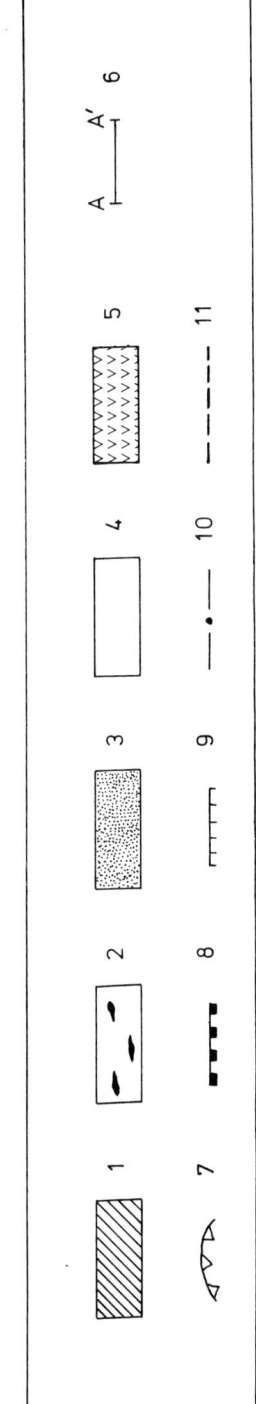

Fig. 4: Strand im südwestlichen Teil der Bucht beim Blue Beach Hotel (Euböa). –
1 = Beach rock, zusammenhängend, 2 = Beach rock, durchragend, 3 = Strandsand über Beach rock, 4 = Strandsand, 5 = anstehender Kalk, 6 = Profilschnitt in Fig. 3., 7 = Beach cusp, 8 = Strandkliff, 9 = Kliff im Rückland, 10 = höchste Schwallgrenze am 13.10.1976, 11 = Brandung bei Hochwasser am 13.10.1976

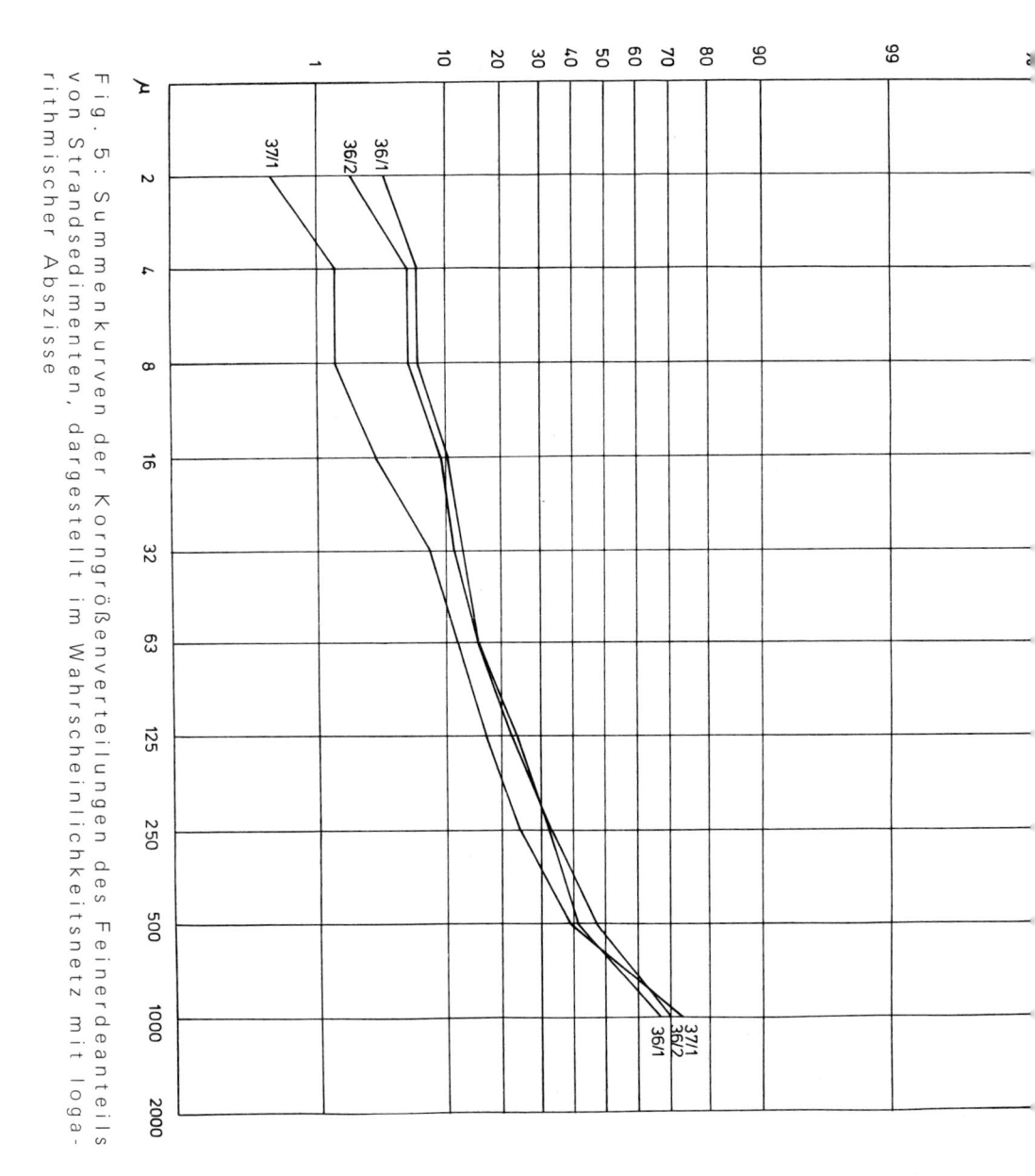

Fig. 5: Summenkurven der Korngrößenverteilungen des Feinerdeanteils von Strandsedimenten, dargestellt im Wahrscheinlichkeitsnetz mit logarithmischer Abszisse

Photo 3: Beach rock "o" im SW der Blue Beach Bucht. Beach rock Pattern im trockenen Strand bei Niedrigwasser während normaler Gezeiten (Aufn. U. Rust, 25.9.1976)

Photo 4: Blue Beach Beach rock "o". Sprung in der Beach rock-Platte im Gefälle des Strandes (Aufn. U. Rust, 12.10.1976)

125

3 BEOBACHTUNGEN ZUR AKTUELLEN LITORALEN MORPHODYNAMIK AM STRAND BEI BLUE BEACH

Am 13.10.1976 stand vor der Südküste Euböas ein sehr beständiger Wind (geschätzt Bft 6 - 7) aus SSE. Dieser rauhte die Wasserfläche des südlichen Golfs von Euböa auf und erzeugte eine Windsee mit kurzen Wellen von 7 - 8 m Länge und um 1 - 1.5 m Höhe, die vor der Küste brandeten. Außerdem entstand ein Windstau an der Küste, der in bezug auf Thw (s. Fig. 3) den Wasserspiegel um 0.8 m anhob und bei Hochwasser (15 Uhr OEZ) eine Windflut erzeugte.

Fig. 4 zeigt die Wasserstandslinien (höchste Schwallgrenzen, Brandung) während dieser Windflut. Der S c h w a l l überlief die Beach rock-Platte im SW völlig. Auf dem Beach rock verteilte sich das Wasser in Anpassung an das Kleinstrelief, lief insbesondere strandparallel den Schuppen entlang, blieb in Vertiefungen teils bis zum nächsten Schwall stehen und verschwand an den Schuppengrenzen nach unten. Im Lockersediment landwärts der Platte lief das Wasser ebenfalls seitlich entlang der Platte, versickerte aber schneller. All dies bedeutet, daß der S o g deutlich durch die Morphologie der Beach rock-Platte modifiziert wurde. Bei ablaufendem Wasser, als die Schwalle die Platte nurmehr teilweise überfluteten, lief auch der Sog auf der Platte fast normal, d. h. im Gefälle, ab.

In den Lockersedimenten im nordöstlichen Teil (Fig. 4) wurden während dieser Ereignisse die beach cusps, wie kartiert, gebildet. Das Strandkliff ganz im NE entwickelte sich ab ca. 17 Uhr im Lockersediment.

Der kräftigste Sog war zu beobachten in den Durchlässen zwischen den einzelnen Beach rock-Platten im NE (Photo 5). Dort bündelte sich das zurücklaufende Wasser zu einer über 10 cm dicken Wasserschicht, während der Sog auf den Platten nur ein Wasserfilm war.

Das Grundrißbild von Schwallobergrenzen (Photo 6) ähnelt sehr dem oben beschriebenen Verlauf der Beach rock-Schuppen im Grundriß.

Photo 5: Sog, gebündelt seewärts strömend zwischen zwei Beach rock-Platten; Situation bei ablaufendem Wasser nach Windflut am 13.10.1976, 16.30 Uhr (Aufn. U. Rust)

Photo 6: Windflut am 13.10.1976, 15 Uhr in der Blue Beach Bucht. Von links nach rechts: trockener, nicht überfluteter Sand / Kies-Strand, Schwallobergrenze (Spülsaum), durch versickertes Schwallwasser durchfeuchteter Strand. Momentsituation eines aufgelaufenen Schwalls. Mittel- und Hintergrund rechts: Brandung, teils auf Beach rock-Platte stehend (Mittelgrund hinten) (Aufn. U. Rust)

4 ERSTE FOLGERUNGEN AUS DEN BEOBACHTUNGEN ZUR AKTUELLEN MORPHODYNAMIK

Für den Beach rock in der Bucht beim Blue Beach Hotel können folgende Ableitungen gemacht werden:

— Erstens: der bei normalen Tiden im trockenen Strand existierender Beachrock wird bei klimatisch-ozeanographisch bedingten seltenen Ereignissen wie W i n d f l u t e n vom Wasser ganz überströmt. Dies sind, wie GUILCHER (1961) betont, keine abnormalen Ereignisse.

— Zweitens: Das Pattern der Beach rock-Platte zeigt im Grundriß eine morphologische Entsprechung zum auflaufenden Schwall. Es ist deshalb naheliegend, in ihm eine S c h w a l l e r s c h e i n u n g zu erkennen.

— Drittens: Da sich bei Windfluten eine kräftige B r a n d u n g entwickelt und diese Brandung auf dem seewärtigen, sogar hohl liegenden Teil der Beach rock-Platte steht, dürfte sie an der Zerstörung des Beach rock arbeiten.

— Viertens: Da der stärkste S o g bei Windflut in Durchlässen zwischen Beach rock-Platten auftritt, dürfte auch der Sog bei der Zerstörung des Beach rock mitwirken. Die im bei normalen Tiden subaquatischen Beach rock zu beobachtenden Rillen im Gefälle, sind als korrosive Kleinstformen ebenfalls der Sogströmung zuzuordnen.

— Fünftens: Da die drei Teilprozesse Brandung, Sog und Schwall gleichzeitig beim gleichen Ereignis 'Windflut' auftreten, ist zu folgern, daß B i l d u n g u n d Z e r s t ö r u n g von Beach rock am gleichen Ort g l e i c h z e i t i g ablaufen können.

— Sechstens: Für die Ausbildung der Strandmorphologie sind unterschiedliche Z e i t - S k a l e n zu beachten. Die Formen im Lockersediment (beach cusps, Strandkliff), die ja teils über dem Beach rock entstehen, sind kurzfristige Phänomene, die in der Zeitdimension 'Stunde' (z. B. eine Windflut) gebildet werden. Auch unter Vernachlässigung sonstiger Einflußgrößen (wie z. B. Klima, $CaCO_3$-Angebot, Exposition gegenüber Seegangsfeldern u. a.) kann sich ein Schwallpattern — Beach rock hier nur als Folge von Windflutsukzessionen bilden. Die Zeitdimension ist dann mindestens Monate, wahrscheinlich Jahre, vielleicht Jahrzehnte.

5 ERGEBNISSE UND DISKUSSION

5.1 ZUR ENTSTEHUNG VON BEACH ROCK

SCHOLTEN (1972) hat zusammengefaßt, daß es zur Frage der Bildung von Beach rock zwei Gruppen von Erklärungstheorien gibt: Bildung durch rein physiko-chemische Ausfällung von $CaCO_3$ und durch biochemische Ausfällung. Die Erklärungsversuche so zu ordnen, bedeutet, sie in der geochemischen Betrachtungsebene zu gruppieren. Nachfolgend sei, wie eingangs erwähnt, bevorzugt in küstengeomorphologischer Betrachtungsebene argumentiert.

Die Befunde in Südeuböa (Fig. 2) zeigen, daß trotz aller Heterogenität im einzelnen (cap. 2) die Beach rocks in enger räumlicher Beziehung zum aktuellen Strand existieren. Bis auf das Vorkommen "g" zeigen alle Beach rocks im Anschnitt die von EMERY/COX (1956) mitgeteilte Beobachtung, daß inkrustiertes Strandsediment (eben Beach rock) über lockerem Sediment, häufig etwas hohl, lagert. Dies spricht dafür, daß die Verfestigung durch Kalzifizierung von oben nach unten vonstatten geht, eine Verdunstungsfront quasi von oben nach unten wandert. Der V e r f e s t i g u n g muß allerdings eine D u r c h t r ä n k u n g des Sediments mit karbonathaltigem Wasser vorausgehen.

Der Ort des ständigen Wechsels (Dimension Stunde) von Durchtränkung und Austrocknung im Litoral ist der nasse Strand, und soweit Beach rock in Anpassung an das aktuelle Litoral intertidal vorkommt, könnte man ihn mit GUILCHER (1961) oder DAVIES (1977) als intertidale Bildung erklären, unter der Annahme, daß Stunden zur Inkrustierung ausreichen. Das Vorkommen "d" wäre so erklärbar.

Im ständig subaquatischen Bereich (Vorstrand) kann Beach rock so nicht gebildet werden. Der hier existierende Beach rock bedarf einer anderen Erklärung (cap. 5.2).

Wie die eigenen Beobachtungen zeigen (Blue Beach) kann, wenn auch ausnahmsweise, auch der trockene Strand durchtränkt werden. Gerade weil z. B. Windfluten die Ausnahmen darstellen, bedeutet dies, daß nach Durchtränkung für den trockenen Strand vergleichsweise längere Zeiträume für die Austrocknung und Karbonatausfällung verfügbar sind. Der Kleinstformenbefund des bestentwickelten Beach rock "o" im Untersuchungsgebiet macht deutlich, daß dieses Vorkommen im trockenen Strand als Windflutbildung anzusprechen ist. Die Verfestigung des Strandes zu Beach rock wäre dann unter subaerischen Bedingungen zu erklären, wie es KELLETAT (1975) für die Beach rocks auf der Peloponnes postuliert.

Um es noch zu präzisieren, sei herausgestellt, daß die durch seltenere Anhebung des Wasserspiegels bedingten Schwalle von Windfluten den Beach rock im Sediment nur anlegen (Durchtränkung). Ob es nachfolgend zur Verkrustung kommt, hängt davon ab, ob das Karbonat durch Austrocknung (z. B. Verdunstung des Porenwassers) ausfallen kann.

Die Kombination von seltenen Windfluten und "arider" Jahreszeit (Fig. 6) mit genügend hohen Temperaturen, beides mit Sicherheit normal in Südeuböa im Jahresablauf, setzt den Rahmen, in welchem der zweite Schritt (Verfestigung) eingeleitet werden kann. Für die nächstgelegene Klimastation Chalkis (Fig. 6) liegen die Monatsmittel Mai bis September über 20° C, im Oktober bei 19.5° C, die mittleren monatlichen Maxima liegen April bis Oktober über 20° C. Eine Windstatistik der gleichen Station Chalkis zeigt, daß (leider nur) im Jahresmittel für die Periode 1951-1969 mittlere Windstärken, wie folgt, auftreten:

	jährliche Häufigkeit %	davon SW bis SE %
Bft 5	2.23	18.4
Bft 6	0.14	42.9
Bft 7	0.02	50.0

Zwar ist das lokale Windfeld von Chalkis nicht direkt auf Eretria-Amarinthos übertragbar. Trotzdem sei herausgestellt, daß diese an sich mittleren Windstärken dort die höchsten gemessenen sind. Außerdem treten sie selten auf. Zu vermuten ist, daß sie bevorzugt in der humiden Winterregenzeit mit ihrem verstärkt zyklonalen Wettergeschehen auftreten.

Hinsichtlich der Ausführung von RUSSELL (1962) können wir uns für Südeuböa den von KELLETAT (1975) für die Peloponnes gemachten Ausführungen (z. B. gegen deutlich gewölbten water table) anschließen. Wir haben keine Russell'schen water tables, geschweige denn incipient beach rocks u n t e r dem Lockersediment gefunden.

Auch die Verbreitung des Beach rocks in bezug auf die Küstenformen (Fig. 2) kann für die hier aufgestellte These — Beach rock-Bildung durch Schwalle bei Windfluten — nutzbar gemacht werden. Vor Kliffs existiert Beach rock nur 'fleckenhaft'. Dies ist insofern einsichtig als die höhenmäßige und landwärtige Verschiebung der litoralen Dynamik zum Land hin den dort sowieso schon schmalen intertidalen und trockenen Strand noch einengt und eher zur Abrasion am Kliffuß führen wird, nicht aber zum schichtartigen Auflaufen von Schwallen. Eine Durchtränkung des trockenen Strandes findet zwar statt, aber die "Anlage" zum Beach rock ergibt sich dann aus dem interferierenden Zusammenwirken der Teilprozesse Schwall, Sog und Brandung.

RUSSELL (1962) hält Beach rock für eine typische Bildung an zurückweichenden Stränden und hat den Schuppenbau von Beach rocks (Beispiel Torrevieja, Spanien) als Indiz für diesen Prozeß gewertet. In Südeuböa liegen die bandartigen geschuppten Vorkommen sämtlich an Flachküstenformen. Aus den in cap. 4.1 gemachten Aussagen zur Z e i t - S k a l a ist ersichtlich, daß das hier vorgeschlagene Erklärungsmodell für die Schuppenbildung eher eine stabile Lage des Strandes annimmt, vielleicht, wie dargelegt, für Jahrzehnte.

Fig. 7 versucht, die Ausführungen graphisch (und in Hinsicht auf die Zeitdimension vereinfachend) zusammenzufassen. Für die Anlage von Beach rock in einem lockeren Strandsediment kann das von WIENEKE (1971) publizierte Modell des Wassertransportes an einem in Strandhörner gegliederten Strand angewandt werden. Es überlagert zeitlich exceptionell das ihm graphisch unterlegte normale Modell der gleichen Transportkomponenten im gezeitenschwachen Litoral. Entscheidend ist, daß die z e i t l i c h e A u s n a h m e a u c h e i n e r ä u m l i c h e A u s n a h m e am Strand ist und daß gleichzeitig die energetischen Größenordnungen exceptionell zunehmen.

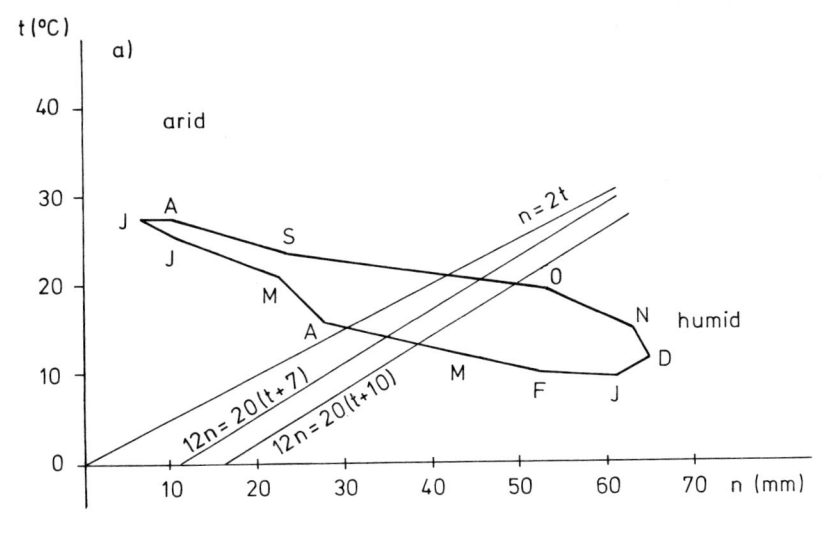

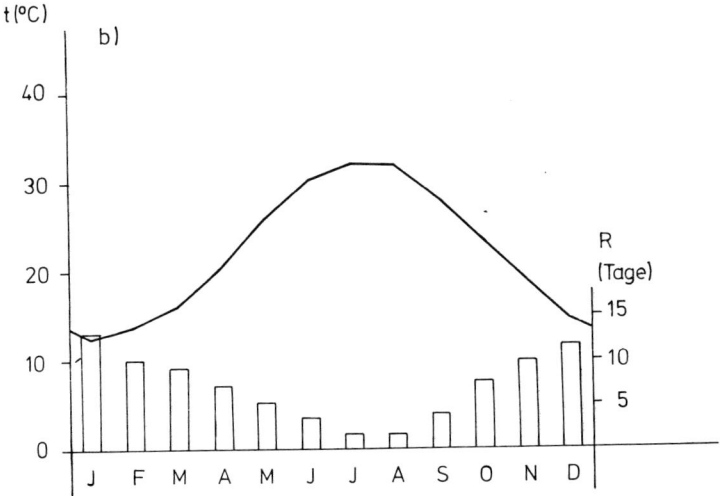

Fig. 6: Chalkis (38° 28' N / 23° 36' E): Klimadiagramme
a.) Klimogramm. t (Monatsmittel; Meßreihen 1931/40, 1947/75), n (Monatsmittel; Meßreihen 1931/40, 1947/64, 1970/75), verschiedene Trockengrenzen (vgl. LAUER 1960)
b.) t (mittlere monatliche Maxima), R (mittlere Zahl Regentage) (Meßreihen 1931/40, 1947/75)
(Quelle: Meteorologische Station Chalkis)

Die — graphisch notwendige — zeitliche Vereinfachung in Fig. 7 liegt darin, daß sich die Ausnahme wiederholen muß. Ist es aber erst einmal zur Verfestigung des Lockersediments durch Karbonatausfällung gekommen, dann werden, wie zu beobachten ist, die Richtungen von Schwall und vor allem Sog durch das Festgestein verändert. Für den Beach rock hat dies zur Folge, daß er — erst einmal gebildet — selbst seine eigene mechanische Zerstörung durch Brandung und Sog in die Wege leitet. Möglicherweise ist dies auch eine Erklärung für die ubiquitäre Beobachtung (GUILCHER 1961), die auch für Südeuböa gilt, daß Beach rock stets räumlich diskontinuierlich auftritt.

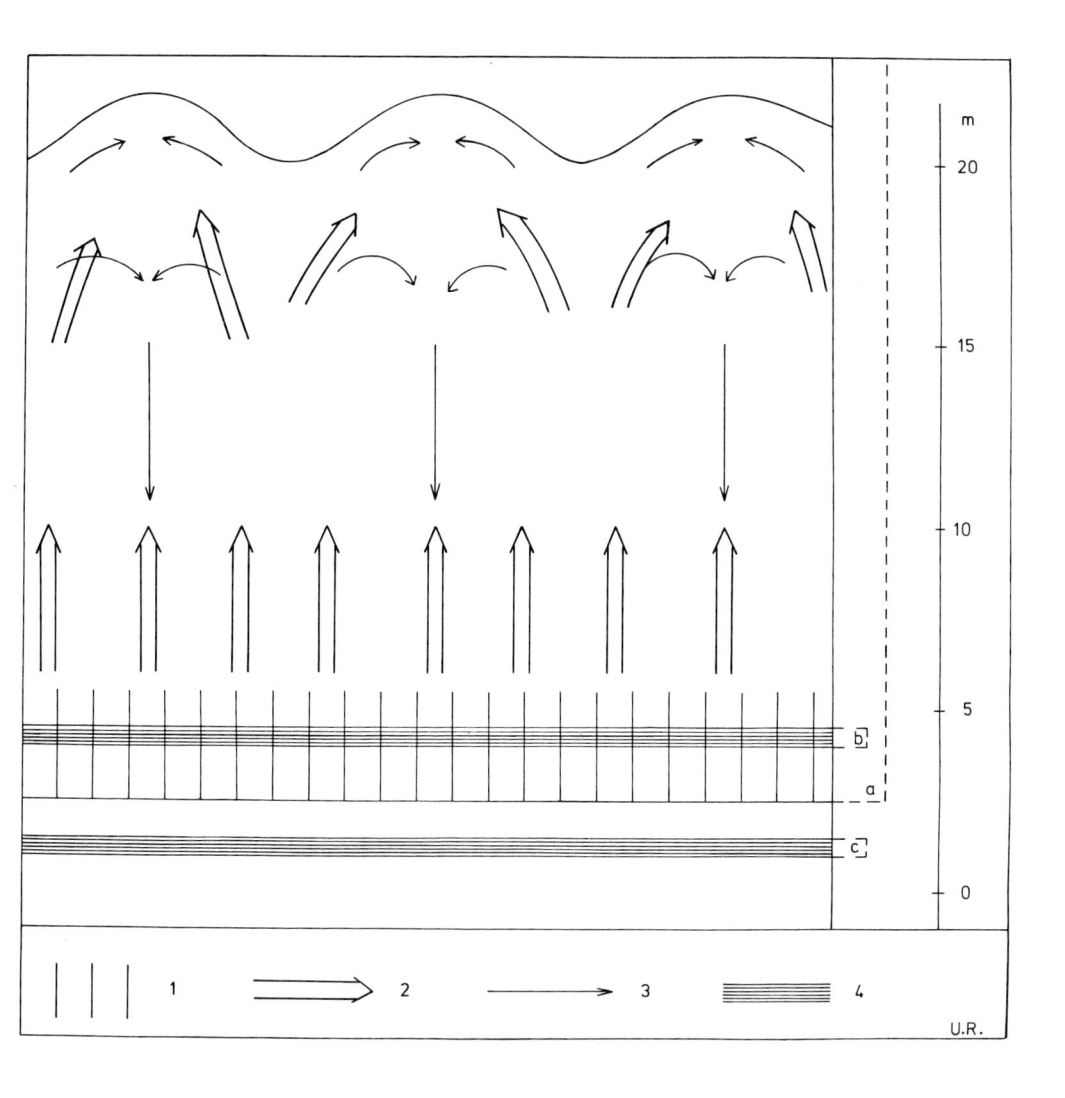

Fig. 7: Modell: Beachrock-Anlage durch episodische Windfluten an einem gezeitenschwachen Strand. Episodische Ausdehnung der hydrodynamischen Zonen
a.) "Wassertransport durch Schwall und Sog an einem in Strandhörner gegliederten Strand" (nach WIENEKE 1971)
b.) Schwallzone (Sog und Schwall) bei Thw und unbedeutendem Seegang
c.) Schwallzone (Sog und Schwall) bei Tnw und unbedeutendem Seegang
(b. und c. nach eigenen Beobachtungen in Euböa) Horizontaldistanzen in Anlehnung an die Beobachtungen bei Blue Beach (vgl. Fig. 3). 1 - 3 zu a.):
1 = Brandung, 2 = Schwall, 3 = Sog, 4 = Schwallzone zu b.) bzw. c.)

5.2 MEERESSPIEGELÄNDERUNGEN

Aktuell unter Niedrigwasser befindlicher, also subaquatischer Beach rock kann mit Hilfe des vorgelegten Modells allein nicht erklärt werden. Unter Tnw abtauchender Beach rock muß als ältere Bildung in bezug auf das aktuelle Litoral verstanden werden nach einhelliger Literaturmeinung — GUILCHER (1961), MISTARDIS (1956), RUSSELL(1962), SCHOLTEN (1972) — es sei denn, es handelt sich um einzelne Pakete, die bei kräftiger Abtragung (Brandung, Unterspülung, Sog) aus einem ansonsten höheren Verband herausgelöst und litoralabwärts verfrachtet worden sind (Fig. 3 bei "o", Photo 1 bei "a"). Unter Tnw abtauchende Abschnitte von Beach rock, die Teile von auch über Tnw aufragenden Beach rocks sind (Vorkommen a, b, c, g, h, k, m, n, o) indizieren, daß d a s   g e s a m t e   L i t o r a l   sich seit der Beach rock-Bildung dort l a n d w ä r t s   v e r s c h o b e n   hat. Die aufgeführten Vorkommen zeigen also einen Transgressionsvorgang an.

Einleitend wurde dargelegt (cap. 1), daß der   B e t r a g   einer Strandverschiebung mit Hilfe von Beach rock nur abgeschätzt werden kann, wenn der Bildungsort im Litoral bekannt ist. Da — zumindest der best entwickelte Beach rock "o" — im trockenen Strand gebildet wird, muß der z. B. bei Windfluten eintretende Wasserspiegelanstieg zu Thw hinzugerechnet werden, so daß sich aus der Summe von Gezeitenhub (ca. 30 cm) plus Windfluthebung z. B. für Blue Beach eine Spanne von 1.10 m ergibt, innerhalb welcher im aktuellen Litoral Beach rock gebildet werden kann. Da ebendort der Beach rock bis - 0.70 m Tnw abtaucht, ist der "Meeresspiegel" hier seit Ausbildung des Beach rock   m i n d e s t e n s   um 0.70 m angestiegen, mindestens deshalb, weil aktuell der Beach rock auch von der Seeseite (Beach rock-Pakete in Fig. 3) zerstört wird. Der Betrag von 0.70 m ist als repräsentativ für die untersuchte Küste anzusehen. Der geschuppte Beach rock bei "n" (Photo 2), jetzt intertidal bis Vorstrand, dokumentiert einen ehemals dort befindlichen trockenen Strand. Der unter die Wasserstandslinien schräg abtauchende Beach rock bei Blue Beach (Fig. 4) zeigt hier einen Schwenk der Küstenlinie zum Buchtinnern an.

Stellt sich schließlich die Frage, seit wann der Meeresspiegel um 0.70 m angestiegen ist. Im Beach rock selbst haben wir keine direkten Hinweise gefunden, nur bei Paradise ("e") Ziegelscherben im Beach rock als Hinweis auf holozänes Alter. So bleiben nur indirekte Hinweise aus anderen Ansätzen. Die alluviale Ebene westlich des Ortes Eretria ist nach eigenen Ableitungen (RUST 1978) zum letzten Mal um 500 v. Chr. fluvial überprägt worden. Sie geht in einen Flachstrand über, an dem aber kein Beach rock existiert. Der nach AUBERSON/SCHEFOLD (1972) hocharchaische Molo (8. Jhdt. v. Chr.) von Eretria antiqua ist aktuell im Vorstrand. Aus jetzt im Grundwasser liegenden Kulturschichten leiten diese Autoren einen (relativen) Meeresspiegelanstieg hier "seit dem Altertum um 1 1/2 m" ab (AUBERSON/SCHEFOLD, 1972, S. 22). — Der abgeleitete Meeresspiegelanstieg von 0.70 m läßt sich also zur Zeit noch nicht weiter zeitlich einengen. Er kann in Ergänzung zu obigen Ausführungen nur als "historisch" angesprochen werden und indiziert ganz allgemein, daß die Südküste Euböas eine Ingressionsküste ist.

GUILCHER (1961) hat mitgeteilt, daß in Beach rocks jetztzeitige Artefakte, wie z. B. Coca Cola-Flaschen, gefunden worden sind. Dieser Befund lenkt noch einmal den Blick auf das Problem der   Z e i t - S k a l e n .   Wenn, wie in cap. 4 abgeleitet, Beach rock in Jahren bis Jahrzehnten gebildet werden kann — und offensichtlich auch zerstört werden kann (vgl. RUSSELL, 1962!) —, dann sind dies um eine bis zwei Zehnerpotenzen kürzere Zeiträume als der für den historischen Meeresspiegelanstieg anzusetzende! Mit anderen Worten: Beach rocks in vergleichbaren Litoralpositionen an einer Küste brauchen nicht zur gleichen Zeit gebildet worden zu sein.

Es stellt sich dann aber auch die Frage, inwieweit Beach rock wirklich als Indikator für Meeresspiegeländerungen angesehen werden kann. Für in der Zeitdimension $10^2 - 10^3$ Jahre ablaufende

Spiegeländerungen doch wohl nur unter der Annahme, daß die Zerstörung des einmal gebildeten Kalksandsteins (Beach rock) auch in diesen Dimensionen, also langsamer als die Beach rock-Bildung, vonstatten gehen kann.

Manuskript abgeschlossen: Mai 1979

ZUSAMMENFASSUNG

Beach rock wurde kartiert in Zuordnung zu Küstenformen und nach der geomorphologischen Position im gezeitenschwachen Litoral (Fig. 2). Beobachtungen zur litoralen Morphodynamik bei Windflut werden mitgeteilt. Es zeigt sich folgendes: Beach rock ist eine Bildung des trockenen Strandes. Beach rock wird subaerisch i n k r u s t i e r t unter den in Euböa herrschenden mediterranen Klimabedingungen. Er wird durch den Schwall a n g e l e g t im Verlaufe seltener ozeanographisch-klimatisch beding   (Windfluten) erhöhter Wasserstände. Unter gleichen Bedingungen wird er durch Sog und Brandung z e r s t ö r t . Anlage und Inkrustrierung von Beach rock vollzieht sich in der Zeitdimension bis 10^1 Jahre, Zerstörung evtl. bis $10^2 - 10^3$ Jahre. Die zeitlich verschieden dimensionierten Vorgänge überlagern sich. Beach rock wird in der Literatur bisher als exzellenter Zeiger für Meeresspiegeländerungen (besonders des Holozän) angesehen. Dies gilt nur unter der Annahme, daß die Zerstörung von Beach rock in der Tat $10^2 - 10^3$ Jahre benötigt. Beach rocks an einer und derselben Küste und in gleicher geomorphologischer Position des Litorals können verschieden alt sein.

LITERATURVERZEICHNIS

AUBERSON, P. & SCHEFOLD, K. (1972): Führer durch Eretria. — 215 S., Bern

BOEKSCHOTEN, G. J. (1962): Beach rock at Limani, Chersonisos, Crete. — Geologie en Mijnbouw, 41, 3- 7, s'Gravenhage

CHEVENART, C. & KATSIKATSOS, G. (1967): Island of Eubeoa. Scale 1 : 200 000. — Inst. Geol. Subsurface Res., Athen

DAVIES, J. L. (1977): Geographical Variation in Coastal Development. — Geomorphology Text, 4, 1 - 204, New York

DERMITZAKIS, M. & THEODOROPOULOS, D. (1975): Study of beach rocks in the Aegaean Sea. — Ann. Géol. Pays Hellén., 26, 273 - 305, Athen

EMERY, K. O. & COX, D. C. (1956): Beach rock in the Hawaiian Islands. — Pacific Sci., 10, 382 - 402, Honolulu

GUILCHER, A. (1961): Le "Beach rock" ou grès de plage. — Ann. Géogr., ann. 70, no 378, 113 - 125, Paris

KELLETAT, D. (1975): Untersuchungen zur Morphodynamik tropisch-subtropischer Küsten IV. Beobachtungen an holozänen Beachrock-Vorkommen des Peloponnes, Griechenland (Beiträge zur regionalen Küstenmorphologie des Mittelmeerraumes V). — Würzburger Geogr. Arb., 43, 44 - 54, Würzburg

KELLETAT, D. & GASSERT, D. (1975): Quartärmorphologische Untersuchungen im Küstenraum der Mani-Halbinsel. — Z. f. Geomorph. N. F., Suppl. Bd. 22, 8 - 56, Berlin/Stuttgart

LAUER, W. (1960): Klimadiagramme. — Erdkunde, XIV, 232 - 242, Bonn

MISTARDIS, G. G. (1956): Les Plages Cimentés d'Anciennes Lignes de Rivage. — Quaternaria, 3, 145 - 150, Roma

MISTARDIS, G. G. (1963): On the beach rock of south-eastern Greece, — Elliniki Geologiki Etairia, 5, 1 - 19, Athen

NESTEROFF, W. (1956): Le substratum organique dans les dépots calcaires, sa signification. — Bull. Soc. géol. France, 6, 381 - 389, Paris

RUSSELL, R. J. (1962): Origin of Beach Rock. — Z. f. Geomorph. N. F., 6, 1 - 17, Berlin

RUST, U. (1978): Die Reaktion der fluvialen Morphodynamik auf anthropogene Entwaldung östlich Chalkis (Insel Euböa — Mittelgriechenland). — Z. f. Geomorph. N. F., Suppl. Bd. 30, 183 - 203, Berlin/Stuttgart

SCHOLTEN, J. J. (1972): Beach Rock. A literature study with special reference to the recent literature. — Zbl. Geol. Paläont. Teil I., 1971, 655 - 672, Stuttgart

WIENEKE, F. (1971): Kurzfristige Umgestaltung an der Alentejoküste nördlich Sines am Beispiel der Lagoa de Melides, Portugal (Schwallbedingter Transport an der Küste). — Münchener Geogr. Abh., 3, 1 - 151, München

WIENEKE, F. (1976): Granulometrie. — In: Rust, U. & Wieneke, F.: Geomorphologie der küstennahen Zentralen Namib (Südwestafrika), Münchener Geogr. Abh., 19, 35 - 40, München

WIENEKE, F. & RUST, U. (1975): Zur relativen und absoluten Geochronologie der Reliefentwicklung an der Küste des mittleren Südwestafrika. — Eiszeitalter und Gegenwart, 26, 241 - 250, Öhringen/Württ.

Ein neues Formenelement im litoralen Benthos des Mittelmeerraums: Die Klein-Atolle ("Boiler"-Riffe) bei Phalasarna / Westkreta [1)]

von

Lutz Zimmermann, Berlin

Einleitung

Die imposantesten Riffbildungen im insgesamt durch eine intensive biogene Gesteinsbildung gekennzeichneten Litoral Kretas sind ohne Zweifel die kelchförmigen Klein-Atolle an der Westküste bei Phalasarna (35° 30' n.Br.). An ihrem Aufbau sind, in unterschiedlicher Beteiligung, Kalk-Rotalgen (*Corallinaceae*), Wurmschnecken (*Vermetidae*) sowie, im obersten Sublitoral, stellenweise auch sessile, kalkinkrustierende Foraminiferen der Familie **Homotremidae** und Solitärkorallen der Gattung **Balanophyllia** beteiligt. Sowohl in ihrer Form als auch im Bezug auf die sie errichtenden Organismen ähneln diese Kelch-Bioherme, die sich an diesem Küstenabschnitt in unmittelbarer Nachbarschaft von zahlreichen anderen durch Wurmschnecken und Kalkalgen gebildeten Rifftypen des Eu- und obersten Sublitorals befinden (vgl. ZIMMERMANN, 1978), auf das Verblüffendste den vielfach untersuchten "Boiler"-Riffen an der Südküste der Bermudas (vgl. u.a. NELSON, 1837; AGASSIZ, 1895; VERRIL, 1906; PRAT, 1936; STEPHENSON & STEPHENSON, 1954; STANLEY & SWIFT, 1967; GINSBURG et al., 1971).

Obwohl die Vermetiden, die in der älteren Literatur vielfach mit seßhaften Borstenwürmern (*Serpulidae*) verwechselt wurden [2)], zu den verbreitetsten karbonatproduzierenden Meeresorganismen der tropisch-subtropischen Breiten gehören, sind die Riffbildungen dieser kalzitisch-aragonitische Röhren bauenden Gastropodenfamilie, die allein im Mittelmeer durch 25 Arten vertreten ist (PARENZAN, 1970), bisher nur in vereinzelten Studien untersucht worden. So haben sich etwa neben den schon erwähnten Forschern, die sich mit den "Boilers" der Bermudas auseinandergesetzt haben, BRANNER (1904) sowie KEMPF & LABOREL (1968) mit Vermetidenriffen an der brasilianischen Küste, SHIER (1969) mit solchen im Küstensaum der Thousand Islands / Südwest Florida und LEWIS (1960) mit solchen im Eulitoral der karibischen Küsten befaßt.

Für den mediterranen Raum verdanken wir unsere Kenntnisse über den rezenten sessilen Benthos vor allen Dingen den französischen Wissenschaftlern der Station Marine d'Endoume, die seit Beginn der 50er Jahre den Corallinaceen- und Vermetidenriffformationen eine Vielzahl von Publikationen gewidmet haben. Gehen die meisten dieser Arbeiten auch in erster Linie biologisch-ökologischen Fragestellungen nach, so finden sich doch einige unter ihnen, die auch küstenmorphologische Gesichtspunkte berücksichtigen (insbesondere: PERES & PICARD, 1952, 1956 b, 1960, 1964; MOLINIER & PICARD, 1953 a+b, 1954, 1956, 1957; MOLINIER, 1954, 1955 a+b, 1960; PICARD, 1954, 1957; GILET et al., 1954; BLANC & MOLINIER, 1955; PERES, 1957, 1958, 1958/59, 1961, 1962, 1967, 1968; P. HUVE, 1958; LABOREL, 1961). Im Hinblick auf eine Zusammenschau der benthonischen Riffbildungen für das gesamte Mittelmeergebiet liegt jedoch ein Nachteil aller dieser Studien darin, daß sie räumlich vornehmlich auf den westmediterranen Raum beschränkt sind, so daß wir für das östliche Mittelmeer — von drei, der Klärung geomorphologischer Fragenkreise nur bedingt dienlichen Aufsätzen abgesehen (PERES & PICARD, 1956 a, 1958; P. HUVE, 1957) — lange Zeit überhaupt keine Literatur über die rezente, biogene Riffbildung im Eu- und obersten Sublitoral besessen haben.

Erst in jüngster Zeit hat eine umfangreiche Studie des Verfassers (1978) sowie die soeben erschienene Arbeit von KELLETAT (1979) über die Küsten Kretas ein erstes Schlaglicht auf diesen Themenkomplex geworfen. So ist es nicht weiter verwunderlich, daß der hier vorgestellte Rifftyp des "Boilers", dessen Vorkommen höchstwahrscheinlich auf wenige, von der Exposition, der Beschaffenheit des Untergrundsubstrats und den ökologischen Rahmenbedingungen gleichermaßen begünstigte Standorte der ostmediterranen Küstensäume beschränkt sein dürfte [3] ,für das Mittelmeer bisher noch vollkommen unbekannt ist bzw. noch keinerlei Erwähnung in der Literatur gefunden hat.

Zwar haben KEMPF & LABOREL (1968) auf die morphogenetische Verwandtschaft der Bermuda-"Boilers" und der erstmalig von QUATREFAGES (1854) an der nordsizilianischen Küste beschriebenen Vermetus-"Trottoirs" hingewiesen, jedoch belegt allein schon die völlig unterschiedliche Form dieser beiden Riffbildungen, daß es — selbst im Falle einer ähnlichen Morphogenese — höchst unzulässig wäre, sie ein und demselben Rifftyp zuzuordnen. Dieses wird um so deutlicher, als der Typ des Vermetus-"Trottoirs" (Synonyme in der franz. Literatur: plate-forme à Vermets; recouvrements de Vermets; revêtement de Vermetus) in geradezu klassischer Ausprägung nur wenige hundert Meter südlich der "Boiler"-Rifformationen von Phalasarna auf der meerwärtigen Front eines flachen, küstenparallel streichenden Äolianitwalls entwickelt ist. Wenn es auch allein schon aus Platzgründen nicht möglich ist, diesen in der Literatur bereits vielfach beschriebenen Rifftyp in diesem Zusammenhang noch einmal zu diskutieren (vgl. PERES & PICARD, 1952, 1964; GUILCHER, 1953; MOLINIER & PICARD, 1953 a; PICARD 1954; BLANC & MOLINIER, 1955; MOLINIER, 1955 a, 1960; PERES, 1958, 1961, 1967, 1968; ZIMMERMANN, 1978), so mögen doch wenigstens die Figur 1 und die Fotos 1 und 2 Zeugnis ablegen von der Verschiedenartigkeit der Vermetus-"Trottoirs" und der "Boiler"-Riffe.

Foto 1: Bis zu 8 m breites Vermetus-"Trottoir" südlich des antiken Phalasarna. Eine keilförmige, zum Land hin ausdünnende Decke aus *Vermetus cristatus* schützt eine in wenig widerstandsfähigem Äolianit angelegte Plattform vor weiterer Abtragung. An ihrer meerwärtigen Front verdickt sich die organische Decke zu einem massiven Vermetus-Rand. Hintergrund, rechts: Totes Kalkkliff.

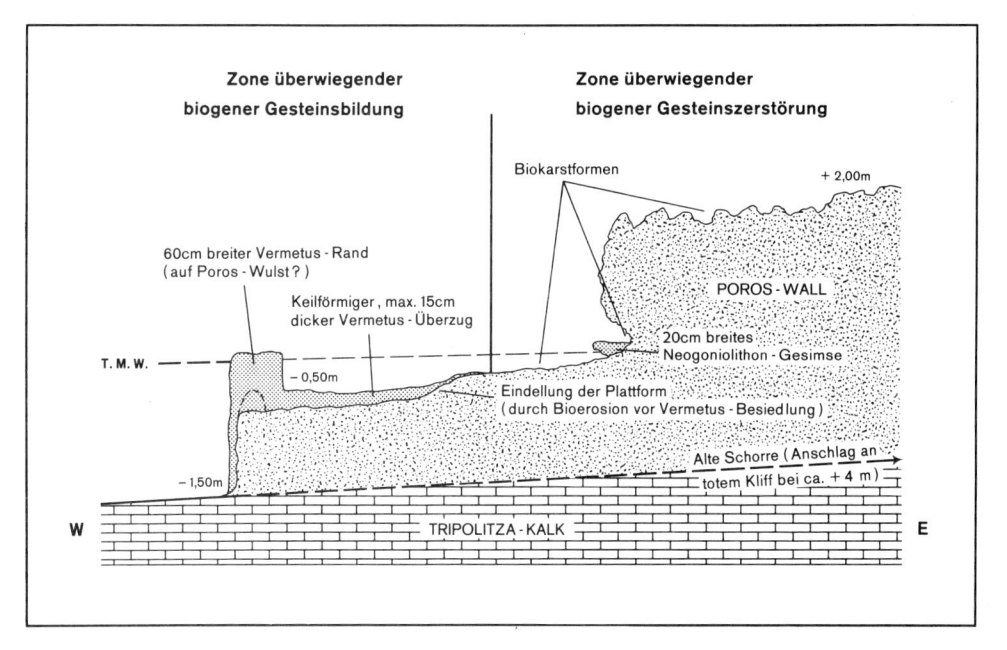

Figur 1: Querschnitt durch das Vermetus-"Trottoir" südlich des antiken Phalasarna an einer Stelle, an der der kantig-kompakte Vermetus-Rand mit 50 cm Innenhöhe und 60 cm Breite seine max. Mächtigkeit erreicht. In den Fuß des Äolianitwalls ist hier eine durch biogene Abtragung entstandene Hohlkehle eingearbeitet, auf deren Basis ein flaches, ca. 20 cm breites Gesimse aus *Neogoniolithon notarisii* aufwächst.

Foto 2: Dort, wo sich an der Frontabkantung der zum Meer hin zunehmend dicker mit Vermetiden überkleideten Äolianitplattform die auflaufenden Wellen brechen, finden die Wurmschnecken infolge der hohen Sauerstoffdurchmischung des Meerwassers die günstigsten Standortbedingungen vor. Infolgedessen bildet sich hier ein üppig entwickelter Rand, der auch bei TNW für eine ständige Wasserbedeckung der Plattform sorgt. Dieser Rand besteht, wie Foto 5 a+b belegt, zu über 90 % aus Röhren der Wurmschnecke *Vermetus cristatus*.

Die Geländebeobachtungen

Im Wurzelbereich der Gramvousa-Halbinsel keilt bei der antiken Ortschaft Phalasarna aus der vornehmlich in N-S-Richtung verlaufenden Westküste Kretas das Kap Kutri, ein ca. 90 m hohes Vorgebirge, nach W aus. An seiner N-, NW- und W-Seite durch Steilkliffe geprägt, bildet dieser Küstenvorsprung mit seiner weniger steil geböschten S- und SE-Abdachung die nördliche Buchtflanke des Kolpos Livadi (oder Bucht von Phalasarna). Kap Kutri besteht aus Tripolitza-Kalk, dem im SE quartärer Dünensandstein auflagert. Dieser Poros setzt sich südlich des Kaps in einem fossilen, küstenparallel streichenden Dünenzug fort, der ca. 50 m hinter der Küstenlinie ein nach S zunehmend mächtiger werdendes Konglomerat aus schlecht zugerundeten Tripolitza- und Neogengeröllen diskordant überlagert. Nördlich des kleinen, von einer geschütteten Natursteinmole geschützten Bootshafens des heutigen Dorfes Phalasarna ist dieses sanft ins Meer abtauchende Konglomerat durch zahlreiche, biogen stark verkarstete Felsaufragungen im Flachwasserbereich gekennzeichnet, während es südlich des Bootshafens als relativ glatt abradierter Unterwasserhang ausgebildet ist. Im zentralen Teil der Bucht brechen sowohl der Poros als auch das Konglomerat zu einem ausgedehnten Sandstrand ab, der im S durch ein totes, von jungpleistozänem Äolianit, verstelltem Glacisschutt und Neogen überlagertes Kliff aus Tripolitza-Kalk begrenzt wird (in diesem Bereich befindet sich auf einem flachen, dem toten Kliff vorgelagerten Poroswall das in Figur 1 und Foto 1 + 2 abgebildete Vermetus-"Trottoir"; zur vielphasigen, überaus komplizierten Entwicklungsgeschichte dieses Küstenabschnitts vgl. die Skizzen und Ausführungen bei HAFEMANN, 1965; BONNEFONT, 1972; DERMITZAKIS, 1972; KELLETAT, 1979).

Foto 3: Klein-Atolle südlich von Phalasarna bei extrem niedrigem Wasserstand. Der rundliche "Boiler" in der Mitte hat durch einen schmalen Neogoniolithon-Steg Anschluß an eine Größere, aus mehreren Klein-Atollen zusammengewachsene Riffplatte. Auf seiner Oberfläche wächst in der durch Randwülste abgesperrten Klein-Lagune ein kohlkopfförmiger Rifftumor aus *Neogoniolithon notarisii* auf (am Hammer). Im Vordergrund (halblinks und rechts außen) sind im Anschnitt wannen- bzw. trichterförmige Vertiefungen auf den Riffoberflächen zu erkennen.

Foto 4: Das auf Foto 3 (Mittelgrund) erkennbare, länglich-ovale "Boiler"-Riff bei THW (Aufnahme mit Polarisationsfilter). Das vollständig wasserbedeckte Klein-Atoll ist 1,2 m hoch und weist einen max. Durchmesser von 5,1 m (von SE nach NW) auf. Teile der der auflaufenden Brandung zugekehrten Seite der Vermetus-Neogoniolithon-Randwulst sind im Verlauf heftiger Winterstürme leicht beschädigt worden. Die relativ ebene Riffoberfläche ist durch den Aufwuchs mehrerer kohlkopfförmiger Miniatur-Bioherme (Rifftumore) gekennzeichnet.

Bei den unmittelbar südlich des Bootshafens entwickelten "Boiler"-Riffen handelt es sich um runde, länglich-ovale oder unregelmäßig gewachsene, kelchförmige Bioherme, die, bis zu 1,2 m hoch, teils als isoliert stehende, teils als zusammengewachsene Klein-Atolle von dem mit wenigen Brandungsgeröllen dünn bedeckten Meeresboden aufragen. Sie alle sind gekennzeichnet durch einen 15 - 30 cm breiten, wulstigen Außenrand, der die Riffoberflächen um 10 - 15 cm überragt und auf ihnen bei TNW kleine Lagunen absperrt. Diese Randwulst wird, je nach Intensität der jeweiligen Wellenbespülung, in unterschiedlicher Beteiligung durch Wurmschnecken der Species ***Vermetus arenarius*** Linne und ***Vermetus cristatus*** Biondi sowie durch Kalk-Rotalgen der Species ***Neogoniolithon notarisii*** (Dufour) Setchell et Mason gebildet, wobei letztere in dichten Lagen die Zwischenräume zwischen den Röhren der Wurmschnecken auskleiden (vgl. Foto 5 c + d). An den der Brandung zugewandten Riffflanken, die in den Genuß des aufgewühlten, überaus sauerstoffreichen Wassers der sich brechenden Wellen gelangen, kann der Anteil der Vermetiden an der Riffmaterie dieser den "algal rims" der Korallenriffe durchaus vergleichbaren Randwülste bis zu 50 % ansteigen, während er an den weniger exponierten Seiten der Riffkelche zwischen 20 und 30 % liegt. Die stets bewegtes und klares Meerwasser bevorzugenden Wurmschnecken scheinen sich in dieser vom Sauerstoffangebot begünstigten Randzone in einer Art Wachstumskonkurrenz zu den üppig wuchernden Kalk-Rotalgen, die man zweifelsfrei als den Hauptriffbildner dieser "Boilers" bezeichnen kann, zu befinden; dabei sind sie ständig davon bedroht, daß *Neogoniolithon* ihre durch Horndeckel verschließbaren Gehäuseröhren, durch die sie mit Hilfe von Schleimnetzen Plankton zu ihrer Ernährung aus dem Meerwasser einfangen, überwuchert und dadurch ihr Absterben herbeiführt. Nicht zuletzt darin scheint ein Impuls für das üppige, seit- und aufwärts gerichtete Wachstum der Randwülste zu liegen. Foto 5 c + d zeigt eine Probe, die aus der der Brandung abgekehrten Randwulst des auf Foto 3 (Mittelgrund) und Foto 4 abgebildeten, länglich-ovalen "Boilers" herausgesägt wurde. Der Unterschied zu der aus dem Rand des Vermetus-"Trottoirs" entnommenen Probe (Foto 5 c + b) ist augenfällig: besteht diese fast ausschließlich aus eng aneinander anliegenden Wurmschneckenröhren, so zeigen die deutlich sichtbaren Lineamente der dicht gepackten Kalk-Rotalgenlagen bei jener die wichtige Rolle, die *Neogoniolithon notarisii* beim Aufbau der "Boiler"-Randwülste spielt.

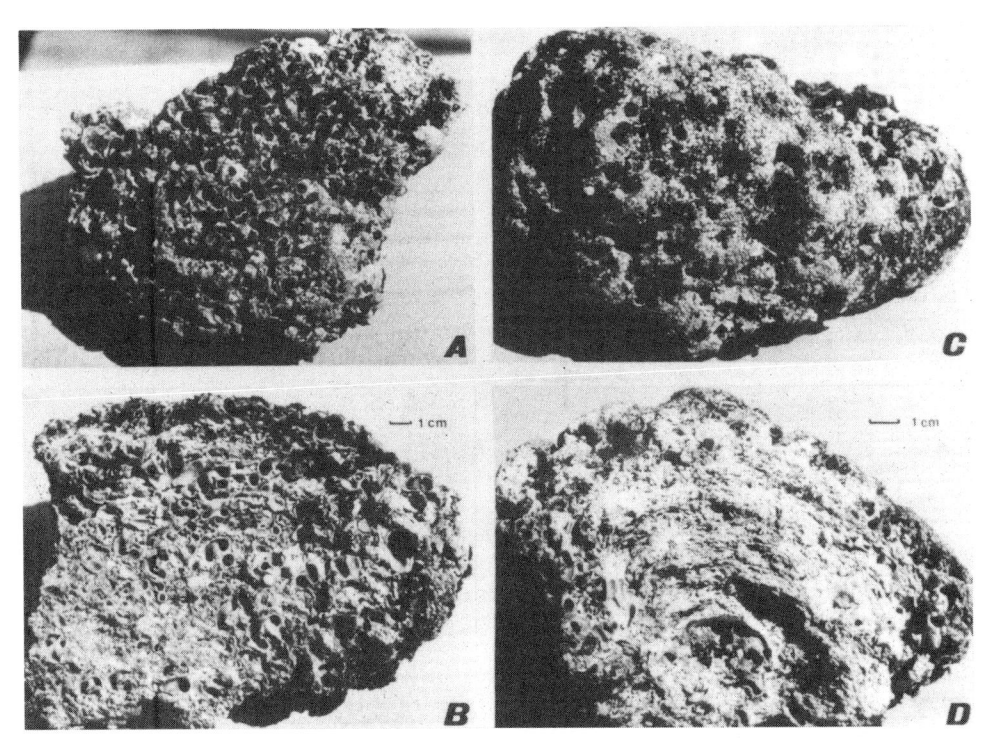

Foto 5 a - d: Die Bilder a + b zeigen die Außen- und die angesägte Innenseite einer Probe, die dem auf Foto 2 abgebildeten, kantig-kompakten Rand des Vermetus-"Trottoirs" entnommen wurde. Sie besteht fast vollständig aus Wurmschnecken der Species *Vermetus cristatus*. Nur wenige Kalk-Rotalgen kitten die Zwischenräume zwischen den röhrenförmigen Schneckengehäusen aus. Die Bilder c + d zeigen die Außen- und die angesägte Innenseite einer Probe, die der der Brandung abgekehrten Randwulst des auf Foto 3 und 4 abgebildeten, länglich-ovalen "Boilers" entnommen wurde. Der Vermetus-Anteil beträgt ca. 25 %. Die vielfach weitständigen Zwischenräume zwischen den Gehäuseröhren der Wurmschnecken (*V. cristatus und arenarius*) sind durch dicht gepackte Neogoniolithon-Lagen ausgekleidet. Einige feuchtigkeitsbindende, fädige *Cladophoraceae* verhindern auch bei NNW und ruhiger See eine völlige Austrocknung der Randwulstoberfläche, auf der es nicht allen Vermetiden gelingt, ihre Horndeckel vor der Überwucherung durch *Neogoniolithon notarisii* zu bewahren (c).

Teilweise — wie auf Foto 3 (Vordergrund) deutlich sichtbar — umschließen die Randwülste auf den Riffoberflächen wannen- oder trichterförmige Hohlformen, die bis zu 60 cm tief sein können (daher rührt die Bezeichnung Boiler = engl. Kessel für diese Klein-Atolle). Nach verschiedenen Angaben in der Literatur (u.a. PRAT, 1936; KEMPF & LABOREL, 1968; FAIRBRIDGE, 1968) werden diese meist zentralen Vertiefungen auf der Riffoberfläche durch biogene Abtragung hervorgerufen. Für die kretischen "Boilers" kann jedoch festgestellt werden, daß sich auf den Böden der durch die Randwülste abgesperrten Klein-Lagunen keinerlei nennenswerte Populationen von gesteinszerstörenden Organismen feststellen ließen, so daß hier davon ausgegangen werden muß, daß es sich um mehr oder weniger "passive" Hohlformen handelt, die durch das seitliche Aufwachsen der Randwülste entstanden sind. Bei dem überwiegenden Teil der kretischen "Boilers" ist die Riffoberfläche überdies trotz ihrer löchrig-höckrigen Struktur relativ eben und vereinzelt sogar mit kohlkopfförmigen Miniatur-Bioherrmen aus *Neogoniolithon notarisii* von max. 20 cm Durchmesser und 12 - 15 cm Höhe bewachsen, die man als Rifftumore[4] bezeichnen könnte (siehe Foto 3 und 4 sowie Figur 2 a + b).

Vielfach sind die Klein-Atolle saumriffartig auf einer Länge von bis zu 50 m zusammengewachsen, so daß man bei ruhiger See auf den dadurch entstandenen, skurril geformten Riffplatten (vgl. Foto 6 + 8) noch in über 20 m Entfernung von der Uferlinie trockenen Fußes spazierengehen kann, sofern man sich nur auf den erhabenen Randwülsten fortbewegt, die das TNW-Niveau

Foto 6: Bizarr geformte Riffplatte aus mehreren zusammengewachsenen Klein-Atollen bei THW und ruhiger See (Aufnahme mit Polarisationsfilter wegen der vollständigen Wasserbeckung der Bioherme). Im Mittelgrund: Der kleine Bootshafen des heutigen Dorfes Phalasarna sowie der bis zu 7 m mächtige Äolianitwall, der ein sanft ins Meer abtauchendes Konglomerat aus Tripolitza- und Neogen-Geröllen diskordant überlagert. Im Hintergrund: Kap Kutri.

um durchschnittlich 10 cm überragen. Der Springtidenhub an der kretischen Westküste beträgt nach Angaben des DHI-Mittelmeerhandbuchs (1971) 20 cm, jedoch konnte Verfasser bei Phalasarna mehrfach einen durch ab- bzw. auflandige Winde überlagerten Tidenhub von über 40 cm feststellen. Dies bedeutet, daß die Randwülste der "Boiler"-Riffe bei extremen Niedrigwasser (NNW) den Meeresspiegel um 15 - 20 cm überragen, während sie bei höchstem Hochwasser (HHW) bis zu 20 cm von Meerwasser bedeckt sind. Die Randwülste liegen also im Eulitoral, während der weitaus größere Teil der Riffkelche sich im oberen Sublitoral befindet (vgl. Figur 2 a + b). Die durch die Randwülste abgesperrten Klein-Lagunen sorgen für eine ständige Wasserbedeckung der Riffoberfläche, wobei ein regelmäßiger, vollständiger Wasseraustausch in diesen Pools bei TNW jedoch nur bei normalem bis heftigem Wellengang, nicht aber bei ruhiger See gewährleistet ist. Dies kann zu nicht unwesentlichen Temperaturerhöhungen und Salinitätsschwankungen innerhalb dieser Klein-Lagunen führen [5].

Foto 7: Skurril geformtes Bioherm, das durch einen kurvig geschwungenen Steg Anschluß an eine größere Riffplatte besitzt (Detail aus Foto 6). Die umwulstete Riffoberfläche weist den für alle "Boilers" bei Phalasarna typischen, rasenartigen Bewuchs mit *Ceramium diaphanum* (Roth) Harvey und *Dilophus spiralis* (Montagne) Hamel auf. An der meerwärtigen Fronst ist die bis zu 34 cm breite Neogoniolithon-Vermetus-Randwulst teilweise durch heftige Brandungseinwirkung beschädigt (Aufnahme bei THW mit Polarisationsfilter).

Foto 8: Ausgedehnte Riffplatte aus mehreren zusammengewachsenen "Boiler"-Riffen bei THW (Aufnahme mit Polarisationsfilter wegen völliger Wasserbedeckung der Riffoberflächen). Im Vordergrund: Das in Figur 2 a + b und auf Foto 3 abgebildete Klein-Atoll. Im Mittelgrund ist zu erkennen, daß das den Äolianitwall unterlagernde, sanft ins Meer abtauchende Konglomerat im Flachwasserbereich nördlich des Bootshafens in zahlreiche Felsaufragungen aufgelöst ist. Im Hintergrund: Das aus Tripolitza-Kalk aufgebaute Kap Kutri.

Die Figur 2 a + b zeigt den Bauplan eines mit 82 cm Höhe und max. 2,1 m Durchmesser zwar recht kleinen, jedoch in seiner Form typischen "Boilers" bei Phalasarna (vgl. auch Foto 3 und 8, Vordergrund). Er ragt isoliert vom Meeresgrund auf und besitzt nur durch einen schmalen Neogoniolithon-Steg Anschluß an eine größere Riffplatte aus mehreren zusammengewachsenen Biohermen. Dieser zierliche Neogoniolithon-Steg belegt exemplarisch ein Phänomen, das an vielen kretischen Neogoniolithon-Riffbildungen zu beobachten ist: durch ein Aufeinanderzuwachsen versuchen diese Kalk-Rotalgen den Durchflußquerschnitt zwischen ihren Rifformationen zu verengen und dadurch eine stärkere Aufwühlung bzw. Durchwirbelung der auflaufenden Brandung und des Backwash zu erzielen, welche sie in den Genuß einer noch höheren Sauerstoffdurchmischung des Meerwassers bringt (vgl. ZIMMERMANN, 1978). Das Charakteristische an diesem rundlichen "Boiler" ist jedoch vor allem seine kelchartige Wuchsform, d.h. sein baldachinartiges, ausladendes Oberteil, das die schmalere Riffbasis allseitig um 30 - 45 cm überkragt. Der sich zum Grund hin wieder verdickende Stiel des Riffkelches weist mit einem Durchmesser von 1,25 m seine schlankeste Stelle ca. 30 cm über dem Meeresboden auf. An seiner dem Land zugekehrten NE-Seite besitzt dieser Stiel einen keilförmigen Auswuchs, der die Resistenz des Bioherms gegen die auflaufende Brandung erhöht. Diesen an zahlreichen Klein-Atollen ausgebildeten Auswuchs könnte man mit dem "Wurzelfuß" vergleichen, den einige Baumarten bei stetiger Windbelastung aus einer Richtung zur Erhöhung ihrer Standfestigkeit auszubilden vermögen.

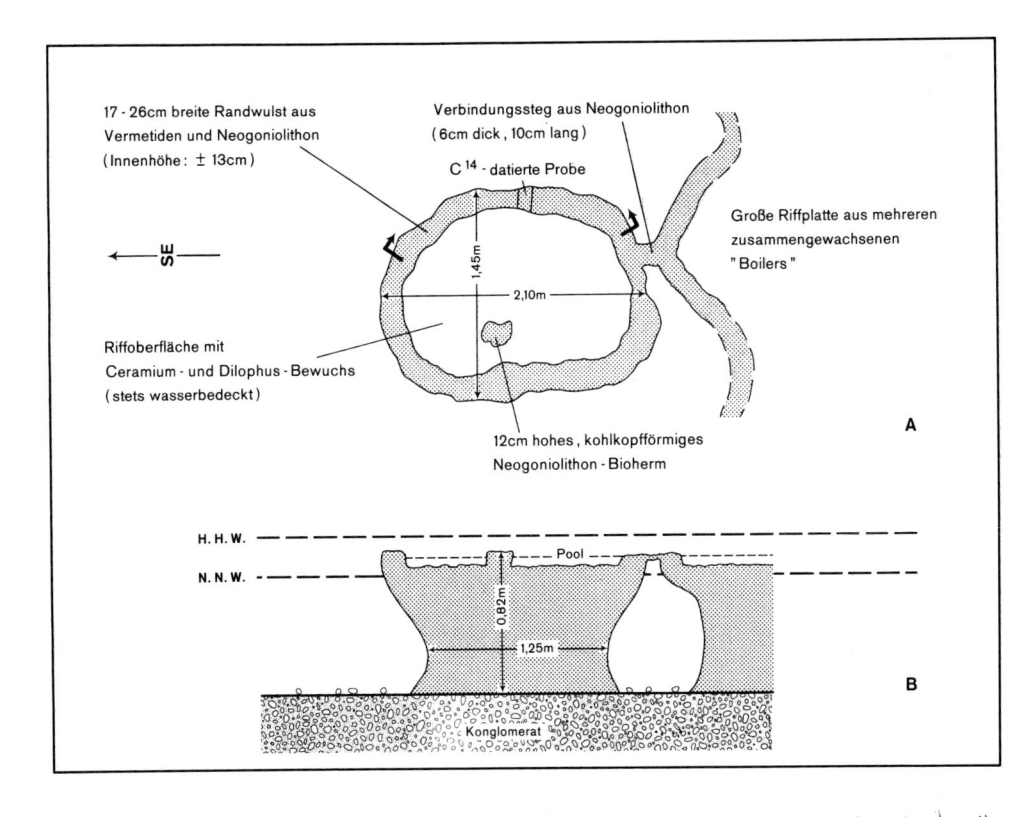

Figur 2 a + b: Aufsicht und Querschnitt des rundlichen, auf den Fotos 3 und 8 (Vordergrund) abgebildeten "Boiler"-Riffs südlich von Phalasarna.

Im folgenden sollen einige Anmerkungen zur Begleitflora und -fauna die wichtige Rolle verdeutlichen, welche die "Boilers" als Biotop für eine Vielzahl mariner Lebewesen spielen [6]. Zeigen die erhabenen Außenwülste der Riffe einen spärlichen Besatz mit **Chthamalus stellatus, Patella aspera, Rivularia atra** sowie einigen feuchtigkeitsbindenden, fädigen **Cladophoraceae**, so wachsen auf den Böden der durch diese Randwülste abgesperrten Klein-Lagunen dünne Rasen der vom Sonnenlicht zumeist zu einem blassen Braungelb ausgebleichten, flauschig-fädigen Rotalge **Ceramium diaphanum** und der im Thallus vielfach verzweigten, bis zu 5 cm langen Braunalge **Dilophus spiralis**.

Im Übergangssaum zwischen unterstem Eu- und oberstem Sublitoral treten, wenn auch als Riffbildner nur von untergeordneter Bedeutung, Kalk-Rotalgen der Species *Tenarea undulosa* und *Lithophyllum incrustans* hinzu, während an den Überhängen der Riffkelche vornehmlich langstielige *Cystoseiraceae* der Species *C. crinita, C. barbata* und *C. tamariscifolia* zu finden sind, deren Hapteren vielfach von der krustenbildenden Melobesienart *Fosliella farinosa* überwuchert werden. Zwischen den Cystoseiren stehen vereinzelt oder in kleineren Polstern artikulate Kalk-Rotalgen der Species *Jania rubens, Amphiroa rigida* und *Corallina mediterranea.*
Die Riffstiele sind stellenweise überzogen mit bis zu 1 cm dicken, rötlichen Kalkschwarten, die durch Foraminiferen-Kolonien der Gattung *Polytrema (Polytrema miniaceum?)* gebildet werden. Außerdem finden sich hier wie in den Schattlagen der Kelchüberhänge sciaphile Algenarten wie die Grünalgen *Halimeda tuna* (kalkinkrustierend) und *Udotea petiolata* sowie die Rotalge *Plocamium coccineum.* Überdies sind die überwiegend schattigen Unterseiten der "Boilers" belebt durch eine Vielzahl verschiedener *Sedentaria, Actinaria* und *Echinoidea* sowie, in kleineren Höhlungen, Spalträumen und Löchern, durch *Bryozoa*, bohrende *Bivalvia* wie z. B. *Lithophaga lithophaga* und durch Bohrschwämme der Familie *Clionidae.* Es kann also festgestellt werden, daß die Klein-Atolle von Phalasarna außerordentlich artenreiche Biotope darstellen, in deren Biozönosen auf- und abbauende, d.h. karbonatgesteinsbildende und -zerstörende Organismen in unmittelbarer Nachbarschaft leben. Leider ist zu befürchten, daß die überaus starke Ölverschmutzung dieses sehr exponierten Küstenabschnitts in nicht allzu ferner Zukunft das ökologische Gleichgewicht dieser prächtigen Riffe einschneidend stören wird (vgl. KELLETAT & ZIMMERMANN, 1978). Einen ersten Hinweis darauf geben die ausnahmslos abgestorbenen Solitärkorallen der Species *Balanophyllia italica*, die sich in einem Besatz von ca. 12 Exemplaren pro qm an fast sämtlichen Riffstielen finden lassen. Wie die meisten *Madreporaria* reagieren sie höchst empfindlich auf Verunreinigungen des Meerwassers.

Ca. 50 m nördlich des Bootshafens finden sich an und zwischen den dort zahlreich ausgebildeten, flachen Felsaufragungen des konglomeratischen Unterwasserhangs Formenvarianten der "Boilers", die man ihrer Form wegen als Pilz-Riffe bezeichnen könnte. In Bezug auf Ausmaße und Begleitfauna bzw. -flora den weiter südlich gelegenen Klein-Atollen durchaus vergleichbar, liegt ihr augenfälligster Unterschied zu diesen im völligen Fehlen der erhabenen Randwülste. Überdies weist ihre mehr oder weniger ebene Oberfläche an keiner Stelle irgendwelche nennenswerten Vertiefungen auf (vgl. Foto 9 und 10). Da im marinen Milieu kausale Verknüpfungen zwischen ökologisch-biologischen Faktoren und morphologischem Erscheinungsbild viel eher die Regel als die Ausnahme sind, erklärt sich dieser Formenunterschied mit höchster Wahrscheinlichkeit durch das fast völlige Ausbleiben von Vermetiden auf den geschlossenen Oberflächen dieser Bioherme, die zu über 90 % aus *Neogoniolithon notarisii* aufgebaut sind. Die Ursache für das geringe Vorhandensein von Wurmschnecken in der Pilz-Riffzone dürfte in geringfügigen, nur mit aufwendigen Untersuchungsmethoden zu erfassenden Andersartigkeiten der ökologisch-mikroexpositionellen Rahmenbedingungen dieser Lokalität zu suchen sein.

Die Figur 3 b - d zeigt einige Querprofile von Pilz-Biohermen, die teils isoliert vom Meeresgrund aufwachsen, teils - den aus dem westlichen Mittelmeer bekannten Gesimsen (Trottoirs) aus *Lithophyllum tortuosum*[7] nicht unähnlich (vgl. u.a. FELDMANN, 1937,1940; DELAMARE DEBOUTTEVILLE & BOUGIS, 1951; PERES & PICARD 1952, 1964; PERES 1967, 1968) - an flache Brandungsfelsen angelehnt sind bzw. diese umwachsen (vgl. Foto 9 und 10). Häufig sind diese Bioherme durch brückenartige Verbindungen zu bizarren Riffplattformen zusammengewachsen, die in ihrem saumriffartigen Charakter den "Boiler"-Riffplatten ähneln und an denen wiederum die Neigung von *Neogoniolithon notarisii* sichtbar wird, durch ein Aufeinanderzuwachsen eine stärkere Aufwühlung der Brandung und damit eine größere Sauerstoffanreicherung des Meerwassers zu erzielen (vgl. Figur 3 a und Foto 9). Überdies erklärt sich dieses intensive, seitwärts gerichtete Wachstum, das teilweise auf dem eigenen, am Meeresboden durch Corallinaceen, Foraminiferen, einzelne Wurmschnecken und andere kalkinkrustierende Organismen festgelegten Riffdetritus vor sich geht, selbstverständlich auch dadurch, daß dem Höhenwachstum sowohl der Pilz-Riffe als auch der "Boilers" — genau wie demjenigen großer Korallenrifformationen — Grenzen durch die Lage des Meeresspiegels gesetzt sind [8].

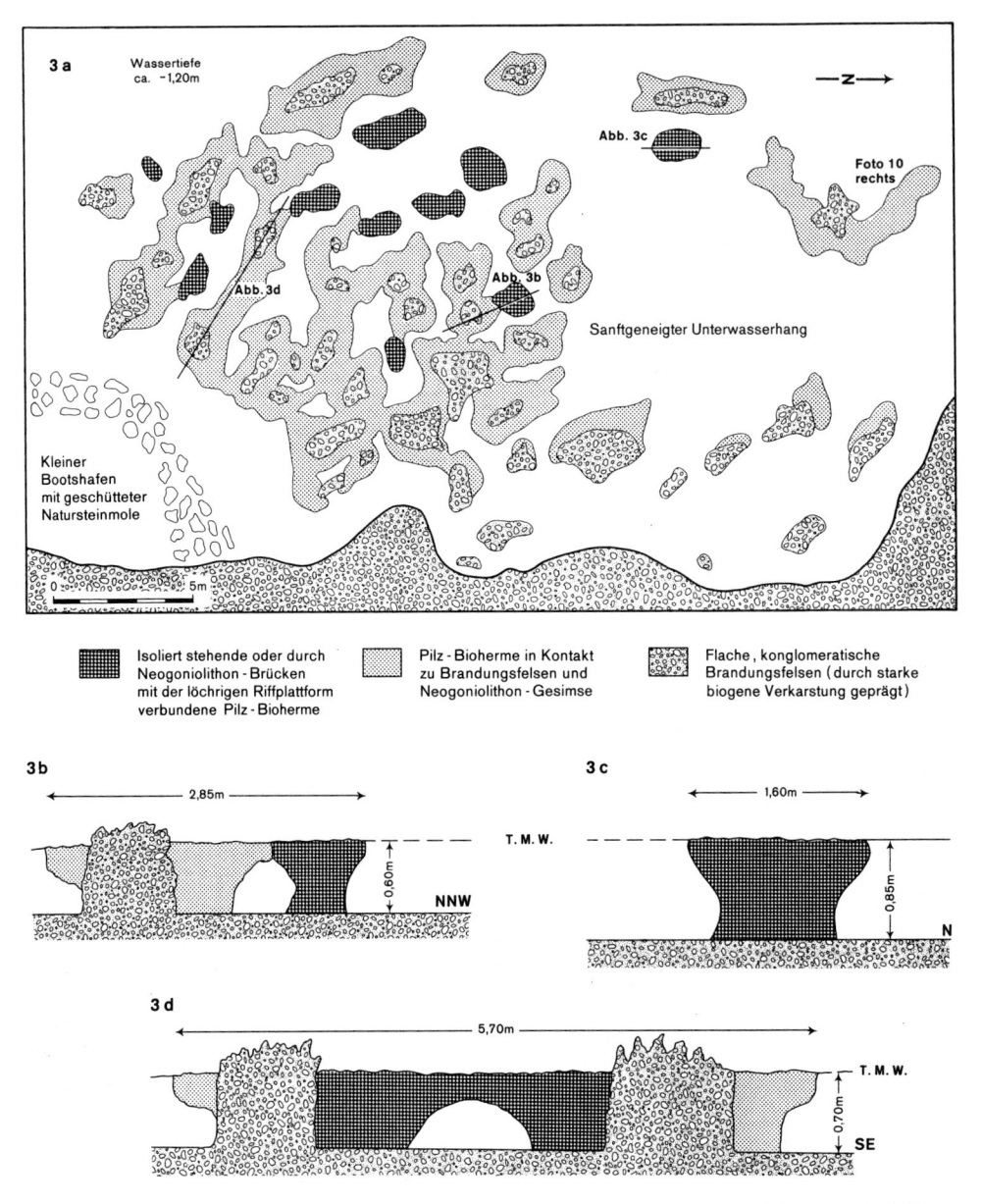

Figur 3 a - d: Schematische Aufsicht auf die Pilz-Riffzone bei Phalasarna (a) sowie drei Querschnitte durch verschiedene Riffbildungen dieser Lokalität (c - d).

Foto 9: Blick auf die Pilz-Rifformationen bei TMW. Deutlich ist zu erkennen, daß die Riffe auf ihren relativ ebenen Oberflächen keine erhabenen Randwülste aufweisen. Rechts unterhalb des durch biogene Verkarstung skurril geformten Brandungsfelsen im Hintergrund sind die Oberflächen dreier isoliert vom Meeresboden aufragender Pilz-Bioherme zu sehen. Vielfach sind die Riffbildungen an flache Felsaufragungen angelehnt und stehen untereinander durch zahlreiche, unregelmäßig gewundene Neogoniolithon-Brücken in Verbindung (vgl. Figur 3a).

Foto 10: Blick nach SW auf die Pilz-Riffzone bei ruhiger See und extrem niedrigem Wasserstand. Die Riffoberflächen überragen den Meeresspiegel um bis zu 20 cm. Im Vordergrund, rechts: Flacher Brandungsfelsen, der von zwei ca. 3 m langen Neogoniolithon-Biohermen umwachsen wird. Die Bioherme, deren Basis auf einer Länge von ca. je 2,5 m Kontakt zum Meeresboden besitzt, sind teilweise auf ihrem eigenen, am Meeresboden durch Corallinaceen, Foraminiferen und andere kalkinkrustierende Organismen festgelegten Riffdetritus horizontal fortgewachsen.

Schlußbemerkung

Die Ausführungen über die faszinierenden Riffbildungen bei Phalasarna sollen nicht abgeschlossen werden, ohne daß zuvor noch in einer kurzen vergleichenden Betrachtung auf die Ähnlichkeiten und Unterschiede hingewiesen worden ist, die zwischen den westkretischen und den "Boiler"-Riffen der Südbermudas bestehen. Findet sich in der Literatur seit AGASSIZ (1895) vielfach die Feststellung, daß es sich bei den "Boilers" der Bermudas im wesentlichen um mehr oder weniger dünne Schutzüberzüge aus kalkinkrustierenden Meeresorganismen (insbesondere Vermetiden, Kalk-Rotalgen und Korallen, aber auch Serpuliden und Foraminiferen) handelt, die die Abrasion und biogene Erosion des durch Brandungseinwirkung eigenartig geformten, ertrunkenen pleistozänen Äolianits verhüten, auf dem sie aufgewachsen sind (PRAT, 1936; STEPHENSON & STEPHENSON, 1954; STANLEY & SWIFT, 1967; KEMPF & LABOREL, 1968)[9], so kommen GINSBURG et al. (1971) und (MILLIMAN (1974) zu dem Schluß, daß die "Boiler"-Riffe vollständig aus biogenem, im Holozän gebildeten Kalk bestehen. Mit Hilfe der ^{14}C-Datierung von Riffmaterial, das sie 3,5 m unterhalb der durchlebten Oberfläche eines Bermuda-"Boilers" entnahmen, kamen GINSBURG et al. auf ein Alter von 2980 $\pm$ 160 Jahren und folgerten daraus eine Aufwuchsgeschwindigkeit des Riffkörpers von über 1 m pro Jahrtausend [10].

Es kann für die "Boiler"-Rifformationen bei Phalasarna nicht mit letzter Sicherheit ausgeschlossen werden, daß sie in ihrem Kern eine Basis aus anstehendem Gestein besitzen. Obwohl das diagenetisch steinhart verfestigte Riffmaterial an mehreren Stellen bis zu 40 cm tief mit Hammer und Meißel abgearbeitet wurde, konnte eine solche jedoch nirgends festgestellt werden. Sollten den kretischen "Boilers" dennoch Felsaufragungen als Anwuchsbasis gedient haben, so sind diese in jedem Fall in einer stattlichen Mächtigkeit von biogenen Gesteinsbildnern überwachsen.

Wenn die Bermuda-"Boilers" den westkretischen auch frappant in ihrer Form, in ihrer Lage zum Meeresspiegel (Randwülste im Eulitoral) sowie in ihrer Rolle als artenreicher Biotop mit einer der ägäischen teilweise durchaus vergleichbaren Fauna und Flora gleichen, so muß doch festgehalten werden, daß sie größere Ausmaße besitzen als jene. GINSBURG et al. sprechen von 3 bis 8 m hohen und 10 bis 30 m langen "cup-shaped algal boiler reefs" (1971, S. 54), und von AGASSIZ wissen wir, daß die Randwülste der Bermuda-"Boilers" eine Höhe bis zu 0,5 m und eine Breite bis zu 1,5 m aufweisen, während die der Bioerosion (Begriff in Anlehnung an NEUMANN, 1966; vgl. auch HODGKIN, 1964; NEUMANN, 1968; SCHNEIDER, 1976) stark ausgesetzten Böden der Klein-Lagunen auf den Riffoberflächen stellenweise bis zu 2 m tief sind.

Vorausgesetzt, daß die kretischen "Boiler"-Riffe vollständig aus organischem Riffmaterial bestehen, könnte man ihnen, angesichts ihrer maximalen Höhe von knapp 1,2 m und unter Zugrundelegung der von GINSBURG et al. ermittelten Aufwuchsgeschwindigkeit von über 1 m pro Jahrtausend, ein ungefähres Alter von 1000-1200 Jahren zuschreiben. Dieser Betrag ließe sich allein mit dem eustatischen Anstieg des Meeresspiegels erklären, sofern man — was durchaus nicht unproblematisch ist — den durch Pegelmessungen seit Beginn dieses Jahrhunderts festgestellten Meeresspiegelanstieg von 1-1,2 mm/a (FAIRBRIDGE, 1960; GILL, 1968; MOSETTI, 1969) bis ins Frühmittelalter zurückverlängert. Allerdings wird diese Überlegung zum Alter der westkretischen "Boiler"-Bioherme um so problematischer, als man aus heutiger Sicht weiß, daß alle bisherigen ^{14}C-Daten von marinen Kalkschalern um einen Korrekturfaktor von mehreren hundert Jahren verjüngt werden müssen. Die Ursache dafür liegt darin, daß die marinen Organismen älteren Kalk aus dem Meerwasser in ihre Skelette einbauen (frdl. mdl. Mitt. des Direktors des ^{14}C- und H^3-Laboratoriums am Niedersächs.Landesamt für Bodenforschung Hannover, Prof. Dr. M. A. GEYH, 1979). So konnte es nicht weiter verwundern, daß die ^{14}C-Datierung einer Probe aus den oberen Zentimetern der durchlebten Randwulst des in Fig. 2a+b sowie Foto 3 und 8 abgebildeten "Boilers" ein ^{14}C-Modellalter von 1045 $\pm$ 85 Jahren ergab (Proben-Nr. Hv 9508).

Wendet man nun diesen Korrekturfaktor, in dessen Schlaglicht sich auch die Frage nach dem Alter der Niveauveränderungen an den kretischen Küsten seit dem Altertum völlig neu stellt (vgl. HAFEMANN, 1965; PIRAZZOLI & THOMERET, 1977; KELLETAT, 1979), auf die von GINSBURG et al. ermittelten Daten an, so würde dies bedeuten, daß die Aufwuchsgeschwindigkeit der Bermuda-"Boilers" sogar zwischen 1,5 - 2 m pro Jahrtausend liegt. Übertragen auf die westkretischen "Boiler"-Riffe käme man somit zu einem vorläufig noch hypothetischen Alter von 650 - 700 Jahren.

Zusammenfassung

An der Westküste Kretas wachsen in der Bucht von Phalasarna auf einem sanft geneigten, konglomeratischen Unterwasserhang bis ins Eulitoral hinaufreichende, saumriffartig entwickelte Klein-Atolle von kelchförmiger Gestalt auf, auf deren Oberflächen erhabene Randwülste kleine Lagunen absperren. Mit Durchmessern von mehreren Metern und zumeist rundlichen bis ovalen Grundrissen sind diese Kelch-Riffe häufig zu bizarr geformten, bis zu 50 m langen Riffplatten zusammengewachsen. Die Haupttriffbildner dieser Klein-Atolle sind Kalk-Rotalgen der Species *Neogoniolithon notarisii* sowie Wurmschnecken der Species *Vermetus cristatus* und *V. arenarius*. Im oberen Sublitoral beteiligen sich in geringem Umfang auch sessile Foraminiferen, Solitärkorallen und einige andere Kalkalgen-Arten am Riffaufbau. Dieser Rifftyp, der frappant den vielfach beschriebenen "Boilers" der Bermudas ähnelt, war bisher für das Mittelmeer unbekannt. Anmerkungen zur Begleitfauna und -flora belegen die wichtige Rolle der Klein-Atolle als Biotop für eine Vielzahl mariner Organismen. Auch eine fast ausschließlich durch *Neogoniolithon notarisii* gebildete Formenvariante der Kelch-Riffe, die als pilzförmiger, vielfach an flache Brandungsfelsen angelehnter Rifftyp wenige 100 Meter weiter nördlich entwickelt ist, wird vorgestellt. In einer vergleichenden Betrachtung der Bermuda- und der kretischen "Boilers" werden mit Hilfe einiger ^{14}C-Daten Überlegungen zum Alter der Bioherme angestellt.

Anmerkungen

[1] Die hier vorgelegten Beobachtungen wurden im Verlauf zweier mehrmonatiger Forschungsreisen nach Griechenland in den Frühjahren 1977 und 1978 sowie im Rahmen eines selbst finanzierten Geländeaufenthalts an den kretischen Küsten im Sommer 1978 gesammelt. Der Deutschen Forschungsgemeinschaft sowie Herrn Prof. Dr. Dieter Kelletat vom Geogr. Inst. der Universität Hannover, die mir die ersten beiden Reisen ermöglicht haben, sei an dieser Stelle herzlichst gedankt.

[2] So hat z.B. noch AGASSIZ (1895, S. 253) im Zusammenhang mit den "Boilers" an der Südküste der Bermudas von "serpuline reefs" gesprochen. Erst VERRIL (1906) erkannte hier als erster die Rolle der Wurmschnecken beim Riffaufbau. Wegen ihrer Verwechselbarkeit mit den ebenfalls Kalkröhren bauenden *Serpulidae* hat KEEN (1961) in einer Arbeit zur Systematik die *Vermetidae* einer vollständigen Reklassifizierung unterzogen. Hinweise zur Unterscheidung dieser äußerlich so sehr ähnelnden Meeresorganismen finden sich auch bei MILLIMAN (1974, S. 117 f.).

[3] Zumindest für die kretischen Küsten kann mit an Sicherheit grenzender Wahrscheinlichkeit gesagt werden, daß dieser Rifftyp ausschließlich an dem Küstenabschnitt südlich von Phalasarna vorkommt (vgl. ZIMMERMANN, 1978).

[4] Der Begriff Rifftumor beruht auf einem mündlichen Vorschlag von Prof. Dr. K. KAISER (FU Berlin) anläßlich einer Diskussion, 1978.

[5] Die durchschnittliche Wassertemperatur an der kretischen Westküste liegt im kältesten Monat Februar bei 14,5° C, im wärmsten Monat August bei 24,5° C. Die durchschnittliche Salinität beträgt 38,5 °/oo. In Bezug auf die Stärke und Häufigkeit der hier vorherrschenden N- und NW-Winde sowie in Bezug auf die durchschnittliche Wellenhöhe von ca. 0,75 m (es handelt sich dabei um die "kennzeichnende" Wellenhöhe, die der mittleren Höhe des obersten Drittels aller Wellen eines Zeitabschnitts entspricht, wenn diese der Höhe nach geordnet werden) gehört dieser Küstensaum zu einem der exponiertesten Standorte der Insel (DHI, 1971).

[6] An dieser Stelle sei den Professoren Dr. J. GERLOFF vom Botanischen Inst. der FU Berlin und Dr. H.-D. PFANNENSTIEL vom Zool. Inst. der FU Berlin gedankt, die mich bei der Bestimmung des pflanzlichen bzw. tierischen Probenmaterials unterstützt haben.

[7] *Lithophyllum tortuosum* (Synonym: *Tenarea tortuosa*; vgl. GERLOFF & GEISSLER, 1971) kommt im östlichen Mittelmeer nicht vor (H. HUVE, 1957). Hier werden die vergleichbaren Riffbildungen im Eulitoral durch *Neogoniolithon notarisii* errichtet (P. HUVE, 1957; ZIMMERMANN, 1978).

[8] Vergleichenswert ist in diesem Zusammenhang die Studie von EINSELE et al. (1971) über horizontal wachsende Riffplatten am Süd-Ausgang des Roten Meeres.

[9] NEWELL (1959, S. 233) kommt sogar zu der Aussage, ". . . that living reefs, generally, are comparatively thin growths over the weathered and eroded surfaces of older rocks."

[10] Für das Mittelmeergebiet liegen bisher keine Angaben über Wachstumsraten von Vermetus-Riffen vor, jedoch deckt sich der von GINSBURG et al. ermittelte Wert in ausgezeichneter Weise mit der von SHIER (1969) an Vermetus-Riffen im Küstensaum der Thousand Islands / Südwest Florida festgestellten Wachstumsrate von 2,75 m innerhalb der letzten 3000 Jahre. Es muß dabei erläuternd hinzugefügt werden, daß sich die Höhendifferenz von 2,75 zu 3,5 m mit hoher Wahrscheinlichkeit durch das episodische Wachstum der floridanischen Riffe erklärt, das SHIER festgestellt und auf ein mehrmaliges Massensterben der Wurmschnecken infolge zu tief abgesunkener winterlicher Wassertemperaturen zurückgeführt hat.

Literaturverzeichnis

AGASSIZ, A. (1895): A Visit to the Bermudas in March 1894. — Bull. Mus.Comp.Zool. Harvard Coll., 26, 2, S. 205 - 281

BLANC, J.J. & MOLINIER, R. (1955): Les formations organogènes construites superficielles en Méditerranée occidentale. — Bull. Inst.Océanogr.Monaco,1067,S.1-26

BONNEFONT, J. C. (1971): La Crète. Etude morphologique. — Thèse de l'Univ. Paris IV, 787 S.

BRANNER, J. C. (1904): The stone reefs of Brazil. — Bull.Mus.Comp. Harvard Coll., 44, Geol. Ser. 7, S. 1 - 284

DELAMARE DEBOUTTEVILLE, C. & BOUGIS, P. (1951): Recherches sur le trottoir d'algues calcaires éffectuées à Banyuls pendant le stage d'été 1950. — Vie et Milieu, 2, S. 161 - 181

DERMITZAKIS, D. M. (1972): Pleistonic deposits and old strandlines in the Peninsula of Gramboussa, in relation to the recent tectonic movements of Crete island. — Ann. Géol. Pays Helléniques, 1e Série, 24, S. 205 - 240.

DHI (DEUTSCHES HYDROGRAPHISCHES INSTITUT) (1971): Mittelmeer-Handbuch. IV. Teil: Griechenland und Kreta, 5 Aufl., Hamburg

EINSELE, G. & GENSER, H. & WERNER, F. (1967): Horizontal wachsende Riffplatten am Süd-Ausgang des Roten Meeres. — Senckenbergiana, 48, S. 359 - 379

FAIRBRIDGE, R.W. (1960): The changing level of the sea. — Sci. Amer., 202, 5, S. 70 - 79
— (1968): Encyclopedia of Geomorphology (darin Stichworte: Algal Reefs: S. 3 ff.; Algal Rims, Terraces and Ledges: S. 5 ff.; Microatoll: S. 701 - 705; Organisms as Geomorphic Agents: S. 778 - 783), Stroudsburg/Penns.

FELDMANN, J. (1937): Recherches sur la végétation marine de la Méditerranée. La côte des Albères. — Rev. Algol., 10, S. 1 - 339
— (1940): La végétation benthique de la Méditerranée. — Mem. Soc. Biogéogr. Paris, 7, S. 181 - 195

GERLOFF, J. & GEISSLER, U. (1971): Eine revidierte Liste der Meeresalgen Griechenlands. — Nova Hedwiga, 22, S. 721 - 793

GILET, R. & MOLINIER, R. & PICARD, J. (1954): Etudes bionomiques littorales sur les côtes de Corse. — Rec. Trav. Stat. Mar. d'Endoume, Fasc.12, Bull. 7, S. 25-57

GILL, E.D. (1968): Eustasy. — Stichwort-Artikel in: Encyclopedia of Geomorphology, hrsg. v. Fairbridge, R.W., Stroudsburg, S. 333 - 336

GINSBURG, R.N. & SCHROEDER, J.H. & SHINN, E.A. (1971): Recent synsedimentary cementation in subtidal Bermuda reefs. — in: Carbonate Sediments, hrsg. v. Bricker, O.P., The John Hopkins Univ. Studies in Geology, Bd. 19, Baltimore & London, S. 54 - 58

GUILCHER, A. (1953): Essai sur la zonation et la distribution des formes littorales de dissolution du calcaire. — Ann. Géogr., 62, S. 161 - 179

HAFEMANN, D. (1965): Die Niveauveränderungen an den Küsten Kretas seit dem Altertum nebst einigen Bemerkungen über ältere Strandbildungen auf Westkreta. — Akad. Wiss. Lit. Mainz, Abh. math.-naturwiss. Klasse, 12, S. 607 - 688

HUVÉ, H. (1957): Sur l'individualité générique du Tenarea undulosa Bory 1832 et du Tenarea tortuosa (Esper) Lemoine 1911. — Bull. Soc. Bot. Franc., 104, 3/4, S. 132 - 140

HUVÉ, P. (1957): Contribution préliminaire à l'étude des peuplements superficiels des côtes rocheuses de Méditerranée orientale — Rec. Trav. Stat. Mar. d'Endoume, Fasc. 21, Bull. 12, S. 50 - 62

— (1958): Résultats sommaires de l'étude expérimentale de la réinstallation d'un "trottoir à Tenarea" en Méditerranée occidentale. — Comm. Internat. Explor. Sc. Mer Méditer., Rapp. et Procès-Verbaux, Nouv. Série, 14, S. 429 - 448

JOHNSON, J.H. (1961): Limestone-buildung algae and algal limestones, Boulder/Col., 279 S.

KEEN, A.M. (1961): A proposed reclassification of the gastropod family Vermetidae. — Bull. Brit. Mus. Zool. 7, 3, S. 181 - 213

KELLETAT, D. (1979): Geomorphologische Studien an den Küsten Kretas: Beiträge zur regionalen Küstenmorphologie des Mittelmeerraumes. — Abh. Akad. Wiss. Göttingen, Math.-Phys. Klasse, Folge 3, Nr. 32, 105 S.

— & ZIMMERMANN, L. (1978): Die schleichende Ölpest am Beispiel der Küsten Kretas. Ein Beitrag zur angewandten Landeskunde. — Abh. Braunschw. Wiss. Ges., Bd. XXIX, S. 47 - 55

KEMPF, M. & LABOREL, J. (1968): Formations de vermets et d'algues calcaires sur les côtes du Brésil. — Rec. Trav. Stat. Mar. d'Endoume, Fasc. 59, Bull. 43, S. 9 - 23

LABOREL, J. (1961): Le concrétionnement algal "coralligène" et son importance géomorphologique en Méditerranée. — Rec. Trav. Stat. Mar. d'Endoume, Fasc. 23, Bull. 37, S. 37 - 60

LEWIS, J.B. (1960): The fauna of rocky shores of Barbados, West Indies. — Can. J. Zool., 38, S. 391 - 435

MILLIMAN, J.D. (1974): Recent Sedimentary Carbonates, Bd. I: Marine Carbonates, Berlin & Heidelberg & New York, 375 S.

MOLINIER, R. (1954): Promière contribution à l'étude des peuplements marins superficiels des îles Pithyuses (Baléares). — Vie et Milieu, 5, 2, S. 226-242

— (1955a): Les plates-formes et corniches récifales de Vermets (Vermetus cristatus Biondi) en Méditerranée occidentale. — C.R.Acad.Sc.Paris, 240, S.361 ff.

— (1955b) Deux nouvelles formations organogènes construites en Méditerranée occidentale. — C.R.Acad.Sc.Paris, 240, S. 2166 ff.

— (1960): Etude des biocenoses marines du Cap Corse. — Vegetatio Acta Geobotanica, 9, 3 - 5, S. 121 - 312

— & PICARD, J. (1953a): Notes biologiques à propos d'un voyage d'étude sur les côtes de Sicile. — Ann.Inst.Océanogr., 28, 4, S. 163 - 188

— & PICARD, J. (1953b): Recherches analytiques sur les peuplements littoraux méditerranéens se développant sur substrat solide. — Rec. Trav. Stat. Mar. d'Endoume, Fasc. 9, Bull. 4, S. 1 - 24

— & PICARD, J. (1954): Nouvelles recherches bionomiques sur les côtes méditerranéennes françaises. — Rec.Trav.Stat.Mar.d'Endoume,Fasc.12,Bull.7

— & PICARD, J. (1956): Aperçu bionomique sur les peuplements marins littoraux des côtes rocheuses méditerranéennes de l'Espagne. — Extrait Bull. Trav.Stat.d'Aquiculture et Pêche Castiglione, Nouv.Série,8,S. 3 - 18

— & PICARD, J. (1957): Un nouveau type de plate-forme organogène dans l'étage mésolittoral sur les côtes de l'île de Majorque (Baléares). — C.R.Acad. Sc.Paris, 244, S. 674 ff.

MOSETTI, F. (1969): Le variazioni relative del livello marino nell' Adriatico dal e il problema dello sprofondamento di Venezia. — Boll.Geofisica Teor.et Apl., 11, 43/44, S. 243 - 254

NELSON, R.J. (1837): On the geology of the Bermudas. — Trans. Geol. Soc. London, Ser. 2, Vol. 5, Part 1, S. 103 - 123

NEUMANN, A.C. (1966): Oberservation on coastal erosion in Bermuda and measurements of the boring rate of the Cliona lampa. — Limnol.& Oceanogr.,11,S.92 -108

— (1968): Biological Erosion of Limestone Coasts. — Stichwortartikel in: Encyclopedia of Geomorphology, hrsg. v. Fairbridge, R.W.,Stroudsburg,S.75-80

NEWELL, N.D. (1959): The coral reefs. Part II: Biology of the corals. — Nat. Hist., 68, 4, S. 226 - 235

PARENZAN, P. (1970): Carta d'identità delle conchiglie del Mediterraneo. Vol. I: Gasteropodi, Tarent

PÉRÈS, J.M. (1957): Le problème de l'étagement des formations benthiques. — Rec. Trav. Stat. Mar. d'Endoume, Fasc. 21, Bull. 12, S. 4 - 21

— (1958): Images de quelques communautés benthiques marines de la Méditerranée. — Bull. Soc. Zool. France, 83, 4, S. 358 - 366

— (1958/59): Les études de bionomie benthique méditerranéenne et leurs incidences générales. — Ann.Soc.Roy.Zool.Belgique,84,1,S. 171 - 181

— (1961): Océanographie Biologique et Biologie Marine. Bd. I: La vie benthique, Paris, 538 S.

— (1962): L'étagement des formations benthiques du système littoral. — Pubbl. Stat. zool. Napoli, 32 (Suppl.), S. 30 - 43

— (1967): The Mediterranean Benthos. — Oceanogr. Mar. Biol. Ann. Rev., 5, S. 449 - 533

— (1968): Trottoir. — Stichwortartikel in: Encyclopedia of Geomorphology, hrsg. v. Fairbridge, R. W., Stroudsburg, S. 1173 f.

— & PICARD, J. (1952): Les corniches calcaires d'origine biologique en Méditerranée occidentale. — Rec. Trav. Stat. Mar. d'Endoume, Fasc. 4, Bull. 1, S. 2 - 35

— & PICARD, J. (1956a): Notes préliminaires sur les résultats de la campagne de recherches benthiques de la Calypso dans la Méditerranée Nord-Orientale. — Rec. Trav. Stat. Mar. d'Endoume, Fasc. 18, Bull. 11, S. 5 - 13

— & PICARD, J. (1956b): Considérations sur l'étagement des formations benthiques. — Rec.Trav.Stat.Mar.d'Endoume,Fasc.18,Bull.11,S.15 - 33

— & PICARD, J. (1958): Recherches sur les peuplements benthiques de la Méditerranée Nord-Orientale. Campagne de la Calypso (septembre-octobre 1955) en Méditerranée Nord-Orientale. — Ann. Inst. Océanogr., 34, 3, S. 213 - 291

— &PICARD, J. (1960): Considérations sur l'étagement des formations benthiques. — Rec.Trav.Stat.Mar.d'Endoume,Fasc.33,Bull.20, S. 11 - 16

— & PICARD, J. (1964): Nouveau manuel de bionomie benthique de la Mer Méditerranée. — Rec.Trav.Stat.Mar.d'Endoume,Fasc.47,Bull.31,S.5-137

PICARD, J. (1954): Les formations organogènes benthiques méditerranéennes et leur importance géomorphologique. — Rec. Trav. Stat. Mar. d'Endoume, Fasc. 18, Bull. 13, S. 55 - 76

— (1957): Note sommaire sur les équivalences entre la zonation marine de la côte atlantique du Portugal et des côtes de Méditerranée Occidentale. — Rec. Trav. Stat. Mar. d'Endoume, Fasc. 21, Bull.12, S. 22 - 27

PIRAZZOLI, P. & THOMMERET, J. (1977): Datation radiométrique d'une ligne de rivage a + 2,5 m près de Aghia Roumeli, Crète, Grèce. — C.R. Acad. Sc. Paris, 284 (série D), S. 1255 - 1258

POLITIS, J. (1934): Les algues marines de l'île de Crète (1er Rapport). — Comm.Internat. Explor.Sc.Mer Méditer., Rapp. et Procès-Verbaux, 3, S. 257 - 261

PRAT, H. (1936): Remarques sur la distribution des organismes dans les eaux littorales des Bermudes. — Bull. Inst. Océanogr. Monaco, 705, S. 1 - 23

QUATREFAGES, A. de (1854): Souvenirs d'un Naturaliste, Bd. I, Paris

RECHINGER, K.H. (1943): Neue Beiträge zur Flora von Kreta. Algae (bearb.v.Schussnig, B.). — Denkschr. Akad. Wiss. Wien, math.-nat. Klasse, Bd. 105, 2. Halbbd., 1. Abt., S. 35 - 41

SCHNEIDER, J. (1976): Biological and Inorganic Factors in the Destruction of Limestone Coasts. — Contr. Sediment., Bd. 6, 112 S.

SHIER, D. E. (1969): Vermetid Reefs and Coastal Development in The Thousand Islands, Southwest Florida. — Bull. Geol. Soc. Amer., 80, S. 485 - 508

STANLEY, D.J. & SWIFT, D.J.P. (1967): Bermuda's southern aeolianite reef tract. — Science, 157, S. 677 - 681

STEPHENSON, T. A. & STEPHENSON, A. (1954): The Bermuda Islands. — Endeavour, 13, 50, S. 72 - 80

VERRIL, A. E. (1906): The Bermuda Islands (4 & 5). — Trans. Connecticut Acad. Arts & Sc., 12, S. 1- 348

ZIMMERMANN, L. (1978): Biogene Gesteinsriffe rezenter bzw. subrezenter Zeitstellung im östlichen Mittelmeer am Beispiel von Küstenbereichen Kretas. — Unveröff. Staatsexamensarbeit TU Berlin, 357 S.

On the geomorphology of the Gulf of Elat-Aqaba and its borderlands
by
Ulrich K. Cimiotti, Berlin (West)

The Gulf of Elat-Aqaba is part of the Afro-Arabian Graben System which runs from southern Turkey through Syria, Lebanon, Israel, Jordan, and the Red Sea until joining the East African Graben System in the Afar area of Ethiopia. The graben subsection containing the Gulf of Elat-Aqaba follows a NNE-SSW direction from Elat and Aqaba at 29° 33'N 34° 57'E of the Strait of Tiran at 28° 34° 27'E and furtheron to the southern promontory of the Sinai Peninsula, Ras Muhammad, at 27° 43'N and 34° 16'E. The area dealt with in this paper covers the gulf and its borderlands, as well as those parts of the northern Red Sea which form together a great structural unit. For means of comparison reference is made to conditions in Wadi Arabah, the Gulf of Sues, and the Red Sea.

REGIONAL CLIMATIC SETTING

According to the TROLL/PAFFEN-classification the Gulf of Elat-Aqaba area belongs to the IV,5 climatic type, a subtropical desert climate without strong winters and with less than two humid months. The climate is marked by strong seasonal contrasts. The winter is the comparatively humid season characterized by low temperatures, occasional freezes, and snow in higher regions. In contrast to this are the extreme aridity and high temperatures of the summer. Spring and autumn are only short transitional seasons. Scarce meteorological observations indicate that the gulf and its borderlands receive annual precipitation from less than 10 mm up to 50 mm. Additional meteorological data are available for ELAT (1950 – 1957):

maximum daily temperature	31,2°C
minimum daily temperature	18,9° C
mean temperature	25,1° C
humidity	36 %
mean daily evaporation	14,9 mm
mean annual evaporation	5,457 mm
mean temperature of surface water	24,0° C

High temperatures and high evaporation rates account for the extreme water deficit of the Gulf of Elat-Aqaba. Replenishment is made by constant inflow of Red Sea waters through the Strait of Tiran.

ABSTRACT OF GEOLOGIC HISTORY

The known geologic history of this region begins with an early precambrian geosynclinal stage with initial magmatism. This stage is followed by a period of intensive folding and metamorphism, a metamorphic complex of amphibolites, gneisses, and schists comes into being. During the final stage of this period of folding the metamorphic rocks are intruded by basic and intermediate magmatic rocks. After the folding intensive tectonic activity splits the area into numerous fault blocks. The tectonic activity during this period leads to the intrusion of magmatic rocks along linear zones of weakness forming the morphologic conspicuous dykes of Sinai and Midian. Renewed tectonic activity and a notable upward movement are the reasons for a period of intensive erosion, at the same time volcanic activity leads to the deposition of volcanic tuffs and lavas. Acidic magmatic rocks and intermediate dyke rocks are typical for this period. The following period too is marked by tectonic activity and erosion. It leads to the deposition of fluviatile sediments of late precambrian to early cambrian age.

The above-described Basement Complex is followed by a thick series of sandstones, commonly called Nubian Sandstone, with small intercalations of limestone and chalk, as well as paleozoic shales. These intercalations are indicators of periods during which transgressions onto the outer parts of the Arabian Shield took place and serve to date the Nubian Sandstone Series, the lower parts were found to be of cambrian, and the upper parts of lower cretaceous age. Whether the Nubian Sandstone conformably overlies the basement could not be confirmed, also the possibility of unconformities within the series exists. The series of the Nubian Sandstone is lithological uniform, devoid of fossils, and of a color varying between white, brown, and red. Cross-bedding which is known from many localities points to sedimentation in a desert environment.

The uppermost part of the Nubian Sandstone series is conformably overlain by sediments of upper cretaceous and tertiary age. These sediments consist of limestone, chalk, and dolomite of a whitish color. The quaternary sediments are made up mostly of alluvial fan deposits, sands, and gravels from the wadis descending from the mountain ranges. In the coastal region of the Gulf of Elat-Aqaba pleistocene to recent coral reefs and raised terraces occur in addition to terrestrial deposits.

ABSTRACT OF TECTONIC EVOLUTION

The fit of the Arabian and African coastlines of the Red Sea had already been noted by WEGENER at the beginning of our century. Geophysical measurements during the 1960's indicated that these coasts might be plate boundaries according to the plate tectonics theory. Several authors have attempted to compute the rotational center of plate movements in the eastern Mediterranean and Red Sea areas, it seems that apart from the big plates of Arabia and Nubia there are smaller chunks of plates e.g. the Sinai plate which have different directions of movement.

These considerations combined with the sedimentary sequences deposited within the different sedimentary basins allow to reconstruct the evolutionary history of the graben system beginning with the Gulf of Sues as the oldest sedimentary basin. The oldest (pre-carboniferous) sediments are found in the northern parts of the Gulf of Sues basin. Further south the strata overlying the pre-cambrian basement are younger until in the Strait of Gubal part of the Sues basin eocene and even younger sediments are to be found, mostly miocene evaporite series with a thickness up to 5.000 m. The distribution of sediments indicates that until mesozoic times the western part of the Sues basin has been more active tectonically, however with the opening up of the Red Sea the eastern margin of the Sues basin became more active.

While in pre-miocene times the plate boundary between the Arabian and Nubian plates had been a parallel one, in the lower miocene the boundary changed from parallel to divergent the process of sea-floor spreading had begun, probably induced by changes in the location of convection currents within the earth's upper mantle. The developing graben was filled with the waters of the world ocean and the already prevailing extremely arid climatic conditions led to the deposition of the above-mentioned miocene evaporite series. Simultaneously with the opening up of the Red Sea began the opening of the Sues basin in the direction of the Red Sea and parallel to the divergent motion of the Arabian and Nubian plates a parallel plate boundary developed along the Jordan-Wadi Arabah-Gulf of Elat-Aqaba-line. The rate of opening of the Red Sea increases to the south by a mean rate of 1 cm/y since miocene times.

The numerous faults of the Gulf of Elat-Aqaba region give a detailed account of its tectonic evolution (FREUND, 1965). The older faults in this region trend in N and NW directions. They are presumed to be contemporaneous with the faults bordering the Gulf of Sues which date from the time of the development of the Jordan-Wadi Arabah-Gulf of Elat-Aqaba-fault. At that time, in addition to the main fault, a number of smaller faults of the same directional trend with a distance of 15 to 20 km to the west and with them the first parts of a graben came into existence. The younger NE trending faults with great vertical displacements which border the Gulf of Elat-Aqaba are of pleistocene age and probably contemporaneous with the opening up of the gulf, as no tertiary marine sediments could yet be found in the coastal plain. The opening up of the gulf is caused by a new component in the direction of movement of the Arabian plate. From the fact that the graben narrows continually to the north it might be deduced that the process of the evolution of the Red Sea with the slow opening of the graben is duplicated here. So in pleistocene times a process might have begun which will lead to the transformation of the parallel plate boundary to a divergent one and consequently to the evolution of an ocean in the place of the Jordan Graben System. An earlier evolutionary stage of this process can at present be observed in the Afar area at the southern end of the Red Sea. Indications for this hypothesis are strong magnetic anomalies within the gulf proper, and the existence of pleistocene volcanism along the graben which would correspond to the tertiary "Harras" of the Arabian Peninsula connected with the evolution of the Red Sea. Precision measurements by electromagnetic waves between two points on the horst structures on both sides of the graben might definitely solve this question.

BOTTOM TOPOGRAPHY OF THE GULF OF ELAT-AQABA [1]

The gulf is subdivided into several parts by sills of probably tectonic origin.These basins differ in length, width, and depth. The northernmost basin extends from Elat and Aqaba in the north to a line linking El Qarnus (Sinai) and the mouth of Wadi al Hulayb (Midian). The overall length of this basin is 70 km and its width increases from 5 km at the northern end of the gulf to 20 km off Haql (Midian). Its greatest depth is 943 m and was sounded 11,5 km off Merset Mahash el Asfal (Sinai). The very dense sounding coverage of the northern part of the basin from Elta-Aqaba to Ras el Masri-El Burj allows an exact interpretation of the bottom topography. While the Wadi Arabah has a slope of 1:250 north of Elat-Aqaba, water depth within the gulf increases from 0 to 50 m within 1 km distance from shore (slope 1:20), the 100 m-contour is reached after1,6 km (slope 1:12), at 2,2 km from the shore the 200 m-contour is reached (slope 1:6). The slope then gradually lessens:

                300 m-contour at 3,7 km   slope 1:15
                400 m-contour at 4,5 km   slope 1:13
                500 m-contour at 6,5 km   slope 1:20

A topographic cross-section through this area shows a steep eastern side of the gulf versus a somewhat less steep western side. Off the Sinai coast near Merset Mahash el Ala the basin reaches a depth of 900 m. To the south a 25 km section of the basin extends the bottom of which is without much relief. The maximum depth of this part of the basin is 943 m and its width increases from 3 km in the north to 6 km in the south. The southern end of the basin is marked by a sill rising 300 m over the bottom of the basin.

The second basin south of the El Qarnus-Wadi al Hulayb-line extends to the south as far as Ras Abu Galum (Sinai) and Ras Suwayhil al Kabir (Midian). This section comprises the deepest parts of the gulf two NNE-SSW trending narrow troughs of which the western one approx. 40 km long reaches depths between 1.500 and 1.600 m. The eastern trough with a length of 20 km reaches the maximum depth of the gulf 1.850 m. As in the first basin the eastern slope of the basin is very

---

[1] Plates see Appendix after p. 176

steep (slope 1:1,7 to 1:2,5) whereas the western slope consists of several steps with an average slope of 1:9 over 20 km distance.

The third basin has an axis trending NNE-SSW too, three different height levels can be discerned from NNW to SSE. The first is a plain with depths between 1.100 and 1.150 m in the northwestern part of the basin, this plain has a length of 22 km and a width of 4 to 6 km. The center of the third basin is formed by a plain with an average depth of 1.025 m and a similar extend as the first one. This plain might be a horst structure. The southeastern part of the third basin is a trough with a relatively flat bottom and depths between 1.222 and 1.267 m. Its length is approx. 17 km with a width of 3 km. The third and the fourth basin further to the south are characterized by gentle slopes and wide plains in the western parts of the gulf and in contrast to this deep troughs and steep slopes to the east.

Within the fourth basin situated directly adjoining to the 1.025 m-plain of the third basin is a plain with a depth of 875 m, its length is 25 km with a width of 8 km. To the east of this plain lies a small trough with depths of roundabout 1.175 m, it is separated from the trough of the third basin by a sill rising to a depth of 1.100 m. The fifth and southernmost basin is mostly made up by a trough with a length of 15 km and a width of 4 km which reaches depths between 1.200 and 1.290 m. This trough continues into the western passage of the Strait of Tiran, it is blocked to the south by a sill rising to depths of 250 m. The sill marks the end of the gulf, it is NNE-SSW trending and is bordered in the west by the Sinai Peninsula and to the east by Tiran Island. The Strait of Tiran is divided into two passages by a NEN to SWS trending row of four coralline islands situated on a sill and raising above mean high water. The western passage is named Enterprise-Passage and the eastern one Grafton-Passage. Enterprise-Passage is the continuation of the trough of the fifth basin and Grafton-Passage is the continuation of the deeper parts of the northern Red Sea in a NNE trending direction. The western passage is the deeper one with a maximum depth of 240 m and a width of 3 km, the eastern passage is shallower with a maximum depth of 70 m and a width of only 2 km. Both passages are bordered by coral reefs rising from depths of about 50 m. The Strait of Tiran only allows a limited interchange of waters between the Red Sea and the Gulf of Elat-Aqaba though strong tidal currents exist within the strait: a surface current from the Red Sea into the gulf, and a bottom current from the gulf into the Red Sea, the latter contributing to the salinity of the deep water layer of the Red Sea. Bottom morphology south of Tiran Strait off the Sinai coast resembles that of the southern Gulf of Elat-Aqaba. South of Grafton-Passage extends a NEN to SWS trending basin with depths reaching 1.420 m.

Characteristically the slope in this part of the northern Red Sea is very steep between mean low water and the 500 m depth contour which follows the coast in a medium distance of 2 km, the slope is somewhat less steep between the 500 m and 1.000 m contour which has a distance of 5 km to the coastline. An exception to this are several bays within the area, notably Sharm el Sheik and Marsa Bareika, where the 500 m and 1.000 m contours approach the shoreline and even reach into the bays. Depth contours follow certain directional trends coinciding with those of morphologic and tectonic lineaments in the Wadi Arabah, the gulf area, and on Shadwan (Shaker Island).

HYDROGRAPHY OF THE GULF OF ELAT-AQABA

As already mentioned extreme temperatures and high evaporation rates combined with bottom topography of Tiran Strait lead to the high salinity of waters observed in the gulf. Salinity of surface water as determined by DEACON (1952) is between 40,48°/oo in the northern Red Sea and 40,80°/oo in the northern parts of the Gulf of Elat-Aqaba, more lately even higher values of

42,70°/oo have been determined (FRIEDMANN 1973). Evaluation of available data shows a tongue of Red Sea water moving northward along the eastern coast of the gulf up to Bir el Mashi, whereas the more saline parts of the gulf's waters form a bottom current in Tiran Strait and contribute to the high salinity of bottom waters in the deeper parts of the northern Red Sea. Besides an increase in water temperatures from north to south in the gulf induced by an increase in solar heating there is also a vertical thermal stratification within the gulf. At depths of 50 m temperature is 0,5° C below surface temperature, a further decrease can be noted until at depths around 400 m a minimum temperature of 21,2° C is reached, further on with increasing water depth temperatures rise again.

As in the Red Sea there are tides in the Gulf of Elat-Aqaba too, 1 1/2 hours after high water at Shadwan there is simultaneously high water over the whole length of the gulf. This can be explained by the physiography of the Red Sea which is essentially a long channel with closed ends, tidal forces induce a standing longitudinal wave within the Red Sea which has a maximum off Shadwan. Every point on a line at right angles to the maximum experiences high and low water at the same time as the base point of this line. Time difference between high water at Shadwan and Elat-Aqaba is caused by the morphology of Tiran Strait which allows only limited exchange of water masses. Tidal range within the gulf is 0,9 to 1,2 m between high and low water and may reach up to 3 m within some embayments. In the Strait of Tiran tidal streams of waters flowing northward into the gulf have been measured with speeds of more than 3 knots (5,5 km per hour).

COASTAL MORPHOLOGY OF THE WESTERN COAST FROM ELAT TO RAS MUHAMMAD

SUBSECTION I: ELAT TO RAS EL MASRI

This coastal subsection with a length of 8,5 km is characterized by a narrow coastal plain with a width of up to 0,5 km which is covered by fanglomerates deposited by short and steep wadis descending from the mountaineous area SW of Elat which is made up mostly by the precambrian basement complex of crystalline rocks and cambrian to cretaceous Nubian Sandstones. The coral reef is not continuous in this northernmost coastal subsection. The medium width of the reef is about 50 m, there are several knolls and patch reefs off the main reef until 50 m off the reef there is a sharp drop to greater depths, the edge of this drop is also made up of coral reef. A raised coral reef ca. 5 km S of Elat has been investigated by FRIEDMANN (1965). The so-called Coral Beach is a dead reef complex above mean high water covered by beach rock with a thickness of 0,25 to 0,50 m made up mostly of granitic and metamorphic debris from the surrounding hill region. This indicates that the reef has been covered by a mudflow (seil) from one of the short wadis. This fossil reef has been dated by radiocarbon, its age has been determined at 4,770 $\pm$ 140 ys BP. Its present situation above mean high water suggests a relative change in sea level. The reason for this relative change in sea level will be discussed later when all indications of sea level changes have been examined.

SUBSECTION II: RAS EL MASRI TO MERSET MAHASH EL ALA

The length of this subsection is 22 km, there is a narrow coastal plain with a width of 0,5 km, in most places the mountains rise directly out of the sea. Three alluvial fans occur in this subsection, they are medium-sized with radii of 1,6 to 2,0 km and overall gradients of 1,4 to 2,3°. The width of the fringing reef is from 10 to 250 m, it is breached in several places, notably at wadi outlets and parts of the alluvial fans. Of special interest is Mersa Morakh, locally known as "The Fiord", an embayment situated 17 km S of Elat with a length of 700 m and a maximum width of 200 m, it is the outlet of a very small wadi with a minimal drainage area (length of wadi

500 m). The bay has the form of a "Y", there is a narrow channel in the fringing reef which allows small boats to enter the bay along the south coast. The depth of the bay is 5,5 m, it generally trends in a NW direction with a small branch trending NNE like the gulf proper. In comparison to the small wadi and its negligible drainage area the depth of Mersa Morakh must be considered disproportionately great, a tectonic origin of this bay is therefore most probable.

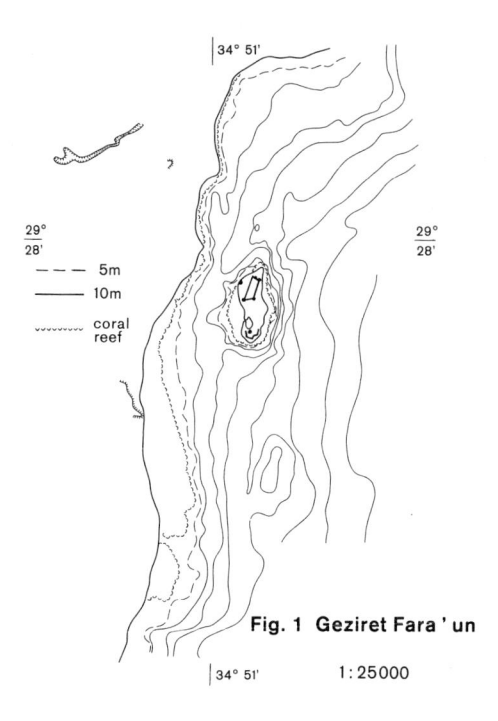

Fig. 1 Geziret Fara'un 1:25000

The bay belongs to the group of sharms. A little to the north and 220 m offshore lies Coral Island (Jezirat Fara'un, Graya or Almogim Isl.) a small island 350 by 150 m consisting of two hills of red granite and between them a shallow (depth 0,5 m) waterfilled depression. The hills are topped by ruined fortifications dating back to crusader times. A narrow channel connects the lagoon with the open sea, the entrance of the lagoon is marked by the ruins of two towers built in phoenician times and indicating that the lagoon has been used as a harbour in those times. Today the island is nearly completely surrounded by a fringing reef. The width of the reef varies between 5 m in the northern (exposed) parts of the island to 65 m in the sheltered areas south of the island. As this area has been used as an anchorage until the 1950's, there exists an exact nautical survey of the waters around the island. Interpretation of this survey and available geological data indicate that Coral Island is an antithetic fault block.

Just south of Mersa Morakh the so-called "sun-pool" or "Solar Lake" is situated. This is an heliothermal lake with a length of 140 m and a width of 65 m characterised by a distinct stratification of its waters. To the east the lake is separated from the gulf by a raised barrier beach, consisting of fossil molluscs, with a width of 45 to 60 m and a height of 3 m a.m.S.L. To the east of the barrier beach lies the coral reef with a width of 150 m. Seaward of the reef there is a marked increase in water depth. The heliothermal lake has been thoroughly studied by several authors, most lately by FRIEDMAN et al. (1973). Chemical analyses of waters from the lake show that this water has been derived from water of the gulf. Evaporation led to salinity values twice as high as those of the gulf, most chemical elements are enriched by a factor of 2 except bromide. The gulf'swater is believed to seep through the lower parts of the barrier beach, a certain replenishment might take place during severe winter storms with exceptionally high water levels. Within the lake there are two water layers, the upper one from the surfase down to one meter depth, salinity and temperature double within this layer, in greater depths only a slow increase could be noted. The bottom of the lake down to depths of 1,5 m is covered by algal mats. These algae induce precipitation of aragonite and calcite in the form of ooids and laminae. Below 1,5 m the bottom is covered by chemically precipitated gypsum. Several cores out of the bottom sediments have been obtained of which organic and carbonate material has been dated by radiocarbon (FRIEDMAN et al., 1973). Evalutation of the cores indicates that the upper parts of the sediments are algal mat deposits characteristical for a hypersaline lake environment as today, the lower parts of the cores have been deposited in an fully marine environment, remains of marine gastropods could be identified. As sedimentation rates need not necessarily be constant over long times, the exact time in which transformation from fully marine to hypersaline conditions took place could not be verified. Final separation from the gulf's waters took place somewhere between 2.750 and 3.900 ys BP as there are not indications of a drop in sea level during this time which could have affected a drastic change in environment, a tectonic uplift must have been responsible. Indications as to the extent of the uplift can be drawn from the present height of the barrier beach (3 m a. M.S.L.). This height seems to be necessary to ensure the hypersaline conditions within the lake, otherwise the severe winter storms would induce a salinity comparable to that of the gulf proper. Instead of this a seepage of water through the barrier beach only controlled by the evaporation rate within the lake can be assumed. An already existing barrier beach of a height less than 3 m might have been in existence already at the beginning of the uplift. A maximum uplift of 3 m may be possible without considering the rate of the postglacial rise in sea level. With a mean height of the barrier beach of 1,5 m and a duration of uplift between 4.655 ys BP (predominance of fully marine faunal elements) and 3.900 or 2.750 ys BP (fully hypersaline conditions), means rates of uplift between 2,0 and 0,8 m / 1.000 ys could be assumed. These relative values have to be increased by the rate of rise of sea level during this time which is thought to be somewhere between 1.5 and 5.0 m according to various authors.

SUBSECTION III: MERSET MAHASH EL ALA TO BIR EL SUWEIR

This subsection with a length of 9 km is mostly made up of a coastal plain with a width of 0,5 to 2.0 km, consisting of fanglomerates of three alluvial fans of wadis descending from calcareous hills. The fringing reef has a width of 10 to 250 m.

SUBSECTION IV: BIR EL SUWEIR TO RAS EL BURQA

A narrow coastal plain is characteristical for this subsection with a length of 7,5 km and a width of 0,5 km. The area near Bir el Suweir is made up of a small alluvial fan of a wadi draining an area of calcareous rocks some distance to the west. The fan itself, characterised by the white color of its sediments, has a radius of 1,0 km. The even smaller fans of the Ras el Burqa region to the south derive their material from crystalline basement rocks which make up the cape and its surroundings. The color of the wadi sediments is therefore notably darker.

The coral reef in this subsection attains a width of up to 300 km, there are numerous patch reefs off the main reef which is marked by furrows and indentations at the mouths of wadis. In the southernmost part of the Ras el Burqa subsection several reef complexes lie offshore, these rise from submarine sandy plains with depths of 15 to 20 m, the sandy material probably being derived from an alluvial fan bordering this subsection to the south.

SUBSECTION V: RAS EL BURQA TO NUWEIBA EL TERABIN

The coastal plain of this subsection is in general less than 0,5 km wide and mostly made up of fan deposits from short and steep wadis descending from the bordering hills which consist of crystalline basement rocks, in addition four medium-sized wadis occur three of which have a somewhat exceptional appearance. The width of the fringing reef is less than 200 m in most places. The discontinuous main reef is marked by furrows and pools, patch reefs off the main reef are conspicuous features of the southern part of this region.

The alluvial fan of Wadi el Mahash, bordered in the north by Ras el Burqa and in the south by Mersa el Mahash el Asfal, is most interesting. It has roughly the outline of a parallelogram, two sides of the parallelogram face the gulf, a N-S trending one and a southeast-exposed one, this one is characterised by a barrier beach which at its eastern end splits into four spits. Parallel to the barrier beach are two berms in the foreshore area; this zone has a width of 50 to 100 m. The foreshore zone of the east-exposed coastal section has a width of 150 to 200 m, it is protected by the seaward-lying coral reef, the reef itself is up to 150 m wide. The coastline of this fan is formed by southerly winds, fanglomerates are reworked by waves refracting on the southeast-exposed beach, severe storms of southerly direction formed the barrier beach along which the material is transported to the northeast. In the spit area the flow of material continues for 200 m into the sea to the northeast it comes than under the influence of the prevailing northerly winds. Further to the south the flow of material follows the coast in an distance of 150 m. Within this zone there are three berms narrowing to the north. Material derived from this flow is the base for the offshore reefs in the southern Ras el Burqa area. The morhology of the coastal plain just south of Merset el Mahash el Asfal is made up by four major elements, the northernmost comprises a complex of alluvial fans from steep and short wadis which drain the surrounding hills. Further to the south lies the alluvial fan of Wadi el Malha — N; this fan has a somewhat irregular appearance with a width of 2,5 km and a radius of 1 km. It is also noticeable as it shows two conspicuous indentations nearly devoid of coral reef. This fan is bordered to the south by an area of segmented older alluvial fan deposits. Even more to the south lies the alluvial fan of Wadi al Malha-S with a radius of 1,5 km and a width of only 0,8 km. This fan too shows a big indentation at the mouth of the wadi, the bay is nearly circular with a radius of 200 m and is also devoid of fringing coral reef. The fan is bordered to the south by a terrain of highly dissected probably calcareous rocks approaching the shoreline; the fringing reef attains a width of up to 200 m. Segmented deposits of older alluvial fans are charactaristical for the following 2 km of coastal plain, their eastern border gives the impression of being fault-controlled, a narrow zone of younger fan sediments lying eastward of this boundary. The fringing reef shows several irregularities like pools and furrows, some 500 m offshore a N-S-trending chain of patch reef over a length of 3 km indicates an evolutionary trend of the development of a barrier reef. The medium size fan of Wadi el Bedan with a radius of 1,5 km forms the border to the alluvial fan of Nuweiba, the outstanding geomorphological feature of the next subsection.

SUBSECTION VI: ALLUVIAL FAN OF NUWEIBA

The Nuweiba fan is being built up by Wadi Watir draining considerable portions (2.095 km^2) of the northeastern parts of the Sinai Peninsula. With a width of 8,5 km and a radius between 3,5 and 5,5 km this is one of the biggest alluvial fans in the area.

At least two stages in the development of this fan can be distinguished, the older stage led to a maximum extent of the fan in a SE direction. It is characterized by straight and deep washes cut by the waters descending from the youger stage fan lying on top of the older stage. Within the younger stage fan there are two substages, approximately 20 % of the fan constitute a fan mesa, an area of 4,5 km^2 which shows no recently active braided stream channels. To the north and to the

Alluvial Fan of Nuweiba
Ulrich Cimiotti, 1980

Legend

coral reef (recent)

berms

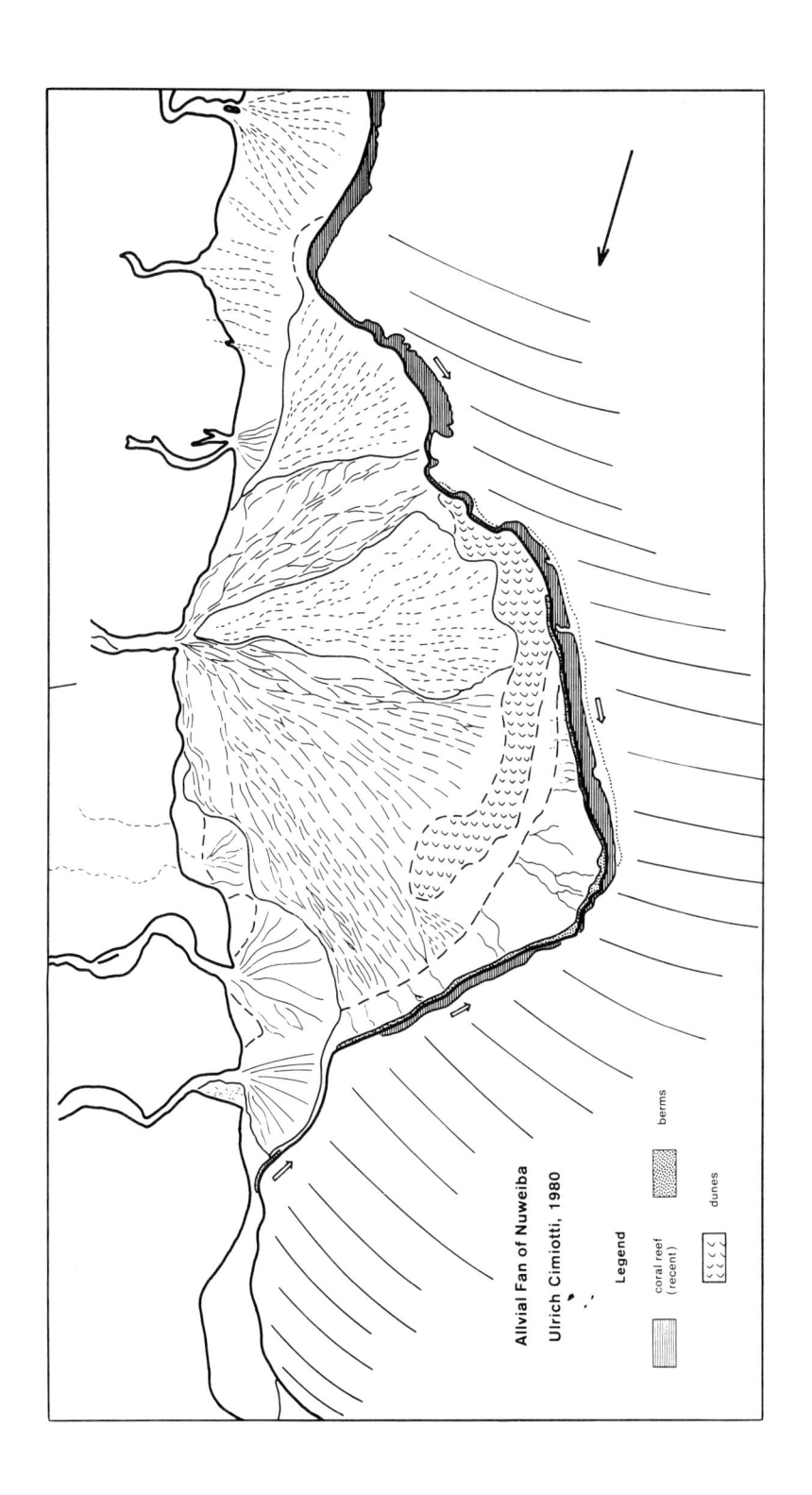

dunes

south of this mesa extend areas with recently active channels. There are no deeply incised washes in this part of the fan. The fan apron is covered with a field of dunes, aeolian transport of sand being effected by the prevailing northerly winds.

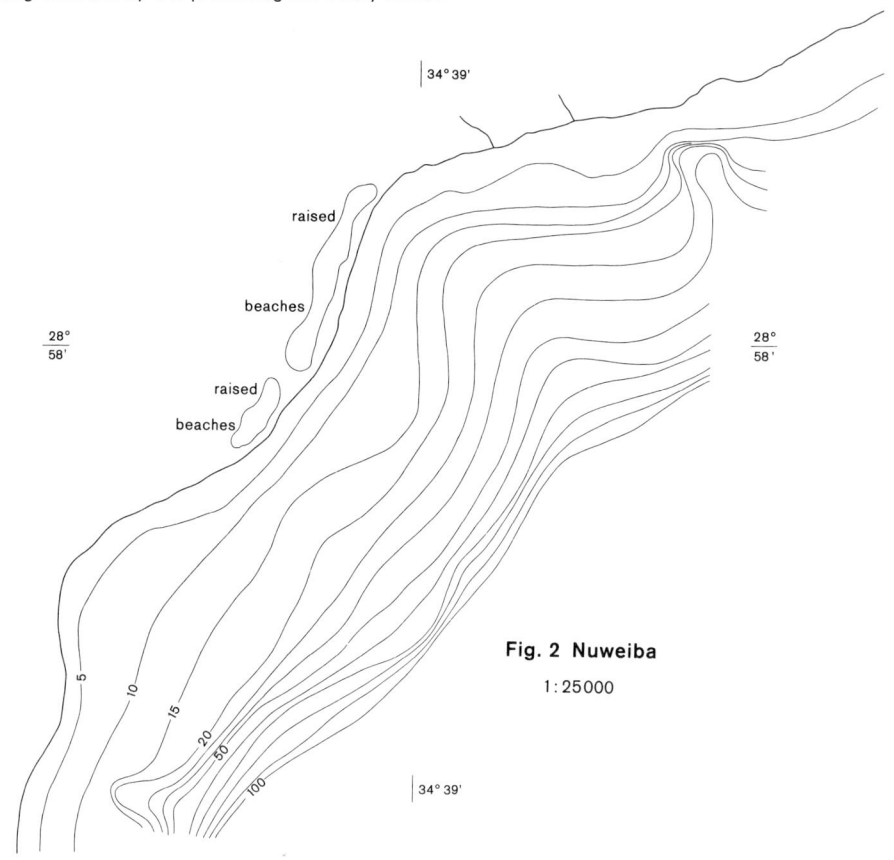

Fig. 2 Nuweiba
1 : 25000

The fringing reef along the Nuweiba coastal subsection is discontinuous with a medium width of 175 m, there are numerous furrows and several knolls and patch reef off the main reef particularly in the northern parts.

The coast off the main outlet of Wadi Watir in the Wasit area is nearly devoid of coral reef, there is also no coral reef along a coastal strip extending 3,2 km ENE of Nuweiba el Emzeina in the southern part of the fan. This is induced by the continouous movement of sand along the southern coast of the fan which renders the growing of corals impossible.

SUBSECTION VII: NUWEIBA EL EMZEINA TO HASAT EL HAGAR

The length of this subsection is 32 km, the coastal plain is made of the small fans of numerous short wadis, the length of the wadis rarely exceeding 3 km and the radii of the fans mostly under 0,5 km. Only the fans of Wadi Umm Zeriq and Wadi Hibeiq exceed radii of 1 km; these wadis both have considerable length and generally trend SW to NE, the wadi courses often showing abrupt changes in trend from SW-NE to NW-SE, these changes being induced by tectonic lineaments. The fringing reef in this subsection attains widths of 150 m but generally is below 100 m.

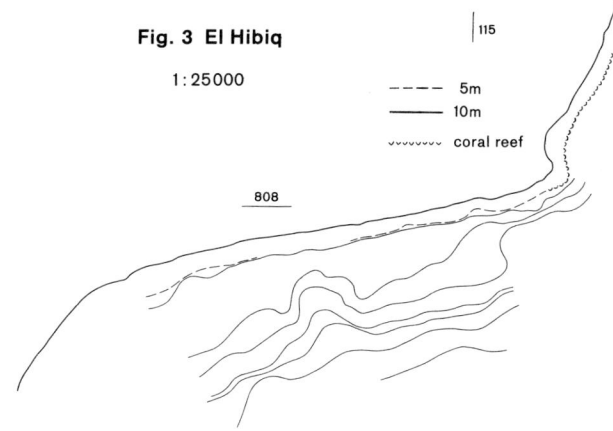

Fig. 3 El Hibiq

1:25000

---- 5m
——— 10m
∿∿∿∿ coral reef

115

808

The south coast of the El Hibeiq fan has been surveyed by the Royal Navy; depth contours show a steep slope between the 40 and 60 m contour and a marked indentation of the 20 to 50 m contours in the middle of the Hibeiq south coast. This indentation does not correspond to a particular wash on the present fan and is certainly not the main wadi outlet. South of El Hibeiq there are patch reefs about 750 m off the main reef.

SUBSECTION VIII: HASAT EL HAGAR TO EL LIHLABA

The northernmost 4 km of this 11 km long subsection show a wide fringing reef, widths reaching from 150 to 500 m, marked by a series of elongate pools and several patch reefs off the main reef, the coastal plain being less than 500 m in width and mountains often approaching the shoreline. The wide fringing reefs terminate at the combined alluvial fan of wadis Risasa and Huqna, daiscontinuous fringing reef with width of 50 m is typical for the ensuing 2,5 km of the coast. The most conspicuous morphologic feature of subsection VIII is the promontory of Ras Abu Qalum, the northwestmost part of which is the sandy spit of El Gardud. The spit and the fringing reef encompass a lagoon which measures 1.250 by 500 m, the southern shore of the lagoon is the promontory of Ras Abu Qalum, a complex of raised beaches. The small fan of Wadi Gmeiyid and a further south lying series of raised beaches complete this part of the subsection.

The southern part of the subsection with a length of 3,5 km is characterized by a lack of coastal plain. The fringing reef is 25 to 75 m wide and is breached by three embayments in the northern part; these bays occupy the mouths of short wadis.

SUBSECTION IX: EL LIHLABA TO DAHAB

The subsection is 8 km long and the coastal plain is less than 250 m wide. The fringing reef is continuous along this subsection with a width between 25 and 150 m. The most interesting part of the subsection is that of Naqb Shahin just south of El Lihlaba. The fringing reef here reaches a width of 125 m and encloses a nearly circular hole of 75 by 50 m with a depth of 80 m; the shore at this place consists of raised coral reef markedly dipping seaward. There is no connection between the hole and a wadi outlet, the mountain area approaches the shoreline at this place. Another marked imperfection in the fringing reef lies just to kilometers to the south; here a furrow in the fringing reef may be traced to an old wadi course. The submarine continuation of the furrow is a canyon with depths down to 50 m ca. 200 m off the main reef. Although the wadi is a very short one the influence of fluviatile action can hardly be denied in this case.

SUBSECTION X: DAHAB PENINSULA

Another important morphological feature of the Sinai coast is the peninsula of Dahab. This is the alluvial fan of Wadi Dahab draining an area of approximately 2.000 km^2 in the central eastern part of the Sinai Peninsula. Its outline resembles a trapezoid with a base length of 5 km and a width of 2 km at the northern end and three kilometers at the southern end. The nearly regular trapezoid outline can be interpreted from available satellite imagery and depth data of the seaward boundery as being fault-controlled. In contrast to all other alluvial fans the actual course of Wadi Dahab is a channel with a width of 350 – 550 m and a depth of 3 m below the fan surface extending for the whole width of the fan and ending in the small bay of Gahaza; as already noted by HUME (1906) this bay is probably due to the "unfavorable influence of the materials brought down from the hills by the rainstorms on the growth of the coral reef, or to a secondary depression of small extent which has caused the sea to advance up the valley". The continuation of the wadi course is a submarine canyon.

Four different stages in fan development can be discerned within the Dahab area:

1) An isolated older area of fan deposits rising above the main fan area
2) The main fan area
3) The cliff-bounded course of Wadi Dahab
4) The actual course of Wadi Dahab cut further into the bottom of the cliff-bounded valley.

The coastal morphology in this subsection is as follows:
The fringing reef attains a maximum width of 250 m in the northernmost and northeast-exposed section of the fan, the reef narrows markedly 0,8 km north of Gahaza Bay; a maximum width of 125 m is typical for this part of the coast. South of Gahaza Bay which lacks coral reef due to reasons already discussed above the fringing reef varies in width between 50 and 400 m.

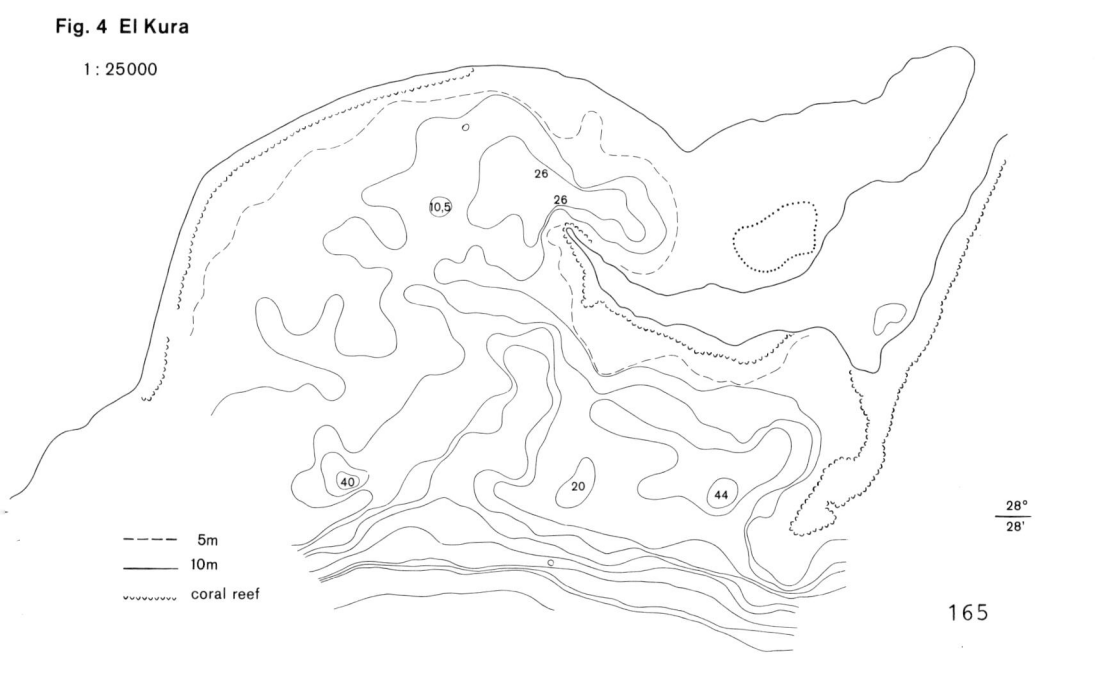

Fig. 4 El Kura

1 : 25000

Dahab Peninsula
Ulrich Cimiotti, 1980

Legend

	coral reef (recent)		berms
▮	beach rock	– – –	fault
		— · —	dikes

Just 0,5 km south of Gahaza Bay a sand spit begins, its overall length is 3 km. The material forming this spit is derived from the alluvial fan deposits of Wadi Dahab those being transported to the south by longshore currents induced by the prevailing northerly winds. The spit is southwestward curving and forms the so called bay of el Kura or Kara bay. Seaward of the spit lies the fringing reef, the spit itself is made up of a system of several berms which encompass two lagoons, a small one measuring 100 by 60 m and lying on the seaward side, the other one on the landward side with a size of 200 by 100 m. Both lagoons and most of the spit's shores are lined by beach rock deposits consisting of igneous pebbles and oyster shells with a calcareous cement and of a dark colour, the thickness attaining 0,3 m.

The southern coast of the Dahab alluvial fan consists of several parallel oriented berms, their distance to each other widening to the east. Transport of material is apparently effected by southerly winds. According to nautical charts depths of up to 40 m are reached within Kara bay, aerial photography available indicates shallow sand covered sea bottom to the west of Kara bay, the material being delivered by a small wadi just 1,0 km south of the fan and probably being the source of material for the berms making up the south coast of the Dahab alluvial fan.

SUBSECTION XI: WADI QNAI EL RAYAN TO RAS ATANTUR

A subsection with a length of 26 km, characterized by the alluvial fan of Wadi Qnai el Rayan in the North with a radius of 1,5 km, otherwise the coastal plain is very narrow with widths of up to 200 m, the mountains of the coastal ranges often rising directly from the sea. There is a continuous fringing reef over the whole length of this subsection with a width of up to 150 m, a mean value being 50 m.

SUBSECTION XII: RAS ATANTUR TO NABQ

With a length of about 20 km this subsection is made up by the alluvial fan of Wadi Kid and merging fans of less important wadis. The width of the coastal plain is ranging from 2 to 8 km. There is a considerable portion of older fan deposits in the northern part of this subsection with incised younger wadi courses. Several N-S and NE-SW trending lineations within the older fan sediments indicate young tectonic movements. The fringing reef is up to 500 m wide with numerous pools, furrows, and indentations, several of the pools being lined by mangrove vegetation. Along the coastline there are frequent occurences of beachrock. The southernmost part of this subsection is the bay of Nabq occupying the mouth of Wadi Umm Adawi; within this area the fringing reef is discontinous with an irregular outline and width of up to 150 m. The south coast of the bay is a system of barrier beaches encompassing a shallow, nearly circular lagoon; the fringing reef attains a width of up to 1 km. The spit is effected by the transport of material due to wave action caused by northerly winds.

SUBSECTION XIII: COAST FACING TIRAN STRAITS

Though there is no difference in composition of the coastal plain from Nabq to Ras Muhammad this 8 km long subsection stands out because of its straight N $16°E$ trending coastline; this direction is also found in the fringing reef with only slight aberrations. The width of the fringing reef is up to 150 m, there are no marked imperfections except at the northern and southern end of this subsection. The coastline is marked by low cliffs cut into two complexes of raised coral reef. The reef complexes are slightly dipping to the west and partly covered by alluvial fan deposits. There are indications of a drainage network being cut into the reef complexes. The width of the zone in which indications of coral reefs overlain by fan deposits can be found is roundabout 2 km.

SUBSECTION XIV: RAS NASRANI TO SHERM EL SHEIK

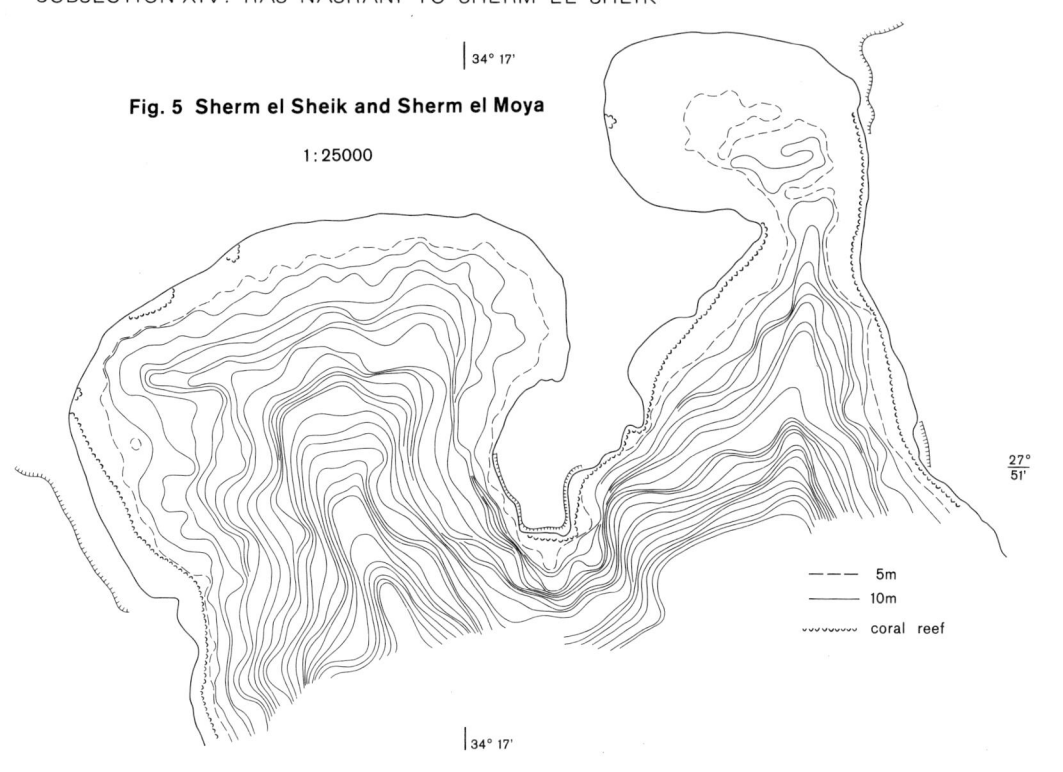

Fig. 5 Sherm el Sheik and Sherm el Moya

1:25000

- - - 5m
——— 10m
∿∿∿∿∿ coral reef

The coastal Strip from Ras Nasrani to Sherm el Sheik is characterized by several deep water bays notably Sherm el Sheik and Sherm el Moiya. Sherm el Sheik is the greater one of this two bays with a length of 1,4 km and a width of 1,5 km; its greatest depth is 280 m, the 50 and 100 m depth contours branch into the direction of the two wadi outlets reaching the bay. The bottom of the bay is covered by sand and gravels derived from the surrounding hills. Sherm el Moya is a little bit smaller with a length of 1,5 km and a width of only 0,8 km. A small promontory divides the bay into two distinct parts, an inner part with depths up to 12,5 m and the outer bay area with depths approaching 250 m. There are small areas of fringing reef at the western and eastern coasts, the northern coast is made up of a gravel beach. The bottom of the bay is covered with sand and gravel as well as coral debris. The fringing reef in this area is generally less than 75 m wide and lacking within the bays. There are three different stages of raised coral reef (NIR, 1971), the lower and intermediate stages confined to narrow strips along the coastline whereas the upper coral terrace is of a wide extent reaching widths of 1,5 km, their westernmost boundary is obscured by overlying alluvial fan deposits.

Near Ras Umm Sid the level of the lower coral terrace is at most 8 m above m.s.l. It is comparable to the one in the northeastern part of the Ras Muhammad Peninsula. Here too there are deep cracks and fossil tidal creeks. The intermediate coral terrace attains heights of 12 to 16 m a.m. s.l.; it is frequently cut through by wadis descending from the surrounding hill region. The height of the upper coral terrace is between 16 and 22 m a.m.s.l. and rises with a 6m escarpment above the intermediate coral terrace. The maximum thickness of the reef section is 1,5 m and it is unconformably overlying the tilted miocene sediments of the basement. The age of the coral reef terraces appears to be quarternary.

SUBSECTION XV: SHERM EL SHEIK TO RAS MUHAMMAD

This subsection comprises the southernmost 14 km extending to the southern promontory of the Siani peninsula. The coastal plain within this area is up to 5 km wide, it is built up by three coral reef terraces and alluvial fan deposits. The fringing reef has a maximum width of 150 m and is partly lacking within the bays.

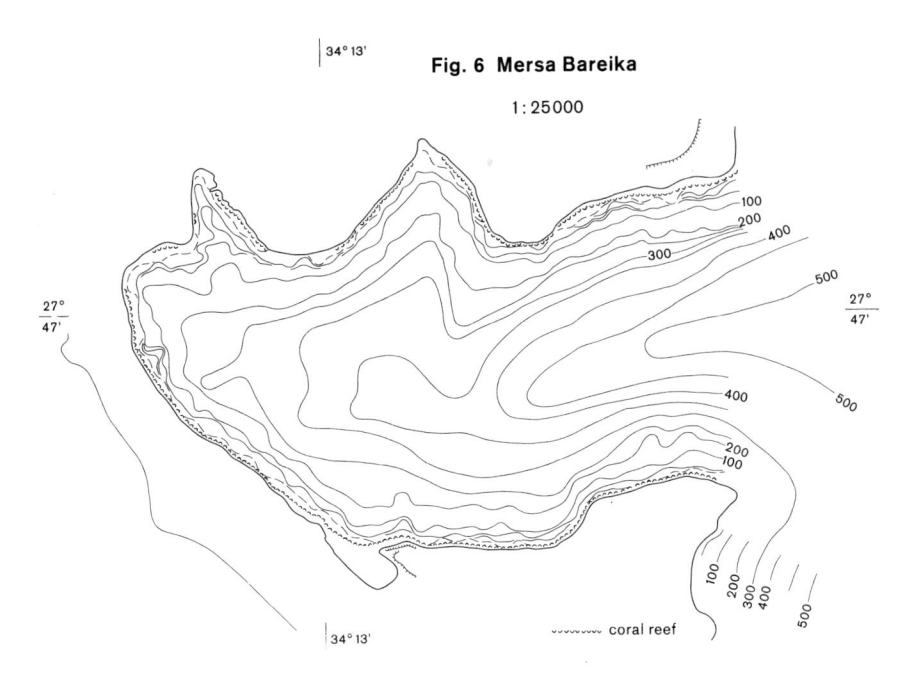

Fig. 6 Mersa Bareika
1 : 25000

The most important bay in this area is Mersa Baraika with a length of 5,5 km and a maximum width of 3,5 km. From the Northern Red Sea the 1.000 m contour approaches Mersa Baraika, the 500 m contour reaches about 1 km into the bay. The depth contours branch of into the direction of the bays which receive the main wadi outlets in this area.

The coral reef terraces bordering Mersa Baraika have been studied by HUME (1906) and NIR (1971). The lower terrace has a height of 2 to 3 m above the mean high water line and is cut through by numerous cracks probably of a neotectonic origin. A marked difference exists between the heights of the lower terrace at the north respectively the south coast of Mersa Baraika. Along the north coast the recent fringing reef lies 2 m below high water and the lower terrace 2 m above, whereas along the south coast the recent fringing reef lies near the mean high water line and changes continually into the lower terrace without a notable change in height level. This indicates a recent upward movement of the Ras Muhammad Peninsula relative to the northern coast of Mersa Baraika.

The intermediate terrace attains heights between 8 and 12 m above mean high water, it is covered with coral debris, gravel and silt. This layer with a thickness of 1 m overlies hard coral rock with fossil ripple marks in its surface. This weathered layer is indicative of a long period of exposure to atmospheric agents. In addition to fossil ripple marks there are several dry winding water courses probably fossil tidal creeks from the time when the terrace lay below sea level. These have been more deeply incised by weathering since then and reach depths of up to 1 m.

In contrast to the two terraces already dealt with the upper coral terrace in nearly every place occurs in tilted blocks. The thickness of the coral debris is greater than with the other terraces and suggests an even greater age. The upper terrace reaches heights of 20 to 22 m above mean high water; it is marked by deep cracks like the other two types of terraces.

COASTAL MORPHOLOGY OF THE EASTERN COAST FROM AQABA TO SENAFIR ISLAND

SUBSECTION XVI: AQABA TO EL BURJ

A subsection with a length of 10 km which comprises Aqaba harbour where for a distance of 2 km coral reef has been destroyed for building purposes to enable 50.000-tdw-ships to enter the harbour. Near Aqaba three levels of raised coral reef or terraces have been reported (HULL, 1889 / MERGNER, 1974) at heights between 24 — 27 m, 30 m, and 40 m above MHW. The coastal plain is 0,1 to 0,5 km wide consisting of dissected and highly inclined alluvial fan deposits of wadis descending from the neighbouring hills made up of the pink to red Aqaba granite. Gravels from this granite have been found in the numerous occurences of beachrock in this subsection (MERGNER, 1974; ELLENBERG personal communication). The fringing reef is discontinuous and varies in width from 20 to 140 m; in the southern part knolls and patch reefs off the main reef exist.

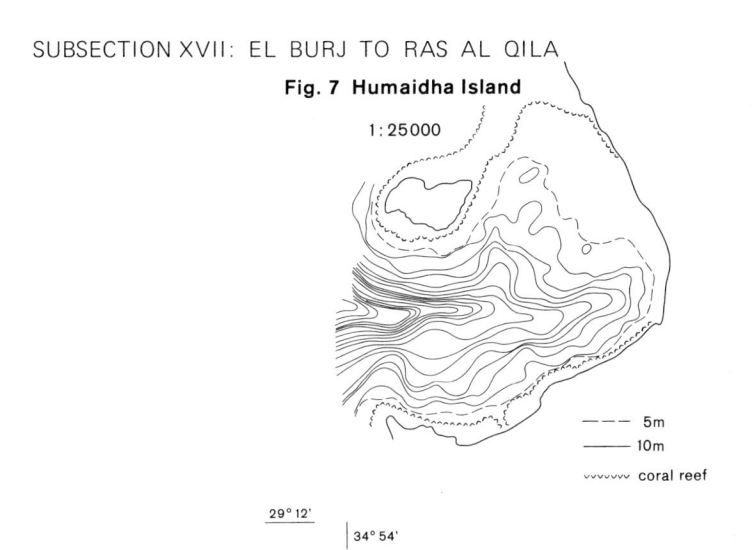

SUBSECTION XVII: EL BURJ TO RAS AL QILA

Fig. 7 Humaidha Island
1 : 25 000

- - - - 5m
──── 10m
vvvvvv coral reef

29° 12'
34° 54'

A wide coastal plain (up to 3 km) and extensive hill region made up of quaternary sediments are characteristical for the subsection which has a length of 45 km. The fringing reef attaining widths of up to 200 m is continuous except for the mouths of some wadis which form deep water bays along the coast. A typical example is the bay south of Humaydha Island, the island built up of coral reef is linked to the mainland by a living coral bank; together with a promontory in the south it forms a bay with a length of 1,0 km and a width of 0,5 km. The depth contours, notably the 50 m contour, branch of into the bay giving a Y-type impression.

SUBSECTION XVIII: RAS AL QILA TO RAS SUWAYHIL AS SAGHIR

Along this 30 km subsection the fringing reef is continuous with a width of 50 to 200 m and knolls and patch reefs off the main reef. The coastal plain is up to 3 km wide and the hill region to the east is built up of quaternary sediments, even further to the east rise the granite Mountains of Midian.

SUBSECTION XIX: RAS SUWAYHIL AS SAGHIR TO TAYYIB AL ISM

A 35 km subsection where the granitic mountains rise steeply from the shoreline. The coastal plain is mostly less than 50 m wide, except in a 7 km section around Ras Suwayhil al Kabir where it is up to 2 km wide; this area is according to geological evidence a fault block. The fringing reef along the coast is continuous with a width of less than 100 m.

SUBSECTION XX: TAYYIB AL ISM TO SHARM DABBAH

The coastal plain bordering the gulf within this subsection of 30 km length is 1 to 3 km wide, the mountains to the east being built up by tertiary sediments mostly marls, limestones, and evaporites of the Raghama Formation. The continuous fringing reef, its width varying from 10 to 100 m, is breaked by Sharm Dabbah, a shallow bay with a length of 1 km and depths reaching 6 m according to the Red Sea Pilot (1967).

SUBSECTION XXI: SHARM DABBAH TO RAS FARTAK

The fringing reef in this area attains of up to 1 km, the reef's shape is highly irregular, with several sharms breaching the reef, notably Sharm Mujawwan with a length of 3 km and a maximum depth of 6 m (Red Sea Pilot, 1967). The coastal plain is made up of raised coral reef and coastal terraces with several inliers of the Raghama Formation. To the south of Ras Fartak exists a narrow channel separating the Tiran reef flat from the mainland.

SUBSECTION XXII: TIRAN STRAITS, TIRAN AND SENAFIR ISLANDS

In the Strait of Tiran a N 40°E trending fault block is capped by four coralline islands (from NE to SW: Jackson-Reef, Woodhause-Reef, Thomas-Reef, Gordon-Reef); the trend of these islands coincides with that of the reefs extending from Ras Fartak to the NW-Cape (Johnson-Point) of Tiran Island. The whole area between Midian and Tiran and Senafir Islands is covered with coral reefs in the form of a reef flat, patch reefs and knolls. Tiran Island is the bigger one of the two islands with a length of 15 km and a width of 7,5 km, whereas Senafir measures 7,5 by 5 km. Both islands consist of a basement complex of precambrian granitic rocks with overlying tertiary calcareous rocks and sandstones. Beside that there are extensive deposits of recent and subrecent coral reefs and on Tiran Island a multitude of coral reef terraces with heights varying from 20 to 320 m above MHW. The coral reef complexes unconformably overlie tilted tertiary rocks.

CONCLUDING REMARKS ON THE COASTAL MORPHOLOGY OF THE GULF OF ELAT-AQABA AND ITS DETERMINING CAUSES

Abundant raised coral reefs and raised beach terraces occur in the Gulf of Elat-Aqaba and northern Red Sea areas their height levels varying between 1 m and 320 m a. MSL. Taking into consideration tectonic movements and eustatic changes in sea level as possible reasons for the various height levels and their distributional pattern the genesis of coastal raised terraces and raised coral reefs could be explained as follows:

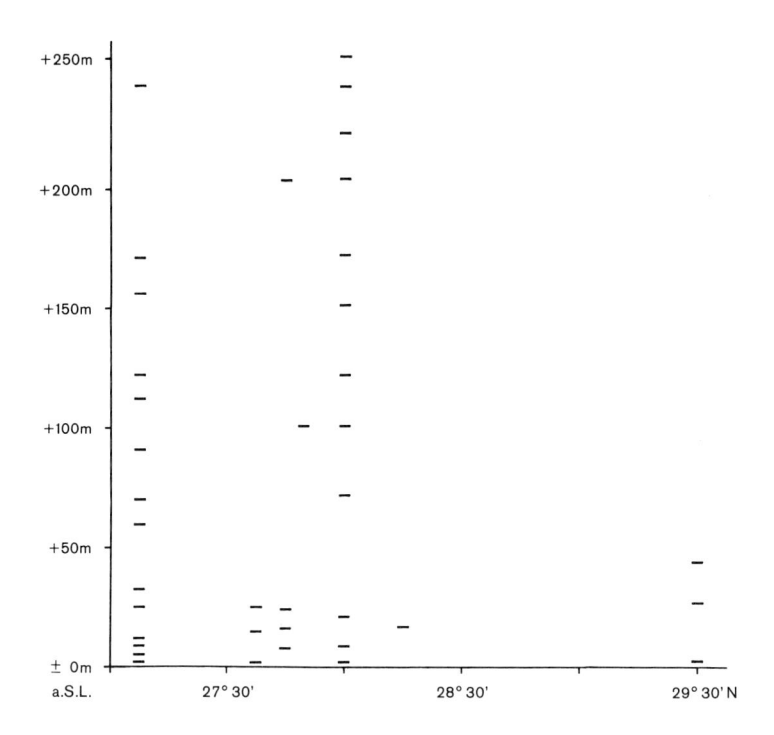

Fig. 8 Height levels of raised terraces Gulf of Elat - Aqaba and Northern Red Sea

The upper terraces which occur in the northern Red Sea area are of miocene to lower pleistocene age. Their present height levels are due to tectonic movements which in turn originated with the early development of the Red Sea. The extent of these movements is lessening during lower pleistocene times. The existence of subrecent tectonic movements is proven by the tilted coral reef terraces of the Ras Muhammad area (NIR, 1971). A further indication of tectonic movement is the fact that correlation of the upper terrace levels is virtually impossible which points to differences in the movement of various fault blocks.

The correlation of terraces of the lower height levels is good. This is interpreted as an indication for a considerably younger age and a genesis mainly effected by eustatic changes in sea level, although some local differences in height level exist and may be indicators for recent crustal movements as evidenced by earthquakes with epicenters within the gulf's area.

The morphology of the fringing reefs has recently (GVIRTZMAN et al., 1977) been described as having been superimposed on an preexisting base of alluvial fans and older fringing reefs by the holocene recolonization due to the rise in sea level. The various types of reef flat imperfections e.g. furrows, pools, and sharms are explained mainly as following preexisting onshore fluvial

Fig. 9 Mapped faults and photolineations in the Gulf of Elat - Aqaba region

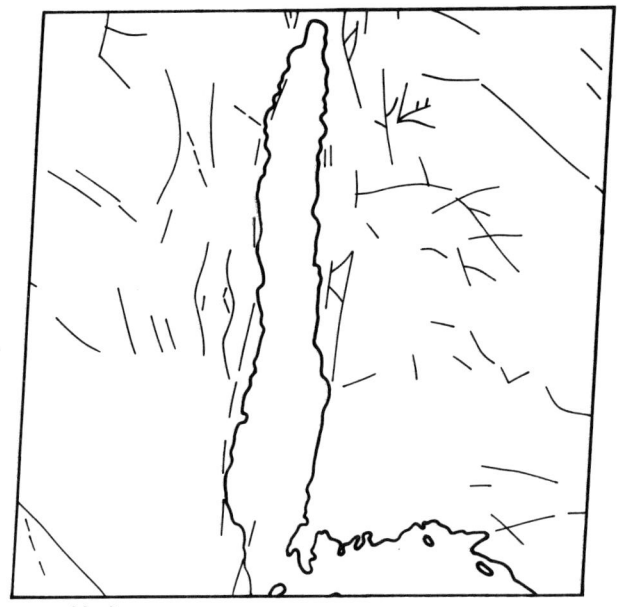

mapped faults

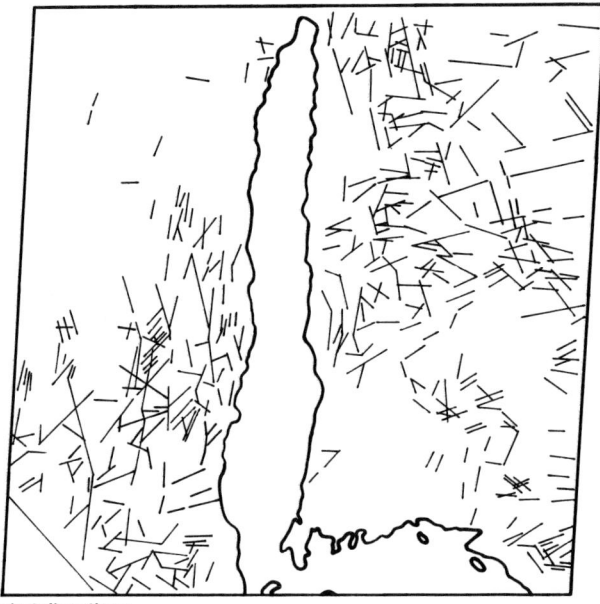

photolineations

patterns. Although the authors concede that Mersa Morakh may be fault-induced, there are several other cases where one might doubt their explanations. It is hardly conceivable that short wadis with minimal drainage areas should result in deep-water bays occupying the mouths of the wadis even when allowing for an increase in erosional activity through higher rainfalls during glacial stages and/or additional effects caused by the lowering of the erosional base level. It is proposed that at least part of those bays came into existence by erosional activity along linear zones of weakness due to tectonic activity. The bays within Mersa Baraika seem to be a good example for this process.

As to the circular to oval pools there are also some examples which cannot be connected to wadi outlets onshore, for these a karst-induced evolution during a late glacial stage is proposed as no other process seems to be available to explain their development. The nearly circular hole in the reef near Naqb Shahin is quite a good example. A solution of carbonate rocks during times of higher rainfall and subsequently a collapse of the cavern roof is most probable. The missing connection to onshore wadi outlets and the unusual depth of the hole (-80 m M.S.L.) support this hypothesis.

Numerous mapped faults in the Gulf of Elat-Aqaba area and a multitude of photo-lineations on satellite imagery strongly indicate an important role of tectonics in the evolution of the region. The generally NNE-SSW trending coastal sections suggest a fault-controlled coastline too. Evaluation of nautical charts support this view in many places as the sea-bottom steeply rises from depths exceeding 200 m, even in areas of sedimentation as e.g. the underwater slopes of alluvial fans.

The evolutionary history of the coastal zone of the Gulf of Elat-Aqaba can be abstracted as follows: Opening up of the gulf and shapening of the coast in tertiary times by tectonic activity. Development of alluvial fans and colonization of the gulf by coral populations, first fringing reefs come into existence. During glacial stages increased run-off and erosional activity. Especially within zones of weakness development of canyons, possibility of karst-induced morphology in some areas. Some of the raised terraces may be of interglacial origin. Most terraces and raised coral reefs are due to tectonic activity, only the lowermost can be assumend to be of eustatic origin. Recolonization during holocene times partly took place by superimposition on remnants of older reef complexes or on an older erosional relief. Recent developments are the recolonization of sharms and the closing of furrows by modern coral growth.

ZUSAMMENFASSUNG

Es wird der Versuch unternommen, an Hand von Literatur, Kartenmaterial, und einer kombinierten Auswertung von Luftbildern und Satellitenbildmaterial eine Darstellung der Geomorphologie des Golfs von Elat-Aqaba und seiner Randgebiete sowie einen Beitrag zur Genese dieser Region zu liefern.

REFERENCES

ARBESSER VON RASTBURG, C. (1898): Geodätische Arbeiten der S.M.S. "Pola" im Rothen Meere (nördliche Hälfte) 1895 — 1896. — Denkschr. k.u.k. Akad. Wiss. math.-nat. Cl., 65:314-350; Wien

BENDER, F. (1974): Explanatory notes on the geological map of the Wadi Araba, Jordan (scale 1:100.000, 3 sheets). — Geol. Jb. Reihe B H. 10: 62 p., 4 Taf.; Hannover

BENDER, F. (1975): Geology of the Arabian Peninsula — Jordan.-US Geol.Surv. Prof. Pap. 560-I:36p.; Wash.,D.C.

BENTOR, Y.K. & Vroman, A.J. (1955): The geological map of Israel 1:100.000 — series A: The Negev, sheet 24 — Eilat.-Survey of Israel; Jerusalem

BENTOR, Y.K. (1961): Petrographical outline of the precambrian in Israel. — Bull.Res.Counc. Israel, 10G:19-63; Jerusalem

BENTOR, Y.K. (1974): Geological map of Sinai 1:100.000 Gebel Sabbagh sheet. — Survey of Israel; Jerusalem

BRAMKAMP, R.A. et al. (1963): Geologic map of the Wadi as Sirhan Quadrangle, Kingdom of Saudi Arabia.-US Geol. Surv. Misc.Geol.Inv.Map I-200 A scale 1:500.000; Wash., D.C.

CIMIOTTI, U. (1975): Zur Geomorphologie des Grabensystems der südlichen Levante. — unveröffentl. Diplom-Arbeit: 119p.; Kiel

COHEN, S. (1978): Red Sea Diver's Guide — Deutsche Ausgabe. — 180p.; Tel Aviv

DEACON, G.E.R. (1952): Preliminary hydrological report — The "Manihine" expedition to the Gulf of Aqaba. — Bull. Zool. Brit. Mus. Nat. Hist.; 1:150-162; London

DUBERTRET, L. (1970): Review of structural geology of the Red Sea and surrounding areas. — Phil. Trans. Roy. Soc., A267:9-20; London

FREUND, R. (1965): A model of the structural development of Israel and adjacent areas since upper cretaceous times. — Geol.Mag., 102:189-205; London

FRIEDMAN, G.M. (1965): A fossil shoreline reef in the Gulf of Elat (Aqaba). — Israel J. Earth-Sci., 14:86-90; Jerusalem

FRIEDMAN, G.M. (1968): Geology and geochemistry of reefs, carbonate sediments, and waters, Gulf of Aqaba (Elat), Red Sea. — J. sedim. Petrol., 38:895-919; Tulsa

FRIEDMAN, G.M. et al. (1973): Generation of carbonate particles and laminities in algal mats — example from sea — marginal hypersaline pool, Gulf of Aqaba, Red Sea. — Bull. Amer. Ass. Petr. Geol., 57:541-557; Tulsa

GVIRTZMAN, G. et al. (1977): Morphology of the Red Sea fringing reefs: A result of the erosional pattern of the last-glacial low-stand sea level and the following holocene recolonization. — Mem. B.R.G.M. No. 89:480-491; Paris

HALL, J.K. (1975): Bathymetric chart of the Straits of Tiran. — Israel J. Earth-Sci., 24:69-72; Jerusalem

HUME, W.F. (1906): The topography and geology of south-eastern Sinai. — 280p.; Cairo

MERGNER, H. & SCHUMACHER, H. (1974): Morphologie, Ökologie und Zonierung von Korallenriffen bei Aqaba, (Golf von Aqaba, Rotes Meer). — Helgoländer wiss. Meeresunters.; 26:238-358;

NIR, D. (1971): Marine terraces of southern Sinai. — Geogr. Rev., 61:32-50; New York

OMARA, S. (1959): The geology of Sherm el Sheik sandstone, Sinai, — Egypt J. Geol., 3:107-120; Cairo

OREN, O.H. (1962): A note on the hydrography of the Gulf of Eylath. — Israel Div. Fish., Sea Fish. Res. Stat. Bull. No. 30:3-14; Haifa

PICARD,L. (1966): Thoughts on the graben system in the Levant. — Geol. Surv. Canada Pap. 66-14:22-32; Ottawa

PICARD, L. (1970): On Afro — Arabian graben tectonics. — Geol. Rdsch. 59:343-381; Stuttgart

PICARD, L. (1970): Further reflections on graben tectonics in the Levant. — in: Illies, J.H. & Mueller, St.: Graben problems, p. 249-267; Stuttgart

POWERS, R.W. et al. (1966): Geology of the Arabian Peninsula — Sedimentary geology of Saudi Arabia. — US Geol. Surv. Prof. Pap. 560D:147p.; Wash.,D.C.

QUENNELL, A.M. (1951): The geology and mineral resources of (former) Trans — Jordan. — Colonial Geology and Mineral Resources, 2:85-115; London

RATHJENS, K. & von WISSMANN, H. (1933): Morphologische Probleme im Graben des Roten Meeres. — Peterm. Geogr. Mitt., 79: 113 - 117, 183 - 187; Gotha

SAID, R. (1962): The geology of Egypt. — 377p.; Amsterdam

SCHICK, A.P. (1958): Marine terraces on Tiran Island, northern Red Sea. — Geograf. Ann., 40:63-66; Stockholm

SCHICK, A.P. (1958): Tiran: The straits, the island and its terraces. — Israel Expl. J., 8:120-130, 189-196; Jerusalem

SCHMIDT, W. (1923): Scherms an der Rotmeerküste von el — Hedschas. — Peterm. Geogr. Mitt., 69:118-121; Gotha

SCHÜRMANN, H.M.E. (1966): The precambrian along the Gulf of Suez and the northern part of the Red Sea. — 404p.; Leiden

SIAGAEV, N.A. et al. (1967): The main tectonic features of Egypt — an explanatory note to the tectonic map of Egypt, scale 1:2.000.000. — UAR Geol. Surv. Pap. 39:26p.; Cairo

VROMAN, A.J. (1961): On the Red Sea rift problem. — Bull. Res. Counc. Israel, 10G:321-338; Jerusalem

WALTHER, J. (1888): Die Korallenriffe der Sinai-Halbinsel. — Abh. Kgl. Sächs. Ges. Wiss. math.-phys. Cl., 14:439-505; Leipzig

WEISSBROD, T. (1969): The paleozoic of Israel and adjacent countries — pt II The paleozoic outcrops in southwestern Sinai and their correlation with those of southern Israel. — Israel Geol. Surv. Bull. 48:32p.; Jerusalem

TOPOGRAPHIC MAPS:

Survey of Israel	(1956):	Southern Sinai 1:100,000, sheets 1, 7, 9, 11, and 12 (2nd ed.); Jerusalem
	(1977):	Israel 1:100,000, sheet 26 – Eilat; Jerusalem
	(1977):	Sinai 1:100,000 provisional, sheets 58-59, 62-63, 66-67, and 69-71; Jerusalem
	(1977):	Sinai 1:250,000, Southern Sinai; Jerusalem

NAUTICAL CHARTS:

Defense Mapping Agency, Hydrographic Centre	(1977):	No. 62220, Gulf of Aqaba 1:300,000; Wash., D.C.
Deutsches Hydrographisches Institut	(1977):	No. 335, Ansteuerung der Häfen Elat und Aqaba 1:15,000; Hamburg
	(1977):	No. 317, Golf von Aqaba 1:350,000; Hamburg
Israel Ministry of Transport	(1975):	No. 7, Strait of Tiran 1:25,000; Haifa
Royal Navy, Hydrographic Office	(1970):	No. 2375, Strait of Gubal 1:150,000; Taunton
	(1965):	No. 3034, Harbours and anchorages in the Red Sea, plans; Taunton
	(1968):	No. 3595, Harbours and anchorages in the Red Sea, plans; Taunton
	(1971):	No. 3595, Gulf of Aqaba 1:300,000; Taunton

AERIAL PHOTOGRAPHY AND SATELLITE IMAGERY

Survey of Israel	(1957):	Gulf of Elat, west coast 1:48,000; Jerusalem
US Geological Survey LANDSAT scenes:		82374072915G2 81108074415G2 81162074315G2 81144074355A2
		false color composites scale 1:1,000,000

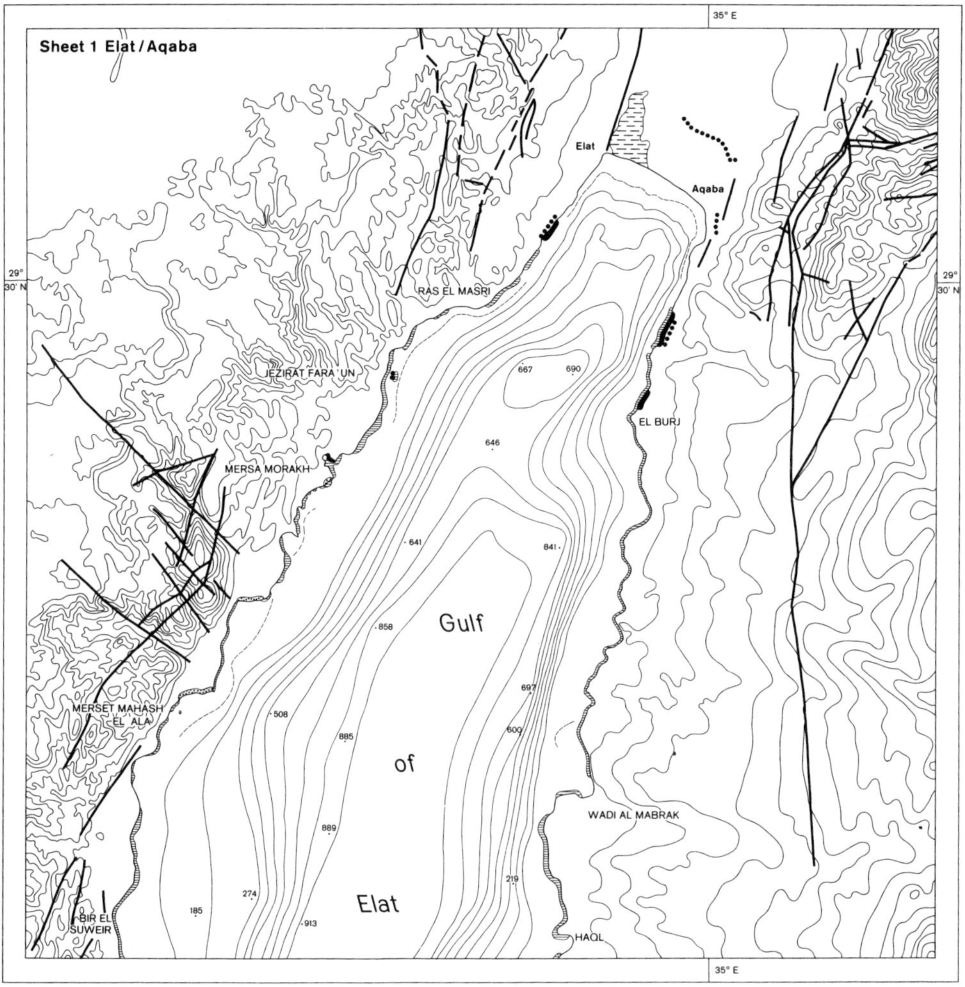
Sheet 1 Elat / Aqaba
35° E
29° 30' N
Elat
Aqaba
RAS EL MASRI
JEZIRAT FARA'UN
MERSA MORAKH
EL BURJ
667
690
646
641
841
858
697
600
508
885
889
219
274
185
913
MERSET MAHASH EL ALA
BIR EL SUWEIR
WADI AL MABRAK
HAQL
Gulf
of
Elat

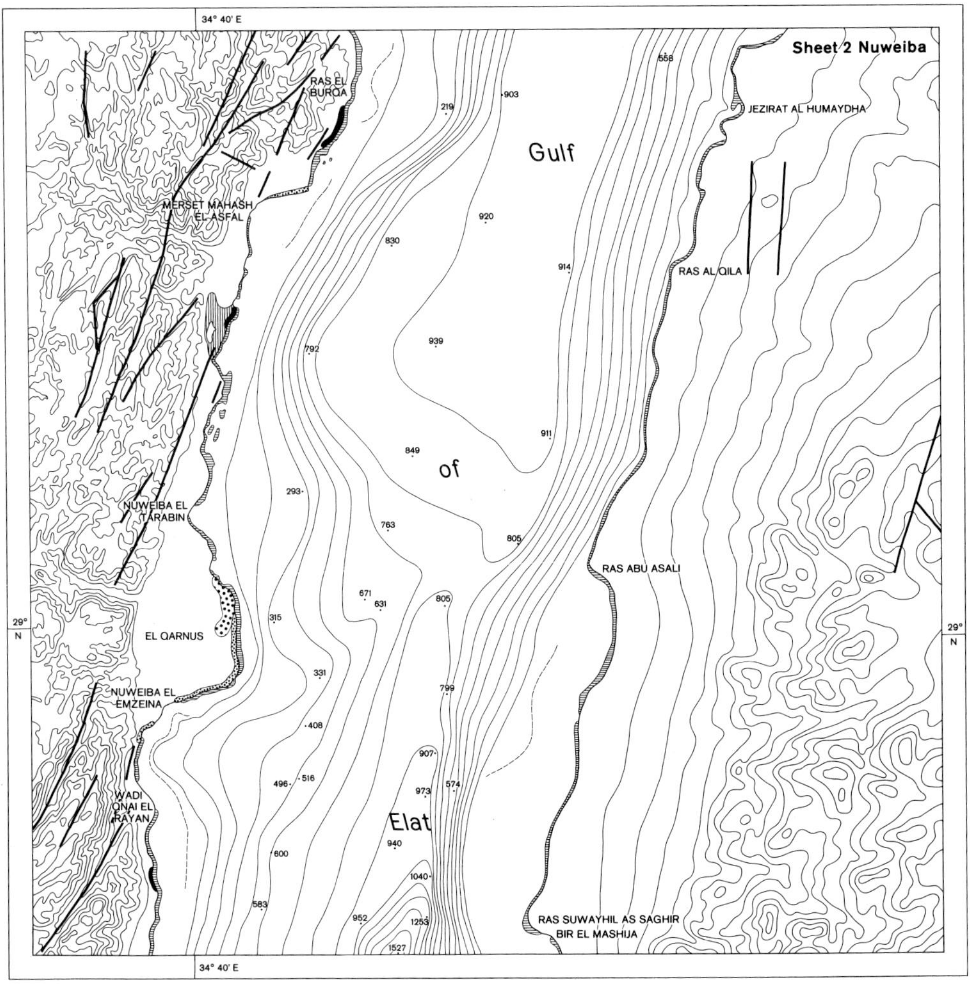
Sheet 2 Nuweiba
34° 40' E
29° N
Gulf
of
Elat
RAS EL BURQA
MERSET MAHASH EL ASFAL
NUWEIBA EL TARABIN
EL QARNUS
NUWEIBA EL EMZEINA
WADI QNAI EL RAYAN
JEZIRAT AL HUMAYDHA
RAS AL QILA
RAS ABU ASALI
RAS SUWAYHIL AS SAGHIR
BIR EL MASHIJA
558
903
219
920
830
914
939
792
911
849
293
763
805
671
631
805
315
331
799
408
907
496
516
973
574
940
600
1040
583
952
1253
1527

Sheet 3 Ras Abu Galum

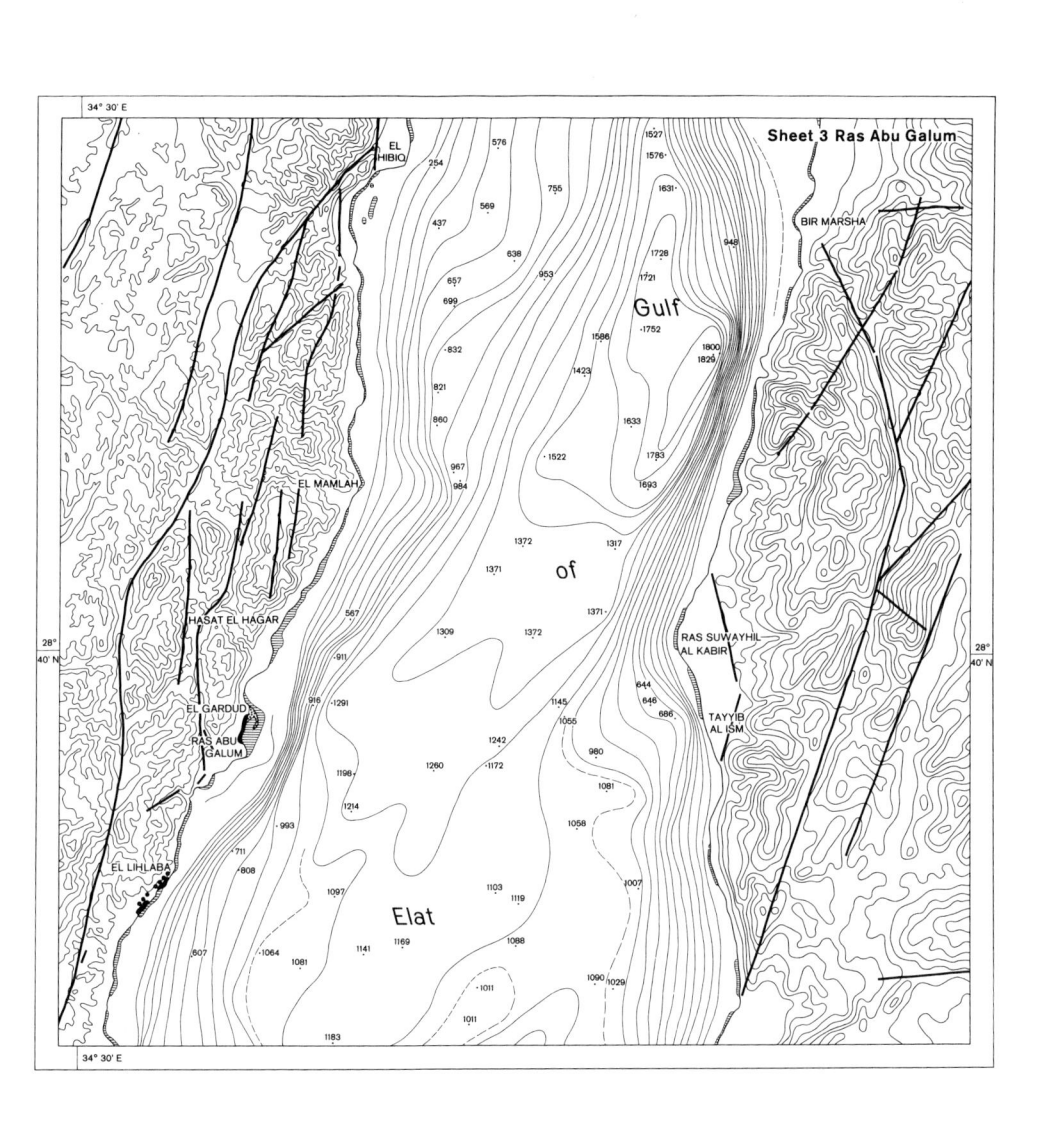

Gulf

of

Elat

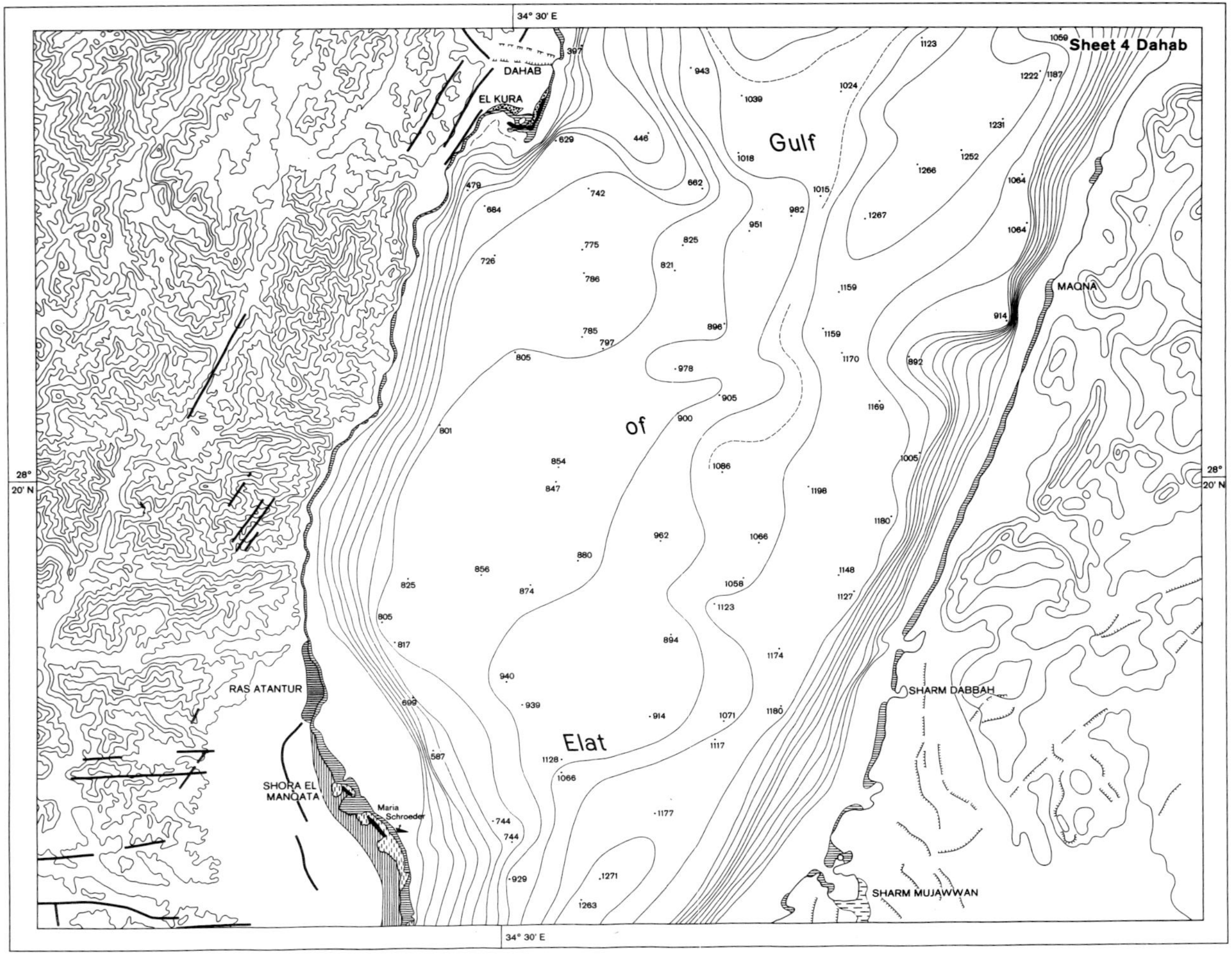

Sheet 4 Dahab
34° 30' E
28° 20' N
DAHAB
EL KURA
Gulf
of
Elat
MAQNA
RAS ATANTUR
SHORA EL MANQATA
Maria Schroeder
SHARM DABBAH
SHARM MUJAWWAN

Sheet 5 Ras Nasrani

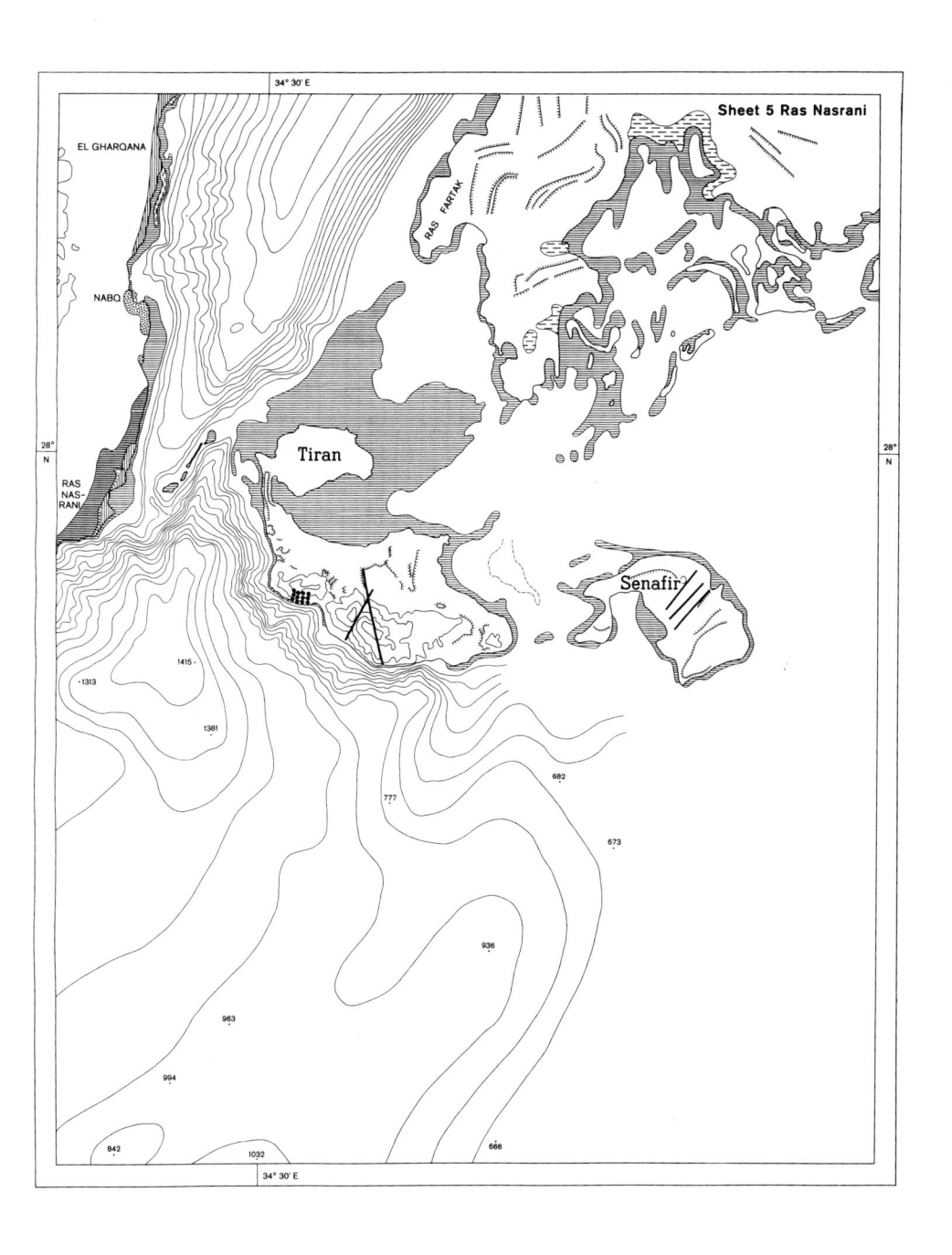

EL GHARQANA

NABQ

RAS FARTAK

RAS NAS-RANI

Tiran

Senafir

34° 30' E

28° N

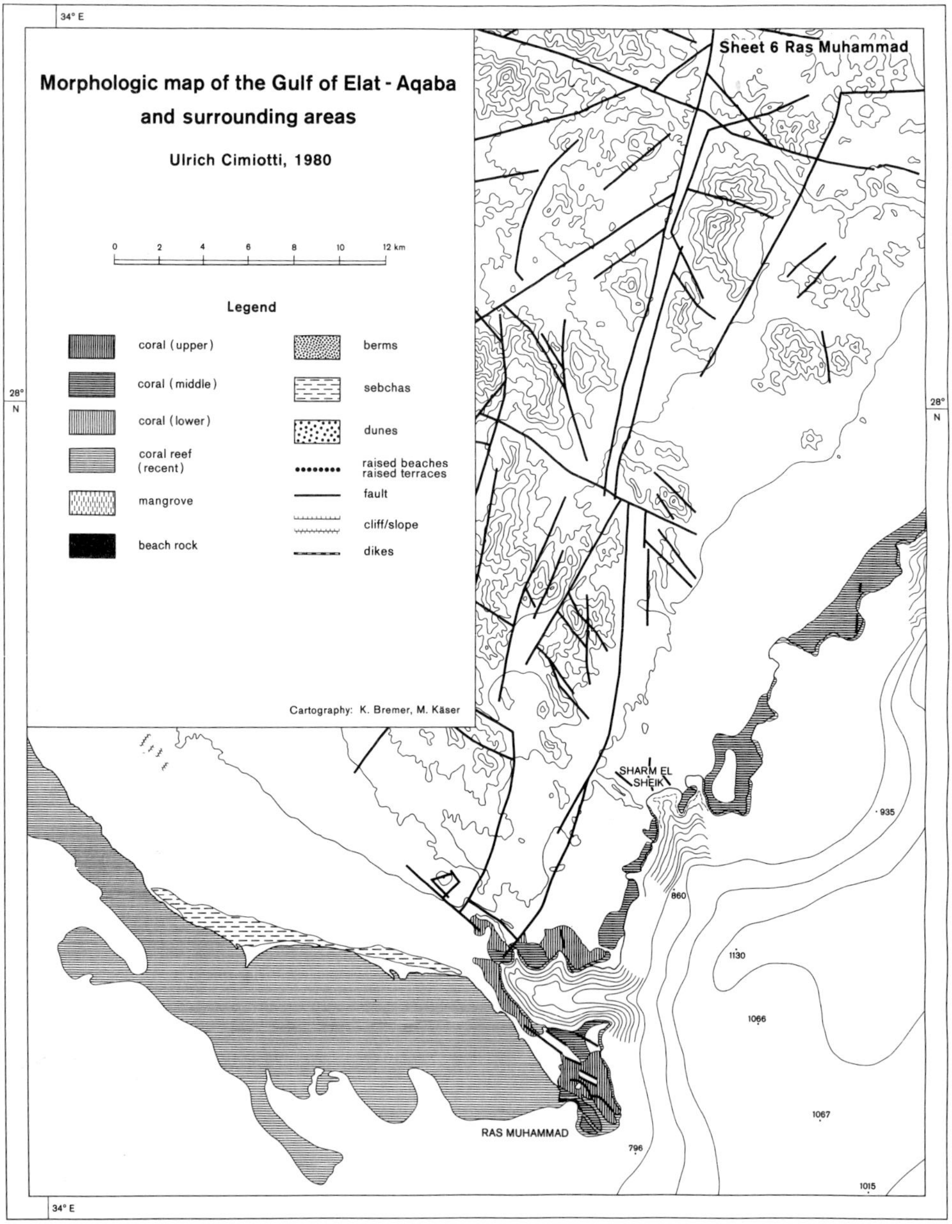
34° E
Sheet 6 Ras Muhammad
Morphologic map of the Gulf of Elat - Aqaba and surrounding areas
Ulrich Cimiotti, 1980
0 2 4 6 8 10 12 km
Legend
coral (upper)
coral (middle)
coral (lower)
coral reef (recent)
mangrove
beach rock
berms
sebchas
dunes
raised beaches raised terraces
fault
cliff/slope
dikes
Cartography: K. Bremer, M. Käser
28° N
SHARM EL SHEIK
RAS MUHAMMAD
935
860
1130
1066
1067
796
1015

Zur Klimamorphologie tropischer Küsten
von
Ludwig Ellenberg, Berlin

1. EINLEITUNG

Die Klimamorphologie ist jung. Als Forschungsrichtung setzte sie sich erst vor einem halben Jahrhundert durch (F. THORBECKE, 1927, u.a.). Sie wurde zum Schlüssel für die Erkenntnis und kausale Deutung der unterschiedlichen Morphodynamik und der Prozeßgefüge in den einzelnen Klimazonen und Höhenstufen der Erde. Heute nimmt die Klimamorphologie im englischen und französischen Sprachraum eine wichtige (jüngere zusammenfassende Darstellungen beispielsweise M.F. THOMAS, 1974; J. TRICART, 1974), im deutschen sogar die dominierende Stellung innerhalb der Geomorphologie ein (siehe neben vielen anderen Untersuchungen besonders C. TROLL, 1944, 1969; J. BÜDEL, 1948, 1970, 1972, 1977; H. BREMER, 1973; H. WILHELMY, 1974).

Der klimamorphologische Ansatz wurde bisher in erster Linie für die rein subaerische Reliefsphäre als gültig nachgewiesen. Ob eine klimamorphologisch ausgerichtete Untersuchung der Küsten der Erde ebenso berechtigt sei, war eine der Fragen, die H. VALENTIN in seiner ersten küstenmorphologischen Arbeit (1952) zu beantworten suchte, die ihn seither immer wieder beschäftigte und die der Anlaß seines letzten Vortrages wurde ("Ein System der zonalen Küstenmorphologie", Deutscher Arbeitskreis für Geomorphologie, Tübingen, 8. Oktober 1975). An seine Überlegungen und die zusammengetragenen und eigenen Beobachtungen von J.L. DAVIES (1972) und J. TRICART (1974) knüpfen die folgenden Ausführungen an, wobei sie sich auf die Küsten der niederen Breiten beschränken.

Drei Fragen werden gestellt.
1. Sind die typischen Merkmale der Küsten der niederen Breiten zonenspezifisch, d.h. kommen sie ausschließlich an Küsten dauerndwarmer Meere vor?
2. Falls dies zutrifft — wie ist dann die "Zone tropischer Küsten" zu begrenzen?
3. Wie wirken sich Unterschiede im tropischen Niederschlagsregime auf die Morphodynamik der Küsten der niederen Breiten aus?

Die Morphodynamik aller Küsten wird bestimmt von den folgenden direkt auf sie einwirkenden und sich gegenseitig beeinflussenden Faktoren (Abb. 1):

— Isostatische (und eustatische) Veränderungen;
— Hydrologische Bedingungen und morphologische Prozesse direkt an der Küste und in ihrem Hinterland;
— Temperatur und Zusammensetzung des küstennahen Meerwassers;
— Einflüsse von Organismen im Eu- bis Supralitoral;
— Wellen und Strömungen an der Küste;
— Tidenhub;
— Anthropogene Eingriffe.

Fünf Faktorenkomplexe steuern diese Größen:
— Bereits geformtes Relief im Küstenbereich;
— Geologie;
— Klima;
— Einflüsse anthropogener Art;
— Bodenbedeckung des Hinterlandes.

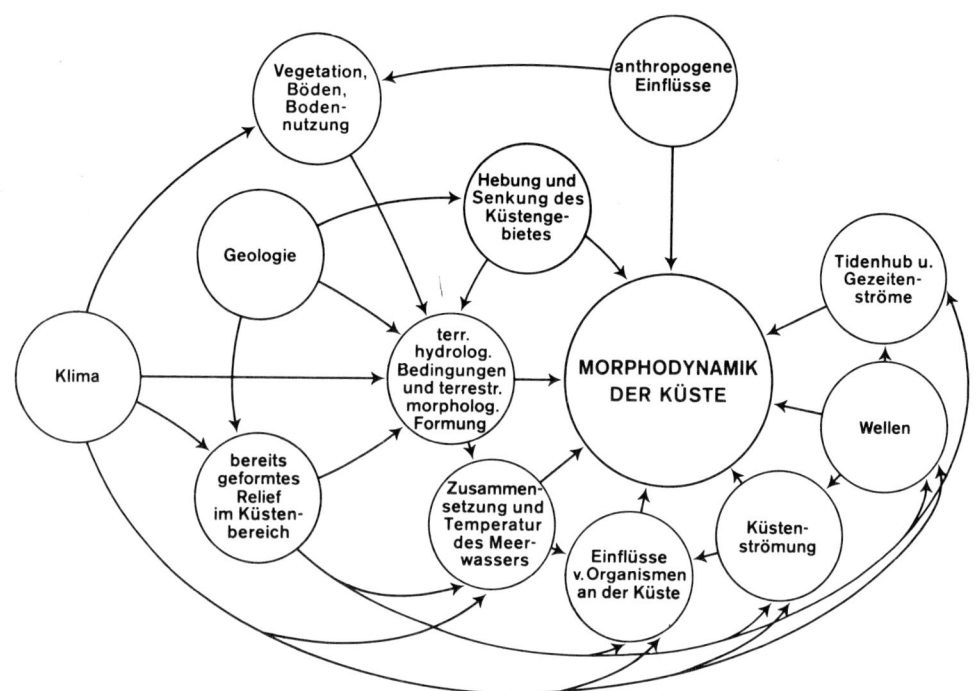

Abb. 1
Küstenmorphologisch wichtige Faktoren und Faktorenkomplexe in ihrem Zusammenwirken

Diese Faktorenkomplexe sind eng untereinander verwoben. Es ist deshalb nicht einfach, die Auswirkungen des Klimas allein präzise zu fassen. Es wirkt auf alle (Tidenhub, isostatische Veränderungen und anthropogene Einflüsse ausgeschlossen) direkt und indirekt die Küstenmorphodynamik beeinflussenden Größen.

2. TYPISCHE MERKMALE DER KÜSTEN NIEDERER BREITEN

a) Die Küsten der niederen Breiten liegen in Bereichen mit ganzjährig hohen Luft- und Wassertemperaturen. Durch diese werden c h e m i s c h e V e r w i t t e r u n g s p r o z e s s e begünstigt, die in den perhumiden bis subariden Klimaten für die Möglichkeit der Veränderung von Landformen ausschlaggebend sind. An den Küsten wirken sie sich ain vielfacher Hinsicht aus:

Ausnahmen innerhalb dieser Zonen
(nach J. L. Davies 1972)

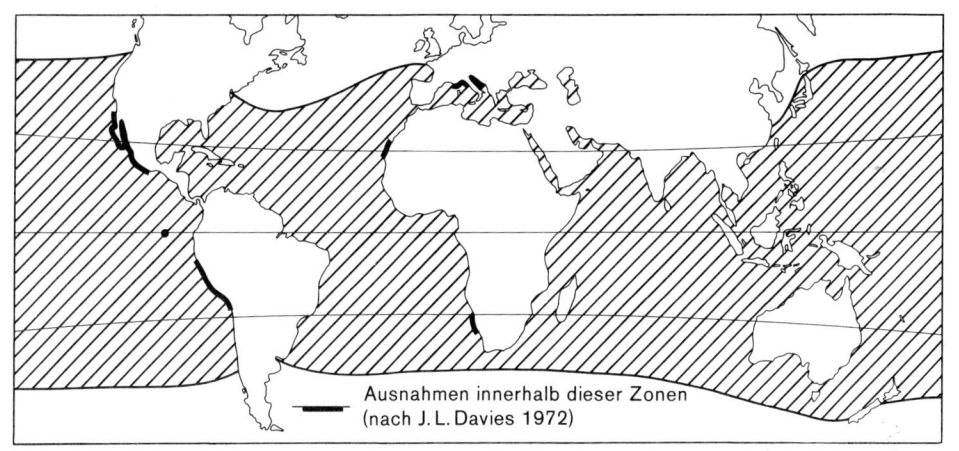

Abb. 3 Zone, in der Gerölle an der Zusammensetzung der Strände keine wichtige Rolle spielen.

b) Feinkörnige Sedimente können schon durch relativ schwache Strömungen der Küste entlang transportiert werden. K ü s t e n b e g l e i t e n d e S c h w e m m l ä n d e r sind deshalb in den niederen Breiten weiter verbreitet als in den Ektropen. Es sind ausgedehnte schlammige Verlandungszonen, Lagunen- und Nehrungen-Systeme und breite Standwall-Serien. Küsten, die im Gegensatz hierzu ins anstehende Felsgestein hineingefressen sind und deren Steilufer aus aktiven Kliffs bestehen, treten im Vergleich zu kühleren Klimaregionen seltener auf (J. TRICART, 1974). "Quarrying" (J.L. DAVIES, 1972, p. 7) ist ein Prozeß, der an Küsten mittlerer und hoher Breiten wichtiger ist als an Küsten warmer Meere.

Die polwärtige Abgrenzung der Zone intensiver Verwitterung, geringen Anteils von Geröllen in den Strandsedimenten, häufiger küstenbegleitender Schwemmländer und relativ seltenen Auftretens von Felsküsten ist nicht mit einer Grenzlinie oder einem schmalen Grenzsaum anzugeben; der Übergang vollzieht sich stufenlos und allmählich.

c) Riffbildende Organismen, allen voran B a u t e n v o n K o r a l l e n (vgl. Abb. 7) sind für die Küstenmorphologie von überragender Bedeutung. Die Riffe können Küsten aufbauen (Atolle, Barriereriffe) oder das Festland vor dem Einfluß zerstörerischer Brandung abschirmen (Saumriffe). Auch mechanisch zerstörte Korallenriffe sind wichtig: sie liefern das Material für kalkreiche und relativ grobkörnige Strandsedimente. Obwohl Korallenriffe die Küsten warmer Meere bei weitem nicht kontinuierlich begleiten, sei es wegen ungünstigem submarinen Relief, zu lockerem Untergrund, Trübung durch zugeführte Schwebstoffe oder zu hohem Salzgehalt des Wassers (L. ELLENBERG, 1979), stellen sie für die niederen Breiten doch ein typisches küstenmorphologisches Merkmal dar. Daraus läßt sich eine Zweiteilung in Küsten mit dem möglichen Auftreten von riffbildenden Korallen und solchen klimabedingten Fehlens von Korallenbauten rechtfertigen.

Der Verbreiterungsraum riffbildender Korallen liegt innerhalb des Bereiches, wo die Temperatur des oberflächennahen Wassers nie unter 18°C sinkt; die meisten Riffe kommen an Küsten vor,

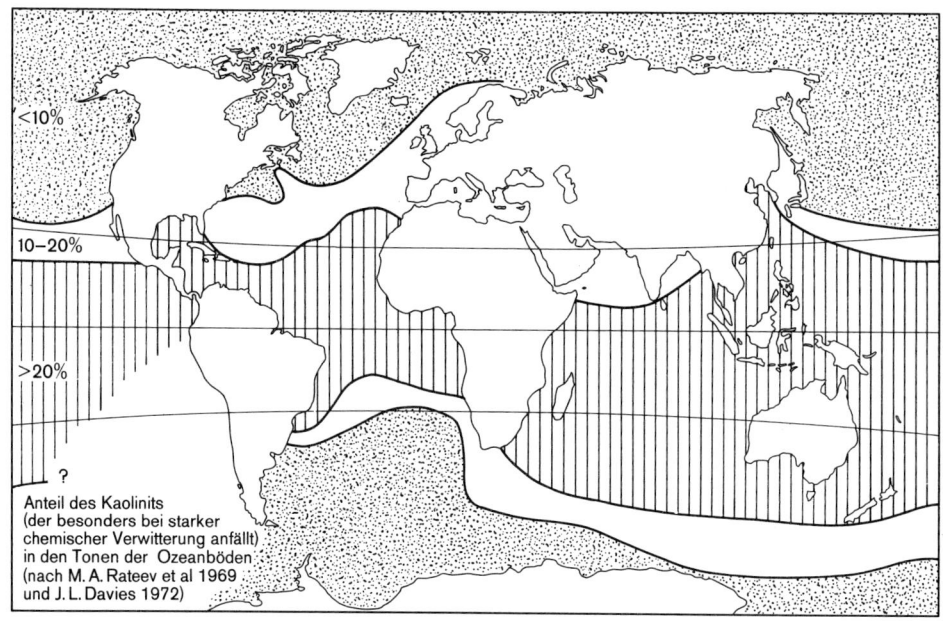

Abb.2 Intensität chemischer Verwitterung

Anteil des Kaolinits (der besonders bei starker chemischer Verwitterung anfällt) in den Tonen der Ozeanböden (nach M. A. Rateev et al 1969 und J. L. Davies 1972)

— Die Küsten niederer Breiten sind deshalb Bereiche mit besonders rasch voranschreitender und tiefgreifender Gesteinszersetzung (Abb. 2).
— Lösungsformen sind zwischen Eu- und Supralitoral häufiger, vielgestaltiger und mehr flächendeckend anzutreffen als in den Ektropen.
— An der Formung der Abrasionsplatten sind in den niederen Breiten nicht nur Wellen beteiligt, sondern auch Lösungsprozesse. Viele Schorren in Festgesteinen stellen deshalb nicht sanft meerwärts geneigte Ebenen dar, sondern horizontale Plattformen. "Water layer weathering" (J.L. DAVIES, 1972, p. 7) ist ein Prozeß, der weitgehend auf Küsten warmer Meere beschränkt bleibt und dort am stärksten wirkt, wo der Wechsel zwischen Benetzung und Austrocknung besonders kraß ist, also im Bereich geringen Niederschlags und großen Tidenhubs.
— Die Flüsse der Inner-, Rand- und Subtropen (im Sinne von J. BÜDEL, 1977) liefern dem Meer gesamthaft gesehen feineres Material als die der Ektropen. Deshalb sind die Strände der Küsten niederer Breiten aus Sanden kleiner Korngrößen aufgebaut (Abb. 3). Ausnahmen bilden nur Küsten in Trockenräumen, wo die chemische Verwitterung weniger intensiv wirkt, und nahe von Gebirgssträngen, wo die ins Meer mündenden Flüsse besonders große Transportkraft besitzen.

wo das Wasser ständig wärmer als 20°C bleibt. Der in Abb. 4 ausgeschiedene Kernraum umschließt die Gebiete, wo die Wassertemperatur von 26°C nicht unterschritten wird. Es ist das Verbreitungsgebiet von Atollen und gibt überdies einen Hinweis darauf, wo das Korallenwachstum auch während der pleistozänen Kaltzeiten bei etwa 6°C erniedrigter Temperatur möglich war (J.L DAVIES, 1972, p.69).

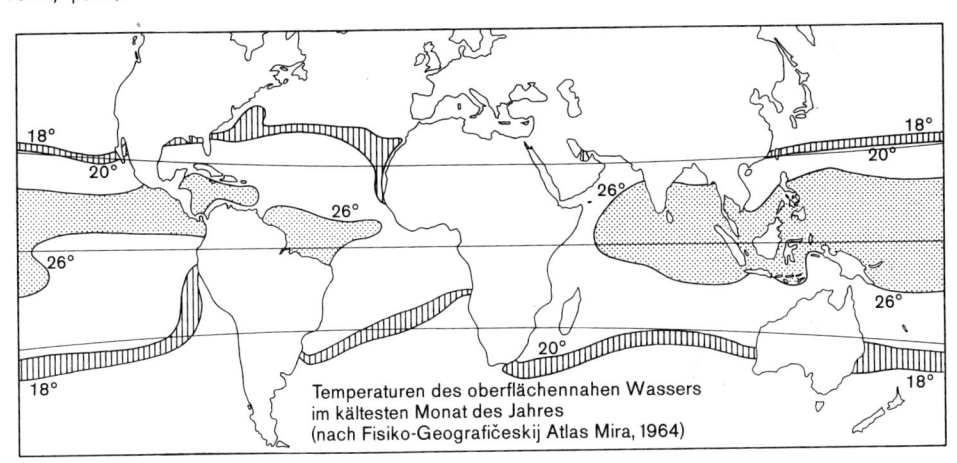

Abb.4 Wassertemperaturen

d) Nicht nur organische Akkumulationsformen sind für die Küsten niederer Breiten typisch, sondern auch die vielfältigen Prozesse der B i o e r o s i o n e n . Die jüngste deutschsprachige zusammenschauende Arbeit (F. WÖLFL, 1977) verdeutlicht zwar in erster Linie ihre Abhängigkeit vom Gesteinsmaterial. Darüber hinaus wird aber auch die Korrelation mit der Temperatur erkennbar. Der klimazonale Aspekt ist also zu erfassen, wenn auch weniger präzise als bei den organischen Akkumulationsformen.

e) Das Auftreten von b e a c h r o c k , d.h. durch Kalkfällung im Tidebereich zementierte Strandsedimente, wird meist nur erwähnt, um dessen Genese zu erörtern (Kontroverse: Entstehung nur bei Süßwasserzufuhr oder auch in reinen Salzwassermilieus). Darüber hinaus wäre m.E. beach rock aber auch als Veränderer des Prozeßgefüges zu erwähnen. Durch küstenbegleitende Leisten aus beach rock werden einerseits Strandsedimente fixiert und die Vertriftung von Sedimenten durch den longshore current und andere Strömungen erschwert, andererseits stellen sie bei kontinuierlichem Auftreten einen wirksamen natürlichen Schutz gegen die Abrasion dar. Selbst feinsandige Flachküsten in ausgesprochener Luv-Lage (z.B. Istmo de Médanos in Falcón, Venezuela) können durch Leisten aus beach rock in ihrer Form gänzlich konserviert werden (I. REUBER & L. ELLENBERG, 1979).

Beach rock ist an tropischen Küsten häufig. Bei den ganz unterschiedlichen Flach- und Steilküstentypen meines Arbeitsgebietes in Venezuela (750 km lange Küsten, L.ELLENBERG 1979) ist die Strandzementierung längs etwa eines Zehntels des Küstenverlaufs zu bemerken. An subtropischen Küsten ist die rezente Bildung von beach rock selten, kommt aber vor, wie Beispiele aus dem Mittelmeer (Abb. 5) und sogar noch weiter nördlich zeigen. Beach rock ist also nicht nur den Küsten niederer Breiten vorbehalten, aber für sie ist er typisch, während er ektropenwärts nur als Ausnahmeerscheinung vorkommt.

f) Ä o l i a n i t , durch Kalkfällung verfestigter Dünensand, ist ein weiteres Element, das an Küsten niederer Breiten häufig zu beobachten ist. Ebenso wie für den beach rock gilt, daß sein Verbreitungsgebiet nicht auf die Tropen beschränkt ist (Abb. 5), daß er aber in den Subtropen und kühl-gemäßigten Ektropen nur selten auftritt.

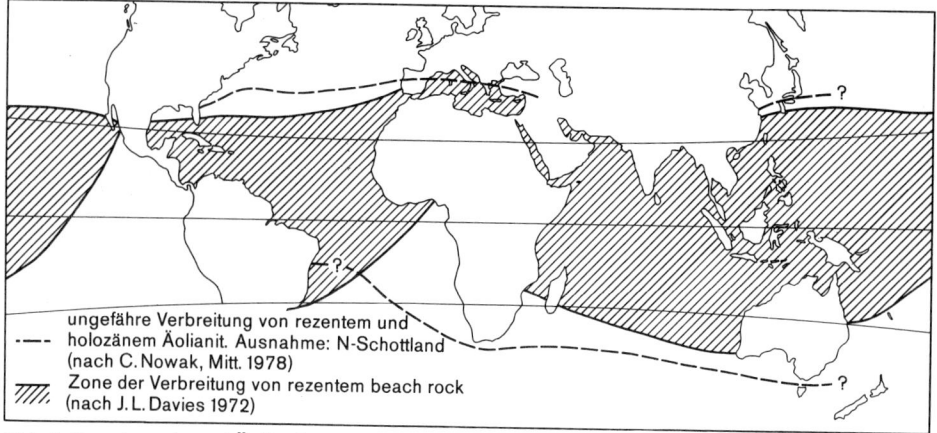

Abb.5 Beach rock und Äolianit

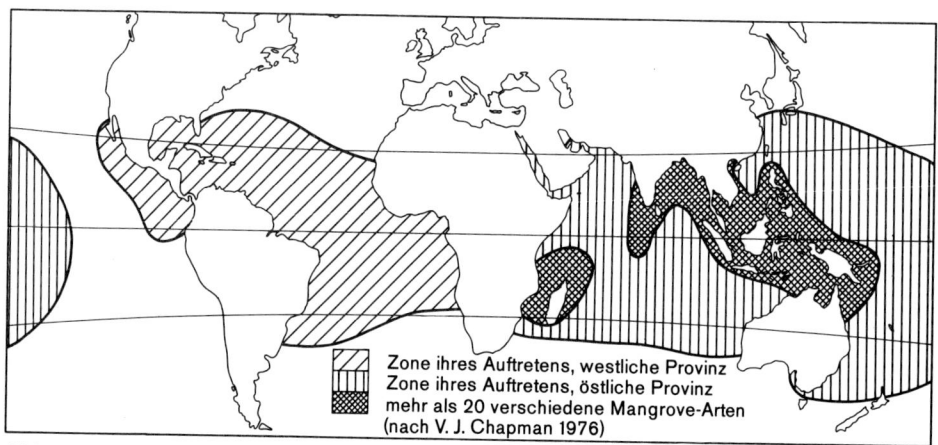

ungefähre Verbreitung von rezentem und holozänem Äolianit. Ausnahme: N-Schottland (nach C. Nowak, Mitt. 1978)
Zone der Verbreitung von rezentem beach rock (nach J. L. Davies 1972)

Abb.6 Mangroven

Zone ihres Auftretens, westliche Provinz
Zone ihres Auftretens, östliche Provinz
mehr als 20 verschiedene Mangrove-Arten
(nach V. J. Chapman 1976)

g) die Besiedlung von Flußmündungen, Watten, Stillwassern zwischen Korallenriffen und Festland und anderen wellengeschützten Stränden mit M a n g r o v e n ist ein weiteres Phänomen der Küsten niederer Breiten. Als üppig entwickelter, von Holzgewächsen beherrschter Vegetationstyp im Küstenbereich stellen diese Vorkommen einen großen Kontrast zu ektropischen Küsten dar. Zumindest teilweise sind sie an der Festlegung von Triftsedimenten beteiligt.

Die Verbreitung der Mangroven (Abb. 6) deckt sich in auffallender Weise mit der der Korallenriffe (vgl. Abb. 7), scheint also von ähnlichen Temperaturgrenzwerten abhängig zu sein (V.J. CHAPMAN, 1976)

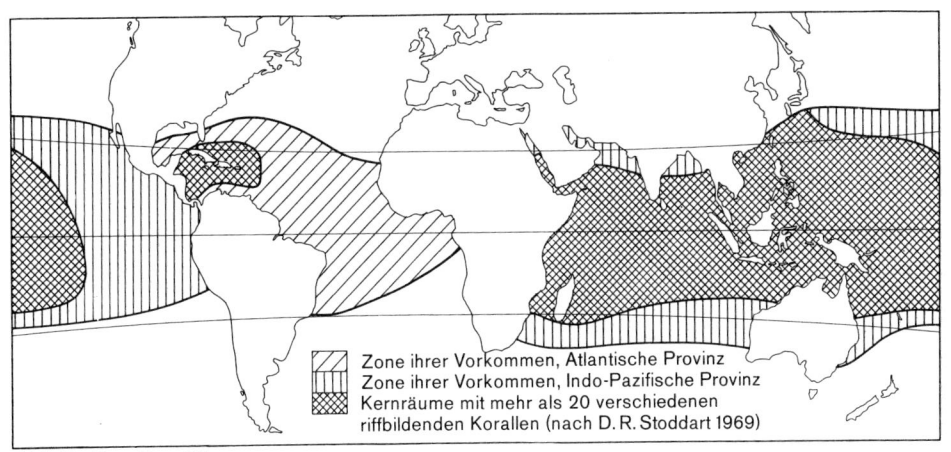

Abb. 7 Korallenriffe

Zone ihrer Vorkommen, Atlantische Provinz
Zone ihrer Vorkommen, Indo-Pazifische Provinz
Kernräume mit mehr als 20 verschiedenen
riffbildenden Korallen (nach D. R. Stoddart 1969)

h) Die ganzjährig durch den P a s s a t geprägten Küsten werden von der Brandung in dauernd gleicher Weise bedrängt, was Anlaufrichtung der Wellen und zum Teil auch ihre Stärke betrifft. An diesen Küsten bleiben die Küstenströmungen weitgehend konstant. Ganzjährig relativ stetige Winde aus annähernd konstanten Richtungen führen zur klaren Herauspräparierung von Luv- und Leeküsten. An ihnen sind die Prozeßgefüge sehr unterschiedlich, besonders wenn sie außerhalb des Bereichs tropischer Wirbelstürme, also episodisch auftretenden Störfaktoren, liegen.

Große Teile der Küsten niederer Breiten sind allerdings vom Monsun beeinflußt. Wechselnde Wellenanlaufrichtungen und sich um 180° drehende Küstenströmungen verwischen hier die Unterscheidung in Luv- und Leeküsten. So können die ganzjährig passatgeprägten Küsten mit ihrer Trennung nach der Windexposition nur für einen Teil der niederen Breiten als typisch gelten. Die durch Winde aus gleichen Richtungen in den Ektropen geprägten Küsten zeigen eine ähnliche Trennung in Luv- und Leeküsten, doch besteht gegenüber den passatgeprägten ein wesentlicher Unterschied: die Stärke der Winde unterliegt größeren jahreszeitlichen Veränderungen und die morphologische Aktivität schwankt viel mehr als im Passatbereich.

Die Merkmale a - h sprechen dafür, wenn auch nicht alle gleich deutlich, daß die Küsten niederer Breiten einer klimabedingten Steuerung ihres Prozeßgefüges unterliegen, daß also eine Z o n e t r o p i s c h e r K ü s t e n e x i s t i e r t. Korallenriffe, Mangroven, tiefgreifende und rasche Gesteinszersetzung, sehr aktive Lösungsprozesse im Eu- bis Supralitoral, aktive Bioerosion, horizontale Abrasionsplatten, Armut an Geröllen in den Strandsedimenten und ein Vorherrschen feinkörniger Sedimente, große Mobilität dieser Schüttungen und häufiges Auftreten von Schwemmlandsäumen, beach rock und Äolianit sind die Charakteristika, die es erlauben, die Küsten der niederen Breiten als "tropisch" im Sinne der klimamorphologischen Zonierung anzusehen.

D i e s g i l t i n e r s t e r L i n i e f ü r F l a c h k ü s t e n, bei denen im Prozeßgefüge nur durch die Tide induzierte Prozesse als nicht von Klima beeinflußt zu gelten haben.

Hingegen ist bei S t e i l k ü s t e n d e r k l i m a m o r p h o l o g i s c h e A s p e k t n u r u n t e r g e o r d n e t. Das Gestein, seine Widerstandskraft gegen morphologische Prozesse, seine Lagerungsverhältnisse und die Art der tektonischen Beanspruchung — weitgehend klimaunabhängige Größen — sind hier viel eher für die Rohform der Küste verantwortlich. Die Brandungs-, Strömungs- und Gezeitenverhältnisse — die nur teilweise klimaabhängig sind und wesentlich auch durch Relief und Küstenexposition bestimmt werden — dominieren im Prozeßgefüge. So ist bei Steilküsten oft gar keine klimazonale Prägung zu erkennen. Alle Steilküstentypen mit aktiven und inaktivierten Kliffs in Venezuela beispielsweise sind nicht als "tropisch" anzusprechen (auch wenn einige Merkmale dazu verleiten könnten), sondern sie kommen auch in den Subtropen (Mittelmeergebiet) oder sogar Ektropen vor (L. ELLENBERG, 1979). Besonders augenfällig ist die Übereinstimmung der tonig-mergeligen Kliffs im Estado Falcón mit dänischen Steilküsten (D.B. PRIOR, 1977), die selbst in Details ihrer Morphodynamik übereinstimmen.

Immerhin sind — generalisiert betrachtet — sogar bei den Steilküsten einige klimagesteuerte Charakteristika unverkennbar, wie

— große Verwitterungstiefen in tonig-mergeligen Sedimenten;
— starke Bioerosion an Kalkgesteinen im Eu- bis Supralitoral;
— scharfe Expositionsunterschiede der Küsten im Passatbereich.

Es gibt Ausnahmen, bei denen die klimamorphologische Betrachtungsweise für Steilküsten ebenso augenfällig wird wie für Flachküsten. Diese Ausnahmen sind transgredierte, rein subaerisch geformte Reliefsphären mit nur schwacher mariner Prägung, also beispielsweise ein untergetauchtes Inselbergrelief in windgeschützter Lage.

3. BEGRENZUNG DER ZONE TROPISCHER KÜSTEN

Wie gezeigt wurde, reichen die Merkmale der Küsten niederer Breiten aus, um eine "Zone tropischer Küsten" von weiter polwärts gelegenen Küstenzonen klimamorphologisch auszugliedern. Dabei sollten Flachküsten weit mehr berücksichtigt werden als Steilküsten, weil ihr Prozeßgefüge deutlichere Klimaprägung aufweist.

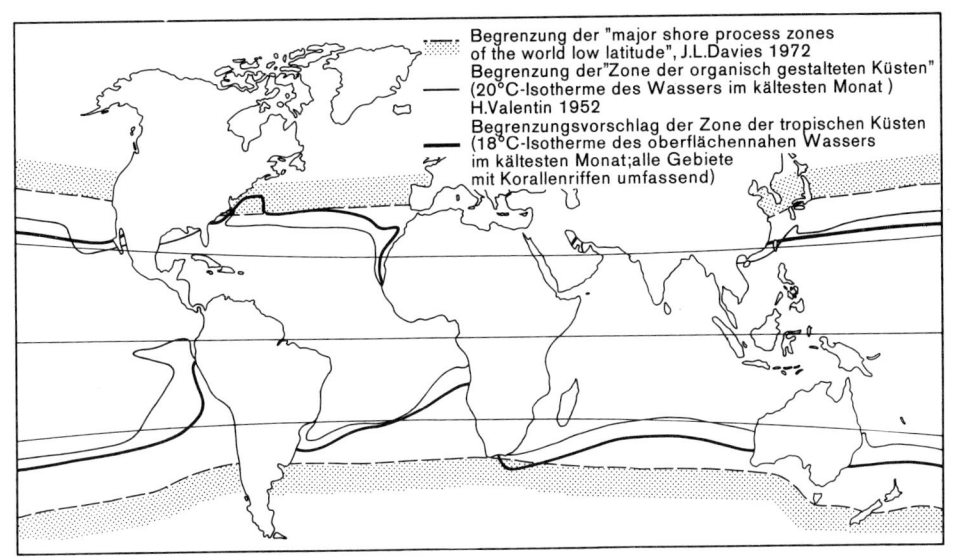

Begrenzung der "major shore process zones of the world low latitude", J.L.Davies 1972
Begrenzung der "Zone der organisch gestalteten Küsten" ($20°$C-Isotherme des Wassers im kältesten Monat) H.Valentin 1952
Begrenzungsvorschlag der Zone der tropischen Küsten ($18°$C-Isotherme des oberflächennahen Wassers im kältesten Monat; alle Gebiete mit Korallenriffen umfassend)

Abb.8 Zone tropischer Küsten

J.L. DAVIES (1972) grenzte schematisch eine Zone der "lowlatitude-coasts" von anderen ab (Abb. 8). Diese Begrenzung ist m.E. unglücklich gewählt, da sie weiter gefaßt ist als das Verbreitungsgebiet von Korallenriffen und Mangrovensäumen, die als spezifisches Merkmal tropischer Küsten anzusehen und unbedingt bei der Grenzziehung zu berücksichtigen sind. Die "Zone der organisch gestalteten Küsten" von H. VALENTIN (1952) ist demgegenüber viel aussagekräftiger. Er begrenzte diese Zone mit dem Verlauf der $20°$C-Oberflächenwasser-Isotherme des kältesten Monats, wie er — vor 30 Jahren — angenommen wurde (vgl. Abb. 8). Ich schlage eine Begrenzung durch die $18°$C-Oberflächenwasser-Isotherme des kältesten Monats vor, die alle Vorposten der Korallenriffe und Mangrovenwatten zu umfassen scheint. Ob eine innertropische Kernzone ausgegliedert werden sollte, kann noch nicht entschieden werden.

Die Zone tropischer Küsten deckt sich nicht mit den äquatornahen klimamorphologischen Zonen der subaerischen Reliefsphäre von H. WILHELMY (1974) oder J. BÜDEL (1977). Vor allem können zwischen den Wendekreisen nicht drei bis vier, sondern höchstens zwei Zonen unterschiedlicher Prägung erkannt werden.

4. DIFFERENZIERUNG DER ZONE TROPISCHER KÜSTEN NACH DER HUMIDITÄT

Die Zone tropischer Küsten wird allein durch Isothermen begrenzt. Diese Grenzziehung (18°C Oberflächentemperatur im kältesten Monat) steht im Gegensatz zu der, die für klimamorphologische Zonen der subaerischen Reliefsphäre angewendet wird, wo die Niederschlagsverhältnisse fast ebenso wie die Temperaturbedingungen Berücksichtigung erfahren.

Bedeutet diese Umgrenzung der Zone tropischer Küsten allein durch die Temperaturgegebenheiten zwangsläufig, daß hygrische Unterschiede ohne regelhafte Auswirkungen auf das Prozeßgefüge bleiben oder ist vielmehr eine Untergliederung aufgrund differierender Niederschlagsregime sinnvoll?

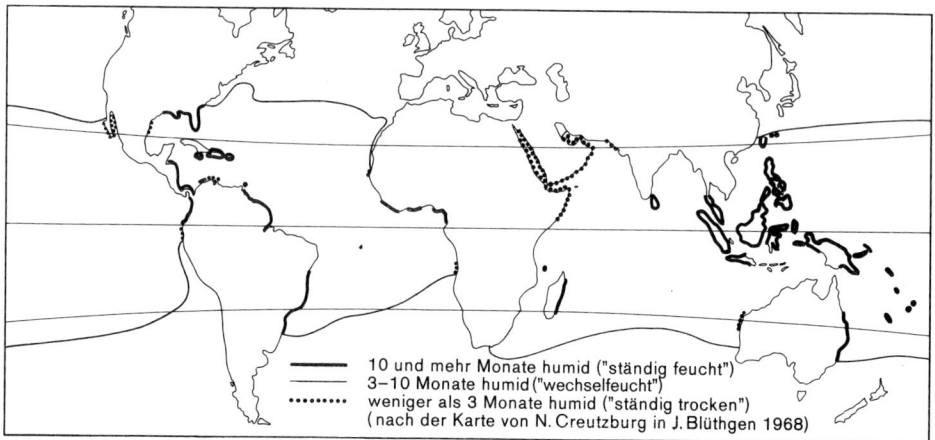

Abb.9 Gliederung der tropischen Küsten nach der Dauer der humiden Jahreszeit

— 10 und mehr Monate humid ("ständig feucht")
— 3–10 Monate humid ("wechselfeucht")
····· weniger als 3 Monate humid ("ständig trocken")
(nach der Karte von N. Creutzburg in J. Blüthgen 1968)

Um dieses Problem zu klären, müssen tropische Küsten in ganzjährig humiden, wechselfeuchtem und ganzjährig aridem Klima (Abb. 9) miteinander verglichen werden. J.L. DAVIES (1972), J. TRICART (1974), H. VALENTIN (1975 und mündlich) sprachen sich für eine prägnante Differenzierung aufgrund hygrischer Unterschiede aus. Ich vergleiche deren Auffassungen mit anderer jüngerer küstenmorphologischer Literatur und Beobachtungen, die ich seit 1975 an den Küsten Venezuelas, den Karibikküsten Kolumbiens, den Karibik- und Atlantikküsten Trinidads, auf Sri Lanka, in Südthailand, West-Malaysia (Straße von Malacca und Südchinesisches Meer) sowie am Golf von Akaba gemacht habe. Ich kann die Differenzierung aufgrund hygrischer Unterschiede nicht so klar erkennen wie die oben genannten Autoren.

Für tropische Küsten in ganzjährig niederschlagsreichen Gebieten (1 0   u n d   m e h r   h u m i d e   M o n a t e) wird behauptet, daß
1. Die Strandsedimente besonders feinkörnig sind;
2. Sackungen und Rutschungen die Kliffs in starkem Maße mitformen;
3. Kliffs mit flachem Hang vorherrschen;
4. Mangroven ihre optimalen Wachstumsbedingungen finden;
5. Dünen fehlen.

Die erste Behauptung erscheint mir richtig. Ausnahmen davon entstehen, wenn Gebirgsstränge im nahen Hinterland aufragen und kurze Sturzbäche zum Meer entsenden.

Die zweite Behauptung gilt natürlich nur für Gesteine, die Wasser binden, also nicht für klüftigen Kalk. Sie ist gültig, wenn die Gebiete mit 7 - 10 humiden Monaten einbezogen werden.

Die dritte Behauptung ist plausibel, da durch Rutschungen und Sackungen der Kliff-Winkel verkleinert wird. Sie gilt allerdings nur, wenn der Brandungseinfluß und dadurch das Zurückdrängen des Kliff-Fußes schwach ist. Bei hoher Wellenaktivität sind fast senkrechte Kliffs auch im dauernd-humiden Klima die Regel.

Daß Mangroven in den niederschlagsreichen (und allerdings auch in den wechselfeuchten) Bereichen der Tropen am häufigsten auftreten (vgl. Tab. 1) liegt m.E. weniger an den zugeführten Regenmengen (H. VALENTIN, 1975), als vielmehr daran, daß dort besonders viel feinkörniges Substrat als Siedelfläche geliefert wird (V.J.CHAPMAN, 1976). Im westlichen und mittleren Teil Venezuelas kann die vierte Behauptung übrigens nicht gestützt werden. Die drei üppigsten Mangrovensäume (Cabo Codera, Tucacas, Bahía de Uraba) liegen in ganz verschieden humidem Klima (10, 8 und 3 humide Monate). Begünstigt wird das Wachstum der Mangroven an den Karibikküsten Venezuelas in erster Linie durch flache wellenarme Uferpartien und die Nähe zu Flußmündungen, wo nährstoffreiches Feinmaterial und Süßwasser zugeführt werden (Mangroven nicht salzliebend, sondern nur salzertragend; Standorte nicht nach physiologischen Ansprüchen, sondern durch Konkurrenz mit rein terrestrischer Vegetation zu erklären).

Die fünfte Behauptung, das Fehlen von Dünen, kann voll bestätigt werden. Nur als vorübergehende Sandanhäufungen auf dem oberen Strand konnte ich Ansätze zur Dünenentstehung in dauerndhumiden tropischem Klima finden.

Für tropische Küsten im wechselfeuchten Bereich (3 - 1 0 h u m i d e M o n a t e) gilt als typisch, daß

1. Dünen ihre größte Häufigkeit erreichen;
2. Prozesse wichtig sind, die auf den jahreszeitlichen Wechsel von Durchfeuchten und Austrocknen des Substrates zurückzuführen sind;
3. Beach rock am weitesten verbreitet ist;
4. Sand und Kies neben feinkörnigem Substrat die Strände aufbauen.

Die erste Behauptung stimmt m.E. nicht. Zwar treten Dünen an tropischen Küsten mit reichlichen Niederschlägen kaum auf (siehe beispielsweise Verbreitung der Dünen in Nordwestvenezuela, Abb. 10), aber sie sind nicht nur im wechselfeuchten, sondern auch in dauernd ariden Bereichen häufig (vgl. Tab. 1). Die Entstehung von Dünen wird erleichtert, wenn

— die Strandsedimente zwar feinkörnig sind, aber noch über der Siltfraktion liegen;
— der Wind genügend stark ist, vom Land auf das Meer zu weht und in seiner
  Richtung stetig ist;
— die Küsten durch großen Tidenhub gekennzeichnet sind;
— der obere Strand nicht häufig vom Regen benetzt und dadurch gebunden
  wird. Vollaride Gebiete sind in dieser Hinsicht noch günstiger als wechselfeuchte.

Die zweite Behauptung halte ich für zutreffend, besonders für die Bereiche mit 5 - 8 humiden Monaten.

Die dritte kann ich nicht bestätigen. Beach rock kommt in Sri Lanka nicht nur an den Küsten mit einigen Trockenmonaten im Norden (Jaffna Halbinsel) vor, sondern auch im besonders regenreichen Südwesten zwischen Bentota und Weligama. In Venezuela (I. REUBER & L. ELLENBERG, 1979) ist rezent gebildeter beach rock in den trockensten Teilen des Landes am häufigsten

Tab. 1: VERBREITUNG VON MANGROVEN UND DÜNEN AN TROPISCHEN KÜSTEN

Auswertung der Karte 1 : 25 Mio. von J. T. McGILL (1958).

Abschnitt	Dauer der Humidität in Monaten	Gliederung des Abschn. (= 100%) auf die Humiditätsstufen	tidal woodlands %-Anteil am Abschnitt	davon verteilt auf Humiditätsstufen	dune plains and coastal dunes %-Anteil am Abschnitt	davon verteilt auf Humiditätsst.
Pazifikseite Amerikas	über zehn	20	30	20	*	
	drei bis zehn	60		70		
	unter drei	20		10		
Atlantikseite Amerikas	über zehn	70	40	40	4	70**
	drei bis zehn	25		60		15
	unter drei	5		—		15
Atlantikseite Afrikas	über zehn	45	90	40	4	—
	drei bis zehn	50		55		—
	unter drei	5		5		100
Indikseite Afrikas	über zehn	10	45	10	12	—
	drei bis zehn	60		85		15
	unter drei	30		5		85
Asien Ägypten — Burma	über zehn	5	25	20	6	—
	drei bis zehn	50		60		10
	unter drei	45		20		90
Asien Südosten	über zehn	70	50	90	1	—
	drei bis zehn	30		10		100
	unter drei	—		—		—
Indikseite Australiens	über zehn	—	50	—	25	—
	drei bis zehn	90		100		80
	unter drei	10		—		20
Pazifkseite von Australien und ganz Ozeanien	über zehn	70	5	—	*	
	drei bis zehn	30		100		
	unter drei	—		—		

* fast nicht vorhanden und auf den trockenen Bereich beschr.

** Südostbrasilien (mit Dünen über große Strecken im feuchten Bereich)

und nur dort über lange Küstenstrecken kontinuierlich verbreitet (Ostseite des Istmo de Medanos in Nordfalcon).

Zur vierten Behauptung kann ich keine Stellung nehmen.

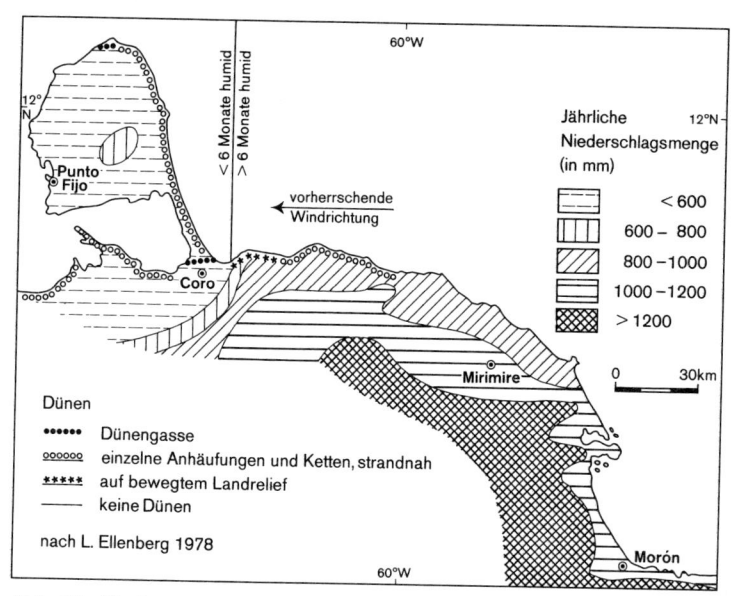

Abb. 10 Vorkommen von Dünen an den Küsten Falcóns (Venezuela)

Für tropische Küsten in Gebieten mit nur sehr kurzer Regenzeit oder mit lediglich episodischen Niederschlägen (w e n i g e r a l s 3 h u m i d e M o n a t e) sei typisch, daß
1. Terrestrische Prozesse kaum an der Formung von Kliffs beteiligt sind und steile Kliff-Profile vorherrschen;
2. Salz-Ton-Ebenen besonders großen Ausmaßes vorkommen;
3. Keine großen Deltas aufgebaut werden;
4. Freie Primärdünen vorkommen, aber größere Dünenfelder selten sind.

Die erste Behauptung hat generell Gültigkeit. Die zweite ist nicht ganz richtig, da große Salz-Ton-Ebenen ebenso für den wechselfeuchten Bereich typisch sind. Die dritte stimmt nur für flache Regionen ohne allochthone Flüsse. Die vierte scheint mir nicht gültig zu sein und muß überprüft werden.

ZUSAMMENFASSUNG

Einleitend wurden drei Fragen gestellt. In diesem Artikel wurde eine Antwort versucht.

Sind die typischen Merkmale der Küsten der niederen Breiten zonenspezifisch, d.h. kommen sie ausschließlich an Küsten dauernd warmer Meere vor? Die Frage wird bejaht, wenn auch die "Zone tropischer Küsten" sich von polwärtig gelegenen weniger prägnant absetzt, als es aus der subaerischen Reliefsphäre bekannt ist.

Wie ist die Zone tropischer Küsten zu begrenzen? Sie sollte alle Vorposten der riffbauenden Korallen und Mangrovensäume umfassen. Dies scheint durch die 18°C-Oberflächenwasser-Isotherme des kältesten Monats gegeben zu sein.

Wie wirken sich die Unterschiede im tropischen Niederschlagsregime auf die Morphodynamik der Küsten aus? Eine hygrische Differenzierung ist nachweisbar. Da jedoch die Einflüsse von Gestein, Wellen und Exposition wichtigere Größen darstellen, kann sie nur mit Einschränkung vertreten werden.

Manuskript abgeschlossen: November 1978

LITERATURVERZEICHNIS

BLÜTHGEN, J. (1966) Allgemeine Klimageographie, 2. Aufl. — Berlin

BREMER, H. (1973) Grundsatzfragen der tropischen Morphologie, insbesondere der Flächenbildung — Geogr. Z., Beiheft: Geographie heute, Einheit und Vielfalt, p. 114 - 130

BÜDEL, J. (1948) Das System der klimatischen Geomorphologie — Dt. Geographentag München, Landshut 1950, p. 65 - 100

——— (1970) Pedimente, Rumpfflächen und Rückland-Steilhänge; deren aktive und passive Rückverlegung in verschiedenen Klimaten — Z. Geomorph. N.F. 14, p. 1 - 57

——— (1972) Typen der Talbildung in verschiedenen klimamorphologischen Zonen — Z. Geomorph. Suppl. 14, p. 1 - 20

——— (1977) Klima-Geomorphologie — Berlin, Stuttgart

CHAPMAN, V.J. (1976) Mangrove vegetation — Vaduz

DAVIES, J.L. (1972) Geographical variations in coastal development — Geomorphological Texts 4, Edinburgh, London

ELLENBERG, L. (1979) Morphologie venezolanischer Küsten — Berliner Geographische Studien Band 5

FISIKO-GEOGRAFICESKIY ATLAS MIRA (1964) — Moskau

McGILL, J.T. (1958) Map of coastal landforms of the world (1 : 25 000 000) — Geogr. Rev. 48, p. 402 - 405

PRIOR, D.B. (1977) Coastal mudslide morphology and processes on Eocene clays in Denmark — Geogr. Tidsskrift 76, p. 14 - 33

RATEEV, M.A. etal (1969) The distribution of clay minerals in the oceans — Sedimentology 13, p. 21 - 43

REUBER, I. & L. ELLENBERG (1979) Beach rock in Venezuela — Acta Cient. Venezolana 5/1979 (in press)

STODDART, D.R. (1969) Ecology and morphology of recent coral reefs — Biol. Rev. 44, p. 433 - 498

THOMAS, M.F. (1974) Tropical Geomorphology. A study of weathering and landform development in warm climates — Tiptree, Essex

THORBECKE, F. (1927) Morphologie der Klimazonen — Düsseldorfer Geogr. Vorträge 3, p. 1 - 100, Leipzig

TRICART, J. (1974) Le modelé des regions chaudes. Forêts et savannes — Soc. d'édition d'enseignement supérieur, Paris

TROLL, C. (1944) Strukturböden, Solifluktion und Frostklimate der Erde — Klimaheft Geol. Rundschau 34, p. 545 - 694

——— (1969) Inhalt, Probleme und Methoden geomorphologischer Forschung (mit besonderer Berücksichtigung der klimatischen Fragestellung) — Beiheft Geol. Jahrbuch 80, p. 225 - 257

VALENTIN, H. (1952) Die Küsten der Erde — Petermanns Geogr. Mitt., Erg. H. 246
—— (1975) Klimabedingte Typen tropischer Watten, insbesondere in Nordaustralien — Würzburger Geogr. Arb. 43, p. 9 - 24
WILHELMY, H. (1974) Klima-Geomorphologie in Stichworten (Teil IV der Geomorphologie in Stichworten) — Hirt Stichwortbücher
WÖLFL, F. (1977) Bioerosion als Gestaltungsfaktor im morphologischen Prozeßfeld der Meeresküsten — Zulassungsarbeit, Univ. Regensburg, Fachbereich Geographie

Geomorphologische Beobachtungen in der Küstenzone von West-Pasaman (Zentral-Sumatra)

von
Horst Hagedorn, Würzburg

Im Jahr 1973 hatte ich Gelegenheit, geowissenschaftliche Arbeiten in Zentral-Sumatra durchzuführen. Eingehende Studien zur naturräumlichen Gliederung konnte ich dabei in West-Pasaman anstellen, einem Verwaltungsbezirk der Provinz West-Sumatra.

Auf der 1. Tagung des Deutschen Arbeitskreises für Geomorphologie 1974 in Würzburg hatte H. VALENTIN einen ersten Einblick in sein geplantes Werk über die Morphodynamik der Küsten unter klimamorphologischen Aspekten gegeben. Nach seinem Vortrag über "Klimabedingte Typen tropischer Watten, insbesondere in Nordostaustralien" habe ich ihm über meine Beobachtungen in West-Pasaman berichtet und diese mit ihm eingehend diskutiert. Leider verhinderte der plötzliche Tod von H. VALENTIN die Fortsetzung dieser Diskussion und damit die Einbringung meiner Beobachtungen in sein in Arbeit befindliches umfassendes Werk. Als kleinen Dank für seine Hilfe und menschliche Anteilnahme, die er mir in den Jahren meiner Tätigkeit in Berlin entgegengebracht hat, widme ich ihm diesen Bericht.

DAS ARBEITSGEBIET

Das Untersuchungsgebiet befindet sich an der Westküste Zentral-Sumatras. Der Äquator geht mitten durch das Gebiet, wodurch es klimatisch schon eine erste Einordnung erfährt. Die geographische Länge des Arbeitsgebiets kann mit 99° - 100° östl. Länge angegeben werden. Die beigegebenen Karten sind auf die politische Einheit West-Pasaman bezogen, wodurch die physischgeographischen Einheiten nicht immer voll abgedeckt sind. Die geradlinige landseitige Begrenzung der Region auf den Karten ist die Folge eines Datennetzes, das für die Bearbeitung der Geofaktoren mit Hilfe der EDV notwendig war. Die Karten wurden für Zwecke der Regionalplanung angefertigt (vgl. KRUSE-RODENACKER et. al. 1973) und für die folgenden Darlegungen verändert.

Das Gebiet wird landwirtschaftlich genutzt entlang der Hauptstraßen, die im wesentlichen auf dem flacheren Teil der Fußflächen der großen Vulkane verlaufen. Neben dem Reisanbau in Tälern und Niederungen wird "Shifting-Cultivation" betrieben, die partiell durch zu schnellen Umtrieb zur vollständigen Degradation der tropischen Waldvegetation geführt hat. Diese Flächen sind heute mit Alang-Alang-Gräsern bestanden und für die menschliche Nutzung wertlos geworden. Die Bevölkerung gehört zu den Stämmen der Minangkabau und Tapanuli, die weite Teile Zentral-Sumatras bewohnen.

KLIMA

Die klimatischen Verhältnisse im Untersuchungsgebiet entsprechen einem immerfeuchten tropischen Regenwaldklima (Af-Klima nach KÖPPEN). Die Durchschnittstemperaturen sind sehr gleichmäßig mit ungefähr 26° C in Meereshöhe. Die mittleren monatlichen Schwankungen liegen zwischen 0,1 - 0,9° C, und die maximalen Tagesschwankungen erreichen knapp 6° C. Der Temperaturgradient im gebirgigen Teil liegt bei 0,5° - 0,7° C/100 m; naturgemäß nehmen die Schwankungen, insbesondere die Tagesschwankungen, mit der Höhe zu.

Im Gegensatz zum gleichmäßigen Jahresgang der Temperaturen zeigt der Verlauf der Niederschlagskurven ausgeprägte saisonale Schwankungen mit gleicher Tendenz im ganzen Untersuchungsgebiet. In Fig. 1 sind die durchschnittlichen Niederschlagswerte von verschiedenen Meßstationen über einen Meßzeitraum von zumeist 15 Jahren dargestellt. Einer relativ langen nieder-

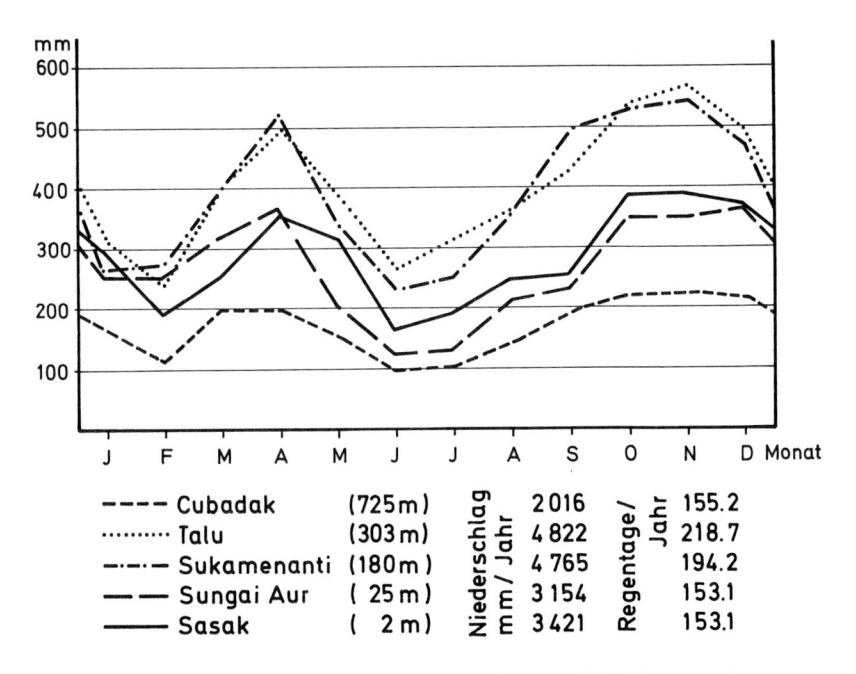

			Niederschlag mm/Jahr	Regentage/Jahr
---- Cubadak	(725 m)		2 016	155.2
.... Talu	(303 m)		4 822	218.7
—·—·— Sukamenanti	(180 m)		4 765	194.2
— — Sungai Aur	(25 m)		3 154	153.1
——— Sasak	(2 m)		3 421	153.1

Fig. 1   **Niederschläge verschiedener Stationen in West Pasaman**

schlagsarmen (nord-)sommerlichen Periode, welche die Monate Mai bis August umfaßt, schließt sich eine ebenso lange niederschlagsreiche Periode von September bis Dezember an. Eine kürzere niederschlagsarme Periode in den Monaten Januar, Februar wird durch eine kurze niederschlagsreiche Periode in den Monaten März, April abgelöst. Bei gleicher Tendenz im Jahresverlauf der Niederschlagskurve bei allen Stationen variiert jedoch die Jahressumme erheblich. Die höchsten Niederschlagsmengen treten landeinwärts im Luv der Berge auf, während bei Leelagen — wie Cubadak — eine Halbierung der Niederschlagsmenge zu beobachten ist. Hieran wird die dominierende Rolle des Reliefs auf die räumliche Verteilung der Niederschläge in Sumatra deutlich. Die Kurve der Anzahl der Regentage verläuft bei allen Meßstationen wie die Niederschlagskurve. Jedoch erklärt die Zunahme der Regentage nicht in allen Gebieten den Anstieg der Niederschlagssumme in den feuchten Perioden. Während bei den Stationen Sukamenanti (ca. 6 km nordöstlich von Simpang Empat, Karte 1) und Sungai Aur (ca. 8 km südöstlich von Ujung Gading, Karte 1) als Landstationen — ohne größere Reliefspanne in der Nähe — der Anstieg der Niederschlagsmenge sich etwa an die Zunahme der Regentage hält, muß für die Küstenstationen Air Bangis

Karte 1

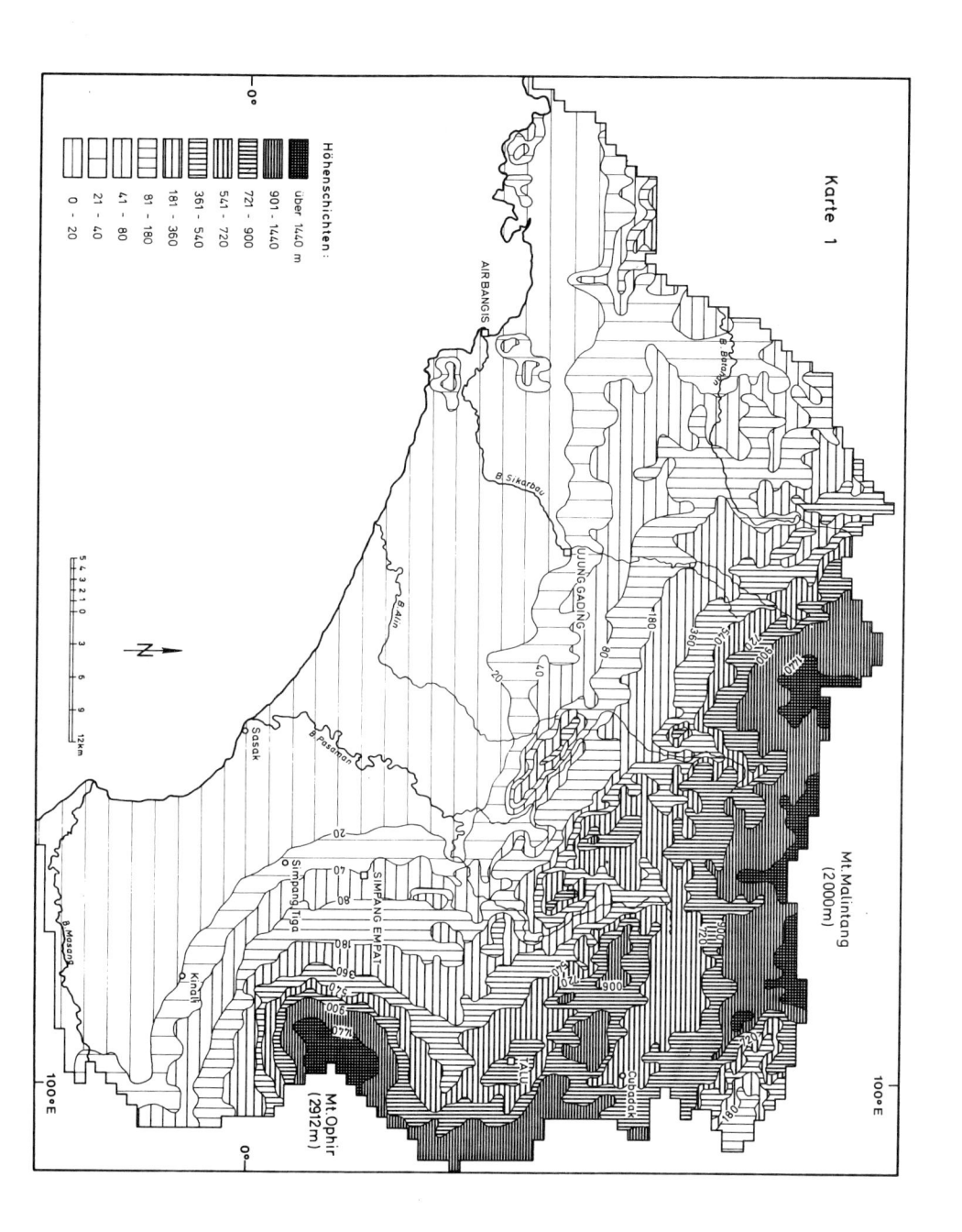

Höhenschichten:
- über 1440 m
- 901 – 1440
- 721 – 900
- 541 – 720
- 361 – 540
- 181 – 360
- 81 – 180
- 41 – 80
- 21 – 40
- 0 – 20

— im Diagramm nicht dargestellt — und Sazak (Karte 1) eine Intensivierung der einzelnen Niederschläge angenommen werden, da die Vergrößerung der Niederschlagsmenge bedeutend höher ist als die Zunahme der Regentage.

Bei den höher gelegenen, küstenferneren Stationen Talu und Cubadak (Karte 1) sind die Verhältnisse wieder anders. Während in Talu ähnlich wie bei den Küstenorten eine Intensivierung der Niederschläge in den feuchteren Perioden festzustellen ist, nimmt die Niederschlagsmenge in Cubadak auch bei einer stärkeren Zunahme der monatlichen Anzahl der Regentage nur geringfügig zu.

Das Windfeld wird wesentlich beherrscht vom Land-Meer Gegensatz; hinzu treten jedoch vom Relief gesteuerte Winde (Fallwinde), die örtlich das Regionalklima stark beeinflussen können.

Das warmfeuchte tropische Klima des Untersuchungsgebietes wird also geprägt durch große saisonale Schwankungen der Niederschläge und den bedeutenden Einfluß des Reliefs.

GEOLOGIE UND GEOMORPHOLOGIE

Geologisch ist Sumatra gekennzeichnet durch den Gegensatz zwischen dem breiten nordöstlichen Tiefland mit junger Sedimentauflage auf altem Sockel und dem südwestlich anschließenden, die Insel in ihrer ganzen Länge durchziehenden Barisan-Gebirge. Diesem Bruchschollengebirge sind quartäre Vulkane aufgesetzt, die morphologisch die höchsten Teile des Gebirges einnehmen (vgl. VAN BEMMELEN, 1949; VERSTAPPEN, 1973). Südwestlich vorgelagert sind einzelne Küstenhöfe, die mit jungen fluvialen und marinen Sedimenten aufgefüllt sind. Das Untersuchungsgebiet ist ein Ausschnitt aus der zuletzt genannten geologisch-geomorphologischen Einheit.

Beherrscht in den Oberflächenformen wird das Gebiet von den beiden quartären Vulkanen Mt. Malintang (2.000 m ü. M.) und Mt. Ophir oder Talamau (2.912 m ü. M.), von denen der letztere unmittelbar aus dem Küstentiefland aufsteigt. Trotz zahlreicher Krater und kleinerer Kegel neben dem Hauptkegel, die alle einen sehr frischen Eindruck machen, sind keine rezenten Aktivitäten bekannt, wie aus den Ausführungen von NEUMANN von PADANG (1941) hervorgeht. Der Mt. Malintang erhebt sich über Resten älterer Gesteine, die Teile alter Rumpfflächen sind, von denen der Bereich des heutigen Barisan-Gebirges überzogen war.

Die vulkanischen Produkte des Mt. Ophir, die quartären Alters sind, breiten sich weit in das Küstentiefland aus, während die vulkanischen Auswurfmassen des Mt. Malintang auf den präquartären Sockel beschränkt sind (vgl. Karte 2).

Zwischen den beiden Vulkanen liegt eine Zone mit nur geringer und in weiten Teilen sogar fehlender Auflage vulkanischen Materials. In dieser Zone zwischen den Vulkanen durchbricht der größte Fluß — der Batang Pasaman — die dort NW-SE streichenden Bergrücken und ändert seine Fließrichtung von NW-SE in NE-SW. Die eben genannten Bergrücken sind in prätertiären Gesteinen angelegt mit Streichrichtungen, die der generellen Streichrichtung der Insel entsprechen. Auffallend sind in der Sumatra-Richtung streichende permo-karbonische Kalke in diesem Gebiet, die eine in Mogoten aufgelöste Schichtkammlandschaft bilden. In der gleichen Streichrichtung liegt auch der mit subrezenten und rezenten fluvialen und organogenen Sedimenten gefüllte Graben von Talu und Bandjar, der durch einen mit Tuffen bedeckten Querriegel zweigeteilt wird (Karte 2). Eine Skizze dieser Situation findet sich bei VERSTAPPEN (1973).

Die Vulkane sind von engständigen Kerbtälern überzogen, die am Hang des Mt. Malintang die größte Tiefe erreichen. Auch die Taldichte ist bei den Vulkanen unterschiedlich, woraus sich nach

VERSTAPPEN (1973) ein Altersunterschied der Vulkane ableiten läßt. Der Mt. Ophir ist demnach jünger als der Mt. Malintang; eine genauere Datierung steht jedoch noch aus. Am morphologischen Aufbau der Vulkane sind Lahare beteiligt, die trotz der Zerschneidung der Hänge noch deutlich erkennbar sind.

In der Fußregion der Vulkane sind umgelagerte fluvio-vulkanische Ablagerungen verbreitet, die bei entsprechend flacher Hangneigung für den Anbau besonders gut geeignet sind.

An die Fußregionen schließen sich die Sedimente der Küstenebene an, die weiter unten näher beschrieben werden.

Interessant sind noch die die Küstenebene überragenden Einzelberge bei Air Bangis. Neben sanft gerundeten Hügeln im Granit sind steilflankige Berge vulkanischer Herkunft zu beobachten. Nordwestlich von Air Bangis treten unmittelbar an der Küste paläozoische Sedimente auf, die hier eine Steilküste bilden. Weiter landeinwärts tauchen weitere größere und kleinere Hügelketten und Einzelberge auf, die anzeigen, daß die jüngsten Sedimente in ein tektonisch verstelltes und zerbrochenes altes Rumpfflächen-Inselbergrelief eingelagert sind bzw. dieses überlagern.

Der Anteil der fluvialen Sedimente an der Überdeckung ist im Bereich der Fußfläche sehr groß. Die Flüsse haben sich — wie oben schon erwähnt — sehr tief eingeschnitten und transportieren neben Schwebstoffen auch große Mengen Schotter. Dieses erklärt sich aus der großen Reliefspanne bei kurzer Basisdistanz und der unregelmäßigen Wasserführung aufgrund der oben dargestellten Niederschlagsverhältnisse.

Die gegenwärtigen Abtragungsvorgänge auf den steilen Hängen sind bei intakter Vegetationsdecke im wesentlichen auf kurze Hangrutsche und Erdschlipfe beschränkt, die den Hängen ein pockennarbiges Aussehen verleihen. Sie entsprechen ganz dem Bild, wie es BEHRMANN (1921) aus Neuguinea beschrieben hat. Wird die Vegetationsdecke jedoch durch Übernutzung nachhaltig zerstört, setzt kräftige Hangrunsenbildung ein, die bis zu "bad-land" ähnlichen Formen führen kann.

ERLÄUTERUNGEN ZUR KARTE 2:

al		Alluvium, Silte, Sande, Kiese; zumeist in der Küstenebene; enthält lokal Tuffreste
pa		Paläozoische Sedimentgesteine
pa$_S$		Phyllite, Quarzite; insgesamt den Gesteinen von pa ähnlich, schließt Grünschiefer ein
pa$_G$		Serpentine und Grünsteine vorherrschend, Verwerfungszonen zugeordnet, enthält Epidote und Chlorite
pa$_Q$		Quarzite, Phyllite; das Gestein häufig rot gefärbt; lokal auch quarzithaltige Konglomerate
pa$_{mS}$		Paläozoische metamorphe Schiefer, Grauwacken
A		Andesite mit Tuffen, ungegliedert
tqA		Andesite, Dazite und Rhyolite tertiären und quartären Alters
qAM		Andesite des Mt. Malintang
qAT		Andesite des Mt. Ophir (Talamau)
qF		Ungegliedertes Quartär; Fanglomorate, Schlammströme, Lahar und sonstige alluviale Ablagerungen
G		Granitische Gesteine; die Varietät reicht von Granit bis Quarzdiorit

Karte 2

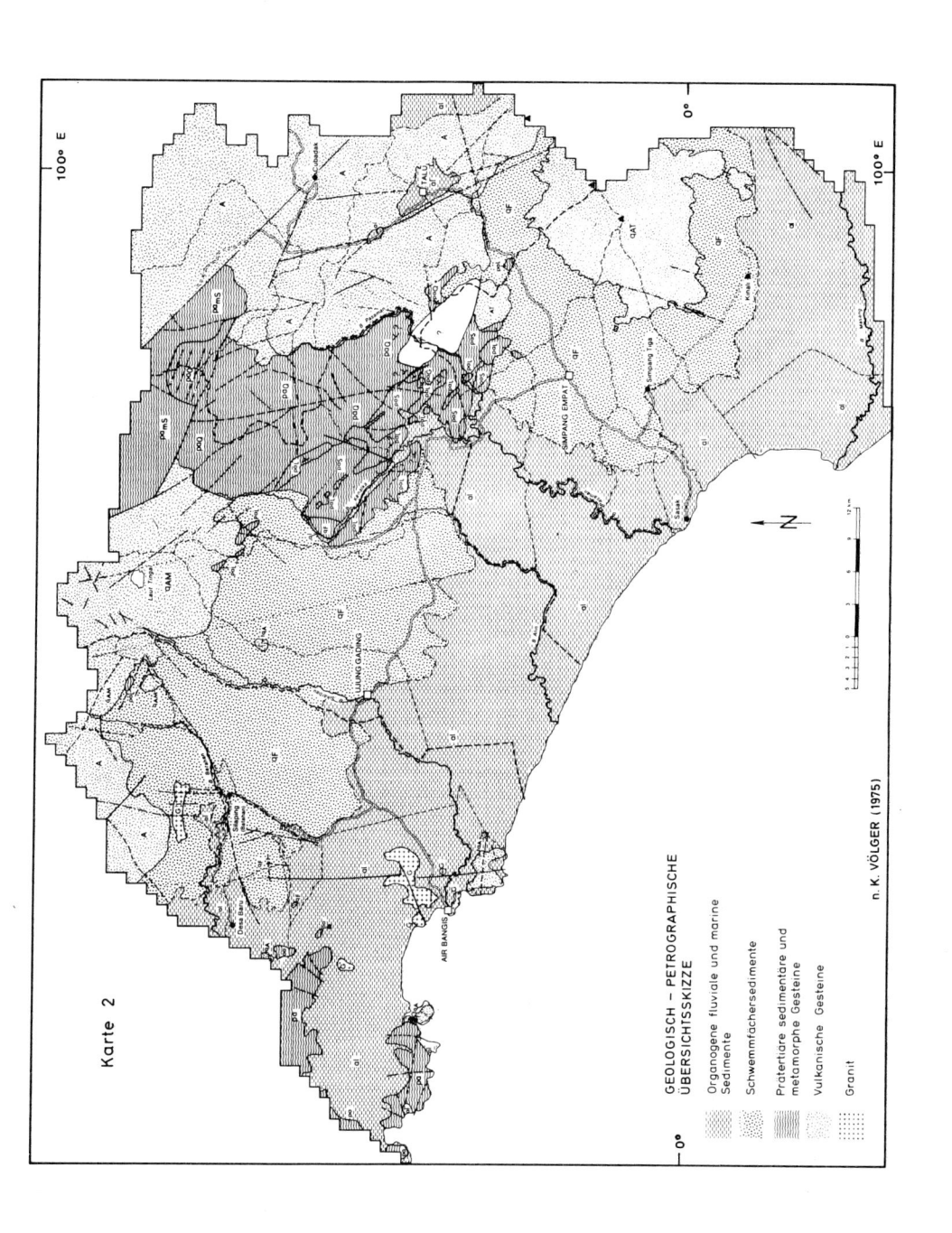

GEOLOGISCH – PETROGRAPHISCHE ÜBERSICHTSSKIZZE

- Organogene fluviale und marine Sedimente
- Schwemmfächersedimente
- Prätertiäre sedimentäre und metamorphe Gesteine
- Vulkanische Gesteine
- Granit

n. K. VÖLGER (1975)

Abschließend kann festgestellt werden, daß auch die Geomorphologie wesentlich von den großen lokalen und regionalen Unterschieden in der Reliefspanne bei nur in kurzer Entfernung liegender absoluter Erosionsbasis abhängt und weniger der eigentliche klimamorphologische Aspekt zum Tragen kommt.

DIE KÜSTE UND KÜSTENEBENE

Wie schon erwähnt, ist die Küste nordwestlich Air Bangis und unmittelbar bei Air Bangis als Steilküste ausgebildet; dazwischengeschaltet ist eine mit jungen Sedimenten aufgefüllte und durch einen schmalen Strandwall vom Meer abgetrennte ehemalige Meeresbucht (Karte 3). Diese ehemalige Meeresbucht wird an einem schmalen Durchlaß noch in einem schlauchförmigen Streifen mit den Gezeiten von Meerwasser überflutet, so daß in diesem Schlauch ein Brackwassersumpf aufgebaut wurde, der aus Mangroven, meist Rhizophora, besteht. Der Kern der Meeresbucht wird von tiefen Süßwassersümpfen bedeckt, an die sich randlich zur fluvialen Aufschüttungsfläche hin eine schmale Marschenzone anschließt, die mit einer spezifischen Regenwaldvegetation besetzt ist. Im Nordwesten geht der tiefe Süßwassersumpf in flache Süßwassersümpfe über, die typischen Sumpfwald tragen.

Die Küste zwischen den Steilküstenabschnitten bei Air Bangis und Sasak an der Mündung des Pasamanflusses wird von jüngeren sandigen Strandwällen aufgebaut, zwischen denen die Flußmündungen weit nach Nordwesten verschleppt werden. Die Gliederung der zwischen den küstenparallelen jungen Strandwällen und den Rändern der Vulkanfußflächen gelegenen Küstentiefebene entspricht im wesentlichen der oben von der ehemaligen Meeresbucht nordwestlich Air Bangis beschriebenen. Es dominieren jedoch flächenmäßig die flachen Süßwassersümpfe mit Sumpfwaldvegetation, der die Nipa-Palme ihr charakteristisches Aussehen gibt. Hinzu kommen in diesem Gebiet ältere Strandwälle, die zumeist im spitzen Winkel zur heutigen Küstenlinie verlaufen. Das ganze System wird durchbrochen von den Flüssen, die als Dammuferflüsse das Küstentiefland fast rechtwinklig zur heutigen Küste durchfließen. Während im Bereich der Flüsse Alin und Pasaman die Küstenebene weit landeinwärts springt und zwischen den beiden Vulkanen ihre größte landseitige Ausdehnung besitzt, schrumpft sie unmittelbar südlich von Sasak auf einen schmalen Streifen, um dann südlich davon wieder an Breite und damit Flächengröße zu gewinnen. Auch in diesem dritten Abschnitt, in dem das Streichen der Küste in Nordsüdrichtung umbiegt, entspricht die innere Gliederung der Küstenebene der oben ausgeführten völlig.

Der sedimentäre Küstenbereich im Untersuchungsgebiet besteht also aus drei Gebieten, deren innere Gliederung in großen Zügen ähnlich gestaltet ist. Es lassen sich insgesamt sieben Klassen unterscheiden, die alle bestimmten Prozeßgefügen zugeordnet werden müssen. Diese sieben Klassen wurden bei der Beschreibung der einzelnen Küstenabschnitte schon vorgestellt und sollen hier nur noch einmal kurz zusammengefaßt dargestellt werden. Sie sind ebenfalls aus der Legende der Karte 3 zu ersehen.

Klasse 1: Brackwassersümpfe
Sie kommen nur in wenigen, zumeist sehr kalten Arealen vor; die Vegetation ist Mangrove.

Klasse 2: Tiefe Süßwassersümpfe
Sie nehmen die tiefsten Partien der Gebiete ein und sind mit niedriger Vegetation bedeckt.

Klasse 3: Flache Süßwassersümpfe
Sie umgeben die tiefen Süßwassersümpfe einerseits und werden an der anderen, trockeneren Seite von natürlichen Dämmen und/oder älteren Strandwällen begrenzt. Sie sind bedeckt mit typischen Sumpfwäldern.

Klasse 4: Randliche Marschen
Sie sind charakteristisch für den Grenzbereich der Küstenebene zu fluvio-vulkanischen Fußflächenzonen. Die natürliche Vegetation ist zumeist Regenwald, seltener Sumpfwald.

Klasse 5: Dammufer der Flüsse
Sie begleiten als Dämme unterschiedlicher Höhe und Breite große und kleine Flüsse, die die Küstenebene durchfließen. Die Dämme enthalten überwiegend Silt und Lehm und sind mit einer Waldvegetation bedeckt, die je nach Lage aus Regen- und Sumpfwald besteht. Die höchsten Dämme werden stellenweise ackerbaulich genutzt.

Klasse 6: Junge Strandwälle
Es handelt sich um flache sandige Wälle, die die Küstenebene zum Meer hin begrenzen. Es sind meist mehrere solcher Wälle parallel zueinander zu finden, mit schmalen, langgestreckten Becken dazwischen, die versumpft sind. Die Flüsse, die die Strandwälle durchbrechen, fließen oft eine Strecke zwischen den Wällen, bevor sie endgültig ins Meer münden. Die Vegetation ist — edaphisch bedingt — weniger dicht, charakteristisch ist Casuarina.

Klasse 7: Ältere Strandwälle
In der Form und Zusammensetzung entsprechen sie den jüngeren Strandwällen; sie liegen jedoch sehr viel weiter landeinwärts und verlaufen häufig in einem spitzen Winkel zu den jüngeren. Abgesehen von Erosionserscheinungen, die zu einer gewissen Abflachung der Wälle geführt haben, sind die Wälle teilweise auch nicht in der Länge verfolgbar wie die jüngeren.

Die Verteilung der einzelnen Klassen innerhalb der Küstenebene richtet sich gesetzmäßig nach dem Kleinrelief und den durchfließenden Flüssen, wie es in Karte 3 dargestellt ist. Die Ernährung der Sümpfe ist wegen der verhältnismäßig geringen Niederschlagsmengen unmittelbar an der Küste nicht allein durch die am Ort fallenden Niederschläge möglich. Ständige Wasserzufuhr aus dem gebirgigen Hinterland ist daher unbedingt notwendig und auch anzunehmen. Es ist zu beobachten, daß in den Gebieten, in denen auf den unteren Hangpartien der großen Vulkane durch Übernutzung die Vegetation stark vermindert wurde, der Oberflächenabfluß angestiegen ist und damit eine Störung der ökologischen Bedingungen in den Sümpfen eintritt.

Diese Beobachtung gibt uns Hinweise auf die Genese der Sümpfe in der Küstenebene. Unter natürlichen Bedingungen reichte die weiter oben angeführte Sedimentführung der Flüsse nicht aus, die Küstenebene weiter sedimentär aufzufüllen; sie wird so ein Wasserfänger mit langsamer organogener Aufhöhung. Wie die älteren Strandwälle im Landesinneren zeigen, ist die Küstenlinie subrezent meerwärts vorverlegt worden, was im wesentlichen wohl nur durch fluviale und marine Sedimentation erklärt werden kann. Aus diesen Überlegungen folgt, daß die gegenwärtige Versumpfung nur die Folge einer langsamen Absenkung der Küstenebene sein kann oder noch eine Nachwirkung des letzten Meeresspiegelanstiegs. Aufgrund von Beobachtungen an marinen Terrassen in anderen Gebieten Sumatras kommt VERSTAPPEN (1973) zur Annahme einer geringen gegenwärtigen Absenkung der Küste im Untersuchungsgebiet und damit zu einer langsameren Zerstörung der heutigen Küstenlinie. Man muß jedoch bei einer möglichen Absenkungstendenz bei den Beträgen auch mit Sackungserscheinungen rechnen, die den tektonischen Anteil — falls überhaupt vorhanden — stark reduzieren.

Karte 3

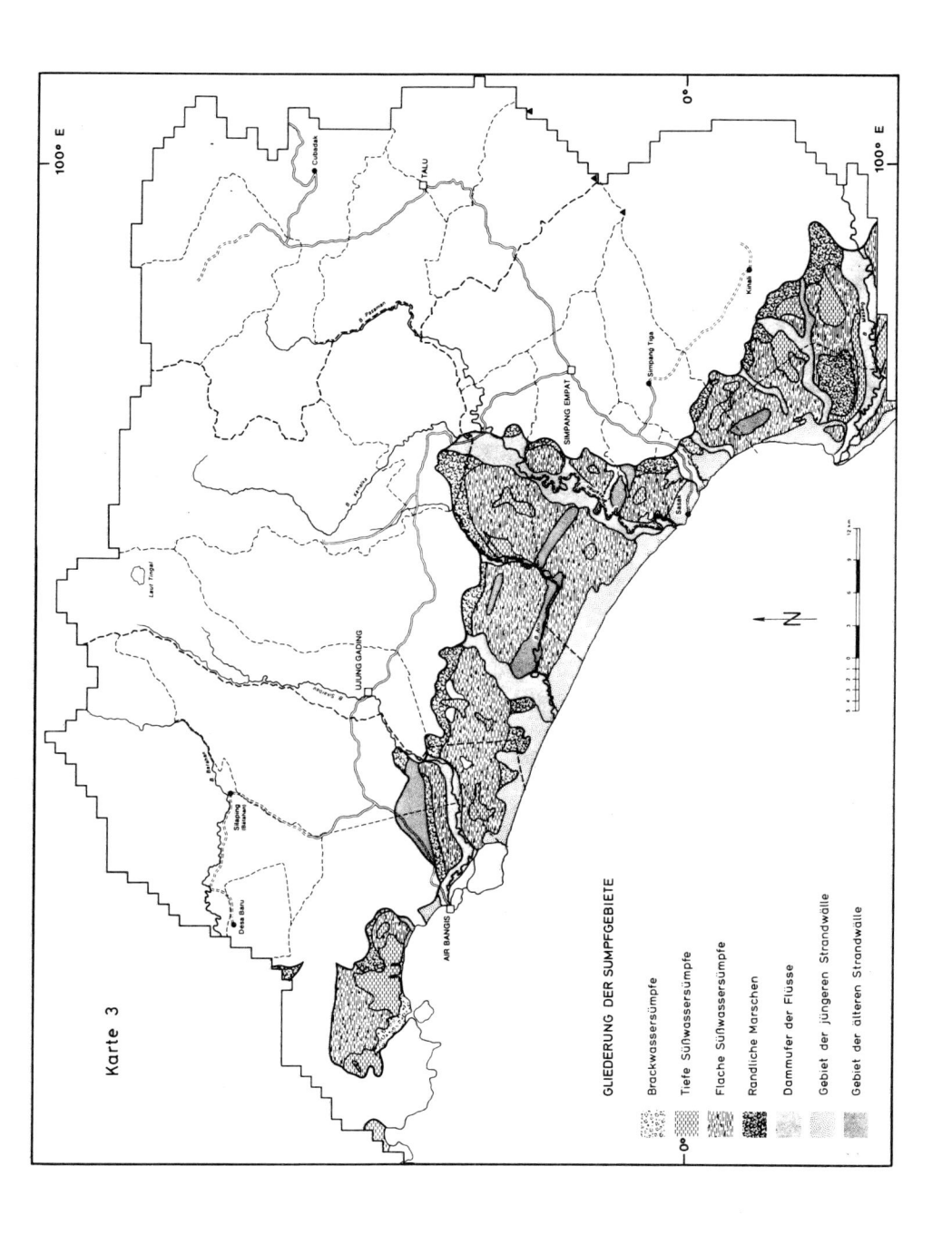

GLIEDERUNG DER SUMPFGEBIETE

- Brackwassersümpfe
- Tiefe Süßwassersümpfe
- Flache Süßwassersümpfe
- Randliche Marschen
- Dammufer der Flüsse
- Gebiet der jüngeren Strandwälle
- Gebiet der älteren Strandwälle

Noch ungeklärt sind die eigentlichen marinen Vorgänge an der Küste. Die vorherrschenden Windrichtungen West und Südwest stehen im stumpfen Winkel bzw. rechtwinklig zur Küstenlinie. Bei Überlegungen zu den daraus folgenden Wellenbewegungen und resultierenden Küstenströmungen muß man Korallenriffe in Rechnung stellen, die meerwärts küstenparallel verlaufen. Sie ändern mit Sicherheit das Strömungsbild vor der Küste; es sind jedoch keinerlei Messungen bis jetzt durchgeführt worden, so daß eine Abschätzung ihres Einflusses nicht möglich ist.

Zusammenfassend ist also festzustellen, daß die Küstenzone von West-Pasaman mit Ausnahme der Steilküstenstrecken bei Air Bangis eine Aufschüttungsküste ist, die zur Zeit wahrscheinlich einer leichten Absenkung unterzogen ist. Die Sedimentation und organogene Aufhöhung entspricht den gegenwärtigen morphodynamischen Prozessen und dem ökologischen Zustand des Gesamtgebietes. Übernutzung einzelner Gebiete durch den Menschen führen zu Störungen, die sich schon in einigen Bereichen der Küstenzone in der Verschiebung des heutigen ökologischen Gleichgewichts bemerkbar machen.

ZUSAMMENFASSUNG

Die Küstenzone von West-Pasaman an der Westküste Zentral-Sumatras wird zunächst nach ihren klimatischen Verhältnissen, nach Vegetation und Böden und als Eignungsraum für die menschliche Besiedlung und Wirtschaft, sodann in ihrem geologischen Aufbau und ihren Oberflächenformen vorgestellt, unter denen die Vulkane Malintang und Talamau eine herausragende Rolle spielen. Genauer werden die Küstenebene und die Küste selbst untersucht. Sieben jeweils bestimmten Prozeßgefügen zuzuordnende Klassen lassen sich außerhalb der Steilküstenstrecken unterscheiden: Brackwassersümpfe, tiefe Süßwassersümpfe, flache Süßwassersümpfe, randliche Marschen, Dammufer der Flüsse, junge Strandwälle und ältere Strandwälle. Dieser Küstenbereich ist eine Aufschüttungszone mit wahrscheinlich zur Zeit leichter Absenkung. Die Sedimentation und organogene Aufhöhung entsprechen den gegenwärtigen morphodynamischen Prozessen und dem ökologischen Zustand des Gesamtgebietes, in den freilich der Mensch stellenweise mit bereits merkbaren Gleichgewichtsstörungen eingegriffen hat.

LITERATURVERZEICHNIS

BEHRMANN, W.; 1921: Oberflächenformen in den feuchtwarmen Tropen. Ztschr. d. Ges. f. Erdkunde, Berlin, p. 44 – 60.

BEMMELEN, R. W. van; 1949: The Geology of Indonesia. 2. Vols. The Hague

KRUSE-RODENACKER, A. et. al.; 1975: Development Plan for West-Pasaman/Sumatra. Institute for Development Research (IDR) Agricultural Development Projekt (ADP) German Technical Assistance Bukittinggi.

NEUMANN VON PADANG, M.; 1940: Shifting Craters of the Talakmau Volcano, Sumatra. J. of Geom. 3, p. 218 – 226.

VALENTIN, H.; 1975: Untersuchungen zur Morphodynamik tropisch-subtropischer Küsten.
I Klimabedingte Typen tropischer Watten, insbesondere in Nordaustralien.
Würzburger Geogr. Arbeiten, H. 43, p. 9 – 24.

VERSTAPPEN, H. TH.; 1973: A geomorphological reconnaissance of Sumatra and adjacent islands (Indonesia). Groningen.

VÖLGER, K.; 1975: Geology in: KRUSE-RODENACKER, A. et. al. 1975.

Zur Küstenmorphologie Australiens
Dem Gedenken an Hartmut Valentin
von
Ernst Reiner, Nieder-Gelpe

EINLEITUNG

Einer der wesentlichen Beiträge zur Allgemeinen Morphologie ist die erste zusammenfassende Arbeit über "Die Küsten der Erde", die H. VALENTIN 1952 in den Petermanns Geographischen Mitteilungen (PM, Erg. Heft 246) herausbrachte. In dieser Arbeit hat er umfassend zu jedem Kontinent die notwendigen Angaben gemacht. Es erscheint nun heute 27 Jahre danach angebracht, einmal zu fragen, welche Entwicklungen wurden durch seine Arbeiten angeregt, wie hat sich das auf die Möglichkeit detaillierter Untersuchung in Australien selbst ausgewirkt, zumal H. VALENTIN zweimal in Australien war, von 1958 - 1959 als Research Fellow an der Australian National University in Canberra, sowie später noch einmal im südlichen Westaustralien (1972). Die Resultate beider Aufenthalte liegen in mehreren Arbeiten vor (vgl. Literaturverzeichnis VALENTIN Nr. 19, 20, 23, 26, 42).
Diese sind Ergänzungen zur Küstenmorphologie des Kontinents, die er selbst durchführte. Auch in zahlreichen Gesprächen mit australischen Geographen sind Impulse weitergegeben worden.
So ist es im Rahmen des vorgelegten Bandes angebracht, den gegenwärtigen Zustand aufzuzeigen und den gegenwärtigen Standort der Kenntnis der Küstenmorphologie Australiens wiederzugeben. Diese Kenntnis ist unerläßlich, denn auch in der Küstenforschung Australiens sind Erkenntnisse am regionalen Objekt gewonnen worden, die verallgemeinert auf die gesamte Küstenmorphologie übertragen werden können. Nur durch den ständigen Austausch der bestehenden Kenntnisse und einer von Zeit zu Zeit stattfindenden Übersicht gelingt es, Herr über die für unser Fach notwendige Literatur zu werden. Diesem bibliographischen Anspruch als helfendem Mittel wird leider immer noch zu wenig Aufmerksamkeit zugewandt, wie es BORCHARDT (1977) in seiner australischen Bibliographie betont hat.

HISTORISCHER RETROSPEKT

Die Kenntnisse der Küsten des von James Cook (1769) zuerst beschriebenen, vor ihm von den Holländern (1666 JANSZ in der Duifken) entdeckten Kontinents Australien weisen eine junge Geschichte auf.
So läßt sich auch die Gesamtheit der Arbeiten noch leicht überschauen. Was auf der einen Seite vielleicht als Selbstverständlichkeit angesehen wird, ist aber doch gerade von menschlicher Seite her, selbst für diese moderne Zeiten, mit einem Aufwand an persönlichem Einsatz verbunden, der unsere ganze Bewunderung finden muß. So steht am Anfang jene auch für uns kaum faßbare, unglaubliche wissenschaftliche Leistung eines M. FLINDERS (1774 - 1814), der 1794 und später einen Großteil der Umrisse des Kontinents vermaß. Damit half er diesen Kontinent in seine richtige Lage auf dem Globus einzuordnen. Nachfolgende Forscher hatten hier bei Überprüfung und ihren eigenen Arbeiten einen wichtigen Ansatzpunkt.
Galt es also zuerst mehr die topographische Gegebenheit der Küste von See her zu erkunden, also etwa die Seekarten zu verbessern, wie es sich in den Nautischen Büchern niederschlägt, beginnt auch von der Landseite her eine Beschäftigung mit der Küste. Beschreibungen der Formenwelt führen allmählich über in die wissenschaftliche Untersuchung der Entstehung der Küstenformen. Damit öffnet sich der Weg zur Küstenmorphologie im weiteren Sinne. Am besten ist dies zusammengefaßt in dem dreibändigen Werk von DAVID und BROWNE über die Geologie des Commonwealth of Australia (1950).

EINLEITUNG ZUR REGIONALEN BETRACHTUNG

Die Stärkung der geographischen Forschung in den Jahren seit 1950, die sowohl personell, wie vor allem auch durch die zahlreichen Fragen, die von der Praxis und Wissenschaft her gestellt wurden, bedingt war, läßt sich an der Zahl der erschienenen Arbeiten ablesen.
Dabei zeigt sich, daß es neben den reinen Fragen des praktischen Küstenschutzes immer wieder auch Untersuchungen grundsätzlicher Art gibt. Diese, obwohl oft nur auf kleinen lokalen Bereich beschränkt, können verallgemeinert werden. Damit haben sie die Kenntnis eines geomorphologischen Vorganges an den Küsten erweitert. Trotzdem ist es bislang noch nicht gelungen, eine zusammenfassende Arbeit über die 36.000 km lange Küste des australischen Kontinents zu schreiben, zieht man etwa die Arbeit von C.E.F. BIRD über "Coastal Landforms" (1964) allerdings hierbei in Betracht, so gibt sie zumindest die Beispiele, die an den Küsten Australiens zu finden sind. —

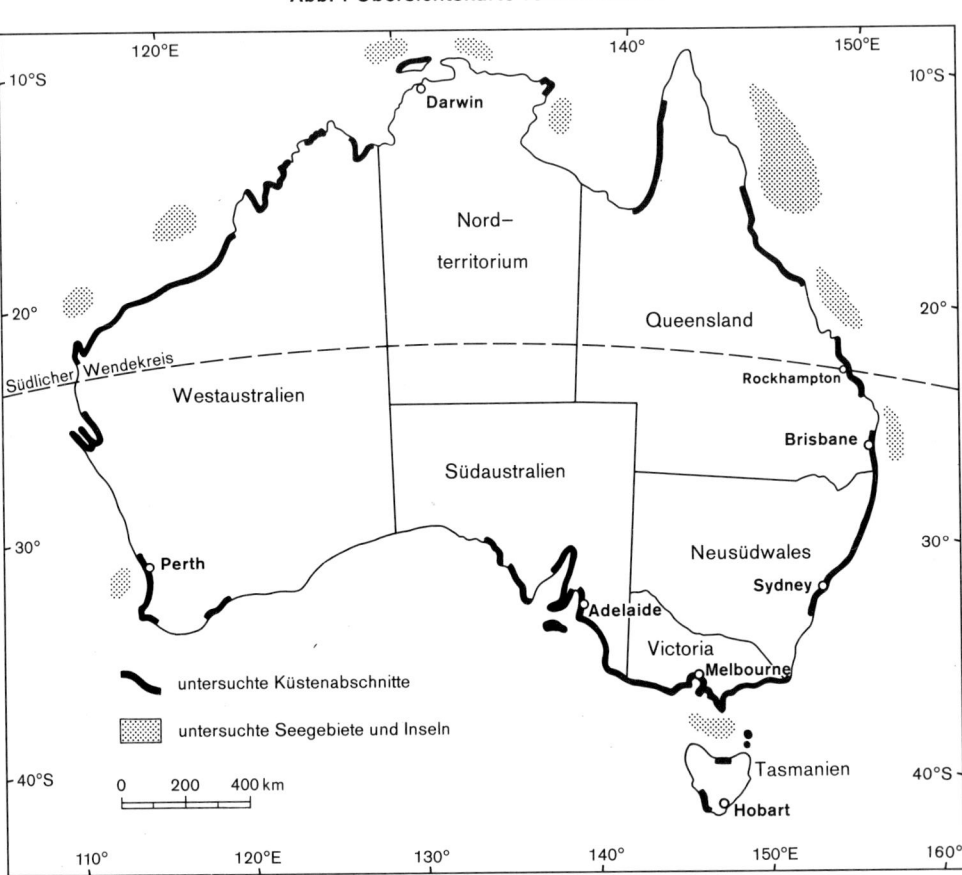

Abb. 1 Übersichtskarte von Australien

THOM (1976) hat in seiner Arbeit eine ähnliche Überlegung angestellt und zusammenfassend auf die Probleme der Küstenmorphologie (1978) in einem kurzen Bericht hingewiesen.

Um hier die Übersicht zu erleichtern, dürfte das Vorgehen eines vom Regionalen ausgehenden Berichts die beste Möglichkeit sein, diesen Überblick zu gewinnen. Die Karte (Abb. 1) versucht dabei die Schwerpunkte der bisherigen Untersuchungen aufzuzeigen. Der Kontinent hat durch seine massige Gestaltung und sein, vor allem im südlichen Teil geringes Schelfgebiet, eine anscheinend wenig gegliederte Küste. Die Abwesenheit von Inselgruppen im Vorfeld und auf dem Festlandsockel ist auffällig. Davon auszunehmen ist das Große Barrier Riff, das mit über 2.000 km Länge und mehr als 350 km Breite eine auf der Erde einmalige gegenwärtige morphologische Besonderheit darstellt, die in der Küstenmorphologie besondere Fragen aufwirft. Diesem Riff gleichgestaltet sind auch die Inselgruppen am Westrand des Kontinents, über die ausführlich FAIRBRIDGE und TEICHERT (1950) berichtet haben.

ÜBERSICHT ÜBER DIE BUNDESTAATEN AUSTRALIENS UND IHRE KÜSTENABSCHNITTE

Staat	Fläche in km2	%	Küstenlänge in km	%	Zahl der offiziellen Häfen	mittlere Abstände zwischen Häfen in km
NSW	801.600	10,43	1.900	5,20	10	190
Vic	227.600	2,96	1.800	4,90	5	360
Q'ld	1.727.200	22,48	7.400	20,10	17	435
S. A.	984.000	12,80	3.700	10,10	20	185
W. A.	2.525.500	32,87	12.500	34,10	23	500
N. T.	1.346.200	17,52	6.200	16,90	3	2.070
Tas.	67.800	0,88	3.200	8,10	14	229
A.C.T.	2.400	0,03	(in NSW)	–	–	–
	7.682.300	100,00	36.700*)	100,00	92**)	± 400

*) Nach den Messungen der Div. National Mapping, mit Hand digitisiert auf der 1 : 250.000 Karte mit Abstand von 0,5 km einschließlich aller Buchten. Seegrenze ist die Hochwassergrenze und Besitzgrenze. Bei Flüssen ist die Grenze, wo deutlich der Flußlauf erkennbar ist. Daher ist die Gesamtlänge von 36.700 km nur angenähert (nach Austr. Bureau of Statistics, Pocket Compendium No. 61, 1976). –
**) Nach Atlas of Australian Resources 2nd Series, Port and Shipping 2nd Ed. Canberra 1971, auf der Karte ausgezählt. –

TASMANIEN

Im Süden des Kontinents bildet die Insel Tasmanien mit 3.200 km Küstenlänge ein Beispiel einer selbständigen Einheit. Auf engem Raum findet sich eine Vielfalt von Küstenformen vor, die jeden, der dort länger weilte, reizen mußte, sie zu erforschen. Wenngleich im allgemeinen bei jeder Darstellung der Insel Beschreibungen und Abbildungen der Küstenabschnitte vorliegen, so sind die Arbeiten zur Küstenmorphologie doch immer mitbedingt durch die geologische Entwicklung der Insel. Eine Reihe der Arbeiten sind daher mit diesen geologischen Untersuchungen verknüpft. So haben W.E. BAKER und N. AHMAD (1959) die Frage nach der Fjord-Theorie von Port Davey in Südwest-Tasmanien untersucht. Diese durch ihre besondere Gestaltung auffällige Bucht paßt nicht unmittelbar in das Bild einer Fjordbildung. In besonderer Weise hat sich dann J.L. DAVIES mit speziellen Fragen der Küstengestaltung auseinandergesetzt. Er hat wiederholt die Entwicklung des Küstenversatzes von Sand (1958), die Bildung von Strandwällen (1961) sowie die Ausbildung der Küstenkrümmung und der Terrassen (1957) untersucht. Fragen der Gestaltung sind mit den geologischen Veränderungen verknüpft. Die Frage nach der Art und wie es zu Änderungen der Seehöhe im Verlauf der jüngeren geologischen Geschichte kam, sind darin miteinbezogen (DAVIES, 1959). Die Glazialforschung im Inneren der Insel führte auch an den Küsten zu Fragen ihrer Veränderung, insbesondere die Hebung und Senkung des Meeresspiegels (DAVIES, 1961). An diesen Problemen arbeitete auch J. JENNINGS, der sich besonders den Inseln in der Bass-Straße zuwandte und vor allem deren Entstehung untersuchte (1959).

Wie stark hier die Untersuchung an das Interesse der einzelnen Forscher gebunden ist, läßt sich leicht daran erkennen, daß nach diesen Arbeiten keine neuen unternommen worden sind. Im Atlas von Tasmanien (DAVIES, 1965) ist ein vorläufiger Schlußstrich gezogen worden. In dem Abschnitt über das Relief der Insel faßt DAVIES (1965, S. 22) alles das zusammen, was über die Küste der Insel zu sagen ist. Er zeigt die Kräfte auf, die gegenwärtig an der Gestaltung mitwirken, so u.a. die starke Strömung, die aus südwestlicher Richtung auf die Insel zurollt. Diese teilt sich an der Südwestspitze in zwei nordwärts gerichtete Strömungen. Diese führen an der West- und Ost-Küste nach Norden. Infolge der stärkeren westlichen Komponente wird dann auch die Nordküste, die der Bass-Straße zugekehrt ist, in diese westliche Strömung einbezogen. Ihr sind damit alle die rezenten Strandbildungen in den Buchten unterworfen, die DAVIES am Beispiel der Entstehung der gekrümmten Buchten (1957) erläutert hat.

Während hier in Tasmanien ein gewisser allgemeiner Abschluß erreicht zu sein scheint, ist das Interesse an diesen Vorgängen jedoch an den Küsten des Kontinentes immer noch sehr groß. In der neueren Literatur ist die eine oder andere Arbeit aus jüngster Zeit zu finden, die die individuelle Eigenart der einzelnen Küstenabschnitte in den Vordergrund stellt, aber dabei die allgemeinen Erkenntnisse von DAVIES nutzt. Die Küste Victoria's bietet hierfür ein gutes Beispiel.

VICTORIA

Sie erstreckt sich über 1.800 km. Dabei zeigt sich in dem Wechsel von Flach- und Steilküsten, einer rezent abgesunkenen Bucht, der Port Philipp Bay, und starken Verlagerungen von Küstenmaterial vor allem von Sand im östlichen Teil, dem Gippsland (BIRD,1961) eine außergewöhnliche Vielfalt der Formen. Nicht nur, daß hier der Ansturm der Wogen und die Dünung aus den Weiten des südlichen Ozeans sich in imposanten Schauspielen (SMITH, 1950) zeigt, auch ihre gestaltenden Kräfte haben bei den verschiedenen Gesteinen einen Formenschatz erbracht, der schon bald die Geomorphologen zur Darstellung verleitete. Die bedeutendsten Arbeiten haben vor allem E. S. HILLS und E.F.C. BIRD beigetragen. Sind es zuerst detaillierte Darstellungen, wie die von BAKER (1956) über Port Campbell oder sein Beitrag zu der Kalkstein-Küste und ihrer Ausformung (1943) oder die Sandbewegung an der Flachküste von Portland im westlichen Victoria (BAKER, 1956), so hat E. D. GILL (1947) ebenso wie JUTSON (1949) eine Reihe von kleinen regionalen Untersuchungen durchgeführt und auf die jeweiligen Besonderheiten hingewiesen. Auch hier waren Fragen nach der eiszeitlichen Hebung oder Senkung zu klären (GILL 1957), oder die Frage der Veränderung von Flußmündungen zu diskutieren, wie es vor allem BIRD (1961) für das Gebiet von Gippsland getan hat. Auch die hier auftretenden Abrasions-Plattformen, die J. T. JUTSON (1949) und E. S. HILLS (1949) beschrieben haben, gehören hierher. Immer wieder zeigt sich die Verbindung zu tektonischen Vorgängen, der gesamten geologischen Entwicklung des Hinterlandes und den Auswirkungen auf den Küstenbereich. E. S. HILLS (1950) hat dies bei seiner Studie über die abgesunkene Port Philipp Bay beschrieben und zusammenfassend für die ganze Küste in seiner Physiographie von Victoria (1949) auch dargestellt. Auch in der Gesamtdarstellung über "Coastal Landforms" hat E. F. BIRD seine Einzel-Untersuchungen zu der Küste Victoria's gegeben.

Entwicklungen auf anderen Gebieten und Erfahrungen, die vor allem an den Küsten Europas gemacht worden sind, haben auch in Australien ihre Aufmerksamkeit gefunden, GORRIGAN legte 1960 einen Report vor und 1978 wird von EDGELL und ROBINSON eine Inventur der Küsten Victorias vorgenommen. In 28 Karten des gleichen Maßstabes (1 : 100.000) ist der Küstensaum dargestellt. Dieses Kartenwerk soll als Grundlage für weitere ökologische und andere Untersuchungen dienen. Zugleich soll es aber auch die Basis darstellen für Maßnahmen, um eventuell auftretende Verseuchungen durch Öl, wie sie vielleicht auch hier neben anderen Umweltschäden zu erwarten sind, zu bekämpfen. Die Häfen in der Port Philipp Bay, Geelong und Melbourne werden von Tankern angefahren. Ebenso ist der neu errichtete Hafen Westernport, der vor allem für die Öl- und Gasfunde im östlichen Bereich der Bass-Straße als Terminal fungiert, eine Gefahrenquelle. Es ist beachtlich, daß hier in guter Vorsorge diese Arbeit geleistet wurde. Sie unterstützt alle bislang durchgeführten Untersuchungen von topographischer Seite her. Sie wird auch neuere fördern. Ähnliche Arbeiten sind leider noch nicht für die übrigen Gebiete entstanden, so daß der Bericht für die weiteren Küstenabschnitte jeweils die einzelnen Arbeiten aufzählen muß. Die neueste Arbeit ist die von RAE (1977) über Problemgebiete vor allem der Ninety Mile Beach in Gippsland, sowie Discovery Bay und Lady Bay bei Warnambool, wo die menschliche Aktion zu Schäden geführt hat.

NEUSÜDWALES

Bei einer Küstenlänge von 1.900 km bildet dieser Abschnitt schon dadurch eine Besonderheit, daß es nicht nur der dichtbesiedelste Teil des Kontinents ist, sondern sich gerade hier in den letzten Jahren eine Entwicklung angebahnt hat, die dazu führte, daß fast die gesamte Küste, von wenigen Ausnahmen abgesehen, besiedelt und damit bebaut ist. Zuerst als Erholungs- und Feriengebiet von einzelnen Punkten ausgehend, erweiterte sich das ganze und ein dichtes Siedlungsband, unterbrochen von den Bereichen der drei Großstädte Wollongong- Port Kembla, Sydney und Newcastle, hat die Landschaft verändert. Man kann dieses Band bis an die Grenze von Queensland verfolgen, wo sich eine große Küstenstadt bei Murrumwillumbah- Coolangatta entwickelt hat. Die physischen Gegebenheiten sind bislang noch nicht zu stark in Mitleidenschaft gezogen worden. Daher liegt auch der Schwerpunkt der Untersuchungen immer noch auf der Darstellung physischer Probleme. Erst allmählich werden ökologische Untersuchungen mit herangezogen. Diese beziehen sich daher zum einen auf die starke Trift von Sanden, worüber MORT (1947) berichtet, ebenso wie HEWITT (1953). Beide berichten im Rahmen ihrer Aufgabe innerhalb der Soil Conservation of NSW. Die starke Verlagerung von Sanden ist ein Problem für die Erhaltung bestimmter Küstenabschnitte. Die gleiche Frage hat auch BIRD (1967) noch einmal aufgegriffen. Hier sind es vor allem bestimmte Vorgänge, die seine Aufmerksamkeit auf lokaler Basis gefunden haben. SIMONETT (1959) untersucht im Raum von Castle Reagh die Sortierung von Dünnsanden. Einige Jahre später nimmt er noch einmal zu dieser Frage Stellung. Auch hier sind Shore-Platforms zu finden. BIRD und DENT (1966) haben diese entlang der Südküste (von NSW) untersucht. Zuvor hatte DENT (1965) in seiner Doktorarbeit diese Untersuchungen durchgeführt.

Die geologische Entwicklung hat HAILS (1969) beschrieben und HOPLEY (1967) versucht mit neuen Methoden vor allem statistischer Art die Frage der Zusammenhänge von Wind und Küstenerosion nachzugehen. Auch die praktische Seite der Nutzung der Schwermineralien wird hier schon angedeutet (BEASLEY, 1950), diese erlangen später vor allem in Queensland und West-Australien eine große wirtschaftliche Bedeutung. Flußmündungen sind im Landschaftsbild meist stärkeren Veränderungen unterworfen. Hier wirken mehrere Kräfte mit- und gegeneinander. WRIGHT (1970) hat dabei vor allem die Frage nach dem Einfluß der Sedimente auf die Entwicklung von Strandwällen an der Mündung des Shoalhaven untersucht, wogegen WASSER (1972) ganz allgemein die Terrassen in den Flüssen, die hier ja nur kurze Küstenflüsse sind, untersucht.

LANGFORD-SMITH (1969) gibt dann in der Geologie von Neusüdwales eine Zusammenfassung der Küstenmorphologie von Neusüdwales, die natürlich nur sehr knapp und damit nur eine Übersicht sein kann. Die Frage der eustatischen Wechsel der Meereshöhe werden z.T. durch Abrasions-Plattformen (A. G. ABRAHAM und H. J. OAK, 1976) belegt, aber auch gehobene Strandwälle und Strandterrassen können hierfür Beweis sein, wie es SWAN (1975) in seiner Arbeit aufzeigt. — Unter der South Coast (Südküste) wird infolge der politischen Verwaltung auch das Hinterland dieses Küstenabschnittes verstanden. Dieses Gebiet war Gegenstand einer besonderen Studie der C.S.I.R.O. (Commonwealth Scientific and Industrial Research Organization). Eine ganze Reihe von Arbeiten ist zu dieser Studie erschienen, die von TURNER (1977) erläutert wird. Die unmittelbaren Küstengebiete wurden einbezogen. Bislang fehlt es dabei aber an einer direkten Studie zur Küstenmorphologie. Da es in diesem Projekt um eine Inwertsetzung der Landschaft geht, damit auch die Frage der Erhaltung der Küste, ihre teilweise Nutzung als Wohn- oder Erholungsraum festgelegt wird, müßte in den ökologischen Untersuchungen auch die Frage der Veränderung durch den Einfluß des Menschen erörtert werden. Dazu gehören aber auch die Feststellungen des gegenwärtigen Zustandes, also eine Inventur dieses Küstenabschnittes. Soweit noch keine Einzel-Untersuchungen vorliegen, wird hier auf die bisherigen Untersuchungen der Division Land Use Research mit ihren Veröffentlichungen den Land Use Research Studies (s. Lit. verz.) verwiesen. Ein wertvoller Beitrag dazu wurde von GALOLWAY et al (1978) geleistet mit einem Katalog vorhandener Luftbilder der Küstengebiete. Für die Frage der Küstenmorphologie hat dies nur indirekt eine Bedeutung. Hier handelt es sich ja mehr um eine Erhaltung der Landschaft, im weitesten Sinne um Landschaftsschutz. Im Verlauf der kommenden Jahre dürften hier sicher eine Reihe sehr interessanter Untersuchungen zu erwarten sein. Diese werden sich sowohl auf Fragen der Morphologie, wie insbesondere Fragen der Veränderungen und ihre Ursachen beziehen. Eine Bedrohung ist gegeben und die Erhaltung der Küste notwendig. Am deutlichsten wird dies wohl da, wo die Besiedlung bis unmittelbar an den Strand reicht, so wie im Bereich von Sydney mit seinen bekannten Stränden bei Bondi und Manly oder wie in Port Kembla, wo künstlich der Strand vorverlegt worden ist.

Was im Bereich der schon erwähnten Städte Greater Wollongong- Port Kembla, Sydney und Newcastle geschehen ist, die rund 250 km der Küste als Grenze ihres Stadtgebietes, z.T. als Hafen beanspruchen, wird am deutlichsten da, wo heute der Strand kommerzialisiert ist, wie in Queensland.

QUEENSLAND

Dieser Bundesstaat Australiens, der bei einer Fläche von 1.727.000 km^2 nicht nur mit 54 % Anteil in den Tropen liegt, hat bei einer gesamten Küstenlänge von 7.400 km bis auf knapp 600 km diesen Bereich nördlich des Wendekreises liegen. Klimatisch gehört aber die gesamte Küste in den tropischen Bereich. Davon erstrecken sich mehr als 3.000 km an der Ostküste des Kontinents im Schutze des Großen Barrier Riffes.

Tab. 2: ÜBERBLICK ÜBER DIE KLIMADATEN VON BRISBANE, QUEENSLAND ALS BEISPIEL FÜR DIE SONNENKÜSTE

	Jan.	Feb.	März	April	Mai	Juni	Juli	Aug.	Sep.	Okt.	Nov.	Dez.	Jahr
t o^{0}C	25,0	24,7	23,5	21,2	18,0	15,7	14,9	15,9	18,3	20,9	22,9	24,5	20,5
N mm	124	167	161	144	88	69	69	54	48	74	95	129	1.157
Sonne in h	7,5	7,0	6,8	7,1	6,8	6,6	7,0	7,8	8,3	8,2	8,2	8,1	7,5

Bei der Besonderheit des durch das Meer bestimmten Klimas mit einem vom Menschen geradezu als ideal empfundenen Temperatur-Rhythmus, vor allem den milden Wintern und den nicht zu heißen Sommern (vgl. Klimadiagramm Tab. 2 als Beispiel), und trotz des an einigen Orten extrem hohen Niederschlags (Bundaberg 1.156 mm, Mackay 1.650 mm u.a.), nie aber als störend empfunden wird, mußte dieses Gebiet, unterstützt von flachen weiten Stränden und jenem Hauch von Südsee, wie er vor allem auf den Koralleninseln auf dem Großen Barrier Riff gegeben ist, eine Faszination ausüben (BENNETT, I.1971). So kam es in den letzten Jahren zu einem Boom in der Besiedlung und dem Tourismus, vor allem im südlichen Bereich der Queensland-Küste.

Abb. 2 Klimadiagramme von Brisbane und Rockhampton

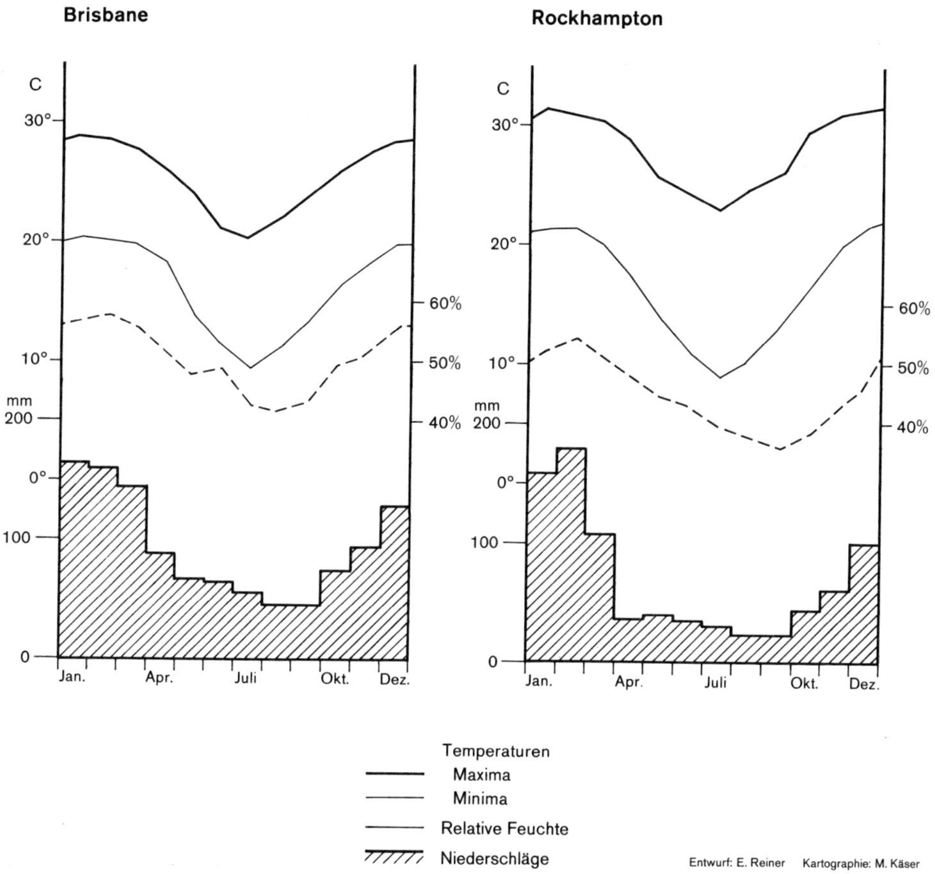

— Temperaturen Maxima
— Minima
— Relative Feuchte
/////// Niederschläge

Entwurf: E. Reiner   Kartographie: M. Käser

Tab. 3: BEVÖLKERUNGS-ENTWICKLUNG DER KÜSTENORTE IN QUEENSLAND

Ort/Jahr	1961	1966	1971	1976
Albert (Teil)	5,327	6,437	10,165	18,753
Goldcoast	33,716	49,485	66,697	87,510

(Infolge der Zusammenfassung liegen für die Küstenorte keine Zahlen über die Zählbezirke vor. Nach COA Yearbook)

Vergleicht man hier die Zahlen der Bevölkerungs-Entwicklung der Küstenorte zwischen den letzten Bevölkerungszählungen (Tab. 3) so wird deutlich, welche Veränderungen stattgefunden haben müssen. Sie dienen hier nur als Beispiel. Es stellt sich somit die Frage, hat dies auch Einfluß auf die Forschung genommen? Hat man mehr als in den anderen Bundesstaaten die Küste untersucht? Es ist verständlich, daß sowohl allgemeine Darstellungen, insbesondere über die Schönheit des Barrier Riff, die Unterwasserwelt in prächtigen Bildbänden vorliegen. Dazu kommen dann viele Schriften, die bestimmten zoologischen Problemen nachgehen. I. BENNETT (1971), die in ihrem Band sowohl prächtige Farbbilder zeigt, aber auch auf die Probleme eingeht, zitiert 134 Arbeiten, von denen nur 14 die geologischen und morphologischen Verhältnisse behandeln, alle übrigen sind zoologische Arbeiten. Rein beschreibend allerdings sind zahlreiche Aufsätze, die in der Zeitschrift "Walkabout, Melbourne" erschienen sind und noch erscheinen. Viele sind von hervorragenden Aufnahmen begleitet. Sie helfen aber nur in der topographischen Unterrichtung.

Die Geologen haben sich mehr um die Nutzung der in den Küstensanden abgelagerten Schwer-Mineralien bemüht. Darüber hat BEASLEY (1947) geschrieben, aber auch seitens der Geographen ist das Thema von JENNINGS (1955) aufgegriffen worden. BENNETT (1971) gibt in ihrem Buch eine Karte über die ausgegebenen Lizenzen zum Abbau. In den früheren Jahren waren es vor allem FAIRBRIDGE und TEICHERT (1950), die sich in mehreren Arbeiten mit der Morphologie des Barrier Riffes — aber auch der übrigen Korallenriffe auseinandergesetzt haben. Beiden Autoren verdanken wir die erste umfassende Darstellung der Vorgänge des Entstehens und Vergehens dieser Inseln. Die Große Barrier Riff Commission, die 1930 ihre wissenschaftlichen Berichte vorzulegen begann, hat in sechs umfangreichen Bänden alles zusammengetragen, was bis dahin bekannt war (London 1930 ff). Mit dem Continental Shelf Act von 1968 hat seit 1970 die Bundesregierung von Australien die Kontrolle über die Aktivitäten in diesem Bereich übernommen, nachdem bereits die Regierung von Queensland eine Reihe von Inseln unter strengsten Naturschutz gestellt hatte.

Für die Frage der Küstenentwicklung aber sind mehr die Arbeiten heranzuziehen, die sich wie die von BIRD (1965) mit vergleichenden Untersuchungen auseinandersetzen. Die breiten Flußmündungen mit ihren Delta-Anschwemmungen und den daraus folgenden Küstenversetzungen sind bearbeitet worden. Die Darstellung ist aber für den Bereich der Ostküste ungleich durchgeführt worden. Gerade die südlicheren Teile haben eine stärkere Beachtung gefunden. Dies liegt zum Teil in der großen Entfernung und erst die Errichtung der James Cook University in Townsville eröffnet Möglichkeiten, auch die nördlichen Teile stärker in die Untersuchung einzubeziehen. Dabei ist die Cape York-Halbinsel stark vernachlässigt. H. VALENTINs Arbeit aus seiner Untersuchung von 1961 geht mehr auf die Nordwest-Küste ein (VALENTIN 1961) und er hat kaum die Ostküste berührt.

Die ausgedehnte Küste in Nord-Australien, zum Teil zu Queensland gehörig, gehört zu den am wenigsten erforschten Teilen. Darstellungen beschränken sich nur auf wenige Abschnitte. Weipa mit seinen Bauxit-Vorkommen hat zu mehr allgemeinen Darstellungen Anlaß gegeben, ebenso wie die Darstellung von R. W. TWIDALE im Rahmen der Untersuchung der C.S.I.R.O. Division LRRS (Commonwealth Scientific and Industrial Research Organization) sich mit dem Abschnitt der Küste beschäftigt, die im Rahmen der auf das Leichhardt Gilbert Gebiet Bezug hat (TWIDALE,

1966). Das gleiche gilt auch für die verschiedenen Arbeiten zur Geologie dieses Gebietes. Hier wird nur beiläufig auf die Küste hingewiesen, aber kaum die Morphologie behandelt.

NORD-TERRITORIUM

Für das Nord-Territorium (Northern Territory) gilt dies in gleicher Weise. Obwohl das Arnhemland und nach Westen übergehend in den Joseph Bonaparte Golf manche morphologische Besonderheit aufweist, ist außer den Arbeiten von TEICHERT und FAIRBRIDGE (1950) wenig berichtet worden. Auch hier ist es mehr der Küstensaum und seine "Tidal Flats", das von der Flut überschwemmte Gebiet, das auch besonders zur Regenzeit einen hohen Wasserstand aufweist, der im Zusammenhang mit seiner möglichen Nutzung erkundet wurde. Insbesondere das Großprojekt eines Reisanbaues auf Bewässerungsgrundlage hat hier die Untersuchungen zur Hydrologie und Bodennutzung angeregt (CHAPMAN, 1972). Die eigentliche Küsten-Morphologie hat hierbei nicht interessiert. Hier liegt noch ein weites Feld der geographischen Forschung brach. Es ist ein Gebiet, in dem die besondere Entwicklung eines aus dem Watt auftauchenden oder versinkenden Küstenabschnittes untersucht werden kann. Die bergbauliche Nutzung, etwa an der Gove Halbinsel oder auf Groote Eylandt hat allgemein ein stärkeres Interesse gefunden, dürfte aber auch in naher Zukunft Fragen zur Ökologie der Küstengebiete aufwerfen.

WEST-AUSTRALIEN

Den größten Anteil an Küstenlänge des Kontinents hat West-Australien. 12.500 km ist hier die Küste lang. Das sind 34,1 % der Gesamtküstenlänge (Tab. 1). Die Küste erstreckt sich, ähnlich wie in Queensland über mehrere Klimagebiete, aber hier liegt der weitaus größere Teil im gemäßigen Bereich, zumindest im Bereich der Winterregengebiete des südwestlichen Kontinents. Ein Großteil bildet ja auch die südliche Grenze des Kontinents.
Auf Grund der unterschiedlichen geologischen Entwicklung lassen sich hier eine Vielzahl von verschiedenen Küstenabschnitten unterschiedlicher Ausgestaltung erwarten. Es ist mit Ausnahme der Küste in der Südwestecke des Kontinents, also entlang der Großen Australbucht und der Westküste die unwirtlichste Küste die man sich denken kann. Das haben bereits die holländischen Schiffsleute, angefangen von PESAERT, über DIRK, HARTOG und bis zu dem Unglück der Batavia in 1969 alle zu spüren bekommen. Es hat sich bis heute fortgesetzt, wie auch der unglückliche Flug von Hans BERTRAM (1933) gezeigt hat.
So wird die Küste nur dann aufgesucht, wenn sich die Notwendigkeiten dazu ergeben. Dies wird vor allem dann möglich, wenn große wirtschaftliche Gewinne zu erwarten sind. Diese Ansätze sind gegeben (DAHLKE, 1977). Das zeigt sich u.a. in der Zahl der Häfen entlang der Westküste. Sie nimmt von Süd nach Nord auffällig ab (vgl. Tab. 1). Somit fehlt der Anreiz von außen her Küstenabschnitte aufzusuchen. Ebenso fehlt das Hinterland, das in irgendeiner Form allgemeine Bedeutung für die Besiedlung gewonnen hätte. Es hat damit nicht auf die Küste zurückgewirkt, wie dies in Neusüdwales der Fall ist. So sind nur punktuell Häfen entstanden, als notwendiger Umschlagsort für Produkte aus dem Hinterland. Mit nur vier Häfen ist dies die hafenärmste Küste über 1.000 km.
Somit sind die Untersuchungen zur Küstenmorphologie nur in geringer Anzahl vorgenommen worden. Dabei spielen allgemeine Beschreibungen, die in der Zeitschrift "Walkabout" (Melbourne) zwischen den Jahren 1938 bis 1960 erschienen sind, eine große Rolle. Allerdings sind dabei vor allem durch ihre Gestaltung auffallende Abschnitte beschrieben, ebenso wie die vorgelagerten Inseln herausgegriffen worden sind. Dazu gehört auch eine Untersuchung des Archipelago de Recherche, die von BECHERVAISE und einer Gruppe untersucht wurde (1951, 1956). Es war der Versuch einr Inventarisierung der Insel, der aber nur für diesen Archipel vorgenommen und

nicht weiter fortgesetzt wurde. Vor der Südwestküste bei Perth liegen die Rottnest Island. Diese Insel wurde wiederholt von Zoologen aufgesucht und beschrieben.
Die Houtman Abrolhos Inselgruppe wurde von DAKIN (1950) beschrieben. In neuerer Zeit haben sie durch die Unterwasser-Archäologen erneut Interesse gefunden. Ebenso sind durch die Atomversuche der Briten die Monte-Bello-Inseln (1951) bekannt geworden.

Es fehlt bei allen diesen Arbeiten allerdings ein wissenschaftliches Interesse, meist sind es nur allgemeine Schilderungen, die bislang bekannt geworden sind. Weiterhin haben die Geologen und vor allem die Öl-Gesellschaften diesen Raum, vor allem das Schelfgebiet, durchmustert und ihre entsprechenden Reporte und Berichte angefertigt. Dabei haben sie sich mehr auf die Abfolge der Sedimente und den Untergrund spezialisiert, war doch im Bereich des Exmouth-Golfes, der Shark Bay ein Ansatz für Ölsuche gegeben und auf Barrow Island hat ja dann diese Suche zu bescheidenen Funden von Öl und Gas geführt. So sind es immer noch die Arbeiten von FAIRBRIDGE und TEICHERT (1950), die mehr zu einer Übersicht beigetragen haben und als Referenz auch heute noch Gültigkeit haben. Wenig ist also über die Gestalt der Küste geschrieben. Auch die durch ihre Ausgleichsküste gekennzeichneten, auch kartographisch heraustretenden Abschnitte, etwa die Ninety Miles Beach lockten nicht zu einer Untersuchung. Auch die wenigen Häfen selbst haben insgesamt nur eine knappe Darstellung, meist in Planungsunterlagen, gefunden. Die Praxis forderte eine unmittelbare technische Ausrüstung und diese wurde nach Feststellung der Tatbestände dann entsprechend durchgeführt. So sind heute die Häfen Port Dampier und Port Hedland wohl wegen ihrer Größe des Exportes von Eisenerz aus dem Pilbara-Gebiet bekannt (DAHLKE, 1975), aber über die Küstengestalt fehlen Darstellungen.
Ebenso wenig ist jener Bereich näher untersucht worden, der, um die Südwest-Ecke herum greifend, den südlichen Küstenbereich bis zur Grenze von Süd-Australien beschreibt.

SÜD-AUSTRALIEN

Der letzte Abschnitt der hier zu behandelnden Küste ist der von Süd-Australien mit 3.700 km Länge. Dies entspricht etwa 10,1 % der gesamten Küstenlänge des Kontinents. Sie weist auf große Strecken eine Gleichförmigkeit auf, besonders entlang der Australbucht, in deren Hinterland die Nullarbor-Ebene liegt: Ein Raum, der aus flachlagernden tertiären und jüngeren Kalkablagerungen besteht, die zur Küste hin flach einfallen (JENNINGS, 1963), daselbst aber immer noch eine steile Klippküste bilden von rund 20 - 50 m Höhe. Hier sind wenig Ansatzpunkte für Häfen. Dazwischen liegen auch keine Ankerplätze von Bedeutung. Das Interesse der Küstenforschung hat sich daher mehr auf den östlichen Teil, also die Buchten wie Spencer und St. Vincent-Golf, konzentriert. Wie bei den übrigen Staaten und ihren Küsten läßt sich feststellen, daß in der neueren Zeit Arbeiten zur Küstenmorphologie fehlen. In den Jahren 1950 - 1960 war ein lebhaftes Interesse an der Küste und ihrer Beschreibung vorhanden. Einzelne Inseln oder Inselgruppen wurden beschrieben. J. HAMBRIDGE (1946) versuchte damals, eine Nomenklatur der Küstenformen der südöstlichen Küste aufzustellen, wohl der einzige Versuch einer Untergliederung überhaupt. Hier in Süd-Australien haben im Bereich der Murray-Mündung eustatische Bewegungen stattgefunden. Die junge Entwicklung von Dünen wurde zu einem Prüffeld für Untersuchungen. SPRIGG (1948) hat diese Entwicklung im Lichte der Theorien von MILANKOWITSCH und ZEUNER überprüft. Die gehobenen Dünen haben daher wiederholt Interesse gefunden (ROCKER 1946, DAVIES, 1960) während in neuerer Zeit mehr die Inseln wie Kangaroo Island (1970) und Pearson Island untersucht und beschrieben wurden (1971).

ZUSAMMENFASSUNG

Die Untersuchungen der Küste, soweit sie im speziellen Falle der Morphologie zugewandt sind, weisen noch große Lücken auf. Bislang hat nur Victoria mit seiner auch kartographisch wichtigen Darstellung einen ersten Schritt unternommen, eine klare und geschlossene Inventur der Küstenformen vorzulegen (EDGELL and ROBINSON 1978), sieht man von dem Versuch von HAMBRIDGE (1946) für Süd-Australien ab. Dank der Arbeiten von E.C.F. BIRD liegen auch genügend Einzel-Untersuchungen vor, die z.T. an den vor allem im nördlichen und westlichen Bereich des Kontinents liegenden Küstenabschnitten noch fehlen.
Dies besagt aber nicht, daß generell Untersuchungen über die Küste fehlen. Die bergbauliche Nutzung der Schwermineralsande in West-Australien oder in Queensland haben geologische Untersuchungen gefördert. Auch in Bezug auf Hafenbauten, vor allem bei den neueren Entwicklungen in West-Australien sind Planungsunterlagen vorhanden, die mehr den technischen Problemen zugewandt sind.

Für West-Australien gilt auch noch die Besonderheit, daß hier ein großer Tidenhub vorherrscht (im Bereich der Nordwest-Küste), das hat bereits zu Spekulationen über große Flut-Kraftwerke geführt. Es hat aber noch nicht das Interesse an einer Grundlagenforschung geweckt bzw. die Geographen gereizt, sich diesem Gebiet zuzuwenden.
Man könnte darin einen modischen Trend erblicken. Die allgemeine Aufmerksamkeit der Geographen gilt der Planung, der Siedlung oder der Sozialgeographie, wozu jetzt auch die historische Geographie tritt, sehen wir von der starken Hinwendung zu Fragen der didaktischen Darstellung einmal ab. Aber diese Überlegungen sind hier nicht anzustellen.
Das Resume zeigt, daß die Arbeiten auf dem Gebiet der Küstenmorphologie noch kein vollständiges und detailliertes Bild der Küstenformen des australischen Kontinents erlauben. Wir müssen uns somit mit einigen Ansätzen begnügen und feststellen, daß die von H. VALENTIN begonnene Arbeit wohl eine geringe Erweiterung gefunden hat, daß wir aber noch weit entfernt sind, eine Gesamtdarstellung zu erhalten, wenn wir vom technischen Sektor her auch zumindest jetzt im Luftbild diese Küste als Ganzes erfaßt und katalogisiert sehen (GALLOWAY et al 1978). —

LITERATURVERZEICHNIS

Die Liste der Literatur wird dem Text folgend für die einzelnen Abschnitte alphabetisch gegeben. —

BIRD, E.E.F. (1964): Coastal Landforms. An Introduction to coastal geomorphology with Australian examples. A. N. U., Canberra 1964
BORCHARDT, D.H. (1976): Australian Bibliography, A guide to printed sources of information, Pergamon Press, Oxford 1976
DAVID, Sir T.W. Edgeworth, (1950): The geology of the Commonwealth of Australia. Supplemented by W.R. BROWNE, 3 vols, London 1950
THOM, B. G. (1976): An Assessment of Coastal Research in Australia with particular reference to geomorphology Geoscience and Man, Louisiana State Univ. Press 14, 1976, 127 - 134
THOM, B. G. (1978): Future trends in Coastal geomorphology: Austr. Geographer, Sydney, vol. 14, 1978, 64 - 65
VALENTIN, H. (1959): (siehe Literaturverzeichnis H. VALENTIN, Nr. 19, 20, 23, 26, 42). —

TASMANIEN

BAKER, W.E.& AHMAD N. (1959): Reexamination of the Fjord-theory of Port Davey, Tasmania — Proc. Roy. Geogr. Soc. Tasm. 93, 1959, 113 - 116
DAVIES, J.L. (1957): The importance of cut and fill in the development of sand beach ridges — Austr. Journal Science, 20, 1957, 105 - 111
DAVIES J.L. (1958): Analysis of height variation in sand beach ridges. — Austr. Journal Sceince, 21, 1958, 51

DAVIES, J.L. (1959): Sealevel change and shoreline development in southeastern Tasmania — Proc. Roy. Geogr. Soc. Tasmania, 93, 1959, 89 - 96
DAVIES, J.L. (1961): Tasmanian beach ridge systems in relation to sealevel change — Papers and Proc. Roy. Geogr. Soc. Tasmania 95, 1961, 35 - 40
DAVIES, J.L. (1965): Atlas of Tasmania, Hobart 1965
JENNINGS, J.N. (1959): The coastal morphology of King Island, Bass Strait, in relation to changes in the relative level of land and sea — Records Queen Vict. Museum. Launceston, N. S. 11, 1959
JENNINGS, J.N. (1959): The submarine topography of Bass Strait Roy. Geogr. Soc. Vict. 71, 1959, 49 - 73

VICTORIA

BAKER, G. (1943): Features of a Victorian Limestone Coastline Journ. Geology, 51, 1949, 359 - 386
BAKER, G. (1943): Sand drifts at Portland, Victoria — Proc. Roy. Soc. Vict. 68, 1956, 151 - 197
BIRD, E.C.F. (1961): The coastal barriers of East Gippsland, Australia — Geogr. Journ. London, 127, 1961, 460 - 468
BIRD, E.C.F. (1961): Landform changes at Lake Entrance — Vict. Nat. vol. 78, 1961, no. 5, 137 - 146
BIRD, E.C.F. (1962): The river deltas of the Gippsland Lakes Roy. Soc. Vict. 75, 1962, 65 - 74
BIRD, E.C.F. (1963): The physiography of the Gippsland Lakes, Australia. — Ztschr. Geomorph. 7, 1963, 232 - 245
BIRD, E.C.F. (1970): Beach systems on the Melbourne coast. — Geography Teacher, Melbourne, vol. 10, 2, 1970, 59 - 72
BIRD, E.C.F. (1972): Our changing coastline, Victoria's Ressources? The Vict. Naturalist, vol. 89, 1972, 7 - 10
COULSON, A. (1940): The sand dunes of the Portland District and their relation to Post-Pleistocene uplift. Proc. Roy. Soc. Vict., 52, 1940, 315 - 332
EDWARDS, A.B. (1941): Storm-wave platforms — Journal Geomorphology vol. 4, 1941, 223 - 236
EDWARDS, A.B. (1951): Wave action in shore platform formation — Geol. Magazine, vol. 88, 1951, 41 - 49
EDGELL, M.C.R., and ROBINSON, G. (1975): The coast of Victoria: a physiographic atlas prepared in the Dept. of Geogr., Monash University, Melbourne, 1975
GILL, E.D. (1947): Some features of a coastline between Port Fairy and Peterborough, Victoria — Proc. Roy. Soc. Vict., 58, 1947, 37 - 42
GILL, E. D. (1961): Eustasy and the Yarra Delta, Victoria, Australia — Roy. Soc. Vict., 74, 1961, 125 - 133
GILL, E.D. and BAKER, G. (1957): Pleistocene emerged marine platforms Port Campbell, Victoria — Quaternaria, IV, 1957
CORRIGAN, F.M. (1960): A report on Victorias coastline — 1960
HILLS, E.S. (1949): The physiography of Victoria, an introduction to Geomorphology, Melbourne 1940, 4. Ed. 1949
HILLS, E.S. (1940): The question of revent emergence of the shores of Port Philipp Bay. — Proc. Roy. Soc. Vic. 52, 1940, 84 - 105
HILLS, E.S. (1949): Shore platforms — Geol. Magazine, vol. 86, 1949, 111 - 151
JUTSON, J.T. (1940): The shore platforms of Lorne, Victoria and the processes of erosion operating thereon Proc. Roy. Soc. Vict., 65, 1940, 125 - 134
JUTSON, J.T. (1948): The shore platform of Flinder, Victoria Proc. Roy. Soc. Vict., 60, 1948, 57 - 73
JUTSON, J.T. (1949): Shore platforms of Point Lonsdale, Victoria Proc. Roy. Soc. Vict., 60, 1949, 105 - 111

RAE, G.A. (1977): Problem areas on the Victorian Coastline and some effects of development Works. paper presented to the Third Australian Confon Coastal and Oceanic Engineering, Melbourne March 1977

SMITH, L.H. (1950): Woolamai, the lonely Cape — Walkabout, Melbourne 16, 1950, Heft 6, 10 - 14

SMITH, L.H. (1951): Around tidal river, Wilson's promontory, Victoria — Walkabout, Melbourne, 19, 1951, Heft 2, 38 - 45

NEUSÜDWALES

ABRAHAMS, A.D. and OAK, H.L. (1976): Shore Platforms widths between Port Kembla and Durras, New South Wales, Austr. Geogr. Sydney, vol. 13, 1976, 190 - 194

BEASLEY, A.W. (1950): Wealth in Beach Sands (Eastern Australia) — Walkabout, Melbourne, 16, 1950, Heft 9, 38 - 40

BIRD, E.C.F. (1967): Sand deposition on the sputh coast of New South Wales. — Austr. Geogr. Stud., 5, 1967, 113 - 124

BIRD, E.C.F. and DENT, O.F. (1966): Shore Platforms on the South Coast of New South Wales. — Austr. Geogr. Sydney, vol. 10, 1966, 71 - 81

C.S.I.R.O. South Coast Project, siehe unter TURNER —

DENT, O.F. (1965): Shore zone morphology on the South Coast of N.S.W. — Austr. Nat. University, Canberra 1965 (Thesis in Geography)

GALLOWAY, R.W., BAHR, M.E. and SHEAFFE, J.L.G. (1978):
Air photographs covering Australia's coastal Lands — CSIRO, Div. Landuse Research, Canberra Techn. Mem. 78/25 Dec. 1978

HAILS, J.R. (1969): The late quaternary history of part of the mid-north Coast, NSW, Australia, Inst. of Brit. Geogr. Trans vol. 40. No 3, 1969, 263 - 282

HEWITT, B.R. (1954): Coastal sand drift investigations in New South Wales — Journal Soil Cons. New South Wales, 10, 1954, 45 - 56

LANGFORD-SMITH, T. and THOM, B.G. (1964): New Sputh Wales coastal morphology. — Geology of New South Wales, — Journal Geol. Soc. of Australia, vol. 11, 1964, 320 - 330

JUTSON, J.T. (1939): Shore platforms near Sydney, New South Wales Journal Geomorphology, vol. 2, 1939, 237 - 250

MORT, G.W. (1947): Coastal sand drift. — Journal Soil Cons., New South Wales, vol. 3, 1947, 17 - 23

MAZE, W.H. (1945): Evidence of an eustatic strandline movement of 100 to 150 feet on the coast of New South Wales. — Proc. Linn. Soc. New South Wales, 70, 1945, 41 - 46

SIMONETT, D.S. (1950): On the grading of dune sands near Castlereigh New South Wales. — Journ. and Proc. Roy. Soc. New South Wales, 89, 1950, 71 - 79

SIMONETT, D.S. (1959): Sands and dunes near Castlereigh, New South Wales. — Auszr. Geogr. 5, 1959, 3 - 10

SHIRLEY, J. (1964): An investigation of the sediments on the continental shelf of New South Wales — Journal Geol. Soc. Australia, 11, 1964, 331 - 341

WARNER, R.F. (1972): River Terraces Type in the Coastal Valleys of New South Wales — Austr. Geogr. Sydney, 12, 1972, 1 - 22

WRIGHT, L.D. (1970): The influence of sediment availability on patterns of beach ridge development in the vicinity of the Shoalvaven River Delta, NSW — Austr. Geogr. Sydney, 11, 1970, 336 - 348

QUEENSLAND

BEASLEY, A.W. (1947): Heavy mineral beach sands of Southern Queensland — Proc. Roy. Soc. Q'ld, 59, 1947, 109 - 140

BENNETT, I. (1971): The Great Barrier Reef, Landsdowne, Melbourne 1971 (mit ausführlichem Lit.verzeichnis)

BIRD, E.C.F. (1965): The formation of coastal dunes in the humid tropics: some evidence from North Queensland — Austr. Journal Science, 27, No. 9, 1965, 258

BIRD, E.C.F. (1969): The deltaic shorline near Cairns. Q'ld. — Austr. Geogr. Sydney, 11, 1969, 138 - 147

BIRD, E.C.F. (1970): The steep coast of Macallister Range, North Australia — Journal Trop. Geogr., 31, 1970, 33 - 39

BIRD, E.C.F. (1970): Coastal evolution in the Cairns District. — Austr. Geogr. Sydney, 11, 1970, 327 - 335

BIRD, E.C.F. (1971): The fringing reefs near Yule Point, North Queensland — Austr. Geogr. Studies, Adelaide, 11, 1971, 107 - 115

BIRD, E.C.F. (1971): Holocene shore features at Trinity Bay. North Queensland. — Search, Sydney, 2, 1971, 27 - 28

BIRD, E.C.F. (1971): The origin of beach sediments on the North Queensland Coast — Earth Science Journal, 5, 1971, 95 - 105

COALDRAKE, J.E. (1960):The coastal sand dunes of southern Queensland — Proc. Roy. Soc. Q'ld, 72, 1960, 101 - 116

DRISCOLL, E.M. and HOPLEY, D. (1968): Coastal development in a part of tropical Queensland, Australia — Journal Trop. Geography, 26, 1968, 17 - 27

FAIRBRIDGE, R.W. and TEICHERT, C. (1948): The Low Isles of the Great Barrier Reef. A new analysis — Geogr. Journal, London, 111, 1948, 67 - 88

GREAT BARRIER REFF Committee, Reports. London 1930, vol. 1 - 6

HOPLEY, D. (1971): The origins and significance of north Queensland island spits — Ztschr. f. Geomorph. NF Bd 15, 1971, 371 - 389

JENNINGS, J.N. (1956): Black sands of Eastern Australia. — Geography, 41, 1956, 267 - 269

TWIDALE, C.R. (1956): Reconnaissance survey of the coastline of the Leichhardt-Gilbert area of north Queensland — Austr. Geogr. Sydney, 6, 1956, 14 - 20

VALENTIN, H. (1959): Geomorphological reconnaissance of the northwest coast of Cape York Peninsula (Northern Australia) — Proc. Second Coastal Geogr. Conf- Louisiana State Univ. 1959, 213 - 234

NORTHERN TERRITORY

CHAPMAN, A.L. and KININGMONTH, W. R. (1972):
Water balance for raingrown lowland rice in northern Australia. — Agric. Meteorology, 10, 1972

WEST-AUSTRALIA

BERTRAM, H. (1933): Flug in die Hölle, Ullstein, Berlin

BECHERVAISE, J.M. (1951): The archipelago of the Recherche — Walkabout, Melbourne, 17, 1951, Heft 4, 10 - 17

BULL, Jean (1954): "Lioness Land" — Walkabout, Melbourne, 20, 1954, Heft 5, 40 - 42

DAKIN, W.J. (1950): The Abrolhos Island of West-Australia Walkabout, Melbourne , 16, 1950, Heft 11, 29 - 32

DAHLKE, J. (1975): Der west-australische Wirtschaftsraum. Möglichkeiten und Probleme seiner Entwicklung unter dem Einfluß von Bergbau und Industrie — Bericht einer Reise von 1973 — Aachener Geogr. Arbeiten Heft 7, Steiner, Wiesbaden 1975

FAIRBRIDGE, R.W. (1950): The geology and geomorphology of Point Peron, Western Australia. — Journ. Roy. Soc. West-Austr. 35, 1950, 31 - 84

FAIRBRIDGE, R.W. (1946): Notes on the geomorphology of the Pelsaert Group of the Houtman's Abrolhos Island — Journ. Roy. Soc. West. — Austr. 33, 1946, 1 - 36

GENTILLI, J. (1948): West Australian limestone Coast — Walkabout, Melbourne, 16, 1950, Heft 6, 36 - 38

KEMPIN, E.T. (1953): Beach sand movements at Cottesloe, West-Australia — Journal Roy. Roc. Qest. Austr. Bull., 95, 1944

TEICHERT, C. (1950): Late Quaternary changes of sealevel on Rottnest Island, West Australia — Proc. Roy. Soc. Vict. — 59, 1950, 105 - 114

TEICHERT, C. and FAIRBRIDGE, R.W. (1948): Some coral reefs of the Sahul Shelf, Geogr. Rev. New York, 38, 1948, 222 - 249

WRIGHT, L.D. COLEMAN, J.M. THOM, B.G. (1973): Geomorphoc coastal variability, northwestern Australia, — Baton Rouge, Louisiana State Univ. Coastal Studies Institute, 1973

SÜD-AUSTRALIEN

CROCKER, R.L. (1946): Some raised beach of the Lower South-East of Sputh-Australia — and their signification — Trans Roy. Soc. South Austr. 70, 1946, 34 - 44

CROCKER, R.L. (1946): Notes on a raised beach at Point Brown, Yorke Peninsula, South Australia — Trans. Roy. Soc. South Austr. 70, 1946, 108 - 109

CUMPSTON, J.S. (1970): Kangaroo Island 1800 - 1836 — Roebuck Book 1970, Adelaide Roebuck Soc. Publ. No 1

DAVIES, J.L. (1960): Beach alignment in Southern Australia — Austr. Geogr. Sydney, 8, 1960, 42 - 44

HAMBRIDGE, C.M. (1946): The nomenclature of the coastline of the south-east portion of South Australia — Roy. Geogr. Soc. Australasia, South Austr. Branch, 47, 1946, 37 - 47

JENNINGS, J.N. (1963): Some geomorphological problems of the Nullarbor Plains — Roy. Geogr. Soc. South Austr. Trans., 87, 1963, 41 - 62

PEARSON Island Expedition 1969: Transactions Roy. Soc. South Austr. 95, 1971, 121 - 183

SPRIGG, R.C. (1948): Stranded Pleistocene seabeaches of Sputh Australia and aspects of the theories of Milankowitch an Zeuner, Abstr. 18th Int. Geol. Congress London, 1948, 105, C, B. Pt. 13, 226 - 237

SPRIGG, R.C. (1952): The geology of south-east Province of South Australia with special reference to Quaternary coastline migration and modern beach development — Bull. Geo. Survey, South Austr., Adelaide, 29, 1952

Geomorphodynamik und Geomorphogenese an arktischen Küsten

von

Gerhard Stäblein, Berlin (West)

1. PERIMARINER BEREICH UND ZONALE DIFFERENZIERUNG

In den systematischen Darstellungen der Geomorphologie wird die Küstenmorphologie meist in einem eigenen Abschnitt neben den anderen subaerischen bzw. terrestrischen Formenbereichen behandelt (BÜDEL, 1950a; LOUIS, 1968; WILHELMY, 1972). Der perimarine Bereich und sein charakteristischer litoraler Formenschatz tritt bei einer Küstenlänge von insgesamt auf der Welt 447.000 km (VALENTIN, 1969: 127) in allen geographischen Breiten auf. Die perimarinen Phänomene und die spezifische perimarine Geomorphodynamik sind in ihrer quantitativen und qualitativen Bedeutung gleichwertig mit der anderer terrestrischer Bereiche wie z. B. des glazialen Bereichs. Auch wenn man das "Perimarin" unter dem medialen Aspekt, als Bereich mit vorherrschend aquatischer Geomorphodynamik am Rand der Meere zusammenfaßt, so lassen sich doch bei einer vergleichenden regionalen Betrachtung zonale Besonderheiten in den verschiedenen Landschaftszonen der Erde erkennen.

Die Polargebiete werden traditioneller Weise vorherrschend über das Meer erreicht. Geomorphologische Studien in den Polargebieten haben sich daher vielfältig mit Fragestellungen im Küstenbereich beschäftigt (vgl. z. B. HEUGLIN, 1872; NANSEN, 1904; POSER, 1932; NICHOLS, 1961; MACKAY, 1963; MOORE, 1968; BÜDEL, 1968; NIELSEN, 1969).

Die polaren Küsten wurden vor allem wegen der geomorphologischen und sedimentologischen Spuren untersucht, die von den Verschiebungen der Strandlinie ausgingen infolge der glazialisostatischen und glazial-eustatischen Bewegungen während des Quartärs (vgl. FAIRBRIDGE, 1961; ANDREWS, 1974). Die glazialen und periglazialen Küsten boten eine natürliche Versuchsanordnung zur Registrierung der relativen Meeresspiegelschwankungen. Die gehobenen Strandterrassen bzw. untergetauchten Strandlinien sind geeignet zur Rekonstruktion der Vereisungsgeschichte und der quartären Klimaentwicklung. Durch absolute Datierungen organischer Materialien in den korrelaten Sedimenten sowie die geoökologische Deutung der paläontologischen Spuren waren detaillierte lokale und regionale Aussagen über die glazialen und postglazialen Verhältnisse möglich (z. B. LAURSEN, 1950; FEYLING-HANSSEN, 1955, 1965; SCHYTT et al., 1967; KING, 1969; ANDREWS, 1970).

Bei überregionalen Vergleichen polarer Küsten standen morphographische Gesichtspunkte im Vordergrund. Es ging meist darum, die polaren Küsten in eine weltweite Küstenklassifikation einzubeziehen. Die Gesichtspunkte sind dabei sehr unterschiedlich. Sie reichen von rein strukturellen, bathymetrischen, substantiellen zu genetischen, energetischen, dynamischen Aspekten (KING, 1972: 404). So unterscheidet man auch in den Polargebieten Längs- und Querküsten, Tief- und Flachwasserküsten, Fels- und Sandküsten, Fjord- und Schärenküsten, Brandungsküsten und Küsten mit geringer Wellenaktivität, Hebungs- und Senkungsküsten. Es handelt sich dabei um azonale Gliederungskriterien, die sich nicht dem planetarischen Wandel einordnen.

Die zusammenfassende und grundlegende Arbeit von VALENTIN (1952) über die "Küsten der Erde" hat mit der Erfassung von "Küstengestaltszonen" auf die Notwendigkeit der klimamorphologischen Betrachtungsweise auch des perimarinen Bereichs hingewiesen. In einem Vortrag 1975 hat VALENTIN (1979) die zonale Ordnung der Küstentypen erneut betont, wobei strenger zwischen der Komponente der pleistozänen Vorzeitform und der Komponente der holozänen Überprägung zur aktuellen Jetztzeitform unterschieden wird.

Hier sollen ausgehend von regionalen Untersuchungen in Svalbard, Grönland und Nord-Kanada (STÄBLEIN, 1969, 1975a, 1979a; vgl. Abb. 1) einige geomorphodynamische und geomorphogenetische Aspekte aufgezeigt werden, die arktische Küsten allgemein in ihrer klimamorphologischen Besonderheit kennzeichnen.

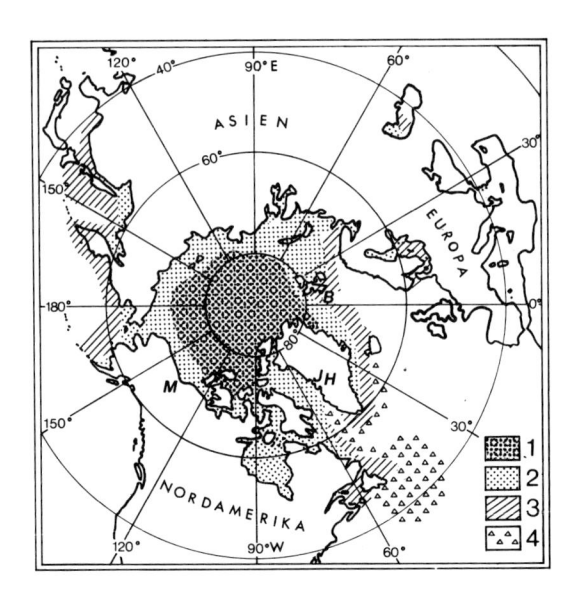

Abb. 1: Küstenvereisung in der Arktis und Subarktis; Vorkommen von Meereis: 1 = ständig das ganze Jahr, 2 = stets bis häufig im Jahr, 3 = gelegentlich, im Winter und Frühjahr, 4 = gelegentlich, Eisberge, B = Bellsund/Spitzbergen (Svalbard), J/H = Jakobshavn und Holsteinsborg/Westgrönland, M = Mackenzie Delta Bereich/NW-Kanada. (verändert nach DIETRICH & ULRICH, 1968 u. a.).

2. KÜSTENVEREISUNG

Der zonale Faktor, der die aktuelle Geomorphodynamik der arktischen Küsten charakterisiert, ist die Küstenvereisung und die Einflüsse der Meereisbedeckung. Die Dauer der eisfreien Periode an den Küsten steuert die Intensität und die Geschwindigkeit der litoralen Umgestaltung.

Die Küstenvereisung verhindert die Wellenaktivität. Trotz der Tiden bildet sich meist ein fester Eisfuß aus Küsteneis während des Winters bzw. ein Strandwall aus gestrandetem Packeis. Auch lockeres Packeis und Treibeis vor der Küste während des Sommers dämpft die Wellenaktivität erheblich.

Auf dem Strand selbst kann durch das Aufschieben von Packeis oft bis 10 m landeinwärts besonders in Bereichen mit häufigen auflandigen Winden ein unruhiges Kleinrelief entstehen. Einzelne so aufgestauchte Strandwallpartien können nach den Beobachtungen in SE-Svalbard bis 3 m Höhe erreichen. Gestrandete Eisstücke hinterlassen oft Toteislöcher von einigen Dezimetern Durchmesser. Die Aufschiebungsformen sind auffallend steilflankig, was auf den gefrorenen Zustand des Strandmaterials während der Überformung zurückzuführen ist. Ist der Strand während des Sommers aufgetaut und eisfrei, so wird das Kleinrelief der Packeisüberformung rasch abgebaut. Die steileren Stauchkuppen zerfallen, und nach wenigen Tagen mittlerer Wellenaktivität sind die Austaulöcher auf dem Strand im allgemeinen wieder ausgeglichen. Nirgendwo haben wir an den von uns besuchten arktischen Küstenabschnitten mehrjährige Packeisküstenformen gesehen. BROCHU (1967) und DIONNE (1968) haben von der Küste des St. Lorenz-Ästuars Formen, die durch winterliches Treib- und Packeis an der Küste entstehen, im einzelnen beschrieben. DIONNE bezeichnet diese nicht durch Gletschereis entstandenen Formen als "glaziell" nach einem Vorschlag von HAMELIN (1961).

Es gibt zur Zeit noch keine zuverlässige Karte, die für die verschiedenen arktischen Küstenabschnitte die mittlere Vereisungsdauer angibt. Es ist triftbedingt mit starken episodischen Schwankungen zu rechnen (vgl. STRÜBING, 1968; OSTHEIDER, 1975). Auch Küstenabschnitte, die meist ganzjährig vom Meereis bestimmt werden (Abb. 1), erleben mit dem periodischen Aufbrechen und der Auflockerung des Eises eine aquatisch aktive Phase bzw. gelegentlich in einzelnen Jahren eisarme Perioden. Bei der Bestimmung der mittleren Vereisungsdauer muß auch der säkulare Trend berücksichtigt werden, daß sich die Meereisgrenzen in der Wärmeperiode mit einem Maximum um 1940 beachtlich, z. T. mehr als 100 km, nach N zurückgezogen hatten (vgl. STÄBLEIN, 1977: 40). Die Intensitätsbereiche der aktuellen Geomorphodynamik sind Schwankungen unterworfen, so daß der subrezente Formenschatz der Küste nicht in jedem Fall den derzeitigen Aktivitäten entsprechen muß.

Neben der weitverbreiteten Ausbildung von festem Küsteneis und dem strichweisen Auftreten von Küstenpackeis findet man gelegentlich an flachen Strandbereichen die Strandvereisung durch flach aufgewölbte Wechsellagen von Eis- und Sedimentschichten, die als "Kaimoo" bezeichnet werden (MOORE 1968). Die Kaimoobildung im Herbst vor der Meereisbildung fassen wir gleichsam als eine Aggredationsform des Winterfrostbodens auf, oberhalb der Hochwasserlinie im intensiv durchfeuchteten Spritzwasserbereich, der Aufeisbildung auf Gletschern und in Gletschervorfeldern vergleichbar. Teile solcher Sediment-Eiskomplexe können im Frühjahr abgeschwemmt werden. In schluffreichem Moränenmaterial scheint die Kaimoobildung häufiger an der Umgestaltung der Küste beteiligt zu sein.

3. KRYOKLASTISCHE KLIFFBILDUNG

Trotz der weitverbreiteten Küstenvereisung und der damit verursachten Charakteristik als Küsten geringer Wellenenergie findet man an vielen arktischen Küsten Kliffs sowohl im Festgestein als auch im Lockersediment in aktiver kräftiger Weiterbildung (vgl. Abb. 2).

Abb. 2: Kryoklastische Kliffbildung an der Ostküste von Akselöya im Bellsund in Spitzbergen (Svalbard) gegen das Innere des Fjords. Das 4 m hohe Kliff schneidet sowohl die marinen Lockersedimente der 6 - 8 m Terrasse als auch die steilstehenden permo-karbonischen Schichten aus Sandsteinen und Grauwacken. Vor dem Kliff ist eine mehrere Dekameter breite, geröllfreie Schorre ausgebildet, die sehr flach einfällt.
(Foto: STÄBLEIN, 28.7.1968, Blick nach SE).

In der Übersicht von DAVIES (1964) werden zwar die meisten arktischen Küsten als "low energy coasts" eingestuft, im Zusammenhang mit dem Gürtel der Sommerstürme um $62°$ N und dem Gürtel der Winterstürme um $46°$ N werden jedoch für die Subarktis und Teile der Arktis das Auftreten von Sturmwellen eingezeichnet. Außer der westeuropäischen und skandinavischen Küste von der Biskaya bis zum Nordkap werden dazu die Küste Islands, die Ostküste Labradors und die Küste Grönlands von der Diskobucht bei $70°$ N im W bis nördlich Germanialand bei $80°$ N in NE gerechnet. An der Küste Ostgrönlands werden sich die Sturmwellen wegen des eisreichen von N nach S führenden Ostgrönlandstroms nur selten morphologisch auswirken können (STRÜBING, 1968). Solche seltenen Sturmereignisse wurden auch von der Nordküste Alaskas berichtet (HULME & SCHALK, 1967), wo 1963 ein Sturm mit 3 m hohen Wellen bei Wasserständen von 3,5 m über dem normalen Hochwasser das zwanzigfache eines normalen Jahres an der Küste abgetragen hat.

Auch unter Berücksichtigung solcher episodischer Sturmereignisse deckt sich das Auftreten aktiver Kliffbildung nicht mit dem Bereich höherer Wellenenergie. Häufig treten auch an ausgesprochen geschützten Lagen in Fjorden aktive Kliffs auf (Abb. 2). DOLAN (et al., 1975, Fig. 2 & 5) hat auf die weite Verbreitung der Kliffküsten im kanadisch-arktischen Archipel, in Bereichen also mit niedriger und sehr niedriger Wellenenergie, hingewiesen und in einer Übersichtskarte dargestellt.

Besonders typisch zeigte sich eine aktive Kliffbildung an der Westküste von Akselöya am Bellsund in Spitzbergen (Abb. 2). Hier schneidet ein bis 4 m hohes Kliff mit einer breiten diskordanten Schorre gegen das Fjordinnere zu die quer vor dem Van Mijenfjord liegende glazial überformte Schichtrippeninsel an. 1968 war noch bis Ende Juli der Fjord von Buchteneis und Treibeis erfüllt. Mit einer stärkeren Wellenwirkung kann an diesem Kliff nicht gerechnet werden. Die Kliffunterschneidung wird vielmehr durch die Küstenvereisung und den Bodenfrost bewirkt. Bei der intensiven Durchfeuchtung des Substrats und den häufigen Frostwechseln kommt es zu einer intensiven Kryoklastik. Permafrost konnte im unmittelbaren Strandbereich mit dem 1 m Bohrstock hier nicht mehr erreicht werden (STÄBLEIN, 1970a). Bei sommerlichen Wassertemperaturen von 2 bis 4° C ist zumindest eine tiefgründige Auftauschicht ausgebildet, wahrscheinlich fehlt der Permafrost auch in der Tiefe, wie ähnliche Beobachtungen in SE-Svalbard und im Mackenziebereich in NW-Kanada (GILL, 1973; SMITH, 1973) vermuten lassen. Permafrost im Untergrund der Vorküste, wie er nördlich des Mackenzie Deltas in der südlichen Beaufortsee beobachtet wurde (MACKAY, 1972; HUNTER et al., 1978), ist meist reliktisch und auf Transgressionsküsten beschränkt. Ein "Eisrindeneffekt" (im Sinne von BÜDEL, 1969, 1977) läßt sich nur für den Kliffbereich anführen. Im Bereich der Schorre dürfte nicht Permafrost, sondern die Grundeisbildung, d. h. das Festfrieren des Küsteneises bis zum Untergrund, für die Dekomposition verantwortlich sein. Es ist mit Frostwechseltagen in allen Monaten zu rechnen nach den Klimawerten der Station Isfjord Radio.

Daß kaum Wellenaktivität an der kryoklastischen Kliffbildung beteiligt ist, zeigt sich am völligen Fehlen von Brandungsgeröllen. Die Schorre ist aber auch bis auf wenige Stücke frei von Frostschutt. Dieser wird durch die Küstenvereisung, die in diesem Flachwasserbereich bis zum Boden reicht,"aufgefroren", d. h. die Bruchstücke, die während der sommerlichen Frostwechsel anfallen, verbinden sich mit dem winterlichen Küsteneis, beim Aufbrechen im Frühsommer werden die Bruchstücke vom schwimmenden leichteren Eis mit aufgehoben und weggeführt.

Daß die an der Küste mit den Wellen und Tiden auf und ab treibenden Eisschollen durch ihre Scheuerwirkung einen nennenswerten Beitrag zur Ausbildung der Schorre liefern – wie das NANSEN (1922) für die Ausbildung der in der Arktis und Subarktis weit verbreiteten Strandflat annahm – ließ sich nicht nachweisen. Um die südliche Davisstraße in den Fjorden Südgrönlands, auf Baffin Island, an der NW-Küste Labradors und an der Westküste der Hudson Bay kommen z. T. Makrotiden bis über 2 m vor (vgl. DAVIES, 1964). An den übrigen arktischen Küstenbereichen aber sind die Werte für den mittleren Springtidenhub meist unter 1 m (DIETRICH & ULRICH, 1968).

Daß der Frostwechsel an arktischen Küsten wirksam ist, zeigen initiale aktive Frostmusterformen (Strukturböden, vor allem Steinrosetten), wie sie durch Kryoturbation entstehen, auf dem rezenten Strand an mehreren Stellen in Spitzbergen und Westgrönland.

4. ARKTISCHE STRANDGERÖLLE

In unmittelbarer Nachbarschaft der kryoklastischen Kliffküsten finden sich in der Arktis Küstenabschnitte, wo Riffbildungen und Buchtensedimentation abwechselnd, so z. B. an der Westküste von Akselöya (Abb. 3). Obwohl diese Küste gegen den Bellsund, der zum Nordatlantik offen ist, viel häufiger intensiven Brandungswirkungen ausgesetzt ist, finden sich hier keine Kliffbildungen. Durch die Golfstromwirkung haben wir hier lediglich mit drei Monaten Küsteneis zu rechnen (vgl. BÜDEL, 1950b). Bei den größeren Wassertiefen von 150 m im Außenfjordbereich ist auch mit einer mächtigeren Wellenwirkung zu rechnen.

Abb. 3: Frostschutt-Brandungsgeröll an einer arktischen Buchtenküste, Westküste von Akselöya am Bellsund in Spitzbergen (Svalbard) gegen den Nordatlantik. Ausgleichsbuchten mit Geröllstrand und Sturmstrandwall 2 m über normalem Hochwasserniveau zwischen Längsküstenklippenreihen, die einer 20 m tiefen Schorre aufsitzen; Küste hoher Wellenenergie.
(Foto: STÄBLEIN, 26.7.1968, Blick nach SW.).

So haben sich Geröllstrände entwickelt mit einem bis 2 m über das mittlere Hochwasser reichenden Sturmstrandwall aus gut gerundeten groben Geröllen von 2 bis 9 cm. Moränales oder glazifluviales Material ist hier an der Küstensedimentation nicht beteiligt. Die durchschnittliche Zurundung nach dem Z-Index von CAILLEUX (vgl. STÄBLEIN, 1970b) einer Probe aus Grauwacke-Geröllen hat mit 148, verglichen mit Brandungsgeröllen aus südlicheren Breiten (vgl. STÄBLEIN, 1975b), wesentlich geringere Werte ergeben (Abb. 4). Zudem ist der Anteil der kantigen Grobsedimentstücke hoch, denn auch hier wirkt rezent die Kryoklastik. So wird einerseits Brandungsgeröll zu Frostschutt zerschlagen andererseits kantiger Frostschutt wieder abgerollt.

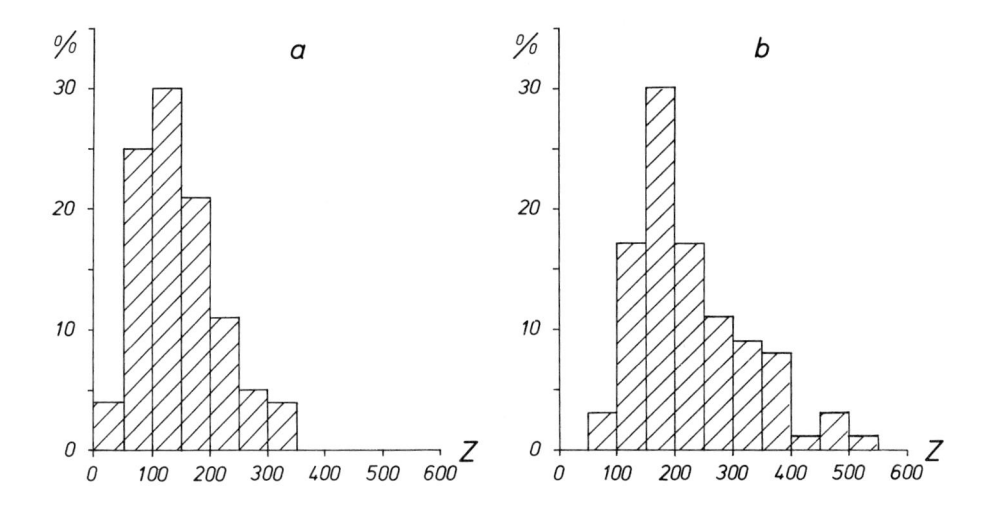

Abb. 4: Zurundungshistogramme von arktischen Frostschutt-Brandungsgeröllen. a = Akselöya Westküste (Russeltvedtodden)/Spitzbergen, Grauwacke; b = Jakobshavn/Westgrönland, Gneis. Zurundungsindex (nach CAILLEUX) $Z = 2r/L \cdot 1000$, r = Radius des kleinsten Krümmungskreises in der Hauptebene, L = Längsachse des Grobsedimentstücks.
(Aufnahme: STÄBLEIN, 1968, 1974).

KING (1969: 217) hat für Proben von Baffin Island wesentlich höhere durchschnittliche Zurundungswerte bestimmt, ohne daß er aber das Material der Gerölle angibt. Die Werte sind also nicht ohne weiteres zu übertragen. Es kann aber allgemein gesagt werden, daß bei vergleichbaren Randbedingungen die arktischen Brandungsgerölle weniger zugerundet sind als an außerpolaren Stränden.

Ähnliche Spektren reduzierter Zurundung haben sich für Brandungsgerölle in Grönland ergeben (Abb. 4), wo der Modalwert für Gneisgerölle in der Z-Indexklasse 150-200 liegt. Genetisch kann man diesen Sedimenttyp als Frostschutt-Brandungsgeröll bezeichnen und als charakteristisch für die in der Arktis weitverbreiteten Geröllstrände.

5. THERMOABRASION

An arktischen Flachlandküsten, wie z. B. an der Südküste der Beaufortsee, wo im Permafrostareal mächtiges Bodeneis auftritt, greift die litorale Geomorphodynamik stellenweise unmittelbar dieses an (BIRD, 1967: 278). Es kommt zu einem lateralen Austauen und zu einer der Kliffbildung vergleichbaren thermalen Unterschneidung, durch die breite Hangrutschungen und Kryosolifluktion ausgelöst werden (Abb. 5). Vor dem bis 6 m hohen Bodeneiskliff entsteht eine einige Dekameter breite, niedrige, flache Austaustrandterrasse. Solche Phänomene haben wir besonders deutlich bei Tuktoyaktuk an der Küste der Beaufortsee in Nordkanada beobachten können aber auch vereinzelt in Svalbard im Van Mijenfjord. Diese Form der Thermoabrasion kann erhebliche Ausmaße erreichen. Bei Tuktoyaktuk wurde die Küste zwischen 1950 und 1972 um 40 m zurückverlegt (SHAH, 1978), so daß eigene Küstenverbauungen zum Schutz der Küstensiedlung notwendig wurden. MACKAY (1963) hat für Herschel Island eine postglaziale Rückverlegung des Kliffs um 1 bis 2 km geschätzt.

Abb. 5: Thermoabrasion an bodeneisreicher Küste bei Tuktoyaktuk/NW-Kanada. Durch laterales Austauen werden intensive Hangrutschungen ausgelöst, wobei mehrere Dekameter breite niedrige Austaustrandterrassen entstehen.
(Foto: STÄBLEIN, 16.7.1978, Blick nach SW)

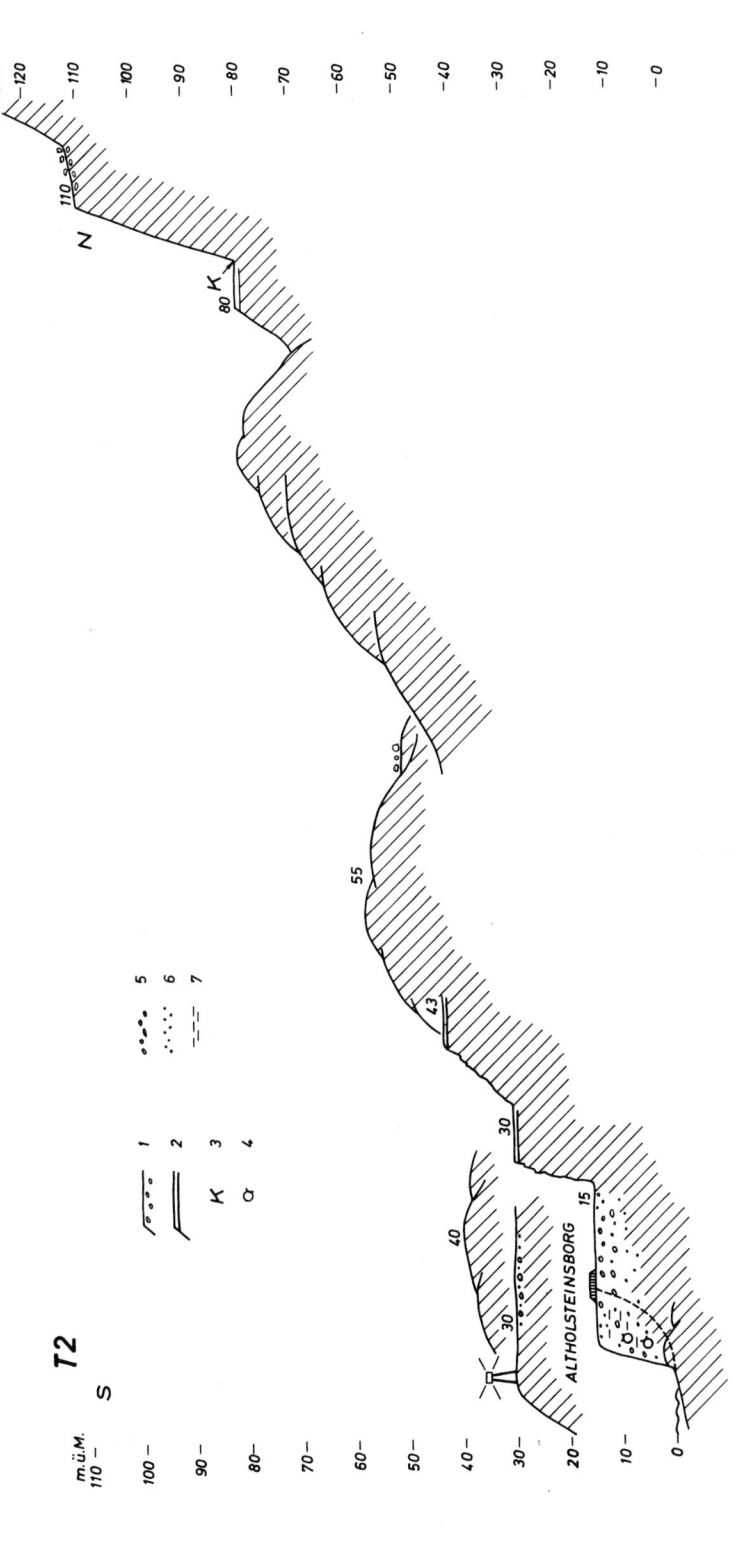

Abb. 6: Profil gehobener Strandterrassen, die das glaziale Vorzeitrelief überprägen bei Holsteinsborg in Westgrönland. Die obere marine Grenze erkennt man hier bei 110 m, deren marine Anlage läßt sich nicht direkt beweisen, sondern ergibt sich als logisch-historischer Indizienbeweis. 1 = Terasse mit Sedimenten, 2 = Felsterrasse, 3 = Kliff, 4 = marine Muscheln, 5 = Geröll, 6 = Sand, 7 = toniger Schluff.
(Aufnahme: STÄBLEIN, Juli 1974)

6. GLAZIAL-ISOSTASIE UND GLAZIAL-EUSTASIE

Außer den bisher angesprochenen Erscheinungen der aktuellen Geomorphodynamik werden die arktischen Küsten durch die Prozesse der glazial gesteuerten Strandlinienverschiebung geprägt. Der Prozeß der Glazial-Eustasie, insbesondere der nacheiszeitliche Meeresspiegelanstieg von einem Tiefstand rd. 100 m unter dem heutigen Meeresniveau während der letzten Eiszeit 17.000 Jahre vor heute, ist weltweit wirksam. Dieser Prozeß wird aber in allen großen ehemaligen Vereisungsgebieten, was die meisten arktischen Gebiete betrifft, von einer durch die Eisentlastung bewirkten Landhebung weit übertroffen (STÄBLEIN, 1969, 1975a). Damit ist der perimarine Bereich an vielen arktischen Küsten besonders breit ausgebildet. In Svalbard und Grönland (vgl. Abb. 6) reichen die Spuren litoraler Geomorphodynamik bis über 100 m über das heutige Meeresniveau (WEIDICK, 1971; BOULTON, 1979: 49) bis 70 m unter das heutige Meeresniveau im Vorküstenbereich (SOMMERHOFF, 1975; STÄBLEIN, 1979b). Die postglaziale Isostasie scheint heute an den arktischen Küsten abgeschlossen (WIRTHMANN, 1964). Da der Massenhaushalt des grönländischen Inlandeises quasi stabil ist, geht auch dort die Landhebung nicht weiter (STÄBLEIN, 1975a).

Die Glazial-Isostasie ist nicht auf die arktischen Bereiche beschränkt, sondern greift auf die Subarktis und die Mittelbreiten aus (vgl. VALENTIN, 1955). Andererseits sind auch arktische Gebiete in der letzten Eiszeit ohne eine größere Eisbedeckung geblieben und weisen daher keine gehobenen Strandterrassen auf. Dies gilt für den Mackenziebereich, wo sich lediglich die Glazial-Eustasie mit einer nacheiszeitlichen Transgression ausgewirkt hat (ANDREWS, 1972; HEGINBOTTOM, 1978), aber auch für Teile der sibirischen Arktisküsten.

7. ARKTISCHE KÜSTEN

Wir haben hier von den intrazonalen Küstenphänomenen, wie den glaziomarinen Prozessen und Formen, abgesehen und versucht, einige allgemein charakteristische Züge der arktischen Küsten anhand von regionalen Beobachtungen abzuleiten. Danach bilden die arktischen Küsten eine klimamorphologisch eigenständige perimarine Zone. Sie wird geomorphogenetisch meist durch ein intensives glaziales Vorzeitrelief bestimmt, das durch das Oszillieren von Glaziation und Deglaziation mit Strandterrassen und gehobenen Strandlinien überprägt wurde. Typisch für die arktischen Gebirgsküsten ist der Wechsel von steilen glazialen Fjordküstenabschnitten und flachen marinen Küstenvorländern. Die arktischen Flachlandküsten sind dagegen vorherrschend von der rezenten litoralen Geomorphodynamik geprägt, die bestimmt wird durch Küstenvereisung, kryoklastische Kliffbildung, Frostschutt-Brandungsgeröll-Sedimentation und stellenweise Thermoabrasion.

Für eine Untergliederung der perimarinen Zone der arktischen Küste erscheint die Vereisungsdauer der Küste geeignet. Eine Unterteilung nach klimatisch-hygrischen Gesichtspunkten, nach Stufen der Aridität bzw. Humidität, wie das VALENTIN (1979) ausgehend von den außerpolaren Küsten vorschlug, scheint in der Arktis nach den bisherigen Beobachtungen nicht geomorphodynamisch begründbar zu sein. Die Unterteilung nach klimatisch-thermischen Kriterien, wie in den Abgrenzungen einer "hochpolaren, subpolaren und kalten Küstenzone" von VALENTIN (1979) durchgeführt, faßt den ursächlichen Parameter für stationäre Meereisverhältnisse, die triftbedingten Modifikationen bleiben dabei noch unberücksichtigt. Deshalb sollte nach dem klimatisch-kryogenen Faktor der Vereisungsdauer eine effektive klimamorphologische differenzierte Kennzeichnung polarer Küsten möglich sein.

ZUSAMMENFASSUNG

Ausgehend von regionalen Untersuchungen in Svalbard, Grönland und Nord-Kanada werden einige geomorphodynamische und geomorphogenetische Aspekte aufgezeigt, die arktische Küsten als eigenständige perimarine Zone klimamorphologisch kennzeichnen. Dabei wird auf Küstenvereisung, kryoklastische Kliffbildung, arktische Brandungsgerölle, Thermoabrasion und Glazialsostasie eingegangen. Zur Untergliederung der arktisch-perimarinen Zone wird die Dauer der Vergletscherung und Küstenvereisung als klimatisch-kryogenes Kriterium vorgeschlagen, das die differenzierte Geomorphodynamik erfaßt.

LITERATURVERZEICHNIS

ANDREWS, J. T. 1970: A geomorphological study of postglacial uplift with particular reference to Arctic Canada. — Inst. Brit. Geogr. Spec. Publ., 2: 1-156, London.

ANDREWS, J. T. 1972: Post-glacial rebound. — The National Atlas of Canada: 35-36, Ottawa.

ANDREWS, J. T. (Ed) 1974: Glacial Isostasy. — Benchmark Papers in Geology: 1-491, Stroundsburg.

BIRD, J. B. 1967: The physiography of Arctic Canada. — 1-336, Baltimore/Maryland.

BOULTON, G. S. 1979: Glacial history of the Spitsbergen archipelago and the problem of a Barents Shelf ice sheet. — Boreas, 8: 31-57, Oslo.

BROCHU, M. 1967: Dynamique actuelle de la glace sur les rives du Saint-Laurent. — C. R. Acad. Sci., 244: 2534-2536, Paris.

BÜDEL, J. 1950 (a): Das System der klimatischen Morphologie. — Verh. 27. Dt. Geogr. Tag München 1948: 65-100, Landshut.

BÜDEL, J. 1950 (b): Atlas der Eisverhältnisse des Nordatlantischen Ozeans und Übersichtskarten der Eisverhältnisse des Nord- und Südpolargebietes. — Deut. Hydrogr. Inst., 2335: 1-24, 27 Karten, Hamburg.

BÜDEL, J. 1968: Die junge Landhebung Spitzbergens im Umkreis des Freeman-Sundes und der Olgastraße. — Würzburger Geogr. Arb., 22 (1): 1-21, Würzburg.

BÜDEL, J. 1969: Der Eisrinden-Effekt als Motor der Tiefenerosion in der exzessiven Talbildungszone. — Würzburger Geogr. Arb., 25: 1-41, Würzburg.

BÜDEL, J. 1977: Klima-Geomorphologie. — 1-304, Berlin, Stuttgart.

DAVIES, J. L. 1964: A morphogenetic approach of world shorelines.— Z. Geomorph. NF, 8 (Sonderheft): 127-142, Berlin, Stuttgart.

DIETRICH, G. & ULRICH, J. 1968: Atlas zur Ozeanographie. — Meyers großer physischer Weltatlas, Bd. 7 BI-Hochschulatlanten, 307: 1-76, Mannheim.

DIONNE, J. C. 1968: Morphologie et sédimentologie glacielles, littoral sud du Saint-Laurent. — Z. Geomorph. NF, Suppl. Bd. 7: 56-84, Berlin, Stuttgart.

DOLAN, R.; HAYDEN, B. & VINCENT, M. 1975: Classification of coastal landforms of the Americas. — Z. Geomorph. NF, Suppl. Bd. 22: 72-88, Berlin, Stuttgart.

FAIRBRIDGE, R. W. 1961: Eustatic changes in sea level. — in: AHRENS, L. H. et al. (Ed): Physics and Chemistry of the Earth, 4: 99-185, New York.

FEYLING-HANSSEN, R. W. 1955: Stratigraphy of the marine late Pleistocene of Billefjorden, Vestspitsbergen. — Norsk Polarinstitutt Skrifter, 107: 1-186, Oslo.

FEYLING-HANSSEN, R. W. 1965: Shoreline displacement in central Spitsbergen. — Ergeb. Stauferland-Expedition 1959/60, 3 (Vorträge des Fridtjof-Nansen-Gedächtnis-Symposiums über Spitzbergen 1961 in Würzburg): 24-28, Wiesbaden.

GILL, D. 1973: A spatial correlation between plant distribution and unfrozen ground within a region of discontinuous permafrost. — in: National Academy of Sciences: Permafrost, North American Contribution to the Second International Conference: 105-113, Washington DC.

HAMELIN, L. E. 1961: Periglaciaire du Canada; idées nouvelles et perspectives globales. — Cahiers Géogr. Que., 10: 141-203.

HEGINBOTTOM, J. A. (Ed) 1978: Lower Mackenzie River Valley. — Guidebook — Field Trip No. 3, Third International Conference on Permafrost 1978: 1-81, Ottawa.

HEUGLIN, M. T. 1872: Reisen nach dem Nordpolarmeer in den Jahren 1870 und 1871. Unternommen in Gesellschaft des Grafen Karl v. Waldburg-Zeil-Trauchburg. — 1-328. Braunschweig.

HULME, J. D. & SCHALK, M. 1967: Shoreline processes near Barrow, Alaska; a comparison of the normal and the catastrophic. — Arctic, 20 (2): 86-103, Calgary.

HUNTER, J. A.; NEAVE, K. G.; MACAULAY, H. A. & HOBSON, G. D. 1978: Interpretation of sub-seabottom permafrost in the Beaufort Sea by seismic methods. — in: BROWN, R. J. (Ed): Proceedings of the Third International Conference on Permafrost 1978, 1: 514-526, Edmonton.

KING, C. A. M. 1969: Some arctic coastal features around Foxe Basin and in E Baffin Island, NWT Canada. — Geografiska Annaler, 51 A (4): 207-218, Stockholm.

KING, C. A. M. [2]1972: Beaches and coasts. — 1-570, London.

LAURSEN, D. 1950: The stratigraphy of the marine Quarternary deposits in West Greenland. — Medd. Grønland, 151 (1): 1-142, København.

LINDSAY, D. G. 1976: Sea-ice-atlas of arctic Canada 1961-1968. — Dep. of Energy, Mines and Resources: 1-213, Ottawa.

LOUIS, H. [3]1968: Allgemeine Geomorphologie. — 1-522, Berlin.

MACKAY, J. R. 1963: Notes on the shoreline recession along the coast of Yukon Territory. — Arctic, 16: 195-197, Calgary.

MACKAY, J. R. 1972: Offshore permafrost and ground ice. — Can. J. Earth Sci., 9: 1550-1561, Ottawa.

MOORE, G. W. 1968: Arctic beaches. — in: FAIRBRIDGE, R. W. (Ed): Encyclopedia of geomorphology: 21-22, New York.

NANSEN, F. 1904: The bathymetrical features of the North Polar Seas, with a discussion of the continental shelves and previous oscillations of shore-line. — Norwegian North Polar Expedition 1893-1896, 4 (13): 1-231, Kristiania.

NANSEN, F. 1922: The Strandflat and Isostasy. — Vidensk. Selsk. Skrifter, 1 (11): 1-313, Oslo.

NICHOLS, R. L. 1961: Characteristics of beaches formed in polar climates. — Am. J. Sci., 259: 694-708.

NIELSEN, N. 1969: Morphological studies on the eastern coast of Disko, West Greenland. — Geografisk Tidsskrift, 68 (2): 1-35, København.

OSTHEIDER, M. 1975: Möglichkeiten der Erkennung und Erfassung von Meereis mit Hilfe von Satellitenbildern. — Münchner Geogr. Abh., 18: 1-169, München.

POSER, H. 1932: Einige Untersuchungen zur Morphologie Ostgrönlands. — Medd. Grønland, 94 (5): 1-55, København.

SCHYTT, V.; HOPPE, G.; BLAKE, W. & GROSSWALD, M. G. 1967: The extent of the Würm Glaciation in the European Arctic; a preliminary report about the Stockholm University Svalbard Expedition 1966. — International Union of Geodesy and Geophysics (IUGG), General Assembly of Bern 1967, Commission of Snow and Ice, Reports and Discussions, Publication, 79: 207-216.

SHAH, V. K. 1978: Protection of permafrost and ice rich shores, Tuktojaktuk, NWT, Canada. — in: BROWN, R. J. (Ed): Proceedings of the Third International Conference on Permafrost 1978, 1: 870-876, Edmonton.

SOMMERHOFF, G. 1975: Glaziale Gestaltung und marine Überformung der Schelfbänke vor SW-Grönland. — Polarforschung, 45 (1): 22-31, Münster.

SMITH, M. 1973: Factors affecting the distribution of permafrost, Mackenzie Delta, NWT. — Ph. D. Thesis, Department of Geography, University of British Columbia: 1-186, Vancouver.

STÄBLEIN, G. 1969: Die pleistozäne Vereisung und ihre isostatischen Auswirkungen im Bereich des Bellsunds (West-Spitzbergen). — Eiszeitalter und Gegenwart, 20: 123-130, Öhringen.

STÄBLEIN, G. 1970 (a): Untersuchung der Auftauschicht über Dauerfrost in Spitzbergen. — Eiszeitalter und Gegenwart, 21: 47-57, Öhringen.

STÄBLEIN, G. 1970(b): Grobsediment-Analyse, als Arbeitsmethode der genetischen Geomorphologie. — Würzburger Geogr. Arb., 27: 1-203, Würzburg.

STÄBLEIN, G. 1975(a): Eisrandlagen und Küstenentwicklung in West-Grönland. — Polarforschung, 45 (2): 71-86, Münster.

STÄBLEIN, G. 1975(b): Quantitative Prozeßanalyse der Geröllbewegung und Gerölllagerung an Küsten. — Würzburger Geogr. Arb., 43: 187-203, Würzburg.

STÄBLEIN, G. 1977: Grönland, ein Entwicklungsland in der Arktis. — in: EHLERS, E. & MEYNEN, E. (Hg): Geographisches Taschenbuch 1977/1978: 27-65, Wiesbaden.

STÄBLEIN, G. 1979(a): Verbreitung und Probleme des Permafrostes im nördlichen Kanada. — Marburger Geogr. Schr., 79: 27-43, Marburg.

STÄBLEIN, G. 1979(b): The extent and regional differentiation of glacio-isostatic shoreline variations in Spitsbergen. — Polarforschung, (im Druck) Münster.

STRÜBING, K. 1968: Eisdrift im Nordpolarmeer. — Umschau in Wiss. u. Technik, 68 (21): 662-663, Frankfurt.

VALENTIN, H. 1952: Die Küsten der Erde. — Pet. Geogr. Mitt., Erg. H. 246, Gotha.

VALENTIN, H. 1955: Gegenwärtige Vertikalbewegungen der Britischen Inseln und des Meeresspiegels. — Abh. 29. Dt. Geogr. Tag Essen 1953: 148-153, Wiesbaden.

VALENTIN, H. 1969: Principles of a handbook on regional coastal geomorphology of the world. — Z. Geomorph. NF, 13: 124-129, Berlin, Stuttgart.

VALENTIN, H. 1979: Ein System der zonalen Küstenmorphologie. — Z. Geomorph. NF, 23 (2): 113-131, Berlin, Stuttgart.

WEIDICK, A. 1971; Short explanation to the Quaternary Map of Greenland.— Grønlands Geol. Unders., Rapport 36: 1-15, København.

WILHELMY, H. 1972: Exogene Morphodynamik. — Geomorphologie in Stichworten, 3: 1-184, Kiel.

WIRTHMANN, A. 1964: Die Landformen der Edge-Insel in Südost-Spitzbergen. — Ergeb. Stauferland-Expedition 1959/60, 2: 1-53, Wiesbaden.

Gegenwartsprobleme der Menschheit
von
Albert Kolb, Hamburg

Weltwirtschaft, Weltverkehr und Weltpolitik haben die Erde zu einer Wirkungseinheit werden lassen. Die einzelnen Regionen sind wie kommunizierende Röhren miteinander verbunden. Jede Änderung in einer Weltgegend wirkt sich in unterschiedlicher Wertigkeit auch in den anderen Kultur- und Machtbereichen aus. Die Erde ist in unserem Jahrhundert zu einem Kulturerdteil-Verbund geworden.

Damit tauchen erstmals in der Geschichte der Menschheit Probleme auf, deren Lösung nur durch das Zusammenwirken aller Staaten und Völker erreicht werden kann. Dazu gehören die Folgen der ungebrochenen Bevölkerungslawine, der Klassenkampf im Weltmaßstab, der durch den Nord-Süd-Dialog erst angedeutet wird, das Gespenst des Hungers in vielen Entwicklungsländern, die Begrenztheit der Energie- und Rohstoffreserven der Erde, die erschreckend schnell fortschreitende Urbanisierung, die unregierbar gewordenen Weltstädte sowie die anthropogenen und natürlichen Veränderungen der Umwelt.

Mit diesen Fragen beschäftigt sich der folgende Beitrag im Gedenken an H. VALENTIN, der nicht nur in seinem speziellen geomorphologischen Arbeitsfeld erdumspannend arbeitete, sondern auch immer die großen Fragen der Menschheit aus geographischer Sicht im Auge behalten und mit seinen Studenten diskutiert hat. Ich denke mit Freude an die Begegnungen und Diskussionen mit diesem viel zu früh verstorbenen Kollegen.

DIE BEVÖLKERUNGSLAWINE ALS GRÖSSTE GEFAHR

Das Bevölkerungsproblem ist die folgenschwerste Hypothek unserer Zeit. Gewiß, in einigen Entwicklungsländern beginnt sich erfreulicherweise die natürliche Wachstumskurve etwas zu verflachen. Doch noch immer nimmt die Bevölkerung der Erde jedes Jahr um 75 - 80 Mio. Menschen zu. "Wenn wir von der Gefahr einer nuklearen Auseinandersetzung absehen", sagte McNamara, "ist die Bevölkerungslawine die größte Bedrohung für die Menschheit". Es ist dazu nicht erforderlich, den Hochrechnungen der Bevölkerungsastrologen Glauben zu schenken, die für die Mitte des kommenden Jahrhunderts mit einer globalen Bevölkerung von 20-30 Mrd. Menschen rechnen. Wir können jedoch mit großer Sicherheit beängstigende Mindestzahlen für das Jahr 2000 nennen. Nehmen wir völlig unrealistisch an, daß ab 1978 nur noch so viele Kinder geboren werden als zum numerischen Ersatz der Eltern notwendig sind, so wird die gegenwärtige Bevölkerung der Erde wegen des noch einige Zeit nachwirkenden Altersaufbaueffektes bis zum Jahre 2000 um weitere 2 Mrd. auf über 6 Mrd. Menschen anwachsen. Die wirkliche Ziffer liegt wahrscheinlich um 6.5 Mrd. Menschen. Davon entfallen dann 83 % oder 5.4 Mrd. auf die Entwicklungsländer, 17 % oder 1.1 Mrd. auf die Industrieländer einschließlich der westlichen Sowjetunion.

Diese kaum anzuzweifelnde Mindestentwicklung hat schwer vorstellbare Folgen. Denn wenn auch nur der gegenwärtige Lebensstandard gehalten und die bestehende Unterversorgung beseitigt werden sollen, verlangt dies in Ländern wie Pakistan, Indien, Bangla Desh oder Teilen Südostasiens, Schwarzafrikas oder Lateinamerikas nahezu eine Verdoppelung der Nahrungsproduktion, der Zahl der Schulen, der Krankenhäuser, der Arbeitsplätze, der sanitären Einrichtungen, des Verkehrsausbaues, der sozialen Dienste, der Ärzte, Lehrer und Facharbeiter.

Für die meisten Menschen der Industrieländer spielen sich diese Vorgänge weit außerhalb ihrer

Vorstellungswelt ab. Wir werden jedoch auf die Dauer nicht unberührt bleiben von den sich in den gefährdeten Räumen auf nationaler und regionaler Ebene zusammenbrauenden Überlebenskonflikten. Noch viel unmittelbarer trifft uns jedoch das krasse Nebeneinander von arm und reich im Weltmaßstab. Der sich anbahnende globale Klassenkampf zwischen Nord und Süd verlangt nach einem Ausgleich auch unter Opfern, so wie einst der Klassenkampf in den Industrieländern zwischen den Proletariern und den Besitzenden. Die erste ernste Warnung erfolgte schon 56 Jahre vor der Ölkrise 1973 durch die russische Oktoberrevolution von 1917. Sie war der erste tiefgreifende Protest aus der unterentwickelten Welt gegen den sich immer mehr vergrößernden Unterschied des Wohlstandes zwischen den progressiven Industriestaaten beiderseits des Nordatlantik und dem in den traditionellen wirtschaftlichen und sozialen Ordnungen verbliebenen Teil der Erde. Das Schicksal Rußlands und seine Folgen sollten für uns Mahnung und Auftrag zugleich sein.

Voran steht bei allen Überlegungen die für die gesamte Menschheit lebenswichtige Dämpfung des Bevölkerungswachstums. Die Hoffnung liegt dabei in erster Linie auf dem Ersatz des Kinderreichtums als Altersversicherung durch sozialreformerische Maßnahmen und auf den schwierigen Maßnahmen zur bewußten Geburtenregelung, weit weniger jedoch auf der sich viel langsamer auswirkenden Wohlstandsbremse, der verbesserten Schulbildung und der verstärkten beruflichen Tätigkeit der Frau.

DIE TROPEN SIND ERNÄHRUNGSWIRTSCHAFTLICH BENACHTEILIGT

Ein weiteres Hauptproblem ist die Ernährungsfrage. Die Nahrungsproduktion in den Entwicklungsländern hat noch immer nicht das Bevölkerungswachstum überholt. Das jährliche Getreidedezifit beträgt in normalen Jahren etwa 20-30 Millionen Tonnen. Welche Reserven bieten sich an?

Das Hauptproblemgebiet sind die Monsunländer Asiens, der Raum zwischen Indus und Amur mit 2 Milliarden Menschen in 2 Millionen Dörfern. Vor ihnen liegt im Süden das menschenarme Australien — ein Kontinent so groß wie die Vereinigten Staaten mit nur 14 Millionen Einwohnern. Seine potentielle agrarische Tragfähigkeit wurde auf 500 Millionen Menschen geschätzt. Doch das ist ein modernes Märchen. Nur der Randsaum des Kontinents im Norden, Osten, Südosten und Südwesten erhält für den Regenfeldbau ausreichende Niederschläge. Das weite Innere ist Trockensavanne und Wüstensteppe und wegen seiner Niederschlagsarmut nur als extensives Weideland nutzbar. Die Bonitierung der Landschaftstypen des 4 Mill. km^2 großen Nordaustraliens, die ich vor einiger Zeit mit DIETER JASCHKE durchgeführt habe, ergibt nur eine potentielle agrarische Tragfähigkeit von 5 Millionen Menschen. Auch wenn wir diese Zahl vervielfachen, kann das tropische Nordaustralien nicht als Notventil für die menschenüberquellenden Länder Monsunasiens angesehen werden. Denn in ihnen beträgt allein der jährliche Geburtenüberschuß bereits 40 Millionen.

Da sind dann noch die menschenarmen tropischen Regenwaldgebiete Amazoniens und Zentralafrikas. Man sieht in ihnen immer wieder agrarische Zukunftsländer der Menschheit. Naturökologische Untersuchungen zeigen jedoch schon seit Jahrzehnten, daß der üppig wuchernde Regenwald eine Fruchtbarkeit des Bodens vorspiegelt, die in Wirklichkeit nicht besteht. Der Wald lebt gleichsam durch sich selbst. Schlägt man ihn ab, so fehlt der Humusnachschub. Nach einer zwei- bis dreijährigen Nutzung des Bodens als Ackerland schwindet die natürliche Produktionskraft, weil sich der größte Teil des Mineralstoffvorrats in der Biomasse des Waldes und nicht im Boden befindet. In den Tropen sind die Böden 10-30 m mächtig, ausgesprochen nährstoffarm und ohne Muttergestein. Kunstdünger wird durch die hohen Niederschläge rasch ausgewaschen oder, wie die so dringend benötigten Phosphate, chemisch sofort fest gebunden und damit für die Pflanze unzugänglich.

In unseren gemäßigten geographischen Breiten dagegen beträgt die Verwitterungstiefe durchschnittlich nur 1-1.5 m. Der größte Teil des Mineralstoffvorrats befindet sich nicht in der Biomasse, sondern in dem von Gesteinsbrocken durchsetzten Boden. Wenn man den Wald rodet und Felder anlegt, werden die neuen Pflanzen aus den Mineralreserven des Bodens versorgt. Kunstdünger wird wegen der geringeren Niederschläge und der andersartigen Bodenstruktur nicht ausgewaschen, sondern gespeichert und pflanzenverfügbar gehalten.

Man muß daher endlich einmal zur Kenntnis nehmen, daß die Erde vom ernährungswirtschaftlichen Naturpotential her gesehen deutlich zweigeteilt ist: die Außertropen sind bevorzugt, die Tropen entscheidend benachteiligt. Nur in den alljährlich vom Schlamm der Flüsse gedüngten Stromebenen und auf vulkanischen Böden können in den Tropen Spitzenleistungen und 2-3 Ernten im Jahr erreicht werden. In der intensiveren Nutzung dieser Räume stecken die Hauptreserven. Denn die mittleren Reiserträge in Indien und Südostasien liegen erst bei 16 dz/ha, in Taiwan, Japan und Südkorea werden dagegen 55-60 dz/ha erreicht.

DIE GRÜNE REVOLUTION HAT ENGE SOZIALE GRENZEN

Die größte Tat der westlichen Entwicklungshilfe ist zweifellos die Züchtung der neuen Hochertragssorten von Reis in Los Baños auf den Philippinen sowie von Mais und Weizen in El Batan in Mexiko. Sie führten zur sogenannten "Grünen Revolution". Alle rückständigen Reisbauländer Monsunasiens haben inzwischen aus über 2000 Neuzüchtungen die für den Geschmack und die Bedürfnisse ihrer Völker bestgeeigneten Sorten ausgewählt und davon teilweise Gebrauch gemacht. Mit ihnen kann man die Durchschnittsernte in der sommerlichen Regenzeit auf 40-50 dz/ha steigern.

Mit der Grünen Revolution zogen jedoch — abgesehen von ökologischen Problemen — auch neue soziale Gefahren herauf. Denn es sind in der Regel nur die großen Betriebe, die sich der neuen Möglichkeit bedienen können. Sie verfügen über die notwendigen Mittel für die erforderlichen Investitionen, entlassen die bisherigen Pächter, schaffen Maschinen an und beschäftigen nur noch Landarbeiter. Die mehr als 100 Millionen minibäuerlichen Quasi-Subsistenzbetriebe in der Welt werden vom revolutionären Fortschritt kaum berührt. Hier liegt ein gefährliches agrarsoziales Grundproblem der Gegenwart.

Der richtige Einsatz der neuen Hochertragssorten von Reis, Mais und Weizen kann durchaus die Ernährung einer verdoppelten Weltbevölkerung in den nächsten Jahrzehnten sichern.

Voraussetzung ist allerdings die Demontage der agrarsozialen Mißstände in Teilen Lateinamerikas, eine neue Einstellung der tribalistisch denkenden Hackbau-Bevölkerung Schwarzafrikas zum Boden, die Beseitigung des ausbeuterischen Rentenkapitalismus in allen orientalischen Ländern, die vorsichtige Auflockerung der noch immer durch das dharma und die Kasten bestimmten sozialen Abhängigkeiten in den indischen Dörfern und in Südostasien die allmähliche Lösung der Arbeiten im Reisfeld von kultisch-religiösen Vorstellungen.

Wer mit den einfachen Menschen in den Dörfern zusammengekommen ist, wer in ihren primitiven Hütten wohnte und mit auf ihren Feldern war, weiß, daß aller Fortschritt nur über die Berücksichtigung ihrer Mentalität und über die Anlehnung an ihre Vorstellungswelt gelingen kann.

Von entscheidender Bedeutung ist die Beeinflussung der jüngeren Generation durch die Schule. Leider nimmt jedoch die Armee der Analphabeten ständig zu. Zu ihnen gehören heute 800 Millionen Menschen, darunter 240 Millionen Kinder zwischen 5 und 14 Jahren. In 24 Staaten beträgt die Analphabetenquote noch immer über 80 %.

ROHSTOFF-, ENERGIE- UND UMWELTPROBLEME

Die Herausforderungen der Menschheit im technischen Zeitalter greifen in fast allen tragenden Sektoren unseres Lebensraumes ein. Am bedrohlichsten für die Zukunft der gegenwärtigen Zivilisation erweist sich die Endlichkeit aller Bodenschätze der Erde. Fortschritte des Recycling, neu aufgefundene Lagerstätten in den alten Massen der Kontinente oder auch förderbar werdende Meeresbodenschätze wie die in den kartoffelgroßen Nodules der Tiefsee enthaltenen Mineralien vermögen den Rohstoffhorizont nur sektoral und vorübergehend aufzuhellen. Völlig im Dunkel der Zukunft liegen freilich sicher zu erwartende problemmindernde wissenschaftliche und technische Fortschritte.

Unmittelbar bedrohlich ist das Energieproblem. Es wird auf lange Sicht wohl nur durch die Wasserstoff-Fusion sowie durch die Nutzung der Sonnen-, Meeres- und geothermischen Energien einer Dauerlösung zugeführt werden können. Im Augenblick werden besonders die Auswirkungen einer Ölverknappung und der damit einhergehenden Verteuerung des gegenwärtig wichtigsten Treibstoffes fühlbar.

Es geht dabei wohl auf die Dauer nicht nur um eine Dämpfung des Lebensstandards, sondern auch um eine Veränderung von Siedlungsstrukturen und Lebensgewohnheiten. Die suburbanen Siedlungsgürtel in Nordamerika, das uferlose Wachsen der Vorstädte mit ihren "drive-in" Einkaufs-, Versorgungs- und Vergnügungsstätten, wie sie in nur vier Jahrzehnten mit Hilfe des Autos durch den Bau der Schnellverkehrsstraßen der Highways, Turnpikes und Thruways entstanden sind, verliert ihren Rückhalt. Denn in den Vereinigten Staaten fehlt ein Auffangnetz öffentlicher Verkehrsmittel.

Hinter diesen Realitäten tauchen kaum vorstellbare Probleme auf. Der Schock, den die Ölkrise 1979 ausgelöst hat, reicht in den USA viel tiefer als in irgendeinem anderen Land. Denn in diesen aus immer neuen Wanderbewegungen hervorgegangenen Staatswesen mit seiner charakteristischen Siedlungs- und Verkehrsstruktur ist das Auto — wie einst der Planwagen — Ausdruck der individuellen Freiheit.

Im Umweltschutzbereich beginnt der negative anthropogene Einfluß in hemisphärische und globale Dimensionen vorzustoßen. Ich muß hinweisen auf den seit Beginn der Industrialisierung durch die Verbrennung fossiler Brennstoffe anwachsenden Kohledioxydgehalt der Atmosphäre, auf die globale Zunahme der Trübung der Atmosphäre durch die von der Industrie ausgestoßenen Aerosolpartikel, auf die Auswirkungen der alljährlich angelegten Savannenbrände auf einer Fläche von mehr als 10 Mio. km^2 sowie auf die Staubaufwirbelung in den Desertifications-Gebieten. Dazu kommen dann die Auswirkungen des Energieverbrauchs auf die Erwärmung der Atmosphäre oder die Verdunstungseffekte der ständig vergrößerten Bewässerungsgebiete auf den Wasserdampfgehalt der Luft und auf die Bewölkung.

Wenn sich die geschilderten Einflüsse verstärkt fortsetzen, ist eine gewisse Aufheizung der Atmosphäre unausbleiblich. Hochrechnungen mit den heute verfügbaren Daten zeigen, daß schon nach zwei Generationen das maximal drei Meter dicke Meereis in der Arktis stark zurückschmelzen würde, möglicherweise noch unterstützt durch die geplante teilweise Ablenkung des Ob und Jenissei in die Wüstengebiete Turans und in den Aralsee durch die Sowjets. Dadurch würde das Eismeerwasser salzreicher und damit schwerer gefrierbar werden. Das Abschmelzen des Meereises im Nord-Polarraum hätte wahrscheinlich die Verschiebung von Klimazonen zur Folge, wie die des nordafrikanischen Trockengürtels nach Norden in Teile des Mittelmeerraumes hinein. Möglicherweise würde es auch zu einem allmählichen Abschmelzen des Grönlandeises und einem damit verbundenen Ansteigen des Meeresspiegels im Endstadium um 6 m in einem Mindestzeitraum von 1000 Jahren führen.

DIE INDUSTRIELÄNDER IN DER WELTERNÄHRUNGSWIRTSCHAFT

Bis die Nahrungsproduktion der Entwicklungsländer auch in schlechten Jahren das Bevölkerungswachstum eindeutig überholt hat, werden die Überschußländer der westlichen Welt mit ihrem noch lange nicht erschöpften Potential immer wieder mit Versorgungsspitzen eingreifen müssen. Die zusätzliche Belastung unseres Energiehaushalts ist dabei kein Hemmnis. Denn der gesamte Energieaufwand für die Landwirtschaft beträgt in den Industrieländern nur 2-3 % der Gesamtenergiebilanz. Die fremde Hilfe muß natürlich den Ernährungsgewohnheiten entsprechen.

Es ist übrigens die Sowjetunion, die durch ihre Ernteausfälle in Dürrejahren die Welternährungskrise immer wieder verschärft. 1976 und 1977 brachten zwar gute Ernten — überall in der Welt. 1975 hatte jedoch das Getreidedefizit der SU 80 Mio. t erreicht, 1979 50 Mio. t. Die Sowjetunion ist eben im wesentlichen nur in den Bereichen der Rüstung und der Raumfahrt eine Supermacht. Im Agrarsektor hängt sie dagegen weit zurück. 23 % ihrer berufstätigen Bevölkerung sind noch immer in der Landwirtschaft tätig, in den USA nur 4 %.

Wir benötigen eine globale Notreserve von 20-30 Mio. t, aber auch eine Verbesserung des Verkehrssystems, damit in den gefährdeten Räumen alle Orte in Notzeiten erreicht werden können. Wo und wie die Notreserve angelegt, verwaltet, bezahlt und über ihren Einsatz entschieden werden soll, kann hier nicht erörtert werden.

Jedenfalls brauchen wir eine derartige Notreserve. Denn immer wieder greifen Naturkatastrophen in das Wirken der Menschen ein. Man braucht als Beispiele nur an die Hochwasser des Yangtse, Hwangho und Ganges zu denken, an die Folgen ausbleibender oder sich zeitlich verzögernder Monsunregen, an den Regenausfall in den Viehzuchtgebieten Australiens, wo bis zu 53 Mio. Schafe in einer einzigen Dürreperiode verdursteten, oder auch an die Auswirkungen ein- und mehrjähriger Dürren in Nordchina, in Kasachstan, im Transwolgaland, in der Ukraine, in der Sahelzone Nordafrikas, den Great Plains Nordamerikas, aber auch auf der Südhemisphäre in Nordostbrasilien, in Argentinien, im südlichen Afrika und in den Weizenbaugebieten Australiens. Menschliche Eingriffe in den Haushalt der Natur durch Abholzen abflußhemmender Wälder, durch Vorschieben des Ackerbaues über die agronomische Trockengrenze in labile Niederschlagsbereiche oder durch Überweidung von niederschlagssensitiven Zonen am Rande arider Gebiete werden schon lange als Teilursachen diagnostiziert.

Vor kurzem hat die Katastrophe im Sahelgebiet Afrikas die Menschheit von neuem aufgerüttelt. Hier steht man bereits im Kampf gegen die vordringenden Wüsten. Die Überbeanspruchung des Bodens hat jedoch nicht nur hier zu Winderosion, Versandung der Felder, Dünenbildung und in bewässerten Gebieten zur Versalzung der Böden geführt. Heute ist im Übergangsbereich zu den Wüsten der Erde Lebensraum von 50-70 Millionen Menschen bedroht. Die "man made desert" nimmt global gesehen jedes Jahr schätzungsweise um 50.000 km^2 zu. Im Herbst 1977 hat sich mit diesem Problemgebieten die UN-Conference on Desertification in Nairobi befaßt. Bis zum Jahre 2000 soll das Vordringen der Wüsten aufgehalten werden. Wenn der Mensch seine agrarischen Lebensgrundlagen erhalten will, werden jedoch in allen Landschaftszonen der Erde die ökologischen Naturgesetze gründlicher als bisher beachtet werden müssen.

GEFÄHRLICHE WELTWEITE URBANISIERUNGSPROZESSE

Der weltweite Urbanisierungsprozeß hat gefährliche Auswirkungen. Denn er verändert das innere Gefüge mancher Staaten bis zur Unkenntlichkeit.

In den Industrieländern sind es jenseits der Schwierigkeiten der großen Kommunen und ihres Umlandes vor allem die Probleme der Megalopolis, der zu Verstädterungszonen zusammenwachsenden Stadtregionen, die unübersehbar geworden sind und der Lösung harren. Ich gehe auf sie nicht ein. Als räumliche Beispiele seien nur die atlantische Megalopolis Boston-New York-Washington mit ihren 45 Millionen Bewohnern auf 2 % des US-Territoriums oder das mitteljapanische Verdichtungsgebiet der Tokaido-Megalopolis Tokyo-Nagoya-Osaka mit 50 Millionen Menschen, zwei Dritteln der japanischen Industrieproduktion und unvorstellbaren Umweltproblemen, genannt. In den Megalopolen scheint sich geradezu ein neuer Menschentyp zu formen.

Ganz anders sieht es in den Entwicklungsländern aus. In ihnen nähert sich die Stadtbevölkerung 1 Milliarde Menschen. Bei Fortsetzung des gegenwärtigen Trends werden es um das Jahr 2000 etwa 2 Milliarden sein. Die großen urbanen Agglomerationen wachsen weiterhin atemlos. Sao Paulo hat die 9 Millionen Grenze überschritten und nimmt jedes Jahr um 370.000 Einwohner zu, die Agglomeration Mexico City liegt bei 13 Millionen. Groß-Manila hatte 1948 1.5 Millionen Einwohner. Heute zählt man über 5 Millionen und gegen das Jahrhundertende rechnet man mit 12 Millionen. In Greater Calcutta erwartet man in 10 Jahren 20 Millionen. Hunderttausende haben hier als Wohnstätte nur die Gehwege.

Diese Städte sind nicht mehr mit unseren vergleichbar. Die Hüttenvorstädte wachsen uferlos und meist ohne jede Ordnung. Sie legen sich wie Riesenhände um die alten Stadtkerne und würgen sie. Ihre Menschen durchstreifen die Straßen wie einst die Steppennomaden die alten Kulturstädte. Sie sind jedoch Bettler, Hilfesuchende, Ausgestoßene. In ihren trostlosen Vierteln herrschen Hunger, Kriminalität, Arbeitslosigkeit und Bildungsnot. Wer aber zu den wirtschaftlich Gesättigten zählt, lebt in Angst vor dem Ausbruch des sozial angeheizten Vulkans.

MULTISEKTORALE ENTWICKLUNG DES LOKALEN LEBENSRAUMES IN DER DRITTEN WELT

Als treibende Kraft der Urbanisierung wirken in der Dritten Welt das Bevölkerungswachstum und die Arbeitslosigkeit. Die Arbeitslosigkeit in den westlichen Industrieländern liegt bei 20 Millionen. Die offene und versteckte Voll- und Teilarbeitslosigkeit in den Entwicklungsländern hat dagegen nach Schätzungen der Internationalen Arbeitsorganisation (JLO) 400 Millionen erreicht. Das sind 40 % der arbeitsfähigen Bevölkerung. Sie ist auf dem Lande besonders groß. Nur wenn es gelingt, die Wanderflut in die Städte zu unterbinden, ist das Chaos, der Nährboden extremer Ideologien und der Gewalt, aufzuhalten. Das setzt die Reform des wirtschaftlichen und sozialen Lebens in den Dörfern und kleinen Marktstädten auf dem flachen Land voraus. Dabei geht es um den Einsatz der hier nicht oder nicht voll genutzten Arbeitskräfte, des wichtigsten Kapitals der Dritten Welt.

Aus meinen über viele Jahre in weiten Teilen der Erde gewonnenen Erfahrungen möchte ich sagen: Mit einer Landbesitzreform allein ist es nicht getan. In zahlreichen Ländern sind größere Betriebseinheiten möglichst auf genossenschaftlicher Basis und in Anlehnung an die traditionellen sozialen Gruppen notwendig. Ziel muß die Produktionssteigerung zur Versorgung der gesamten Bevölkerung, die Verbesserung des Exportes und die Erwirtschaftung eines gewissen Überschusses als Investitionskapital sein.

In der arbeitsarmen Zeit auf den Feldern könnten in Gemeinschaftsarbeit Bewässerungsanlagen gebaut, Häuser erstellt, Schulen und Hilfskrankenhäuser, Kindergärten und Freizeitanlagen geschaffen, Straßen, Wege und Versorgungseinrichtungen verbessert und sobald als möglich Werkstätten, technisch intermediäre Fabriken zur Verarbeitung landwirtschaftlicher Produkte und zur

Herstellung von Konsumwaren für den örtlichen Bedarf transportkostensparend errichtet werden. Die sozialen Gegensätze würden dadurch minimiert, die Teilhabe aller am Fortschritt und an der Verantwortung maximiert werden.

Gewiß, jedes Land wird sein eigenes Rezept finden müssen. Auf alle Fälle sollten jedoch die Menschen durch multisektorale Entwicklung ihres lokalen Lebensraumes von der Wanderung in die Städte abgehalten werden. Ohne die Einführung strafferer Maßnahmen als sie die Genossenschaft westlichen Stils verlangt, wird jedoch eine derartige Arealentwicklung nur ausnahmsweise möglich sein.

AUF DEM WEG ZUR WELTINDUSTRIEWIRTSCHAFT

Die moderne Industrie gehört jedoch in die Städte. Sie hat den heimischen Markt zu bedienen und auch als zusätzlicher Devisenbringer zu wirken. Die Entwicklungsländer haben gegenwärtig nur einen Anteil von 8 % an der Weltindustrieproduktion, sie wollen ihn bis zum Jahr 2000 auf 25 % steigern. Das ist freilich eine Utopie. Ein Anteil von 12-15 % würde schon einen großen Erfolg bedeuten. Die Entwicklung einer verbesserten arbeitsteiligen Weltindustriewirtschaft wird zu einem verschärften Strukturwandel in den westlichen Industrieländern führen. Wir fühlen bereits die Auswirkungen. Textil- und Lederindustrie stehen z. B. bei uns mitten in bedrohlichen Strukturkrisen. Seit 1970 hat ein Viertel aller Textilfabriken in der BRD die Tore schließen müssen, 300.000 Beschäftigte verloren ihren Arbeitsplatz. Ein Land wie Japan mit seinem traditionellen handwerklich-industriellen Unterbau wird von diesen Veränderungen weit weniger betroffen.

Dennoch muß die Entwicklungshilfe weitergehen, ja besonders für die 25 ärmsten Länder angesichts der Riesenhaftigkeit der Aufgaben gesteigert werden. Sie machte — global gesehen — 1976 rund 23 Mrd. $ aus. Daran beteiligten sich die OECD-Länder mit 15 Mrd., die OPEC-Länder mit 7 Mrd. und der Ostblock nur mit 1 Mrd. $. Wie es um den Staatshaushalt vieler Länder der Dritten Welt bestellt ist, zeigt ein Beispiel: Ich muß aus Vergleichsgründen auf das Jahr 1973 zurückgreifen. Damals betrug der Haushalt der Freien und Hansestadt Hamburg 6.7 Mrd. DM für ein hochentwickeltes Gemeinwesen von 1.8 Millionen Menschen. Im gleichen Jahr hatten alle 44 schwarzafrikanischen Staaten zusammengenommen einen Haushalt von 30.2 Mrd. DM für 290 Millionen Menschen und einen Raum von 22.5 Mio. km^2.

Ziel der Wirtschaftsdynamik in den Entwicklungsländern muß die Steigerung des Lebensstandards aller Bevölkerungsschichten sein. So wie einst der atemberaubende Aufstieg der westlichen Industrieländer erst durch die Zunahme der Massenkaufkraft möglich wurde, so muß heute die Kaufkraft der Bevölkerungsmassen in den tropischen und subtropischen Ländern angehoben werden — durch harte Arbeit und nicht durch Umverteilung des Betriebskapitals der traditionellen Industrieländer. Eine Steigerung des Warenaustausches zwischen Nord und Süd wird die Folge sein.

Ein derartiger Wirtschaftswandel setzt eine grundlegende Änderung des humanökologischen Milieus in vielen Ländern der Erde voraus. Ein kaum vorstellbarer Lernprozeß ist notwendig. Es fehlen ja weithin nicht nur die erforderlichen Arbeits-, Spar- und Managementvoraussetzungen, sondern auch eine den Bedingungen des Fortschritts entsprechende technische und soziale Infrastruktur. Nur zu häufig herrscht noch die traditionelle soziale Rangordnung agrarischer Gesellschaften. In ihnen entscheidet weitgehend die Geburt über die Zugehörigkeit zu einer bestimmten Gesellschaftsschicht. In einem modernen Staat muß jedoch die Leistung zum sozialen Ordnungsprinzip erhoben werden. Nur wenn der Aufstieg durch Leistung möglich ist, kann auch der ständige brain drain, die Abwanderung junger aktiver Menschen in die Industrieländer, aufgehalten werden.

Man muß sich jedoch vor Langzeitprognosen und Weltuntergangsprophetien hüten. Die Aufhellung der Komplexität des Naturhaushaltes Ozean – Atmosphäre – Kontinent und der damit verbundenen Energieaustauschprozesse, die Wetter und Klima steuern, befindet sich erst am Anfang.

DAS TECHNISCHE ZEITALTER VERLANGT GLOBALE LÖSUNGEN

Die Lösung der aufgezeigten Probleme verlangt aus weltumspannender Sicht nicht nur verbesserte wirtschaftliche, soziale, rechtliche und politische Ordnungen. Ebenso wichtig ist, daß die zumeist national begrenzte Bildung der Jugend der Welt zum Blick über die Erde erweitert wird. Denn die Schulabgänger fast aller Länder sind in Globalgeographie und Weltgeschichte Analphabeten. Damit fehlt ihnen ein wesentlicher Schlüssel zum Verständnis der Probleme unserer Zeit.

Vor allem aber scheint es darauf anzukommen, daß die Entscheidungsträger in allen Ländern und Völkern der Erde ein übereinstimmendes geographisches Weltbild gewinnen, das weder von der Hautfarbe, der Ideologie, der Kultur oder dem nationalen Egoismus verzerrt ist. Nur dann werden sie zu allgemein verstandenen tragfähigen Lösungen der Weltprobleme finden.

Der vor uns liegende, Generationen beanspruchende Wandel der Völker, Staaten, Kulturen und Regionen zu einem kooperativen interdependenten globalen Verbund wird möglicherweise auch zu einer Änderung der geistigen Haltung der Menschen, zu einer geistigen Erneuerung führen – so wie einst der dramatische Zusammenstoß der Steppenvölker und der alten Kulturvölker zusammen mit der damit verbundenen Erweiterung des interdependenten Lebensraumes die geistige Revolution im 1. Jahrtausend vor Christus ausgelöst hat.

Das waren die Jahrhunderte, in denen in Palästina die Propheten wirkten, in Griechenland Homer, Heraklit und Plato lebten, im Iran Zarathustra lehrte, in Indien Buddha seine Lehre verkündete und in China Konfuzius und Laotse den geistigen Umbruch einleiteten. "Erst seit jener Zeit gibt es eine geistige Haltung, die unser Menschsein bis heute trägt" (JASPERS).

ZUSAMMENFASSUNG

Als die größten Gegenwartsprobleme der Menschheit werden das rasche Bevölkerungswachstum, die ernährungswirtschaftliche Benachteiligung der Tropen, die der Grünen Revolution in den Ländern der Dritten Welt entgegenstehenden Schranken, die vielfältigen Eingriffe des Menschen in den Naturhaushalt (z. B. übermäßiger Hiebsatz in den Wäldern, Inkulturnahme labiler Niederschlagsgebiete und Überweidung von Ländereien geringer Tragfähigkeit mit der Gefahr der Desertifikation), extreme Entwicklungen in der Urbanisierung und übermäßige Landflucht in den Ländern der Dritten Welt, die Hemmnisse der Industrialisierung in diesen sowie die Probleme der Energieverknappung und der Umweltbelastung gesehen und in ihren jetzigen Ausmaßen und bisherigen Auswirkungen diskutiert. Die weltweiten Verflechtungen in Wirtschaft, Verkehr und Politik haben die Erde zu einer Wirkungseinheit werden lassen, in der diese Probleme einer globalen Lösung bedürfen. Das aber setzt Verständnis für globale Zusammenhänge und nicht zuletzt entsprechende Kenntnisse von Globalgeographie und Weltgeschichte voraus, deren es heute noch weitgehend ermangelt.

Mobilität im Frühneuzeitlichen England
und die sog. Industrielle Revolution
von
Ingeborg Leister, Marburg

ZUR BEGRIFFSGESCHICHTE

'Revolution' wurde im späten 18. Jahrhundert Modewort, insbesondere in Frankreich. Die Systematisierung des Begriffes ging ebenfalls von Frankreich aus, doch hat sich der strenge Revolutionsbegriff, dessen Modell die Französische Revolution ist, sprachlich nicht mehr trennen lassen von Revolution im übertragenen Sinn als Kennzeichnung einer eingetretenen Veränderung. Mit Bezug auf England hat wohl erstmals BLANQUI 1837 den Begriff so gebraucht. Eine Revolution im übertragenen Sinn ist also stets nur retrospektiv erkennbar und ist gegen Evolution nicht prinzipiell abzugrenzen. Sie hat mit dieser gemein das Fehlen eines harten Anfangsdatums, eines bestimmten Prozeßablaufes und eines Programms — James Watt hat 1781-84 seine Dampfmaschine nicht entwickelt, um einen Umsturz in der bestehenden Wirtschaftsordnung herbeizuführen — und unterscheidet sich in erster Linie durch die Stärke der eingetretenen Veränderung. Ist diese nicht meßbar, können Begriffe wie Industrielle Revolution, Agrarrevolution etc. einen stark subjektiven Charakter erhalten.

Der Begriff "Industrielle Revolution" stammt wiederum aus Frankreich. Er pauschalierte, wo man im England der Jahrhundertwende die 'revolutionierende' Wirkung einer Erfindung auf den jeweils betroffenen Produktionsprozeß sah. Spinnmaschine, Wedgwood's Keramikfabrikation, Koksverhüttung oder Dampfmaschine bedeuteten Lösung drängender und spezifischer Probleme, und aus ähnlicher Situation heraus hatten schon DEFOE im frühen 18., CARY im späten 17. Jahrhundert und vor ihnen andere befreit aufgeatmet über die Neuerungen ihrer Zeit [1]. Demgegenüber war die Industrielle Revolution französischer Sozialisten und Nationalökonomen ein Komplex aus technischen Innovationen, neuer Arbeitsorganisation im Fabriksystem und neuer Handelspolitik (Adam Smith), und mit ungefähr diesem Inhalt wird der Begriff heute noch gebraucht, ist also nachträglich weder präzisiert noch erweitert worden, um wenigstens die Verkehrswirtschaft einzubeziehen. Es eignen ihm manche Schwächen eines Schlagwortes.

Der dritte Begriffsbestandteil datiert die Revolution eng in das letzte Viertel des 18. Jahrhunderts, was für den ersten zur Folge hat, daß ein langer Erfindungsgang verkürzt wird zu Gunsten des Innovationsschubes 1780-90. Die vorausgehende Technikgeschichte [2] und alle nachfolgenden Erfindungen einschließlich des zweiten Innovationsschubes 1820-30 (Webmaschine, Tiefbauzeche, Eisenbahn) werden unterbewertet.

Fabriksystem als Begriffsbestandteil ließ die Baumwollspinnerei zum Modellfall von Industrie schlechthin avancieren mit Manchester als Prototyp der Industriestadt. Die Realität war eher branchenspezifisch. Selbst innerhalb der Textilgrundproduktion wäre zu differenzieren nach Fasern aus Gründen der Technik wie des Marktes, der dem Vorreiter des Fabriksystems, der Seidenspinnerei, nicht die gleichen Entfaltungsmöglichkeiten einräumte wie dem Baumwollsektor.

Das Neue, die Herausforderung, lag in der Groß- oder Massenproduktion. Viele Gewerbe wurden (zunächst) überhaupt nicht tangiert oder konnten wie in Birmingham und Sheffield mit Multiplikation der gewohnten Produktionsstätten auf die Herausforderung reagieren. Als Branchen, die zu Groß- oder Massenproduktion übergingen, erforderten Eisengrundproduktion, Maschinenbau, Spinnerei etc. zudem je eigene Formen der Arbeitsorganisation und unterschieden sich ferner im relativen Gewicht von Kapital-Lohnabhängigkeit-Fachkönnen.

239

ENGELS, der 1845 den Begriff "Industrielle Revolution" als bekannt voraussetzte, hat ihm dann zusammen mit MARX einen neuen, allumfassenden Inhalt gegeben. Die technische Revolution wurde zum Instrument eines Umbruchs in allen, materiellen wie geistig-kulturellen Lebensbereichen einer Gesellschaft. Dieser Umbruch war die Industrielle Revolution. Sie polarisierte die Gesellschaft in Bürger=Kapital und Proletariat und war die vorletzte im System eines von sozioökonomischen Revolutionen angetriebenen Weltgeschehens, einer gerichteten Menschheitsgeschichte mit eschatologischem Ausgang.

Das Ganzheitliche bei MARX-ENGELS übernahm TOYNBEE, als er 1884 "Industrial Revolution" in die Wissenschaft einführte als (wirtschafts- und sozial)historischen Periodenbegriff für das England nach 1760. Er verstand das Jahr 1760 als Zäsurdatum, an dem eine idealisierte heile Welt brach und die neue Zeit begann, deren technische Errungenschaften ihn weit weniger interessierten als die Bedingungen, die eine Polarisierung in Reich und Arm möglich machten. Die Armen blieben dabei individuelle Menschen, ein Versprechen auf die Zukunft war nicht genug; TOYNBEE selbst war in der Armenfürsorge tätig und für die Gewerkschaftsbewegung, blieb als Nationalökonom jedoch fest auf dem Boden von Adam SMITH und wäre richtiger gewürdigt als Theoretiker einer sozialen Marktwirtschaft.

"Industrial Revolution" als Periodenbegriff kann für deutsche Leser recht irritierend sein; denn in den Zeitraum 1760-1860 fallen auch Ereignisse, die mit Industrie in keinerlei ursächlichem Zusammenhang stehen, so die Kontinentalsperre mit ihren wirtschaftlichen und sozialen Konsequenzen, oder die seit der Mitte des 18. Jahrhunderts beschleunigte Bevölkerungszunahme, die als gesamteuropäisches Phänomen ein Agrarland mit schwachem Gewerbebesatz, etwa Irland, ebenso traf wie England. TOYNBEE aber sah eine Industrielle Revolution (i.e.S.) und eine parallel laufende Agrarrevolution als Teile eines Vorganges, dem er keinen besseren Namen zu geben wußte als "Industrial Revolution" (i.w.S.). Der Periodenbegriff hat also keine Basis mehr, seit die sog. Agrarrevolution sich als die Endphase eines jahrhundertelangen Entwicklungsprozesses erwies: die Parliamentary Enclosures (1750-1850) beschließen eine lange Enclosure-Bewegung und sind auch im Verein mit der Einführung systematischen Fruchtwechsels noch keine Agrarrevolution. Wenn überhaupt, wären eher die Vorgänge im 15. und frühen 16. Jahrhundert so zu kennzeichnen, als England (wie die Niederlande) seine Landwirtschaft gleich dem Gewerbe dem ökonomischen Denken der Renaissance unterwarf. "The myth of what TOYNBEE called 'the agrarian revolution", ... is clearly on the way out" [3] — hoffentlich.

Begriff wie Periodenbegriff "Industrial Revolution" werden von namhaften englischen Wirtschaftshistorikern und Nationalökonomen abgelehnt aus Gründen der Revolutionstheorie und des historischen Ablaufs. Das Jahr 1760 ist kein Zäsurdatum. Entscheidende Rahmenbedingungen datieren z. T. aus dem Spätmittelalter, die wesentlichen Erfindungen belegen vom späten 17. an das ganze 18. Jahrhundert; die Mechanisierung der Textilproduktion hat sich bis über die Mitte des 19. Jahrhunderts hingezogen, die Dampfmaschine hob zunächst nur den Standortzwang auf, hat aber die Wasserkraft durchaus nicht abrupt obsolet gemacht [4]. Schon 1906 resumierte MANTOUX, die Ursachen dieser Revolution lägen weit zurück in der Geschichte, und 1933 meinte HEATON: "A revolution which continued for 150 years and had been in preparation for at least another 150 years may well seem to need a new label" [5]. Doch fast fünfzig Jahre später sind beide 'revolution'-Begriffe immer noch in Gebrauch, häufig genug allerdings ohne Begründung und nurmehr als Formeln.

Die Periodisierung als solche war dagegen kaum strittig. Ob "Industrial Revolution" oder "Laissez Faire"-Periode [6], klassische Rahmendaten waren 1750-1850, auch 1760-1860. Wenn demgegenüber heute vorzugsweise 1780 als Anfangsdatum genannt wird, so mit Rücksicht auf die Ergebnisse der Wachstumsforschung, die mit Hilfe ihres Instrumentariums den Zeitraum 1780-1850 zweifelsfrei als Wachstumsperiode auszuweisen vermochte [7]. Das Jahr 1780 markiert also den "take-off". Der Durchbruch erfolgte im Baumwollsektor, in der Spinnerei, und der Wachstumsimpuls blieb dann über Jahrzehnte erhalten dank dem einmal gewonnenen Vorsprung Englands und den Erfindungen, die noch 1780 gemacht oder wirksam wurden — genannt seien Crompton's Mule—Spinnmaschine, die Inwertsetzung der Koksverhüttung durch den Puddelofen (1784), die Dampfmaschine — so daß mit dem schrittweisen Umsichgreifen der Groß- und Massenproduktion die Branchenbasis des Wachstums sich verbreiterte.

Die Anlaufphase zum take-off ist nach Ausweis der Außenhandelsstatistik ab 1751 zu datieren. Unternehmer, die wie John Horrocks, Richard Arkwright oder die Peels jetzt in die Baumwollbranche einstiegen, konnten binnen weniger Jahre große Vermögen erwerben [8]; ein aufnahmefähiger Markt war also vorhanden, den die Massenproduktion über den niedrigen Stückpreis voll erreichte, und der, da er den Peel'schen Stoffdruckereien jedes Muster abnahm, Unternehmererfolg so leicht machte wie nie wieder. Die englische Wirtschaft stand bereits in den 1750er Jahren unter einem gewissen Druck und hatte bei regionaler Spezialisierung einen Verflechtungsgrad erreicht, der für ihr Verkehrsaufkommen den Massengutträger unabdingbar machte. Der Sankey-Kanal eröffnete 1757 die Kanalära, und das englische Binnenschiffahrtsnetz war, da rein privatwirtschaftlich finanziert, ein guter Indikator der allgemeinen Wirtschaftslage.

Schon als das 18. Jahrhundert begann, hatte England einen deutlichen Vorsprung vor Frankreich, dessen pro-Kopf-Einkommen 1688 um schätzungsweise 20 % niedriger lag und dessen Wirtschaft trotz starken Wachstums nach 1715 doch nicht mehr gleichzuziehen vermochte [9]. Vorher noch durchaus vergleichbar, hatte sich im Wirtschaftswachstum der beiden Länder um 1630 und verstärkt um 1660 eine Schere geöffnet. Der Außen- und Kolonienhandel, der Englands Wirtschaft bis an die Grenzen ihrer Leistungsfähigkeit forderte, so daß technische Neuerungen, die den einen oder anderen Engpaß beseitigten, wiederum Wachstum freisetzten, vermochte Frankreichs Wirtschaft nicht vor Stagnation, auch Rezession, zu bewahren. Politische Prioritäten und die Gesellschaftsordnung wären wohl als die Haupt-Hemmfaktoren zu nennen, ferner die Struktur der Kolonien und die Konfiguration des Landes.

Die schmale britische Langinsel erlaubte freieres Wachstum, da ihre Wirtschaft bei Vermarktung und Material/Warenzusammenführung durch die Transportprobleme der Zeit weniger gedrosselt wurde; Küsten- und Flußschiffahrt standen im wintermilden Klima ganzjährig zur Verfügung. Der Massengutträger wiederum war in England notwendiger als in Frankreich, da die Energiebasis ihres Wirtschaftswachstums nicht identisch war. Während der Kontinent die Köhlerei im Spätmittelalter auf Niederwaldwirtschaft umstellte, Nürnberg dann die Forstkultur entwickelte, ging England zum oberflächennah und in vielen Lagerstätten anstehenden Ersatzbrennstoff Kohle über. Bereits im 16. Jahrhundert war seine Wirtschaft als Kohlefeuerungswirtschaft zu kennzeichnen. Das machte die Eisenhütten zu vielgeschmähten Außenseitern und setzte sie unter Konformitätsdruck. Der Kohlenbergbau wiederum konnte die ständig wachsende Nachfrage seit der Wende zum 18. Jahrhundert in NE-England nurmehr mit Hilfe der Dampfpumpe befriedigen. Zwei Fremderfahrungen entfielen also: der Bruch von Holz- zu Kohlefeuerung verband sich in England nicht mit Industrie, und für ein Land, dessen Schlüsselgewerbe seit 75 Jahren mit der Newcomen arbeitete [10], bedeuteten WATTs Niederdruckdampfpumpe und schließlich die Dampfmaschine nützliche Entwicklungsschritte, weiter nichts. Wasserkraft- und Kohlekraftmechanik bestanden nebeneinander, ergänzten sich, wo es den gleichmäßigen Antrieb eines Wasserrades galt. Ob Newcomen oder Watt, die installierten Dampfpumpen hatten in den Bergbaurevieren von Cornwall bis Durham, im Eisenwirtschaftsgebiet der West Midlands wie im Textilrevier beiderseits des Mersey die Realität bereits verändert.

Die Frage, warum gerade England und gerade bis 1780 den take-off erreichte, ist also keinesfalls aus der engen Zeit heraus, gar persionifiziert auf Adam Smith und James Watt zu beantworten. Die Suche nach der einen Ursache (Ursachenkomplex), die das ganze Geschehen zu erklären vermöchte, bleibt vergeblich. Im Zuge eines allmählichen, auch ungleichsinnigen Wirtschaftswachstums, das um die Mitte des 17. Jahrhunderts eine deutliche Beschleunigung erfuhr, wurde in England um 1750 ein kritischer Schwellenwert überschritten. Daher erscheinen die zu dieser Zeit bestehenden Engpässe in der Rolle der unmittelbar auslösenden Faktoren.

Die Wachstumstheorie, so wichtig sie geworden ist, kann ihrerseits nicht die ganze Erklärung bieten, begründet noch nicht, warum England das einzige Land ist, das den Durchbruch zu selbstgeneriertem Wirtschaftswachstum auf der Basis Massenproduktion als strikt ökonomischen Prozeß geleistet hat. Eine Beteiligung des Staats war unnötig und wäre nicht erst seit Adam Smith unerwünscht gewesen. Staatsdirigismus, Vorleistungen des Staats in Form von Bauernbefreiung, Kanal- und Eisenbahnbau, staatlicher Marktschutz durch Zollgesetze und finanzielles Engagement etc. sind Merkmale der politisch motivierten Nachahmung des ökonomischen Prozesses in Kontinent-Europa, das anders der Wirtschaftshegemonie Englands nicht zu begegnen vermochte. Also müssen außer den angedeuteten Wirtschaftsparametern auch die gesellschaftlichen Rahmenbedingungen in England sich grundlegend von denen des Kontinents unterschieden haben, Rahmenbedingungen, nicht Kausalfaktoren, zu deren Erhellung diese Studie beitragen möchte.

1. ENCLOSURES UND GEWERBE

Die entscheidende Zeit, von der an England sich abweichend vom Kontinent zu entwickeln begann, war das Spätmittelalter. Damals, ab 1381, errangen die englischen Bauern ihre Freiheit. Die hochmittelalterliche manor-Organisation zerfiel, Dienstpflichten der Bauern wurden zu Geld veranschlagt. Im Einzelfall konnte einer Freisassse werden, das volle Eigentum erwerben, doch insgesamt behielten die Grundherren die aktive Kontrolle über den Boden. Unbeschadet gewisser verbleibender Herrschaftsrechte wandelte sich ihre Stellung von Grundherren zu Grundbesitzern und die der Bauern von Untertanen zu Pächtern. Der Pachtbetrieb bildete nunmehr einen eigenständigen Wirtschaftsfaktor (oder sollte es tun), zuständig für die Versorgung des Nahmarkts, der allerdings wegen des vorherrschenden Fleckenrechts in England relativ schwach war. Schwach sinkende Getreidepreise veranlaßten den Rückzug auf herrschaftliche Schafwirtschaft einerseits, die Aufstockung von Pachtbetrieben andererseits, die eine erste Lockerung des ererbten Gefüges bewirkte [11]. Endgültig wurde das Mittelalter überwunden durch die enclosures, die um die Mitte des 15. Jahrhunderts begannen und um 1700 einen ersten Abschluß erreichten.

Die frühen "enclosures by agreement" stellten mit Aufhebung der Gemengelage des Grundbesitzes, Ablösung der Naturalzehnten an die Kirche, Annullierung der frühmittelalterlichen Einteilung in die drei Rechtsbezirke (Hofraite, Hufe = Dauerackerland, Allmende) eine komplexe Maßnahme dar und setzten daher den einstimmigen Beschluß aller Grundbesitzer incl. der kleinen Freisassen voraus und die Zustimmung zur Aufschlüsselung der Kosten. Anschließend errichtete der Grundbesitzer die neuen Pachthöfe, vereinzelte die größeren Betriebe und legte ihnen eine arrondierte Wirtschaftsfläche zu, deren Blockparzellen er gemeinsam mit dem Pächter einhegte. Manche Weiler wurden derart ganz aufgelöst, die Dörfer in ihrer Sozialstruktur vereinseitigt, da sie fortan hauptsächlich aus Katen für Knechte, Landarbeiter und Dorfhandwerker bestanden. Wirtschaftsziel war eine geregelte Feldgras-Wechselwirtschaft oder, in Abhängigkeit von den Böden, eine viehbetonte Mengwirtschaft. Zwar hatte die komplette Neuordnung einer 'Gemarkung' den Vorzug, doch waren auch Teilverkoppelungen möglich, und die verbliebenen Restflächen [12] mußten dann im Zuge der "Parliamentary Enclosures" auf Grund eines Privatgesetzes oder der General Enclosure Acts 1801 und 1845 bereinigt werden.

Die Kosten einer enclosure-Maßnahme im Verein mit dem investitionskapitalistischen Denken der Renaissance haben den Boden zum Produktionsmittel gemacht ohne emotionalen Wert. Das Pachtverhältnis erhielt eine reine monetäre Basis (Kontraktpacht), und der Pächter wurde nur für die Dauer seines Vertrages seßhaft. Das Versorgungsprinzip hatte keine Geltung mehr. Die Landwirtschaft befreite sich von Ballast, vom schlechten Wirt und von zu kleinen Stellen, und hat einem Druck infolge der frühneuzeitlichen Bevölkerungszunahme nicht mehr stattgegeben. Die Existenzmöglichkeiten in der Landwirtschaft waren fortan limitiert. Reformansatz war der landwirtschaftliche Vollerwerb. Der leistungsfähige Hof wurde nur dann noch in kleinere Einheiten zerlegt, wenn die Ackernahrung sich sprunghaft veränderte; sehr viel häufiger gingen kleinere Betriebe, sofern anfangs noch wieder eingerichtet, im Laufe der Zeit in den größeren auf. Die neuen Höfe beschäftigten das für ihren Betrieb unabdingbare Minimum an verheirateten Knechten, denen sie eine Kate im Dorf bereitstellten, sowie lediges Hausgesinde, das oft mehr schlecht als recht auf dem Hof untergebracht wurde. Die Koppelung Kate-Arbeitsplatz unterband ein freies Wachstum der Dörfer. Zwangsläufig banden die Ackerbaugebiete mehr Arbeitskräfte, zogen aber für die Ernte-Arbeitsspitze Wanderarbeiter aus der Umgebung, seit dem 18. Jahrhundert auch aus Schottland und Irland heran.

Mit dem Schwund an kleinen Stellen bewirkten die enclosures eine Entmischung von Landwirtschaft und Gewerbe. Die agrar-gewerbliche Mischexistenz des Kleinbetriebes mochte zwar eine Familie stabilisieren und anderen Ländern Europas als angenehmer Puffer gelten, der ihre Produktion flexibel hielt, da in Stoßzeiten noch 'der Großvater' die kleine Landwirtschaft besorgen konnte, während bei flauer Marktlage und Ausfall des gewerblichen Zweiterwerbs die Menschen nicht gleich verhungerten — in England war sie Anathema. Die Landwirtschaft und jede Gewerbebranche sollten sich eigengesetzlich entwickeln können mit der Auflage, allerdings, des Vollerwerbs. Die enclosures entzogen also dem Gewerbe den Standortraum Kleinbetrieb, der im 16. Jahrhundert noch recht zahlreich vorkam, und nötigten die betreffenden Branchen zu einer Standortbereinigung [13]. Manche Standorträume schieden gänzlich aus, so Hertfordshire und der Kenter Weald, andere sahen einen Rückzug ihres Gewerbes auf die Städte und Flecken. Alle Bergbau- und an Wasserkraftbetriebe (mills) gebundenen Branchen mußten zwar landsässig bleiben, kamen aber mit einer geringeren Zahl voll durchorganisierter Standorträume aus und arbeiteten mit landständigen Vollerwerbsstellen, nicht etwa Mischexistenzen.

Eine Ausnahme machten nur die Marginalbodengebiete, wo landwirtschaftlicher Vollerwerb kaum erreichbar war. Sie lagen zumeist im Bereich der uplands-Schollen, und bei Katenstellen mit Land war ihre Tragfähigkeit relativ hoch. Hier durfte sich das Kleinbetriebsgefüge also ausbreiten und auch neu entwickeln, konnte Privatinitiative noch etwas ausrichten, konnten enclosure-Verdrängte unabhängig bleiben auf einer Subsistenzstelle. Deren Zahl nahm namentlich an den Pennines-Flanken und in Cumberland stetig zu entsprechend der Entwicklung von Bergbau und vor allem Textilwirtschaft, die den notwendigen Zweiterwerb boten. Schon um 1500 war die Wollwirtschaft von Lancashire bis West-Yorkshire weit verbreitet und unterlag, da hauptsächlich grobe, nicht exportfähige Ware hergestellt wurde, nur geringer Kontrolle. Eine Grundausstattung an Händlern, Werkzeugmachern und z. T. Verlegern [14] war also vorhanden, die über Nachfrage und Preis für Garn und Gewebe, das Vorfinanzieren eines neuen Webstuhls, seltener die Webstuhlleihe, die Ausbreitung der Mischexistenzen beeinflußten und im 16. Jahrhundert die Leinenwirtschaft in Lancashire erweiterten um die Barchentweberei [15]. Unter den Pennines-nahen Flecken begannen Manchester und Leeds zu Gewerbe-Vororten aufzusteigen mit der charakteristischen Wirtschaftsstruktur von Gewerbe-Dienstleistungszentren bei disperser Grundproduktion.

In den Lowlands hatten die Interessen der Landwirtschaft den Vorrang vor denen landsässiger Gewerbe. Selbst der kommerzielle Kohlenbergbau, der dem Grundherrn als Eigentümer der Bodenschätze guten Gewinn brachte, machte da keine Ausnahme. Nach dem Durchgang einer Verkoppelung waren Katenstellen mit Land unerreichbar, das Gewerbe mußte sich mit Häuslerstellen begnügen. Die Kontrolle über den Boden wurde restriktiv gehandhabt, für Häuslerstellen genügten irgendwelche Restflächen, wo sie die Landwirtschaft nicht störten. Konzedierte man ihnen kein Gartenland für Gemüse und Kartoffeln, mußten die Gewerbetreibenden durch den sog. "truck-shop" des Verlegers/Unternehmers versorgt werden, was sie wenig schätzten, da sie dann völlig abhängig waren. Die von der Landwirtschaft diktierten Bedingungen waren also in den Lowlands nicht eben gewerbefreundlich, erschwerten zwar ein leichtfertiges Konjunktur-Wachstum, ließen aber die Gewerbetreibenden leicht zum 'armen Verwandten' werden, der bei Absatzschwankungen nicht mehr den Vollerwerb hatte und in Krisenzeiten der Armenfürsorgen (des Kirchspiels) zur Last fiel. Die Ursache Landausstattung blieb unverändert, nur haben Kirchspiele in Wiltshire im 17. Jahrhundert von dem Verleger, der neue Weber anzusetzen wünschte, eine Sicherheit verlangt, eine Armensteuer-Pauschale (RAMSAY, 1965, p. 128 f.).

Die landwirtschaftlichen Interessen beeinflußten zweitens den Arbeitsmarkt. Hertfordshire lehnte im frühen 17. Jahrundert die vom König gewünschte Re-Etablierung des Wollgewerbes ab mit der Begründung, aller Bedarf an Nebenerwerb für Frauen und Kinder könne in und von (Ährenlese) der Landwirtschaft vollauf befriedigt werden [16]. Ähnlich erging es einer Anregung des Council of the North (1557) an die Kirchspiele, gewerblichen Nebenerwerb für Frauen und Kinder zu organisieren. Die klassischen Ackerbaugebiete Ost- und Mittelenglands dagegen waren bei erhöhtem Arbeitskräftebesatz auf derartige Zweiterwerbsmöglichkeiten angewiesen, weil entweder zum Deputatlohn des Mannes eine ergänzende Geldlohnarbeit gesucht wurde oder Tagelöhner nicht ganzjährig beschäftigt waren und die Tarife das kompositäre Haushaltseinkommen voraussetzten [17]. Um 1700 wurde hauptsächlich Wollspinnerei betrieben, auch Wollstrumpfstrickerei, hundert Jahre später dominierten Feingewerbe: Spitzenherstellung, Seidenweberei, Stickerei, Strohflechterei, Baumwoll- und Seidenwirkerei [18]. Wieder einer andere Form der Symbiose folgerte in Devon und im West Country aus der Milchwirtschaft: Butterei und Käserei wurden ausschließlich von weiblichen Arbeitskräften besorgt, die im Winter, wenn die Kühe trocken standen, zu spinnen hatten [19]. Die Garnversorgung war gesichert, überdies mit kurzem Weg vom Spinner zum Weber, was im West Country wegen der lockeren Konsistenz von Streichgarn besonders wichtig war.

TOYNBEE's Verlängerung des Mittelalters bis 1760 — für Deutschland verlängerbar bis mindestens 1815 — entspach in England also nicht der Realität. Gewerbe und Frühindustrie brauchten hier nicht erst eine verkrustete Agrarverfassung aufzubrechen. Frühe Bauernbefreiung und Fortbestand des Pachtwesens hatten ein Verkrusten verhindert, an die Stelle des in die Dorftradition eingebundenen peasant war, endgültig mit den enclosures, der individuell wirtschaftende Landwirt getreten. Gleichzeitig wurden Landwirtschaft und Gewerbe entmischt, das Gewerbe allerdings nicht direkt an den traditionellen Machtstrukturen in der englischen Gesellschaftsordnung beteiligt, so daß im Konfliktfall die Interessen der Landwirtschaft leicht die Oberhand hatten. Das Gewerbe, selbstverantwortlich als Wirtschaftselement, jedoch politisch ohne eigenen Stellenwert, maß sich am Erfolg und hatte seine geistige Heimat eher in kalvinistisch-puritanischen Glaubensrichtungen denn in der Staatskirche.

2. DAS DEMOGRAPHISCHE PROBLEM

Die frühen enclosures wurden durchgeführt in einer Zeit wieder positiver Bevölkerungsentwicklung. Allgemein verzeichnete Europa ab etwa 1450/80 Bevölkerungswachstum, das gegen Ende des 16. Jahrhunderts sich verlangsamte und nach rd. 150 Jahren nur schwacher Zunahmen sich um die Mitte des 18. Jahrhunderts erneut versteilte. Namentlich im 16. Jahrhundert überstiegen Freisetzungen aus der Landwirtschaft bzw. Abdrängungen infolge limitierter Stellenzahl die Aufnahmefähigkeit, nach Zahl wie Qualifikation, der anderen Wirtschaftszweige. Die Reibungsverluste wurden sichtbar in Migration auf der Suche nach Arbeit, nach einem Allmendfetzen, auf dem man eine Kate aufschlagen durfte [20], und in einer Zunahme des Vagrantenproblems [21]. Weitere Störungen verursachte die Aufhebung der Klöster (1536). Entlastet wurde der Arbeitsmarkt u.a. durch den Aufbau der Flotte, durch die Gründung von Siedlungskolonien (ab 1583) und Auswanderung nach Mittelamerika. In den Werbeschriften der Zeit erscheint die Übervölkerung Englands als ein Hauptmotiv [22], das also zumindest auf jene Kreise überzeugend wirkte, die man für die Kolonien zu gewinnen suchte. Tatsächlich hielt sich das Problem in Grenzen, so daß die Elisabethanischen Poor Laws (1597 – 1601) den Kirchspielen die – offensichtlich zumutbare – Aufgabe der Armenfürsorge übertragen konnten.

Wenige Jahrzehnte später begannen 1674 die Klagen über den Mangel Englands an Menschen. Infolge der Civil Wars unter Cromwell, der Pestepidemie 1664-5, der Übernahme des irischen Grundbesitzes und der Abwanderung in die Kolonien war, so REYNEL, der Binnenmarkt numerisch geschrumpft, seine Kaufkraft geschwächt [23]. Die genannten Ursachen mögen z.T. deutlich für schichtenspezifische Lücken sprechen, seine Gegenvorschläge, Niederlassungsfreiheit für Ausländer und Förderung der Geburtlichkeit, trugen eher einem allgemeinen Mangel an Menschen Rechnung. REYNEL schätzte den Verlust auf insgesamt 900.000 Menschen. Wie hoch immer die Zahl, der Verlust war groß, trat in kurzer Zeit und in einer Zeit ohnehin schwachen Bevölkerungswachstums ein und scheint die zeitgenössischen Volksschätzungen für England im Jahre 1700 verunsichert zu haben, die erstaunlich – angesichts der Blüte des Faches "Political Arithmetic" – weit divergieren.

Wie in allen Ländern Europas ist man für die Bevölkerungsentwicklung in Großbritannien bis zum ersten Census 1801 auf Schätzungen angewiesen, die bestenfalls als wenig sichere Hochrechnungen einzustufen sind. Sie ergeben für England im Jahre 1600 etwa 4.3 Mill. und Wales 380.000 Einwohner. Unter den stark divergierenden Schätzungen für das Jahr 1700 liegen doch mehrere zwischen 5,5 und 6,6 Millionen, und diese Spanne haben demographische Nachrechnungen (5,2 und 6,1 Mill.) nicht zu reduzieren vermocht [24]. 1801 wurden in England-Wales 8,9 Mill. Menschen gezählt (wahrscheinlich zu korrigieren auf 9,2), darunter 600.000 in Wales. Zusammen mit Schottlands 1,6 und Irlands ca. 5,4 Mill. [25] erreichte die Gesamtbevölkerung des Vereinigten Königreiches doch nur 16,2 gegenüber 28,2 Mill. in Frankreich. Relativ zur Staatsfläche war die Differenz zwischen England-Wales und Frankreich gering, doch bei den Aufgaben einer See- und Kolonialmacht waren weniger die Bevölkerungsdichten von Belang als die absoluten Zahlen und deren Relation dürfte um 1600 ähnlich gewesen sein wie 1801: England hatte nur ein Drittel der Bevölkerung Frankreichs.

England hat sich erst spät einen Platz unter den See- und Kolonialmächten erkämpft und hat dann in kurzer Zeit (1583 – 1620) den Grund gelegt zu seinem Kolonialreich, das nun, da anders strukturiert als das französische, die Wirtschaft des Mutterlandes einem stärkeren kolonialen Entwicklungsschub aussetzte, ihr in Mittel- und Nordamerika einen nach Fläche und dann Kaufkraft wachsenden Absatzmarkt mit europäischen Ansprüchen hinzugewann. Die demographische Basis für diesen Aufstieg war vergleichsweise schmal, doch Cromwell beschleunigte noch die Entwicklung. Der in der Navigation Acts erhobene Anspruch mußte eingelöst werden und mehrte die Zahl derer, die ihren Personalbedarf aus dem relativ kleinen Reservoir zu decken hatte.

Die Klagen über Englands Mangel an Menschen ziehen sich von 1674 bis in die letzten Jahre des 18. Jahrhunderts hinein, und ohne Grund wird man ihnen eine gewisse Berechtigung nicht absprechen wollen. Andererseits beschäftigten sehr viele Haushalte Dienstboten in recht großer Zahl, und Friktionen sind allenfalls lokal festzustellen infolge der Lohnkonkurrenz von Hausgewerben. Der kommerzielle Kohlenbergbau NE-Englands konnte seinen Bedarf an ungelernten wie gelernten Arbeitskräften durchaus decken und hörte schon früh auf, Frauen unter Tage zu beschäftigen; der sofortige Einsatz von Newcomen's Dampfpumpe war ökonomisch zwingend, die Einsparung von Arbeitskräften (in der Wasserhaltung) eher ein Nebeneffekt. Die Landwirtschaft litt keinen Mangel an Pächtern, Knechten, Tagelöhnern oder weiblichem Gesinde und war auch mit Dorfhandwerk nicht unterversorgt. Ihr Problem war und blieb die Ernte-Arbeitsspitze; schottische und irische Wanderarbeiter bildeten letztlich eine Notlösung.

Mangel war im Falle der Landwirtschaft also mit Inelastizität zu übersetzen. Ein nach Maßgabe von Vollerwerb geordneter Arbeitsmarkt konnte die Gelegenheitsarbeiter nicht mehr bereitstellen für einen alljährlichen Spitzenbedarf und konnte (zusammen mit den Poor Law Guardians) auch einem Gewerbe nicht jenen auf Stoßzeiten zugeschnittenen Überbesatz erlauben, der seine Produktion voll elastisch gemacht hätte für die Nachfragespitzen. Schon bei der Frühmechanisierung drängte die Landwirtschaft auf Ernte- und Dreschmaschinen [26] und veranschaulicht so die Rolle des Arbeitsmarktes bzw. der Arbeitsmarktorganisation als eines die Mechanisierung, zunächst nur begrenzter Arbeiten, beschleunigenden Faktors.

Der kolonial erweiterte Markt hat wohl alle Gewerbe gefordert, aber nicht alle gleich stark. Viele Branchen wurden wie die Werkzeug- und Nagelschmiede, Leinen- und Barchentweber, Wirker, Gewehrzieher, Sattler, Seiler, Glaser etc. erstmals in den Außenhandel einbezogen, der im einen Fall den Binnenmarkt nur ergänzte, auf die betreffende Branchen also stabilisierend wirkte, im anderen dagegen durch seine Nachfrage Wachstum auslöste. Da die nicht-landsässigen Gewerbe zumeist in zunftfreien Flecken lokalisiert waren, konnte ihr Wachstum direkt der Nachfrage des Handels folgen, wenngleich stets nur um Vollerwerbsstellen. Hauptproblemfall auf dem Arbeitsmarkt war die Textilgruppe infolge sowohl ihrer Arbeitsintensität als ihres Marktes, der den jeder anderen Branche weit übertraf. Dabei ist allerdings sektoral nach Fasern und auch regional noch zu differenzieren.

Um 1700 bestritt die Wollwirtschaft, das traditionelle Exportgewerbe Englands mit Absatz hauptsächlich in Europa, 80 % des gesamten Warenexports, um 1750 noch 60 % (JOHN, repr. 1969, p. 168). Nach wie vor und zum Nachteil Irlands als englisches Monopol geschützt, mußte sie, wenn von ihrem Markt bedrängt, auch in der ersten Hälfte des 18. Jahrhunderts ihren Arbeitskräftebesatz noch mehren können. An ihren Qualitätsstandorten, im West Country mit Streichgarnweberei und im East Country (Norfolk-Colchester) mit Kammgarnweberei, war das nur noch in begrenztem Maße möglich und beide entlasteten sich mit Hilfe des ersten Reserveraumes West-Yorkshire, der dem Lohngefälle entsprechend die einfache Massenware übernahm und bald schon die Garne Irlands, des zweiten Reserveraumes, mitverarbeiten mußte.

Im Unterschied zur Wolle war Leinen weder eine Prestigebranche, noch erbrachte es den gleichen Mehrwert und war schon in der Flachsaufbereitung sehr arbeitsintensiv. Andererseits steigerte der Aufstieg zur See- und Kolonialmacht den Bedarf außerordentlich, da Leinen (wie Baumwolle) einen klimatisch nicht begrenzten Markt hat und damals das breiteste Anwendungsspektrum hatte: von Sack- und Packleinen über Segeltuch, Zelt- und Wagenplanen, mittelfeines Schockleinen bis hin zu feinsten Wäschebatisten. Es gab zwar, wie üblich, viele Streustandorte, doch von kommerzieller Bedeutung war nur die Leineweberei in Lancashire und Teilen von Yorkshire, die keinesfalls den Bedarf zu befriedigen vermochten. Förderung der Produktion in Zentralschottland und (Nord-)Irland änderte daran wenig, der Leinwandbedarf wurde hauptsätzlich durch Importe, u.a. aus Hessen und Sachsen [27], gedeckt sowie durch Re-Export indischer Baumwollwaren in die Kolonien entlastet.

Die Textilimporte der East India Company waren jedoch ein zweischneidiges Schwert. Sie bedrängten die englische Feinweberei auf dem Binnenmarkt, die 1700 und erneut 1720 Importrestriktionen durchsetzte, aber qualitativ unterlegen war und von der Mode ignoriert wurde, deren leichte Kleiderstoffe die Feinweberei unter Musselin-Qualitätsdruck hielten. Europäische Webstühle arbeiteten zu hart für reine Baumwollware, sie erlaubten nur das Mischgewebe Barchent mit Leinen als Kettfaden. Barchent hat England importiert und seit dem 16. Jahrhundert auch in Lancashire hergestellt. Damit überschnitten sich hier nun drei Fasern, jedoch ohne sich gegenseitig zu stören oder den Arbeitsmarkt zu überfordern. Obwohl das ererbte Muster der Bevölkerungsverteilung in England noch sehr kontrastreich war — dem dünn besiedelten Norden stand ein saturierter Süden gegenüber, der leicht den Eindruck einer Übervölkerung erwecken konnte [28] — bestand noch um 1700 ein ausgeprägtes Lohngefälle von London über Oxfordshire nach Lancashire mit Tagelöhnen von 20 : 14 : 8d. Erst dann, bis 1750, verbesserte Lancashire die Relation zu 24 : 14 : 12d (JOHN, repr. 1969, p. 172). Ursache war die unter Wachstumsdruck stehende Barchentweberei, die um die Jahrhundertwende den Arbeitsmarkt zu überfordern begann. Das Textilgebiet Lancashire litt unter einem Mangel, wohl nicht an Menschen, aber an Webern. Da der Barchentsektor nicht genügend neue Weber zu gewinnen vermochte, Wolle wie Leinen Weberkapazität entzog, der Wollsektor aber nicht gut verzichten konnte, wurde es für Lancashire zwingend, die geforderte Mehrleistung auf technischem Wege zu erzielen, durch Steigerung der Produktivität der vorhandenen Weber und insbes. Freisetzung des im Wollsektor bei doppelt breitem Tuch benötigten zweiten Webers. Beide Forderungen erfüllte das Rollenschiffchen (Schnellschütze), 1733 von John Kay in Bury entwickelt [29], und erfüllte sie gleich so erfolgreich, daß ein die Weberei drosselndes Produktionsungleichgewicht zur Spinnerei entstand. Den Spinnern konnte das nur recht sein, sie lehnten daher die Spinn'maschinen' (Handantrieb) von Paul-Wyatt (1738) und Hargreaves (1767) ab; das Preisausschreiben der Society of Arts (1761) ließ in dichter Folge die Spinn'maschinen' entstehen [30], die nun sofort für Kraftantrieb weiterentwickelt wurden und deren letzte, Crompton's Mule, ab 1780 endlich auch das Musselin-Problem löste.

Erstmals in der Geschichte hörte die Spinnerei auf, ein ärmlicher Nebenerwerb zu sein. Die mechanische Spinnerei bildete einen selbständigen Produktionszweig, wurde noch von ARKWRIGHT arbeitsteilig zerlegt und konnte, ehe wirklich alle Teilarbeitsgänge mechanisiert waren, früh schon mit einigen Großbetrieben 'prunken'. Da die Handspinnerei von Angelernten betrieben wurde, die Maschinenspinnerei also keine Umwertung einer Arbeit beinhaltete, entzog sie sich einer Stigmatisierung aus sozialen Gründen, während das Maschinengarn Weber und Wirker von der ewigen Sorge um die Garnlieferungen 'ihrer' Spinner befreite. Das Produktionsungleichgewicht war nun in Lancashire zu Gunsten der Baumwollspinnerei verkehrt, bedrängte jedoch nicht die Weberei [31], sondern fand den Ausgleich im Export. Preis, gleichmäßige Garnstärke und die Befreiung der Weber und Wirker machte die Vermarktung im Inland, im Export nach Europa und später nach Übersee zu einem mühelosen Geschäft. Der Baumwollsektor begann, den Wollsektor als Dominante des Außenhandels zu überflügeln. Der Handelsvertrag mit Frankreich (1786) und das Gleichziehen mit der Musselinweberei Indiens waren auch psychologisch von hohem Wert.

Nachahmung erfolgte sofort in der Kammgarnspinnerei, während der Leinen- und vor allem Streichgarnsektor sich noch bis zur Mitte des 19. Jahrhunderts der Mechanisierung entzogen. Dennoch hörten um die Jahrhundertwende die Klagen über den Mangel Englands an Menschen auf: jeder künftige Engpaß würde wohl ebenfalls seine mechanische Lösung finden. Stets allgemein formuliert, wenngleich durch regional-sektorale Probleme auf dem Arbeitsmarkt ausgelöst, waren die Klagen Ausdruck eines generellen Arbeitsmarkt-Problembewußtseins, das ferner sichtbar wurde im befreiten Aufatmen über jede technische Neuerung, die, was immer die Energiequelle, mehr Produktion ohne mehr Arbeitskräfte versprach. Gegeben war also eine Bewußtseinslage, die dem Einsatz Arbeitskräfte-sparender Maschinen ausgesprochen günstig und dessen Konsequenzen eher zu übersehen geneigt war.

3. HORIZONTALE MOBILITÄT

Die Klagen über Englands Mangel an Menschen können verblüffend wirken angesichts der Schwierigkeiten, die insbesondere die Ackerbaugebiete Ost- und Mittelenglands seit dem ausgehenden 18. Jahrhundert der Armenfürsorge bereiteten. Die Poor Law-Problemgebiete erweckten den Eindruck, als seien sie, wenn nicht übervölkert, so doch mit Arbeitskräften überbesetzt und außerstande gewesen, sich über die damals üblichen Umverteilungsmechanismen zu entlasten. Tatsächlich fielen sie jedoch durchaus nicht aus dem Rahmen der englischen, mobilen Gesellschaftsordnung und werden mißverstanden, wenn man Parallelen zieht zu den versteinten Agrarverfassungen des Kontinents, deren Immobilität und strukturell bedingter Unterbeschäftigung. Die Mechanismen funktionierten bei der Gruppe gesunder Lediger, und das Poor Law-Problem der (Land-)Arbeiterfamilien resultierte nicht aus einem Überbesatz [32]. Ihre Verarmung hat auch YOUNG beobachtet und auf die enclosures bzw. fehlende Landausstattung zurückgeführt; TOYNBEE erkannte als Hauptursache der Pauperisierung die Lohnverhältnisse während der langen, kriegsbedingten Teuerungszeit.

Da weder die rechtsmäßigen Mindestlöhne gleitend an die Brotgetreidepreise angepaßt noch die Arbeitgeber genötigt wurden, entweder Teuerungszuschläge oder Deputatlohn zu zahlen, begann das Ksp. Speenhamland (Berks), die Löhne seiner Landarbeiter [33] aus der Armenkasse zu supplementieren. Dem schlossen sich ab 1795 die Kirchspiele in zwischen vierzehn und achtzehn, zumeist ost- und mittelenglischen Grafschaften an. Um 1815 normalisierten sich die Preise schnell, die Supplementierung aber blieb weiterhin erforderlich und war offensichtlich vor den kritischen Armensteuerpflichtigen vertretbar. Kein Poor Law Guardian oder Overseer of the Poor hätte Hilfe gewährt aus Rücksicht auf die Beharrungswünsche eines Immobilen; dazu waren nach rd. 250 Jahren Poor Laws die Intentionen auf beiden Seiten zu genau bekannt. So unverständlich das Verhalten der Arbeitgeber während der Teuerungsjahre war, die eigentliche Schwäche des Problemgebiets lag in der Lohnkonstruktion und der dadurch bedingten Mischexistenz; das kompositäre Familien-Einkommen der in der Landwirtschaft benötigten Arbeitskräfte war durch Hausgewerbe nicht mehr gesichert [34]. Bezeichnenderweise hat Hertfordshire nie zum Problemgebiet gehört, während selbst in Warwick-, Leicester-, Nottinghamshire supplementiert wurde, weil bei ländlichem Wohnstandort ein Ersatz für die Hausgewerbe kaum zu finden war.

Die Speenhamland-Grafschaften haben die sog. Old Poor Laws, die letztlich auf den Elisabethanischen Gesetzen fußten, in Mißkredit gebracht; die Kritik verhärtete sich insbes. nach 1815, achtete mehr der Folgeerscheinungen denn der Ursachen, und indem so die Speenhamland-Grafschaften Anlaß der Poor Law-Reform 1834 wurden, trugen die New Poor Laws dem anderen Zeitproblem viel zu wenig Rechnung, nämlich den Armenfürsorgeaufgaben in jungen Industriesiedlungen [35]. Da die bestehende Rechtslage es den Kirchspielen schwer machte, sich schnell von Unterstützungsberechtigten zu entlasten, andererseits die Textilindustrie in Lancashire und W-Yorkshire Arbeitskräfte suchte, hat man unter dem Neuen Poor Law sich in subventionierter Migration (1834-7) und subventionierter Emigration versucht — mit wenig Erfolg namentlich bei der Migration [36]. Unerfahrenheit aller Beteiligten trug ebenso zu dem Fehlschlag bei wie die selektive Beanspruchung des Arbeitsmarktes durch die Industrie und deren zyklische Beschäftigungslage; ein weiterer Ungunstfaktor war allerdings auch die Distanz.

Die Umstellung Englands auf eine mobile Gesellschaftsordnung ist offenbar gleitend erfolgt nach 1381 und vor 1536, dem Datum des ersten Parlamentsgesetzes, das ein Programm der Armenfürsorge enthielt und damit anerkannte, daß eine Gesellschaft schwache Glieder hat, die eines besonderen Rückhalts bedürfen unbeschadet des Oberziels, daß jeder für sich bzw. für sich und seine Kleinfamilie vorzusorgen habe [37]. Bei dominanter Mobilität vermag die Familie nicht mehr als Schutzverband für Alte, Gebrechliche und Kranke zu fungieren, für hinterlassene und noch nicht arbeitsfähige Kinder; auch Vagranten, in ihr Heimatkirchspiel abgeschoben, benötigten unterwegs Hilfe, doch vor allem waren Ansässige, vorübergehend in Not geraten, vor dauerhaftem Absinken zu bewahren, völlige Disruption eines Gewerbes während einer kurzen Krise zu verhindern. Das Wort "ansässig" wurde zumeist durch eine bestimmte Aufenthaltsdauer definiert, und bei Gesunden überbrückte das Kirchspiel nur die Zeit bis zum neuen Arbeitsverhältnis. Die Aufgaben waren nicht sozial gebunden, wenngleich insgesamt die Lohnabhängigen das schwache Glied bildeten und um so mehr bestrebt waren, sich oberhalb der Selbstachtungs- oder Poor Law-Grenze zu halten.

Da das Dorf kein Sozialverband mehr war, wurde die Armenfürsorge dem Kirchspiel übertragen als einer noch überschaubaren und schon anonymeren Einheit. Der Gesetzgeber hatte die Ziele genannt, die Form der Fürsorge wählten Grafschaften und Kirchspiele so, wie sie mit der lokal-regionalen Wirtschaftsstruktur am besten in Einklang stand. Die Kosten waren umzulegen mittels einer Lokalsteuer und unterlagen somit der Kontrolle der Armensteuerpflichtigen. Diese schlossen alle Arbeitgeber im Kirchspiel ein, ihr Beitrag zu den Kosten wurde also aufgewogen durch den Nutzen, den ihnen eine Arbeitskraft gebracht hatte [38]; das Kirchspiel aber konnte sie in ihrer Arbeitgeberfunktion disziplinieren, und bei hoher Konventionalstrafe haben sie sich (nach Durchgang einer enclosure) z.T. schriftlich gebunden, keine Arbeiterkate über den effektiven Bedarf ihrer Wirtschaft hinaus zu errichten und durch Einplanen der Gesindemarkttage dem Kirchspiel unnötige Ausgaben zu ersparen.

Mit den Elisabethanischen Poor Laws gewann England Mitte oder Ende des 16. Jahrhunderts landesweit eine systematische, von karitativen Legaten unabhängige Armenfürsorge. Das war eine Singularität. Die Gesellschaft übernahm eine Pflicht, materielle Not sollte niemand leiden, und vom gesunden Empfänger durfte das Kirchspiel als Gegenleistung eine gemeinnützige Arbeit fordern. [39] In Jahren großer Not hat es auch Notstandsarbeiten durchgeführt, gern Steinebrechen und Straßenreparatur, doch durfte Unterstützung den Gesunden nicht immobilisieren. Die Gesellschaft hatte Mobilität zur Norm erhoben. Migration war nicht nur der übliche Weg, sich zu verbessern, sie war auch der einzige Schutz gegen Arbeitslosigkeit. Da aber jede Population zu etwa gleichen Teilen aus Mobilen und Immobilen besteht, übte das Kirchspiel einen gewissen Druck aus, indem es den Gesunden nur bis zum nächsten Gesindemarkttag unterstützte. Das Wort Gesindemarkt ist dabei nicht im Sinne Schichten-spezifischer Mobilität zu interpretieren, für gelernte Berufe und Landwirte gab es andere Mechanismen der Umverteilung.

Als Schichten-spezifisch erwies sich eher das Alter, von dem an die Lösung des Kindes aus dem elterlichen Haushalt begann. Das arbeitsfähige Mädchen wurde notfalls mit sieben Jahren als Zweitmädchen in einen fremden Haushalt gegeben, der Junge machte sich mit Gelegenheitsarbeiten und z.T. auch regulärer Leichtarbeit nützlich und konnte dabei so in einen fremden Haushalt hineinwachsen, daß er zurückblieb, wenn die Eltern fortzogen. Insgesamt war für die Altersgruppe unter 12 Jahren die Integration in einen fremden Haushalt typisch, während die Bewegungen eines Teenager bereits selbständig sein konnten. War eine förmliche Lehre beabsichtigt und finanzierbar, ging der Sohn wohl erst mit dem 12. Lebensjahr aus dem Haus, doch war dann Distanz nebensächlich gegenüber z.B. der Qualität einer Lehre. Die Entfernung Newbottle/Sunderland — Staffordshire nahm man für den werdenden Töpfer in Kauf. Nach vier Lehr- und durchweg zwei Gesellenjahren mobilisierte den Gelernten und ebenso den Ungelernten die Suche nach einem Arbeitsplatz, der Familiengründung erlaubte. Ob dann der Wunsch nach Seßhaftigkeit sich geltend machte, hing allein vom Arbeitsplatz ab und durfte nicht zu Lasten der Armenkasse gehen. Im Prinzip hatten der Einzelne wie die Familie mobil zu bleiben für die Dauer der Arbeitsfähigkeit und ohne Rücksicht auf den Familienzyklus. Am Ende des Arbeitslebens schließlich mobilisierte den Inhaber einer Werkswohnung eben das Haus; als Alterssitz dienten Stadt oder Flecken, gern aber auch das nächste Kirch- oder Zentraldorf, wo man in Kontakt blieb mit der Arbeitswelt [40].

Über ihren engeren Zweck hinaus haben die Poor Laws eine profunde Wirkung gehabt und wesentlich dazu beigetragen, daß jede Wirtschaftsbranche den Arbeitsmarkt sparsam beanspruchte, sich ein allgemeines Arbeitsmarkt-Problembewußtsein ausbildete. Das Kirchspiel bestellte einen Overseer of the poor, übertrug ihm die Fürsorgearbeit und stattete ihn mit erheblichen Vollmachten aus. Die Zahl der Arbeitsplätze für Verheiratete und die Zahl der Häuser in einem Ort waren streng korreliert. Fortan konnte ein Wohnplatz nur wachsen, wenn seine Wirtschaft expandierte oder sprunghaft arbeitsintensiver wurde; ein landsässiges Gewerbe mußte bei Wachstum Dekonzentration hinnehmen, damit die Zahl gewerblicher Häuslerstellen in Einklang blieb mit der Belastbarkeit der Armensteuerpflichtigen eines Kirchspiels. Umgekehrt schrumpfte der Wohnplatz mit jedem Verlust eines Dauerarbeitsplatzes; Besitzer wie Overseer waren gleichermaßen gehalten, die überzählig gewordene Arbeiter-, Handwerker-, Kleinbauern-, Bergmannskate abbrechen zu lassen, damit sie Arbeitslosen nicht als Refugium diene und zu einer unnötigen Belastung der Armenkasse führe.

Bei Konstanz der Arbeitsplätze hielt sich die Einwohnerzahl eines Ortes konstant nahe der Stagnationslinie. Die Nullkurve war typisch für die rein agrarische Siedlung und ist interpretiert worden im Sinne einer Abgabe des natürlichen Zuwachses durch eine seßhafte Population. Die Kirchenbücher, die als semi-statistische Quelle für historisch-demographische Analysen den Ortsbezug erlauben, weisen sie jedoch als Linie des Ausgleichs von Zu- und Abwanderung aus (Null-Saldo). Das gleiche Bild ergab sich für die Zechenkolonie in Co.Durham, deren Nullkurve allerdings nahezu rechtwinklige Sprünge aufweisen konnte; positive wie negative Anpassung des Hausbestandes an die Erfordernisse der Zeche erfolgten abrupt, bei der negativen achtete auch der Overseer darauf und hatte sich in der positiven an eine überdurchschnittliche Fluktuation zu gewöhnen.

Zechenkolonie und Agrarsiedlung in Co.Durham bedeuteten nicht Kontrast zwischen Mobilität und Immobilität, Mobilität galt für beide, und der Unterschied war gering. Die Kirchenbücher belegen auch für die Agrarsiedlung einen überraschend schnellen Wechsel der Familiennamen, bei wenigen Ausnahmen, die sich in Long Newton als die Namen von Freisassen erwiesen. Daher war zu vermuten, daß die Kirchenbücher in den Jahren 1798 — 1812 sicherten, als sie geführt werden mußten wie Standesamt-Akten: die Landwirte wurden durch ihre Pachtverträge mobilisiert. Die Laufzeit betrug in Co.Durham durchweg sieben Jahre, vierzehn oder einundzwanzig Jahre kamen vor, und in der Regel haben die Pächter nach Ablauf der sieben Jahre ihren Vertrag nicht erneuert. Wohin der abziehende Pächter sich wandte, bleibt unbekannt, wenn er das Kirchspiel verließ, was bei den Großkirchspielen Nordenglands zumindest eine ziemliche Wanderungsdistanz beinhaltet. Übernahm er einen neuen Hof, zog sein Großknecht mit oder suchte sich eine neue Stelle; der Jungknecht heiratete und ging mit seiner jungen Frau in das Dorf jenes Hofes, der ihn auf eine Großknechtsstelle mit Kate engagiert hatte; der Schulmeister wandte sich einem Dorf zu mit mehr Kindern im Schulalter . . . Innerhalb von nur sieben Jahren konnte ein Weiler so einen nahezu totalen Bevölkerungsaustausch erfahren, während seine Einwohnerzahl de facto unverändert blieb.

Die Mobilität der Landbevölkerung hat erstmals PEYTON in Nottinghamshire herausgearbeitet (1915). Seine Ergebnisse vermochten jedoch die stark von kontinental-europäischen Verhältnissen geprägte Vorstellung noch nicht aufzuweichen. Inzwischen hat die Lokalforschung stärkeres Gewicht erlangt, da Untersuchungen in Kent, Sussex, Bedfordshire und Lincolnshire, in Durham und Surrey übereinstimmend eine unerwartet hohe Mobilität im ländlichen Raum festzustellen hatten [41].

Mobilität war also in England keine, sei es positive oder negative, Auszeichnung von Gewerbe und Frühindustrie. Die gesamte produzierende Wirtschaft unter Einschluß der Landwirtschaft, mit anderen Worten der primäre und sekundäre Sektor sowie einzelne Berufe des tertiären, setzten Mobilität voraus, und die Wanderungsbereitschaft der weiblichen Population war zumindest in

Durham nicht geringer als die der männlichen. Dank der Kirchenbücher wird das Wanderungsphänomen seit der Mitte des 16. Jahrhunderts faßbar, war damals aber nicht neu und blieb dann als Institution unverändert bis zur Einführung einer Arbeitslosenversicherung. Die Probleme, die den Frühindustriestädten aus der allgemeinen Mobilität erwuchsen, unterschieden sich nur in der Größenordnung von jenen, mit denen das Ksp. Houghton sich in den 1660er Jahren konfrontiert sah, und die Reichweite der Migrationen war um 1600 schon die gleiche wie um 1800 oder 1851, als endlich der Census wenigstens die Heimatgrafschaft ermittelte [42]: Nahwanderung dominierte, wohl weniger einseitig als 1851, im übrigen streute die Herkunft für Durham-Siedlungen von Schottland bis London, für Kent- oder Sussex-Siedlungen von Nord- bis Westengland.

Im Unterschied zum Census, dessen nackte Zahlen nicht weiter qualifiziert und nur nach Heimatgrafschaften aufgeschlüsselt, lediglich ein Summenmuster ergeben, verzeichneten die gut geführten Kirchenbücher [43] in den Jahren 1798 – 1812 die genauen Herkunftsorte (oder -kirchspiel), für die Frau wie den Mann, und erlauben über dessen Berufsangabe eine gewisse Korrelation von Beruf und Migrationsmuster. So war festzustellen, daß in der Gruppe ungelernte Arbeiter Wanderung über mittlere bis große Distanzen wohl vorkam, die Nahwanderung aber überwog, die oft in mehreren, räumlich wie zeitlich kurzen Etappen erfolgte und ungerichtet war. Denn Arbeitsplätze für Un- oder Angelernte hatte jedes Dorf, so daß die Bewegungen oft von den Zufällen eines Gesindemarkts abhingen. Die Lohntarife, die theoretisch eine Zuwanderung von Südengland nach Durham hätten ausschließen müssen, wurden augenscheinlich von anderen Motiven überspielt, und solche Motive wirkten auch einem generellen Abfluß nach Süden entgegen. Dort, wo Ungelernte und Angelernte in der Überzahl waren, konnte ihr Migrationsmuster leicht das Summenmuster zu Gunsten der Nahwanderung verschieben. Das ist nicht zuletzt für die Interpretation der Census-Daten 1851 von Belang. In allen irgendwie gelernten Berufen war Distanz nachgeordnet den anderen Wanderungsmotiven, insbesondere Einsatz und Inwertsetzung eines Fachkönnens. Nahwanderung kam durchaus vor, etwa im Lokalhandwerk, doch Fachkräfte holte man sich aus Gebieten mit hohem Leistungsprestige, von Durham aus gesehen z.B. Schottland für Gärtnerei, der Craven-District für Graswirtschaft, N-Yorkshire für allgemeine Landwirtschaft. Zog der ehrgeizige Gärtner nach einigen Jahren weiter, so zu einer besseren oder größeren Gartenanlage, auf eine Obergärtnerstelle — wo immer deren Standort war. Die Migration der Fachkräfte war selektiv und wurde gerichtet durch die zahlenmäßig begrenzten Zielorte, an denen das Fachkönnen seinen Wert gewann in abhängiger oder selbständiger Existenz. Die Nachrangigkeit von Entfernung oder der Fremderfahrung Stadt begann für den Ehrgeizigen schon beim Lehrverhältnis. Sofern eine hochwertige Lehre gute allgemeine oder lokale Chancen eröffnete, wählte man Distrikte und Lehrherren mit Renommé; von Newbottle aus war eine Lehre in Staffordshire sinnvoll, während von Lancashire aus sich eine Bergmannslehre in Durham nicht lohnte, weil der Bergbau in Lancashire noch recht simple Formen hatte; wiederum ist es in Lancashire eine Werkstatt mit Renommé gewesen, deren Lehre das nötige Rüstzeug vermittelte für die Erfindung von Spinnmaschinen.

Im Prinzip hatte England schon im 16. Jahrhundert einen nationalen Arbeitsmarkt. Bewegungen über extreme Distanzen waren dank der Küstenschiffahrt selbst dem Tagelöhner möglich, und Duldsamkeit gegenüber dem anderen Dialekt, den abweichenden Lebensnormen konnte vorausgesetzt werden. Genutzt haben diese Bewegungsfreiheit Einzelne, damals wie um 1800, nämlich die Spezialisten und die Unternehmungsfreudigen aus allen Berufen. Der Bergmann aus West-Shropshire, verheiratet mit einer Frau aus Old Lynn, Norfolk und wohnhaft 1804 in Newbottle, war sicher nicht die Regel, aber auch keine Singularität.

Das Gros der Bewegungen zeichnete das auffallendste Merkmal des Arbeitsmarktes nach, seine Regionalisierung in Einheiten, die über Kirchspiel- und Grafschaftsgrenzen hinweggriffen und die als Vertrautheitsregionen gekennzeichnet seien. Im Falle Durham reichte die Vertrautheitsregion von N-Yorkshire über Durham-Northumberland zu den ostschottischen Lowlands; für England insgesamt hat REDFORD (repr. 1964, ch. XI) sie anhand der Census-Daten 1851 herausgearbeitet, ohne sie als solche zu identifizieren, zumal ihm ihr Alter unbekannt war. Innerhalb einer Region fielen Migration und anschließende Integration ziemlich leicht dank dem einer Region eigentümlichen Spektrum an Verhaltensnormen. Sozio-kulturelle Bedingungen und Sachzusammenhänge gingen Hand in Hand. Die Bewegung von Landwirt und Großknecht mußte den Hauptbodenbezirken folgen, da der Pächter, wenn er schon keine Ortskenntnis hatte, doch die allgemeinen Agrarwirtschaftsbedingungen kennen mußte, um nicht bei kurzer Pachtzeit sich bzw. den Hof zu ruinieren; das in einer Region einmal vorhandene Gewerbe engte bei der Berufswahl den Blick ein, im Laufe der Zeit machte sich ein erhebliches Erfahrungswissen breit, dem gegenüber eine andere Region im Kenntnisrückstand war. Der Stellmacher im Webereigebiet wurde anders beansprucht als der im Bergbaugebiet, die Barchentweberei gehörte nicht zu den Alternativen, die ein Durham-Hauer seinem Sohn eröffnete.

Diese Regionalisierung, die für London ein Schutz war, da sie dem Lohnsog der Stadt entgegenwirkte, behinderte ebenso aber den interregionalen Ausgleich eines sektoralen Engpasses auf dem Arbeitsmarkt einer Region. Die Umsiedlungsaktionen aus den Poor Law-Problemgebieten nach Lancashire-Yorkshire sind aus mehreren Gründen fehlgeschlagen, Mißachtung der Vertrautheitsregionen war einer, und daran sind selbst jene Familien gescheitert, denen der neue Standort Arbeit für alle Mitglieder des Haushalts bot. Die mechanische Spinnerei suchte ungelernte Arbeitskräfte (selektiv nach Alter und Geschlecht), sprach also genau jene Gruppe an, für die Nahwanderung stets charakteristisch gewesen war, die Vertrautsregionen daher am stärksten als Schranken im nationalen Arbeitsmarkt wirksam werden mußten. Die regionalen Defizite haben Iren und Schotten gedeckt, deren Bewegungsrahmen allein der nationale Arbeitsmarkt Englands war.

4. EXKURS: ERLÄUTERUNGEN ZUM BEISPIEL NEWBOTTLE

Vor der Trauf des East Durham Plateau reiht sich eine Kette alter Siedlungen, darunter Newbottle, das im Hochmittelalter zusammen mit Herrington auf der Fläche und Biddick am Wear ein bischöfliches manor bildete. Newbottle war der Vorort, war die zur Eigenwirtschaft des Bischofs (4 carucates) mit Schäferei gehörende Knechtsiedlung, deren Grundbestand von 16 Knechtshuben der Bischof erweiterte um drei Halbstellen und vier Dienststellen. Der erste Strukturwandel wertete Newbottle im frühen Spätmittelalter auf zum Bauernhof, dessen 16 Stellen zu ihrem bond land den größeren Teil der Eigenwirtschaft übernahmen. Es hatte die Form eines Angerdorfes, die Angaben für das Kirchenbuch sonderten aber im frühen 17. Jahrhundert zwischen Nord- und Südzeile.

Der zweite Strukturwandel reduzierte das Dorf. Nach der Verkoppelung (1691) entstanden vier größere Einzelhöfe, in Newbottle selbst verblieben noch einige Kleinstellen sowie Handwerker und Landarbeiter. Gleichzeitig oder wenige Jahre später machte die Töpferei den Ort zur Gewerbesiedlung. Zur Zeit des Kirchenbuch-sample, 1798 – 1805, prägte die Töpferei noch immer das Berufsbild, band ein Viertel der erfaßten Haushalte. Insgesamt erscheinen 23 Töpferhaushalte im Kirchenbuch, zu zwei Haushaltungsvorständen fehlt die Herkunftsangabe, nur drei waren in Newbottle geboren. Für diese drei ist wahrscheinlich zu machen, daß sie schon in der dritten Generation als Arbeiter oder Töpfer in Newbottle saßen, die alte Generation am Ort blieb oder doch in der Nähe. Alle anderen Haushaltungsvorstände waren zugewandert, aus Schottland, Northumberland, Yorkshire und Co.Durham, von denen nur einer eine Frau aus Newbottle geheiratet hatte.

Als eine zweite Gruppe wurden die Berufe gent, farmer, husbandmann, labourer, miller zusammengenommen mit denen ohne Berufsangabe. Bei 28 Haushalten insgesamt, sechs ohne Herkunftsangabe, waren nur drei in Newbottle geboren und davon gehörten zwei einer der schon erwähn-

ten Töpferfamilien an; je zwei der sieben farmers und husbandmen stammten aus der engeren Umgebung, aus entfernten Orten in Co. Durham und aus Northumberland (+1 O.A.). Wesentlicher: in elf Fällen war der Tod alleinstehender alter Menschen zu vermelden (+2 Ehepartner im mittleren Alter) und zeigte an, daß Newbottle jetzt auch die Funktion eines Ruhe- oder Alterssitzes hatte für Menschen, die ihr Arbeitsleben in Newbottle verbracht hatten, wie für Zuzügler, deren Wahl angesichts des nahen Kirchorts Houghton, der sonst als Alterssitz bevorzugt wurde, bemerkenswert ist.

Die Alterssitz-Funktion, die privaten Hausbesitz voraussetzte, war Anzeiger einer gewissen Zentralität. Als lokal-zentraler Ort hatte Newbottle gewonnen durch den Zechenkomplex um New Herrington, der, nach der Mitte des 18. Jahrhunderts entwickelt, nördlich Newbottle mehrere kleine Kolonien und die große Kolonie Philadelphia (1778) begründete. Zur Peuplierung der Kolonien konnte Newbottle aus strukturellen Gründen nicht beitragen, eine von Zechenneusiedlungen geprägte Umgebung übertrug vielmehr stets dem historischen Dorf die Aufgabe des lokalzentralen Ortes. In der Regel handelte es sich dabei um Kirchdörfer, während in Newbottle keinerlei zentrale Einrichtung vorgegeben war; es gehörte noch bis 1851 zum Großkirchspiel Houghton. Als lokal-zentraler Ort zeichnete sich Newbottle um 1800 durch (mindestens) einen Laden und verstärkten Besatz an Handwerkern aus, die auch als Zubringer des Bergbaus fungierten: Geschäftsmann, Fleischer, Korbwagenflechter (Frühform der Kohlenlore), Seemann; Fuhrmann und Schneider (je 2 x), Tischler (3 x), Maurer und Schuhmacher (je 4 x), Eisenschmiede (5 x). Insgesamt enthielt das Kirchenbuch-sample in dieser Gruppe 23 Haushalte, fünf Vorstände waren in Newbottle geboren, zu einem fehlte die Herkunftsangabe. Die Chancen, die der Kohlenbergbau dem Zubringer-Handwerk eröffnete, waren also durchaus nicht primär von den in Newbottle damals Ansässigen gesehen und genutzt worden. Die Zuwanderer stammten zumeist aus der Grafschaft Durham.

Der Bedarf an Eisenschmieden war offenbar auf eine zecheneigene Werkstatt zurückzuführen, die Gießerei-Roheisen aus Chester-le-Street (seit 1745) beziehen mochte und sonst mit schwedischem Importeisen arbeitete, einen Maschinenbauer nach Philadelphia und einen Mechaniker aus Penshaw Forge nach Newbottle gezogen hatte. Unter dem Earl of Durham als Kohlenpächter seit 1819 — Kohleneigner war als manor-Herr der Bischof von Durham — ist der Betrieb nahe Philadelphia stark ausgebaut und sein Programm erweitert worden von Gußeisenteilen über stationäre Dampfmaschinen bis hin zu (Gruben-)Lokomotiven. Seit 1786 hatte Newbottle ein Bethaus der Wesleyan Methodists (seit 1850 ferner eines der Primitive Methodists), das wohl einen allgemeinen Missionserfolg anzeigt, nach Ausweis des Kirchenbuches jedenfalls nicht mit Zuwanderung aus Wales in Verbindung gebracht werden kann. Auch zu Chester-le-Street ergaben sich keine personellen Beziehungen.

Der Kohlenbergbau selbst gab 10 Haushalten des Kirchenbuch-sample Arbeit. Kein Haushaltungsvorstand war in Newbottle geboren. Der Bergbau, der über Tage Arbeitsplätze auch für Anzulernende bot, gehörte nicht zum Berufsfeld der in Newbottle Ansässigen. Das änderte sich wohl um 1800, doch vorher war nur aus einer Familie der Sohn Bergmann geworden und 1803 wohnhaft in Philadelphia. Er gehörte zu den sieben Männern und einem Jungen im Großkirchspiel Houghton, die Newbottle als ihren Geburtsort nannten. Die anderen Newbottle-Kinder hatten sich über die Grenzen des Großkirchspiels hinaus bewegt, wie überhaupt infolge der allgemeinen Mobilität nur in seltenen Ausnahmefällen die Eltern- und Kindergeneration einer Familie 'zusammensetzbar' war, weil innerhalb des Großkirchspiels lebend.

Der Census 1801 zählte in der township Newbottle 970 Einwohner. Das Kirchenbuch-sample wäre somit ungewöhnlich klein. Doch außer Newbottle selbst lagen in der township land- und bergwirtschaftliche Weiler, so Low und High Haining, Newbottle Mill, Newbottle West Farm, Newbottle

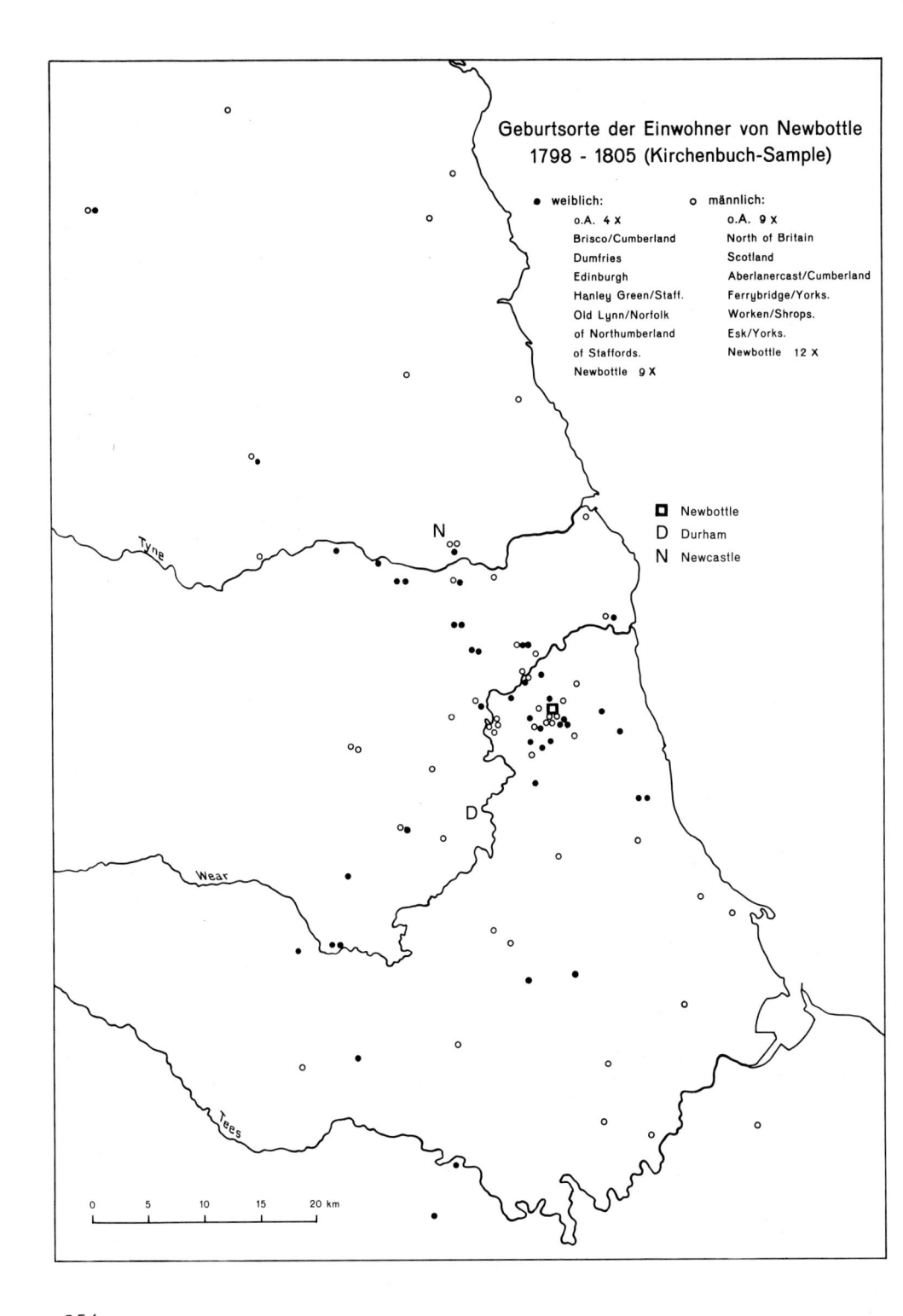

**Geburtsorte der Einwohner von Newbottle
1798 - 1805 (Kirchenbuch-Sample)**

● weiblich: ○ männlich:
  o.A. 4 x   o.A. 9 x
  Brisco/Cumberland   North of Britain
  Dumfries   Scotland
  Edinburgh   Aberlanercast/Cumberland
  Hanley Green/Staff.   Ferrybridge/Yorks.
  Old Lynn/Norfolk   Worken/Shrops.
  of Northumberland   Esk/Yorks.
  of Staffords.   Newbottle 12 x
  Newbottle 9 x

☐ Newbottle
D Durham
N Newcastle

Engine, und vor allem die Kolonie Philadelphia, die fast so groß war wie Newbottle. So wertvoll die früh beginnende Census-Reihe ist, die township als ihr kleinster Zählbezirk kann je nach der regionalen Siedlungsstruktur einen Ortsbezug verhindern; das Kirchenbuch mag seine eigenen Mängel haben, bietet aber für einen begrenzten Zeitraum eine essentielle Ergänzung.

Im Verlaufe des 19. Jahrhunderts ist die Einwohnerzahl in Newbottle township auf (1901) 5750 Personen angewachsen. Gleichzeitig wurde das Siedlungsgefüge etwas bereinigt, da manche Bergbau-Weiler ganz schwanden, andere Bauanschluß an die wachsenden Hauptorte gewannen. Die verbleibenden Kolonien büßten ihre Geschichte ein, als ihre Bausubstanz mit sog. bye-law-Häusern erneuert wurde. Newbottle selbst ist nie Bergbausiedlung geworden, hat wohl mit seinem Hausbestand einen gewissen Fehlbedarf gedeckt und den Wunsch nach privatem Mietwohnraum befriedigt, war und blieb aber der lokal-zentrale Ort, der ein weitaus differenzierteres Angebot an Geschäften und Handwerkern hatte (1894) als das ähnlich große Philadelphia und der gegebene Standort war für den Co-op-Laden, das englische Pendant zum "Konsum" im Ruhrgebiet. Verwaltungsmäßig gehört Newbottle heute zum Houghton Urban District, ist von Houghton nur etwa 1,5 km entfernt, hat aber immer noch Eigengewicht als subzentraler Ort. Ob es sich als solcher wird halten können, mag fraglich sein weniger, das lehrt die Vergangenheit, wegen der Nähe von Houghton als im Hinblick auf das Schrumpfen im Bergbau und die beruflichen Umschichtungen in den Siedlungen, denen es bisher als Vorort gedient hat. Zunehmende Einkaufsmobilität dürfte sich weniger zu Gunsten von Houghton auswirken als zu Gunsten der Neuen Stadt Washington nördlich des Wear.

ENGLANDS FRÜHKAPITALISTISCHE ORDNUNG

Während die Fronde unterlag und Ludwig XIV. seinen berühmten Ausspruch tun konnte: "L'Etat c'est moi", während also in Frankfreich mit Konzentration des Reichstums an der Spitze und devolutionärer Verteilung die alte Ordnung gültig blieb, hat England selbst den schwachen Absolutismus eines Karls I. nicht akzeptiert. Das relative Gewicht der Puritaner, des englischen Mittelstandes, war stärker und erzwang der Gegentheorie Geltung, derzufolge der Reichtum des Staates sich von der Basis her aufbaue.

Frühkapitalismus darf daher, abweichend von SOMBART, in England nicht über den Merkantilismus wieder an die Königsspitze gebunden werden, er bedeutet hier Kapitalismus auf niedrigerer Investitionsstufe.

Nach früher Bauernbefreiung und dem Zerfall traditioneller Bindungen bildete England ein geldwirtschaftliches Beziehungsgefüge heraus und war dann offen für die Wirtschaftsideen der Renaissance. Die investitions-kapitalistische Ertragsrechnung erlangte in der gesamten produzierenden Wirtschaft Geltung, einschließlich also der Landwirtschaft. Das Selbstversorgungsprinzip, daß jemand arbeite, nur um seiner Versorgung willen und ohne der Gesellschaft einen Nutzen zu bringen, wurde abgelehnt. Der Boden war Produktionsmittel, Pacht war Nutzungsgebühr und Rendite für die Investitionen des Grundbesitzers. Landwirtschaft und Gewerbe wurden segregiert und beide unter Vollerwerbs-Leistungsdruck gesetzt. So entstand ein vergleichsweise breiter Binnenmarkt, der an Stärke kompensierte, was ihm gegenüber Frankreich an Kopfzahl fehlte. Die Gewerbe hatten eine sichere Existenz, erreichten allerdings nur selten jene Verfeinerung, zu der in Frankfreich die Dominanz des Luxuskonsums erzog. Gewerbeförderung erfolgte namentlich im 16. Jahrhundert im Interesse der Importsubstitution, mit einem Minimum an Langfrist-Protektionismus; bei relativ offener Importwirtschaft wurde um 1600 eine Kontrolle des Außenhandels leichter über die privilegierten Handelsgesellschaften mit regionalem Monopol.

Die Ideen der Französischen Revolution haben in England wenig gezündet. Frei und für sich selbst verantwortlich war jedes Mitglied der Gesellschaft seit 1381 bzw. seit Renaissance und Reformation. Traditionelle Schutzverbände durften den Tüchtigen nicht mehr drosseln zu Gunsten des Schwachen; die Dorfgemeinschaft wurde aufgelöst, den wenigen Vollrechtsstädten Englands standen viele zunftfreie Flecken gegenüber, die Berufsausbildung konnte wie in der Wollwirtschaft auf Landesebene geregelt werden. Individuum und Kleinfamilie bildeten die Kernelemente der Gesellschaft, Freizügigkeit und Chancengleichheit brauchten nicht erst erkämpft zu werden. Mobilität als Bewegung des Menschen zum Arbeitsplatz und möglichst zum progressiv besseren Arbeitsplatz war die Norm, und jeder Beruf stand jedermann offen, sofern er die jeweils gesetzten Eintrittsbedingungen erfüllte. Berufswechsel, der Wechsel zwischen abhängiger und unabhängiger Tätigkeit standen frei, Maßstab war der Erfolg, Mißerfolg jedoch kein dauerndes Stigma. Der tüchtige Landarbeiter konnte innerhalb von je zwei Jahren zum Großknecht und zum "husbandman" aufsteigen und wurde, wenn der weitere Aufstieg zum "farmer" nicht gelang, wieder Arbeiter oder wandte sich einem anderen Beruf zu; der unternehmende Weber wurde Verleger, der sparsame Seemann Schiffseigner und sei es nur eines Fluß- oder Kanalbootes, der sparsame Hauer versuchte sich als Zechenbesitzer mit einer Kleinzeche und wurde, wenn glücklos, wieder Bergmann.

Getreu dem englischen Sprichwort "All men are equal, but some are more equal than others" war der Arbeitgeber in der stärkeren Position, doppelt stark, wo Arbeitsplatz und Haus gekoppelt waren. Er symbolisierte Erfolg, und im Rahmen eines rein geldwirtschaftlichen Beziehungsgefüges kann es nicht anders sein, als daß dem Arbeitgeber der Lohnabhängige gegenübersteht. Dabei vermochte der Gelernte — deutlich in den sea coal mines, schwächer im West Country — eher ein Verhältnis auf Gegenseitigkeit durchzusetzen als der Ungelernte, von dem man auch aus Kostengründen möglichst viele Arbeiten ausführen ließ, sofern sie nicht ausdrücklich dem Gelernten vorbehalten waren. Die Industrie hat den Lohnabhängigen nicht geschaffen, sie hat die Zahl der Arbeitgeber drastisch reduziert und vertikale Mobilität entsprechend erschwert. Nur in Birmingham besteht das alte Muster weiter, bieten genügend Branchen die Möglichkeit zu Fluktuation zwischen Lohnabhängigkeit-Familienbetrieb-Arbeitgeber-Lohnabhängigkeit.

Das Gewinnstreben mit seinen Härten, bei manchen Dissenter-Gruppen gemindert durch Selbstdisziplin, wurde äußerlich sublimiert durch Übernahme der Fürsorgepflicht für die Benachteiligten in dieser Gesellschaft. Da sie in Widerspruch stand zum Prinzip der Selbstverantwortlichkeit, gebot es die Selbstachtung, der Armenfürsorge nicht zur Last zu fallen, also Rücklagen zu bilden für den Notfall und das Alter. Die Preisbewegungen in der ersten Hälfte des 18. Jahrhunderts waren dem wieder günstig. Daß das Kleinkapital gesichert werden mußte, hatte spätestens die Inflation gelehrt, die Europa infolge der iberischen Edelmetallimporte im 16. und frühen 17. Jahrhundert heimsuchte, bis der Geldabfluß nach Indien und der Übergang zu einer Kupferwährung stabilisierend zu wirken begannen. Gelegentlich hat das Kleinkapital spekulativ gearbeitet, als Einlage in einem Handelshaus, im Geldverleih; es bevorzugte aber die Anlage in Sachwerten, beginnend mit einem Haus, und in Sachwerten innerhalb der Vertrautheitsregion, wo auch der Außenstehende, der Fleischermeister in Durham city, der Gastwirt in Lancashire, der im Testament bedachte Diener, die Chancen und Risiken einer sea coal mine, der Stoffdruckerei, eines waggonway oder einer Kanaltrasse zu beurteilen vermochten.

Eine breite Diffusion von Wohlstand erlaubte dem Großkapital, die ihm kommensurablen Anlagemöglichkeiten zu finden in Plantagen, Zuckerraffinerien, Hochseeschiffen, als Einlage in den privilegierten Handelsgesellschaften etc.; in London legten Börse, Lloyds und Bank of England im letzten Viertel des 17. Jahrhunderts den Grund zur City. Gewerbe, Verkehrsbau und junge Industrie blieben im wesentlichen dem Kleinkapital überlassen, zumal sie nicht selten aktive Teilhaberschaft verlangten. Der Universitätsmechaniker WATT brachte nur sein Patent des separaten Kondensators (1769) in die Partnerschaft mit BOULTON ein; der mittellose ARKWRIGHT mußte schon die Patentanmeldung mit einem Kredit finanzieren, für den er als Barbier auch keinerlei Sicherheit bieten konnte, während z. B. PEEL sen. oder die ASHWORTHS wenigstens einen kleinen Hof besaßen als Sicherheit für L 2-4000, die zusammen mit entsprechenden Einlagen von zwei, drei aktiven oder passiven Partnern für die Betriebsgründung im Baumwollsektor genügten. Der Aufbau des Betriebs, die Verselbständigung der Partner und der Söhne finanzierten sich aus den Gewinnen.

Reichtum war kein Wert an sich, das Gewinnstreben diente der sozialen, vertikalen Mobilität. Das Leitbild und auch das Ziel bot der Adel. Wer das Großkapital erarbeitet hatte, zog sich zurück in seine Villa, seinen Landsitz und den Lebensstil eines beschäftigten Rentiers und ließ das Geld anderweitig arbeiten. Das Adelspatent implizierte höhere soziale oder politische Ambitionen und war für Gewerbe und Industrie bis 1832 der einzige Zugang zu den politischen Machtstrukturen in der englischen Gesellschaft. Infolge einer strengen Primogenitur ist der englische Adel stets zum Bürgertum hin offen gewesen und hat sich auch im Mittelalter schon auf dem Geldwege rejuveniert. Den damals noch engen Kreis der Händler und speziell Wollhändler hatte bereits die Frühneuzeit erheblich erweitert, da auch Piraten, Freibeuter, Verleger-Weber etc. das nötige Vermögen gewinnen konnten. Keine Sperre hinderte daher den Aufstieg des Barbiers in Bolton zum vermögenden Sir Richard ARKWRIGHT, High Sheriff für Derbyshire. Geld, in den Jahrzehnten nach 1750 leicht verdient, machte den Aufstieg in das Establishment leicht, und nicht jeder war stark genug, sich wie ARKWRIGHT mit 50 noch einmal auf die Schulbank zu setzen.

Eine Englische = Industrielle Revolution als zeitgleiches Pendant zur Französischen hat nicht stattgefunden. [44] Der Begriff wird vermutlich bleiben während das Fehlen einer einigermaßen befriedigenden Definition verdeutlicht, daß er der Sache nicht angemessen ist. Wird Revolution im übertragenen Sinn gebraucht, sind die voraufgehenden Verhältnisse genau zu klären, da anders die Stärke der eingetretenen Veränderung nicht faßbar ist. Bei relativ kleiner Bevölkerungszahl und einer langfristig unter Wachstumsdruck stehenden Wirtschaft demonstrierte England im 17./18. Jahrhundert gegenüber Frankreich die Leistungsfähigkeit seiner frühkapitalistischen Wirtschafts- und Gesellschaftsordnung (mit sublimierendem feudal-monarchischem Oberbau). Die Strukturen waren vorgegeben und befähigten England, als Übergang zu vollziehen, was auf dem Kontinent als Bruch künstlich herbeigeführt werden mußte: die Steigerung des Frühkapitalismus zum Hochkapitalismus. Als Datum mag jener von der makro-ökonomischen Forschung herausgearbeitete "take-off" 1780 dienen, wenngleich die Industrialisierung ihr volles Momentum erst im zweiten Viertel des 19. Jahrhunderts entwickelte. Steigerung beinhaltet, daß die Strukturelemente zwar vorgegeben waren, aber Verschiebungen in ihrem Verhältnis zueinander erfuhren, wie auch in den politischen Machtverhältnissen Verschiebungen eintraten, nicht Ablösung.

ANMERKUNGEN

1) HEATON repr. 1970, p. 31; LIPSON repr. 1964, p. 53; CHALONER-MUSSON, 1963, p. 33; DARBY, 1973, p. 353 ff

2) Verwiesen sei hierzu nur auf die technischen Zeichnungen LEONARDO DA VINCIS, die Illustrationen in AGRICOLA De re metallica (1556) und in der Enzyklopädie von DIDEROT-D'ALEMBERT (1751-72).

3) T.S. ASTON, 1969 in der unpaginierten Einleitung zum Neudruck von Toynbee's Werk.

4) vgl. RODGERS, 1960, p. 138; BOYSON, 1970, p. 21 f. mit Bezug auf die Egerton Mill bei Boneton, die noch 1830 auf Wasserkraft (110-140 PS) gegründet wurde. Ein anderer Ausnahmebetrieb ging erst 1904 vom Wasserrad zur Turbine über.

5) P. MANTOUX: The Industrial Revolution in the Eighteenth Century (übers. London 1928); HEATON, repr. 1970, p. 35.
6) W. CUNNINGHAM: The Growth of Englisch Industry and Commerce in Modern Times, Bd. III Laissez Faire (Cambridge 1882), also zwei Jahre vor Toynbee.
7) HARTWELL, 1970, p. 8. Das zweite Rahmendatum (1850) behandeln Historiker nicht als gleichermaßen verbindlich, verkürzen die Zeitspanne auf 1830 mit Rücksicht auf die vom Autor herausgestellten Triebkräfte oder auf 1840 wegen der ersten Überproduktionskrise 1841/2 (z.B. HOBSBAWN, 1968, ch. 3). — Im Herbst 1842, also gegen Ende der Krise, kam Engels erstmals nach Manchester, um die dortige Fabrik seines Vaters zu leiten.
8) HOBSBAWM, 1968, p. 45 f.; BOYSON, 1970, pp. 29, 89. Nach nur achtzehn Jahren als aktiver Fabrikant hatte Sir Robert Peel das Adelsprädikat erworben und seine neue Karriere begonnen als politisch aktives Mitglied des Adels. Er hinterließ 1830 ein Vermögen von £ 1.5 Millionen, sein Vater hatte mit £ 2-4000 gedeckten Kredits begonnen. ARKWRIGHT, der mittellos begann, hinterließ außer Fabriken, Landsitz und Adelsprädikat eine halbe Million Pfund.
9) Hierzu sei insbes. verwiesen auf CROUZET, repr. 1970, pp. 139-174.
10) Englische Ingenieure haben vor 1739 eine französische Zeche bei Fresnes, die vorher 50 Pferde und 20 Mann rund um die Uhr in der Wasserhaltung beschäftigte, mit einer Newcomen ausgestattet. Das Land zog aus diesem Import keinen Nutzen, dazu war die Distanz zwischen Wissenschaft und Handwerk in Frankreich zu groß.
11) Aufgestockt wurde teils durch vödewirtschaftliche Nutzung der Allmende, teils mit dem Land von wüsten Stellen oder von Eigenwirtschaften. Der herrschaftliche Schafhof nutzte die Stoppelwiese, sofern das Dorf ausreichend großes Dauerackerland in drei Zelgen bewirtschaftete; machten Bodeneigenschaften und Marktlage die reine Schafgräserei vorteilhafter, hinderten traditionelle Verpflichtungen gegenüber seinen Bauern den Grundherrn mit arrondiertem Besitz nicht mehr, ein Dorf zu legen oder umzusetzen.
12) Umfangreiche Restflächen verblieben in Marginalgebieten mit wenig ertragreichen Böden, im Fen District, dessen Inwertsetzung sehr hohe Investitionen verlangte, in Teilen der Ackerbauzone (Dauerackerland) und Stadtgemarkungen mit notorisch komplizierten Besitzverhältnissen (DARBY, repr. 1951, figs 66, 67, 76).
13) Zur Standortbereinigung in der Wollwirtschaft zwischen 1500 und 1700 sei auf die Karten von BOWDEN (1962, pp. 46, 49) verwiesen.
14) Lancashire, wo yeomen oder kleine Grundbesitzer gern als — landsässige — Verleger fungierten, wie Yorkshire hatten den sog. kleinen Verleger, der eher ein Verhältnis auf Gegenseitigkeit mit den Gewerbetreibenden herstellte im Gegensatz zum sog. großen Verleger, der u.a. das Streichgarngewerbe des West Country beherrschte.
15) Es handelt sich dabei um eine Zeit-typische Maßnahme der Import-Substitution, deren grundsätzliche Bedeutung, auch für die Industrialisierung THIRSK (1978) herausgearbeitet hat. Der Barchentimport kostete das Land 1565 ebenso viel wie der von Pfeffer.
16) THIRSK, 1961, p. 87. Auch in der Folgezeit hat sich ein Wollgewerbe nicht etabliert, und im Verbreitungsgebiet der Hausgewerbe zwischen London und Nottingham blieb Hertfordshire ein Loch (DARBY, 1973, figs 91, 92).
17) PINCHBECK, repr. 1969; ALEXANDER, 1970, n. 65.
18) BOWDEN, 1962, p. 49; PINCHBECK, repr. 1969, passim; DARBY, 1973, fig. 92
19) THIRSK, 1961, p. 74 ff; PINCHBECK, repr. 1969, pp. 14, 16 — West Country meinte die Teile von Somerset-, Gloucester- und Wiltshire, in denen die Streichgarnweberei jeweils aktiv war. Sie wurde landsässig, weil die lockere Konsistenz des Gewebes den kurzen Weg zur Walkmühle gebot und die oberschlächtige Mühle, die im 14. Jahrhundert aufkam, den Oberlauf-Standort bevorzugte. Die einzelnen Weberstandorte wechselten kleinräumig infolge einer enclosure-Maßnahme, der Haltung des Kirchspiels, der Wünsche und Möglichkeiten eines Verlegers, dessen Lohnarbeiter die Weber de facto waren.
20) Da Privatisierung der Allmende den Armen das Recht zu wilder Niederlassung entzog, hat der arme squatter den Trend zu Teilverkoppelungen verstärkt, so im Getreidebaugebiet der Midlands.

21) Ein Vagrantenproblem hat es schon im Mittelalter gegeben. Die Häufung der Gesetze im Zeitraum 1495 – 1576 zeigt eine neue Größenordnung an und eine veränderte Einstellung. Die Gruppe der Vagranten war äußerst heterogen, das Kennwort bildete Scheu vor regulärer Arbeit (LIPSON, repr. 1964, p. 422 ff).
22) THIRSK-COOPER, 1972, p. 757; das Datum ist 1609.
23) C. REYNEL: The True English Interest (1674) in: THIRSK-COOPER, 1972, p. 758 ff. Empfindlich gegen einen Kaufkraftschwund waren Teile der Wollwirtschaft; so benötigte das West Country den Binnenmarkt, um die Exportkrise während des Dreißigjährigen Krieges zu überstehen (RAMSAY, 1965, p. 116 f.).
24) Referiert bei DARBY, repr. 1951, p. 435 f. und DARBY, 1973, p. 304. Bei Annahme eines niedrigen Werts für 1700 versteilt sich die sog. Bevölkerungsexplosion ab Mitte des 18. Jahrhunderts, was nicht ohne weiteres akzeptabel ist.
25) Für Irland beginnt die statistische Reihe mit dem vorläufigen Census 1813. – Die Bevölkerung Schottlands wurde 1801 nicht mehr auf dem Höchststand gefaßt. Abwanderung nach England, Aufstand der Highlands (1745) und dessen Niederschlagung, die sog. Highland clearances und oft forcierte Auswanderung nach Amerika haben sie im 18. Jahrhundert abgebaut.
26) Nach ersten Erfindungen in den 1780er Jahren, einem Preisausschreiben der Schottischen Gesellschaft (1803) brachte Bell 1827/8 eine voll brauchbare Mähmaschine auf den Markt. Ihr Einsatz verzögerte sich, bis mit der Röhrendrainage die Ackerbeete schwanden, während die Dreschmaschine, ebenfalls in Schottland entwickelt, ihren Markt schnell gewann und Mitursache der Agrarunruhen Südenglands in den 1830er Jahren wurde (FENTON, 1976, p. 64 ff; REDFORD, repr. 1966, p. 96; HAMMOND, Village Labourer, repr. 1966, ch.x).
27) Hessen machte sich mit Packleinwand (engl. "Hessian") einen Namen, lieferte jedoch auch mittlere Schockleinwand; sein Handel, anfangs über Westfalen in die Niederlande, reorientierte sich im 17. Jahrhundert auf Bremen und Direktabsatz in England. Sachsen exportierte feinere Leinen- und Barchentware sowie Baumwollwirkwaren, und die englischen Händler in Hamburg sind hier in Nachfolge zu den Nürnbergern zu sehen. – Insgesamt kostete der Import von Flachs-Canvas-Leinen England Mitte des 16. Jahrhunderts ebenso viel oder mehr wie der Import von Wein-Zucker-Hopfen-Roheisen (THIRSK, 1978, App. I).
28) Bei derart ungleicher Bevölkerungsverteilung konnte sich der Wohnort des Autors leicht auf die zeitgenössischen Volksschätzungen auswirken durch die für Hochrechnungen entscheidende Wahl des Multiplikators.
29) Das Rollenschiffchen war eine Vorrichtung am traditionellen Webstuhl; es wurde zuerst von den Wollwebern in Lancashire akzeptiert. Robert KAY jun. veröffentlichte 1760 die Wechsellade für Buntweberei, die der Barchentsektor sofort annahm.
30) HARGREAVES, Weber und Stellmacher bei Blackburn, brachte 1767/9 die "Jenny" für Handantrieb heraus. ARKWRIGHT, Barbier in Bolton, nutzte die Modelle von PAUL-WYATT und HIGHS-KAY (1767) für seine Flügelspinnmaschine (1768), die er dann für Kraftantrieb umbaute (Waterframe, Drossel); sein erstes Patent wurde ihm 1785 aberkannt. Aus den Bauprinzipien beider entwickelte CROMPTON, Weber in Bolton, 1775 – 80 die Mule; aus ihr ging 1825 der Selfactor hervor.
31) Zwar veranlaßte das Überangebot an Garn den Pfarrer Dr. E. CARTWRIGHT, einen mechanischen Webstuhl zu entwickeln (Patent 1785), gab es dann die HORROCKS-Webmaschine (Patent 1803), doch erst mit der aus ihr hervorgegangenen SHARP-ROBERTS (Patent 1822) begann ernsthaft die mechanische Weberei.
32) Die Karten zum Arbeitskräftebesatz in der englischen Landwirtschaft 1851 (in DARBY, 1973, figs. 110-111) lassen ebenfalls einen solchen regionalen Überbesatz nicht erkennen.
33) Landarbeiter waren die Hauptgruppe, wenn auch nicht die ausschließlichen Empfänger. Der Ackerbau wiederum, durch systematischen Fruchtwechsel im New Farming noch arbeitsintensiver geworden, wurde in der Europäischen Agrarkrise nach 1815 schnell lohnempfindlich, während plötzliche Entlassungen des Militärs den Arbeitsmarkt dislozierten. Da Ansätze schon bestanden, verstärkte sich der Trend zu Mechanisierung. HAMMOND, Village Labourer, repr. 1966; TOYNBEE, repr. 1969; PINCHBECK, repr. 1969; MARSHALL, 1968.

34) Zum Schwund an Hausgewerben zwischen 1800 und 1851 s. DARBY, 1973, figs. 92, 120, 121.

35) Städte und Gewerbeflecken haben sich schon unter den Old Poor Laws in Notjahren finanziell schwer belastet, namentlich wie Nottingham im 17., kaum im 18. Jahrhundert (THIRSK-COOPER, 1972, p. 37 f.). Manche wurden langfristig zurückgeworfen, wenn zu viele Einwohner dicht an der Armutsgrenze existierten, und Industriesiedlungen wiederholten das unausgewogene Verhältnis von Armensteuerpflichtigen zu potentiell Unterstützungsbedürftigen.

36) REDFORD, repr. 1964, ch. VI und map B

37) Zur Frühgeschichte der Gesetzgebung s. LIPSON, repr. 1964, ch. VI. Im Verlaufe des 16. Jahrhunderts setzte sich die Einsicht durch, daß die Armutsprobleme der Städte nur im Rahmen einer gesamtstaatlichen Regelung zu fassen waren.

38) Von dem gleichen Kosten-Nutzen=Denken geleitet, entschied das Gericht in Durham 1669 gegen das Ksp. Houghton, gegen eine formaljuristisch berechtigte Klage und für den Zusammenhang von Einnahmen (von einer Zeche) und Armenfürsorge-Kosten (LEISTER, 1975, p. 36 ff).

39) Wenn Durham sea coal mines im 18. Jahrhundert Ganzjahresverträge mit ihren Hauern abschlossen, so unter der Bedingung freier Transferierbarkeit an eine andere Zeche des Besitzers und gemeinnütziger Arbeiten, sofern ein Transfer nicht nahtlos an das Arbeitsende im alten Schacht anschloß.

40) s. Anhang mit Kartogramm und Analyse von Newbottle in Ergänzung früherer Analysen (LEISTER, 1975).

41) Zusammengefaßt bei EMERY in: DARBY, 1973, p. 253 f.; LEISTER, 1975, p. 44 ff; YATES, mündl. Mitteilung aus einer noch unveröffentlichten Arbeit in Surrey.

42) Die ersten Censen waren reine Kopfzählungen; erst die Masseneinwanderung der Iren gab den Mut zur persönlichen Frage nach der Herkunft. Der Census 1851 bildet die Ausgangsbasis für REDFORDs Untersuchung (repr. 1964). Seine graphische Auswertung durch HARRIS (in DARBY, 1973, fig. 95) zeigt ein ähnliches Bild wie die der Kirchenbücher für ca. 1800 bei LEISTER (1975, figs. 4-5).

43) Den Mängeln der Quelle, Inkonsistenz und grobe Unterrepräsentierung von zwei Altersgruppen, stehen als Vorteile die sozialen Daten, für einen Census unerreichbar, und der Ortsbezug gegenüber, der namentlich bei nordenglischen Großkirchspielen und speziell im Bergbaugebiet mit seiner Unzahl von Zechenkolonien von hohem Wert ist. Auch der kleinste Zählbezirk des Census, die township, stellt hier noch keinen Ortsbezug her.

44) Der Begriff Englische Revolution von M. HESS hat sich nicht durchgesetzt, zu dessen Einfluß auf Marx vgl. SIEFERLE 1979.

LITERATURVERZEICHNIS

ALEXANDER, D.: Retailing in England during the Industrial Revolution. London 1970.

ANDERSON, M.: Family Structure in Nineteenth Century Lancashire. Cambridge U.P. 1971.

ASHTON, T.S.: An Economic Geography of England. The 18th Century. London 1955.

ASHTON, T.S.: The Industrial Revolution. London 1948.

BOWDEN, P.J.: The Wool Trade in Tudor and Stuart England. London 1962.

BOYSON, R.: The Ashworth Cotton Enterprise. The Rise and Fall of a Family Firm 1818-1880. Cambridge 1970.

BYTHELL, D.: The Handloom Weavers. A Study in the English Cotton Industry during the Industrial Revolution. Cambridge U.P. 1969.

CHALONER, W.H. — A.E. MUSSON: Industry and Technology. In: A Visual History of Modern Britain, J. SIMMONS ed. London 1963.

COLLIER, F.: The Family Economy of the Working Classes in the Cotton Industry 1784-1833. Manchester U.P. 1964.

CROUZET, F.: England and France in the Eighteenth Century: A comparative Analysis of two Economic Growths. Aus dem Franz., In: The Causes of the Industrial Revolution in England, R.M. HARTWELL ed. London 1967 repr. 1970.

DARBY, H.C. ed.: An Historical Geography of England before A.D. 1800. Cambridge 1936 repr. 1951.

DARBY, H.C. ed.: A New Historical Geography of England. Cambridge 1973.

DASCHER, O.: Das Textilgewerbe in Hessen-Kassel vom 16. bis 19. Jahrhundert. Marburg 1968.

EMERY, F.V.: England circa 1600. In: A New Historical Geography of England, H.C. DARBY ed. Cambridge U.P. 1973.

ENGELS, F.: The Condition of the Working Classes in England. Introd. by E.J. HOBSBAWM. London 1969.

FENTON, A.: Scottish Country Life. Edinburgh 1976.

GIBBS-SMITH, Ch.: Die Erfindungen von Leonardo da Vinci. Stuttgart–Zürich 1978.

HAINSWORTH, D.R.: Christopher Lowther's Canary Adventure. A Merchant Venturer in Dublin 1632-3. In: Irish Economic and Social History II, 1975.

HAMMOND, J.L. und B.: The Town Labourer. 1917, [2]1925 repr. London 1966.

HAMMOND, J.L. und B.: The Village Labourer, 1911, [4]1927 repr. London 1966.

HARRIS, A.: Changes in the Early Railway Age: 1800 — 1850. In: A New Historical Geography of England, H.C. DARBY ed. Cambridge U.P. 1973.

HARTWELL, R.M. ed.: The Causes of the Industrial Revolution in England. London 1967 repr. 1970.

HASSLER, F.: Vom Spinnen und Weben. Ein Abschnitt aus der Geschichte der Textiltechnik. Deutsches Museum Jg. 20, 3, 1952.

HEATON, H.: Industrial Revolution. [1]1933 repr. 1970 In: The Causes of the Industrial Revolution in England, R.M. HARTWELL ed.

HOBSBAWM, E.J.: Industry and Empire. An Economic History of Britain since 1750. London 1968 repr. 1969.

HUDSON, K.: Industrial Archeology. London 1965.

JOHN, A.H.: Aspects of English Economic Growth in the First Half of the Eighteenth Century. 1961 repr. 1969 In: The Growth of English Overseas Trade in the 17th and 18th Centuries, W.E. MINCHINTON ed. London 1969.

KLEMM, F.: Technik. Eine Geschichte ihrer Probleme. Freiburg–München 1954.

LEISTER, I.: The Sea Coal Mine and the Durham Miner. In: Occ. Publ. (N.S.) No. 5 Dept. of Geography. Durham 1975.

LIPSON, E.: An Introduction to the Economic History of England. Vol. I The Middle Ages [3]1923, vol. III The Age of Mercantilism [6]1956 repr. London 1964.

MARSHALL, J.D.: The Old Poor Law 1795-1834. In: Studies in Economic History. London 1968.

PINCHBECK, I.: Woman Workers and the Industrial Revolution 1750-1850. London 1930 repr. 1969.

RAMSAY, G.D.: The Wiltshire Woollen Industry in the Sixteenth and Seventeenth Centuries. Oxford 1943, London ^{2}1965.

REDFORD, A.: Labour Migration in England 1800-1850. Manchester U.P. 1926, ^{2}1964.

REDFORD, A.: The Economic History of England 1760-1860. London 1931, ^{2}1960 repr. 1966.

REDLICH, F.: Die deutsche Inflation des frühen 17. Jahrhunderts in der zeitgenössischen Literatur: Die Kipper und Wipper. In: Forsch. z. internationalen Sozial- und Wirtschaftsgeschichte Bd. 6, Köln 1972.

RODGERS, H.B.: The Lancashire Cotton Industry in 1840. In: Tranactions & Papers IBG Nr. 28, 1960.

ROYSTON PIKE E. ed.: Human Documents of the Industrial Revolution in Britain. London 1966 repr. 1968.

SCHRÖTER, A.-W. BECKER: Die deutsche Maschinenbauindustrie in der industriellen Revolution. Berlin 1962.

SIEFERLE, R.P.: Die Revolution in der Theorie von Karl Marx. Frankfurt-Berlin, Wien 1979.

SIMMONS, J.: Transport. In: A Visual History of Modern Britain, J. SIMMONS ed. London 1962.

THIRSK, J.: Industries in the Countryside. In: Essays in the Economic and Social History of Tudor and Stuart England in Honour of R.H. TAWNEY. Cambridge 1961.

THIRSK, J. – J.P. COOPER eds.: Seventeenth Century Economic Documents. Oxford 1972.

THIRSK, J.: Economic Policy and Projects. The Development of a Consumer Society in Early Modern England. Oxford 1978.

(TOYNBEE, A.): Toynbee's Industrial Revolution. Introd. by T.S. ASHTON. Newton Abbot 1969.

Tourismus und Binnenwanderung.
Erscheinungsformen und Ursachen interregionaler Migration von Hotelbesitzern und Hotelbeschäftigten in der Republik Irland
von
Albrecht Steinecke, Berlin (West)

Der touristische Konsum und seine lokalen wie regionalen Wirkungen sind innerhalb der wissenschaftsgeschichtlichen Entwicklung der Fremdenverkehrsgeographie vielfach Gegenstand geographischer Analyse gewesen. Die Erhöhung des Einkommens innerhalb eines Untersuchungsgebietes, der Multiplikatoreffekt, der Devisenzufluß und die Schaffung von Arbeitsplätzen konnten als wirtschaftliche Wirkungen des Tourismus bestimmt und in zahlreichen Fallstudien belegt werden. Dem entwickelten wirtschaftsgeographischen Kenntnisstand entspricht ein weitgehendes Informationsdefizit hinsichtlich der sozialgeographischen Wirkungen des Tourismus.

Raumbezogene und raumwirksame soziale Veränderungen als Konsequenz der touristischen Entwicklung einer Region sind Gegenstand der hier vorgelegten Überlegungen. Nicht nur in der ökonomischen Dimension wirkt der touristische Konsum innovativ; ein Wandel der Berufs- und Sozialstruktur (soziale Mobilität) und daraus resultierende Migrationen von Beschäftigten (regionale Mobilität) lassen sich – in der sozialräumlichen Dimension – aus dem touristischen Konsum ableiten. Dieser wirkt in Form der Nachfrage nach Dienstleistungen (besonders Übernachtung und Verpflegung) nicht nur als materielle Basis des Tourismusgewerbes, sondern schafft zugleich mit dieser wirtschaftlichen Aktivität auch neue Berufe und soziale Posititonen. Denn die Bereitstellung von Dienstleistungen stellt sich – wie jede Form menschlicher Arbeit generell – nicht nur als eine technische Beziehung von Subjekt und Objekt der Arbeit dar; vielmehr enthält die Tätigkeit zugleich ein soziales Verhältnis der zusammenarbeitenden Menschen.

Im Prozeß der Arbeit werden also nicht nur die notwendigen Existenzmittel des Menschen erzeugt und Dienstleistungen zur Verfügung gestellt, sondern auch die gesamtgesellschaftlichen Verhältnisse strukturiert. Durch die gesellschaftliche Organisation der Arbeit werden Besitzstrukturen, soziale und berufliche Strukturen bestimmt. Das soziale Verhältnis, das die im irischen Hotelgewerbe Tätigen miteinander eingehen, ist primär durch den Antagonismus von Kapital und Arbeit, also durch die besitzmäßige Trennung der Beschäftigten von den Arbeitsstätten gekennzeichnet. Die Entwicklung des Hotelgewerbes findet auf der Basis der gesamtgesellschaftlichen Besitzverhältnisse statt, durch die die irische Wirtschafts- und Gesellschaftsordnung gekennzeichnet wird. Die traditionellen Besitzverhältnisse werden durch diesen, in den 30er Jahren jungen und seit 1960 wachstumsstarken Wirtschaftszweig in einer neuen Variante reproduziert.

Ein struktureller Wandel der herrschenden Besitz- und Sozialverhältnisse (z.B. neue Organisationsformen von Kapital und Arbeit) wird durch die Entwicklung des Hotelgewerbes nicht ausgelöst. Als Bereich neuer Investitionsmöglichkeiten und neuer Arbeitsplätze wird das Hotelgewerbe vielmehr in die bestehende Wirtschafts- und Gesellschaftsordnung integriert. Ein sozialer und regionaler Wandel als Folge der touristischen Entwicklung wird also allenfalls innerhalb der Grenzen verursacht, die durch die gesellschaftlichen Grundverhältnisse gesetzt sind. Die Formen solchen sozialräumlichen Wandels sollen im weiteren in ihren konkreten Ausprägungen dargestellt werden.

SOZIALE UND BERUFLICHE MOBILITÄT VON HOTELBESCHÄFTIGTEN

Die Bedeutung des Tourismus in der Republik Irland als Faktor sozialen und räumlichen Wandels ist vor dem Hintergrund langfristig steigender Besucherzahlen zu sehen (1961: 1,4 Mio.; 1978: 2,2

Mio. Touristen), deren Entwicklung allerdings zyklischen — teilweise politisch bedingten (Nordirland-Konflikt) — Wandlungen unterworfen war (vgl. STEINECKE, 1979).

Die ökonomische Relevanz des touristischen Konsums für die irische Volkswirtschaft spiegelt sich im hohen Anteil der Tourismus-Einnahmen an den Gesamtexport-Einnahmen wider; dieser beträgt 7,4 % (1973) und liegt damit über dem O.E.C.D. -europäischen Durchschnittswert von 4,8 %. —
Die steigenden touristischen Ausgaben — wie auch erhebliche staatliche Subventionen — haben zu einer Expansion des Tourismusgewerbes generell und besonders des Hotelgewerbes geführt: die Unterkunftskapazität stieg im Zeitraum 1961 - 1975 von 15.465 auf 21.663 Zimmer. Das Volumen der gesamtgesellschaftlichen Veränderungen, die durch die Entwicklung des Hotelgewerbes und die dadurch bereitgestellten Beschäftigungspositionen (Kellner, Zimmermädchen, Koch, Manager, etc.) ausgelöst werden, kann zunächst durch die Zahl von Arbeitsplätzen bestimmt werden; diese expandiert von 10.877 (1961) auf 19.350 Arbeitsplätze im Jahr 1975. Ein sozialer Wandel resultiert aus der Veränderung bzw. Erweiterung der bestehenden Berufsstruktur durch die Bereitstellung neuer Berufe im Hotelgewerbe. Aufgrund der (weitgehenden) Identität von Beruf und sozialer Position erfahren bestimmte Schichten der Sozialstruktur eine Bedeutungszunahme, während andere Schichten durch die soziale/berufliche Mobilität der bisherigen Positionsinhaber in ihrer Bedeutung reduziert werden. —

Die Arbeitsplätze im Hotelgewerbe werden entweder von Arbeitskräften besetzt, die zuvor in anderen Berufen tätig waren und entsprechend andere soziale Positionen besetzten. Ein solche Fluktuation von Arbeitskräften zwischen verschiedenen Wirtschaftszweigen kann einerseits aus der stagnierenden Entwicklung und/oder dem sinkenden Beschäftigungseffekt des Abgabesektors resultieren (z.B. ausgelöst durch Rationalisierungs- oder Mechnisierungsmaßnahmen). Andererseits kann die ökonomische oder soziale Attraktivität des Zuwanderungssektors (z.B. hohes Lohnniveau, hoher Status) der Grund für die Intra-Generations-Mobilität(Berufs- und Positionsveränderungen innerhalb des individuellen Lebenszyklus) sein.

Eine zweite Gruppe der Hotelbeschäftigten hat direkt nach Abschluß der Schulbildung diesen Beruf ergriffen; bei dieser sozial immobilen Gruppe sind die generelle Arbeitsmöglichkeit und subjektiv bewertete Attraktivitätsmerkmale des Hotelberufs die Gründe für die Berufswahl.

Die Analyse des Mobilitätsverhaltens beschränkt sich in diesem Kontext auf Angehörige dieser Gruppe, nämlich Hotelschüler, die im Intra-Generations-Verlauf nicht mobil geworden sind. Veränderungen der Sozial- und Berufsstruktur durch den Tourismus werden exemplarisch[1] anhand der Inter-Generationen-Mobilität dieser Gruppe erfaßt; es handelt sich dabei um langfristige Berufs- und Positionsveränderungen, die von einer Generation (Vater-Generation) zur folgenden Generation (Sohn-/Tochter-Generation) stattgefunden haben. Durch massenstatistische Aufbereitung innerfamiliärer Berufswechsel (Vergleich: Beruf/Status des Vaters vs. Beruf/Status des Sohnes/der Tochter) lassen sich derart gesamtgesellschaftliche Veränderungen festmachen und differenzieren. —

Die Struktur und Richtung des Mobilitätsverhaltens der Hotelbeschäftigten zeigt — im Inter-Generationen-Verlauf — deutliche Unterschiede zu derjenigen der Hotelbesitzer. Nch dem vom Central Statistics Office benutzten Schichtmodell zur irischen Sozialstruktur ist durch den Beruf des Vaters zugleich auch dessen Schichtzugehörigkeit fixiert. Die Beschäftigten in der Sohn/Tochter-Generation, die als Hotelangestellte zu 96,9 % der Schicht (8) Other Non-Manual Workers angehören, stammen zu 44,3 % aus der Schicht (1) Farmer.

Die Selbstrekrutierungsrate innerhalb der Dimension der sozialen Schicht liegt bei den Beschäftigten niedrig; nur 10,1 % der Angehörigen der Vater-Generation gehören der Schicht (8) Other Non-

Manual Workers an — die Selbstrekrutierungsrate bei den Hotelbesitzern beträgt hingegen 44,9 %.
Ein jeweils hoher Anteil der Beschäftigten stammt aus (Land)Arbeiterschichten verschiedener
Qualifikation und — zu einem geringen Teil — aus oberen und mittleren Angestelltenschichten.
Im Vergleich zur sozialen Herkunft der Hotelbesitzer fällt bei den Hotelbeschäftigten der niedrige
Anteil von Angehörigen der Vater-Generation in den Schichten (3) Higher Professional, (4) Lower
Professional und (5) Employers/Managers auf, aus denen nur 8,2 % der Beschäftigten (57,1 % der
Hotelbesitzer) stammen. —

Tab. 1: Inter-Generationen-Mobilität — Soziale Schicht (1974/75; in %)

	Hotelbeschäftigte (N = 366)	Hotelbesitzer [2] (N = 49)
1) Farmer	44,3	30,6
2) Other Agricultural Occupation	3,8	—
3) Higher Professional	0,3	6,1
4) Lower Professional	0,8	6,1
5) Employers/Managers	7,1	44,9
6) Salaried Employers	5,7	—
7) Intermediate Non-Manual Workers	3,8	10,2
8) Other Non-Manual Workers	10,1	2,0
9) Skilled Manual Workers	9,6	—
10) Semi-Skilled Manual Workers	5,5	—
11) Unskilled Manual Workers	9,0	—
12) Unknown	—	—

Für einen großen Teil der Hotelbeschäftigten ist die berufliche Tätigkeit im Hotelgewerbe mit
einem strukturellen Positionswechsel verbunden. Die sozio-ökonomische Lage der Hotelbeschäftigten ist durch die Notwendigkeit des Verkaufs der eigenen Arbeitskraft und durch den Nicht-Besitz und die fehlende Verfügungsgewalt über die Arbeitsstätten gekennzeichnet. Eine große
Zahl der Beschäftigten stammt aber aus der Farmerschicht, deren Kennzeichen ein hoher Anteil
von Selbständigen bzw. Betriebsbesitzern (bei Beschäftigung familienfremder Arbeitskräfte) ist:
64,8 % der in der irischen Landwirtschaft Tätigen sind Selbständige oder Betriebsbesitzer.
Innerhalb des strukturellen Wechsels der sozioökonomischen Position verlieren 50 % der Hotel-beschäftigten Besitz und Verfügungsgewalt über die Produktionsmittel.

Tab. 2: Inter-Generationen-Mobilität nach Positionen (1974/75; in %)

	Hotelbeschäftigte (N = 366)	Hotelbesitzer (N = 49)
Unternehmer/Selbständiger	50,0	79,6
Beschäftigter	50,0	20,4

Eine gleich große Gruppe von Hotelbeschäftigten wird im Inter-Generationen-Verlauf bei der
Besetzung der sozioökonomischen Position nicht mobil. Das Mobilitätsverhalten dieser Gruppe
wird durch Positionsvererbung gekennzeichnet. Diese Tendenz ist bei Hotelbesitzern und Hotel-beschäftigten jeweils vergleichbar stark ausgeprägt. Die Hotelbesitzer rekrutieren sich zu 49,0 %

aus einer väterlichen Unternehmerposition, die Beschäftigten stammen ebenfalls zu 50,0 % aus einer väterlichen Beschäftigungsposition.

Die hohe — sozioökonomische — Selbstrekrutierungsrate in beiden Gruppen bestimmt zugleich den Anteil der Angehörigen in der jeweiligen Gruppe, die einen Positionswechsel vollzogen haben. Die finanziellen (und sozialen) Zugangsbeschränkungen limitieren — in der Gruppe der Hotelbesitzer — den Anteil von Unternehmern, die aus väterlichen Beschäftigtenpositionen stammen (20,4 %), und somit einen sozialen Aufstieg vollzogen haben. Ein großer Anteil dieser sozialen Aufsteiger stammt aus väterlichen Selbständigenpositionen; die mit dieser Position verbundene Kapitalakkumulation erleichtert bzw. ermöglicht den Betriebskauf oder die Betriebsgründung in der Sohn/Tochter-Generation. —

Für die Beschäftigten im Hotelgewerbe resultieren Status und spezifische Attraktivität der Hotelberufe — nach der Selbsteinschätzung der Beschäftigten — insgesamt weniger aus der eigenen Erfahrung in diesem Beruf (Ferien- oder Halbtagsarbeit) als vielmehr aus der Möglichkeit, während der Ausübung des Berufes eine Vielzahl verschiedener Menschen kennenlernen zu können und aus einem generellen Interesse an den Tätigkeiten (Kochen, Servieren, Hausarbeit) im Hotelgewerbe.

Tab. 3: Motiv der Berufswahl (Selbsteinschätzung)
(1971/72; N = 157; Schüler d. Hotelschule Mulrany, Co. Mayo; Mehrfachnennungen; in %)

— I like to meet different people	40,8
— I like hotel work/I am interested in hotel work	33,1
— It is a wonderful, interesting, attractive career	10,8
— The job ist suitable for me, domestic science was favourite subject at school	9,6
— Own experience (part-time or summer job)	6,4
— The job has a good future	5,7
— I like to serve people	5,1
— Good wages	2,6
— It is a nice, clean and pleasant job	2,6
— It is a satisfying job	2,6
— Other reasons	6,4

40,8 % der Hotelbeschäftigten bezeichnen die Möglichkeit, mit anderen Menschen zusammenzukommen, als Grund für die Berufswahl. Diese als Begründung formulierte Erwartung an den Hotelberuf vernachlässigt die Tatsache, daß es sich bei den beruflichen Möglichkeiten der Interaktion mit Fremden generell und speziell mit Ausländern durchweg um funktionale Interaktion handelt, in denen der zwischenmenschliche Kontakt überwiegend auf formale Beziehungen beschränkt ist. Die Interaktionen zwischen den Fremden und den einheimischen Beschäftigten werden — als Rollenbeziehung — wesentlich durch die kommerzielle Basis des Kontaktes strukturiert. Die Rolle des Konsumenten/Nachfragers wird von den Fremden besetzt (aufgrund der spezifischen touristischen Bedürfnispositonen), während die einheimischen Beschäftigten in dieser Rollenbeziehung auf die Funktion reduziert werden, bestimmte Dienstleistungen bereitzustellen. Allein die grundsätzliche Struktur der Beziehung zwischen den Fremden und den Hotelbeschäftigten begrenzt die Möglichkeit des intensiven Kennenlernens anderer Menschen. Das fehlende Bewußtsein über die eigene Arbeitssituation, das sich z.B. auch in der Nennung des klischeeartigen Motivs

"Hotel work is a wonderful, interesting, attractive career" (10,8 %) widerspiegelt, läßt sich der — tendenziellen — Weigerung dieser Beschäftigtengruppe zuordnen, den eigenen ökonomischen und sozialen Standort anzuerkennen.

Die Diskrepanz zwischen der objektiven ökonomischen Lage und der subjektiven Einschätzung dieser Lage findet ihren Ausdruck in der Tatsache, daß objektive Attraktivitätsmerkmale wie die eigene Fähigkeit zum Ausüben der Tätigkeit (9,6 %), die eigenen beruflichen Erfahrungen (6,4 %), die guten beruflichen Zukunftsaussichten (5,7 %) und das Lohnniveau (2,6 %) von den Beschäftigten seltener als Motiv der Berufswahl genannt werden als subjektive, klischeehafte Erwartungen an den Beruf: die Möglichkeit, viele verschiedene Menschen kennenzulernen (40,8 %), das generelle — diffuse — Interesse an diesem Beruf (33,1 %) und die Meinung, daß es sich um einen attraktiven, wunderbaren und interessanten Beruf handelt (10.8 %). —

Die Attraktivität der Hotelberufe ist dabei eine relative. Wie die Analyse des sozialen/beruflichen Mobilitätsverhaltens zeigte, stammt ein großer Teil der Beschäftigten aus väterlichen Farmer- und (Land)Arbeiterberufen. In der Dimension des Wirtschaftssektors dominiert entsprechend der agrare Sektor als Herkunftsbereich.

Tab. 4: Inter-Generationen-Mobilität nach Wirtschaftssektoren (1974/75; in %)

	Hotelbeschäftigte (N = 366)	Hotelbesitzer (N = 49)
Primärer Sektor	47,5	32,7
Sekundärer Sektor	24,6	—
Tertiärer Sektor	27,9	67,3

Der hohe Anteil von Hotelbeschäftigten (47,5 %), der aus dem primären Sektor stammt, erklärt die — relative — Attraktivität der Hotelberufe. Die als Motiv der Berufswahl formulierte Erwartung an den Beruf (Möglichkeit, Menschen verschiedener Nationalitäten kennenzulernen) kann als partielle Negation ihrer bisherigen Lebenssituation verstanden werden. Das zahlenmäßig begrenzte dörfliche soziale Netzwerk und die traditionelle geschlechts- wie altersspezifischen Rollenerwartungen haben die Möglichkeiten der Interaktion und Wahlfreiheit der sozialen Kontakte stark eingeschränkt. Das Hotelgewerbe fungiert außerdem deshalb als Pull-Bereich für Beschäftigte aus dem Agrarsektor, weil berufliche Alternativen häufig fehlen; es sei auf die generell hohe Arbeitslosenquote in der Republik Irland verwiesen. Hinzu kommen bestimmte objektive günstige Berufsmerkmale wie die — weitgehend — geregelte Arbeitszeit, der Angestelltenstatus ("in-door job"), die Möglichkeit, im Hotel zu wohnen ("live-in job") und die kostenlose Fachausbildung. Der niedrige sektorale Selbstrekrutierungsgrad der Hotelbeschäftigten (27,9 % der Beschäftigten, aber 67,3 % der Besitzer stammen aus tertiären Vaterberufen), der Sektorenwechsel aus dem sekundären in den tertiären Sektor, den 24,6 % der Beschäftigten vollziehen, und das hohe Volumen der Wechsel vom primären zum tertiären Sektor können als Indikatoren für die gesamtwirtschaftlich innovative Wirkung angesehen werden, die vom Hotelgewerbe ausgeht.

REGIONALSTRUKTUR DER ARBEITSPLÄTZE UND REGIONALE MOBILITÄT DER HOTELBESCHÄFTIGTEN

Solche Veränderung der Berufs- und Sozialstruktur sind Formen gesamtgesellschaftlichen Wandels, die — in ihrer räumlichen Dimension — Veränderungen in der Regionalstruktur der Beschäftigten auslösen. Das Wanderungsverhalten der Beschäftigten wird — aufgrund der sozioökonomischen Lage dieser Gruppe — durch die lokale und regionale Struktur des Hotelgewerbes weitgehend determiniert.

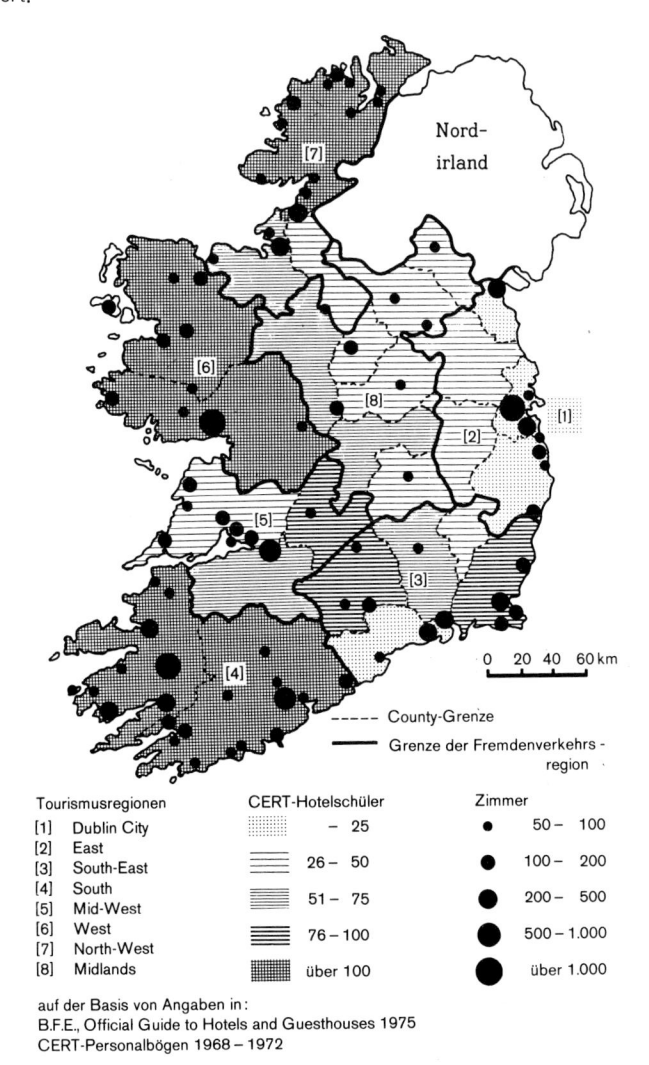

Karte 1   Standortstruktur des Hotelgewerbes (1975) vs. Regionale Herkunft der Hotelbeschäftigten (1968-1972)

Entwurf: A. Steinecke   Kartographie: M. Käser

Die Standortstruktur des Hotelgewerbes ist die Resultante aus der Regionalstruktur der touristischen Nachfrage, aus verschiedenen Formen direkter und indirekter staatlicher Einflußnahme (Fremdenverkehrspolitik), aus physisch- und anthropogeographischen Standortfaktoren und der Investitionsentscheidung der Hotelbesitzer. Die spezifisch regionalen Präferenzen der Touristen in Irland und die Standortidentität von Nachfrage und Angebot im Hotelgewerbe haben zur Folge, daß die Standortstruktur des Hotelgewerbes Differenzen zu derjenigen der Industrie aufweist.

Im Gegensatz zur ausgeprägten regionalen Konzentration der Industrie im Raum Dublin — 45,8 % der Betriebe und 54,0 % der Beschäftigten befinden sich in den Regionen (1) Dublin City und (2) East — ist die Standortstruktur des Hotelgewerbes generell durch eine größere Diversifikation gekennzeichnet; eine regionale Konzentration von Hotelbetrieben läßt sich in den Regionen (4) South und (6) West feststellen (vgl. Karte 1).

Tab. 5: Standortstruktur der Industriebetriebe vs. Standortstruktur der Hotelbetriebe (in %; 1972)

Region	Industrie-betriebe	Hotel-betriebe	Industrie-beschäftigte	Hotel-beschäftigte
1) Dublin City	29,2	9,4	30,6	20,8
2) East	15,3	13,3	21,3	11,0
3) South-East	11,4	9,3	9,6	9,6
4) South	15,1	23,3	15,5	22,6
5) Mid-West	8,3	8,6	8,5	9,0
6) West	5,6	15,4	3,9	12,0
7) North-West	5,7	13,0	4,0	9,7
8) Midlands	9,3	7,7	6,6	5,1

(berechnet nach Angaben in:
B.F.E., Accomodation Statistics 1972;
B.F.E., unveröffentlichte Angaben zur Beschäftigtenzahl 1972;
C.S.O., Statistical Abstract of Ireland 1976, Dublin 1978, Tab. 101;
1972 ist das letzte Datum, für das vergleichbare Daten aus amtlichen Statistiken vorliegen)

Im Vergleich zur Standortstruktur der Industriebetriebe und -beschäftigten finden sich relativ mehr Hotelbetriebe und -beschäftigte in den Regionen (3) South-East, (4) South, (6) West und (7) North-West; das Hotelgewerbe übernimmt auch in der Republik Irland die als generelle Regelhaftigkeit der Standortstruktur dieses Wirtschaftszweiges erkannte Funktion des regionalen Ausgleichs.

Das Migrationsverhalten der Hotelbeschäftigten, das in seiner (Ziel)Richtung von der regionalen Verteilung der Arbeitsplätze abhängig ist, wird in seiner Gesamtstruktur ebenfalls durch die regionale Herkunft der Beschäftigten bestimmt. Generelle Möglichkeiten der regionalen Mobilität sind einerseits die Aktivierung der lokalen Bevölkerung aufgrund der Etablierung von Arbeitsplätzen in den Konzentrationsgebieten der touristischen Nachfrage und andererseits die Zuwanderung von Arbeitskräften aus anderen Regionen in die touristischen Zielgebiete.

Tab. 6: Regionale Herkunft der Hotelbeschäftigten
(1967 - 1974; N = 2.380; in %)

	Beschäftigte (Mittelw. d. Jahre 1967 - 1974)	Hotelbesitzer (1975)	Regionale Struktur d.Gesamtbevölkerg. (1971)
1) Dublin City	1.4	14.5	19.1
2) East	7.5	5.8	19.0
3) South-East	10.2	7.2	8.7
4) South	16.4	26.1	15.6
5) Mid-West	16.3	10.1	11.3
6) West	15.8	8.7	8.7
7) North-West	13.9	8.7	6.3
8) Midlands	18.6	7.2	11.1
Ausland	0.1	11.6	—

Der anteilmäßige Mittelwert der einzelnen Regionen (1967 - 1974) verdeutlicht die langfristige relative Bedeutung der verschiedenen Regionen als Herkunftsgebiete der Beschäftigten; mit 18.6 % erreicht die Region (8) Midlands den höchsten Anteil (als Herkunftsregion) an der Gesamtzahl von CERT-Hotelschülern der Jahre 1967 - 1974. Außer der Region (8) Midlands fungieren besonders die Regionen an der Süd- und Westküste als Herkunftsgebiete der Hotelbeschäftigten. Die geringe Bedeutung der beiden östlichen Regionen (als Herkunftsgebiete) wird besonders im Vergleich zur Gesamtbevölkerung deutlich; 38,1 % der Gesamtbevölkerung, aber nur 8,9 % der Hotelbeschäftigten stammen aus den Regionen (1) Dublin City and (2) East.

In engem Zusammenhang mit der regionalen Herkunft der Hotelbeschäftigten steht auch ihre lokale Herkunft; verbunden mit dem geringen Anteil von Beschäftigten aus dem großstädtischen Raum Dublin ist der geringe Teil der Beschäftigten, die in den irischen Großstädten geboren sind. Während 40,2 % der Gesamtbevölkerung in Städten mit mehr als 10.000 Einwohnern leben, stammen nur 6,0 % der Hotelbeschäftigten aus Gemeinden dieser Größe. Im Vergleich zur Gesamtbevölkerung rekrutiert sich ein hoher Anteil der Hotelbeschäftigtengruppe aus Dörfern und Kleinstädten: 63,2 % der Beschäftigten (47,8 % der Gesamtbevölkerung) stammen aus Gemeinden mit weniger als 1.500 Einwohnern.

Tab. 7: Herkunftsorte der Hotelbeschäftigten
(1967 - 1974; N = 2.380; in %)

Einwohner (1967 - 1974)	Beschäftigte (Mittelw.d.Jahre 1967 - 1974)	Hotelbesitzer (1975)	Gesamtbevölkerung (1971)
bis 500	44.2	15.6	43.4
500 — 999	11.3	9.4	2.6
1.000 — 1.499	7.7	3.1	1.8
1.500 — 2.999	11.6	12.5	3.2
3.000 — 4.999	7.9	7.8	3.7
5.000 — 9.999	11.5	10.9	5.1
10.000 — 29.999	2.6	9.4	6.3
über 29.999	3.4	31.3	33.9

Mit der Analyse der Standortstruktur des Hotelgewerbes einerseits und der regionalen Herkunft der Hotelbeschäftigten andererseits sind die beiden Bestimmungsfaktoren der regionalen Mobilität der Arbeitskräfte dargestellt worden. Das Migrationsverhalten stellt in seiner Richtung und Struktur eine Ausgleichsbewegung zwischen dem Potential an Arbeitsplätzen und Arbeitskräften dar.

Das Resultat der interferierenden Zuwanderungs- und Abwanderungsbewegungen ist die regionale Struktur der Beschäftigten (Wohnort bzw. Arbeitsort) nach Abschluß der Migrationen. Durch den Vergleich der regionalen Verteilung der Beschäftigten vor Beginn der Migration (Geburtsregion) und nach der Migration (Wohnregion) lassen sich regionale Salden bilden, mit deren Hilfe die Richtung und Struktur der räumlichen Mobilität bestimmt werden kann. Die regionale Mobilität der Hotelbeschäftigten wird in ihrer Richtung durch Wanderungsgewinne der beiden östlichen Regionen, der südlichen Region und durch Abwanderung in das Ausland gekennzeichnet.

Tab. 8: Regionale Mobilität der Hotelbeschäftigten nach Zuwanderungs- und Abwanderungsregion (Mittelwerte der Jahre 1968 - 1972; N = 1.692; in %)

		Abwanderungs-[3] rate	Zuwanderungs-[4] rate	Geburts- region	Wohn- region	Wanderungs- saldo
1)	Dublin City	53.2	95.3	0.9	8.9	+
2)	East	54.8	72.9	7.4	12.4	+
3)	South-East	38.9	38.2	11.4	11.3	−
4)	South	17.8	27.2	17.9	19.1	+
5)	Mid West	47.3	37.8	10.9	9.2	−
6)	West	33.0	33.0	17.8	17.6	−
7)	North-West	36.0	20.3	15.5	12.5	−
8)	Midlands	76.4	28.7	19.1	6.4	−
Ausland		−	−	0.1	2.7	+

Als Zuwanderungsgebiete fungieren die beiden Konzentrationsgebiete des Tourismus in der Republik Irland (vgl. Karte 1), die — aufgrund der Standortidentität von Nachfrage und Angebot — mit einem hohen Anteil an der Erwirtschaftung der Einnahmen aus dem Tourismus zugleich einen vergleichbar hohen Anteil an der Gesamtunterkunftskapazität und damit an der Gesamtzahl der im Hotelgewerbe bereitgestellten Arbeitsplätze aufweisen. Die Konzentration von Arbeitsplätzen im Hotelgewerbe dieser Regionen führt einerseits zu einer Aktivierung der regionalen Arbeitskräfte (besonders in Region (4) South, in der 17.9 % der Beschäftigten geboren sind). Andererseits ist eine Zuwanderung von Beschäftigten aus anderen Regionen Irlands zu beobachten, in denen generell keine Arbeitsplätze oder keine Arbeitsplätze im Hotelgewerbe vorhanden sind (Abwanderung aus Region (8) Midlands).

Die Emigrationsbewegung von Arbeitskräften aus der Republik Irland, in der sich die ökonomische und demographische Deformiertheit Irlands aufgrund langanhaltender struktureller (politischer und ökonomischer) Abhängigkeit von Großbritannien widerspiegelt, wird generell durch die Etablierung und Existenz des Hotelgewerbes und der damit bereitgestellten Arbeitsplätze reduziert. Aus Tab. 8 wird jedoch deutlich, daß 2.7 % der Hotelbeschäftigten — nachdem sie eine formale Ausbildung erfahren haben — in andere Länder auswandern.

Die räumliche Mobilität der Hotelbeschäftigten impliziert mit dem Wechsel des Wohnstandortes häufig zugleich eine Migration zwischen Orten verschiedener Größenklassen: Gemeinden der Größenklassen mit weniger als 500 Einwohnern bis 3.000 Einwohnern weisen jeweils hohe Abwanderungsraten auf; zwischen 84.8 % und 92.2 % der Beschäftigten aus Gemeinden dieser Größen werden räumlich mobil. Den niedrigsten Wert erreichen Gemeinden mit mehr als 29.999 Einwohnern, nur 40.5 % der in Gemeinden dieser Größe geborenen Beschäftigten werden mobil.

Die Wanderungssalden sind in Gemeinden mit weniger als 3.000 Einwohnern negativ, aus Orten dieser Größenklasse findet eine Abwanderung statt. Die Richtung dieser Migration ist in Gemeinden der Größenklassen zwischen 3.000 und mehr als 29.999 Einwohnern. Die Ortsklassen-Mobili-

Tab. 9: Ortsklassen-Mobilität der Hotelbeschäftigten
(Mittelwert der Jahre 1968 - 1972; N = 1.647; in %)

Einwohner			Abwanderungs-rate	Zuwanderungs-rate	Geburtsort	Wohnort	Wanderungs-saldo
bis		500	92.2	50.8	45.2	7.2	—
500	—	999	84.8	76.5	12.6	8.3	—
1.000	—	1.499	91.2	87.6	8.1	5.9	—
1.500	—	2.999	89.2	85.0	11.4	8.1	—
3.000	—	4.999	89.2	86.7	7.0	10.0	+
5.000	—	9.999	76.1	85.2	10.7	17.7	+
10.000	—	29.999	61.9	95.1	2.7	19.9	+
über		29.999	40.5	94.2	2.3	23.1	+

tät von Hotelbeschäftigten läßt sich entsprechend als eine Abwanderung aus dörflichen und kleinstädtischen Herkunftsbereichen und eine Zuwanderung in Mittel- und Großstädte bestimmen.

Mit der beruflichen Mobilität der Hotelbeschäftigten (im Inter-Generationen-Verlauf) aus dem väterlichen Berufsfeld des Farmers und mit dem (damit vollzogenen) Sektorenwechsel aus dem primären in den tertiären Wirtschaftssektor ist zugleich eine regionale Mobilität in die touristischen Konzentrationsgebiete und eine lokale Mobilität in Form einer Land-Stadt-Wanderung verbunden.

Zur Erklärung der Ortsklassen-Mobilität der Hotelbeschäftigten muß auf die berufliche Qualifikation der Beschäftigten in der Untersuchungsgruppe abgehoben werden. Es handelt sich ausschließlich um qualifizierte Arbeitskräfte, die eine formale (theoretische und praktische) Ausbildung in einem Hotelberuf abgeschlossen haben. Die Ortsklassen-Mobilität dieser Gruppe von fachlich qualifizierten Hotelbeschäftigten wird in ihrer Richtung durch die Standorte von Hotels der oberen Kategorien bestimmt. In solchen Hotels wird eine große Zahl entsprechender Arbeitsplätze bereitgestellt, einerseits aufgrund des Anspruchsniveaus der touristischen Konsumenten und des Leistungsniveaus der Dienstleistungen, andererseits aufgrund der Größe der Betriebseinheiten. Die Standorte von Hotels der oberen Kategorien sind bevorzugt Gemeinden der oberen Ortsgrößen-Klassen; in Gemeinden mit mehr als 3.000 Einwohnern, die generell Zielorte der Migration von Hotelbeschäftigten sind, haben durchschnittlich 44,9 % aller Hotels ihren Standort. Der Anteil der "A*"-Hotels in Orten dieser Größenklasse beträgt 73.4 %; 55.0 % der "A"-Hotels und 46.8 % der Hotels der Kategorie "B*" sind in Gemeinden mit mehr als 3.000 Einwohnern lokalisiert.

Die Analyse der räumlichen Mobilität von Hotelangestellten in der Republik Irland hat sich bislang auf die Richtung und Struktur des Wanderungsverhaltens der Beschäftigten konzentriert; die dargestellten Veränderungen resultieren aus den Migrationen einer bestimmten mobilen Gruppe der Arbeitskräfte, deren Volumen abschließend dargestellt werden soll. Das Volumen der räumlichen Mobilität ist bei der Gruppe der Hotelbeschäftigten größer: nur bei 7.2 % der Arbeitskräfte, aber bei 41.8 % der Hotelbesitzer sind Geburtsort und Wohn(Arbeits)ort identisch. Während 56.1 % der Beschäftigten ihre Geburtscounties verlassen haben, haben nur 44.3 % der Hotelbesitzer eine Migration aus ihrem Geburtscounty in ihr jetziges Wohncounty vollzogen.

Das größere Volumen der räumlichen Mobilität von Hotelbeschäftigten bestätigt die These, daß ihr Wanderungsverhalten weitgehend durch die regionale Struktur der Arbeitsplätze determiniert wird und sie aufgrund ihrer sozioökonomischen Lage ohne Einfluß auf die Lokalisation der Arbeitsplätze sind. Zugleich spiegelt sich im hohen Anteil der Hotelbeschäftigten, die ihren Geburtsort verlassen haben (92.8 %), die dörfliche/kleinstädtische Herkunft der Beschäftigten und die Konzentration von — der beruflich Qualifikation entsprechenden — Arbeitsplätzen in größeren Orten wider, die einen Ortswechsel notwendig machen.

ZUSAMMENFASSUNG

Das soziale und regionale Mobilitätsverhalten der Hotelbeschäftigten in der Republik Irland, das exemplarisch an einer umfangreichen Untersuchungsgruppe von qualifizierten Beschäftigten für den Zeitraum 1968 - 1974 analysiert wurde, konnte in seiner Richtung, seiner Struktur und abschließend in seinem Volumen skizziert werden. Als zentrale Ergebnisse der Anlayse lassen sich folgende Mobilitätsmerkmale festhalten:

— Die unternehmerische Tätigkeit der Gruppe der Hotelbesitzer ist — aufgrund des Beschäftigungseffektes der Hotelbetriebe — von Einfluß auf die Zahl der Beschäftigten und ihr sozialräumliches Verhalten; im Gegensatz zur Zahl der Betriebe und der Unternehmerpositionen weist die Zahl der Arbeitsplätze und Beschäftigungspositionen langfristig eine expansive Entwicklung auf.
— Die Arbeitskräfte, die diese Arbeitsplätze im Hotelgewerbe besetzen, rekrutieren sich ausschließlich aus anderen Berufsfeldern (im Inter-Generationen-Verlauf); eine berufliche Selbstrekrutierung liegt bei den Beschäftigten — im Gegensatz zu den Hotelbesitzern — nicht vor. Die Mehrzahl der Beschäftigten stammt aus Farmerfamilien; andere berufliche Herkunftsbereiche im Inter-Generationen-Verlauf sind väterliche Angestellten- und Arbeiterberufe.
— Der agrare Sektor als dominierender sozialer und beruflicher Herkunftsbereich einerseits und die Standortstruktur des Hotelgewerbes andererseits bestimmen auch die regionale Herkunft und regionale Mobilität der Beschäftigten; der überwiegende Teil der Arbeitskräfte stammt aus Dörfern und Kleinstädten im Inland-Bereich und aus den Regionen an der Süd- und Westküste.
— Die Hotels der oberen Kategorien — die aufgrund ihres Leistungsniveaus und ihrer Betriebsgröße Arbeitsplätze für die qualifizierten Beschäftigten (mit formaler Ausbildung) bereitstellen — haben bevorzugt Gemeinden mit mehr als 3.000 Einwohnern (besonders in den Regionen (1) Dublin City, (4) South und (5) Mid-West) zum Standort.
— Die räumliche Mobilität der Beschäftigten, deren Volumen erheblich über derjenigen der Hotelbesitzer liegt, wird — aufgrund der sozioökonomischen Lage der Arbeitskräfte — durch die Standortstruktur der Arbeitsplätze nahezu determiniert; neben einer hohen regionalen Selbstrekrutierung (z. B. in Region (5) Mid-West) wird eine räumliche Wanderung in die irischen Groß- und Mittelstädte in den beiden östlichen Regionen und in der südlichen Region ausgelöst (Land-Stadt-Wanderung). Das Hotelgewerbe fungiert — mit der Bereitstellung von Arbeitsplätzen — innerhalb der irischen Volkswirtschaft als Pull-Bereich für Arbeitskräfte und trägt somit zu einem erwerbswirtschaftlichen Umschichtungsprozeß bei, es induziert aber mit der beruflichen und sozialen Mobilität zugleich eine räumliche Mobilität der Arbeitskräfte.
— Die Emigrationsbewegung irischer Arbeitskräfte — ein zentrales Problem irischer Wirtschaftsplanung und Entwicklungspolitik — wird zwar durch die Bereitstellung von Arbeitsplätzen im Hotelgewerbe in ihrem Volumen reduziert, aber nicht aufgehoben. Für einen Teil der Beschäftigten fungiert das (irische) Hotelgewerbe nur als Bereich temporärer wirtschaftlicher Aktivität; aufgrund des britisch-irischen Lohngefälles wandern in Irland ausgebildete Hotelbeschäftigte in andere Länder (besonders Großbritannien) aus.

ANMERKUNGEN

1) Eine totale oder repräsentative Erfassung des Mobilitätsverhaltens von Hotelbeschäftigten in der Republik Irland war aus finanziellen und organisatorischen Gründen nicht möglich. Als statistische Grundlage der Tabellen fungieren Angaben aus Personalbögen von Hotelschülern, die an Ausbildungskursen von CERT (Council for Education, Recruitment and Traning for the Hotel, Catering and Tourism Industries) teilgenommen haben. Es handelt sich jeweils um die Totalerfassung der CERT-Schüler in den angegebenen Jahren.

2) Die Ergebnisse zum Mobilitätsverhalten der Hotelbesitzer stammen aus einer 1975 vom Verfasser in der Republik Irland durchgeführten Befragung einer hinsichtlich Standorten und Qualitätskategorie als repräsentativ zu betrachtenden Stichprobe von Hotelbetrieben; vgl. STEINECKE, 1977, S. 134 - 164.

3) Abwanderungsrate — Anteil der Beschäftigten, die in der Region geboren sind, aber in einer anderen Region arbeiten.

4) Zuwanderungsrate — Anteil der Beschäftigten, die in einer Region arbeiten, aber nicht in dieser Region geboren sind.

LITERATURVERZEICHNIS

ALBRECHT, G.: Soziologie der geographischen Mobilität. Stuttgart 1972.

ARENSBERG, C. M./KIMBALL, S. T.: Family and Community in Ireland. Cambridge (Mass.) 1968.

BAHRDT, H. P.: Die Angestellten in der industriellen Gesellschaft — III Die kollektive Selbsteinschätzung der Angestellten. In: Frankfurter Hefte, 14. Jg., 1959, H. 11, S. 793 - 800.

BOLTE, K. M./RECKER, H.: Vertikale Mobilität. In: KÖNIG, R. (ed.): Handbuch der Empirischen Sozialforschung, Bd. 5, Stuttgart 1976, S. 40-103.

BORD FAILTE EIREANN (ed.): Accommodation Statistics 1972. Dublin 1972.

— — —: Managers/Proprietors List. Dublin 1975.

CENTRAL STATISTICS OFFICE (ed.): Statistical Abstract of Ireland 1970 - 71. Dublin 1974.

— — —: Census of Population 1971, Vol. IV. Dublin 1975.

COUNCIL FOR EDUCATION, RECRUITMENT AND TRAINING FOR THE HOTEL, CATERING AND TOURISM INDUSTRIES (ed.): Student Survey 1974. Dublin 1974.

DEUTSCHE STIFTUNG FÜR ENTWICKLUNGSLÄNDER (ed.): Tourismus und Entwicklung. Berlin 1967.

FORSTER, J.: The Sociological Consequences of Tourism. In: International Journal of Comparative Sociology, Vol. V, 1964, No. 2, S. 217 - 227.

FÜRSTENBERG, F.: Das Aufstiegsproblem in der modernen Gesellschaft. Stuttgart 1969.

HALL, J./JONES, D. C.: Social Grading of Occupations. In: British Journal of Sociology, Vol. 1, 1950, S. 31 - 49.

HENRY, E. W.: Capital in Irish Industry — Statistical Aspects. In: Journal of the Statistical and Social Inquiry of Ireland, 1962 - 63, Vol. XXI, Part I, S. 135 - 151.

HOFMANN, W.: Grundelemente der Wirtschaftsgesellschaft. Ein Leitfaden für Lehrende. Reinbek 1969.

HORSTMANN, K.: Horizontale Mobilität. In: KÖNIG, R. (ed.), Handbuch der Empirischen Sozialforschung. Stuttgart 1969, S. 43 - 62.

JACKSON, J.: Ireland. In: ARCHER, M. S./GINER, S. (eds.): Contemporary Europe - Class, Status and Power. London 1971, S. 198 - 222.

JOHNSON, J. H.: Der Bevölkerungswandel Irlands im 19. und 20. Jahrhundert. In: Geographische Rundschau, 16, 1964, 6, S. 221 - 230.

JOST, CH,: Der Einfluß des Fremdenverkehrs auf Wirtschaft und Bevölkerung in der Landschaft Davos. Davos 1951.

KÜHLER, P.: The Effects of Tourism on the Economy and Social Structure of a Contry. Berlin 1967.

LEE, J.: Capital in the Irish Economy. In: CULLEN, L. M. (ed.): The Formation of the Irish Economy. Cork 1969, S. 53 - 63.

LEUGGER, J.: Zur soziologischen Literatur über Freizeit und Tourismus. In: Ztschr. für Fremdenverkehr, 1962, 1, S. 2-8.

LYONS, P. M.: The Distribution of Personal Wealth in Ireland. In: TAIT, A. A. / BRISTOW, J. A. (eds.): Ireland — Some Problems of a Developing Economy. Dublin/New York 1972, S. 159 - 185.

MCSWEENEY, E.: Irish Hotels — A Major Growth Industry. In: Administration, Vol. 9, 1961, Nr. 3, S. 193 - 197.

MOORE, W. E.: Changes in Occupational Structures. In: SMELSER, N. J. / LIPSET, S. M. (eds.): Social Structure and Mobility in Economic Development. London 1966, S. 194 - 212.

— — — and FELDMANN, A. S.: Labor Commitment and Social Change in Developing Areas. New York 1960.

PRAHL, H.-W.: Freizeitsoziologie. Entwicklungen — Konzepte — Perspektiven. München 1977.

— — — und STEINECKE, A.: Der Millionen-Urlaub. Von der Bildungsreise zur totalen Freizeit. Darmstadt/Neuwied 1979.

REISS, A. J.: Occupations and Social Status. Glencoe 1961.

RUPPERT, K.: Das Tegernseer Tal. Sozialgeographische Studien im oberbayerischen Fremdenverkehrsgebiet. Kallmünz/Regensburg 1962. (Münchner Geographische Hefte, H. 23).

SOROKIN, P./ZIMMERMANN, C. C.: Principles of Rural-Urban Sociology. New York 1929.

STEINECKE, A.: Tourismus in Irland. Die touristische Nachfrage als Faktor wirtschaftlicher Entwicklung und sozialen Wandels. Starnberg 1977.

— — —: An analysis of differences between the travel attitudes and demand patterns of diverse visitor groups and their reaction to political-military conflicts. In: Beiträge zur Fremdenverkehrsgeographie, II. Teil, Wien 1979, S. 115 - 131 (Wiener Geographische Schriften 53/54)

STUDER, M.: Die Erschließung des Berner Oberlandes durch den Fremdenverkehr und ihre Auswirkung auf Produktion und Wirtschaftsgesinnung. Berlin 1947.

VORLAUFER, K.: Fremdenverkehr und regionalwirtschaftliche Entwicklung in der "Dritten Welt". Eine Fallstudie über die Küstenzone Kenyas. In: Die Geographie und ihre Didaktik zwischen Umbruch und Konsolodierung. Festschrift für Karl Fick. Frankfurt/Main 1977, S. 32 - 49 (Frankfurter Beiträge zur Didaktik der Geographie, Bd. 1).

Klimatische Zonierung der Winterhärte für die Anbauplanung

von Forst- und Parkgehölzen in Europa

von

Detlef Schreiber, Bochum

Mit dem erdweiten Austausch von lebenden Gehölzen und deren Samen innerhalb der Holarktis und auch noch aus anderen Pflanzenreichen stellt sich die Frage nach gleichwertigen Atmosphärilien der Pflanzenumwelt.

Durch die zunehmende anthropogene Verschmutzung der Lufthülle ist der Ruf nach innerstädtischem Grün eine immer dringlichere Planungsforderung. Viele Pflanzenarten werden zumindest so geschädigt, daß ihr Anbau nicht mehr lohnt, weil deren Assimilationsleistung zu gering wird, um eine merkliche Verbesserung der Umgebungsluft zu erbringen. Deswegen wird zwangsläufig nach schadstoffresistenten Arten für ähnliche Klimabedingungen gesucht. Diese findet man nicht nur im gleichen Pflanzenreich — für Europa die Holarktis — sondern auch in ähnlichen Klimagebieten südhemisphärischer Pflanzenreiche. Beispielsweise eignen sich südamerikanische Nothofagusarten zum Anbau in maritimen Klimabereichen Europas.

Am ehesten sterben perrenierende Pflanzen durch Erfrieren. Somit ist die Winterstrenge das markanteste Klimaelement zur Beeinträchtigung des Pflanzenwuchses. Gehölze sind aber teuer und werden mit zunehmendem Wachstum wertvoller — preislich wie auch in ihrer Leistung, Kohlendioxid zu verbrauchen und Sauerstoff zu produzieren. Sträucher sollten möglichst Jahrzehnte leben und Bäume über 100 Jahre alt werden können. So kommt es hier auf Winterstrengemaße einer langen Beobachtungsreihe an. Es muß ein Temperaturwert sein, der von so vielen Stationen ermittelt worden ist, daß unter Verwendung vernünftiger Schwellenwerte eine einigermaßen genaue Kartierung möglich wird.

Da mit Nordamerika ein in der Holarktis gelegener Handelspartner für Europa schon lange diesbezüglich kartiert worden ist — siehe (12), (10), (11) — war es naheliegend, genau das gleiche System auf Europa anzuwenden. Dann wird es auch sinnvoll, europäische Gehölze in die gleichbezifferten Winterhärtezonen Amerikas einzuführen.

Man muß sich bewußt machen, daß es hier lediglich um die winterliche Überlebenschance prennierender Pflanzen geht und nicht um deren Trockenresistenz oder ihre sommerliche Wärmebedürftigkeit. Dies muß später noch bearbeitet werden.

Die amerikanischen Wissenschaftler verwendeten als Maßzahl die mittleren jährlichen Tiefsttemperaturen, die in den Wetterhütten der Klimadienste gemessen worden sind. Das sind die absoluten Minima der Lufttemperatur der einzelnen Jahre, gemittelt über die Zahl der Jahre, in vorliegender Arbeit mit t_{minJ} abgekürzt bezeichnet.

Da Einteilung und Kartierung von den Vereinigten Staaten von Nordamerika ausgegangen sind, wurden die Temperaturen in den dort üblichen Graden Fahrenheit (^{o}F) angegeben und in Zehngradstufen unterteilt. Sie wurden hier in Celsiusgrade (^{o}C) umgerechnet.

Die nordamerikanische Einteilung ist mit + 40°F und damit mit Zone 10 begrenzt. Hier wurde noch eine Zone 11 hinzugefügt, da auf Malta, den Azoren und Madeira die mittleren jährlichen

Tab. 1: Winterhärtezonen und deren Temperaturbereiche mittlerer jährlicher Minimumtemperatur ($\overline{t_{minJ}}$)

Zone	°F	°C
1	unter −50	unter −45,5
2	−50 bis −40	−45,5 bis −40,1
3	−40 bis −30	−40,0 bis −34,5
4	−30 bis −20	−34,4 bis −28,9
5	−20 bis −10	−28,8 bis −23,4
6	−10 bis 0	−23,3 bis −17,8
7	0 bis +10	−17,7 bis −12,3
8	+10 bis +20	−12,2 bis − 6,7
9	+20 bis +30	− 6,6 bis − 1,2
10	+30 bis +40	− 1,1 bis + 4,4
11	über +40	über +4,4

Minima der Temperatur noch höher als +4,4°C liegen. Zudem ist es auch nur logisch, die Skala nach oben wie nach unten unbegrenzt zu machen.

Es ist der Überlegung wert, ob es sinnvoll ist, das Klimaelement "mittleres jährliches Minimum" zu verwenden. Bäume und Sträucher werden während besonders strenger Winter geschädigt oder sterben ab. Danach könnte als Maßzahl das absolute Minimum (t_{minJ}) besser geeignet sein. Wieviel Schaden verursachte beispielsweise der Winter 1928/29 in Europa? Für viele Stationen gelten noch heute als absolutes Temperaturminimum die Werte, die im Februar 1929 gemessen worden sind.

Es ist natürlich möglich, daß die absoluten Minima mit den mittleren gut korrelieren, zumal die absoluten in die mittleren mit eingegangen und somit nicht unabhängig sind. Diese Korrelation ist aber nicht streng. Bis zu zwei Zonenbereiche können die absoluten Minima unter den mittleren liegen.

Die absoluten Minima der Temperatur ergeben ein verworrenes Bild von Einzeldaten, die sich schwer zu Zonen zusammenfassen und kartieren lassen und mehr geländeklimatische Besonderheiten ausdrücken. Man kann aber sagen, daß sich winterkalte und wintermilde Regionen mit beiden Maßzahlen wenigstens der Tendenz nach zeigen.

Dennoch ist es zweckmäßig, mit der Differenz zwischen absoluter und mittlerer jährlicher Minimumtemperatur zu prüfen, ob der letzte Wert sich für Europa ebenso gut eignet wie für Nordamerika. Dazu wurde ein Tabellenwerk gesucht, daß für beide Kontinente diese Werte mitteilt. In dieser Hinsicht ist (5) das brauchbarste und für die vorliegende Bearbeitung ganz besonders geeignet, weil alle Temperaturen in Graden Fahrenheit angegeben sind. Verwendet man für beide Kontinente nur die Meßwerte von Stationen, deren Meßperiode mindestens 10 Jahre lang ist und bei denen für die mittleren wie für die absoluten Minimaltemperaturen nur gleichlange Perioden verwendet worden sind, dann kommt man zu folgenden Abweichungen in Prozent der Stationen eines Kontinentes:

Tab. 2: Prozentuale Häufigkeit der Stationen mit Differenzen $t_{minJ} - \overline{t_{minJ}}$ in den Zonenstufen von 10°F

Kontinent	0 bis −10°F	−11 bis −20°F − 1 Zone	−21 bis −30°F − 2 Zonen
Europa	40,1 %	51,5 %	8,4 %
Nordamerika	40,3 %	58,1 %	1,6 %

40 % der Stationen kommen also nach beiden Maßen noch in die gleiche Stufe und über 90 % haben in beiden Kontinenten Abweichungen in gleicher Größenordnung. Beim Rest scheint Europa etwas ungünstiger zu liegen als Nordamerika. Formal ist dazu anzumerken, daß die Anzahl der Stationen in Amerika wesentlich geringer war, als die, die für Europa verwendet wurde. Eine Untersuchung, ob die Unterschiede an ungleicher Periodenlänge liegen könnten (in Europa waren die Meßperioden meist länger), ergab kein brauchbares Ergebnis. Ursache dafür scheint zu sein, daß in Amerika die Folge kalter Winter häufiger ist als in Europa. Die Häufigkeit der gleichsinnig abweichenden Werte der einzelnen Stationen rechtfertigt aber die Empfehlung, das in Nordamerika bewährte System für Europa zu übernehmen. Überdies ergeben sich für Amerika wie für Europa ganz ähnliche zonenspezifische Abweichungen. Sie stellen sich für Europa wie folgt dar:

Tab. 3: Zonenspezifische Differenzen $t_{minJ} - \overline{t_{minJ}}$ für europäische Stationen (Anzahl der Fälle)

Zone	0 bis −10°F	−11 bis −20°F	−21 bis −30°F
1	1		
2	3	3	
3	4	10	1
4	3	14	
5	8	17	1
6	6	31	8
7	8	54	16
8	26	45	3
9	38	12	
10	27	1	
11	4		

Diese Aufstellung der Zahl der Fälle mit Abweichungen verdeutlicht aufgeschlüsselt nach prozentualer Häufigkeit noch besser, wie sich die mittleren Zonen durch hohe Abweichungen auszeichnen, damit also am unzuverlässigsten als Maß für die Winterhärtezonen sind:

Tab. 3a: Zonenspezifische Differenz $t_{minJ} - \overline{t_{minJ}}$ (in Prozenten)

Zone	0 bis −10°F	−11 bis −20°F	−21 bis −30°F
1	100		
2	50	50	
3	26	68	6
4	24	76	
5	31	65	4
6	13	70	17
7	10	69	21
8	34	62	4
9	76	24	
10	97	3	
11	100		

Die Tabellen 3 und 3a zeigen deutlich, daß es mehr und weniger verläßliche Winterhärtezonen gibt. Nach den Zonen 1, 2, 9, 10 und 11 kann man sich bedenkenlos richten (bei Zone 1 und 11 ist allerdings die Zahl der Fälle sehr klein), während bei den Zonen 3 bis 8 Ausfälle durch Frostschäden zu befürchten sind und man sich daher bei seiner Pflanzenauswahl besser eine Stufe niedriger einrichten sollte, wenn die Gehölze auch sehr harte Winter überleben sollen und besonders wertvoll sind. Die Prozentsätze zwischen 60 und 80 bei einer Stufe tiefer zeigen das.

Ursache für diese eindrucksvolle Verteilung ist einerseits die Regelmäßigkeit strenger Winter in den Zonen 1 und 2 und andererseits die Beständigkeit der Wiederkehr milder, schneeloser Winter innerhalb der Zonen 9 bis 11. Dazwischen liegen die Zonen mit milden Wintern in der Mehrzahl, die von selteneren strengen Wintern unterbrochen werden.

Die unterschiedlichen Eigenschaften unbedeckter Oberfläche während milder Winter und schneebedeckter Oberfläche während der strengen Winter wirken besonders markant auf die Unterschiedlichkeit der Temperaturminima der Klimastationen. Da aber die tiefsten Temperaturen nur bei hoher Lockerschneedecke vorkommen, ist für die Wurzelzone der Sträucher und Bäume der besonders kalte Winter nicht spürbar nachteiliger als der mäßig kalte. So kann im Zusammenhang mit Wurzelfrostschaden die mittlere Minimumtemperatur ebenso brauchbar sein wie die absolute. Anders ist das für die Äste, die sich unweit der Schneedeckenoberfläche befinden. Diese Schäden werden aber wahrscheinlich nur bei sehr niedrigen Pflanzen vernichtend sein.

Besonders geringe Differenzen zwischen den absoluten und mittleren Tiefsttemperaturen ergeben sich wegen der ausgleichenden Wirkung des Wassers bei maritimen Standorten, wenn das Wasser nicht völlig zufriert. Dies gilt von Zone 5 an aufwärts.

Große Differenzen scheinen Geländelagen mit extremem Mikroklima zu haben, wie Mulden und Senken, die zu Kaltluftseebildung neigen. Das alles erlaubt eine gewisse Einschätzung des Frostrisikos.

Man kann davon ausgehen, daß zur Charakterisierung der Kälte, die perennierende Gewächse aushalten müssen, die mittleren Jahresminima der Lufttemperatur geeignet sind. Stellt man sie nach den Tabellenwerken (4), (5), (6), (9) und nach den Karten in (2), (3) und (8) für Europa dar, dann finden sich (Karte 1) alle Frosthärtezonen.

Winterhärtezonen für Gehölze; Europa

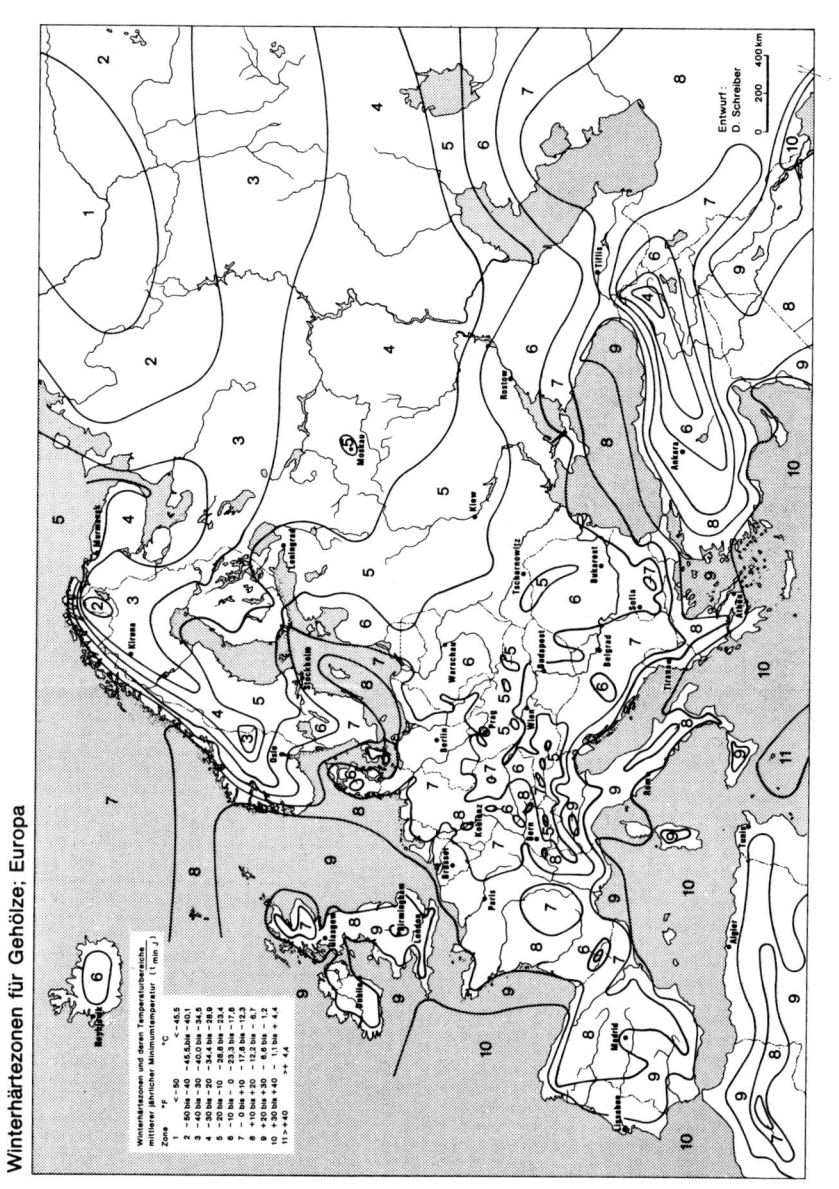

Abb. 1

Zone 1 kommt nur in Nordrußland nördlich 60°N über den Ural und erreicht aber bei weitem nicht das Nördliche Eismeer, wo selbst noch auf Nowaja Semlja Zone 3 angetroffen wird.

Zone 2 ist in Nordostrußland weit verbreitet und kommt zudem noch in Finnisch Lappland vor. Hier, wie später noch bei den Gebirgslagen oberhalb der Baumgrenze, stellt sich die Frage, ob sich bei der gegebenen Thematik die Diskussion oder vielleicht sogar die ganze Kartierung erübrigt. Jenseits der polaren Baumgrenze wird wohl kaum jemand Gehölze anpflanzen wollen.

Die Zonen 3 und 4 sind in Nordfinnland und Schweden schon weit verbreitet, haben aber ihr Hauptareal auch in Rußland.

Zone 5 reicht von Usbekistan und Kasachstan über die Ukraine bis in den Osten der Baltischen Sowjetrepubliken, umfaßt den ganzen Süden Finnlands, große Teile Schwedens, den Südosten Norwegens und noch den Norden und Osten der Halbinsel Kola. Hier zeigt sich ganz deutlich der wintermildernde Einfluß des Nordatlantikstroms. Die Zone 5 um Moskau — tief im Gebiet der Zone 4 — weist auf die Industrialisierung und Verstädterung hin. Sie macht sich besonders stark im Winter bemerkbar, wenn maximal geheizt wird und die Schneedecke früher schmilzt als in der ländlichen Umgebung, weil sie verschmutzt zu einem guten Strahlungsabsorber wird. Eine Insel der Zone 5 findet sich noch am Ostrand der Ostkarpaten in der sonst wärmeren Zone 6. In den Alpen trifft man auf Zone 5 in großen Höhen, oberhalb der alpinen Waldgrenze. Von den meist zufrierenden Meeresarmen Bottnischer Meerbusen und Finnischer Meerbusen muß angenommen werden, daß sie nicht begünstigter sind als das umgebende Land. So zeigt sich in diesem Bereich auch kein besonders milder Küstensaum.

Letzteres ändert sich grundlegend ab Zone 6. Hier wird an zahlreichen Stellen deutlich, wie weit die Begünstigung durch Ostsee und Atlantik binnenwärts reicht. In den südlichen Republiken der UdSSR ist Zone 6 nur schmal. Sie verbreitet sich in der Ukraine, hat noch Anteil in Bulgarien und Ungarn und erreicht über Thüringen und Südostdeutschland Österreich und die Schweiz. Eine Exklave der Zone 6 überstreicht noch als kaltes Gebiet die Baar und reicht von dort noch in die westliche Schwäbische Alb.

Zone 7 gibt es im Kaukasus. Sie herrscht über dem Südteil der Halbinsel Krim, umfaßt die größten Anteile von Bulgarien, Jugoslawien und Ungarn, den Osten Österreichs und das Donautal bis Regensburg. Dann läßt der atlantische Einfluß die Grenze zwischen den Zonen 6 und 7 nach Norden und im Bereich des Ostseeeinflusses sogar nach Osten umbiegen, so daß der größte Teil der Bundesrepublik Deutschland und der DDR der Zone 7 angehört. Erst östlich von Danzig verläßt die Grenzlinie den Kontinent und erreicht ihn nördlich von Stockholm wieder. Götaland und küstennahe Bereiche Norwegens bis hinauf über das Nordkap nach Vardö gehören zu Zone 7. Auch die küstennahen Orte Islands und Hochlagen in Schottland gehören dieser Winterhärtezone an.

An der Atlantikküste Norwegens erreicht die Zone 8 noch 60°N. Dazu gehören auch die Ostseeinseln von Gotland bis zum Belt, die Dänischen-, die Schleswig-Holsteinischen- und die Friesischen Küstenregionen, der Westen der Niederlande, fast ganz Belgien, der größte Teil Frankreichs, das Innere der Britischen Inseln, Norditalien, Teile Jugoslawiens, Albaniens und Nordgriechenlands.

Für Zone 9 verbleiben dann noch Norwegens Küste bis 63°N, die Shetland Inseln, Küstenbereiche Großbritanniens, der Normandie und der Bretagne, der größte Teil Portugals, weite Bereiche in Südspanien, die Katalonische- und die Südfranzösische Küste, ganz Korsika und der größte Teil Italiens, der Rest Albaniens, das mittlere Griechenland und die Inseln in der Ägäis nördlich 38°N. In den Hochlagen Siziliens kann Zone 9 auch noch angenommen werden.

Zone 10 umfaßt Rhodos, die Kykladen, Kreta und den Peloponnes, Süditalien, Sizilien und zum Teil Sardinien, die Mittelmeerküste von Genua bis Monaco, die Balearen, die Küsten der Iberischen Halbinsel und vor Englands Südwestküste die Scilly Inseln.

In der Zone 11 fallen lediglich die Inseln der Azoren und Malta.

Deutschland wurde noch extra genauer und ausführlicher bearbeitet und großmaßstäblicher kartiert. Hierzu wurden die in (9), Seite 110 bis 116, veröffentlichten Daten des damaligen Deutschen Reiches verwendet. Die Winterhärtezonen wurden aufgeteilt in die mit a und b benannten Halbzonen wie für USA in (11). Die Grenzlinien zwischen den Buchstaben bei gleicher Zonenzahl wurden gestrichelt gezeichnet. In gleichen Gegenden muß die Europakarte als stärker generalisiert gelten. Dort sollte zweckmäßigerweise die Deutschlandkarte verwendet werden.

Das hier kartierte Deutschland hat nur die Winterhärtezonen 5 b bis 8 b. Man wird damit rechnen müssen, daß im Bereich des Ewigen Eises Zonen unter 6 vorkommen. Doch sind diese Zonen für den Pflanzenbau völlig uninteressant. Letzteres gilt auch für die Station Zugspitze (2964 m), die noch zur Zone 5 b gehört.

Tab. 4: Winterhärtezoneneinteilung für Mitteleuropa

Zone	°F	°C
5 b	−15 bis −10	−26,0 bis −23,4
6 a	−10 bis − 5	−23,3 bis −20,6
6 b	− 5 bis 0	−20,5 bis −17,8
7 a	0 bis + 5	−17,7 bis −15,0
7 b	+ 5 bis +10	−14,9 bis −12,3
8 a	+10 bis +15	−12,2 bis − 9,5
8 b	+15 bis +20	− 9,4 bis − 6,7

Zone 6 a (siehe Karte 2) ist im östlichen Erzgebirge, bei Hof, bei Amberg, bei Karlshuld, bei Rosenheim, im oberen Allgäu und in der Baar anzutreffen. In den Alpen muß diese Zone noch im Bereich der möglichen Waldgrenze angenommen werden.

Zone 6 b ist verbreitet im Vogtland, in Thüringen und in Südostdeutschland. Exklaven reichen vom Südschwarzwald über die Hochflächen der Schwäbischen Alb, finden sich vereinzelt im oberen Neckartal, reichen vom Odenwald südostwärts und sind noch bei Dingelstedt im Eichsfeld anzutreffen.

Winterhärtezonen für Gehölze, Bundesrepublik Deutschland und DDR

Zone	$\overline{t_{min}J}$ in °C
5b	−26,0 bis −23,4
6a	−23,3 bis −20,6
6b	−20,5 bis −17,8
7a	−17,7 bis −15,0
7b	−14,9 bis −12,3
8a	−12,2 bis −9,5
8b	−9,4 bis −6,7

Entwurf: D. Schreiber

Abb. 2

Zone 7 a umfaßt den größten Teil der DDR und der westdeutschen Mittelgebirgsräume, sowie die Lüneburger Heide. Kalte Exklaven lassen sich in Moorgebieten des Emslandes und in der Pfalz nachweisen. Als warme Exklave tritt neben den Flußtälern von Donau und Salzach noch das Stadtklima von Nürnberg und München in Erscheinung. Auffällig warm sind in ihrer Umgebung auch Bad Tölz, Buchenau im Bayerischen Wald und Hohenpeißenberg. Insbesondere bei der Auswertung der Stationen Österreichs fiel auf, daß Stationen auf Bergkuppen oder an Hängen südöstlicher bis südwestlicher Exposition auch dann um eine Halbstufe günstiger waren, wenn sie um 500 bis 1000 m über dem Talniveau lagen. Das konnte kartographisch nicht berücksichtigt werden.

Zone 7 b erstreckt sich von der schleswig-holsteinischen Geest und von der Ostseeküste über ganz Nordwestdeutschland und den Oberrheingraben, wobei noch das Maingebiet, einschließlich Spessart und das Moseltal mit der gesamten Eifel zu dieser Zone gehört. Als warme Exklave fallen die Stadtbereiche von Berlin, Dresden und Stuttgart auf, begünstigte Tallagen bei Freiberg, Torgau und Wildbad und die Industrielagen von Halle bis Leuna. Ein großer Bereich um den Bodensee gehört noch zu diesem Gebiet.

Zone 8 a haben die Ostseeinseln, Küstenbereiche Schleswig-Holsteins und Frieslands, die Kölner Bucht mit dem Ruhrgebiet, begünstigte Lagen um Koblenz, Mainz und Ludwigshafen und am Bodensee die Orte Meersburg und Bregenz (Österreich), wobei mit Sicherheit alle Bodenseeinseln dazu gehören.

Natürlich gibt es lokalklimatische Besonderheiten. Es zeigt sich, daß Stadtstationen in der Regel eine halbe Zone wärmer einzustufen sind als deren weitere Umgebung, daß Wasser, falls es in strengen Wintern nicht völlig zufriert, begünstigt und daß in Gebirgen Hohlformen ungünstige, Kuppen und Hänge dagegen günstige Bedingungen schaffen. Meistens überschreiten die Abweichungen nach oben wie nach unten keine Halbzonenstufe.

In Mitteleuropa findet sich keine wesentliche Höhenabhängigkeit der Winterhärtezonen. Für die Gleichheit der Werte sind die meteorologischen Ursachen unterschiedlich. Da Kaltluft schwer ist und talwärts fließt — vor allem nachts, wo ja die absoluten Minima vorkommen — kommt es in Tallagen oder am Gebirgshangfuß während der strengsten Winter zu den tiefsten Temperaturen. Hochlagen sind — mitunter über einer tiefliegenden Temperaturinversion gelegen — gleichzeitig verhältnismäßig mild. Die Hochlagen aber haben alljährlich langzeitige Schneedecke und dadurch jedes Jahr relativ niedrige Minima. Sie haben damit auch die verläßlicheren mittleren Minima der Lufttemperatur. So deutet sich nach Abb. 1 für Mitteleuropa in den untersten 600 Metern keine merkliche Höhenabhängigkeit der Winterhärtezonen an, ganz im Gegensatz zu den Verhältnissen auf der Iberischen Halbinsel.

Schaut man sich die Tabelle in (1), S. 360, an und rechnet die dort angegebenen Mittelwerte in die Halbzonen um, dann ergibt sich für den mittleren Alpenbereich folgender Nord-Süd-Schnitt:

Tab. 5: **Winterhärtezonen in unterschiedlicher Höhe nach einem Querschnitt durch die Alpen im Bereich Tirols**

Höhe m	Nord	0 – 30	30 – 60	60 – 90	Mitte	90 – 60	60 – 30	30 – 0	Süd
3000			(5 b)	(5 a)	(5 a)	(5 a)			
2500			(6 a)	(5 b)	(6 a)	(6 a)	(5 b)		
2000		(6 b)	6 b	5 b	6 b	6 a	6 b	(7 a)	
1500		6 b	6 b	6 b	6 b	6 b	7 a	7 a	
1000		6 b	6 b	6 b	7 a	7 a	7 a	7 b	
500		6 b	6 b	6 b	8 a	8 a	8 a	8 a	
250		--	--	--	--	8 a	8 b	8 b	
Höhe der möglichen Waldgrenze		1700 m	2000 m	2300 m	2400 m	2300 m	2100 m	1900 m	

(Zahlen in Klammern sind Gebiete oberhalb der Waldgrenze)

Zur Kennzeichnung des Wertes dieser Betrachtung in Bezug auf Gehölze ist die von FLIRI (1), S. 40, mitgeteilte Höhe der möglichen Waldgrenze dazugeschrieben worden. Die mögliche Waldgrenze ist die Waldgrenze, die sich ergäbe, wenn man sie nicht durch die Almwirtschaft herabgedrückt hätte.

Für den Norden gilt das schon für die mitteleuropäischen Gebirge Gesagte. Sogar bis 1500 m Höhe herrscht hier einheitlich die Zone 6 b. Der Südabfall der Alpen aber zeigt eine so deutliche Höhenstufung der Winterhärtezonen, wie sie für die Iberische Halbinsel gefunden worden ist (vgl. Abb. 1).

ZUSAMMENFASSUNG

Einem Vorbild aus den Vereinigten Staaten von Nordamerika folgend werden für den europäischen Bereich "Winterhärtezonen für Gehölze" vorgestellt. Dazu wurden die $10^\circ F$-Stufen in Grade Celsius umgerechnet und mit Hilfe vieler europäischer Stationen, für die das Klimaelement "mittleres jährliches Minimum der Lufttemperatur" langjährig gemittelt vorliegt, kartiert. Für das Gebiet der Bundesrepublik Deutschland und der DDR wurde noch eine genauere Karte mit $5^\circ F$-Stufen umgerechnet auf Celsiusgrade erarbeitet.

LITERATURVERZEICHNIS

(1) FLIRI, F.: Das Klima der Alpen im Raume von Tirol, Innsbruck und München 1975

(2) Glavnoe Upravlenie Gidrometerorologiceskoj Sluzby pri Sovete Ministrov SSSR: Klimaticeskij atlas Ukrainskoj SSR, Leningrad 1968

(3) HERSHKOVITCH, E. and STANEV, Sv.: On the distribution of the minimum temperatures in Bulgaria (1938 — 1952), Hidrol. i. Meteor., Sofia 19 (1970), Nr. 3, S. 55-66

(4) KOLKKI, Osmo: Tables and maps of temperature in Finland, 1931 — 1960, Helsinki 1966

(5) Meteorological Office: Tables of temperature, relative humidity and precipitation for the world, part III Europe and Azores, London 1958

(6) Meteorological Office: Tables of temperature, relative humidity, precipitation and sunshine for the world, part III Europe and Azores, London 1972

(7) Meteorological Service: Air temperature in Ireland, 1931 — 1960, Dublin 1971

(8) Orszagos Meteorologiai Intezet: Klimaatlas von Ungarn, Budapest 1960

(9) Reichsamt für Wetterdienst: Klimakunde des Deutschen Reiches, Band 2 (Tabellen), Berlin 1939

(10) SKINNER, Henry T.: The geographical charting of plant climatic adaptability, Proceed. XVth Internat. Hort. Congress, Nice 1958, Vol. 3, S. 485 — 491

(11) US Department of Agriculture: Plant hardiness zone map, Miscellaneous Publ. No. 814, Washington 1965

(12) WYMAN, Donald: Hedges and windbreaks, Whittlesey House 1938

Zum Problem echter und unechter Periglazialerscheinungen im Ebrobecken und im Gebiet südlich von Madrid [1]

von Karl-Ulrich Brosche, Berlin [2]

1. PROBLEMSTELLUNG UND LITERATURÜBERBLICK

Die Frage: Gibt es im Ebrobecken bei Zaragoza echte Eiskeilpseudomorphosen und/oder echte Periglazialerscheinungen in Gestalt von Kryoturbationserscheinungen? wurde seit 1960, als sich JOHNSSON als erster mit diesem Problem intensiver befaßte, mehrfach behandelt. JOHNSSON (1960) kam aufgrund von Studien in der Umgebung von Zaragoza zu dem Ergebnis, daß hier Kryoturbationsformen ebenso nachzuweisen seien wie ein fossiler echter Eiskeil ("real ice wedge in the Riss? terrace" — JOHNSSON, 1960, S. 76 f. und Fig. 3). BUTZER (1964, S. 27) und BROSCHE (1972, S. 310) bezweifeln, daß das von JOHNSSON (1960, Fig. 3) abgebildete und beschriebene Gebilde ein Eiskeil ist. Sogenannte "solifluctoidal" phenomena [3] wurden von BUTZER (1964, S. 27) in dem Gebiet von Zaragoza ebenso gefunden wie mechanisch zerbrochene Schotter. Die Fundplätze gibt er nicht an. Bezugnehmend auf die von JOHNSSON (1960) beschriebenen sonstigen Periglazialerscheinungen [3] schreibt BUTZER (1964, S. 27): "In short the evidence presented to the effect of "periglacial" phenomena in the Zaragoza area is not convincing and requires detailed study". Überzeugende Belege für das Vorkommen von Kryoturbationserscheinungen (z.B. in Form von Abbildungen) liefert JOHNSSON (1960) m.E. auch in seiner Figur 1 nicht.

Ausführlich beschäftigt sich BROSCHE (1971 b, 1972) mit dem Problem eiszeitlicher Periglazialerscheinungen im Ebrobecken. Nach dem Studium der 1969 bis 1971 zugänglichen Aufschlüsse im Ebrotal zwischen Tudela und Alcañiz und in seinen Nebentälern (Rio Gallego und Rio Huerva) kommt BROSCHE (1972) zu dem Ergebnis, daß sich im Ebrobecken keine sicheren Eiskeilpseudomorphosen nachweisen lassen. Es wurden aber Kryoturbationserscheinungen in Gestalt von Frostkesseln, Frosttaschen und eiszeitlichen Schichtenstörungen, die auf einen Frostboden zurückzuführen sind, gefunden. Es handelt sich dabei vorwiegend um entschichtete Horizonte mit steil stehenden Schottern, die aus ehemals gut geschichteten Schotterlagen hervorgegangen sind. Diese Phänomene werden mit mehreren Abbildungen belegt. In Unkenntnis dieses Aufsatzes (BROSCHE 1972) behandelt VAN ZUIDAM (1976 a, S. 227 - 234) das Thema "Periglacial-like features in the Zaragoza region, Spain" und formuliert folgendes Ergebnis (S. 233):

"It is very doubtful if the ice-wedge- and congeliturbate like features described here are associated with a periglacial origin. This is not only because of the probable absence of periglacial or permafrost conditions in the lower part of the Ebro basin during the Würm glaciation, but because many other processes also may form these periglacial-like features. Tectonics, dissolution and subsequent collapse of the substratum, swelling and dissolution of the terrace and glacis material, and sedimentation irregularities have to be considered in the studies. These processes are, in the opinion of the present author, much more valid for the explanation of the periglacial-like features than permafrost actions."

In dieser Arbeit wird von VAN ZUIDAM (1976 a, S. 227 - 234) vor allem der kaltzeitliche bzw. periglaziale Charakter bestimmter Schichtenstörungen bezweifelt, die BROSCHE (1971 b) beschrieben und abgebildet hat. Da hierdurch der Eindruck erzeugt wurde, daß es sich im Ebrotal ganz allgemein lediglich um "periglacial-like features" handelt, werde ich im folgenden darlegen, daß VAN ZUIDAMs (1976 a) wesentliche Schlußfolgerung (S. 233): die Negierung einiger m.E. zweifelsfrei echter Periglazial- bzw. Kryoturbationserscheinungen falsch ist. VAN ZUIDAM (1976 a) mißinterpretiert die ihm bekannte Literatur (z.B. JOHNSSON, 1960 und BROSCHE,

1971 a, 1971 b) in verschiedener Hinsicht und hat offenbar den bei BROSCHE (1971 b) erwähnten wichtigen Aufschluß, aus dem das Photo 1 (BROSCHE, 1971 b) stammt, im Gelände im Hinblick auf seine Schlußfolgerungen nicht überprüft, obwohl der Aufschluß mindestens bis 1977 existierte. Außerdem versäumt es VAN ZUIDAM (1976 a, 1976 b), andere Autoren korrekt zu zitieren, woraus sinnentstellende Schlußfolgerungen resultieren. Entscheidend für seine z.T. unrichtigen Ergebnisse ist, daß er die auf mehrwöchigem Geländestudium beruhende Arbeit von BROSCHE (1972) über "Vorzeitliche Periglazialerscheinungen im Ebrobecken in der Umgebung von Zaragoza . . ." übersehen hat. Das ist angesichts der Reihe, in der die Arbeit erschienen ist, verständlich. In dieser Studie wurden die wichtigsten Möglichkeiten der Entstehung der "congeliturbate-like structures" (i.S. von VAN ZUIDAM, 1976 a, 1976 b) und der "pseudo ice-wedges" (i.S. von VAN ZUIDAM, 1976 a, 1976 b) diskutiert und anhand von Beispielen besprochen, so daß die Arbeiten von VAN ZUIDAM auch auf diesem Gebiet keine neuen Ergebnisse liefern.

Will man die Möglichkeit des Vorkommens von echten Periglazialerscheinungen, wozu in erster Linie Solifluktionsschuttdecken, periglaziale Muldentäler, klimabedingte asymmetrische Täler, Kryoturbationserscheinungen und Eiskeil-Pseudomorphosen zu rechnen sind, für den Raum des Ebrobeckens mit Höhen von 200 - 500 m ü.M. bestreiten, wie es VAN ZUIDAM (1976 a, 1976 b) tut, so sollte vor dem Ziehen so weitreichender Schlußfolgerungen nicht nur die ganze das engere Untersuchungsgebiet betreffende Literatur berücksichtigt werden (z.B. auch HAMELIN, 1958 und BUTZER, 1964), sondern es sollten auch die übrigen Arbeiten zum periglazialen Formenschatz auf der Iberischen Halbinsel, besonders zum Phänomen der Kryoturbationserscheinungen, beachtet werden.

IMPERATORI (1955) beschreibt diese als erster im Madrider Gebiet. RIBA (1957) behandelt vorzeitliche (riß- und mindelzeitliche) Kryoturbationserscheinungen, Solifluktionsschuttdecken, Gelivationszeugen und Windschliffzeugnisse im Madrider Gebiet und weist auf den lößartigen Charakter der Deckschichten der Terrassen des Rio Jarama und des Rio Manzanares hin. FRÄNZLE (1959) bildet syngenetische Kryoturbationserscheinungen und klimatisch bedingte asymmetrische Täler im Gebiet nördlich von Madrid ab und deutet sie als Ergebnis kaltzeitlicher Klimaverhältnisse. Ferner ist auf die Bemerkung von M. de BOLOS (1957) zu Kryoturbationserscheinungen bei 200 m ü.M. in einer Terrasse des Rio Fluvia (Katalonien) ebenso hinzuweisen wie auf die von BUTZER und FRÄNZLE (1959) von Tirvia (Pyrenäen) bei 1000 m ü.M. beschriebenen Kryoturbationserscheinungen. Außerdem werden von NONN (1966, S. 86, 96, Planche II und Fig. 18) recht eindeutige kryoturbate Schichtenstörungen aus Galizien behandelt und abgebildet. Schließlich erwähnt SCHMITZ (1969) ähnliche Formen aus einer Schotterterrasse des Rio Tera bei Galende (westlich von Puebla de Sanabria in Nordwestspanien).

2. GELÄNDEBEFUNDE ZUM NACHWEIS EISZEITLICHER PERIGLAZIALER ERSCHEINUNGEN UND PERIGLAZIALER KLIMAVERHÄLTNISSE IM EBROBECKEN

Ziel der folgenden Darstellungen soll es nicht sein, die ehemalige Existenz eines Dauerfrostbodens im Ebrobecken nachzuweisen, wie er früher von JOHNSSON (1960) aufgrund des Eiskeilfundes (s. o. S. 1) und von BROSCHE (1971 b) aufgrund der dort als Photo1 abgebildeten Schichtenstörungen angenommen und auch später noch (BROSCHE, 1972, S. 305) nach dem Auffinden weiterer deutlicher Kryoturbationserscheinungen für möglich gehalten wurde. Es sei vorausgeschickt, daß die Deutung der in dieser Arbeit abzubildenden und zu beschreibenden Schichtenstörungen als Ergebnisse eines Dauerfrostbodens weiterhin problematisch bleiben wird (vgl. auch PISSART, 1970). Ziel der folgenden Ausführungen ist es, die besten mir bekannten Belege zu periglazialen Schichtenstörungen und Frostkesseln darzustellen und deutlich zu machen, daß sie sehr wahrscheinlich unter kaltzeitlichen periglazialen Klimabedingungen entstanden sind.

a) Schichtenstörungen bei El Burgo de Ebro (Südseite des Ebro, südöstlich von Zaragoza)

Die Lokalität mit den meines Wissens klarsten frostdynamischen Schichtenstörungen (Kryoturbationserscheinungen) liegt im Südwesten von Zaragoza zwischen den km-Steinen 11 und 12 der Nationalstraße 232 Zaragoza - Alcañiz, nördlich der Straße am Abfall der 6-8-m —Terrasse zum breiten Talboden des Ebro. Es handelt sich um die gleiche Lokalität, die BROSCHE (1972, S. 303 - 304) bereits behandelte. Sie wird von VAN ZUIDAM (1976 b, sheet 2 - Zaragoza) zur Terrasse T 3.2 gerechnet [4]. Die Terrassenfläche dieser Terrasse steigt südlich der Nationalstraße 232 und südlich der Eisenbahn allmählich auf 10 - 15 m Höhe an.

Die Photos 1 - 3 entstanden im Jahre 1970. Im Jahre 1977 war nur noch der obere Teil dieser Grube gut aufgeschlossen, wie Photo 4 (Aufnahme im Sommer 1977) zeigt.

Im unteren Teil dieser Grube (Photos 1 - 3 und Photo 4 rechts unten) befindet sich ein völlig u n g e s t ö r t e r Ebro-Schotterkörper mit weitgehend horizontal, z.T. dachziegelartig abgelagerten Schottern. Darüber folgt (Photos 1 - 3) jeweils ein durch diesen ganzen Aufschluß ziehender Horizont mit Schichtenstörungen von 0,4 - 0,6 m Breite, den ich als frostdynamisch gestörten Horizont (Kryoturbationshorizont) deute. In ihm sind Schotter, Sande und Kiese intensiv entschichtet worden, wobei es zur Aufrichtung vieler Steine (erected stones) kam. Es lassen sich an verschiedenen Stellen kleine frostkesselartige Gebilde feststellen (vgl. auch Photo 1, BROSCHE, 1971 b und ROHDENBURG und MEYER, 1969, Abb. 1), an deren Rändern die Steine steil gestellt wurden [5]. Dieser Horizont zeichnet sich durch viele frostgesprengte Steine aus, worauf mich zuerst Herr Prof. Dr. Salvador Mensua Fernandez (Zaragoza) anläßlich einer vom Verfasser geführten Exkursion im Herbst des Jahres 1970 aufmerksam machte. Der Kryoturbationshorizont bei El Burgo de Ebro (Photos 1 - 3) kann durch keinen der bei VAN ZUIDAM (1976 a, S. 229 ff.) aufgezählten Prozesse entstanden sein. Er ähnelt den Kryoturbationshorizonten in Mitteleuropa, die man in fast allen Mittelterrassenaufschlüssen (häufig unter einer Lößdecke) findet.

Problematisch bleibt die Deutung der intensiven Verformung des Schotterbandes im Kryoturbationshorizont (Photo 3). Weder Konvektionsbewegungen, die im Extremfall zu "Ankerformen" führen können (ROHDENBURG & MEYER, 1969, S. 54 und Abb. 3b, 4a, 4b), noch ein "Rasenwälzen", das DÜCKER (1967, Tafel 8, Abb. 2, Tafel 9, Abb. 2) zur Deutung ähnlicher Verformungen heranzieht, vermögen die eigenartigen Phänomene hinreichend zu erklären.

Über dem Kryoturbationshorizont folgt (vgl. Photos 1 - 3) ein lößartiges schluffiges Sediment, in das im unteren Teil einzelne Schotter- und Kieslagen, z.T. nur einige einzelne Schotter, eingelagert sind. An der Lokalität nordwestlich El Burgo de Ebro befindet sich allerdings stellenweise ein fast steinfreies lößartiges Decksediment (Photos 1 u. 2, oberer Teil). Die Steine weisen an ihrer Unterkante fast durchgehend kammeisnadelartig auskristallisierten Gips auf.

Wie schon früher bei BROSCHE (1972, S. 303) dargestellt wurde (vgl. jetzt auch VAN ZUIDAM 1976 a, S. 233), handelt es sich bei dieser Ablagerung um ein Sediment, das seinen Ursprung in dem südlich des Ebrotales gelegenen Tertiärhügelland hat. Dieses ist aus gipshaltigen Gesteinen aufgebaut. Das lößartige Feinsediment wurde in jüngster Zeit durch flächenhafte Abtragung in Richtung auf das Ebrotal transportiert und auf die würmzeitlichen Schotter gelegt. Dabei dürfte es sich um die in historischer Zeit abgelagerte Akkumulation handeln, in der VAN ZUIDAM (1976 a, S. 233) Töpferscherben fand.

Wie Photo 5 zeigt, weist dieses gipshaltige lößfarbige Feinsediment in seinem unteren Teil einige Kiesbänder auf und zeigt damit deutlich an, daß es fluviatil transportiert wurde. Vor seiner Ablagerung wurde nach meinen Geländebeobachtungen an vielen Stellen der darunter befindliche eiszeitliche Kryoturbationshorizont entweder ganz abgetragen oder nur z.T. beseitigt, so daß nur noch Reste davon übrig blieben.

Wie ein neuer Besuch des Aufschlusses nordwestlich El Burgo de Ebro im Sommer 1977 zeigte, findet man außerhalb einer flachen, durch den Aufschluß ziehenden Delle, die von der 6-8-m-Terrasse auf die 2-4-m-Terrasse (T 4.2 bei VAN ZUIDAM, 1967 b) führt, zwischen den dicht gelagerten, ungestörten, sicher kaltzeitlichen Basisschottern und den lößartigen Decksedimenten bis zu 1,2 m mächtige sandig-kiesige Sedimente mit Schottern (Photo 4, Mittelteil des Photos). Der Bereich etwa in Höhe des Mittelteils der 1 m langen Meßlatte ist identisch mit dem auf Photo 1 - 3 besonders deutlich sichtbaren Kryoturbationshorizont. Auffallend sind nun die auf Photo 4 im oberen Teil abgebildeten ungestörten Schotterbänder, die von Feinmaterial getrennt werden und k e i n e Schichtenstörungen aufweisen. Während alle Sedimente dieses Photos kalkhaltig sind, findet man die kammeisnadelförmigen, unter den Schottern angesiedelten Gipsausscheidungen an fast allen größeren Steinen oberhalb des dicht gepackten ungestörten Basisschotterkörpers. Hieraus ist zu schließen, daß der Gips nicht die Ursache für die völlige Entschichtung des Sedimentpaketes im mittleren Bilddrittel sein kann. Dafür kommen m.E., wie bereits mehrfach hervorgehoben, nur frostdynamische Prozesse in Frage, die m.E. nur unter kaltklimatischen Bedingungen des Hoch- oder Spätglazials gewirkt haben können. Nochmals sei hier betont, daß der dicht gelagerte Schotterkörper an der Basis keine Schichtenstörungen — weder eiskeilähnliche Gebilde (vgl. BROSCHE, 1972, S. 308 ff., Abb. 12 und VAN ZUIDAM, 1976 a, Fig. 1 und 2, Photo 1 und 2) noch Schichtenverbiegungen aufweist, die auf Lösung oder Quellung von Sedimenten und damit Anschwellung zurückzuführen sind.

Die von mir vorgenommene Deutung des mittleren Horizontes in den Photos 1 - 3 als Kryoturbationshorizont wurde nicht nur von Herrn Prof. Dr. Salvador Mensua Fernandez im Jahre 1970 bestätigt, sondern auch von Herrn Prof. Dr. Pierre Bomer, Tours, anläßlich des Colloque sur le périglaciaire d'altitude du domaine mediterranéen et abords (12. - 14.5.1977 in Straßburg) in einem Vortrag und in einem persönlichen Gespräch danach als korrekt hervorgehoben (vgl. auch BOMER, 1978, S. 171/172). BOMER (1978, S. 172) hebt bei der Bestätigung meiner Interpretation der hier zur Diskussion stehenden Schichtenstörungen als echte Periglazialerscheinungen hervor, daß sie durch die Annahme von Gipsbewegungen im Untergrund nicht erklärt werden können, da der Schotterkörper unter den Schichtendeformationen horizontal verläuft. Dieses Argument wurde auch von BROSCHE (1971 b, 1972) mehrfach hervorgehoben. Wörtlich beendet BOMER (1978, S. 172) sein Kapitel "a) Extrême rareté des formes permettant d'évoquer un pergélisol" mit dem Resümee: "On concluera donc que des involutions explicables par la pression cryostatique ne sont pas absentes du bassin de l'Ebre mais qu'elles sont d'une extrême rareté. Et on rappellera, après PISSART (1970) qu'elles n'impliquent absolument pas l'existence d'un pergélisol."

b) Die Schichtenstörungen in der 15-18-m-Terrasse bei Puebla de Alfinden und Alfajarin (südöstlich Zaragoza)

Die Aufschlüsse mit den deutlichsten frostdynamischen Schichtenstörungen n ö r d l i c h des Ebros befinden sich in einer Ebroterrasse südöstlich Puebla de Alfinden (südöstlich Zaragoza), deren Oberfläche ca. 15 - 18 m über dem Ebrotalboden liegt. Diese Ebroschotterterrasse besteht in ihrem unteren Teil aus dicht lagernden, groben, gut geschichteten Ebroschottern, im mittleren Teil aus schluffig-sandigen Sedimenten und im oberen Teil aus locker gelagerten sandig-schluffigkiesigen Sedimenten mit eingelagerten Gipsknollen und Schottern (vgl. BROSCHE, 1972, Abb. 9). Diese Sedimente haben den Charakter von schwach geschichteten, locker lagernden Glacisablageungen, weshalb VAN ZUIDAM (1976 b, sheet 2, Zaragoza) diese Akkumulation seinem Glacis 4 zuordnet.

In einem heute nicht mehr existierenden Aufschluß nordwestlich von Alfajarin wurden im Jahre 1970 die Photos 6 - 8 aufgenommen. Hier ist der mittlere sand- und schluffreiche Abschnitt der Aufschlußwand durch zwei Diskordanzen ausgezeichnet, die auf eine zweimalige (wahrscheinlich kurzzeitige) Unterbrechung der Akkumulation hindeuten.

Die untere Diskordanz etwa in Höhe des Unterrandes des Feldbuches wird u.a. durch den Farbwechsel deutlich (Photo 6). Die Feinsande im unteren Bilddrittel (1) lassen an ihrer Untergrenze kleine undeutliche Taschen und in den Feinsand von unten eingepreßte verstellte Schotterlagen erkennen. Bei diesen Phänomenen kann es sich um schwache kryoturbate Schichtenstörungen handeln, was m.E. nicht gesichert ist. Im oberen Teil des Photos 6, an der Grenze von Schicht 2 zu Schicht 3, treten jedoch Schichtenstörungen auf, die m.E. nur durch das Wirken frostdynamischer Prozesse erklärt werden können. Dieser Profilabschnitt ist in Photo 7 im Detail oberhalb des Maßstabes, eines Feldbuches, dargestellt. An der Grenze von mit Schluff durchsetztem Feinsand zu Schottern fällt vor allem die Vertikalstellung fast aller Schotter ins Auge. Diese Schotter haben zum großen Teil noch eine Verbindung zu dem liegenden Schotterband (2) und können nur aus diesem hochgewandert sein. Stellenweise lassen sich (Photo 7, rechts und links oberhalb des Feldbuches) sandgefüllte "Frostkessel" unterscheiden.

Diese Schichtenstörungen treten in gleicher stratigraphischer Position flächenhaft auf (vgl. z.B. Photo 8, links oberhalb des Buches). Sie wurden im Jahre 1970 in mehreren weiteren Kiesgruben gefunden und ließen sich auch im Sommer 1977 noch in der Kiesgrube am östlichen Ortsrand von Puebla de Alfinden (nördlich der Nationalstraße 11, am km-Stein 336) beobachten (Photo 9). Hier wurden im Jahre 1977 über eine weite Erstreckung kleine, mit Schluff aufgefüllte frostkesselartige Gebilde gefunden, die an den Seiten von steilstehenden Steinen eingerahmt sind. Oberhalb dieses Horizontes schließt sich — wie auch in den übrigen Kiesgruben in der Nähe von Puebla de Alfinden (Photos 6 und 8) — ein mehrere Dezimeter mächtiger Schotterhorizont an, der keine deutlichen Schichtenstörungen aufweist. Darüber folgt in der Grube nahe dem östlichen Ortsrand von Puebla de Alfinden (Photo 9) ein sandiger Schluff, der schwach pseudovergleyt ist und auf eine Bodenbildung unter recht feuchten Klimabedingungen hinweist. Zum Teil lassen sich in diesem fossilen Pseudogley Roströhren sowie graue und rostige Streifen und Bänder erkennen, wie sie in den mitteleuropäischen Jungwürm-Naßböden auf Löß typisch sind. Die Schichtenstörungen in dieser Grube liegen etwa in Höhe der Nationalstraße 11, also kaum höher über dem Ebrotalboden als die kryoturbaten Schichtenstörungen auf der südlichen Ebroseite bei El Burgo de Ebro (Photos 1 - 5). Im Gegensatz zu den Verhältnissen an der Lokalität bei El Burgo de Ebro wird der lößartige Pseudogley hier aber von mehrere Meter mächtigen Glacisablagerungen (s. o.) überlagert. Alle von VAN ZUIDAM (1976 a, S. 229 -233) genannten Prozesse, die zu Schichtenstörungen führen können, fallen meiner Ansicht nach für die Erklärung dieser Phänomene aus, so daß nur eine frostdynamische Erklärung übrig bleibt. Die von

ROHDENBURG und MEYER (1969) zur Erklärung bestimmter charakteristischer Schichtenverbiegungen benutzte "Konvektionstheorie" dürfte zur Deutung dieser Erscheinungen nicht zutreffen (vgl. auch BROSCHE, 1972, S. 300). Den höchsten Grad an Wahrscheinlichkeit besitzt m.E. die Erklärung, die ein zeitweilig wassergesättigtes Substrat voraussetzt, in dem Frier- und Tauprozesse wirken, die das Hochpressen bzw. Auffrieren von Steinen aus einer liegenden Schotterschicht verursachen (vgl. zur Deutung ähnlicher Erscheinungen ROHDENBURG & MEYER, 1969, S. 50 und 62). Das wäre ein Erklärungsmodell, das sich deutlich von der Deutung sohlenständiger Steinnetzwerke i.S. POSERs (1931) unterscheidet, da es hiernach sowohl zu Prozessen der Entschichtung als auch zu oberflächlichen Verlagerungen von Steinen auf einer Strukturbodenoberfläche in Richtung auf die Steinrahmen kommen muß. Ob unterhalb der wassergesättigten Schicht noch zeitweilig ein Frostboden persistierte, kann kaum entschieden werden. Dieser dürfte allerdings für die Entstehung der beschriebenen Erscheinungen sehr förderlich gewesen sein.

Auf eine Diskussion des Alters der frostdynamischen Schichtenstörungen und damit der Schotterterrassen sei hier nicht näher eingegangen (vgl. dazu die Überlegungen bei JOHNSSON, 1960, S. 77 ff. und BROSCHE, 1972, S. 298 ff.).

Mit ziemlicher Sicherheit handelt es sich bei der 6-8-10-m-Terrasse auf der S ü d s e i t e des Ebro um eine würmkaltzeitliche Akkumulation und auch um würmkaltzeitliche Kryoturbationserscheinungen. Die 15-18-m-Terrasse auf der N o r d s e i t e des Ebro (Glacis 4 von VAN ZUIDAM 1976 b) muß aufgrund ihrer Höhenlage und ihrer Zertalung durch muldenförmige Dellen als würmkaltzeitlich oder älter angesehen werden. Die Ebroschotterakkumulation auf der Nordseite des Ebro südöstlich von Zaragoza mit den hangenden Glacissedimenten (Glacis 4 bei VAN ZUIDAM 1976 b, sheet 2, Zaragoza) weist weitgespannte Einmuldungen auf, die auf Gipslösung, eventuell auch auf Sedimentsackung zurückzuführen sind (BROSCHE 1972); sie ist gleichzeitig die unterste Terrasse, die auch von Verwerfungen und eiskeilähnlichen Gebilden durchsetzt ist (BROSCHE 1972; VAN ZUIDAM 1976 a). Wichtig für die Deutung der auf den Photos 6 - 9 dargestellten Schichtenstörungen ist jedoch, daß diese keine Beziehung zu den größere Sedimentpakete erfassenden tektonischen oder pseudotektonischen Absenkungen aufweisen.

3. UNECHTE PERIGLAZIALERSCHEINUNGEN IM EBROBECKEN

Auf nähere Einzelheiten zu den "Pseudoeiskeilen" bzw. "Pseudoeiskeilpseudomorphosen" wird hier nicht näher eingegangen. Es sei hier nur auf die Bemerkungen bei JOHNSSON (1960, S. 76), BROSCHE (1971 b, S. 109) und die detaillierten Ausführungen und die Abbildungen bei BROSCHE (1972, S. 308 - 310, Abb. 12) und VAN ZUIDAM (1976 a, S. 229 - 231) hingewiesen. Es könnten hier eine Reihe weiterer Abbildungen von "Pseudoeiskeilen" beigebracht werden, worauf aber verzichtet wird.

Statt dessen werden einige Beispiele von unechten Periglazialerscheinungen ("periglacial-like features" i.S. von VAN ZUIDAM, 1976 a, 1976 b) abgebildet und besprochen, um diese 1. im Photo nachzuweisen und 2. zu zeigen, daß diese Erscheinungen i.a. recht leicht von echten Kryoturbationserscheinungen unterschieden werden können. Hiermit soll das nachgeholt werden, was VAN ZUIDAM (1976 a, 1976 b) in seinen nur theoretischen Ausführungen versäumt hat.

Photo 10 wurde an der Verbindungsstraße zwischen dem Flughafen von Zaragoza und der Nationalstraße II (Zaragoza - Calatayud) am westlichen Straßenrand im Sommer 1970 aufgenommen.

Ein Schutt- bzw. Schotterband, das innerhalb einer Glacisablagerung auftritt, ist girlandenartig verbogen worden, wie sich rechts neben der Hand meines Begleiters erkennen läßt. Verformungen von Schutt- und Kiesbändern in dieser recht weit geschwungenen Art finden sich innerhalb der Glacisablagerungen südwestlich von Zaragoza recht häufig. Sie können nur durch Bewegungen im Untergrund erklärt werden, die auf Gipsquellung oder Gipsauslaugung zurückzuführen sind. Der Gips steht hier nach freundlicher mündlicher Auskunft von Herrn Prof. Dr. Salvador Mensua Fernandez (Zaragoza) in ca. 10 m Tiefe an. Von echten Periglazialerscheinungen unterscheiden sich diese Formen durch die Bogenweite und durch die Tatsache, daß die Schuttstücke. bzw. Schotterstücke keine Kanten- oder Schrägstellung aufweisen und es nicht zu einer Entschichtung von ehemals geschichteten Ablagerungen gekommen ist.

Problematischer als die Deutung der Erscheinungen auf Photo 10 ist die Deutung der Schichtenstörungen, die auf Photo 11 abgebildet sind. Sie wurden südlich der Ebrobrücke bei Gallur (nordwestlich Zaragoza, 230 m. ü.M.) unterhalb eines 9 - 10 m mächtigen Akkumulationskörpers im Jahre 1969 ca. 10 m über dem Ebro aufgenommen. Oberhalb des Spatenstieles, der in Höhe von sandigen Sedimenten steht, herrscht in dem stark gestörten Horizont ein Wechsel von tonigen, warwenartigen Stillwassersedimenten und sandigen Sedimenten, während sich oberhalb dieses ca. 0,4 m mächtigen Pakets wieder sandige, und zwar schräg geschichtete Sedimente anschließen. Darüber folgen − auf Photo 11 nicht mehr sichtbar − 2,0 bis 2,5 m mächtige Schotter, 1,0 m mächtige Flußsande, 0,4 m mächtige Schotter und 3,0 m mächtige Wechsellagen von Schottern und Sanden. Auf diesen ist der Ort Gallur angelegt. Die hier abgebildeten Schichtenstörungen sind an dieser Lokalität kein Einzelfall. Sie kommen in zwei etwa gleich aufgebauten Sedimentkomplexen vor, die über mehrere Dekameter in der Nähe der Ebrobrücke bei Gallur aufgeschlossen sind. Mit ziemlich großer Wahrscheinlichkeit gehören sie dem tertiären Sedimentsockel an, der hier "Felssockel" unter den quartären Ebroschottern ist. Sämtliche von VAN ZUIDAM (1976 a) für die Schichtenstörungen in den Ebrotalsedimenten vorgeschlagenen Deutungsmöglichkeiten scheiden für die Erklärung dieser intensiven Schichtenstörungen aus. Eine Entstehung durch Kryoturbation bzw. durch kaltklimatische Prozesse scheidet m.E. aus, da die Schichtenstörungen mit großer Wahrscheinlichkeit in einem Sediment tertiären Alters (s. o.) auftreten. Die Diskordanzen über und unter dem stark gestörten Horizont und die Tatsache, daß über dem gestörten Horizont noch ca. 9 - 10 m mächtige, vor allem quartäre Sedimente folgen, legen dagegen folgende Deutung nahe: Die überwiegend tonig-schluffigen Sedimente in dem verfalteten Horizont müssen zeitweilig stark wasserdurchtränkt gewesen sein und dürften wahrscheinlich auf einer flach geneigten diskordanten Oberfläche durch die auflagernden Sedimente geringfügig quasi-horizontal bewegt worden sein. Möglicherweise ist dies geschehen, als der Ebro, der heute ca. 10 m unterhalb der gestörten Schicht fließt, noch in Höhe des "Pseudokryoturbationshorizontes" floß und der verformte Horizont dadurch besonders stark durchfeuchtet werden konnte. Ob es zu einem Gleiten der hangenden Schichten aufgrund eines Einfallens der Auflagerungsfläche kam oder ob das Gleiten durch Erdbeben oder andere Erschütterungen zustande gekommen ist, muß offenbleiben.

Photo 12 ist an der gleichen Lokalität wie Photo 11 im Jahre 1970, in dem zweiten gestörten Horizont (s. o.), aufgenommen worden. Bei den Schichtenverbiegungen auf diesem Photo fällt auf, daß ein dünnes helles Schluffband den unteren Rand einer Tasche umrahmt und sich seitlich dieser Tasche fortsetzt. Über dem Eispickel ist dieses helle Schluffband ebenfalls in stark verformtem Zustand sichtbar. Diese Schichtenverbiegungen dürften m.E. auch n i c h t durch Kryoturbation entstanden sein, da die Sedimentkörnung kaum Unterschiede aufweist. Ich vermute vielmehr, daß hier entweder ein Beispiel von load cast oder schwacher Gleitung vorliegt; nur so läßt es sich verstehen, daß das helle Schluffband unterhalb der Tontasche erhalten ist. Diese Tatsache schließt es auch aus, daß hier ehemals ein muldenförmiger kleiner Erosionsgully vorlag, der später mit Feinsedimenten verfüllt wurde.

4. UNECHTE UND ECHTE PERIGLAZIALERSCHEINUNGEN IN DER UNTEREN JARAMA-TERRASSE SÜDLICH MADRID

Photo 13 entstand in der Niederterrasse des Rio Jarama in der großen Kiesgrube von Ciempozuelos südlich von Madrid. Über einem Schotterkörper, der unterhalb des Hammers liegt und der von einer Sedimenttapete verdeckt wird, wechseln dicke Tonbänder mit sandig-schluffigen dünnen Lagen ab (Mittelteil des Photos 13). Im Hangenden folgen kalkhaltige schluffige Sedimente (vgl. BROSCHE, 1978; BROSCHE & WALTHER, 1977). Die dicke Tonschicht oberhalb des Geologenhammers weist besonders rechts neben dem Oberteil des Hammers eine deutliche Tasche auf. Diese kann nicht mit Sicherheit auf Kryoturbation zurückgeführt werden. Vielmehr vermute ich, daß kleine Rinnen vor der Sedimentation der dicken Tonschicht bestanden, die mit dem Ton aufgefüllt wurden. Nicht auszuschließen ist auch ein späteres Einsinken des Tones in den liegenden schluffigen Sand nach dem Prinzip von load cast, weil der hangende Ton bei Wasserdurchtränkung aufgrund seines Gewichtes in das Liegende einsinken konnte.

Eine recht eindeutige, m.E. durch Kryoturbation entstandene Schichtenverformung liegt dagegen bei Photo 14 vor. Diese Abbildung wurde gleichfalls in der Kiesgrube von Ciempozuelos (südlich Madrid) im Jaramatal aufgenommen, und zwar im Südteil der Grube in einer flachen, fossilen Delle, die sich in den Jarama-Schotterkörper eingetieft hat (vgl. auch BROSCHE, 1978, Abb. 61 und S. 215). Das helle schluffige Band, das von rechts nach links in der Mitte des Photos durchzieht, grenzt an hangende Kiese und Sande und an liegende Sande. Es weist, wie gut zu erkennen ist, mehrere girlandenförmige Verbiegungen auf; in der Bildmitte ist sogar eine Miniaturtasche, die mit Kies aus dem Hangenden gefüllt ist, entwickelt. Bei diesen Erscheinungen habe ich keine Zweifel an einer kaltzeitlichen Verformung des hellen Schluffbandes. Alle anderen Deutungsmöglichkeiten fallen hier m.E. aus. Es sei noch hervorgehoben, daß es sich bei diesen schwachen Kryoturbationserscheinungen um die ersten und bisher einzigen w ü r m z e i t l i c h e n Schichtstörungen im Gebiet des Rio Jarama und Manzanares handelt. IMPERATORI (1955) und RIBA (1957) fanden hier bisher nur riß- und mindelzeitliche schwache Kryoturbationserscheinungen.

ZUSAMMENFASSUNG

Veranlaßt durch die Studie von VAN ZUIDAM (1976 a) über "Periglacial-like features in the Zaragoza region, Spain", wird die Frage, ob es im Ebrobecken in der Umgebung von Zaragoza echte Periglazialerscheinungen, insbesondere Kryoturbationserscheinungen, gibt, neu aufgegriffen. Im Gegensatz zu VAN ZUIDAM (1976 a und 1976 b — hier besonders Punkt 1 im Anhang mit dem Titel 'Stellungen' und p. 151 - 156) wird bereits von BROSCHE (1972, Abb. 1 - 6) dargestellt, daß es im Ebrobecken sowohl echte frostdynamisch bedingte Periglazialerscheinungen (Kryoturbationserscheinungen) gibt (vgl. Photos 1 - 9 in diesem Beitrag) als auch unechte (periglacial-like features, Photos 10 - 12 in diesem Artikel). Die Hauptargumente für die Einstufung bestimmter Schichtstörungen als echte Periglazialerscheinungen sind: ungestörte, wohl geschichtete Schotterkörper im unteren Teil der Aufschlüsse, von Steinen umrahmte Frostkessel und Frosttaschen mit steil gestellten Steinen an ihren Rändern im mittleren Teil (Kryoturbationshorizonte) und im oberen Teil der Aufschlüsse jüngere (z.T. holozäne) Sedimente ohne Schichtstörungen. Daneben werden zum Vergleich Beispiele von echten und unechten Periglazialerscheinungen aus dem Madrider Gebiet (Photos 13 und 14) herangezogen.

ANMERKUNGEN

1) Der ursprünglich für diesen Band vorgesehene Artikel mit dem Titel: "Studien zu jungpleistozänen und holozänen Küstensedimenten und zur jüngeren Küstenentwicklung in Galizien (Nordwestspanien)" konnte leider bis zum Redaktionsschluß nicht fertiggestellt werden, da acht wichtige 14-C-Daten aus Groningen noch nicht vorlagen.

2) Meiner Frau danke ich sehr herzlich für ihre Hilfe bei den Geländeuntersuchungen in den Jahren 1969, 1971 und 1977. Herrn Prof. Dr. S. Kozarski, Geographisches Institut der Universität Poznan, Polen, danke ich herzlich für ein längeres Fachgespräch und für einige wichtige Literaturhinweise.

3) Als "solifluctoidal" phenomena bezeichnet BUTZER (1964, S. 27) atypische, solifluktionsähnliche Erscheinungen, insbesondere mäßig gewürgte kolluviale Hangablagerungen und wenig charakteristische, schwach ausgebildete éboulis ordonnés. Zu den echten "periglacial" phenomena zählt BUTZER (1964) dagegen Blockströme, Solifluktionszungen, éboulis ordonnés und mögliche Formen der Kryoplanation.

4) VAN ZUIDAM (1976 b, S. 110) unterstellt BROSCHE (1971 b) unkorrekterweise, dieser habe die 6-8-m-Terrasse südöstlich von Zaragoza für VAN ZUIDAMs (1976 b) T 4-Terrasse gehalten, die nach VAN ZUIDAM (1976 b) aufgrund archäologischer Befunde holozän ist. Es wird unten gezeigt werden, daß diese Terrasse — sieht man von ihrer Überdeckung durch jüngere (holozäne?) lößartige Sedimente ab — noch ins Würm zu stellen ist.

5) Ähnliche Formen beschreiben und bilden ab: HEMPEL (1955) und WORTMANN (1956).

LITERATURVERZEICHNIS

ALIA MEDINA, M. & O. RIBA (1957): Manzanares et Tolède. Madrid-Barcelona. — V. Congrès International INQUA. Livret-Guide de l'Excursion Centre C_4.

ALIMEN, H., J.M. FONTBOTÉ & L. SOLÉ SABARÍS (1957): Pyrénées. Madrid-Barcelona. — V. Congrès International INQUA. Livret-Guide de l'Excursion N_1.

BAECKEROOT, G. (1951): Formes de cryergie quaternaire en Montagne Noire occidentale. — Rev. Géogr. des Pyrénées et du Sud-Quest. 22.

—,— (1952): Le rôle des actions cryo-nivales quaternaires dans la formation des paysages du Sidobre de Castres. — Bull. Ass. Géogr. Franc.

BASTIN, A. & A. CAILLEUX (1941): Action du vent et du gel au Quaternaire dans la région bordelaise. — Bull. de la Soc. Géol. de France.

BEUG, H.J. (1967): Probleme der Vegetationsgeschichte in Südeuropa. — Ber. d. Deutsch. Botan. Ges., 80, S. 682 - 689.

BOLOS, M. de (1957): Terrazas del río Fluviá. — V. Congrès International. Resumes des Communications. Madrid-Barcelona, S. 23.

BOMER, P. (1978): Les phénomènes périglaciaires dans le bassin de l'Ebre (Espagne Septentrional). — Colloque sur le périglaciaire d'altitude du domaine mediterranéen et abords, S. 169 - 176. Strasbourg — Université Louis Pasteur. Strasbourg 1978.

BOMER, P. und RIBA, O. (1962): Deformaciones tectonicas recientes por movimiento de yesos en Villafranca de Navarra. I. coloquio internacional sobre las obras publicas en los terrenos yesiferos 5, S. 5 - 11.

BROSCHE, K.-U. (1971 a): Beobachtungen an rezenten Periglazialerscheinungen in einigen Hochgebirgen der Iberischen Halbinsel (Sierra Segura, Sierra de Gredos, Serra da Estrêla, Sierra del Moncayo). — Die Erde, 102, H. 1, S. 34 - 52, Berlin 1971.

—,— (1971 b): Neue Beobachtungen zu vorzeitlichen Periglazialerscheinungen im Ebrobecken. — Zeitschr. f. Geom., N. F., 15, H. 1.

—,— (1972): Vorzeitliche Periglazialerscheinungen im Ebrobecken in der Umgebung von Zaragoza sowie ein Beitrag zur Ausdehnung von Schutt- und Blockdecken im Zentral- und W-Teil der Iberischen Halbinsel. — Hans-Poser-Festschrift. Gött. Geogr. Abh., H. 60.

—,— (1978): Der vorzeitliche periglaziale Formenschatz auf der Iberischen Halbinsel. Möglichkeiten zu einer klimatischen Auswertung. — Colloque sur le Périglaciaire d'Altitude actuel et herité dans le Domaine mediterranéen et ses Abords. Publications des Travaux du Colloque. Hrsg. R. Raynal, Strasbourg 1978.

—,— (1978): Beiträge zum rezenten und vorzeitlichen periglazialen Formenschatz auf der Iberischen Halbinsel. — Habilitationsschrift im Fachbereich 24, Geowissenschaften, der FU Berlin. Abhandlungen des Geographischen Instituts — Sonderhefte, Bd.1. Selbstverlag des Geographischen Instituts der FU Berlin.

—,— & M. WALTHER (1977): Geomorphologische und bodengeographische Analyse holozäner, jung- und mittelpleistozäner Sedimente und Böden in Spanien und Südfrankreich. — Catena 3, S. 311 - 342, Gießen 1977.

BRUNNACKER, K. & V. LOŽEK (1969): Löß-Vorkommen in Südostspanien. — Zeitschr. f. Geomorph., N. F. 13.

BUTZER, K. W. (1964): Pleistocene cold-climate phenomena of the Island of Mallorca. — Zeitschr. f. Geomorph., N. F., 8, S. 7 - 31.

—,— & O. FRÄNZLE (1959): Observations on Pre-Würm Glaciations of the Iberian Peninsula. — Zeitschr. f. Geomorph., N. F., 3.

CAVAILLÉ, A. (1953): Les vallées dissymetriques dans le pays de la moyenne Garonne. — Bull. Sect. Géogr. Com. Trav. hist. scient., 66, S. 51 - 68.

COLEMAN, J. M. und GAGLIANO, S. M. (1965): Primary sedimentary structures and their hydrodynamic interpretation. — Society of Economic Paleontolgists and Mineralogists, Special Publication No. 12, S. 133 - 148, Tulsa, Oklahoma, USA, August 1975

DÜCKER, A. (1967): Interstadiale Bodenbildungen als stratigraphische Zeitmarken im Ablauf der Weichsel-Kaltzeit in Schleswig-Holstein. Frühe Menschheit und Umwelt, Teil II, Naturwissenschaftliche Beiträge, S. 30 - 73, Kiel 1967.

DŻUŁYNSKI, S. (1966): Sedimentary structures resulting from convection-like pattern of motion. — Ann. de la Soc. Géol. de Pologne, Bd. XXXVI, 1966.

DYLIK, J. (1965): Right and wrong in sceptical views on the problem of periglacial phenomena revealed in Pleistocene deposits Bull. de la Soc. des Sc. et des Lettr. de Łodz, Vol. XVI, 8, 1965, S. 1 - 28.

FLORSCHÜTZ, F., J. MENÉNDEZ AMÓR & T. A. WIJMSTRA (1971): Palynology of a thick quaternary succession in southern Spain. — Palaeogeography, Palaeoclimatology, Palaeoecology 1971, S. 233 - 264.

FRÄNZLE, O. (1959): Glaziale und periglaziale Formbildung im östlichen Kastilischen Scheidegebirge (Zentralspanien). — Bonner Geogr. Abh., 26.

FRENZEL, B. (1967): Die Klimaschwankungen des Eiszeitalters. Braunschweig.

GUTIERREZ ELORZA, M. & I. L. PEÑA MONNE (1975): Karst y periglaciarismo en la Sierra de Jav alambre.—Bol. Geol. Minero 86, 6, S. 561 - 572.

HAMELIN, L. E. (1958): Matériaux de géomorphologie périglaciaire dans l'Espagne du nord.-Rev. Géogr. des Pyrénées et du Sud-Ouest, 29.

HEMPEL, L. (1955): Messungen an eiszeitlichen Strukturböden auf dem Göttinger Muschelkalk. Neues Jahrb. für Geol. u. Pal., Monatshefte. 1955.

IMPERATORI, L. (1955): Documentos para el estudio del cuaternario madrileño. Fenómenos de crioturbación en la terraza superior del Manzanares. — Estud. Geol. 26.

JAHN, A. (1968): Patterned ground. — In: Encyclopedia of geomorphology. R. W. FAIRBRIDGE (ed.), Reinhold, New York, Amsterdam, London, S. 228 - 231.

JOHNSSON, G. (1960): Cryoturbation at Zaragoza, Northern Spain. — Z. f. Geom., N. F. 4, S. 74 - 80.

LACHENBRUCH, A. H. (1968): Permafrost. — In: Encyclopedia of geomorphology. R. W. FAIRBRIDGE (ed.), Reinhold, New York, Amsterdam, London, S. 833 - 839.

LAUTENSACH, H. (1941): Interglaziale Terrassenbildung in Nord-Portugal und ihre Beziehungen zu den allgemeinen Problemen des Eiszeitalters. — Pet. Mitteilg., 1941, S. 297 - 311.

LLOPÍS LLADÓ, N. (1955): Las depósitos de la costa cantabrica entre los Cabos Busto y Vidio. — Speleón. 6 1955, S. 333 - 347.

LLOPÍS LLADÓ, N. (1957): La plataforma costera de la costa asturiana entre Cabo Busto y el Eo y sus depositos. — INQUA V. Congres International. Résumés des Communications, S. 112.

LLOPÍS LLADÓ, N. & F. JORDA (1957): Mapa del Cuaternario de Asturias. Oviedo.

MARCELLIN, P. (1950): Phénomènes du vent et du froid au Quaternaire Supérieur dans la région Nîmoise. — Bull. Soc. Languedoc de Géogr., 2.

NONN, H. (1966): Les Régions côtières de la Galice (Espagne), étude morphologique. 591 p, Thèse, Paris 1966.

—,— (1967): Les terrasses du rio Miño inférieur. — Revue de Geomorph. dynamique, S. 97 - 108.

PANZER, W. (1926): Talentwicklung und Eiszeitklima im nordöstlichen Spanien. — Abhandlungen der Senckenbergianischen Naturforschenden Gesellschaft 39, H. 2.

PISSART, A. (1970): Les phénomènes physiques essentiels liés au gel. Annales de la Société Géologique de Belgique. Tome 93, S. 7 - 49.

POSER, H. (1931): Beiträge zur Kenntnis der arktischen Bodenformen. — Geologische Rundschau 22, S. 200 - 231.

RIBA, O. (1957): Terrasses du Manzanares et du Jarama aux environs de Madrid. — V. Congrès International INQUA. Livret-Guide de l'Excursion C_2. Madrid-Barcelona 1957.

ROHDENBURG, H. & B. MEYER (1969): Zur Deutung pleistozäner Periglazialformen in Mitteleuropa. — Göttinger Bodenkundl. Berichte 7, S. 49 - 70, Göttingen 1969.

—,— & U. SABELBERG (1969 a): "Kalkkrusten" und ihr klimatischer Aussagewert — Neue Beobachtungen aus Spanien und Nordafrika. — Göttinger Bodenkundliche Berichte 7, S. 3 - 26.

—,— & —,— (1969 b): Zur landschaftsökologisch-bodengeographischen und klimagenetisch-geomorphologischen Stellung des westlichen Mediterrangebietes. — Göttinger Bodenkundliche Berichte 7, S. 27 - 47.

SCHMIDT-THOMÉ, P. (1973): Neue, niedrig gelegene Zeugen einer würmeiszeitlichen Vergletscherung im Nordteil der Iberischen Halbinsel. — Eiszeitalter u. Gegenwart 23/24, S. 384 - 389, Öhringen/Württemberg.

SCHMITZ, H. (1969): Glazialmorphologische Untersuchungen im Bergland Nordwestspaniens (Galicien/León). Kölner Geogr. Arb. 23.

TAILLEFER, F. (1944): La dissymmetrie des vallées gasconnes. — Revue Géographique des Pyrénées et du Sud-Quest 15.

—,— (1951 a): Le modelé périglaciaire dans le Sud du Bassin d'Aquitaine. — Revue Géographique des Pyrénées et du Sud-Quest 22.

—,— (1951 b): Le piémont des Pyrénées Francaises. Toulouse.

TRICART, J. (1952): Paléoclimats quaternaires et morphologie climatique dans le Midi méditerranéen. — Eiszeitalter und Gegenwart. 1, S. 172 - 188.

—,— (1956): Les actions périglaciaires du Quaternaire récent dans les Alpes du Sud. — Actes du IV. Congrès International du Quaternaire Rome — Pise, Bd. 1, Roma 1956, S. 189 - 197.

—,— (1966): Quelques aspects des phénomènes périglaciaires quaternaires dans la Péninsule Ibérique. — Biuletyn Periglacjalny, S. 313 - 327.

TRICART, J. & A. CAILLEUX (1956): Action du froid Quaternaire en Italie Péninsulaire. Roma 1956. — Actes du IV. Congrès International du Quaternaire Rome — Pise, Bd. 1. S. 136 - 142.

–,– & –,– (1972): Introduction to climatic geomorphology. – Longman, London, 295 pp.
VIRGILI, C. & J. ZAMARREÑO (1957): Le Quaternaire continental de la plaine de Barcelone. – INQUA V. Congr. Intern. Livret-Guide de l'Excursion B_1: Environs de Barcelone et Monserrat, S. 7 - 16. Madrid-Barcelona.
WORTMANN, H. (1956): Ein erstes sicheres Vorkommen von periglazialem Steinnetzboden im Norddeutschen Flachland. – Eiszeitalter und Gegenwart, Bd. 7, S. 119 - 126.
VAN ZUIDAM, R. A. (1976 a): Periglacial-like features in the Zaragoza region, Spain. – Zeitschr. f. Geomorph., N. F., 20, S. 227 - 234.
–,– (1976 b): Geomorphological development of the Zaragoza region, Spain. – International Institute for Aerial Survey and Earth Sciences (ITC), Enschede, The Netherlands, S. 1 - 211, Enschede 1976.

Photo 1: Kryoturbationshorizont mit überwiegend steil und schräg stehenden Ebroschottern zwischen ungestörten horizontal lagernden Ebro-Basisschottern am unteren Bildrand und einem schluffig-sandigen, mit Kies und Schottern durchsetzten Decksediment. Bildhöhe ca. 1,2 m. Lokalität: 6-8-m-Terrasse des Ebro südöstlich Zaragoza bei El Burgo an der Nationalstraße 232 (Zaragoza - Alcañiz) zwischen den km-Steinen 11 und 12.

Photo 2: Bildinhalt und Lokalität wie bei Photo 1. Es sei besonders auf die Sand-Kies-Kessel an der Untergrenze des Kryoturbationshorizontes hingewiesen, die seitlich und an ihrer Unterseite von Schottern begleitet werden, die parallel zu den Kesseln eingeregelt sind. Höhe des Bildes 1,2 - 1,5 m.

Photo 3: Bildinhalt und Lokalität wie bei Photo 1 und 2. Der Kryoturbationshorizont ist 0,4 - 0,6 m mächtig und weist die deutlichsten Frostkessel und Schichtenverwürgungen auf. Genese des in der Mitte des Photos sichtbaren deformierten Schotterbandes unklar (Rasenwälzen?). Der Gegensatz zwischen dem ungestörten Schotterkörper im Liegenden und dem Kryoturbationshorizont hier besonders deutlich.

Photo 4: Lokalität und Bildinhalt wie bei Photos 1 - 3. Rechts unten (rechts der Meßlatte) Reste des ungestörten, liegenden Schotterkörpers sichtbar, der an seiner Obergrenze schwach gestört ist. Über dem feinmaterialarmen liegenden Schotterkörper ein 0,6 - 0,7 m mächtiger entschichteter Horizont, der viele feine Sedimente enthält. Steilstellung vieler Steine und schwache Taschenbildung an der Untergrenze dieses Komplexes fallen auf. Am oberen Bildrand mehrere ungestörte Schotterbänder, die nicht entschichtet sind.

Photo 5: Der Schotterkörper der 6-8-m-Terrasse des Ebro wird südöstlich El Burgo de Ebro (nördl. der Nationalstraße 232, südöstlich Zaragoza) von geschichteten, gipshaltigen Feinsedimenten überlagert, die mit Kiesen und Schottern durchsetzt sind. An der Grenze zwischen den liegenden Schottern und den hangenden Feinsedimenten haben sich Kryoturbationsformen entwickelt. Die Höhe der Aufschlußwand beträgt 1,5 - 1,8 m.

Photo 6 - 8: Kryoturbationsformen in einer Schottergrube nordwestlich des Dorfes Alfajarin (südöstlich Zaragoza auf der N-Seite der Nationalstraße II Zaragoza-Lerida). Photo 7 stellt einen Ausschnitt aus Photo 6 dar und gibt eine Detailansicht des oberen Kryoturbationshorizontes, in dem Ebroschotter und Feinsande frostdynamisch gestört, z.T. zu Frostkesseln geformt sind. Der Maßstab ist 15 cm bzw. 28 cm lang. Ein etwas schwächer entwickelter Kryoturbationshorizont scheint im untersten Drittel des Photos 6 vorzuliegen. Maßgeblich für die Schichtenstörungen ist auch hier der Wechsel von Schottern und Feinsanden. Die unteren und die oberen hellen Feinsande werden jeweils diskordant von dunkleren Feinsanden überlagert. Beim Photo 8 sind die deutlichsten Schichtenstörungen in einem Horizont oberhalb des Maßstabes entwickelt.

Photo 9: Kryoturbationshorizont im Bereich der oberen 0,4 m der Meßlatte deutlich über einem wohl geschichteten ungestörten Basisschotterkörper der 15-18-m-Terrasse sichtbar. Die Kryoturbationserscheinungen bestehen aus Frosttaschen bzw. Frostkesseln, die mit Sand und Schluff gefüllt sind. Der 0,3 m mächtige Bereich oberhalb der Meßlatte weist ebenfalls schwache Schichtenstörungen auf. Im oberen Teil des Photos ein schwach pseudovergleyter Schluff. Lokalität Kiesgrube am östlichen Ortsrand von Puebla de Alfinden (Nationalstraße II Zaragoza-Lerida). Das Photo wurde im Juli 1977 aufgenommen.

Photo 10: Girlandenartige Schichtenverbiegungen in geschichteten Glacisablagerungen rechts neben der Hand des Begleiters an der Verbindungsstraße zwischen der Nationalstraße II (Zaragoza - Calatayud) und dem Flughafen von Zaragoza. Sie werden nicht auf Kryoturbation sondern auf Gipsquellung oder Gipsauslaugung zurückgeführt.

Photo 11 und 12: Intensive Schichtenverbiegungen in warwenartig geschichteten Tonen und Schluffen an der Ebrobrücke bei Gallur (nordwestl. Zaragoza). Die Schichtenverformungen, die sehr wahrscheinlich in den oberen Partien eines tertiären Sediments unter quartären Ebroschottern und -sanden auftreten, werden nicht auf Kryoturbation, sondern auf Gleitung zurückgeführt.

Photo 13: An Kryoturbation erinnernde Tontasche rechts neben dem oberen Ende des Geologenhammers in der Niederterrasse des Rio Jarama bei Ciempozuelos (südl. Madrid).

Photo 14: Girlandenartig verformter Kryoturbationshorizont mit kleiner kiesgefüllter Kryoturbationstasche in der Mitte des Photos von links nach rechts durchziehend. Der Kryoturbationshorizont ist in hellen schluffigen Sedimenten entwickelt, die von Kiesen und Sanden überlagert und von Sanden unterlagert werden. In Höhe des Hammers ist der obere Teil des Niederterrassenschotterkörpers des Rio Jarama sichtbar. Lokalität: Südteil der großen Kiesgrube von Ciempozuelos (südl. Madrid).

Über Deflationsformen in der Zentralen Sahara

von

Wolfram Haberland und Hans-Joachim Pachur, Berlin

1 EINLEITUNG, PROBLEMSTELLUNG

Die Abtragungsleistung des Windes wurde in der Geomorphologie, speziell bei Betrachtungen der ariden Gebiete, seit PASSARGE (1924) in seiner Bedeutung erkannt und in bestimmten Bereichen als dominierendes morphologisches Agens beschrieben (HÖVERMANN, 1963; HAGEDORN, 1968).

Weiter werden seit langem in der Geomorphologie der ariden Zonen die Bildung isolierter Hohlformen unterschiedlicher Größenordnung, die Grarets, diskutiert, wobei der gegenwärtige Stand wohl zutreffend in dem Zusammenwirken von geeigneter Aufbereitung bzw. schon in entsprechender Korngröße vorliegendem Anstehenden und Deflation gesehen wird (z. B. KAISER, 1926; PFANNENSTIEL, 1963).

Die vorliegenden Beobachtungen[1], die Basis zur Ableitung eines Modells zur Genese von Deflationswannen sind, erscheinen uns außerdem aus folgenden Gründen mitteilenswert, da sie

— die halbquantitative Abschätzung der Abtragungsleistung des Windes in dem Arbeitsgebiet gestatten;

— einen Beitrag zur Betrachtung der Formung des Windes leisten;

— durch Inwertsetzung der Ausbildung von Mesoformen (Deflationswannen, Yardangs usw.) gestatten, Aussagen zum übergeordneten (großräumlichen) Windvektor zu formulieren.

Das hier vorgeführte Beispiel behandelt einen speziellen Fall der Deflation: Nämlich den äolisch bedingten Ausraum limnischer Sedimente am Fuße einer Schichtstufe; dieses Beispiel läßt sich verallgemeinern, da in der östlichen Zentralsahara sowohl die hier vorliegenden klimatischen, witterungsmäßigen, als auch die geologischen und geomorphographischen Ausgangsbedingungen mit ähnlichem Formenschatz häufig sind.

Als etwa zeitgleiche, d. h. frühholozäne Beispiele aus der Zentralsahara können aufgeführt werden:

o Seekreide und Seesand am Nordrand der Serir Tibesti mit 14-C-Altern zwischen 6.000 b.p. und 5000 b.p. am Fuße des Djebel Quoquin (Pachur, 1974).

o Quartäre Seesedimente südlich von El Gatroun (Libyen).

o In der Libyschen Wüste, westlich von Kharga am Fuß des Djebel Tartur über eine Erstreckung von mehr als 200 km Sedimente mit 14-C-Altern zwischen 3.000 b.p. und 11.000 b.p. (PACHUR u. GABRIEL i. V.).

o Östlich des Gilf Kebir über eine Entfernung von 60 km Sedimente mit radiometrischen Altern zwischen 3.500 und 10.000. Weitere Beispiele aus der Libyschen Wüste vergleichbarer Altersstellung geben BAGNOLD (1913) und PACHUR (i.V.) an.

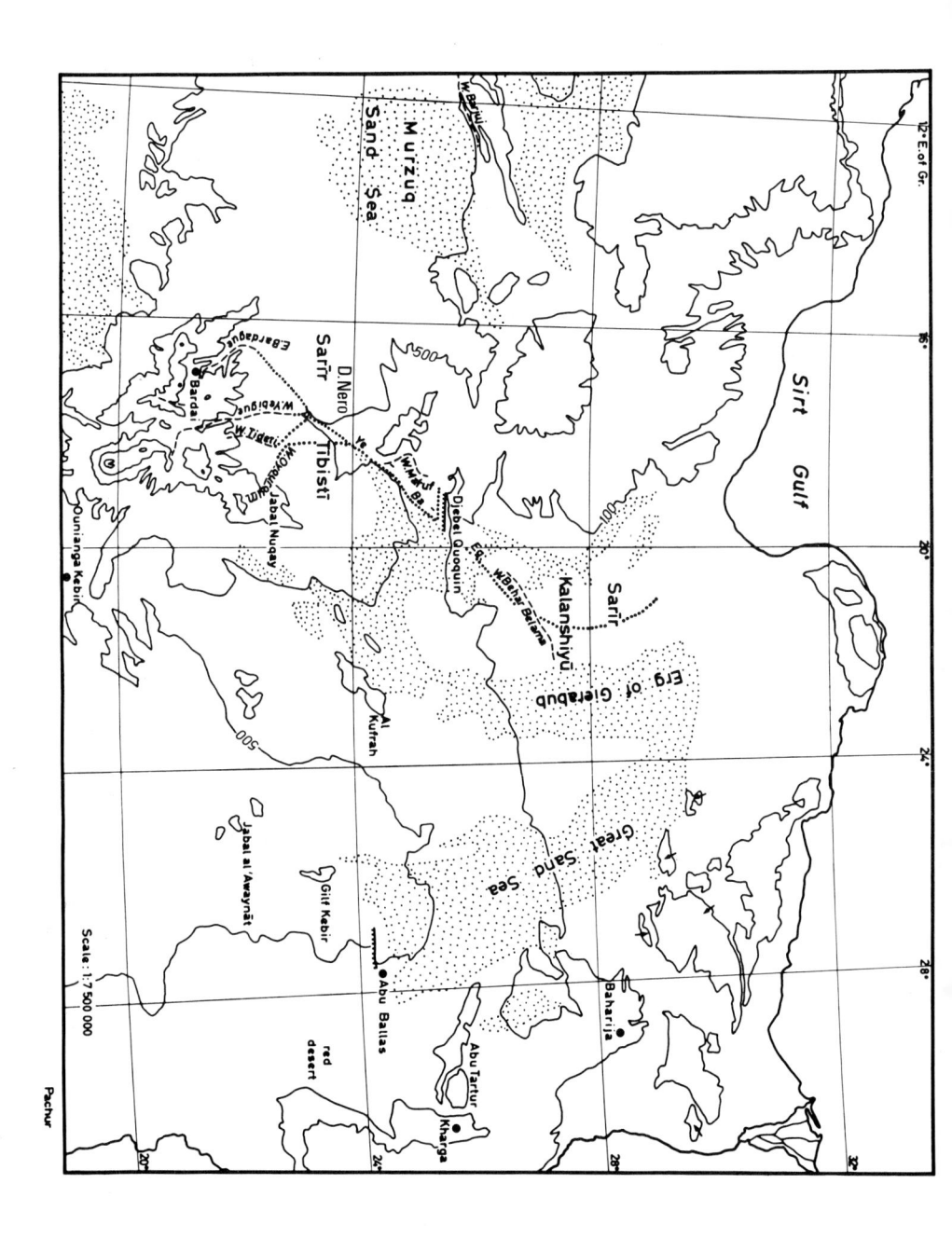

Abb. 1: Das weitere Untersuchungsgebiet (aus PACHUR, 1974)

22°N
Orda

S
1000 m
900
800
700
600
500

v. Terrassen
s Flugsand

fossile äolische
Akkumulation
an den Hängen

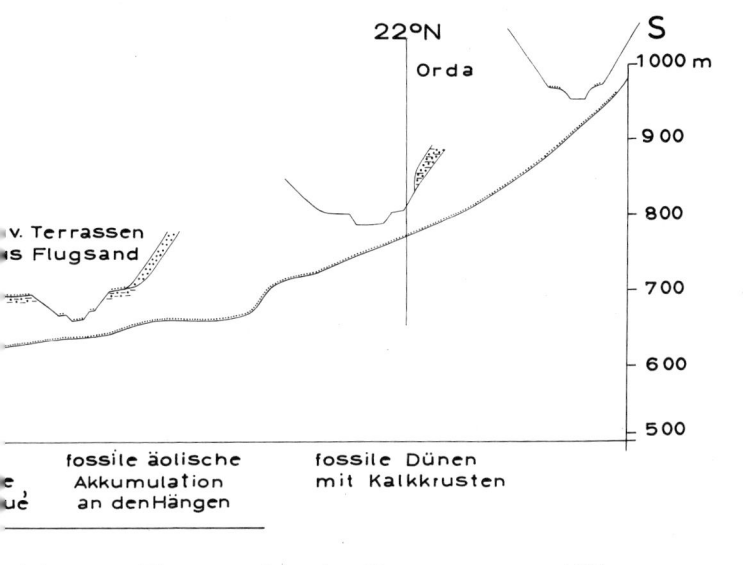

fossile Dünen
mit Kalkkrusten

eich des Flugsandes in Form von
en an den Hängen, Umlagerung und
mung im Enneribett

Höhengrenze
der Sandak-
kumulation

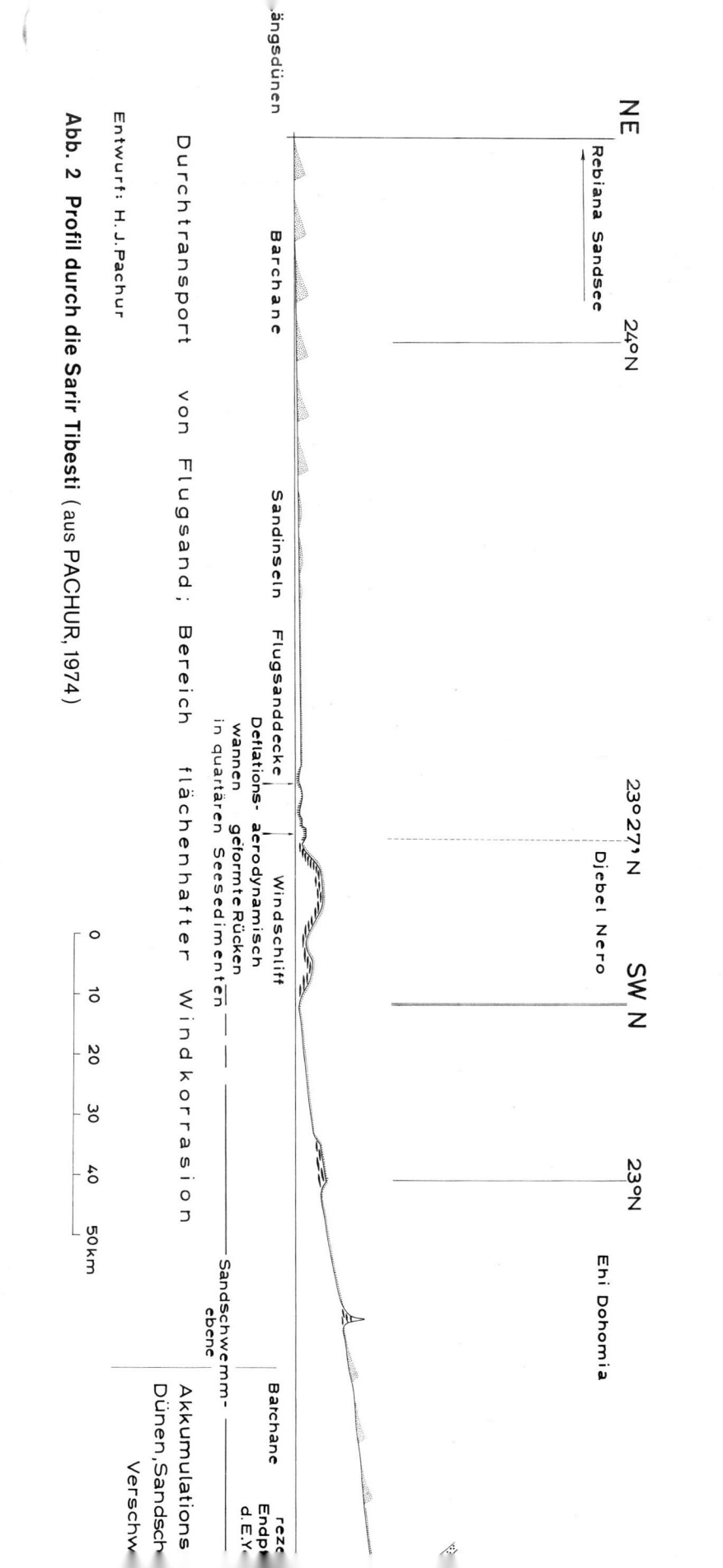

Abb. 2 Profil durch die Sarir Tibesti (aus PACHUR, 1974)

Entwurf: H.J. Pachur

2 MORPHOGRAPHISCHER BEFUND

2.1 ÜBERBLICK

Die im weiteren Untersuchungsgebiet auftretenden Formengesellschaften sind im Profil (Abb. 2) wiedergegeben worden, das im folgenden kurz kommentiert werden soll.

(1) Im Norden des Profils sind gerade noch die südlichsten Ausläufer der Rebiana Sand See erfaßt worden, die als isolierte Dünenzüge in die Landschaftseinheit Serir Tibesti eindringen; äolische Akkumulationsformen überwiegen in diesem Bereich.

(2) Die Serir Tibesti steigt gegen Süden mit geringem Gefälle an: von 475 m im Norden auf 520 m in der Stufenstirn des Jabal Nero über etwa 140 km Länge, d. h. mit einem mittleren Gefällswinkel von nur 0,02°! Die Serir Tibesti ist lt. PACHUR (1974) ein Sanddurchtransportgebiet mit engräumig abwechselnden äolischen Akkumulations- und Deflationsformen.

(3) Das ca. 30 m tieferliegende Stufenvorland der Schichtstufe Jabal Nero ist durch eine Anzahl von Kleinformen gegliedert.

— Im Norden Sandanwehungen an den Flanken der Subsequenzen und in den Obsequenzen; südlich gefolgt von

— äolischen Akkumulationsformen im Dezimetergrößenbereich in unmittelbarer Nachbarschaft von Deflationsformen, wie Yardangs u. ä.; daran weiter südlich anschließend

— jeweils südwestlich von ca. 15 m hohen Tamariskenhügeln größere Deflationswannen und schließlich an den Südwestenden der Deflationswannen

— niedrige Barchane oder Sandschleier mit Rippelmarken.

(4) Westlich an das Vorland der Jabal Nero-Schichtstufe anschließend weitet sich wiederum die Sarir Tibesti, die von ca. 500 m auf 520 m am Fuße des südlich anschließenden Tibesti-Gebirgsvorlandes mit etwa 0,03° ansteigt.

2.2 DEFLATIONSWANNE

Das ausführlich dargestellte Beispiel liegt unter 23° 25' N; 16° 50' E in der Seir Tibesti. Fast im Zentrum der von Alluvionen bedeckten Ebene hat sich eine Folge von limnischen Sedimenten entwickelt, die zu einem Süßwassersee gehören und im Bereich der dargestellten Deflationswanne (Abb. 3) wie folgt aufgebaut sind (alle Angaben in m):

0 — 0,30	Salzkruste	
0,30 — 0,60	Staubboden (Fesch-Fesch), überwiegend Schluff, Kalkkonkretionen führend, die sich zu einem Deflationspflaster anreichern können. Leichte Verkrustung der Oberfläche, darunter fließfähig wie eine Flüssigkeit. Ursache: Schweb- und Trübabsätze eines ephemeren Endsees ohne Bindemittel.	
0,60 — 1,10	Fein-Mittelsand, z. T. kiesig. Fluviale Akkumulation.	

1,10 – 2,80	graues Seesediment (Schluff, $CaCO_3$ > 30 %, Feinsand, Diatomeen, Rhizomhorizonte, Schnecken)
2,80 – 6,00	weißes Seesediment (Schluff in Spuren, Diatomit, $CaCO_3$ > 40 %, Schneckenhorizonte und einzelne Exemplare)
6,00 – 12,0	schluffige Fein-Mittelsande.

Aufgeschlossen sind 4,6 m, die restlichen Angaben beruhen auf Bohrprofilen. 14-C-Datierungen der Seekreide und Schnecken im Randbereich des Sees ergaben in einem Entnahmeabstand von 0,30 m die radiometrischen Alter 8.880 ± 136 und 8.545 ± 13 b.p. Im zentralen Teil wurden Schnecken mit einem 14-C-Alter von 7.570 ± 115 b.p. (PACHUR, 1974) gefunden.

Während in den Randbereichen die Seekreide und Diatomite zu Yardangs abgetragen worden sind, kann der Vorgang der Korrasion in den zentralen Seebeckenbereichen noch unmittelbar in die stratigraphische Abfolge eingeordnet werden, da auf der fluvialen Dachlage der Seesedimente Tamariskenhügel aufgewachsen sind, die die unterlagernden Schichten vor Abtragung geschützt haben.

Abbildung 3 gibt einen Überblick über die morphographische Situation dieses Beispiels:

Südwestlich von zwei eng benachbarten, durch einen Paß miteinander verbundenen ca. 16 m hohen Tamariskenhügeln hat sich eine ca. 200 m lange, ca. 130 m breite und an der tiefsten Stelle etwa 5 m tiefe Hohlform im anstehenden limnischen Sediment gebildet, die — mit nur geringen Modifikationen — symmetrisch zur südsüdwestlich streichenden Längsachse der Hohlform ausgebildet ist; die exakte Form der Hohlform, sowie die unmittelbar benachbarten und mit dieser Hohlform vermutlich in einem ursächlichen Zusammenhang stehenden Geländeformen, wie Sandanwehungen, Tamariskenhügel sind auf der Grundlage eines mit Hilfe eines Tachymeter-Theodolithen aufgenommenen Kotenplanes in Abbildung 3 in Isohypsendarstellung wiedergegeben worden.

Die Hohlform wird an Hand morphographischer Kriterien als D e f l a t i o n s w a n n e gedeutet, deren größte Tiefen unmittelbar südsüdwestlich des Passes zwischen dem Zwillingstamariskenhügeln liegen; nordnordöstlich der Tamariskenhügel finden wir einige niedrige Barchane; die Füsse der Tamariskenhügel sind auf den nordöstlich orientierten Seiten durch Sandakkumulationen verkleidet. Am südsüdwestlichen Ende der Deflationswanne, die selbst ohne Geländeknick in die fossile Seebodenoberfläche ausläuft, finden wir einige Zehner m^2 große Sandflächen von nur einigen Dezimetern Mächtigkeit, die durch Rippelmarken gegliedert sind.

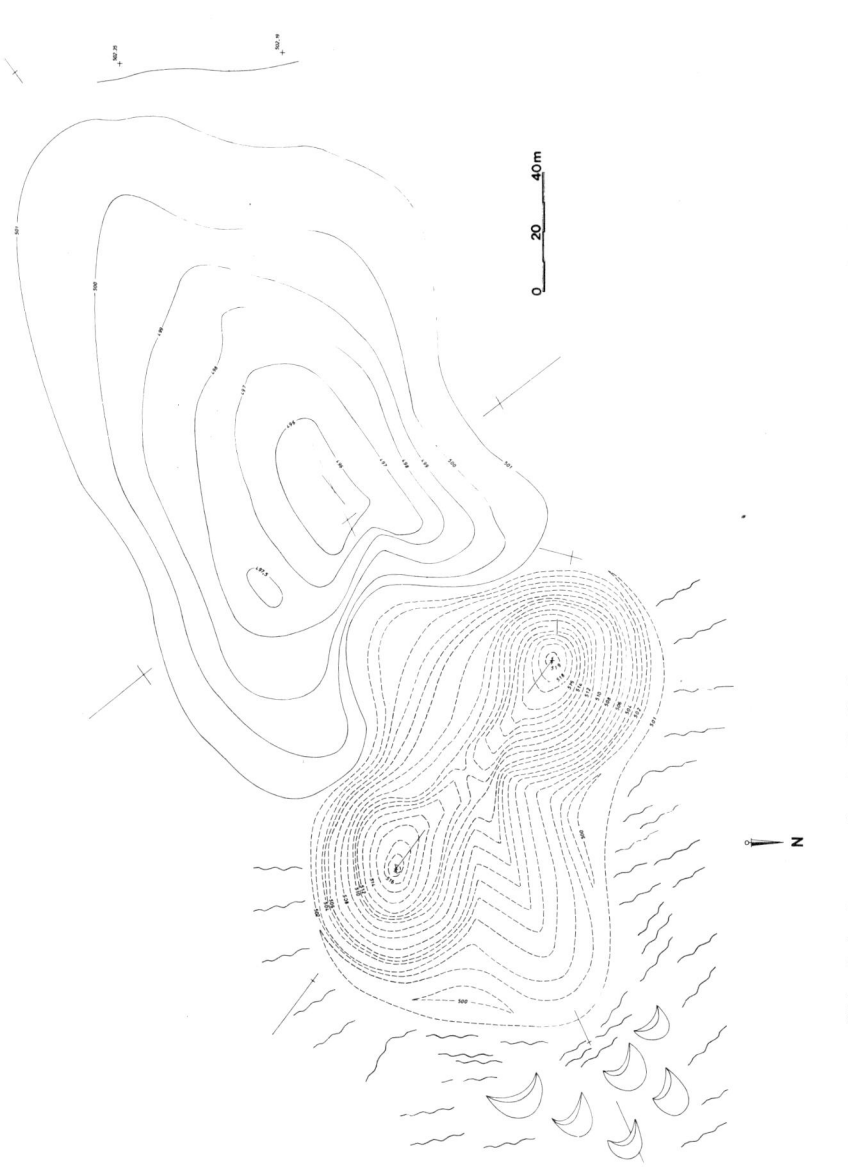

Abb. 3 Isohypsenplan der Deflationswanne und des Doppeltamariskenhügels

Entwurf: W. Haberland auf der Grundlage eines von H.-J. Pachur und W. Haberland mittels eines Tachymetertheodolithen im März 1969 erstellten Kotenplanes. Herrn Danken sei an dieser Stelle nochmals für die Mithilfe bei der Geländearbeit gedankt.

3 EIN MODELL ZUR ENTSTEHUNG DER DEFLATIONSWANNE

3.1 THEORETISCHE VORAUSSETZUNGEN

Allgemein formuliert, bestehen zwischen Wendvektor und Relief (-entwicklung) Zusammenhänge, worauf viele Autoren wie BAGNOLD (1941), TRICART & CAILLEUX (1969), STRAHLER (1975), LOUIS (1968), HAGEDORN & PACHUR (1971), MAINGUET (1968) hingewiesen haben:

Die Windrichtung bestimmt die räumliche Orientierung der resultierenden Reliefform, da die Windrichtung die Transportrichtung generaliter festlegt; die Windstärke bestimmt den Typ des ausgebildeten Reliefs und die Geschwindigkeit der Reliefentwicklung, da Sandflußdichte und Korngröße des transportierten Sandes, sowie die Transportart des Materials maßgeblich von der Windstärke beeinflußt werden. CHEPIL & WOODRUFF (1963) geben für Winderosion in ackerbaulich genutzten Gebieten folgende Parameter an:

$E = f(I, C, K, L, V)$; hierin bedeuten: E: Bodenabtrag durch Wind, I: "Erodibilität"[2]; C: Faktor, der die lokalen Windverhältnisse wiedergibt; K: Rauhigkeit der Bodenoberfläche; L: Vorland im Luv der Form (Länge); V: Vegetationsbedeckungsfaktor.[3]

Diese Gleichung soll nur einen Überblick über die möglichen Faktoren des Bodenabtrages durch Wind geben.

Es ist wiederholt der Versuch unternommen worden, mit Hilfe solcher oder modifizierter Gleichungen Abschätzungen der Deflationsmenge für bestimmte, dem äolischen Formenschatz zuzuordnende Formen aufzustellen:

BAGNOLD (1941) berechnet die Aufschlag-Grenzgeschwindigkeit v_t^*, bei der Windtransport durch das Aufeinandertreffen transportierter und am Boden liegender Sandkörper beginnt, nach:

(1) $v_t = 5.75 \, A \sqrt{\frac{\rho_L - \rho_s}{\rho_s} g d} \, \log_{10} \frac{z}{k'}$ [cm sec^{-1}] [4]; mit den Werten für Luft und Quarzkörner gilt, ebenfalls nach BAGNOLD (1941) für v_t (v_t ist nur noch abhängig von ( )!):

(2) $v_t \approx 680 \sqrt{d} \, \log_{10} \frac{30}{d}$ [cm sec^{-1}] [4]

Die dabei transportierte Sandmenge q berechnet sich nach BAGNOLD (1941) nach:

(3) $q = \alpha \cdot C \sqrt{\frac{d}{D}} \frac{\rho_s}{g} (v - v_t)^3$, Dimension im CGS-System; mit den Werten

$K' = 1$ [cm]; $z = 100$ [cm]; $C = 1.8$; $d/D = 1$; $\rho_s/g = 1.25 \cdot 10^{-6}$

vereinfacht sich die Gleichung (3) auf:

(4) $q_{emp.} = 5.2 \cdot 10^{-4} (v - v_t)^3$ [g · sec^{-1} cm^{-1}].

In der einschlägigen Literatur sind eine Anzahl weiterer Abschätzungen der abtransportierten Sandmengen angegeben worden, wie z. B. SCHWAB et al. (1966):

(5) $S = (v - v_t)^3 \sqrt{d}$ [m^3] pro Jahr und 1 m Transportstrecke.

---

* vgl. Liste der Symbole am Ende der Anmerkungen

Von den von CHEPIL & WOODRUFF (1963) angegebenen Parametern sind es besonders die Bodenrauhigkeit K und die lokalen Windverhältnisse C, die von uns während der Geländeaufenthalte erfaßt werden konnten und die in den Gleichungen (s. o.) angewendet worden sind.

3.2 WINDVERHÄLTNISSE IM ARBEITSGEBIET:

Die von uns während der Forschungsreise im Februar und März 1969 gesammelten Winddaten (Richtung und Stärke, gemessen in 2 m über der Bodenoberfläche) sind bei HABERLAND (1970) bzw. PACHUR (1974) in tabellarischer Form publiziert worden. Alle Werte für den Zeitraum vom 16.2.1969 bis zum 25.3.1969 — also während des Aufenthaltes auf der durch lokale Phänomene sicherlich unbeeinflußten Serir Tibesti — sind in Abb. 4 zusammengefaßt worden. Es dominieren die Windrichtungen NE (24 Fälle = 33 %) mit einer mittleren Geschwindigkeit von 5,08 [m sec^{-1}] mit einer Varianz von 7,20 und die Richtung SW (32 Fälle = 44 %) mit einer mittleren Geschwindigkeit $\bar{v}_{SW}$ = 4,90 [m sec^{-1}] mit einer Varianz von 34,81. Recht häufig kommt noch die Richtung NW mit 16 Fällen, einer mittleren Geschwindigkeit von $\bar{v}_{NW}$ = 3,24 [m sec^{-1}] und einer Varianz von 10,50 vor. Aus diesen drei dominierenden Richtungen ergibt sich vektoriell die Resultierende $\vec{R}$ (303° | 4,0) [m sec^{-1}]. [5])

Windrichtungsdiagramm, erstellt auf der Grundlage von Messungen in 2 m Höhe über Grund im Zeitraum 16.2. bis 25.3.1969.

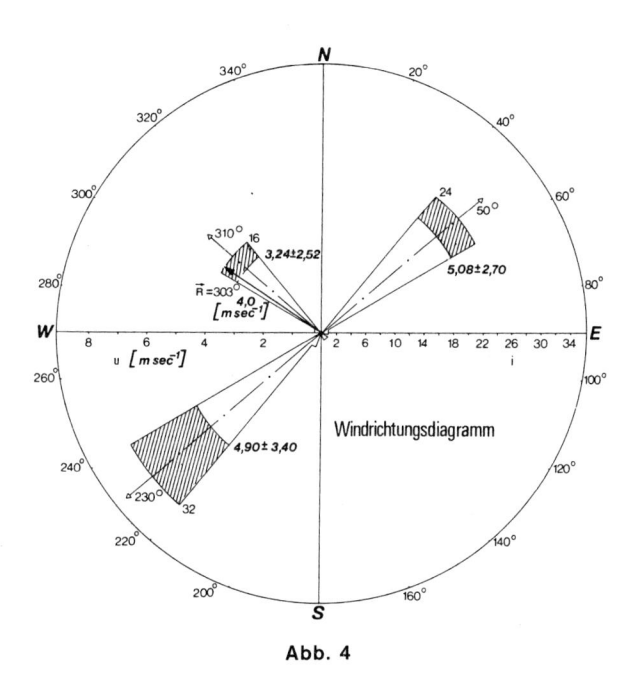

Abb. 4

Auffällig ist die für die Richtung NE deutlich geringere Standardabweichung der Windgeschwindigkeit (vgl. Abb. 4) gegen die Richtungen SW und NW. Der Wind aus NE bläst also stetiger, als der aus SW; 77 % aller beobachteten Windrichtungen im Untersuchungszeitraum entfallen auf die Richtung NE — SW, praktisch der Rest von 23 % auf die dazu senkrecht stehende Richtung NW! Die höchste gemessene Windgeschwindigkeit wird mit 13,0 [m sec^{-1}], entsprechend Beauford Stärke 6 aus Richtung SW festgestellt. Es ist bemerkenswert, daß — abweichend von den Feststellungen von DUBIEFF (1963) und HAGEDORN (1968) für das SE-Vorland des Tibesti-Gebirges — im NE-Vorland die Richtung NE-SW als vorherrschende Windrichtung dominiert, daß jedoch der Richtungssinn aus SW einen gegenüber der NE-Richtung deutlich höheren Anteil hat.

3.3 ABLEITUNG EINES MODELLS ZUR ENTSTEHUNG DER DEFLATIONSWANNE, SOWIE ZUR GENESE DER ÄOLISCH BEDINGTEN FORMEN AUF DER SERIR TIBESTI IM ALLGEMEINEN

Die im Kapitel 2 dargelegten Oberflächenformen: Dünenfeld, Deflationswanne, Dünen, Stufe des J. Nero usw. (vgl. Abb. 2) werden im folgenden als eine funktionale Formengruppe verstanden, sofern sie entlang den vorherrschenden Windrichtungen NNEE → SSW angeordnet sind. Im Normalfall, also bei mittleren, statistisch gesehen dominierenden, Windrichtungen aus NE ereignet sich folgendes:

Nördlich der Serir Tibesti, in der Serir Calanscio und dem Erg von Calanscio und Rebiana hat der Wind Gelegenheit, entsprechend seiner Geschwindigkeit (vgl. Kap. 3.1) Sand aufzunehmen und nach Südwesten zu verfrachten: Tatsächlich kommt es nach Passieren der Nordgrenze der Serir Tibesti südlich der Ausläufer des Jabal Mar'uf zur Akkumulation eines D ü n e n z u g e s in Richtung NE → SW (vgl. Abb. 1), der von 24.8° N, 19.3° E bis 23.9° N, 18.1° E reicht.

Auf Grund allgemeiner Überlegungen leiten wir aus der räumlichen Anordnung der Akkumulationsformen ab, daß sich die Stromfäden über der ebenen Serir-Tibesti parallel einregeln (laminares Fließen des Windkörpers); dabei wird die Transportkapazität des Windkörpers herabgesetzt und es kommt in kleinen Depressionen oder Leelagen hinter niedrigen Geländevollformen nur Akkumulation von Sand; denn: Beruhigung des turbulenten Fließvorganges bedeutet Herabsetzung der Transportrate, da die Neuaufnahme von Sandkörnern verringert wird. Somit tritt eine Abnahme der transportierten Sandmenge ein; denn die "Akkumulationsverluste" werden nicht ausgeglichen.

In dem im SW des Barchanfelds anschließenden Bereich der S e r i r T i b e s t i kommt es nur noch in Staubereichen oder in Lee-Lagen hinter Hindernissen zur Akkumulation von Sand, also immer dann, wenn Stromfäden des Windfeldes divergieren. PACHUR (1974) bezeichnet die Serir Tibesti als ein Sanddurchtransportgebiet wegen der einerseits fehlenden Akkumulationsformen in der Größenordnung von z. B. Barchanen, andererseits deutlich ausgeprägten Deflationsformen im Kleinformenschatz. Entsprechend unserem Modell liegt hier ein Bereich vor, in dem das Deflations-, Akkumulations- oder Transportpotential des Luftkörpers zwar lokal zu gunsten eines dieser Potentiale verschoben ist, im Mittel jedoch im Gleichgewicht steht.

Nach 100 km "Laufstrecke" des Windes in südwestlicher Richtung wird die Serir-Ebene durch die Schichtstufe des J a b e l N e r o unterbrochen, deren nordöstlich exponierte Landterrasse mit wenigen Grad Neigung aus der Fläche aufsteigt. Es kommt zur Konvergenz der Stromfäden und somit zur Erhöhung der Durchflußgeschwindigkeit durch ein Volumeneinheitselement; damit vergrößert der Wind sein Deflationspotential zu gunsten der anderen zwei Potentiale: In der Tat können wir auf der L a n d t e r r a s s e des J. N e r o Formen äolischer Korrasion vom Windkanter bis zu Windgassen im anstehenden Kalkstein nachweisen. In Richtung auf die nach SW zeigende S t u f e n s t i r n verdichten sich diese Formen der äolischen Korrasion und es finden sich graretähnliche Gebilde, äolisch zugeschliffene Gesteinsausbisse, polierte Hangflächen und andere Formen des äolischen Formenschatzes. Auch nach unserem Modell erwarten wir für diesen Bereich die stärkste äolische Arbeit i. S. von Korrasionsarbeit, da im Bereich der Landterrasse das größte Korrasionspotential zur Verfügung steht!

Wegen der leicht nach SW ansteigenden Landterrasse des J. Nero ist es außer der Scharung der Stromfäden in unmittelbarer Nähe der Bodenoberfläche zu einem generellen Ansteigen der Stromfäden ebenfalls in Richtung SW gekommen. Der Gipfelpunkt dieses "Windberges" liegt wegen des Newtonschen Trägheitsprinzips in diesem Fall stets SW der orographischen Stufenstirn; dessen Entfernung von der Stufenstirn ist Funktion der Gesamtenergie des Windkörpers. Da aber das Gelände SW der Stufenstirn abfällt, kommt es im Lee der Stirn zu einem "Unterdruckgebiet", das aufgefüllt werden muß. In unmittelbarer Bodennähe wird das Unterdruckgebiet weit im Lee der Stufenstirn und im Lee der Tamariskenhügelreihe beginnend gegen die Hauptwindrichtung NE → SW "unterblasen" (sog. Stufenleewalze). Dadurch kommt es zur Tieferlegung der Stufenfußflächen gegen das SW-lich anschließende Vorland und zu starker selektiver Korrasion im Bereich der Stufenstirn. Entlang der Oberfläche der "Stufenleewalze" senken sich die Stromfäden ab und divergieren; es kommt zur Akkumulation von kleinen Dünenkörpern und Sandschwänzen aus grobem Sand.

Die im weitern SW - V o r l a n d d e s J. N e r o auftretenden Tamariskenhügel führen in Analogie zur Stufe des J. Nero zur lokalen Deformation der Leewalze SW-lich der Tamariskenhügel, so daß praktisch eine zweite Leewalze entsteht. Das anstehende fluviatile und limnische Sediment hat relativ zum anstehenden tertiären Kalkstein des J. Nero einen weitaus geringeren Ausblasungswiederstand (vgl. Kap. 2). Es kommt entsprechend der Zunahme des Korrasionspotentials in der Leewalze mit Annäherung des Windes von SW → Ne an die Tamariskenhügel zu zunehmender Korrasion in Richtung auf die Tamariskenhügel. Die tiefsten Punkte der Deflationswanne müssen wir SW-lich der beiden Tamariskenhügel erwarten, wo sie tatsächlich liegen (Abb. 3). Die Stromfäden, die den niedrigen Paß zwischen den beiden Tamariskenhügeln passieren, haben einen Gesamtenergieüberschuß gegen den Windkörper, der den Doppeltamariskenhügel umströmt hat. Die den Paß passierenden Stromfäden werden abgebremst und verringern ihr Transportpotential: Es kommt zur Akkumulation unmittelbar im sekundären Luv des Passes. Da aber die Doppeltamariskenhügel für die Sekundärströmung der Leewalze wiederum ein Hindernis darstellen, das umströmt werden muß, kommt es an den Flanken der Tamariskenhügel zur Konvergenz der Stromfäden und somit zu einem Energiezugewinn; entsprechend ist das limnische Sediment im Lee der Zwillingstamariskenhügel in Form einer Deflationswanne ausgeblasen worden: Die Wirkung der zwei Tamariskenhügel wird durch das Vorhandensein zweier Vertiefungen beiderseits der Hauptachse angezeigt.

Alles beim Umströmen des Doppeltamariskenhügels und beim Passieren des Paases zwischen den Tamariskenhügeln mitgeführte Material wird in den im SW anschließenden Bereich transportiert und dort im Lee von geeigneten Bodenerhebungen akkumuliert. Das SW-Ende der Deflationswanne ist durch eine nur dm-mächtige großflächige Sandakkumulation gekennzeichnet.

4 ABSCHÄTZUNG DER TRANSPORTIERTEN SANDMENGE AUF DER BASES DER WINDVEKTOR-MESSREIHE

Die im Kapitel 3.2 vorgetragenen Windverhältnisse (vgl. Abb. 4) im Gebiet der Scrir Tibesti — wobei die Repräsentanz dieser punktuellen Messungen über einen nur kurzen Zeitraum allerdings nicht bewiesen ist — lassen unter Zuhilfenahme der in Kapitel 3.1 angegebenen Gleichungen Abschätzungen der transportierten bzw. transportierbaren Sandmengen zu:

Unter Annahme der D o m i n a n z der Fraktion 0,250 [mm] $\emptyset$ und (Dichte = 2,65 [g cm^{-3}]) ergibt sich nach Gleichung (2) bzw. (1) 1 m über Grund eine 'impact threshold velocity' v_t = 3,3 [m sec^{-1}], d. h. für die beiden dominierenden Windrichtungen — nicht jedoch für die senkrecht dazu stehende — wird im Mittel die Aufschlag-Grenzgeschwindigkeit überschritten; die dominierende Kornfraktion und Sandart kann demnach durch Wind in Bewegung versetzt werden! Aus unseren Messungen ergibt sich, daß an 24 von 33 Tagen, d. h. in 73 % der Tage die Windgeschwindigkeit über dem Grenzwert gelegen hat.

In Richtung NW kann nur die Fraktion mit max. 0.23 [mm] $\emptyset$ transortiert werden; in dieser Richtung wird also eine selektive Anreicherung der Fraktion über 0,23 [mm] $\emptyset$ in 23 % der Beobachtungen bewirkt; dadurch wird die Oberflächenrauhigkeit senkrecht zur dominierenden Richtung des Windes vergrößert. Der Gradient der Windgeschwindigkeit zwischen den Stromfäden unmittelbar über der Bodenüberfläche und dem "unbeeinflußten" Stromfäden in größerer Höhe versteilt sich; somit liegt in größeren Höhen ständig ein Transportpotential vor, das einmal dorthin gelangte Sandkörner über größere Strecken transportieren kann (Durchtransportgebiet: Serir Tibesti). Nehmen wir für unseren Meßzeitraum lediglich eine Dauer von durchschnittlich 4 h d^{-1} für Windgeschwindigkeiten von über 3,3 [m sec^{-1}] an den infrage kommenden Tagen an, so haben wir im Beobachtungszeitraum Februar und März 1969 insgesamt 185 h mit einer durchschnittlichen Windgeschwindigkeit von 5,8 [m sec^{-1}].

Unter Anwendung der Gleichung (4) erhält man für die in diesen 185 h transportierte Sandmenge q: q = 185 · 2,9 · 10^6 [kg h^{-1} m^{-1}] Quarzsand der Fraktion 0,25 [mm]. Rechnet man die im Beobachtungszeitraum ermittelte Stundenzahl mit durchschnittlichen Windgeschwindigkeiten von 5,8 [m sec^{-1}] für das ganze Jahr linear hoch, ergibt sich eine Gesamtzahl von rd. 2000 h; es folgt damit für die transportierte Jahresmenge an Quarzsand: q_a = 5,8 · 10^9 [kg a^{-1} m^{-1}]; dieser Wert unterscheidet sich von dem von WILSON (1971) angegebenen Wert von 16 · 10^3 bis 50 · 10^3 [kg m^{-1} a^{-1}]erheblich. WILSON (1971) bezieht sich in seinem Aufsatz auf Tab. VI bei DUBIEFF (1952, p 144). Die Abweichung wird mit dem provisorischen Charakter aller dieser Gleichungen (s. Kap. 3.1) erklärt.

Wie in Kap. 2.2 dargelegt, kann als jüngstes Datum für limnische bzw. ausklingend limnische Sedimentationsbedingungen im SW-Vorland des J. Nero ca. 1435 ± 50 Jahre b. p. angegeben werden; d. h. um ca. 515 n. Chr. Ende der Seenphase im J. Nero-Vorland (PACHUR 1974). Wir gehen davon aus, daß sich Deflationsformen n u r bei nicht, bzw. kaum vorhandener bodenbedeckender Vegetation, wie sie für Halbwüsten typisch ist, entwickeln können, daß jedoch Tamariskenhügel wegen des — noch — vorhandenen Anschlusses an den absinkenden Grundwasserspiegel weiterwachsen können.

Ferner liegt über dem limnischen Sediment eine fluvial transportierte Sandlage wechselnder Korngröße. In diesem Material wurde ca. 6 km nördlich von der beschriebenen Lokalität Holz mit 1.930 ± 85 datiert. Vereinfacht darf man somit annehmen, daß die Deflationshohlformen nach der fluvialen Akkumulation entstand, d. h. frühestens um 20 Jahre n. Chr. Da aber anzunehmen ist, daß zu diesem Zeitpunkt der Grundwasserspiegel noch höher lag, wie aus der ca. 30 cm starken

Salzkruste folgt (s. Aufschlußbericht Kap. 2.2) und da außerdem die Grundannahme: Quarzsand der Korngröße um 0,25 [mm] Ø im Modell auf die limnischen Sedimente mit ihrem hohen Schluff-, Kalk- und Tonanteil nicht zutrifft, muß mit einem höheren Abscherwiderstand berechnet werden, d. h. die Abschätzung der Abtragungsleistung bewegt sich auf der sicheren Seite.

Unter der Annahme von rd. 1460 Jahren seit Beginn der Deflation ergibt sich ein planimetrisch bestimmtes ausgeblasenes Volumen von V_w 48960 [m^3].

Pro Jahr wären also im Mittel 33,5 [m^3] Quarzsand der Fraktion 0,25 mm Ø abgetragen worden, entsprechend 12,6 · 10^3 [kg a^{-1}], bzw. 78,8 [kg a^{-1} m^{-1}].

Rechnet man diese Werte auf die bei BAGNOLD üblichen Angaben um, erhält man für unsere Deflationswanne mittels Gleichung (4) in Kap. 3.1

$$q = 1,1 \cdot 10^{-2} \text{ [kg a}^{-1} \text{ m}^{-1}\text{]}.$$

Aus Gleichung (4) errechnet sich v zu:

$v = 0,28 + v_t = 3,6$ [m sec^{-1}], wenn für $v_t = 3,3$ [m sec^{-1}] angenommen wird. Demnach haben im zur Verfügung stehenden Zeitraum von 1460 Jahren Windgeschwindigkeiten, die nur wenig über der Aufschlag-Grenzgeschwindigkeit v_t gelegen haben, ausgereicht, diese Hohlformen zu erzeugen. Daß bedeutet, daß

— entweder die quantitativen Abschätzungen zum Sandtransport auf der Basis der der einschlägigen Literatur entnommenen Gleichungen zu hoch ausfallen, oder

— unsere Deflationsform sich in kürzerer Zeit, als insgesamt aufgrund der Datierungen zur Verfügung stand, ausgebildet hat, und daß die Form bereits über einen längeren Zeitraum als Form an sich besteht und "stabil" ist, da die die Form erzeugenden Parameter untereinander in einem Fließgleichgewicht i. S. der Thermodynamik offener Systeme stehen.

Die folgende Tabelle gibt einen Überblick über den Sandtransport in unserem Arbeitsgebiet bei den verschiedenen Windrichtungen (vgl. Kap. 3.2) (Werte für q BAGNOLD (1951) berechnet):

Tabelle

Fall	u [m sec^{-1}]	q [kg m^{-1} a^{-1}]
$u_{result.}$	4,0	6,15 · 10^4
$u_{max.}$	10,9	8,18 · 10^7
u_{NE}	5,1	1,04 · 10^6
u_{SW}	4,9	7,52 · 10^5
$\bar{u}$	5,8	2,9 · 10^6

Die von uns aus dem ausgeblasenen Sandvolumen abgeleitete mittlere Windgeschwindigkeit von 3,6 [m sec^{-1}] entspricht in etwa der Geschwindigkeit der resultierenden Windrichtung mit 4[m sec^{-1}] (vgl. Abb. 3). Wir leiten daraus ab, daß das Windfeld, das zur Ausbildung der Deflationswanne geführt hat, sich nicht notwendigerweise vom aktuellen Windfeld unterschieden haben muß, d. h.: Die beiden dominierenden Windrichtungen NE und SW haben bei der Entstehung der Deflationswanne folgende Funktionen ausgeübt:

— Die NE-Winde haben die Eintiefung der Hohlform durch verstärkte Deflation unterhalb der Stufenstirn und im Lee des Doppeltamariskenhügels bewirkt;

— die SW-Winde haben eine Verlängerung der Hohlform in Richtung SW verhindert, indem am SW-Rand der Deflationswanne Sandakkumulationen großflächig gebildet wurden. Dadurch ist die Form quasi "ortsfest" geblieben und das lokale Windfeld konnte durch die Gesamtform (Tamariskenhügel, Deflationswanne und Lage am Fuß der Schichtstufe) so weit stabilisiert werden, daß zwischen Ausblasung und Akkumulation unter Beibehaltung der Form ein Gleichgewichtszustand eingestellt worden ist.

Abschließend sei noch angemerkt, daß sich rechnerisch eine   m i t t l e r e jährliche Abtragungsrate von ca. 4 mm/a ergibt, die Abtragungsrate liegt damit rd. eine Zehnerpotenz höher, als die von PACHUR (1974) ermittelte mittlere limnische Sedimentationsrate!

ZUSAMMENFASSUNG

Zur Genese einer Deflationshohlform am Fuß des Jabal Nero, Sarir Tibesti, Libyen, wird eine Modellvorstellung entwickelt, die sich auf folgende Belege stützt:

(1) Ein tachymetrisch aufgenommener Isohypsenplan;

(2) die Bestimmung des Windvektors auf der Grundlage von Messungen über 1 1/2 Monate im Frühjahr 1969;

(3) radiometrische und relative Datierungen im zugehörigen Sedimentkörper.

Die Hohlform wird als ein typisches Formenelement der extrem ariden Zentralsahara eingestuft.

ANMERKUNGEN

1) Die bei der Formenanalyse dominierende Form ist die Deflationswanne; bei der Interpretation der Kartierung zeigt es sich, daß die Deflationsform in Gemeinschaft mit Akkumulationsformen vorliegt.

2) Erodibilität: Reziprokwert des Wiederstandes gegen Erosion.

3) HUDSON (1971) weist darauf hin, daß die Faktoren nicht in einem linearen Zusammenhang stehen.

4) mit

$$\alpha = \text{const.} \approx \left(\frac{0.174}{\log_{10} z/k'}\right)^3$$

5) HECKENDORFF (1972) gibt als Jahresmittel der Windgeschwindigkeit (Mittel der Jahre III 1966 bis II 1968) 1,5 [m sec^{-1}] an; die Monatsmittel II u. III betragen 0,9 [m sec^{-1}] und 1,5 [m sec^{-1}]. Der von uns bestimmte Höchstwert liegt im März; lt. Tab. 16 bei HECKENDORFF können wir in erster Nährung annehmen, daß dieser Wert repräsentativ für das Jahresmittel ist, da das Monatsmittel der Windgeschwindigkeit in BARDAI im März dem Jahresmittel entspricht.

A: Konstante

C: empirischer Faktor mit $1,5 \leq C \leq 2,8$, vgl. BAGNOLD (1941), p. 67

D: Korndurchmesser des Standardsandes mit D = 0,25 mm $\emptyset$

d: Korndurchmesser des betrachtenden Sandes

ρ_s: Dichte des Sandes

ρ_L: Dichte der Luft

g: Erdbeschleunigung

v: Windgeschwindigkeit über Grund

v_t: "impact threshold velocity"

z: Höhe über Grund

k': Höhe über Grund des höchsten Stromstriches beim Transport von Sand durch Wind (ca. 10 mm über Dünensand)

LITERATURVERZEICHNIS

BAGNOLD, R. A. 1931: Journey in the Libyan Desert. Geogr. J., 78, 13 - 39 & 524 - 535

BAGNOLD, R. A. 1951: Sand Formations in Southern Arabia, Geogr. J., 117, 78 - 86

BAGNOLD, R. A. 1973: The Physics of Blown Sand and Desert Dunes, London, 265 p. (reprint from 1941)

CHEPIL, W. S. & WOODRUFF, N. P. 1963: The Physics of Wind Erosion and its Control. Advances in Agronomy, 15, 211 - 302

DUBIEFF, J. 1952: Le Vent et le Déplacement du Sable au Sahara. Traveaux de l'Institut de Recherches Sahariennes, 8, 123 - 144

DUBIEFF, J. 1959 & 1963: Le Climat du Sahara. I. R. S. Mém. Univ. Alger (hors sér.), 2 vol., Alger

HABERLAND, W. 1970: Vorkommen von Krusten, Wüstenlacken und Verwitterungshäuten, sowie einige Kleinformen der Verwitterung entlang eines Profils von Misratah (an der libyschen Küste) nach Kanaya (am Nordrand des Erg de Bilma). Diplomarbeit am 2. Geogr. Institut der Freien Universität Berlin, 64 S. (unveröffentlicht)

HAGEDORN, H. 1968: Studien über den Formenschatz der Wüste an Beispielen aus der Südost Sahara. Tagungsberichte u. Wiss. Abh. Deutscher Geographentag Bad Godesberg 1967, 401 - 411

HAGEDORN, H. & PACHUR, H. J. 1971: Observations on Climatic Geomorphology and Quaternary Evolution of Landforms in South-Central Libya. Petroleum Exploration Society of Libya, 387 - 400

HECKENDORFF, W. B. 1972: Zum Klima des Tibesti-Gebirges. Berliner Geor. Abh. 16, 145 - 164

HÖVERMANN, J. 1963: Vorläufiger Bericht über eine Forschungsreise ins Tibesti-Massiv. Die Erde 94, 126 - 135

HUDSON, N. 1971: Soil Conservation. London 320 p.

KAISER, E. 1926: Die Diamantenwüste Südwestafrikas. 2 Bde. Berlin

LOUIS, H. 1968: Allgemeine Geomorphologie, 522 S. Berlin

MAINGUET, M. 1968: Le Borkou. Aspects d'un modéle éolien. Ann. Géogr. 421, Paris

PACHUR, H. J. 1974: Geomorphologische Untersuchungen im Raum der Serir Tibesti (Zentralsahara). Berliner Geogr. Abh. 17, 62 S.

PFANNENSTIEL, M. 1963: Das Quartär der Levante, Teil II. Akad. d. Wiss. u. Lit. Mainz. Abh. Math.-Nat. Kl. Nr. 7

PASSARGE, S. 1924' Die geologische Wirkung des Windes. In: W. SALOMON, Grundzüge der Geologie, Bd. I, Stuttgart

SCHWAB, G. O., FREVERT, R. K., EDMINSTER, T. W. & BARNES, K. K. 1966: Soil and Water Conservation Engineering. New York (2 nd edition)

STRAHLER, A. N. 1975: Physical Geography. New York, London, Sydney, Toronto (fifth edition), 643 p.

TRICART, J. & CAILLEUX, A. 1969: Le modelé des regions sèches. S.E.D. E. S. 472 p. Paris

WILSON, I. G. 1971: Desert Sandflow Basins and a Model for the Development of Ergs. Geogr. J. 137, 180 - 197

Die pleistozänen Vergletscherungen am Lake Tekapo im Mackenzie-Becken

(Canterbury, Neuseeland)

von

Herbert Liedtke, Bochum

1 DAS JÜNGERE PLEISTOZÄN AUF DER SÜDINSEL

Während der Kaltzeiten des Pleistozäns war auch Neuseeland von Vergletscherungen betroffen. Während auf der Nordinsel nur wenige Vulkane sowie das Tararua-Gebirge eine Eiskappe trugen, war die Südinsel weithin mit Eis bedeckt. Fast ein Drittel ihrer heutigen Fläche von 150.000 km^2 lag unter einer Eisdecke. Die Gletscher hatten ihren Ursprung im Gebiet der Wasserscheide auf den Neuseeländischen Alpen, die sich nahe der Westküste und parallel zu dieser durch die Insel erstreckt und weithin Höhen zwischen 1.500 bis 3.500 m aufweist (Längsprofil bei LIEDTKE, 1980).

Aus den hier entsprungenen Gletschern bildete sich ein zusammenhängend vereistes Gebiet, das 30 - 120 km Breite und eine zusammenhängende Länge von 740 km besaß; in den beiden nördlichen Provinzen Nelson und Marlborough existierten mehrere kleine Vergletscherungsareale. Auch in der östlichen, heute ganz eisfreien Hälfte der Südinsel waren einige kleine Kargletscher vorhanden, wie man an zahlreichen, heute schneefreien Karen in Southland und Otago erkennen kann. Diesen Karen entsprangen allerdings nur kleine Gletscher, die selten länger als 5 km waren, denn die Höhenlagen der Gebirge überschreiten nur ausnahmsweise 2.000 m; außerdem ist der Ostteil der Südinsel niederschlagsärmer als der Westen.

Die pleistozäne Vergletscherung auf der Südinsel ähnelt vollauf der Vergletscherung der Alpen. In beiden Gebieten steht ein steilwandiges Hochgebirgsrelief, das zu gleichem Formenschatz führen mußte, nämlich zu einem alpin-glaziären Formenschatz im Gegensatz zu dem polar-glaziären Formenschatz polwärtiger Inlandeisdecken. Charakteristisch für den alpin-glaziären Formenschatz sind die glazial überformten Täler mit Talstufen, Trogschultern und U-Form, Transfluenzen, Nunatakkern und jäh aufragenden Gebirgsspitzen, die ihrer steilen Neigung wegen keinen Schnee festhalten können.

Der Eisabfluß vollzog sich in Talgletschern, Hängegletschern und Vorlandgletschern (Piedmontgletschern in der englischen Literatur). Letztere waren vor allem im mittleren Teil der Westküste verbreitet, wo sich der Festlandsockel von der Küstenlinie etwas entfernt, und an einzelnen Teilen auf der Ostabdachung der Neuseeländischen Alpen, wo breite Becken eingelassen sind oder der Flachlandbereich der Canterbury-Ebene ansetzt.

So ergibt sich für den gesamten Eiskörper der Südinsel eine verhältnismäßig einfache Gliederung in unterschiedliche Gletscherformen: Die Westküste ist deutlich dreigeteilt; im Süden überwiegt die Fjordvergletscherung wie in Norwegen, weil hier kein Festlandsockel besteht und das Meer Tiefen von > 2.500 m erreicht. Nach Norden schließt sich, südlich von Haast beginnend und bis zum L. Hochstetter reichend, eine Zone ehemaliger Vorlandvergletscherung an, während der Nordteil durch Talgletscher und Kare geformt wurde. Die Ostseite läßt sich nicht so einfach gliedern. Hier überwiegen Kargletscher und Talgletscher. Das Nebeneinander der süd- bis südostwärts strebenden Talgletscher wird nur von kleineren Vorlandgletschern unterbrochen, wo z. B.

Gletscher an den Rand der Canterbury-Ebene reichten oder in kleinere, meist tektonisch angelegte Becken mündeten, z. B. in das Mackenzie-Becken mit den drei Seen Ohau, Pukaki und Tekapo.

Auch Neuseeland erlebte mehrere Vereisungen, von denen die Ablagerungen der Otira-(Würm-)Eiszeit am deutlichsten erkennbar sind. Die älteren Vergletscherungen sind außerhalb des Otira-Vereisungsgebietes meist nur einige km weiter talabwärts vorgedrungen; meist läßt sich ihre Grenze im Vorland der Otira-Vergletscherung überhaupt nicht mehr nachweisen.

Aus der Altersdifferenz der Moränen ergeben sich auch unterschiedliche Oberflächenformen: Alt- und Jungmoränenlandschaften. Allerdings sind die Unterschiede nicht so markant wie in Mitteleuropa, denn besonders auf der trockenen Ostseite der Südinsel waren würm-periglaziale und holozäne Abtragung in der Altmoränenlandschaft geringer als beispielsweise im Alpenvorland. Die geomorphologische Differenzierung der Alt- von der Jungmoränenlandschaft ist deshalb außerordentlich schwierig.

Die stratigraphische Unterteilung der Otira-Eiszeit gleicht nach den bisherigen Erkenntnissen derjenigen in Mitteleuropa, denn auch hier besteht eine Unterteilung in Früh-, Mittel-, Hoch- und Spätwürm. Im Mittel-Otira gab es eine Abkühlung, aber ob deren Gletscher in ihrer Ausdehnung hinter dem Maximalstand des Hoch-Otira zurückblieben oder von diesem überfahren und zerstört wurden, ist bis jetzt nicht eindeutig geklärt.

Zwischen das Mittel- und Hoch-Otira schaltet sich ein Interstadial ein, das bei Hokitika erfaßt wurde. Diese Wärmeschwankung ermöglichte eine Wiederbewaldung (MOAR & SUGGATE 1973). Dieses Hokitika-Interstadial begann um ca. 30.000 B. P. und endete 25.000 Jahre B. P. (Stillfried B., Bryansk, Götä Älv, Denekamp).

Die Gliederung des Hoch-Otira gestattet in Neuseeland bis jetzt eine zwar geomorphologisch erkennbare, aber zeitlich viel weniger gesichert untermauerte Differenzierbarkeit als in Mittel- und Nordeuropa. Im allgemeinen sind drei Hauptstaffeln vorhanden, und in jüngster Zeit hat man noch eine der Jüngeren Tundrenzeit zuzuordnende Eisrandlage ermittelt (Birch Hill Stage). Dazwischen haben offensichtlich längere Zeiten gelegen, in denen Stagnierendes Eis niedertaute, ähnlich den Verhältnissen beim heutigen Abschmelzvorgang am Tasman-Gletscher (Tab. 1).

Tab. 1: Die Gliederung des jüngeren Pleistozäns auf der Südinsel Neuseelands

Westland SUGGATE 1965, MOAR & SUGGATE 1973	Waimakariri River (Canterbury) BURROWS & MANSERGH 1973	Mackenzie-Becken (L. Tekapo) BURROWS 1973	Te Anau McKELLAR 1973	Hawea McKELLAR 1960	Alter vor heute
	Aranui (Holozän)				
Later Kumara 3 (K 3/2) Interstadial	Later Poulter Interstadial	Birch Hill			10.000
		Tekapo			14.000 - 14.500
Early Kumara 3 (K 3/1) Interstadial	Early Poulter Interstadial				14.500 - 16.000
		Mt. John	Marakura	Hawea	16.000 - 17.000
Late Kumara 2 (K 2/2) Interstadial von Hokitika	Blackwater Interstadial	Balmoral (?)	Ramparts	Albert Town	18.000 - 22.300
Early Kumara 2 (K 2/1)	Otarama	(Wolds ?)			25.000 -> 30.300
Oturian – Warmzeit (Eem)					> 50.000
Kumara 1	Woodstock	Wolds ?	Whitestone Elmwood	Luggate Lindis	
Terangian – Warmzeit (Holstein)					
			Moat Creek	Clyde	

Otira (Würm): Spät – Hoch – Mittel – Früh
Waimean (Riß)
Waimaungan (Mindel)

2 DAS MACKENZIE-BECKEN

Als Beispiel für den eiszeitlichen Formenschatz und für den Vergletscherungsvorgang im Jüngeren und Mittleren Pleistozän wird das ehemals vergletscherte Gebiet im östlichen Teil des Mackenzie-Beckens vorgestellt, das sich im Zentrum der Südinsel befindet.

Südlich des Mt. Cook (3764 m) liegt das ca. 40 x 60 km große nord-süd-streichende Mackenzie-Becken, das mit seinen Verästelungen eine Fläche von etwa 2.800 km^2 einnimmt. Es entstand während der Kaikoura-Orogenese im mittleren bis jüngeren Pleistozän. Seit Beginn der tektonischen Bewegungen sank das Mackenzie-Becken bereits so tief ab, daß die ältesten Ablagerungen in einer Tiefe von 350 m unter dem Meeresspiegel liegen. Der tiefste Auslaß aus dem heutigen Becken befindet sich am Benmore-Stausee, während die weiter nördlich gelegenen Teile des Beckens zwischen 400 - 800 m Meereshöhe erreichen. Die Beckenfüllung besteht aus jungpliozänen und pleistozänen groben, schlecht sortierten Geröllen und Sanden, die aus den Neuseeländischen Alpen abgetragen wurden. Die Tektonik ist hier noch nicht zur Ruhe gekommen. Junge aktive Störungen lassen sich gelegentlich ganz deutlich beobachten, z. B. bei Twizel, wo die Mt. Ostler-Verwerfung die hochwürmzeitlichen Sander um 2- 4 m verstellt hat. Diese nord-süd-verlaufende Verwerfung läßt sich übrigens über eine Länge von mehr als 60 km verfolgen.

Die das Becken umgebenden Gesteine bestehen vorwiegend aus permischen und triassischen Grauwacken, daneben auch Schiefern und Sandsteinen.

Das tektonisch angelegte Mackenzie-Becken bot günstige Voraussetzungen, während des Eiszeitalters Gletscher der Neuseeländischen Alpen aufzunehmen. Drei große Gletscherströme erreichten das Mackenzie-Becken:

Der Ohau-Gletscher (Länge in der Würmeiszeit: 70 km), der Pukaki-Gletscher (85 km) und der Tekapo-Gletscher (75 km). Die drei Gletscher wurden nach den gleichnamigen Seen benannt, die während der letzten Kaltzeit vom Eis exariert wurden, deren Größe aber durch Einschüttung stark abgenommen hat. Durch den Aufstau der Seen für Energiegewinnung wird die Seeoberfläche wieder vergrößert (Vgl. Tab. 2; Angaben hauptsächlich nach N. Z. Official Yearbook 1977).

Tab. 2: Seen im Mackenzie-Becken

	L. Ohau	L. Pukaki	L. Tekapo	L. Alexandrina
Seespiegelhöhe in m ü. NN vor Staubeginn	525 m	491 m	708 m	712 m
+ maximale Stauhöhe	+ 2 m	+ 46 m	+ 7 m	–
Größte Länge	17.7 km	15.3 km	17.7 km	7.0 km
Größte Breite	4.8 km	8.0 km	5.6 km	1.2 km
Größte Tiefe		71 m	120 m	
Fläche (vor Aufstau)	60 km^2	83 km^2	96 km^2	6.4 km^2
Einzugsgebiet	1.191 km^2	1.355 km^2	1.424 km^2	38 km^2

Die Gletscher haben sich erheblich in den Untergrund eingetieft; vom L. Tekapo kennt man seine größte Tiefe, die in der Nähe der Motuariki-Insel 120 m beträgt.

Ähneln nun die Hinterlassenschaften der Gletscher des Mackenzie-Beckens den uns bekannten Oberflächenformen des Alpenvorlandes? Die Höhenlage des zentralen Teils der Neuseeländischen Alpen übersteigt 3.000 m und bot damit verhältnismäßig gute Voraussetzungen für die Bildung von Gletschern. Die Streichrichtung des Gebirgszuges weicht von derjenigen der mitteleuropäischen Alpen zwar erheblich ab, aber dem Gegensatz zwischen sonnenbeschienenen, südexponierten und sonnenabgewandten, nordexponierten Hängen in den Alpen entspricht in Neuseeland ein ausgesprochener Luv- und Leeseitengegensatz, der die mit sehr hohen Niederschlägen bedachten Gletscher der Westseite bis in das Meeresniveau gelangen ließ, wogegen die Gletscher der Ostabdachung zwischen 480 - 730 m endeten (Alpen: 630 m bei München, 150 m bei Udine).

Auch hinsichtlich des Ausbreitens der Gletscher nach dem Verlassen der engen Taltröge besteht im Prinzip ähnliches Verhalten. Während sich die alpinen Gletscher im Alpenvorland im allgemeinen halbkreisförmig ausbreiteten, war allerdings bei den neuseeländischen Gletschern im Mackenzie-Becken ein solches symmetrisches Ausspreizen nicht zustande gekommen. Die Stammbecken im Mackenzie-Becken behalten wegen seitlicher Behinderung und steilem Gefälle ihre talabwärtige Richtung ohne nennenswert zu divergieren. Sie sind im Querschnitt wenig symmetrisch angeordnet, zeigen aber innerhalb des Vorlandbereiches eine asymmetrische Ausprägung. Auffällig ist, daß die Tiefenlinie aller drei Gletscher auf der Westseite des jeweiligen Talzuges liegt; hier steigen die Hänge stellenweise steil mit Werten über 38° an, während auf der Ostseite ein schräger Hang schwacher bis mittlerer Neigung (13°, 3°, 7°) von Moränen überkleidet wird, ehe am Beckenrand dann das höhere Gelände ebenfalls steil ansteigt. Die Ursache für diese Asymmetrie ist schwer festzustellen. Tektonische Verstellung käme in Frage, ist aber wegen mangelnder Kenntnis des Untergrundes nicht beweisbar, wenn auch vorstellbar.

Eine klimatische Ursache ist weniger wahrscheinlich: Man könnte annehmen, daß die Hänge auf der Ostseite wegen ihrer luvseitigen Exposition mehr Niederschläge erhielten. Das können wir für die Gegenwart durchaus annehmen, da die auf den Ostseiten stockenden Tussockgrasbestände kräftiger und dichter entwickelt sind als jene auf der Westseite gelegenen. So könnte man vermuten, daß in den Kaltzeiten von den Ostseiten her größere Nebengletscher dem Hauptal zugeführt wurden. Diese hätten den Hauptgletscher an den Westrand gedrückt. Aber eine Betrachtung der topographischen Karte zeigt, daß es keine bemerkenswerten Größenunterschiede zwischen den von Westen und den von Osten kommenden Nebentälern gibt. Damit bleibt dieses Problem vorerst noch ungelöst.

Die Ausdehnung ehemaliger Gletscher läßt sich aus der Lage von Endmoränen ermitteln. Für die Endmoränen und Grundmoränen älterer Vereisungen gibt es im Mackenzie-Becken keine Hinweise. In einer sehr frühen Vereisung war aber zumindest das Teilbecken am L. Tekapo von größeren Eismassen erfüllt, denn über zwei Pässe hinweg waren nach Südosten Abflüsse von Schmelzwassern möglich. Auf Burke's Paß liegen in 700 m etwa 80 - 100 m über dem heutigen Talboden des Tekapo R. noch Schotter, die der Günz-Kaltzeit zugerechnet werden. Auch über den Hakataramea Paß waren Schmelzwasser abgeflossen, und schließlich weisen hochgelegene Terrassen (Smilie Formation, Georgetown Formation) am Waitaki R., Opihi R. und Hakataramea R. auf eine kaltzeitliche Aufschüttung hin. Dazugehörige glazigene Ablagerungen sind jedoch bisher nicht bekannt. Erst aus der vorletzen Eiszeit sind Oberflächenformen mit Altmoränencharakter erhalten (Wolds), die aber nur noch an wenigen Stellen im toten Winkel jüngerer gletscherdynamischen Geschehens überdauerten. So findet man heute noch Altmoränen beiderseits des Irishman Creek im Zwickel zwischen dem Pukaki- und dem Tekapo-Eisstrom. Auch am Edwards Stream südwestlich Lake Tekapo sind noch Fetzen der Altmoränenlandschaft vorhanden; dagegen fehlen am

Abb. 1

Asymmetrische Lage der Hauptgletscher im Mackenzie-Becken
(Schematisches Profil)

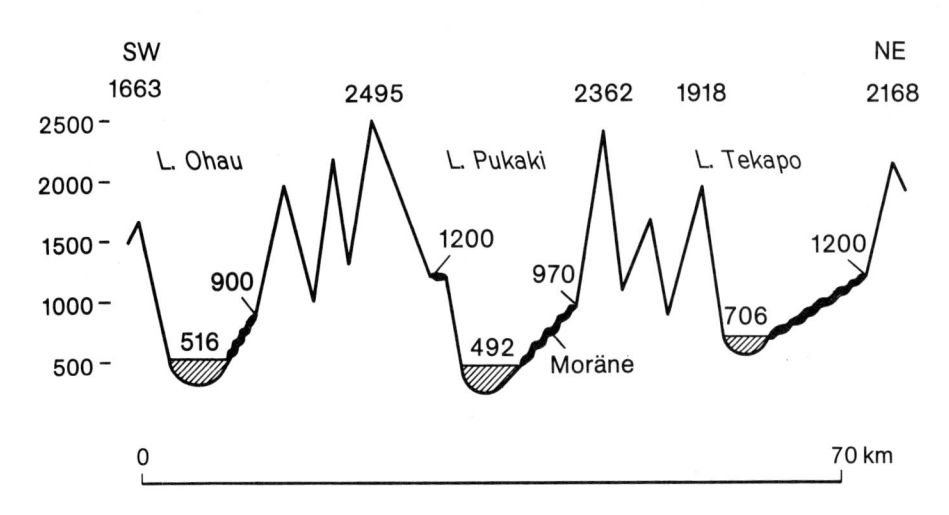

```
        SW                                                          NE
        1663          2495           2362    1918          2168
2500 -
              L. Ohau         L. Pukaki        L. Tekapo
2000 -
1500 -                         1200                    1200
              900                      970
1000 -                                         706
        516                   492
 500 -                              Moräne

        0                                              70 km
```

L. Ohau und L. Pukaki alle älteren Moränenablagerungen. Sie sind von den würmeiszeitlichen Schmelzwässern vollständig zerstört und abgetragen worden (SPEIGHT, 1963).

Die Festlegung der Grenze zwischen Altmoränen- und Jungmoränenlandschaft macht am L. Tekapo ähnliche Schwierigkeiten wie in Mitteleuropa. Der Formenschatz des äußersten Würmeisrandes ist nur schwach ausgeprägt. Die sonst so verläßlichen Seen eignen sich wenig als Abgrenzungskriterium, weil viel zu wenig Seen im Mackenzie-Becken vorhanden sind. Jedoch haben sich noch verhältnismäßig viele geschlossene Hohlformen erhalten, die allerdings sehr klein und wegen der häufigen Schottervorkommen meist wasserfrei und schlecht erkennbar sind. Bei sorgfältiger Begehung des Geländes findet man aber wesentlich mehr Hohlformen als jene wenigen, die die topographische Karte verzeichnet.

Die Endmoränen bilden keine sonderlich herausragenden Wälle, sondern erheben sich nur selten mehr als 20 m über ihre Umgebung. Betrachtet man allerdings den Höhenunterschied zwischen dem Seespiegel des L. Tekapo und dem davorliegenden Endmoränenwall, dann ergeben sich Werte um 100 m, die aber die Folge der beachtlichen Ausschürfung des Stammbeckens durch den Gletscher sind. Erblickt man die Moränen von der Außenseite her, dem Sander aufwärts folgend, so reduziert sich der Höhenunterschied sofort zu jenen genannten 20 m, sofern nicht die Endmoräne durch einen jüngeren tiefer gelegenen Sander unterschnitten ist.

Man kann bei allen drei Gletschern drei Endmoränenzüge erkennen, die meist nicht weiter als 10 km voneinander entfernt verlaufen. Das äußere Stadium, Balmoral Stage, ist durch die Sander entlang dem Tekapo R. weit aufgerissen, wogegen das Mt. John und das Tekapo-Stadium noch sehr geschlossen sind und nur vom engen Tal des Tekapo R. unterbrochen werden.

Die bislang bekannte Stratigraphie läßt darauf schließen, daß den beiden jüngeren Stadien ein Gletscherverfall vorausgegangen war, ehe der Gletscher noch einmal mehrere Kilometer weit, aber ohne kraftvolle Formung vorstieß. Die drei genannten Stadien werden dem Hauptwürm nach dem Stillfried B -Interstadial zugerechnet. Ihr Alter zeigt Werte, die es erlauben, sie mit dem Brandenburger, Frankfurter und Pommerschen Stadium in Norddeutschland zu parallelisieren. Die Tekapo-Endmoräne hat ein Alter von ca. 14.000 Jahren und entspricht damit etwa dem Pommerschen Stadium (14.800 B. P.); für die Mt. John-Endmoräne liegt eine Angabe von 16.000 Jahren vor, was gut zum Frankfurter Stadium paßt (15.500 B. P.). Das Balmoral-Stadium soll gemäß einer C^{14}-Probe vom Nordende der Mary Range 36.400 ± 3.150 Jahre B. P. oder jünger sein. Ein so hohes Alter würde nicht in die Vorstellungen vom Ablauf auf der Nordhalbkugel passen. Da die Lagerungsverhältnisse der Probe nicht eindeutig waren, ist jüngeres Alter durchaus möglich. Damit wäre eine Parallele zum Brandenburger Stadium nicht auszuschließen. Außerdem berichtet BURROWS (1973), daß die in der untersuchten Probe gefundenen Makrofossilien auf eine Erniedrigung der Schneegrenze um 800 m hinweisen. Da man für das Balmoral-Stadium eine Absenkung der Schneegrenze von wenigstens 900 - 950 m annehmen muß, nach PORTER (1975) sogar um 1.050 m, ist zumindest ausgeschlossen, daß die untersuchte Probe zeitgleich mit dem Balmoral-Stadium ist, dessen Schneegrenzdepression ja viel größer als die der Probe ist.

Von anderen Teilen Neuseelands kennt man Altersangaben, die zwischen 18.000 - 22.000 Jahren liegen. Gleiche Werte erzielt auch das Brandenburger Stadium in Mitteleuropa (vgl. Tabelle 1).

Daß die drei Stadien so dicht beieinander liegen, ist nicht außergewöhnlich, denn auch im Alpenvorland drängen sich die Eisrandlagen des Hochwürms in der Nähe des Außenrandes der Vereisung. Selbst Norddeutschland bietet in Schleswig-Holstein ein eindrucksvolles Beispiel dicht benachbarter stammbeckennaher Eisrandlagen, wogegen die Endmoränenzüge weit auseinandergezogen verlaufen, wo das Inlandeis südwärts über den Ostseetrog überschwappen konnte.

Im Längsprofil zeigt sich während der Abschmelzzeit des Tekapo-Gletschers neben der Rückverlegung des Eisrandes eine deutliche Erniedrigung des Eiskörpers. Die Spuren finden sich, schon von weitem sichtbar, am ausgeprägtesten auf dem Ostufer, wo zahlreiche, bei näherer Betrachtung jedoch sehr schwer zu untergliedernde Eisrandlagen parallel zueinander den Hang bis 500 m oberhalb des Seespiegels bekleiden. Am Coal R. verlaufen unterhalb des Round Hill (1.585 m) die drei Hauptmoränenzüge noch klar erkennbar und höhenmäßig bestimmbar, so daß sich für die Otira-Eiszeit eine Eisdicke von wenigstens 600 m errechnen läßt. Die Neigung der Eisoberfläche bis zum äußersten Eisrand ist nur ungenau zu ermitteln, da nur wenig herausragende Felsinseln (Nunatakker) im Würm vorhanden waren, die keine exakte Bestimmung der Höhe des Würmeises zulassen, wohl aber brauchbare Anhaltspunkte bieten.

3 DIE EISRANDLAGEN AM L. TEKAPO

Die Gliederung der eiszeitlichen Ablagerungen ist verhältnismäßig schwierig, weil die Endmoränen nicht besonders deutlich ausgeprägt sind und streckenweise überhaupt fehlen, ihr Verlauf durch seitlich zugeführtes Eis verwischt wurde und außerdem oftmals der Zusammenhang mit den dazugehörigen Sandern durch jüngere Schmelzwässer unterbrochen worden ist (vgl. Abb. 2).

Abb. 2 Eisrandlagen und Abschmelzbahnen am Lake Tekapo, Canterbury, N. Z.

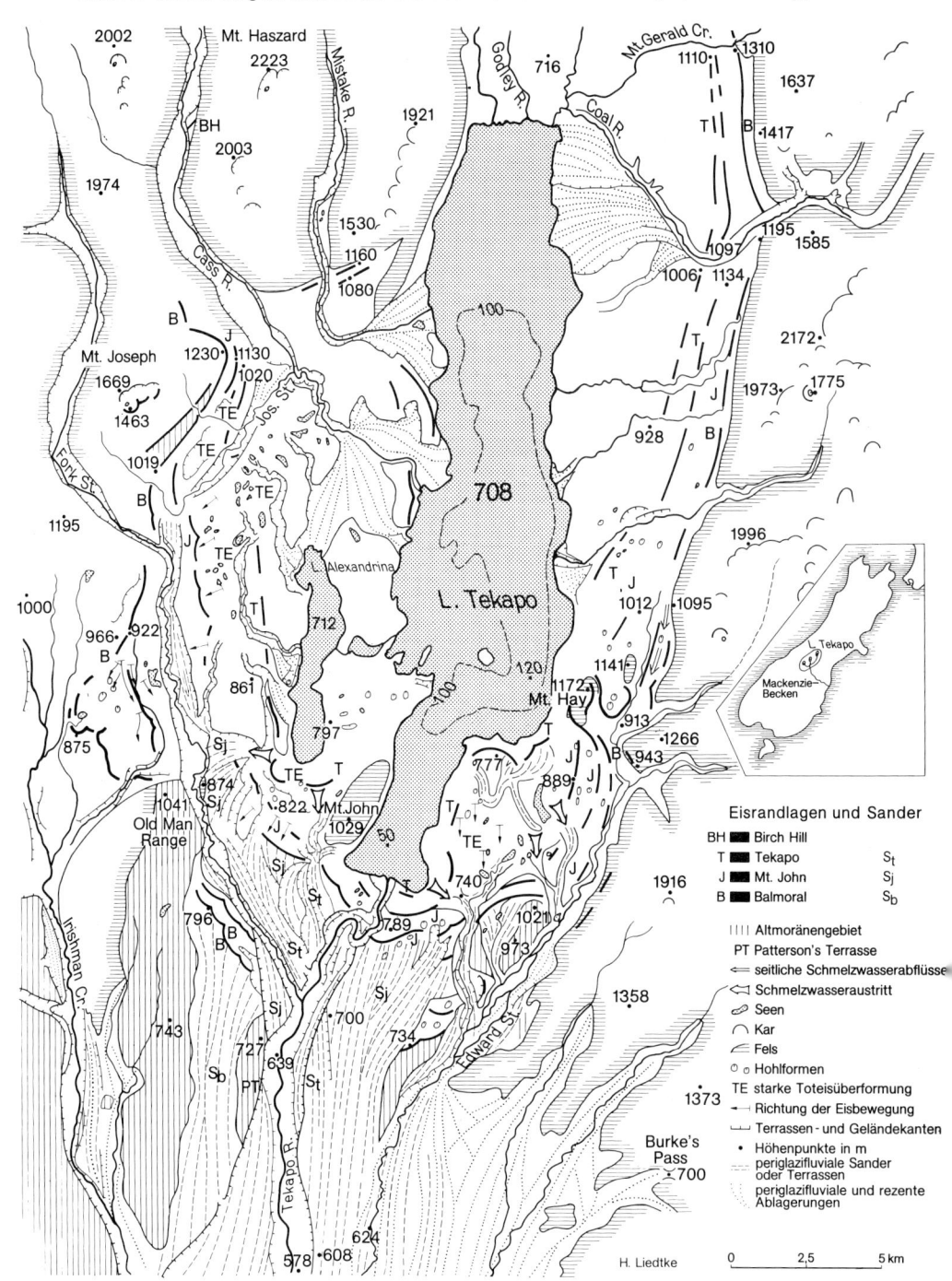

Von prä-würmeiszeitlichen Moränen sind kaum Reste erhalten, aber man kann in der Landschaft stellenweise einen deutlichen Gegensatz zwischen frischen und reifen Oberflächenformen erkennen; diese Landschaftsgrenze trennt die würmeiszeitlichen von älteren eiszeitlichen Ablagerungen. Südlich des L. Tekapo treten an mehreren Stellen ältere Terrassenschotter auf, die als W o l d s   F o r m a t i o n bezeichnet werden. Durch den Kanalbau vom Kraftwerk Tekapo A zum Kraftwerk Tekapo B am Ostufer des L. Pukaki war unter anderem auch die Patterson's Terrace (727 m) aufgeschlossen, die einen prä-würmeiszeitlichen glazifluvialen Schotterkörper enthält. Charakteristisch ist die bräunliche Farbe der Schotter, deren obere 0.5 m mit überwiegend hochkant stehenden Schottern bis 20 cm Ø sich deutlich vom liegenden horizontal lagernden Schotter unterscheidet. Ein zweites Kriterium ist die etwa 0.5 m mächtige auflagernde Lößdecke, die den Würmsandern fehlt. Schließlich überragt die Patterson's Terrace die Würmsander deutlich und wird von diesen umflossen, im Westen vom Sander des Balmoral-Stadiums, im Osten von den scharf eingeschnittenen Sandern des Mt. John-Stadiums und jüngeren Terrassen. Auch östlich des Tekapo R. sind südlich Pt. 734 und bei Pt. 973 eindeutige Reste einer Altmoränenlandschaft vorhanden. Diese gibt sich durch fehlende Hohlformen und sanfte eingeebnete abgeflachte Oberflächenformen zu erkennen.

Während der letzten Kaltzeit stieß der Tekapo-Gletscher über das heutige Seebecken des L. Tekapo hinaus noch etwa 5 km weiter südwärts vor. Die Masse des Eises kam direkt von Norden aus dem Tal des 3 - 4 km breiten Godley R., der an der Hauptwasserscheide der Neuseeländischen Alpen entspringt. Von den Seiten strömten kleinere Gletscher hinzu, von denen im Westen der Cass R., im Osten der Macauly R. und der Coal R. gletschererfüllt waren.

Der weiteste Vorstoß der Würm-Eiszeit wird als B a l m o r a l - S t a d i u m bezeichnet. Er endete südwestlich L. Tekapo am Military Camp bei Old Man Range in ca. 800 m, südöstlich des L. Tekapo in 734 m. Für die 5 km breite Unterbrechung der Endmoräne am südlichsten Ende sind die Schmelzwasser jüngerer Eisrandlagen verantwortlich, die selbst die letzten glazigenen Spuren beseitigt haben. Die äußersten Endmoränen sind randlich zwar deutlich sichtbar, aber sie sind schwach entwickelt und haben sich der Altmoränenlandschaft nur aufgesetzt, ohne diese nennenswert umzugestalten. Bei Pt. 796 kann man noch im Vorland des äußersten Endmoränenwalles eine Reihe kleiner Hohlformen bis 2 m Tiefe und gelegentlich 100 m Durchmesser erkennen, welche anzeigen, daß das Würmeis noch ca. 0.5 km weiter südwärts vorgestoßen war, aber dort keine Endmoräne hinterlassen hat. Die Sedimente dieses Vorstoßes wurden von den Balmoral-Sandern beseitigt oder überschüttet.

Auf der Südwestseite wurde ein Teil der Endmoränen durch den Fork Stream zerstört, insbesondere am Osthang der Old Man Range. Nördlich davon konnte sich das Eis weit nach Südwesten ausdehnen. Es bedeckte den größten Teil im Süden des Truppenübungsplatzes und endete mit deutlichen Moränenbögen und kleinen Zungenbecken bei Pt. 875. Die höchsten Eisrandlagen lassen sich an der Ostabdachung des Mt. Joseph (1.669 m) verfolgen, wo das unruhige Jungmoränengelände messerscharf gegen die verschliffenen älteren Moränenablagerungen abschneidet. Die Balmoral-Moränen steigen von 1.019 m am Fork St. auf 1.230 m an der Umbiegungsstelle in den Cass R. an, auf dessen Gegenseite kleinere Endmoränenreste erhalten sind, die bis in Höhen um 1.160 m reichen. Der weitere Verlauf folgt der Gebirgsumrahmung und ist wegen des steilen Abfalls zum L. Tekapo nicht mit Sicherheit zu verfolgen.

Auf der Ostseite des Tekapo-Gletschers sind Balmoral-Endmoränen ebenfalls noch leidlich erkennbar. Kleinere Vorsprünge des Gebirgsrandes haben hier das Eis gelegentlich ebenso gebremst wie einige felsige Rundhöcker, die immer oder zeitweilig als Nunatakker aus dem Würmeis herausblickten. Zu den Letzteren gehörten der Mt. Hay (1.172 m) und der 1.5 km weiter nordöstlich befindliche Wee MacGregor (1.141 m). Ein noch größerer Nunatakker war der Mt. John (1.029 m), der während der Würmvereisung nicht mehr vom Eis überwunden werden konnte. Am Hang des Mt. John liegen die höchsten Hohlformen in 900 m und zeigen an, daß das Balmoral-Eis diese Höhenlage noch überschritten hatte.

Am Ostrand des Tekapobeckens steigen die Endmoränen nordwärts an und erreichen am Coal R. 1.200 m und 5 km weiter nördlich 1.300 m.

Das Balmoral-Stadium ist an verschiedenen Stellen in zwei, mitunter drei Phasen unterteilbar. Am deutlichsten ist die Unterteilung südlich der Old Man Range und bei Pt. 734. In dem Gebiet nördlich der Old Man Range kann man alle dortigen Endmoränenrücken dem Balmoral-Stadium zuordnen.

Den Balmoral-Moränen sind die schönen Endmoränen in den Karen des M t . J o s e p h (1.669 m) gleichzusetzen. Sie gehören nicht zu einer holozänen Vorstoßphase, denn es gibt keine größeren, über das heutige Karbecken hinausgehenden Moränenreste. Daß sich noch zwei Karseen erhalten haben, beweist, daß die Abtragungsvorgänge trotz klüftigen Gesteins und größtmöglicher Hangneigung verhältnismäßig gering sind und daß 10.000 Jahre postglazialer Einwirkung nicht vermocht haben, die Karseen zuzuschütten.

Das nächste deutliche Stadium, das M t . J o h n - S t a d i u m , setzt am Cass. R. in einer Höhe um 1.130 m an. Es liegt etwa 100 m tiefer als die höchste Balmoral-Endmoräne, aber die Mt. John-Moräne läßt sich nur über eine kurze Strecke verfolgen, denn am Ostrand des Mt. Joseph liegt ein größeres Exarationsgebiet, das mit Toteis erfüllt war und dadurch die Eisrandlagen nicht klar wiedergibt. Nur die Balmoral-Endmoräne zieht hier noch ungestört hindurch, und man kann an ihr noch erkennen, wie sie einen kleinen, vom Hang kommenden Bach zu einem Endmoränen-Stausee aufgestaut hatte. Die Mt. John-Endmoräne bleibt in ihrem weiteren Verlauf immer östlich des Fork St. und nähert sich, streckenweise zweigeteilt, dem Südende des Mt. John. Sie ist bis hierher stellenweise recht deutlich, aber sie überragt ihre Umgebung selten mehr als 10 m. Das ändert sich am Südende des L. Tekapo, wo ein 1 - 1.5 km breiter und bis 80 m hoher Wall aufragt, der die dem Mt. John-Stadium zuzurechnenden Moränen trägt. In weitem Boden schwenkt die Eisrandlage dann zum Mt. Hay. Ihr Verlauf weiter nordwärts wird sehr unsicher, wie überhaupt die Ostseite des L. Tekapo hinsichtlich der Zuordnung der vorhandenen Eisrandstaffeln große Schwierigkeiten bereitet. Die Schlüsselstellung scheint mir am Mt. Joseph zu liegen, wo ein nicht zu steiler, aber auch nicht zu flacher Hang die Abfolge der Moränen am besten zu erkennen gibt. Man kann davon ausgehen, daß die höchsten Mt. John-Moränen am Coal R. bei 1.100 m und am Mt. Gerald Creek bei 1.200 m liegen.

Den schwächsten Vorstoß bildet das T e k a p o - S t a d i u m , das sich kurz nach dem Mt. John-Stadium einstellte (MANSERGH, 1973). Die dünne Decke des Tekapo-Eises kann man gut an der in den L. Tekapo vorstoßenden Halbinsel südwestlich der Insel Motuariki beobachten, wo 1 - 2 m Moräne auf Bändertonen lagert, die sich zwischen dem Mt. John-Stadium und dem Tekapo-Stadium mit wenigstens 10 m Mächtigkeit und mehr als 135 Jahreswarven abgelagert haben. Die Unterkante der Bändertone war nicht aufgeschlossen. Die Bändertone selbst wurden noch über Toteis abgesetzt, denn sie fallen zum Seebecken ein. Die Tekapo-Moräne wird noch von einer dünnen Decke von Sanderablagerungen überzogen. Einen eigenen Formenschatz hat das Tekapo-Eis nicht ausgebildet, sondern es überwiegt eine einfache Auflagerung auf dem vorhandenen Gelände. Deshalb fällt es schwer, den Endmoränenverlauf dieses Stadiums zu analysieren. Am Mt. Joseph scheint der Ansatz in ca. 1.020 m zu liegen, aber es ist ganz unsicher, an welcher Stelle diese Eisrandlage den Talzug des Joseph St. kreuzt, der den Mt. Joseph vom L. Alexandrina trennt. Am Südende des L. Alexandrina setzen junge Sander in Höhen zwischen 760 - 780 m ein, und am Auslaß aus dem L. Tekapo sind kleine Wälle um 720 m erhalten, die aber über Toteis abgelagert wurden und deshalb in heute etwas zu tiefer Lage sich befinden. Das Tekapo-Eis war hier nicht in der Lage, die Höhenwälle des Mt. John-Stadiums zu überwinden und lehnte sich hier lediglich an. Südwestlich vom Mt. Hay treten Eisrandlagen bei Pt. 777 auf, die man dem Tekapo-Stadium zurechnen kann. Der weitere Verlauf ist wieder sehr unsicher, aber Anhaltspunkte ergeben sich am Coal R. bei 1.000 m und am Mt. Gerald Creek bei 1.100 m.

Erwähnenswert ist noch ein ca. 5 km^2 großes Gelände nordwestlich des L. Alexandrina, in welchem zahlreiche kleine längliche Seen vorkommen und eine deutliche Orientierung der Höhenrücken auffällt. Hier hat aktiv bewegtes Eis eine Schuppenmoräne hinterlassen (ribbed moraine), die von dem abgedrängten Cass-Gletscher verursacht wurde.

Zum Tekapo-Stadium werden mehrere kleine Staffeln an verschiedenen Stellen gerechnet, die noch etwas jünger sind, die aber überall innerhalb des Maximalvorstoßes des Tekapo-Stadiums verlaufen; eine klare Verbindung einzelner Stücke ist aber bisher nicht möglich. Am deutlichsten sind diese Randmoränenreste in der südlichen Umrahmung des L. Alexandrina ausgeprägt.

Ein deutlich jüngeres Stadium ist erst nördlich des L. Tekapo an wenigen Stellen vorhanden. Es handelt sich dabei um Moränen des B i r c h H i l l S t a d i u m s (nach dem Birch Hill Stream südlich des Ortes Mt. Cook), das der Jüngeren Tundrenzeit zugeordnet wird. Das Alter dieser deutlichen und sehr kuppigen Endmoräne liegt bei 9.800 - 9.500 Jahre B. P. Es ist nur wenige Jahre jünger als die Jüngere Tundrenzeit der Nordhalbkugel. Absolute Sicherheit über die Altersbestimmung besteht aber auch hier nicht, denn nach GAIR (1967) soll unter der Birch Hill-Moräne des Macauly R., einem Nebenfluß des Godley R., ein Torf liegen, dessen Alter mit 8.460 Jahren v. h. angegeben wird. Demnach müßte das Birch Hill-Stadium wenigstens 1.500 Jahre jünger als die Jüngere Tundrenzeit sein. Es wird neuerdings von BURROWS (1977) darauf hingewiesen, daß die Abfolge von Klimaschwankungen auf der Nordhalbkugel nicht unbedingt ganz zeitgleich mit denen der Südhalbkugel gewesen sein muß.

Es erhebt sich schließlich noch die Frage, warum die Eisrandlagen so schwierig zu gliedern sind. Ursache hierfür scheint mir die Art des Eisabbaus zu sein. Wirft man einen Blick auf den Zustand heutiger Gletscher am Rande des Mackenzie-Beckens, etwa des Tasman-Gletschers am Mt. Cook, so erkennt man, wie hier das Schwinden des Eises weniger an der Stirn erfolgt, sondern viel stärker durch ein Zusammenfallen des ganzen Gletschers selbst gekennzeichnet ist, dessen Mächtigkeit in den letzten 90 Jahren um rund 50 m abgenommen hat. Fast die gesamte untere Hälfte vieler Gletscher besteht heute aus Stagnierendem Eis, das nicht mehr bewegt wird und zum großen Teil von Schutt überdeckt ist. Auf ähnliche Weise kann man sich den Abschmelzvorgang des hochwürmeiszeitlichen Tekapo-Gletschers vorstellen. Der Schrumpfungsprozeß bewirkte randlich Moränenwälle, die aber nur schwer in ein parallelisierbares Schema zu zwingen sind.

4 DIE SANDER AM L. TEKAPO

Vor den Endmoränen haben sich südlich des L. Tekapo riesige Sander ausgebreitet, die von den Seiten noch periglazialfluviale Zuflüsse aus den nichtvergletscherten Gebieten erhielten. Die Würmsander sind weithin beherrschend und haben fast überall ältere Sander aufgezehrt. Da mit dem Eisrückgang eine Tieferlegung der Gletschertore erfolgte, begann schon im Hochglazial die Zerschneidung des höchstgelegenen Würmsanders (Balmoral-Sander). In zahlreichen schmalen Durchlässen durch die gerade aufgegebenen Endmoränen erreichten die jüngeren Sander das Vorland und schnitten sich ein; bei dem am Südende des gleichnamigen Sees gelegenen Ort Lake Tekapo beträgt der Einschnitt des Tekapo R. in den hier liegenden höchsten Sanderterrassen rund 30 m.

Im Bereich der Wolds Formation sind Sander, Grundmoränen und Endmoränen nicht mehr deutlich zu trennen. Das spricht für ihr höheres Alter und die scharfe Abtrennung vom Balmoral-Stadium, welches Endmoränen und davorliegende Sander gut trennbar erkennen läßt.

Während des B a l m o r a l - S t a d i u m s konnten die Schmelzwasser an drei Stellen abfließen. Die Masse der Schmelzwasser trat an der Hauptexarationslinie aus und folgte dem Tekapo R. Die Sanderwurzel dürfte bei 720 - 730 m Höhe gelegen haben, aber alle Reste dieses Sanders sind durch jüngere Schmelzwasser zerstört worden. Nur westlich der Patterson's Terrace ist noch ein 2 km breiter Sanderarm unversehrt erhalten. Die beiden anderen Schmelzwasseraustritte sind von untergeordneter Bedeutung; im Südwesten flossen Schmelzwasser im Gebiet des Truppenübungsplatzes (Pt. 875) dem Irishman Creek zu, während im Südosten die Schmelzwasser einen Abfluß im Edward St. fanden.

Zur Zeit des M t. J o h n - S t a d i u m s entstand der noch heute erhaltene große Sander südöstlich des Ortes Lake Tekapo, während auf der Westseite des Tekapo R. jüngere Sander den größten Teil der Mt. John-Sander zerstört haben. Wegen des Eisrückganges im Südwesten geriet der Irishman Creek als Schmelzwasserabflußbahn des Tekapo-Gletschers außer Funktion. Diese Aufgabe übernahm von jetzt an der Fork St., während im Südosten der Edward St. noch weiterhin Schmelzwasser aufnahm und auch die von der östlichen Gebirgsumrahmung kommenden Bäche abführte, denen der Weg zum heutigen Seebecken noch versperrt war.

Als sich schließlich das T e k a p o - S t a d i u m einstellte, gab es eine große Anzahl von kleinen Gletschertoren, die zum Fork St. und Edward St. entwässerten, aber keine großen zusammenhängenden Sanderflächen mehr, sondern nur noch zahlreiche kleine Schlauchsander ausbildeten, die die Mt. John-Endmoränen durchbrachen und teilweise zerstört haben. Selbst entlang der Hauptöffnung am Tekapo R. trat nur wenig Schmelzwasser aus, denn es gab nur einen sehr schmalen Sanderabfluß. Die höchste im Endmoränendurchbruch bei Pt. 789 gelegene Terrasse ist nur 300 m breit und hat eine Höhe von ca. 730 m; sie läßt sich dem Gefälle nach an die vom Fork St. kommenden Sander anschließen. Die höheren der jüngeren Terrassen des Tekapo R. gehören noch dem Spätglazial an, aber sie lassen sich nicht mehr bestimmten Eisrandlagen zuordnen.

5 BEMERKUNGEN ZUM ABSCHMELZVORGANG

Nach den drei Hauptphasen der Otira-Vergletscherung zerfiel der restliche Eiskörper, ohne nennenswerte und deutlich verfolgbare Endmoränen zu hinterlassen. Das Eis taute nieder, es kam zur Bildung einer großen Eiszunge stagnierenden Eises im Bereich des heutigen L. Tekapo, und auf den randlichen Hochflächen konnte sich Toteis zunächst in den Vertiefungen des Geländes halten. Daß ein großer Eisrest im L. Tekapo lange Zeit gelegen hatte, wird durch die unregelmäßige Abgrenzung des Seeufers ebenso wie durch die Tiefe des Sees bewiesen, der östlich der Insel Motuariki 120 m Tiefe erreicht. Seine Oberfläche ist durch die Einschüttung von Norden, aber auch durch Schwemmkegel von den Seiten her bereits beachtlich verkleinert worden. Der Abfall des von Norden kommenden Schwemmkegels zum Seeboden liegt etwa bei der 5 m-Tiefenlinie; der nördlich anschließende seichte Abschnitt ist durch den Aufstau des L. Tekapo unter Wasser geraten.

Der L. Tekapo ist das Stammbecken des vom Godley R. zugeführten Eises. Es ist aber noch nicht geklärt, ob der benachbarte langgezogene L. Alexandrina als Zweigbecken aufzufassen ist oder das Stammbecken des vom Cass R. kommenden Eisstromes darstellt, der mit dem Erstarken des Tekapo-Gletschers von diesem nach Westen abgedrängt wurde.

In der Hauptexarationslinie blieb das Eis zunächst als Stagnierendes Eis liegen. Es stand noch in direktem Zusammenhang mit dem lebenden Eis, wie das heute am benachbarten Tasman-Gletscher auch der Fall ist, wo die Entwässerung unter der Eisoberfläche oder randlich vor sich geht. Die am heutigen Tasman-Gletscher erkennbare 8 - 16 km lange Zone mit nicht mehr bewegtem Eis lehrt, daß auch am Tekapo-Gletscher ein langer Teil der Eiszunge bewegungslos gewesen sein konnte. Wie schnell das Zusammensinken des Gletschereises geht, kann man am Tasman-Gletscher ablesen, der seit 1890 innerhalb seiner damaligen Endmoränenumrahmung bis zu 50 m abgesunken ist. Das sind 50 - 60 cm/Jahr bei einer Schuttdecke von 1 - 2 m. Auch für den ehemaligen Tekapo-Gletscher kann man annehmen, daß er unter einer Decke von lockerer Oberflächenmoräne lag, die den Abschmelzprozeß behinderte, aber nicht verhinderte, sondern das Stagnierende Eis langsam zusammenfallen ließ. Dabei bildeten sich randlich immer tiefer wandernde, den Seitenmoränen parallele Schmelzwasserabflußbahnen mit unzähligen Durchbrüchen zum Ufer des L. Tekapo, der zunächst als kleiner Endmoränenstausee angelegt wurde und mit dem Abtauen des Stagnierenden Eises an Größe gewann. Zur Zeit des Tekapo-Stadiums lagen die Sanderwurzeln bei Lake Tekapo in ca. 735 - 745 m. Diese Abflußhöhe blieb noch längere Zeit bestehen, bis es zu einer Tieferlegung der Erosionsbasis im Durchbruch bei Lake Tekapo kam. Die Gründe hierfür sind nicht geklärt; aber es steht fest, daß sich die Eintiefung nicht gleichmäßig vollzog, sondern in Etappen, wie man den zahlreichen Terrassen im Durchbruchsabschnitt entnehmen kann. Ob hierfür etappenweise austauendes Toteis verantwortlich ist, kann nicht bewiesen werden; aber die Tieferlegung würde dadurch leichter erklärbar.

Sicherlich hat Toteis nicht bis zum Präboreal im Untergrund bestehen können, wie das in Mitteleuropa der Fall war, denn für das Mackenzie-Becken ist Dauerfrostboden nicht nachgewiesen, sondern nur jahreszeitlich längeranhaltender Bodenfrost. Dadurch konnte die Tieftauphase schneller als in polnäheren Gebieten beendet werden.

Wann das letzte Toteis austaute, läßt sich bisher nicht mit Sicherheit nachweisen. OKOLOWICZ (1961) gab Werte von 1 cm/Jahr an, die in Nordpolen gewonnen wurden; sie können auf Neuseeland nicht übertragen werden. Hier ging der Abschmelzvorgang schneller vonstatten, wie die Schwemmkegel am L. Alexandrina zeigen. Physiognomisch lassen sich drei Größenklassen ehemaliger Toteismassen unterscheiden, die zu großen, mittleren und kleinen Hohlformen führten. Zu den (1) großen Hohlformen gehört der L. Alexandrina, der 7 km lang und zwischen 500 - 1.200 m breit ist; über seine Tiefe ist nichts bekannt. Sein Wasserspiegel liegt in ca. 712 m, und er entwässert zum L. Tekapo. Auch seine Oberfläche wurde durch rezente Einschüttung verkleinert, bis der Mensch den Lauf des Cass R. weitgehend festlegen konnte. In den L. Alexandrina münden von Westen drei Trockentäler, die nacheinander in Funktion waren. Die Terrassen des südlichsten Tales sind stark aufgelöst, die des mittleren Tales enden ca. 60 m und 35 m über dem Seespiegel. Am nördlichen Zufluß sind drei Terrassen in 25 - 30 m, 13 - 17 , und 6 - 8 m erhalten, von denen sich die beiden tieferen auch noch an anderen Stellen des Seeufers nachweisen lassen. Diese Terrassen waren bei ihrer Entstehung noch eindeutig von Toteis unterlagert, denn es befinden sich in ihnen entweder kleinere Hohlformen oder sie brechen ganz unregelmäßig gegen das Seebecken ab. Da sich heute nur noch kleine unbedeutende Rinnsale in den Tälern befinden und bei Niederschlägen um 1.000 mm das Regenwasser weitgehend versickert, ist die gegenwärtige Formung ganz minimal. Die Täler haben ihre Schwemmkegel nur mit Hilfe von Schmelzwasser oder unter den Bedingungen noch frühjahrszeitlicher Gefrornis aufbauen können (semi-periglaziärfluviale Voraussetzungen), die spätestens im Alleröd (12.000 B. P.), wahrscheinlich schon im Bölling (um 13.000 B. P.) beendet waren. Schmelzwasserzufluß in diese Täler war noch so lange möglich, wie in der Furche des Joseph St. ein Gletscherarm lag, der über die Randhöhe nach Südosten entwässern konnte. Die drei Täler wurden beim Rückzug des Eises nacheinander durch Schmelzwasser angelegt.

Die (2) mittelgroßen Hohlformen besitzen eine Länge zwischen 100 bis 500 m und heben sich häufig durch ihre Füllung mit Wasser hervor. Sie sind nicht überall vertreten; es fällt auf, daß eine gewisse Häufung in drei Gebieten besteht. Diese liegen auf dem Truppenübungsplatz nördlich Old Man Range, zwischen dem Joseph St. und L. Alexandrina sowie östlich des Ortes Lake Tekapo. Diesen drei Gebieten gemeinsam ist die Lage abseits der Haupteisstromrichtung: In das Gebiet des Truppenübungsplatzes war das Otira-Eis nur kurzfristig mit einem kraftlosen Gletscherarm hineingelangt, nordwestlich von L. Alexandrina befindet sich, hochgelegen und abseits der Hauptstromrichtungen, die Nahtstelle zwischen dem Tekapo- und dem Cass-Gletscher, und östlich Lake Tekapo führten nur untergeordnete Schmelzwasserbahnen in das Vorland.

Die (3) kleinen Hohlformen haben Durchmesser von meist 10 - 50 m und sind 1 - 5 m tief. Manche von ihnen enthalten zeitweilig kurzfristig Wasser. Die Zahl dieser Hohlformen ist zwar größer als die der mittelgroßen Hohlformen, aber verglichen mit den Verhältnissen im Nordischen Vereisungsgebiet ist sie geringer. Auffällig ist die große Zahl von Moränenblöcken, die in diesen Hohlformen liegen. Da diese Blöcke nicht vom Menschen dort hingebracht worden sind, müssen sie auf natürliche Weise in die Hohlformen gelangt sein. Die Anhäufung ergibt sich aus der ehemals sehr blockreichen Obermoräne, wobei bei der Entstehung der initialen Hohlform größere Geschiebe, der Schwerkraft folgend, vom Rand zum Zentrum der sich herausbildenden Hohlform gelangt sind.

ZUSAMMENFASSUNG

Am L. Tekapo läßt sich eine Altmoränenlandschaft, die der Riß-Eiszeit zugerechnet wird, von einer würmeiszeitlichen Jungmoränenlandschaft trennen. Beide heben sich durch ihren Formenschatz voneinander ab. Die Jungmoränenlandschaft ist durch Hohlformen und kleine Tümpel sowie durch frischere unruhigere Oberflächenformen von dem ausdruckslosen Relief der Riß-Eiszeit unterschieden. In der Jungmoräne lassen sich drei Stadien ausgliedern, von denen das jüngste am unbedeutendsten entwickelt ist. Diese abnehmende Deutlichkeit der Eisrandlagen hängt mit dem Eiszerfall zusammen, der sich in Form eines großartigen Zusammensinkens einer aus stagnierendem Eis bestehenden Gletscherzunge vollzog. Dabei wurden an den Flanken nur wenige sich über längere Strecken verfolgbare Randmoränen ausgebildet, denn die hier vorhandenen Schmelzwasserbahnen haben die Eisrandbildungen immer wieder zerstört. Toteis spielt in der Reliefentwicklung eine weniger große Rolle als in Mitteleuropa; trotzdem sind die Auswirkungen des Toteises nicht zu übersehen, aber sie haben der Landschaft wegen geringerer Verbreitung nicht die Welligkeit verliehen, die man in Mitteleuropa findet.

Für mannigfaltige geomorphologische und geologische Hinweise und technische Ratschläge möchte ich Frau Prof. SOONS, Präsidentin der INQUA, sowie den Herren GAGE, MANSERGH, MOAR und SUGGATE meinen verbindlichen Dank aussprechen.

LITERATURVERZEICHNIS

BURROWS, C. J.: The Boundary between the Otiran and the Aranuian. — INQUA — Guide Book 7, Central and Southern Canterbury, Christchurch 1973, S. 34 - 37

BURROWS, C. J.: Quaternary History of the Fauna and Flora. — INQUA — Guide Book 7, Central and Southern Canterbury, Christchurch 1973, S. 73 - 86

BURROWS, C. J.: Late-Pleistocene and Holocene Glacial Episodes in the South Island, New Zealand and some Climatic Implications. — New Zealand Geographer, 33, Wellington 1977, S. 34 - 39

BURROWS, C. J. & G. D. MANSERGH: Quaternary Geology. — INQUA — Guide Book 7, Central and Southern Canterbury, Christchurch 1973, S. 26 - 33

GAIR, H. S.: Geological Map of New Zealand 1 : 250 000, Sheet 20 Mt. Cook. — Wellington 1967

LIEDTKE, H.: Zum Forschungsstand der rezenten und würmeiszeitlichen Schneegrenze in Neuseeland. — Arbeiten aus dem Geographischen Institut der Univ. des Saarlandes, 29, (Rathjens-Festschrift), Saarbrücken 1980, im Druck

MANSERGH, G. D.: Quaternary of the Mackenzie Basin. — INQUA — Guide Book 7, Central and Southern Canterbury, Christchurch 1973, S. 102 - 112

McKELLAR, I. C.: Geology of the Te Anau — Manapouri District 1 : 50 000. — New Zealand Geological Survey, Miscellaneous Series Map 4, Wellington 1973, S. 20

McKELLAR, I. C.: Pleistocene Deposits of the Upper Clutha Valley, Otago, New Zealand. — New Zealand Journal of Geology and Geophysics, 3, Wellington 1960, S. 432 - 460

MOAR, N. & R. SUGGATE: Pollen Analysis of Late Otiran and Aranuian Sediments at Blue Spur Road (S 51) North Westland. — New Zealand Journal of Geology and Geophysics, 16, Wellington 1973, S. 333 - 344

OKOLOWICZ, W: Disparition des reliquats de la glace — facteur du développement de la morphologie postglaciaire en Pologne du Nord. — INQUA, VI. Congress Warsaw 1961, Bd. III, Łódź 1963, S. 257 - 264

PORTER, S. C.: Equilibrium line altitudes of late Quaternary glaciers in the Southern Alps, New Zealand. — Quaternary Research, 5, 1975, S. 27 - 47

SPEIGHT, I. G.: Late Pleistocene and Historical Geomorphology of the Lake Pukaki Area, New Zealand. — New Zealand Journal of Geology and Geophysics, 6, Wellington 1963, S. 160 - 188

SUGGATE, R. P.: Late Pleistocene Geology of the Northern Part of the South Island, New Zealand. — Geological Survey, Bulletin 77, Wellington 1965, 91 S.

Summaries

Coastal morphology and the morphology of the sea floor

Johannes Ulrich, Kiel

The German contribution to the morphological exploration of the sea floor

Following an introductory part concerning the present status of the investigation of the sea floor relief, an historical review of the German contributions to the research work on marine geomorphology is given. Furthermore, these contributions are interpreted in relation to the following thematical groups:

1. Bathymetry and statistics of the sea floor;
2. Defining the different sea floor provinces;
3. Morphology of the main formations of the sea floor relief;
4. Morphology of near coastal shelf formations;
5. Sea floor relief and bottom currents.

Heinz Klug, Regensburg

Explanations of the sea level rise in the Southwestern Baltic Sea region during the late Holocene Era.

Recent research on the temporal and spatial course of the late Holocene, relative displacements of land and sea in the coastal area of the Southwestern Baltic Sea have proved that in this period the sea level has clearly risen in phases to its present level rather than uninterrruptedly. The oscillations were first characterised by the delaying of the transgression progress (5.500 B.P.), then by stagnation (4.000 - 3.000 B.P.), and in the last 2.000 years by regression.

With reference to the results of MOERNER's research work (1971) in the Scandinavian area of elevation, it can be deduced that the eustatic component of the rise of the Baltic Sea has become more apparent recently, while the intensity of the isostatic depression of the continent has receded.

Peter Mroczek, Berlin

Remarks on a new map 1 : 200.000 showing sea level fluctuations along the German North Sea coast

Based on a comparison between the "Meßtischblatt" (surveyor's-table-map 1 : 25.000) of the "Königlich Preussische Landesaufnahme" of 1878/91 and the actual "Topographische Karte 1 : 25.000" (TK 25) we got a comparison between two situations: the scaled down assemblage of the "Meßtischblatt" to 1 : 200.000 and the actual "Topographische Übersichtskarte 1:200.000" (TÜK 200) — a map of the changed shorelines of the German North Sea Coast for the last 100 years at a scale 1 : 200.000.

Thanks to the "Institut für Angewandte Geodäsie" (IFAG) for placing at our disposal the printing-plates and for printing!

Karlheinz Kaiser, Berlin

Head-cliffs and shoreline development in the British Isles during the Quaternary Era

Selected examples of Quaternary beaches and head-cliffs illustrate new research findings on shoreline development in the British Isles during the Quaternary Era. Beaches up to 200 m a.s.l. and dated at end of the Pliocene to mid-Pleistocene have long been known to exist on Britain's coasts. However, it has proved extremely difficult to interpret their altitudinal location, overlying strata series, and precise age.

Up to now, only one reliably dated Tyrrhenian beach (Hoxnian) has been found, near Chichester on the South Coast. It indicates a sea level which at times was over 40 m higher than at present. Possibly, however, some fossil beaches around Barnstaple Bay (Cornwall) are also Hoxnian, which would indicate much lower sea-levels, 7 - 18 m above the present level. Subsequent sinking of sea-level before the ice cover reached ist maximum during the Wolstonian stage probably amounted to about 140 m, as a fjord-like channel in the Irish Sea contains deposits with arctic-marine fauna of this period, indicating a sea level of approx. 100 m lower than at present.

Reliably dated Monastirian beaches (Ipswichian) indicate sea levels between 0 and 15 m in southern Gower (Patella beach), at approx. 12 m on the Somerset coast (Burtle beds), at max. 22 m on the South Coast in southern Portland (Portland raised beach), at approx. 12 m near Brighton (Brighton raised beach), and at approx. 18 m on the East Coast in County Durham (Basington beach gravel). Investigations in deep channels and basins in the North Sea provided evidence of a seal level in the Devensian (c. 15.000 yr. B.P.) about 130 m lower than at present. Thus, sea level must have sunk by a total of about 150 m in the period between the climatic optimum of the last interglacial period and shortly after the maximum ice spread in the last ice age.

Late glacial raised beaches were found in the area round the Scottish uplift zones (Windermere Interstadial, c. 14.000 – 10.800 yr. B.P.): up to 35 m a.s.l. in the Firth area (100 foot terrace), and up to 45 m in the hinterland of the Firths of Tay and Forth (Errol beds and Clyde beds). During the Loch Lomond readvance towards the end of the last ice age (10.800 - 10.200 yr. B.P.) sea level sank appreciably down to the Main Late glacial Shoreline (c. 10.300 yr. B.P.), which occurs 5-6 m below present sea level in the Stirling area. Eastwards, however, it sinks as far as 15 m below datum level. During the Holocene (Flandrian) sea level rose considerably. This is documented by the Main Postglacial Shoreline (7.000 - 6.500 yr. B.P.), which reaches 15 m above datum in the Stirling area. There are three more postglacial shorelines between the Main Postglacial and the present shoreline.

This shows that shoreline development during the Late and Postglacial was similar to that of the Baltic Sea area: raised beaches of this period have undergone more glacio-isostatic uplift the nearer they are to major centres of glaciation. The amount of uplift seems to vary considerably throughout the entire period.

During the Holocene epoch the following developments have been established as regards above all the more stable shorelines of the British Isles:

1) At the start of the Holocene (about 10.000 years ago) sea level had already risen to 35-40 m below the present level (South Coast, Dungeness marches).

2) Between 9.000 - 9.500 years ago it rose to 20-25 m below present sea level (South Coast, Dungeness marshes; Bristol Channel, Somerset Levels).

3) Between 8.000 and 9.000 years B.P. sea level was only 25-20 m lower than at present (Irish Sea, Morecambe Bay area).

4) Between 6.500 and 7.000 years B.P. it had apparently reached its present level (Main Postglacial Shoreline in the Firth of Forth hinterland, the tidal-flats of Northam Burrows on Barnstaple Bay, Cornwall, the base of shallow lagoon deposits in the Fleet off Chesil Beach (Dorset coast), oak stump in Lough-Foyle (Donegal), peat near Bray (Wicklow)).

5) Like the French, Belgian, Netherlands and German coasts of the Channel and North Sea (4 Calais and 5 Dunkirk transgressions, alternating with regressions), the British shoreline also underwent a series of alternating transgressions and regressions of the sea during the Late Atlanticum (after 7.000 B.P.), the Subboreal and Subatlanticum stages. This indicates that sea level fluctuated by amounts up to several metres.

Research into British head-cliffs, scarcely mentioned in German literature, has made considerable advances in many respects, especially during the last decade. Special reference is made here to the head-cliffs in Glanllynnau, northern Cardigan Bay, Wales (G.S. BOULTON 1977), Morfa Bychan, eastern Cardigan Bay, Wales (E. & S. WATSON 1967), and in the Barnstaple Bay area, Cornwall (N. STEPHENS 1974, C. KIDSON 1974, 1977). Here, combinations of modern research methods of litho-, bio-, climate- and chronostratigraphy have considerably increased our knowledge of the Quaternary ice age and particularly of its more recent stages. It now seems justified to distinguish many subtypes of head-cliffs, especially as regards the processes determining their structure. They range from simple, monogenetic cliffs (e.g. with more or less massive solifluxion masses) to polymorphic, polygenetic ones, from monocyclic cliffs, affected only by the climate of the last ice age and the subsequent Holocene, to extremely complex, polycyclic structures covering almost the entire ice age with its alternating cold and warm periods.

Dieter Kelletat, Hannover

Forms and processes of "bio-karst" along the coast of Northeastern Mallorca (Cala Guya)

In this paper the results of field research at the limestone coasts in Cala Guya, Northeastern Mallorca, are discussed (see also fig. 2).

Below the zone of typical Mediterranean vegetation follow in strong vertical zonation the halophytic region, the supralittoral in dark grey colours by endolithic algae, the eulittoral in grey to yellowish-brown, and the sublittoral, esp. with calcareous algae, green and brown solft algae as well as boring and corroding organisms. The colour zones strongly indicate the living zones of different organisms.

Detailed studies of quantitative kind lead to the conclusion, that the specific relief of rocky carbonate coasts is the result of dominant mechanical abrasion by mollusques, and not anorganic solution by sea-water. In the sublittoral zone this factor is accompanied by new building of organic rocks by calcareous algae and vermetides.

The most significant forms are the notches, abraded by Patella, as well as the microrelief and the rock pools of the supralittoral, established by the grazing activity of Littorina neritoides. The latter shows population densities up to $50.000/m^2$ at Cala Guya.

The enlarging of the surfaces by grazing activity of gastropods in the supralittoral zone was determined to be 1,6 to 11,2 times of the original square.

The relation of morphological zones to the exposition of waves and to the actual sea level indicates the very rapid establishment of this typical littoral microrelief.

Uwe Rust, München / Sotirios N. Leontaris, Athen

Beach rock. Littoral morphodynamics and sea level fluctuations as observed at Euboea Island (Greece)

The authors present a map of southern Euboean rocks associating them with the coastal relief and the low tidal range littoral there (Fig. 2.). Then they report some observations concerning littoral morphodynamics at wind-tide in October 1976. They got the following results: Beach rocks are beach materials lithified above high tide level. The beach material will be cemented under the prevailing conditions of Mediterranean climate there. Before being cemented beach materials must have been wetted, and this process is linked to rare oceanographic-climatic conditions, such as wind-tides lifting up the sea level and extending the swash zone landward. Under even these conditions beach rocks are destroyed by backswash and breakers, too. Formation and destruction of beach rock occur at the same time. But there are different time scales to be considered. Periods of months, years or 10^1 years are required for beach rock formation, whereas beach rocks may be destroyed in periods of 10^2-10^3 years. The authors working on beach rock up to now agree beach rock to be an excellent indicator of sea level fluctuations, expecially of Holocene fluctuations. This view may only be substantiated if beach rock destruction needs periods of 10^2-10^3 years, otherwise not. Furthermore beach rocks at the same coast and at the same geomorphic littoral position may be of different age.

Lutz Zimmermann, Berlin

A new form element in the littoral benthos of the Mediterranean Sea: Microatolls (Boiler-reefs) at Phalasarna/Western Crete (Greece)

In the Bay of Phalasarna at the very exposed coast of Western Crete cup-shaped microatolls grow up on a slightly sloped, conglomeratic submarine platform reaching the intertidal zone. On their surfaces small lagoons are dammed by prominent marginal rims. Many of these cup bioherms, oval or ring-shaped and with some meters in diameter, have joint to strange shaped barrier reef flats nearly 50 meters long. The coralline algae *Neogoniolithon notarisii* as well as the vermetids *Vermetus cristatus* and *Vermetus arenarius* are the main reef builders. In the upper subtidal zone sessile foraminiferes of the family *Homotremidae*, corals as *Balanophyllia italica* and some other species of calcareous algae also participate in building up these microatolls. This type of reef which shows striking resemblance to the Bermuda Boilders was unknown in the Mediterranean area hitherto. Some notes on the associated fauna and flora show the important role of these cup bioherms as a biotope for a great number of marine organisms. A variation of this reef type which is developed in form of rimless, mushroom-shaped bioherms often narrowing flat stacks some hundred meters north is also mentioned. In comparison to the Bermuda Boilers some aspects of the cretan microatolls' age are given with the aid of ^{14}C-dates.

Ulrich Cimiotti, Berlin

On the geomorphology of the Gulf of Elat-Aqaba and its borderlands

A critical review of existing literature and published maps together with a combined interpretation of aerial photographs and available satellite imagery serves to map geomorphologic units in the region of the Gulf of Elat-Aqaba. An attempt is made to contribute to the geomorphogeny of this area.

Ludwig Ellenberg, Berlin
On the climatic geomorphology of tropical coasts.

This article is an attempt to answer three questions.

Are the typical features of the coasts of the lower latitudes zone-specific, that is to say, are they to be met exclusively on the coasts of continuously warm oceans?

The answer is yes, even though the zone of tropical coasts is less distinct from colder zones than is known from the subaerian relief sphere.

How is the zone of tropical coasts to be determined?

It should include all outposts of coral reefs and mangroves. This appears to be granted by the $18^{\circ}C$ surface water isotherms of the coldest month.

How do the differences in precipitation influence the morphodynamics of the coasts?

A differentiation by precipitation can be proven. However, since the impacts of rock, waves, and exposition are important factors, it can only be advocated with certain reservations.

Horst Hagedorn, Würzburg
Geomorphological observations in the coastal region of West-Pasaman, Sumatra

The coastal region of West-Pasaman on the West coast of Central Sumatra is discussed in terms of its climates, vegetation cover, soils, and resources with regard to man's settlement and economy. Then geological and landform features are presented with special emphasis on the volcanoes of Malintang and Talamau. The coastal plain is then discussed in greater detail. Aside of the steep coast portions seven types of coastal landforms as related to peculiar processes may be distinguished: brackish water swamps, deep sweet water swamps, shallow sweet water swamps, peripheral marshland, natural levees of rivers, younger beach ridges, and older beach ridges. This coastal region is a zone of accumulation and is very likely subsiding at a modest rate. Sedimentation and organogenic accumulation correspond with the present morphodynamic processes and the ecological status of the region as a whole where man has, however, interfered and caused certain disturbances of the natural equilibrium.

Ernst Reiner, Nieder-Gelpe
On the coastal morphology of Australia

Research on the coastal morphology of Australia has been insufficient so far. Only the state of Victoria has provided a clear and complete inventory of her coastal features including cartographic presentation. Some attempts along these lines have been done by HAMBRIDGE for

South Australia. Thanks to E.C.F. BIRD's research a number of detailed studies is also available. On the other hand such studies are lacking for the Northern and Western coasts of the continent. Certain investigations have, however, been carried out. Thus the exploitation of heavy mineral sands in West Australia or Queensland has favoured scientific investigations. Further research has been done with regard to sea port developments, the emphasis being on technical problems.

The Northwest coast is characterized by great tidal ranges making for speculations on tidal power plants. This fact has, however, not stimulated any basic geographical research in the area so far. The various approaches in the field of coastal morphology mentioned above do not offer as yet a complete and detailed picture of Australia's coastal features. We only rely on certain incentives, and in conclusion we get to the statement that since the work initiated by H. VALENTIN only little progress has been made and that we are still far from enjoying a satisfactory compendium except for a complete survey of Australia's coasts in terms of aerial imagery.

Gerhard Stäblein, Berlin

Geomorphodynamics and geomorphogenesis on artic coasts

On the basis of regional investigations in Svalbard, Greenland, and northern Canada some geomorphodynamic and geomorphogenetic aspects are described. They show that arctic coasts are climatic-morphologically an independent perimarine zone. Coastal glaciation, cryoclastic cliff-formation, arctic shoreline pebbles, thermoabrasion und glacio-isostacy are dealt with. The author proposes taking the duration of glaciation and of coastal sea ice as a climatic-cryogenic criterion when subdividing the artic perimarine zone as this enables differentiated geomorphodynamics to be included.

Various geographical problems

Albert Kolb, Hamburg

Actual problems of mankind

The greatest actual problems of mankind are the rapid population growth, the disadvantage of the tropical zone in terms of food production, the constraints of the Green Revolution in the countries of the Third World, the various disturbances of the ecology caused by man such as excessive deforestation, the cultivation of non-arable land, and the overgrazing of lands of low carrying capacity with the consequence of desertification, furthermore the overurbanization of the Third World countries combined with an excessive rural exodus, the constraints of industrialization in those countries as well as the overall energy crisis and the pollution of the environment. The impacts of those processes are discussed. The world-wide connections of economics, transportation networks, and politics have made the world a single system of interrelating elements urging man for a global solution of those problems. Prerequisits are, however, that man gains insight into those global connections and knowledge of global geography and world history which he is very much lacking so far.

Ingeborg Leister, Marburg

Regional mobility in England at the dawn of the Modern Era and the so-called Industrial Revolution

In England there is no real counterpart to the French Industrial Revolution. This term will very likely continue to be used in the future although it is lacking a satisfactory definition. As long as the term revolution is used in a broader sense an exact analysis of the preceding situation is required for evaluating the magnitude of the changes that had taken place. A small population and a national economy under constant pressure of growth made the England of the 17th and 18th centuries demonstrate the capacities of her early capitalist economic and social orders in contrast to France. This structure enabled England to enjoy an evolutionary development from early to high capitalism which had to be initiated by force as an abrupt break on the continent. As to the time of these events we may adopt the so-called "take-off" of about 1780 from the macro-economic concept while taking into consideration that the industrialization process gained full momentum only during the second quarter of the 19th century. Viewed in this light the increase of such tendencies means that all the structural elements had been set before so that only changes of their reciprocal relations have taken place just as they have occurred in the political constellations. It was changes, not successions. In terms of such changes the example of the village of Newbottle on the rim of the East Durham Plateau is discussed in greater detail.

Albrecht Steinecke, Berlin

Tourism and interregional migration. Social and regional mobility of hotel entrepreneurs and employees in the Republic of Ireland

The changes in the occupational and social structure of a country and in the regional distribution of employees, which are induced by the development of tourism, are mainly due to the fact that the tourism industry offers new jobs and social positions and locations which differ from industrial and agricultural locations. Thus two types of mobility are connected with tourism: on the one hand an occupational/social mobility of employees starting to work in the tourism industry after job experience in another kind of industry ("Intra-Generation-Mobility") or after finishing school ("Inter-Generations-Mobility"), on the other hand a regional mobility which is determined by the location pattern of the tourism industry and the regional origin of the employees.

Generally the job structure of the tourism industry is characterized by the two main groups of entrepreneurs and employees which differ from each other because of their socio-economic position (possession of the means of production) and their participation in the income from tourism.

The recent development of the tourism industry in general and the hotel industry in particular in the Republic of Ireland shows, that there has not been any change of this antagonistic structure; the positions of the entrepreneurs are mainly occupied by persons who come from a similar economic and social background (the fathers of the hotel proprietors are often entrepreneurs in a different sector of the economy). The social change induced by tourism mainly occurs within the range set by the traditional distribution of wealth and of the means of production.

The social mobility of the hotel employees is characterized by the dominance of the agricultural social background: the fathers of the employees are often owners of small farms; by starting to work in the hotel industry the employees lose the independent social and economic position of their parents. As a consequence of the recent development of the hotel industry in Ireland no social self-recruitment within the group of hotel employees takes place.

The agricultural background as a social recruitment area and the location pattern of the hotel industry (besides Dublin City especially the coastal regions in the South and West) determine the structure of the regional mobility of the employees: they migrate from hamlets, villages, and small towns (less than 3.000 inhabitants) in the regions (8) Midlands, (4) South and (5) Mid-West to larger towns (with more than 3.000 inhabitants) especially in the regions (1) Dublin Sity, (2) East and (4) South.

To some extent this migration pattern finds its explanation in the occupational qualification of the employees in the analysed group which consists only of employees with the experience of a formal hotel training; they normally find their jobs in hotels of the upper categories which are located in larger towns. Nevertheless the theory that tourism by generating jobs in non-industrial regions serves as a factor for balancing regional disparities can be differentiated: the consequences of tourism are not only a social mobility from the agricultural sector to the tertiary sector (at the same time losing the independent social and economic position of the parent's generation), but a regional mobility of employees which is characterized by a rural-urban-migration.

Detlef Schreiber, Bochum

Climatic zonation of winterhardiness with regard to the growing of trees in Europe

Zones of winterhardiness of trees in Europe are presented here just as they have been known for many years in the United States. In the same manner annual mean minimum temperatures of the air have been used. The 10^oF ranges for each hardiness zone have been expressed in terms of degrees Celsius. In addition one more chart of 5^oF intervals has been drawn for the regions of the Federal Republic of Germany and the German Democratic Republic.

Karl-Ulrich Brosche, Berlin

On the problem of periglacial and periglacial-like features in the Ebro Basin and the region south of Madrid

Van Zuidam's 1976 study on "Periglacial-like features in the Zaragoza Region, Spain" serving as an incentive, the question is raised again whether there are periglacial features in general and cryoturbations in particular in the environs of Zaragoza in the Ebro Basin. In contrast to van Zuidam the author has already shown in 1972 that in the Ebro Basin there are both periglacial features caused by frost dynamics (see photographs 1 - 9) and periglacial-like features (see photographs 10 - 12). The major arguments in favour of unconformities being classified as periglacial features are: undisturbed and well stratified gravels in the lower portion of the outcrops, periglacial involutions surrounded by stones, those on the periphery in the centre portion being almost in a vertical position, with sediments partly of Holocene age lacking unconformities in the upper portion. For the sake of comparison examples of both periglacial and periglacial-like features are drawn from the Madrid area.

Wolfram Haberland / Hans-Joachim Pachur, Berlin

On deflation features in the central Sahara region

The article exemplifies phases in the development of a depression which has been found in the foreland of Jabul Nero mountains, Sarir Tibesti, Libya, caused by deflation.

The submitted model is based upon:

1) an isoline-plan which has been derived from tachymetrical field measurements
2) measurements of the wind-vector in spring time 1969
3) radiometric and relative datings in related sediments

The depression can be classified as a typical form element of the extreme arid Central Sahara.

Herbert Liedtke, Bochum

Pleistocene glatiations at Lake Tekapo in the Mackenzie Basin, Canterbury, New Zealand

In the area of Lake Tekapo it is possible to distinguish geomorphologically between an old moraine landscape and a young moraine landscape. The latter is characteristiyed by natural closed depressions some of which are permanently filled with water, others are drying up during the summertime and the rest are dry. The surface shows more relief energy than the subdued old moraine landscape. The Otira Glaciation reached its outermost border during the Balmoral Stage and was followed by the Mt. John Stage and the weak advance of the Tekapo Stage. The diminishing of the stagnant Tekapo Glacier happened by shrinkage which left behind the formation of several lateral moraines mainly at the eastern side and on the slopes of Mt. Joseph. The influence of dead ice is still visible, but it was clearly less important than in Central Europe.

Adressen der Autoren

Priv.-Doz. Dr. K.-U. Brosche
Institut für Physische Geographie
Freie Universität Berlin
Grunewaldstraße 35
1000 Berlin 41

Dipl.-Geogr. Ulrich Cimiotti
Institut für Geographie
Technische Universität Berlin
Straße des 17. Juni 135
1000 Berlin 12

Prof. Dr. Ludwig Ellenberg
Institut für Geographie
Technische Universität Berlin
Straße des 17. Juni 135
1000 Berlin 12

Dr. Wolfram Haberland
Umweltbundesamt
Bismarckplatz 1
1000 Berlin 33

Prof. Dr. Horst Hagedorn
Geographisches Institut
der Universität Würzburg
Am Hubland
8700 Würzburg

Prof. Dr. Jürgen Hövermann
Geographisches Institut
der Universität Göttingen
Goldschmidtstr. 5
3400 Göttingen

Prof. Dr. Karlheinz Kaiser
Institut für Physische Geographie
Freie Universität Berlin
Altensteinstr. 19
1000 Berlin 33

Prof. Dr. Dieter Kelletat
Geographisches Institut
der Universität Hannover
Schneiderberg 30
3000 Hannover

Prof. Dr. Albert Kolb
Institut für Geographie und
Wirtschaftsgeographie
Universität Hamburg
Bundesstr. 55
2000 Hamburg 13

Prof. Dr. Heinz Klug
Fachbereich Geschichte —
Gesellschaft und Geographie
Universität Regensburg
Universtitätsstr. 31
8400 Regensburg

Prof. Dr. Ingeborg Leister
Fachbereich Geographie an der
Philipps-Universität Marburg
Deutschhausstr. 10
3550 Marburg/Lahn

Doz. Dr. Sotirios N. Leontaris
Institut für Physische Geographie
33, Hippokratous
Athen

Prof. Dr. Herbert Liedtke
Geographisches Institut der
Ruhr-Universität Bochumg
Universitätsstr. 150, NA
4630 Bochum 1

Dipl.-Geogr. Peter Mroczek
Institut für Geographie
Technische Universität Berlin
Straße des 17. Juni 135
1000 Berlin 12

Prof. Dr. Hans-Joachim Pachur
Institut für Physische Geographie
Freie Universität Berlin
Altensteinstr. 19
1000 Berlin 33

Dr. Ernst Reiner
Gelpestr. 46
Nieder-Gelpe
5270 Gummersbach 1

Univ.-Doz. Dr. Uwe Rust
Institut für Geographie der
Ludwig-Maximilians-Universität München
Luisenstr. 37
8000 München 2

Prof. Dr. Detlef Schreiber
Geographisches Institut
der Ruhr-Universität Bochum
Universitätsstr. 150, NA
4630 Bochum

Prof. Dr. Gerhard Stäblein
Institut für Physische Geographie
Freie Universität Berlin
Altensteinstr. 19
1000 Berlin 33

Dr. Albrecht Steinecke
Institut für Geographie
Technische Universität Berlin
Straße des 17. Juni 135
1000 Berlin 12

Wissenschaftlicher Direktor Dr. Johannes Ulrich
Institut für Meereskunde
an der Universität Kiel
Düsternbrooker Weg 20
2300 Kiel 1

Lutz Zimmermann
Klosterheider Weg 30a
1000 Berlin 28